"十二五"普通高等教育本科国家级规划教材

国防特色教材·核科学与技术

U0292732

核辐射物理及探测学

（第 2 版）

陈伯显　张　智　杨祎罡　编著

哈尔滨工程大学出版社

Harbin Engineering University Press

内 容 简 介

本书由核辐射物理和辐射探测学两部分组成,构成了从辐射产生、辐射性质到辐射探测的完整体系。辐射物理部分包含了对原子核的基本性质、原子核的稳定性、核过程(包括核衰变、核反应和核裂变)发生的条件和概率、辐射与物质相互作用机制等问题的论述。辐射探测学则重点讨论探测器输出信号形成的物理过程、探测器输出回路与其工作状态的关系、统计涨落对探测器性能的影响等基本概念和共性的问题。两部分前后呼应、相互联系,有利于读者加深对辐射及其探测本质的了解,形成较为完整的概念。

本书可作为高等学校核科学与工程有关专业的教材,也可供从事核技术应用、核能科学与工程、核材料与循环及辐射防护工作的工程技术人员参考。

图书在版编目(CIP)数据

核辐射物理及探测学/陈伯显,张智,杨祎罡编著. —2 版
. —哈尔滨:哈尔滨工程大学出版社,2021.8(2024.1 重印)
ISBN 978 - 7 - 5661 - 3208 - 6

Ⅰ.①核… Ⅱ.①陈… ②张… Ⅲ.①辐射 – 核物理学 – 高等学校 – 教材 ②辐射探测 – 高等学校 – 教材 Ⅳ.①O571 ②TL81

中国版本图书馆 CIP 数据核字(2021)第 156294 号

核辐射物理及探测学(第 2 版)
HE FUSHE WULI JI TANCEXUE(DI 2 BAN)

选题策划　　石　岭
责任编辑　　史大伟　薛　力
封面设计　　李海波

出版发行　哈尔滨工程大学出版社
社　　　址　哈尔滨市南岗区南通大街 145 号
邮政编码　150001
发行电话　0451 – 82519328
传　　　真　0451 – 82519699
经　　　销　新华书店
印　　　刷　哈尔滨午阳印刷有限公司
开　　　本　787 mm × 1 092 mm　1/16
印　　　张　28
字　　　数　734 千字
版　　　次　2021 年 8 月第 2 版
印　　　次　2024 年 1 月第 4 次印刷
定　　　价　79.00 元
http://www.hrbeupress.com
E-mail:heupress@hrbeu.edu.cn

第 2 版前言

本书第 1 版于 2011 年问世,至今已 10 年。10 年间,在教学应用中,笔者逐渐发现了一些描述不清晰、笔误等问题,因此有必要对第 1 版进行修订。10 年来,核科学与技术学科稳步推进,又取得不少新进展,也有不少令人激动的新成果,但在核物理基础和辐射探测的基本原理方面尚没有明显的、大的变化,因此本次修订将维持第 1 版的知识体系和整体架构不变,只是将部分描述不准确、不清晰的地方进一步明晰化,同时改正前期发现的一些笔误。

本次修订工作由清华大学张智和杨祎罡老师共同完成。具体分工如下:杨祎罡老师对全书进行了仔细梳理,提出和标注了具体修改意见,修改涉及文字近万字;张智老师负责补充、复核和确认。

本书修订意见一则来自张、杨二位老师在教学实践中的认识和体会,二则来自 10 年间上课时同学提出和发现的各种问题,在此对各位同学表示感谢。

由于编者学识水平有限,书中难免还会有缺点和错误,敬请读者指正。

编著者

2021 年 4 月于清华大学

前　言

　　本书是国防科技工业局组织出版的"十一五"国防特色规划教材之一。"核辐射物理及探测学"是清华大学工程物理系一门必修的专业基础课,课程面向工科一级学科"核科学与技术",内容涵盖了核辐射物理和辐射探测学两部分,构成了从辐射产生、辐射性质到辐射探测的完整体系。通过学习本课程,学生可对核辐射物理及辐射探测学等能有明确、深入的了解,为进一步学习打下良好的基础。

　　核辐射物理包含原子核的基本性质,各种辐射的产生、特点,辐射与物质相互作用等内容。书中突出了对核过程(包括核衰变、核反应和核裂变)发生的条件和概率的论述,以期对辐射产生的本质、辐射产生的各种过程和辐射与物质相互作用的机制等问题有比较深入的讨论。同时,加强了对衰变纲图等核数据手册应用工程能力的训练,通过对核衰变纲图深入的讨论,也有助于加深对原子核的自旋、宇称等概念的理解,进一步奠定较好的物理基础。辐射探测学重点放在了论述探测器输出信号形成的物理过程、探测器输出回路与其工作状态的关系、统计涨落对探测器性能的影响等基本概念和共性问题上。这些问题揭示了辐射探测本质和内在的联系,深入理解和掌握这些基本概念,就能在发展迅速的、多样化的辐射探测领域内,具有一定的举一反三的能力,能够及时、准确地掌握和应用一些新型的辐射探测器或进行新型辐射探测器的研究工作。

　　"核辐射物理及探测学"是一门新的重组课程,其相关课程在20世纪50年代末就已在清华大学工程物理系开设,成为核科学与技术学科最核心和基本的课程。基于长期的教学和科研实践经验的积累,在教学体系、内容、方法等各方面沉积了许多精华。知名学者齐卉荃、陈泽民、叶立润等曾讲授过相关课程,尤其安继刚院士在20世纪70年代和90年代两度在工程物理系讲授相关课程,在1992年应聘为工程物理系兼职教授期间开设了"致电离辐射探测学"课程,并编写了相应的教材。他的研究在探测器输出回路及输出信号的分析、串级型随机变量在辐射统计学中的引入等方面,对辐射探测学的发展起到了重要的促进作用。在本书的论述中包含了这些内容,在这里对安继刚院士表示感谢!

　　本书共13章,第1~5章和第10~13章由陈伯显编写,第6~9章的编写和修订工作由张智、陈伯显合作完成,并由张智对全书进行了校对和补充。本课程组的另两位主讲教师邓景康教授和杨祎罡副教授的教学实践无疑对本教材具有重要的影响和参考价值。本书经中国科学院高能物理研究所李金研究员和清华大学物理系朱胜江教授审阅。同时,作者在编写过程中参考了国内外一些专家的论著,在此一并表示感谢!

　　由于时间较为仓促及学术水平的限制,本书尚有许多不足之处,请予谅解,并欢迎广大读者提出批评和修改意见。

编著者

2011 年 2 月于清华大学

目　　录

第1章　原子核的基本性质

1911 年,卢瑟福(E. Rutheford)根据 α 粒子的散射实验提出了原子的核式模型的假设,即原子是由原子核和核外电子所组成。从此以后,原子就被分成两部分来处理:核外电子的运动构成了原子物理学的主要内容,而原子核则成为原子核物理学这门新学科的主要研究对象。原子和原子核是物质结构的互相关联又完全不同的两个层次。

原子和原子核的许多特性仅仅取决于原子或原子核本身,例如,物质的许多化学及物理性质、光谱特性,基本上仅与原子相关,即主要取决于核外电子的运动规律,而放射性的现象则主要归因于原子核。但两者之间又互相关联,原子核的性质必然对原子的性质产生一定的影响,所以,原子核的许多特性正是通过对原子或分子现象的观察来确定的,例如,通过分析原子光谱的超精细结构来研究原子核的自旋、磁矩和电四极矩等。

目前人们对原子核已经有了相当的了解,由此而发展、形成了核科学与技术,并已为人类社会的进步和发展做出了重大贡献。但是,人类对原子核的了解仍存在许多谜团,核物理学仍是基础物理研究的一个重要组成部分。

原子核的一般性质通常指原子核作为整体所具有的静态性质,本章将着重讨论原子核的组成、电荷、质量、半径、稳定性、自旋、磁矩、宇称和统计性质等基本性质,这些性质与原子核的结构及其变化有关。通过本章的讨论,可以使我们对原子核的静态性质有基本的了解,并为以后各章的讨论准备必要的知识。

1.1　原子核的组成、质量和半径

人们认识原子核是从观察物质的放射性开始的。1896 年,贝可勒尔(A. H. Becquerel)发现了铀的放射性,他发现用黑纸包得很好的铀盐仍可以使照相底片感光,该现象表明铀盐可以放射出能透过黑纸的射线,这是人类第一次在实验室里观察到的与原子核有关的物理现象。通常人们把这一重大发现看成是核科学的开端。随后,1897 年,居里夫妇(P. &. M. Curie)发现了放射性元素钋和镭;1903 年,卢瑟福证实了 α 射线是正电荷的氦原子,β 射线是电子,进而在 1911 年提出了原子的核式模型。1932 年,查德威克(J. Chadwick)发现了中子,海森堡(W. Heisenberg)立刻提出了原子核是由质子和中子组成的假设。

1.1.1　原子核的组成及其表示

在发现中子之前,人们知道的"基本"粒子只有两种:质子和电子。因此,把原子核假定是由质子和电子组成的想法就非常自然。以氦原子核为例,其质量近似为质子的 4 倍,电荷为两倍单位正电荷。假如它由质子和电子所组成,那么它必须包含 4 个质子和 2 个电子。质子作为质量的承担者,电子起了补偿电荷的作用。这个假定与氦核的质量和电荷状态是不矛盾的,但在解释另外的一些物理特征时就遇到了不可克服的困难。

如已知氦核的直径大小约为 $d = 5$ fm,假如核内存在电子,那么电子波函数中必有短波长部分满足 $\lambda \leqslant 10$ fm,与该波长对应的电子动量 p 为

$$p = \frac{h}{\lambda} = \frac{hc}{\lambda c} \geqslant \frac{1\ 240\ \text{fm} \cdot \text{MeV}}{10\ \text{fm} \cdot c} = \frac{124}{c}\ \text{MeV} \tag{1.1}$$

式中,h 为普朗克常数;c 为光速。利用相对论方程有

$$E^2 = (pc)^2 + (m_0 c^2)^2 \tag{1.2}$$

式中,$m_0 c^2$ 为电子的静止能量;E 为电子的总能量(或称动能量)。

由(1.1)式,$pc = 124\ \text{MeV} \gg m_0 c^2 = 0.511\ \text{MeV}$,因此

$$E \approx pc = 124\ \text{MeV}$$

可是,没有任何实验迹象能表明原子核内存在如此高能量的电子。

另外,原子核由质子和电子组成的假设也无法解释原子核的自旋及统计性,这将在 1.5 和 1.6 节中讨论。

在查德威克发现中子之后,海森堡很快就提出原子核由质子和中子组成的假说,这样,上述困难就不再存在了。原子核由质子和中子组成的假设已被一系列的实验所证实。

中子和质子的质量相差甚微,它们的质量分别为

$$m_\text{n} = 1.008\ 664\ 92\ \text{u}$$

$$m_\text{p} = 1.007\ 276\ 47\ \text{u}$$

这里,u 为原子质量单位。1960 年国际上规定把 ^{12}C 原子质量的 1/12 定义为原子质量单位,用 u 表示,即

$$1\ \text{u} = 1.660\ 538\ 73 \times 10^{-27}\ \text{kg} = 1.660\ 538\ 73 \times 10^{-24}\ \text{g} = 931.494\ 013\ \text{MeV} \cdot c^{-2}$$

中子为中性粒子,质子为带有单位正电荷的粒子。中子和质子除有微小质量差以及电荷的差异外,其余性质十分相似。

在化学中,我们可以仅用元素符号表示某种元素,因为化学只关注影响元素化学性质的原子序数。在提出原子核由中子和质子组成之后,仅由元素符号表示并不能完全确定原子核的组成,因此需要用符号 $^A_Z X_N$ 来表示某个原子核。其中 X 为元素符号,左下标 Z 表示质子数,也就是核的电荷数;右下标 N 表示核内中子数;左上标 A 为核内的核子数,又称质量数,$A = N + Z$,例如 $^4_2\text{He}_2$,$^{16}_8\text{O}_8$,$^{238}_{92}\text{U}_{146}$ 等。由于元素符号 X 与质子数 Z 有确定的对应关系,且 $A = N + Z$,所以在表示一个核素时,Z 和 N 通常可以省略,只要简写为 $^A X$ 就能完全表示出原子核内的质子数和中子数了,例如 ^4He,^{16}O,^{238}U 等。

下面,我们先介绍表示原子核的一些常用术语。

1. 同位素(Isotopes)和同位素丰度(Abundance)

对同一元素,由于核内中子数可以不同,因此可能包含多种原子。例如,自然界天然存在的 U 元素包含了 ^{238}U,^{235}U 和微量的 ^{234}U 等原子,它们由不同的原子核组成,共同点是原子核中的质子数以及核外电子数相同,具有基本相同的化学性质,但核中的中子数有差别,引起原子核性质有很大不同。

为了描述这种情况,我们把具有相同质子数,但质量数(即核子数)不同的核所对应的原子称为某元素的同位素。同位是指该元素的各种原子在元素周期表中处于同一个位置,它们具有基本相同的化学性质。例如,氢同位素有三种原子:^1H,^2H,^3H,分别取名为氕、氘、氚。某些元素,例如锰、铍、氟、铝等,在天然条件下,只存在一种原子,则称它们为单一原子而不能说是只有一种同位素。

某元素中各同位素天然含量的原子数百分比称为同位素丰度。例如自然界存在的氢只有

^{1}H, ^{2}H, 它们的同位素丰度分别为 99.985% 和 0.015%。^{3}H 虽然也是氢的一种同位素, 但它不稳定, 并不能天然存在, 丰度为 0。再如, ^{234}U, ^{235}U, ^{238}U 的同位素丰度分别为 0.005 4%, 0.720 4%, 99.274 2%。本书附录 I 中的核素性质表中给出了各种同位素的丰度可供使用。

2. 核素 (Nuclides)

核素是指在其核内含有一定数目的中子和质子, 并处于某特定能态的一种原子核或原子。例如, ^{235}U 和 ^{238}U 就是不同的核素。有的原子核含有相同的质子数和中子数, 但核所处的能态不同, 例如 ^{60}Co 和 ^{60m}Co, 它们也是两种不同的核素。

核素和元素有很大的不同。核素是从原子核的视角来考虑问题, 关注的是原子核的组成与稳定性、核力特性, 原子核的大小、自旋、宇称、磁矩、电四极矩、统计性等。元素则是从原子的视角来考虑问题, 关注的是核外电子在核库仑场中的能态与跃迁, 以及由此决定的光谱特性、物理与化学特征等。

3. 同中异荷素 (Isotones)

中子数 N 相同而质子数 Z 不同的核素互称为同中子异荷素 (简称同中异荷素)。例如 $^{30}_{14}$Si$_{16}$, $^{31}_{15}$P$_{16}$, $^{32}_{16}$S$_{16}$, $^{33}_{17}$Cl$_{16}$ 和 $^{34}_{18}$Ar$_{16}$ 等就互为同中异荷素, 而 $^8_3$Li$_5$ 的同中异荷素有 $^9_4$Be$_5$, $^{10}_5$B$_5$ 和 $^{11}_6$C$_5$ 等。

4. 同量异位素 (Isobars)

质量数 A 相同而电荷数 Z 不同的核素互称为同量异位素。例如 $^{90}_{38}$Sr 和 $^{90}_{39}$Y 就是同量异位素, $^{64}_{29}$Cu 的同量异位素有 $^{64}_{28}$Ni, $^{64}_{30}$Zn 和 $^{64}_{31}$Ga 等。

5. 同质异能素 (Isomers)

半衰期较长的激发态原子核称为基态原子核的同质异能素或同核异能素。它们的 A 和 Z 均相同, 只是能量状态不同。一般在元素符号左上角的质量数 A 后加上字母 m 表示 (也有的书上将 m 标在元素符号的右上角), 例如 $^{87m}_{38}$Sr 为 $^{87}_{38}$Sr 的同质异能素, 半衰期为 2.81 小时。同质异能素所处的能态, 又称同质异能态, 它与一般的激发态在本质上并无区别, 但是半衰期相对地长了很多, 我们将在第 3 章的 γ 跃迁部分对同质异能态的形成机理进行讨论。

6. 偶偶核 (e - e 核)、奇奇核 (o - o 核) 及奇 A 核

原子核的质子数 Z 和中子数 N 都是偶数的核称为偶偶核, 如 $^4_2$He$_2$, $^{46}_{20}$Ca$_{26}$ 等。Z 和 N 都是奇数的核称为奇奇核, 例如, $^6_3$Li$_3$, $^{32}_{15}$P$_{17}$ 等。以上两种核的核子数 A 都是偶数。A 是奇数的原子核称为奇 A 核, 它又可分为两类: Z 偶 N 奇的核称为偶奇 (e - o) 核, 如 $^{13}_6$C$_7$ 等; 而 Z 奇 N 偶的核称为奇偶核 (o - e), 如 $^{35}_{17}$Cl$_{18}$ 等。

7. 镜像核 (Mirror Nuclei)

两个质量数 A 相同的原子核, 如果一个核的质子数等于另一个核的中子数, 那么这两个原子核称为一对镜像核。例如 $^7_3$Li$_4$ 和 $^7_4$Be$_3$ 是一对镜像核, $^{15}_8$O$_7$ 的镜像核是 $^{15}_7$N$_8$, 而质子数和中子数相等的核没有镜像核。镜像核对于 β 衰变超允许跃迁的讨论是有帮助的。

1.1.2　原子核的质量

质子数为 Z、核子数为 A 的原子核的质量用 $m(Z,A)$ 表示, 与它相对应的原子质量表示为 $M(Z,A)$, 它们的关系为

$$M(Z,A) = m(Z,A) + Z \cdot m_0 - B_e/c^2 \tag{1.3}$$

式中，m_0 为电子的静止质量；B_e 为原子核外所有轨道电子结合能的总和，即 $B_e = \sum n_i B_i$，$i =$ K，L，M$\cdots$，n_i 和 B_i 分别代表第 i 层电子的个数和结合能。由此，原子核质量可表示为

$$m(Z,A) = M(Z,A) - Z \cdot m_0 + B_e/c^2 \qquad (1.4)$$

由于原子核的质量不便于直接测量，所以通常是通过测量原子质量并利用(1.4)式来推得原子核质量的。在实际应用中，一般数据手册上给出的也是原子质量，所以(1.4)式常会用到。后面我们讨论核蜕变，例如核衰变、核反应等过程时，是否要考虑核外电子的结合能 B_e 要视具体情况而定，在以后的各种核过程讨论中一般都会做必要的说明。

原子质量可以采用质谱仪测定，确切地说，实质上是测定离子质量。质谱仪的基本工作原理为：首先使原子电离，离子在电场中加速并获得一定能量，接着在磁场中偏转，由偏转的曲率半径可以得到离子的荷质比，当电荷确定后即可计算出离子的质量 M。

表1.1 给出了一些原子质量的测量值。由表可见，采用原子质量单位 u 时，原子质量均接近于一个整数，此整数就是原子核的质量数，即核子数 A。

表1.1 一些原子的质量

原子名称	原子质量/u	原子名称	原子质量/u
^{1}H	1.007 825	^{7}Li	7.016 004
^{2}H	2.014 102	^{12}C	12.000 000
^{3}H	3.016 049	^{16}O	15.994 915
^{4}He	4.002 603	^{235}U	235.043 930
^{6}Li	6.015 123	^{238}U	238.050 788

1.1.3 原子核的大小

一个原子的线度约为 10^{-10} m，根据卢瑟福用 α 粒子轰击原子的实验得知原子核的线度远小于原子的线度。若想象原子核近似于球形，则有原子核半径的概念。原子核的半径很小，只能通过各种间接的方法进行测量。根据所用方法的不同，测出的原子核半径的意义也不相同，有核力半径和电荷分布半径之分。

在历史上，最早研究原子核大小的是卢瑟福和查德威克，方法就是卢瑟福散射。卢瑟福散射是通过库仑力发生的弹性散射，如图1.1所示。质量为 m、电荷为 ze 的入射粒子以速度 v_0 入射，与电荷为 Ze 的靶核发生弹性碰撞。由于两个粒子之间的相互作用力与作用距离平方成反比(不论是吸引力还是排斥力)，为了满足角动量守恒，在质心坐标系的轨迹均呈双曲函数。由于靶核质量远大于入射粒子，实验室系的情况与质心系相差甚小(坐标系的讨论见第4章)，入射粒子运动

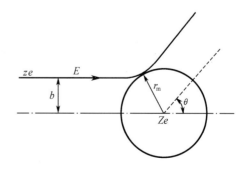

图1.1 用带电粒子与核散射确定核半径

轨迹仍呈双曲函数,并可以认为靶核固定不动。再加上散射过程中动能和势能之和保持恒定,这时散射角 θ 与粒子入射方向到原子核的最短距离 b 将有如下关系[①]:

$$b = \frac{a}{2} \cdot \cot \frac{\theta}{2} \quad \text{其中} \ a = \frac{zZe^2}{4\pi\varepsilon_0 E} \tag{1.5}$$

这就是著名的库仑散射公式。式中,b 称为碰撞参数(Impact parameter);E 为入射粒子动能,$E = mv_0^2/2$;ε_0 为真空中的介电常数。

当入射粒子为 α 粒子时,$z = 2$,得到

$$\tan \frac{\theta}{2} = \frac{1}{4\pi\varepsilon_0} \cdot \frac{Ze^2}{Eb} \tag{1.6}$$

可见,θ 随 E,b 的减小而增大,变化范围为 $0 \sim 180°$,因此 α 粒子有大角度散射。

实验表明,大多数的原子核可以近似看成球形,通常用核半径 R 来表征核的大小。由碰撞前后能量守恒和角动量守恒,有

$$\begin{cases} \dfrac{1}{2}mv_0^2 = \dfrac{1}{2}mv^2 + \dfrac{zZe^2}{4\pi\varepsilon_0 r_{\mathrm{m}}} \\ mv_0 b = mvr_{\mathrm{m}} \end{cases}$$

式中,r_{m} 为粒子与核最近情况下的距离;v 为粒子此时的速度;v_0 为粒子的初始速度。求解此方程并利用(1.5)式,可得

$$r_{\mathrm{m}} = \frac{1}{4\pi\varepsilon_0} \cdot \frac{zZe^2}{mv_0^2}\left(1 + \frac{1}{\sin(\theta/2)}\right) \tag{1.7}$$

由 θ 即可确定 r_{m},当 $\theta = 180°$ 时,r_{m} 达到最小 r_{mmin}。例如实验测出 Au 的 $r_{\mathrm{mmin}} \approx 3.2 \times 10^{-12}$ cm,Ag 的 $r_{\mathrm{mmin}} \approx 2.0 \times 10^{-12}$ cm。可以想象,核半径 R(电荷分布半径)一定不会大于 r_{mmin},即 $R \leqslant r_{\mathrm{mmin}}$。测出 r_{mmin},就可大致确定出核半径。对于一般原子核,卢瑟福散射实验确定的核半径 R 在 $10^{-13} \sim 10^{-12}$ cm 的范围。

随测量技术的发展与完善,陆续有了一些更精确的测量方法。如用中子衍射截面测量原子核的大小(核力半径);用高能电子散射测量原子核的大小及电荷形状因子(电荷分布半径),等等。

总结以上的实验结果,原子核半径 R 与 $A^{1/3}$ 成正比,可表示为

$$R = r_0 \cdot A^{1/3} \tag{1.8}$$

其中 r_0 的最新数据为 1.20 ± 0.30 fm(电荷半径)和 1.40 ± 0.10 fm(核力半径)。

有了半径,则可得到原子核的体积为

$$V = \frac{4}{3}\pi R^3 \approx \frac{4}{3}\pi r_0^3 A \tag{1.9}$$

由(1.9)式可知,原子核的体积正比于核内核子数 A,也就是说每个核子占有的体积为一常数,或者说各种核的核子密度(单位体积内的核子数)n 大致相同,即

$$n = \frac{A}{V} = \frac{A}{(4/3) \times \pi R^3} = \frac{3}{4\pi r_0^3} \approx 10^{38} \ \mathrm{cm}^{-3} \tag{1.10}$$

由于核子在核内的质量近似是一定的,(1.10)式还意味着核物质密度近似为常数。这一结论以及 $V \propto A$ 正是核的液滴模型和核力饱和性的依据。

---

①　参考书目[10]第一章§3。本书中电学单位采用国际单位制(SI)。

1.2　原子核稳定性的实验规律

原子核的稳定性取决于核的组成,例如其与核的质量数、核内质子数和中子数的比例都有着密切的关系。根据原子核的稳定性,可以把核素分为稳定的核素和放射性核素。

像化学和原子物理学中把元素按原子序数 Z 排成元素周期表一样,也可以把核素排在一张核素图上。核素图是 $N-Z$ 的两维图,如图 1.2 所示。图 1.2 以 N 为横坐标、Z 为纵坐标(也可以反过来),然后让每一核素对号入座,使图中每一格代表一个特定的核素。深色格中为稳定核素,格中百分数为同位素丰度;其余核素为放射性核素,格中 α、β^-,β^+ 等表示该核素的衰变方式,箭头指向为衰变后的子核,时间表示半衰期。

现代的核素图通常用不同颜色表示不同的衰变方式,图中既包括了天然存在的 332 个核素(其中 270 多个是稳定核素),也包括了 1934 年以来人工制造的 3 000 多个放射性核素。观察核素图,对于原子核的稳定性,可总结得到下面的一些规律。

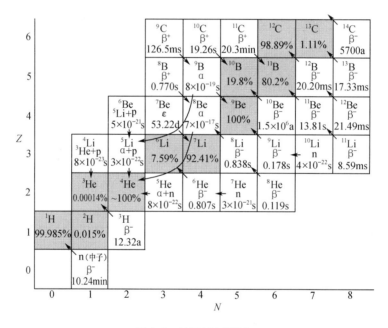

图 1.2　核素图(部分)

1.2.1　β 稳定线

为了从核素图中得到更多的有关核稳定性的认识,有人绘制了 β 稳定核素分布图,如图 1.3 所示,图中横坐标为质子数 Z,纵坐标为中子数 N。在图 1.3 中,在同一垂直线上(即 Z 相同)的所有核素是同位素;在同一水平线上(即 N 相同)的所有核素是同中子异荷素;在 N 和 Z 轴上截距相等的直线上(即 A 相等)的所有核素是同量异位素。

由图 1.3 可以发现,稳定核素几乎全落在一条光滑曲线上或紧靠曲线的两侧,我们把这条曲线称为 β 稳定线。由图可见,对于轻核,β 稳定线与直线 $N=Z$ 相重合;当 N,Z 增大到一定数值之后, β 稳定线逐渐向 $N > Z$ 的方向偏离。在 Z 小于 20 时, 核素的 N 与 Z 之比约为 1, Z 为中等数值时, N/Z 约为 1.4, Z 等于 90 左右时, N/Z 约为 1.6。

相对于稳定线而言, 中子数过多或偏少的核素都是不稳定的。位于稳定曲线上方的核素为丰中子核素, 中质比 N/Z 比较大, 易发生 β^- 衰变。β^- 衰变对应核内中子蜕变成质子的过程, 从而使 N/Z 下降, 向 β 稳定线靠拢。位于稳定曲线下方的核素为缺中子核素, N/Z 比较小, 易发生 β^+ 衰变。

β 稳定线可用下列经验公式表示:

$$Z = \frac{A}{1.98 + 0.015\,5A^{2/3}} \qquad (1.11)$$

原子核内的核子结合得非常紧密, 这是因为核力非常强大。核力存在于中子与中子、质子与质子之间, 也存在于中子与质子之间。除了核力之外, 质子与质子之间也存在库仑斥力, 它起着破坏结合的作用。

轻核区由于质子数较少, 库仑排斥作用

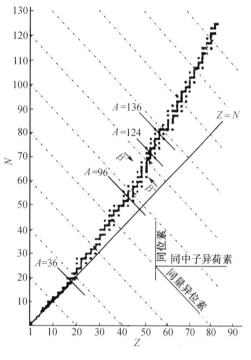

图 1.3　β 稳定核素分布图

的影响并不显著, 此时 $N = Z$ 的核素比较稳定。为什么 $N = Z$? 因为中子和质子都是费米子 (1.6 节讨论), 它们在核内都要独立建立自己的能级, 在不考虑库仑排斥能的情况下, 中子和质子的能级结构几乎是一样的, 因此在 $N + Z$ 恒定的前提下, $N = Z$ 时整个系统的能量状态最低, 核最稳定。

可是, 当质子数 Z 增大到一定数值时, 情况就起了变化。由于库仑力是长程力, 它能作用于核内的所有质子, 相互作用能正比于 Z^2; 而核力是短程力, 只作用于相邻的核子, 相互作用能正比于 A。随着 Z 的增加, 库仑作用的影响增长得比核力快, 为使原子核保持稳定, 必须靠中子数的较大增长来增加核力相互作用能, 因此, 随着 $Z(A)$ 的增长, 稳定核素的 N/Z 比越来越大, β 稳定线越来越多地偏离 $Z = N$ 直线。随着 Z 的继续增大, 更多中子的中和作用也难以保证原子核的稳定。例如, 超过铅 ($Z = 82$) 和铋 ($Z = 83$) 时, 稳定核素就不存在了。当 Z 更大时, 则连长寿命放射性核素也不复存在了。这样, 稳定核素在目前的已知核素区就慢慢终止了。

1.2.2　核子数的奇偶性

原子核的稳定性还与核内质子和中子数的奇偶性有关, 奇数以 o(odd) 表示, 偶数以 e (even) 表示。自然界中存在的稳定核素共 270 多种, 若包括半衰期 10^9 年以上的核素则为 285 种, 其中, 偶偶 (e - e) 核 167 种; 偶奇 (e - o) 核 56 种; 奇偶 (o - e) 核 53 种; 奇奇 (o - o) 核 9 种。

由稳定核素核内质子数和中子数的奇偶性可以看出, 偶偶核最稳定, 稳定核素最多; 其次是奇偶核和偶奇核;而奇奇核最不稳定,稳定核素最少,只有 9 种(含半衰期 10^9 年以上的)。这表明核内质子和中子分别有成对相处的趋势。

另外,当原子核的中子数或质子数为 2,8,20,28,50,82 和中子数为 126 时,原子核特别稳定。我们把上述数目称为“幻数”,幻数现象将在 1.8 节中进一步讨论。

1.2.3　重核的稳定性

如前所述,由于库仑排斥作用,当 Z 大到一定程度时,稳定核素不复存在。实验发现,重核一般具有 α 放射性,例如,自然界存在的最重核素 ^{232}Th,^{235}U 和 ^{238}U 都具有 α 放射性,而且构成了自然界的三个放射系。对很重的核,除 α 放射性外,还可能观察到自发裂变的现象,例如 ^{252}Cf 自发裂变的份额可占到 3.1%。

重核的不稳定性,可以用原子核的结合能来解释。由于它们的比结合能小,核子间结合得比较松散。至于能否发生衰变,取决于广义质量亏损是否满足 $\Delta M > 0$,我们将在下面开展讨论。

在 1966 年左右,理论预告位于远离现有核素图的范围,大约在 $Z = 114$ 附近,存在一个超重稳定元素“岛”,这还有待于实验的验证。近十多年来,由于重离子加速器的大量建造,重离子核反应得以广泛实现,为实现和验证这种理论提供了有效的工具。

1.3　原子核的结合能

1.3.1　质能联系定律

质量和能量是物质同时具备的两个属性,任何具有一定质量的物质都必须与一定的能量相联系。如果物体的能量 E 以 J(焦耳)表示,物体的质量 m 以 kg(千克)表示,则质量和能量的相互关系为

$$E = mc^2 \quad 或 \quad m = E/c^2 \tag{1.12}$$

式中,c 为真空中的光速,$c = 2.997\ 924\ 58 \times 10^8$ m/s $\approx 3 \times 10^8$ m/s。(1.12)式称为质能关系式,也就是质能联系定律。由(1.12)式可得到与一个原子质量单位相联系的能量为

$$E = \frac{1.660\ 538\ 73 \times 10^{-27}\ \text{kg} \times (2.997\ 924\ 58 \times 10^8\ \text{m} \cdot \text{s}^{-1})^2}{1.602\ 176\ 462 \times 10^{-13}\ \text{J/MeV}} = 931.494\ 013\ \text{MeV}$$

根据相对论的观点,物体质量的大小随着物体运动状态的变化而变化。若物体静止时的质量为 m_0,则运动速度为 v 时该物体所具有的质量为

$$m = m_0 / \sqrt{1 - (v/c)^2} \tag{1.13}$$

由(1.13)式,当 $v \ll c$ 时,$m \approx m_0$,而真空中的光速 c 则是物体或粒子运动的极限。

$E = mc^2$ 中的能量包括两部分:一部分为物体的静止质量所对应的能量 $E_0 = m_0 c^2$;另一部分为物体的动能 T。动能为

$$T = E - E_0 = mc^2 - m_0 c^2 = m_0 c^2 [1/\sqrt{1 - (v/c)^2} - 1]$$

在非相对论情况下,即 $v \ll c$,$1/\sqrt{1 - (v/c)^2}$ 可以按泰勒级数展开,则 T 可表示为

$$T \approx m_0 c^2 \left[\left(1 + \frac{1}{2} \left(\frac{v}{c} \right)^2 + \frac{3}{8} \left(\frac{v}{c} \right)^4 + \cdots \right) - 1 \right] \approx \frac{1}{2} m_0 v^2$$

这与经典力学所推出的结果是一致的。

对(1.12)式的两边取差分,得到

$$\Delta E = \Delta m c^2 \tag{1.14}$$

此式表示体系的质量变化必定与其能量的变化相联系,体系有质量的变化就一定伴随能量的变化。对于孤立体系而言,总能量守恒,也必然地有总质量的守恒。

1.3.2　质量亏损与质量过剩

原子核既然是由中子和质子所组成,那么,原子核的质量似乎应该等于核内中子和质子的质量之和,但实际情况却并非如此。举一个最简单的例子,即氘核(^{2}H),它由一个中子和一个质子所组成。

一个中子和一个质子的质量和为 $m_n + m_p = 1.008\ 665 + 1.007\ 276 = 2.015\ 941\ u$,而氘核的质量为 $m(Z=1, A=2) = 2.013\ 553\ u$,显然,氘核的质量小于组成它的质子和中子质量之和,两者之差为

$$\Delta m(1,2) = m_p + m_n - m(1,2) = 0.002\ 388\ u$$

推而广之,定义原子核的质量亏损为组成原子核的 Z 个质子和 $A - Z$ 个中子的质量与该原子核的质量之差,记作

$$\Delta m(Z,A) = Z \cdot m_p + (A - Z) \cdot m_n - m(Z,A) \tag{1.15}$$

式中,$m(Z,A)$ 为电荷数为 Z、质量数为 A 的原子核的质量。在实际应用中,实验给出的是原子质量,所以需要把(1.15)式中的质子质量 m_p 和核质量 $m(Z,A)$ 用 ^{1}H 原子质量 $M(^1\mathrm{H})$ 和 $_Z^A\mathrm{X}$ 原子质量 $M(Z,A)$ 来代替,而 Z 个 ^{1}H 原子中的电子质量正好被 $_Z^A\mathrm{X}$ 原子中 Z 个电子质量所抵消,这样,原子核的质量亏损也可表示为

$$\Delta m(Z,A) = Z \cdot M(^1\mathrm{H}) + (A - Z) \cdot m_n - M(Z,A) \tag{1.16}$$

由(1.15)式到(1.16)式也有近似的地方,忽略了原子中核外电子结合能的差别。

上述质量亏损是针对原子核质量亏损而提出的,进而可以引入广义质量亏损的概念,广义质量亏损定义为体系变化前后静止质量之差,即

$$\Delta M = \sum_i M_i - \sum_f M_f$$

式中,下标 i 表示体系变化前;f 表示体系变化后。

变化前后体系总动能的变化为

$$\Delta T = \sum_f T_f - \sum_i T_i$$

由能量守恒定律

$$\sum_i M_i c^2 + \sum_i T_i = \sum_f M_f c^2 + \sum_f T_f$$

整理可得

$$\Delta T = \Delta M c^2 \tag{1.17}$$

$\Delta M > 0$ 表示变化中体系静止质量减少,而体系动能增加($\Delta T > 0$),这种变化称为放能变化。反之,$\Delta M < 0$ 表示变化中体系静止质量增加,而体系动能减少($\Delta T < 0$),这种变化称为吸能变化。由广义质量亏损可以计算吸能和放能的数值。

在核数据表中,常会给出核素的质量过剩。核素的质量过剩定义为核素的原子质量(以 u

为单位)与质量数之差,即等于 $M(Z,A) - A$,它与核素的原子质量一一对应。与质量过剩对应的能量为

$$\Delta(Z,A) = [M(Z,A) - A] \cdot c^2 \tag{1.18}$$

$\Delta(Z,A)$ 一般也称为核素的质量过剩,以 MeV 为单位。在常用的核数据表中,给出的往往是 $\Delta(Z,A)$,而不是核素的原子质量,这样,用质量差计算能量变化时,可以省去单位换算。

利用 $\Delta(Z,A)$ 求原子质量也很简单,由(1.18)式,核的原子质量(以 u 为单位)为

$$M(Z,A) = A + \frac{\Delta(Z,A)}{931.494\ 0} \tag{1.19}$$

表 1.2 列出了一些核素的质量过剩 $\Delta(Z,A)$ 值和原子质量 $M(Z,A)$。在附录 I 中的核素性质表中给出了常用核素的质量过剩 $\Delta(Z,A)$。

表 1.2　一些核素的 Δ 值和原子质量

核素	A	$\Delta(Z,A)$/MeV	$M(Z,A)$/u
^{6}Li	6	14.087	6.015 123
^{14}N	14	2.863	14.003 074
^{56}Fe	56	-60.605	55.934 937
^{208}Pb	208	-21.749	207.976 651

1.3.3　原子核的结合能

实验发现,原子核的质量亏损 $\Delta m > 0$,由质能联系定律,相应能量的减少就是 $\Delta E = \Delta m c^2$。这表明核子结合成原子核时会释放出能量,这个能量称之为结合能,由此,Z 个质子和 $A - Z$ 个中子结合成原子核时的结合能 $B(Z,A)$ 为

$$B(Z,A) \equiv \Delta m(Z,A)c^2 \tag{1.20}$$

将(1.16)式和(1.18)式代入(1.20)式,得到

$$\begin{aligned}
B(Z,A) &= [Z \cdot M(^1\text{H}) + (A-Z) \cdot m_n - M(Z,A)]c^2 \\
&= Z \cdot \Delta(1,1) + (A-Z) \cdot \Delta(0,1) - \Delta(Z,A)
\end{aligned} \tag{1.21}$$

一个中子和一个质子组成氘核时,会释放 2.224 MeV 的能量,这就是氘的结合能。它已为精确的实验测量所证明。实验还证实了它的逆过程:当有能量大于或等于 2.224 MeV 的光子照射氘核时,氘核能一分为二,形成自由中子与质子。

其实,一个体系的质量小于组成体系的个体质量之和这一现象,在化学和原子物理学中同样存在。例如,两个氢原子组成氢分子时,会放出 4 eV 的能量;当一个电子与质子组成氢原子时,会放出 13.6 eV 的能量。为了描述结合能的相对大小,我们可以求一下体系的结合能与组成体系的质量的比值,在化学和原子物理中,该比值很小,为 10^{-9} 量级;在原子核物理中,该比值为 10^{-3} 量级;而在高能物理中这个比值将接近于 1,那时,物质结构的观念将发生深刻的变化。

1.3.4　比结合能曲线

原子核的结合能 $B(Z,A)$ 除以原子核质量数 A 所得的商,称为比结合能,用符号 ε 表示:

$$\varepsilon(Z,A) = B(Z,A)/A \tag{1.22}$$

比结合能的单位是 MeV/Nu,Nu 代表每个核子。

比结合能的物理意义为把原子核拆散成自由核子时,外界对每个核子所做的平均功;或者说,它表示核子结合成原子核时,平均一个核子所释放的能量。因此,ε 表征了原子核结合的松紧程度。ε 大,核结合紧,稳定性高;ε 小,结合松,稳定性差。例如,氘核的 $\varepsilon = 1.1$ MeV/Nu,它结合很松,在核反应中极易分裂;而 ^{4}He 核的 $\varepsilon = 7.07$ MeV/Nu,它结合得很紧;结合最紧的核是 ^{56}Fe,它的 $\varepsilon = 8.79$ MeV/Nu,在自然界广泛存在。

图 1.4 是核素的比结合能与质量数之间的关系曲线,称为比结合能曲线。它与核素图是原子核物理学中最重要的两张图。从图 1.4 可见,比结合能曲线两头低、中间高,换句话说,就是中等质量的核素的比结合能比轻核、重核都大。比结合能曲线在开始时有些起伏,逐渐光滑地达到极大值,然后又缓慢地变小。

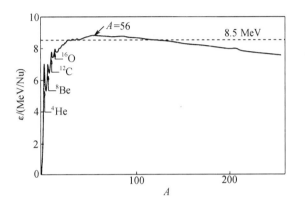

图 1.4　比结合能 $\varepsilon - A$ 曲线

当比结合能小的核蜕变成比结合能大的核,即当结合得比较松的核变到结合得紧的核时,就会释放能量。从图 1.4 可以看出,有两个途径可以获得能量:一是重核裂变,即一个重核分裂成两个中等质量的核,依靠该原理制造出了原子反应堆与原子弹;一是轻核聚变,依靠该原理制造出了氢弹并正在探索可控聚变反应。由此可见,所谓原子能,主要是指原子核结合能发生变化时释放的能量。

从图 1.4 还可见,当 $A < 30$ 时,曲线在保持上升趋势的同时,有明显的起伏。在 A 为 4 的整数倍时,曲线有周期性的峰值,如 ^{4}He,^{12}C,^{16}O,^{20}Ne 和 ^{24}Mg 等偶偶核,并且 $N = Z$,这表明对于轻核可能存在 α 粒子的集团结构。

1.3.5　原子核最后一个核子的结合能

原子核最后一个核子的结合能,是一个自由核子与核的其余部分组成原子核时所释放的能量,也就是从核中分离出一个核子所需要给予的能量。显然,质子与中子作为最后一个核子的结合能是不等的。

最后一个质子的结合能定义为

$$\begin{aligned}
S_p(Z,A) &\equiv [M(Z-1,A-1) + M(^1H) - M(Z,A)]c^2 \\
&= \Delta(Z-1,A-1) + \Delta(^1H) - \Delta(Z,A)
\end{aligned} \tag{1.23}$$

或

$$S_p(Z,A) = B(Z,A) - B(Z-1,A-1) \tag{1.24}$$

最后一个中子的结合能定义为

$$\begin{aligned}
S_n(Z,A) &\equiv [M(Z,A-1) + m_n - M(Z,A)]c^2 \\
&= \Delta(Z,A-1) + \Delta(0,1) - \Delta(Z,A)
\end{aligned} \tag{1.25}$$

或

$$S_n(Z,A) = B(Z,A) - B(Z,A-1) \qquad (1.26)$$

原子核最后一个核子的结合能的大小,反映了这种原子核相对邻近的那些原子核的稳定程度。例如,由 S_p,S_n 定义可计算出:

$$S_p(^{16}O) = 12.127 \text{ MeV}, \quad S_n(^{16}O) = 15.664 \text{ MeV}$$

$$S_n(^{17}O) = 4.143 \text{ MeV}, \quad S_p(^{17}F) = 0.600 \text{ MeV}$$

此结果表明最后一个核子的结合能对不同核素可以差别很大。^{16}O 核最后一个中子或质子的结合能比邻近的 ^{17}O,^{17}F 核的最后一个中子或质子的结合能大得多,说明 ^{16}O 稳定得多。这也是一种幻数现象,同样将在1.8节中讨论。

1.3.6　原子核的液滴模型和结合能的半经验公式

从上面结合能的讨论可以看出,不同原子核的结合能明显不同,但又呈现一定的规律。由于对核力的作用机制尚不清楚,难以开展定量地讨论。对原子核的研究一般采用在一些实验事实的基础上,建立一些核结构模型的方法,称为唯象方法。其中主要的模型有液滴模型、壳层模型和集体运动模型等,它们都能在一定的范围内解释一定的实验现象,又都存在一定的局限性。首先,我们对液滴模型及其解释的物理现象做一些讨论,以求对这种唯象方法有一个基本的了解。

1. 液滴模型

在原子核的模型理论中,较早提出并且取得极大成功的是玻尔(N. Bohr)提出的液滴模型。玻尔把原子核类比为一个液滴,其主要根据有以下两个:

(1)从比结合能曲线看出,原子核平均每个核子的结合能几乎是常数,即 $B \propto A$。说明核子间的相互作用力具有饱和性,否则 B 将近似于与 A^2 成正比。这种饱和性与液体中分子间作用力的饱和性相似。

(2)原子核的体积近似正比于核子数,意味着核物质密度几乎是常数,表明原子核是不可压缩的,与液体的不可压缩性相类似。

由于质子带正电,原子核的液滴模型把原子核当作荷电的液滴。根据液滴模型,原子核的结合能 B 主要包括体积能 B_V、表面能 B_S 和库仑能 B_C,则

$$B = B_V + B_S + B_C \qquad (1.27)$$

(1.27)式右边第一项为体积能项 B_V,它是结合能中的主导项。由于核力的饱和性,体积能 B_V 与原子核的体积 V 成正比,而 $V = 4\pi r_0^3 A/3 \propto A$,因此

$$B_V = a_V A \qquad (1.28)$$

式中,a_V 是一比例常数。

但是,核总有表面存在,表面上的核子与体内不同,它们没有受四周核子的包围,因此表面核子的结合要弱一点。也就是说,在(1.28)式表达的结合能中应减去一部分,它正比于核的表面积 $S = 4\pi R^2 = 4\pi r_0^2 A^{2/3}$。这就是(1.27)式右边的第二项,称为表面能项,则

$$B_S = -a_S A^{2/3} \qquad (1.29)$$

这里的 a_S 是一个比例常数,负号表示表面效应将使结合能减少。

(1.27)式中的第三项是库仑能项。由于在核内有 Z 个质子,它们之间存在库仑斥力,导致结合能变小。因而,库仑能项同样也是一个负项。在计算库仑能时,假设原子核是个球体,它所带的电荷是均匀分布的。

设想核的电荷(Ze)是从无限远处移来,从原子核中心开始按一个个同心球壳逐层集聚起来。核的电荷密度为 $\rho = Ze/V = 3Ze/4\pi R^3$,移动薄壳电荷 $dq = 4\pi r^2 dr \cdot \rho$ 到核物质半径为 r 处要做的功为

$$dW = \frac{1}{4\pi\varepsilon_0 r} \cdot \frac{4}{3}\pi r^3 \rho \cdot 4\pi r^2 dr \cdot \rho$$

式中 $4\pi r^3 \rho/3$ 为半径为 r 时的内层电荷。这样,要构成一个半径为 R 的带电球体所需的总的功,就是

$$B'_C = \int_0^R dW = \int_0^R \frac{1}{4\pi\varepsilon_0} \cdot \frac{(4\pi)^2}{3} r^4 \rho^2 dr = \frac{3}{5} \cdot \frac{1}{4\pi\varepsilon_0} \cdot \frac{(Ze)^2}{R}$$

得到这一结果时,假想原子核的电荷是连续集聚的。但实际上,原子核内带电的单元是质子,而且质子早已存在(由于不确定度关系,质子的大小近似等于原子核的大小),不必再为集聚各个质子而做功;由于组成一个质子需要做的功为 $\frac{3}{5} \cdot \frac{1}{4\pi\varepsilon_0} \cdot \frac{e^2}{R}$,必须从 B'_C 中减去 $\frac{3}{5} \cdot \frac{1}{4\pi\varepsilon_0} \cdot \frac{e^2}{R} \cdot Z$,才是要求的库仑能,即

$$B_C = -\left(\frac{3}{5} \cdot \frac{1}{4\pi\varepsilon_0} \cdot \frac{(Ze)^2}{R} - \frac{3}{5} \cdot \frac{1}{4\pi\varepsilon_0} \cdot \frac{e^2}{R}Z\right) = -\frac{3}{5} \cdot \frac{1}{4\pi\varepsilon_0} \cdot Z(Z-1) \cdot \frac{e^2}{R} \quad (1.30)$$

从物理上可以这样理解,库仑力是长程力,一个质子可以和核内其余的($Z-1$)个质子相互作用。所以,库仑能与 $Z(Z-1)$ 成正比,负号同样表示库仑作用使结合能减少。

由(1.30)式得到

$$B_C = -a_C \frac{Z(Z-1)}{A^{1/3}} \approx -a_C \frac{Z^2}{A^{1/3}} \quad (1.31)$$

这里的 a_C 是一个比例常数。

把(1.28)式,(1.29)式和(1.31)式代入(1.27)式就得到了液滴模型给出的原子核结合能计算公式为

$$B = a_V A - a_S A^{2/3} - a_C Z^2 A^{-1/3} \quad (1.32)$$

(1.32)式除以质量数 A,即可得到液滴模型的比结合能计算公式为

$$\varepsilon = a_V - a_S A^{-1/3} - a_C Z^2 A^{-4/3} \quad (1.33)$$

按(1.33)式可以作出如图 1.5 所示的比结合能曲线。图 1.5 分别给出了公式中的第一项、前两项以及三项相加的情况(图 1.5 中还考虑第四项,见下面的讨论)。调节常数 a_V 和 a_S,使得由(1.33)式得到的比结合能曲线与实验曲线尽量一致。比较发现,除了一些细节外,两者确实有大致相仿的变化趋势。这说明,原子核的液滴模型是合理的。

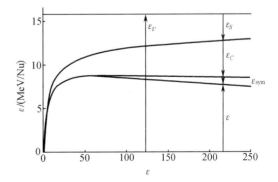

图 1.5 比结合能的主要部分

2. 结合能的半经验公式

认真分析就会发现(1.32)式存在明显的缺陷:对于确定的 A 值,最稳定的原子核似乎是完全由中子组成的核。因为(1.32)式对中子和质子是一样的,第三项是负的,对质量数相等的核,Z 越小结合能就越大,显然有悖于实际

情况。

如前所述,原子核的稳定性还与核内质子数和中子数的奇偶性有关。根据核内质子数和中子数的奇偶性,可以看出偶偶核最稳定,其次是奇偶核和偶奇核,而奇奇核最不稳定。

事实上,魏扎克(C. F. von Weizacker)在1935提出的核结合能的半经验公式比(1.32)式要复杂一些。魏扎克公式作为一个最基本的半经验结合能公式,其表达式为

$$B = a_V A - a_S A^{2/3} - a_C Z^2 A^{-1/3} - a_{sym}(A/2 - Z)^2 A^{-1} + B_P \qquad (1.34)$$

(1.34)式的前三项上面已讨论过,头两项的系数由实验确定,第三项的系数可以由(1.30)式算出,它们分别为

$$a_V = 15.835 \text{ MeV}, \ a_S = 18.33 \text{ MeV}, \ a_C = 0.714 \text{ MeV}$$

(1.34)式的第四项代表对称能项,当核内质子数与中子数相等时,它等于零。否则,由于泡利不相容原理,当核内一种核子多于另一种核子时系统的能量状态就要变高。在轻核区,稳定核 Z 与 N 近似相等,这说明原子核内存在使 $N = Z$ 这一对称性的倾向。随着 A 的增大,由于库仑作用的影响,稳定核变为 $Z < N$,破坏了 N 与 Z 的对称性。这一破坏引起了要求恢复对称的能量的存在,这就是对称能。从实验定出,(1.34)式中第四项的系数为

$$a_{sym} = 92.80 \text{ MeV} \qquad (1.35)$$

第五项是对能项,原子核的 N,Z 的奇偶性和原子核的稳定性之间的规律表明质子或中子都有成对的倾向。同类核子成对时结合能增大;不成对时,结合能就小一些。这就引进了对能项,它的具体形式为

$$B_P = \begin{cases} a_P A^{-1/2} \\ 0 \\ -a_P A^{-1/2} \end{cases} \qquad (1.36)$$

从上到下依次对应于偶偶核、奇 A 核和奇奇核。同样,由实验数据结合理论计算拟合得到 $a_P = 11.2 \text{ MeV}$。对能项表明,偶偶核最稳定,奇奇核最不稳定。

表1.3列出了一些核素的结合能,其中 B 是由(1.34)式计算得到的结合能数值,B' 为实验结果。从表中可以看出公式中各项对于结合能贡献的大小,也可看到由液滴模型的结合能半经验公式得到的结果与实验结果符合得相当好。

表1.3　一些核素的结合能的计算结果(单位:MeV)

核素	B_V	B_S	B_C	B_{sym}	B_P	B	B'
^{40}Ca	633.4	−214.4	−83.5	0	1.8	337.3	342.0
^{107}Ag	1 694.4	−413.1	−332.2	−36.6	0	912.5	915.2
^{238}U	3 768.7	−704.0	−975.2	−284.3	0.7	1 805.9	1 801.6

进一步还可考虑原子核的弥散形式表面(不存在清晰界面)及变形液滴等修正,得到更精确的结果,在此就不讨论了。在魏扎克提出半径验公式以后的三十多年中,先后提出的核结合能的半经验公式不下数十个,到目前为止,最好的公式或许是尼克斯(R. Nix)等人提出的。判断核结合能的半经验公式好坏的标准是:有明确的物理思想,用较少的可调参数,得到较好的计算结果,且能说明与核结合能有关的一些核性质。尼克斯等人只用了五个可调参数,计算了

1 323 个核素(其质量已被测量过的),得到的均方根偏差(RMS)为 0.835 MeV[①]。

原子核的液滴模型不仅解释了原子核的结合能,而且在 1936 年被玻尔(N. Bohr)成功地用于对核反应截面的计算,1939 年玻尔和惠勒(J. A. Wheeler)还用液滴模型对裂变过程成功地做了理论解释。可以说,液滴模型对核物理的发展起到了重要的推动作用。

1.4　核力及核势垒

1.4.1　核力的一般性质

在人们认识原子核之前,只知道在自然界有两种作用力:万有引力和电磁力。万有引力在原子核的尺度范围内完全可以忽略,而电磁力对核内的质子只能起排斥作用,那么,是什么样的作用力使中子与质子如此紧密地结合在一起,形成密度高达 10^{17} kg/m^3 的原子核呢? 我们把核子与核子之间很强的作用力称为核力,而且,在一定距离内必须是吸引力,才能克服库仑斥力而组成原子核。

从发现中子起,人们就对核力开始了各种探索。迄今为止,已积累了有关核力的大量知识,然而,核力仍是在探索的、悬而未决的基本问题。下面把现已了解的核力基本性质作一扼要介绍。

1. 核力是短程强作用力

核力是短程力,只有在原子核的线度内(几个 fm)才发生作用。核力的作用范围可以通过原子核内核子间的平均距离 δ 来估算,由(1.9)式得到

$$\delta = \left(\frac{V}{A}\right)^{1/3} = \left(\frac{4\pi R^3/3}{A}\right)^{1/3} = \left[\frac{4\pi(1.4 \times 10^{-15})^3 A/3}{A}\right]^{1/3} = 2 \times 10^{-15} \text{ m} \quad (1.37)$$

此估算结果与中子在靶核上弹性散射的实验结果相一致。

核力是强相互作用,而且是很强的短程引力。核力存在于中子–中子、中子–质子和质子–质子之间。以两个质子为例,质子带正电荷,库仑斥力与电荷体之间距离的平方成反比,在核内核子间的距离为 fm 量级,两个质子在这么短的距离内竟然不顾库仑斥力而紧密结合,这就充分说明了这一点。

从能量的角度也可说明这一点,以 ^{4}He 核为例,^{4}He 核由两个质子和两个中子组成,其结合能为 28.296 MeV,而 ^{4}He 内两个质子间的库仑斥力能为

$$V_c = \frac{e^2}{4\pi\varepsilon_0\delta} = \frac{(1.602 \times 10^{-19})^2}{4\pi \times 8.85 \times 10^{-12} \times 2 \times 10^{-15} \times 1.6 \times 10^{-13}} = 0.72 \text{ MeV} \quad (1.38)$$

此结果表明电磁力的作用强度仅为核力的 10^{-2} 量级。核力是迄今所知道的各种作用力中作用强度最大的作用力。

2. 核力与核子的电荷无关

海森堡早在 1932 年就假设:质子与质子之间的核力 F_{pp} 与中子与中子之间的核力 F_{nn},以及质子与中子之间的核力 F_{np} 都相等,即

$$F_{pp} = F_{nn} = F_{np} \quad (1.39)$$

---

① 　P. Moller & R. Nix. At Data Nul. Tables,1981,26:165。

以³H核与³He核为例:³H核由两个中子和一个质子组成,核内有两对(p,n)作用和一对(n,n)作用;而³He核由两个质子和一个中子组成,核内有两对(p,n)作用和一对(p,p)作用。其差别为一对(n,n)作用和一对(p,p)作用。

由质量亏损计算得到两者的结合能分别为 $B(^3H) = 8.48$ MeV, $B(^3He) = 7.72$ MeV。由式(1.38)求得,两个质子间的库仑斥力能为 $V_c = 0.72$ MeV,若³He核内不存在库仑斥力,其结合能应为 7.72 MeV + 0.72 MeV = 8.44 MeV,这与³H核的结合能 8.48 MeV 非常接近。因此,可以认为(n,n)和(p,p)之间的引力能是相等的。

3. 核力具有饱和性

原子核中每一个核子只能与它邻近的少数几个核子相互作用,这种性质称为核力的饱和性,核力的饱和性质是核力最重要的特性之一。

核力饱和性的依据与核的液滴模型的基本假定是一致的。由液滴模型假定,原子核平均每个核子的结合能几乎是常数,原子核的结合能近似地与 A 成正比,即 $B \propto A$,说明核子间的相互作用力具有饱和性,否则 B 将近似与 A^2 成正比。这种饱和性与液体中分子间相互作用力的饱和性相似。

4. 核力在极短程内有排斥芯

核子不能无限靠近,当核子之间距离小于 0.4 fm 时,核子之间存在很强的排斥力。这种斥力的存在,使核子不能过分地靠近,以致每一个核子都占有相同的体积。从质子 – 质子散射实验和质子 – 中子散射实验,我们获得的核力知识大致是:当两核子之间的距离为 0.4 ~ 3.0 fm 时,核力表现为引力;在小于 0.4 fm 时为斥力;大于 10 fm 时核力完全消失。到目前为止,人们对于 $\delta < 0.4$ fm 范围的核力的认识还很差。

此外,核力还与自旋有关。也就是说,两核子之间的核力与它们的自旋相对取向有关。例如,氘核的自旋为1,说明质子和中子的自旋取向平行时,才有较强的核力,能把中子和质子结合在一起形成氘核。在中子 – 质子散射实验中,当它们自旋取向不同时,散射截面明显不同,反映出核力与自旋有关。

除了自旋之外,核子间的核力也受自旋角动量与轨道角动量之间关系的影响。当核子 A 射向核子 B 的时候,若 A 的自旋角动量方向和 A 相对于 B 的轨道角动量方向同向时,二者表现为引力,当为反向时,二者表现为斥力,这被称为核力的"自旋轨道耦合项"部分,它对于核壳层模型幻数的确定,起到了重要作用。

1.4.2　核力的介子(Meson)理论

对核力本质的探索一直是学术界关注的重要课题。1935 年日本物理学家汤川秀树(H. Yukawa)把核力与电磁力类比,提出了核力的介子理论。

两个荷电粒子并不直接接触,但它们之间存在着相互作用。按照现代的观点,电磁相互作用是带电粒子之间通过交换光子而产生库仑力,这种理论称为交换粒子理论。交换粒子的作用过程可以用费曼图(Feynman Diagrams)表示。费曼图是量子场论中用来表示时 – 空平面内相互作用的一种方法,用于描述粒子之间的相互作用,可以直观地表示粒子散射、反应和转化等过程,并可以方便地计算出一个反应过程的跃迁概率。费曼图的横坐标表示距离 x,纵坐标代表时间 t。

图 1.6 给出了两个电子相互作用过程的费曼图。一个电子从左到右,另一个电子从右到

左。左边一个电子在 A 点改变运动方向、同时放出一个光子;右边一个电子在 B 点吸收这个光子,又放出一个电子。总的效果是:甲电子从左飞来,乙电子从右飞来,相互作用后相互反向离去。必须注意,A 点和 B 点仅是假设的,实际上,甲电子运动轨迹上各点都是 A 点,乙电子相应地经过了一系列的 B 点。因此,可以认为带电粒子之间持续不断地在交换光子。

汤川秀树认为核力也是一种交换力,核子间通过交换介子场的量子——介子而产生相互作用,即通过发射和吸收介子来传递核子间的相互作用。他还根据核力的力程预言了介子质量的大小,并获得极大的成功。

如图 1.7 所示,当一个核子释放的媒介粒子在经过 Δx 距离后被另一粒子吸收,该过程的持续时间间隔,即媒介粒子的生存时间为 Δt。即使媒介粒子以光速前进,它走过的距离 Δx 也不会超过 $c\Delta t$。由不确定度关系,可以从 Δt 定出在这段时间内最大的能量转移为

$$\Delta E = \frac{\hbar}{\Delta t} = \frac{\hbar}{\Delta x/c} = \frac{\hbar c}{\Delta x} \tag{1.40}$$

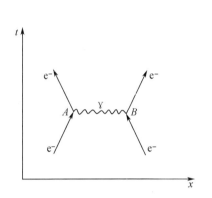

图 1.6　两个电子的相互作用

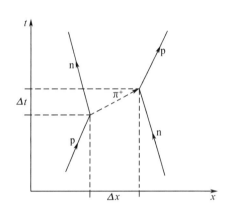

图 1.7　核子之间的相互作用

假如这些能量全部转为媒介粒子的静止能量,那么此粒子的质量 m 必定满足:

$$\Delta E = \frac{\hbar c}{\Delta x} = mc^2 \quad 即 \quad m = \frac{\hbar}{\Delta x \cdot c} \tag{1.41}$$

对库仑作用,由于库仑力为长程力,力程为无限大。作为其相应媒介粒子的质量必为零,光子正好合乎这一要求,这与电磁相互作用是带电粒子之间通过交换光子而产生库仑力的假定是相符的。

对核力,其力程 $\Delta x \approx 2.0$ fm,可算出核子相互作用的媒介粒子的质量为

$$mc^2 = \frac{\hbar c}{\Delta x} \approx \frac{197 \text{ fm} \cdot \text{MeV}}{2.0 \text{ fm}} \approx 100 \text{ MeV} \tag{1.42}$$

也就是说这种媒介粒子的质量约为电子静止质量的 200 倍。它介于质子质量和电子质量之间,故被命名为“介子”。由于在上述讨论中,$\Delta E \cdot \Delta t \leqslant \hbar$,受不确定度关系的限制,这些光子或介子的状态是不确定的,所以又称为“虚粒子”(Virtual particle)。也就是说在作用过程中,交换粒子的质量是不确定的,或者能量守恒在作用时间 Δt 内是破坏的,其破坏的范围就是 $\Delta E = m_\pi c^2$。因而,可以解释核力的作用在较低能量(比介子质量小)仍可能发生,核子在发射介子后质量没有发生变化。

当汤川秀树提出他的介子理论时,人们还未发现过这种粒子。实验上,首先探测到的质量介于电子和核子之间的粒子是 μ 子,其质量为 $m_\mu = 206.77 m_0 = 105.66 \text{ MeV}/c^2$,正好满足质量要求。但很快发现 μ 子与核子作用极弱,不参与强相互作用,不可能是汤川所预言的介子。直到 1947 年,鲍威尔(C. F. Powell)等用核乳胶的方法在宇宙射线中发现了参与强相互作用的 π 介子。带有正、负电荷和不带电的三种 π 介子分别表示为 π^+, π^-, π^0 ,它们的质量分别为

$$m_{\pi^\pm} = 273.3 m_0 = 139.3 \text{ MeV}/c^2 \tag{1.43}$$

$$m_{\pi^0} = 264.2 m_0 = 135.0 \text{ MeV}/c^2 \tag{1.44}$$

π^+, π^- 和 π^0 的作用如图 1.8 所示。

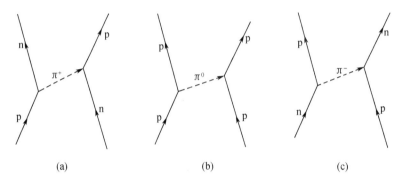

图 1.8　π 介子作为核力的传播子

汤川的核力介子理论,在核力的研究中发挥了重要作用。根据这个理论,高能 n – p 散射表现出来的交换力就可以认为是交换带电 π 介子的作用,中子发射一个 π^- 介子,变成质子;而质子吸收一个 π^- 介子变成中子,因而在实验中观察到大量向后散射的中子,如图 1.8(c) 所示。

核力的介子理论在核力长程范围内(大于 0.8 fm)取得非常大的成功,在短程范围内却遇到很大的困难。随着粒子物理的进展,实验证明核力不是最基本的相互作用,而是某种基本相互作用组合的结果。现在我们知道核子是由夸克组成的,核力从本质上来源于夸克之间的强相互作用,夸克之间相互作用的媒介子是胶子,描述这种强相互作用的基本理论是量子色动力学(Quantum Chromo-Dynamics,QCD)。从夸克层次研究核力的本质是当前核物理和粒子物理的一个重要研究方向。

1.4.3　原子核的势垒(Pontential barrier)

在卢瑟福著名的 α 粒子散射实验中,当高能量的 α 粒子入射到薄靶,尤其是入射到小原子序数 Z 的薄靶时,α 粒子可以到达与靶核很近的距离,α 粒子同时受到库仑力和核力的共同作用,就可以得到 α 粒子与原子核作用过程的势能曲线,如图 1.9(a) 所示。

在图 1.9 中,r 表示 α 粒子与靶核的质心之间的距离,纵坐标 $V(r)$ 表示 α 粒子相对于靶核的势能,R_N 和 R_α 分别为靶核和 α 粒子的半径,且有 $R = R_N + R_\alpha$ 。

从图 1.9(a) 中我们可以看出,在 $r > R$ 处核力为零,仅有库仑斥力,并当 r 趋于无穷远时 $V(r) \to 0$ 。当 α 粒子逆着电场方向逐渐向靶核靠近时,即 $r \to R$ 时,将失去动能而获得势能,$V(r)$ 不断上升,势能曲线呈双曲线形状。当 α 粒子到达靶核边缘,即 $r \approx R = R_N + R_\alpha$ 时,$V(r)$

达到最大值。这样势能曲线在靶核外围呈隆起状,故称库仑势垒。

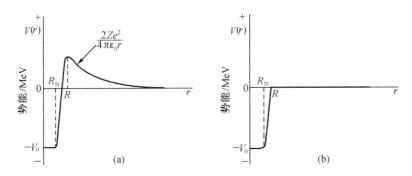

图 1.9　α 粒子和中子的核作用势

(a)α 粒子;(b)中子

在 $R_N \leqslant r < R$ 处,α 粒子同时受到库仑斥力和核力的作用。由于核力大大超过库仑斥力,并且核力是指向靶核的引力,势能迅速下降并且改变符号。若 $r < R_N$,则 α 粒子进入靶核,从四面八方受到核力的作用,其合力为零。因此势能为一常数值 $-V_0$,形成一个势阱,V_0 称为势阱深度(Depth of potential well)。设靶核的电荷数为 Z,则 α 粒子相对于靶核的势能为

$$V(r) = \begin{cases} \dfrac{1}{4\pi\varepsilon_0} \cdot \dfrac{2Ze^2}{r} & r > R \\ -V_0 & r < R_N \end{cases} \tag{1.45}$$

在 $r = R$ 处,势垒最高,称为库仑势垒高度。则靶核相对 α 粒子的库仑势垒高度 $V_c(R)$ 为

$$V_c(R) = \frac{1}{4\pi\varepsilon_0} \cdot \frac{2Ze^2}{R} = \frac{1}{4\pi\varepsilon_0} \cdot \frac{2Ze^2}{r_0(4^{1/3} + A^{1/3})} \tag{1.46}$$

对于核电荷和质量数分别为 Z_1, A_1 和 Z_2, A_2 的两个核,其相互作用的库仑势垒高度为

$$V_c(R) = \frac{1}{4\pi\varepsilon_0} \cdot \frac{Z_1 Z_2 e^2}{r_0(A_1^{1/3} + A_2^{1/3})} \tag{1.47}$$

在经典力学中,只有入射粒子的动能 T 大于势垒高度 $V_c(R)$ 时,才能越过势垒进入核势阱,T 小于 $V_c(R)$ 的粒子不能穿透势垒,而是被反射回去。而量子力学中,能量 T 大于 $V_c(R)$ 的入射粒子有可能越过势垒,但也有可能被反射回来;能量小于 $V_c(R)$ 的粒子有可能被势垒反射回来,但也有可能穿透势垒而进入核势阱。粒子在其能量小于势垒高度 $V_c(R)$ 时仍可能穿透势垒的现象称为隧道效应。这种现象用经典力学是难以解释的,它与波函数的连续性有关,需要用量子力学的理论来解释。

中子是不带电的,故不受库仑势垒的阻挡。因此中子要比质子、氘核和 α 粒子等带电粒子易于被原子核吸收或发射,中子的作用势如图 1.9(b)所示。同样,由于波函数的连续性,中子要从核外进入核内势阱时也会遇到透射和反射,不能简单地认为没有库仑势垒中子就可以很容易地进入原子核。只有在发生共振的时候,中子进入势阱的可能性才会出现极大值。

在核反应中,库仑势垒的存在造成了质子、氘核和 α 粒子参与核反应的有效阈能(有效阈能影响到反应截面的大小,它和第 4 章中讨论的核反应阈能不同),对入射中子则没有类似的阈能存在。同时,库仑势垒阻挡了核内带电粒子的发射,所以处于激发态的原子核,通常发射

中子比发射质子容易,因此(d,n)型反应比(d,p)型反应较为常见。当靶核是轻核时,由于库仑势垒较低,容易发射带电粒子,例如 $^3He(n,p)^3H$ 或 $^{10}B(n,\alpha)^7Li$ 反应。

1.5 原子核的矩(自旋、磁矩和电四极矩)

原子核的矩包括角动量(动量矩)、磁矩和电四极矩等,下面分别予以讨论。

1.5.1 原子核的角动量(自旋)

原子核的角动量,通常称为核自旋。原子核由质子和中子组成,是一个多核子体系,核子(包括中子和质子)是自旋为 1/2 的粒子。核子在核内既作自旋运动,又作复杂的相对运动。轨道角动量是表征核子相对运动的物理量,自旋是核子的内禀角动量。原子核的自旋是核内所有核子(质子和中子)的轨道角动量和自旋角动量的矢量和。

原子核的角动量可由如下方式耦合而成:一种叫 $J-J$ 耦合,即各个核子的自旋 S_i 和轨道角动量 L_i 先耦合成核子的角动量 J_i,然后各个核子的角动量 J_i 再耦合成核自旋 J,即

$$J_i = S_i + L_i, \quad J = \sum_i J_i \tag{1.48}$$

另一种叫作 $L-S$ 耦合,即各个核子的自旋 S_i 先耦合成自旋 S,各个核子的轨道角动量 L_i 先耦合成轨道角动量 L,S 和 L 再耦合成核自旋 J,即

$$L = \sum_i L_i, \quad S = \sum_i S_i, \quad J = L + S \tag{1.49}$$

当然,也还有介于此两种耦合方式之间的其他耦合方式。

核自旋 J 也是量子化的,其大小为

$$J = \sqrt{I(I+1)} \cdot \hbar \tag{1.50}$$

式中,I 为原子核的自旋量子数,取整数或半整数,即 $I = 0,1,2,\cdots$ 或 $I = 1/2,3/2,5/2,\cdots$。

核自旋在 z 轴(核自旋进动所绕的轴)上的投影为

$$J_z = m_I\hbar, \quad m_I = I, I-1, \cdots, -I+1, -I \tag{1.51}$$

式中,m_I 为原子核的自旋磁量子数,常取 m_I 的最大值 I 表示核自旋。

实验发现,所有的偶偶核和奇奇核的自旋都是整数,即偶 A 核的自旋为整数,其中偶偶核基态的自旋为零;而所有奇 A 核的自旋都是半整数。

一些原子核基态的自旋列举如下:

$$^{12}_{6}C_6 \qquad I = 0 \qquad\qquad 偶 A 核,偶-偶核$$

$$^{13}_{6}C_7 \qquad I = 1/2 \qquad\quad 奇 A 核,奇中子$$

$$^{27}_{13}Al_{14} \qquad I = 5/2 \qquad\quad 奇 A 核,奇质子$$

$$^{28}_{13}Al_{15} \qquad I = 3 \qquad\qquad 偶 A 核,奇-奇核$$

原子核的角动量是核的重要量子力学性质,原子光谱的超精细结构是由核自旋与核外电子角动量的耦合引起的,因此,可以由原子光谱的超精细结构来确定核自旋。

1.5.2 原子核的磁矩(磁偶极矩)

原子核是一个带电体系,并具有自旋,因而可以推断存在与核自旋相联系的核磁矩,原子

核的磁矩也是原子核的重要特性之一。

1. 轨道电子的磁矩

首先回顾一下原子中轨道电子的磁矩与角动量的关系,当质量为 m_0,电荷为 $-e$ 的电子以速度 v 绕核作轨道运动时,其具有的轨道角动量为

$$\boldsymbol{L} = \boldsymbol{r} \times \boldsymbol{P} = m_0 \cdot v \cdot r \cdot \boldsymbol{n}_0$$

式中,r 为轨道运动的半径;$\boldsymbol{n}_0$ 为垂直于轨道平面的单位矢量。由普通物理知道,电子的轨道运动必然会产生方向与电子运动方向相反的环形电流 i,如图 1.10 所示,该环形电流会产生磁偶极矩(简称磁矩)$\boldsymbol{\mu}_{e,l}$,且有

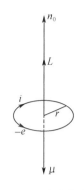

图 1.10　电流产生磁矩示意图

$$\boldsymbol{\mu}_{e,l} = i \cdot S \cdot \boldsymbol{n}_0 = i \cdot \pi r^2 \cdot \boldsymbol{n}_0 = -\frac{ev}{2\pi r} \cdot \pi r^2 \cdot \boldsymbol{n}_0$$

$$= -\frac{e}{2m_0} \cdot m_0 \cdot v \cdot r \cdot \boldsymbol{n}_0 = -\frac{e}{2m_0} \cdot \boldsymbol{L}$$

式中,S 为电流所围面积;$\boldsymbol{L}$ 为轨道角动量;$\boldsymbol{L}$ 需满足量子化条件 $|\boldsymbol{L}| = \sqrt{l(l+1)} \cdot \hbar$;$l$ 为电子的轨道角动量量子数。为与实验相符,引进朗德(Lande)因子 g_e,又称电子的回旋磁比率,并可由狄拉克的相对论量子力学严格导出电子的轨道磁矩为

$$\boldsymbol{\mu}_{e,l} = g_{e,l} \frac{e}{2m_0} \boldsymbol{L} \tag{1.52}$$

式中,$g_{e,l} = -1$,表明电子轨道磁矩的方向与电子轨道角动量的方向相反。

考虑到电子还有自旋角动量 $\boldsymbol{S}$,则与之相联系也会产生自旋磁矩 $\boldsymbol{\mu}_{e,s}$,即

$$\boldsymbol{\mu}_{e,s} = g_{e,s} \frac{e}{2m_0} \cdot \boldsymbol{S} \tag{1.53}$$

式中朗德因子 $g_{e,s} = -2$。假如 $\boldsymbol{L}$ 和 $\boldsymbol{S}$ 以 $\hbar$ 为单位,则(1.52)和(1.53)式可以表达为

$$\boldsymbol{\mu}_{e,l} = g_{e,l} \mu_B \boldsymbol{L} \tag{1.54}$$

和

$$\boldsymbol{\mu}_{e,s} = g_{e,s} \mu_B \boldsymbol{S} \tag{1.55}$$

式中,μ_B 称为玻尔磁子,则

$$\mu_B \equiv \frac{e\hbar}{2m_0} = 9.274\,008\,99 \times 10^{-24}\ \mathrm{J \cdot T^{-1}} = 5.788\,381\,749 \times 10^{-11}\ \mathrm{MeV \cdot T^{-1}} \tag{1.56}$$

因此,在考虑电子的轨道运动和自旋以后,轨道电子的磁矩为

$$\boldsymbol{\mu}_e = (g_{e,l} \boldsymbol{L} + g_{e,s} \boldsymbol{S}) \mu_B \tag{1.57}$$

2. 核子的自旋磁矩

实验表明,核子同样具有磁矩,与质子和中子自旋相应的磁矩分别为

$$\boldsymbol{\mu}_{p,s} = g_{p,s} \mu_N \boldsymbol{S} \tag{1.58}$$

$$\boldsymbol{\mu}_{n,s} = g_{n,s} \mu_N \boldsymbol{S} \tag{1.59}$$

式中,$g_{n,s}$ 和 $g_{p,s}$ 分别为中子和质子的朗德因子或称为核子的回旋磁比率;μ_N 为核的玻尔磁子,简称核磁子,且有

$$\mu_N \equiv \frac{e\hbar}{2m_p} = 5.050\,783\,17 \times 10^{-27}\ \mathrm{J \cdot T^{-1}} = 3.152\,451\,238 \times 10^{-14}\ \mathrm{MeV \cdot T^{-1}} \tag{1.60}$$

由于质子带电荷,而中子不带电,如果核子像电子一样是点粒子,由狄拉克方程可得出

$g_{p,s} = 2, g_{n,s} = 0$。将 $g_{p,s}$ 和 $g_{n,s}$ 代入(1.58)和(1.59)式,可得出质子的自旋磁矩 $\mu_{p,s} = \mu_N$,中子的自旋磁矩 $\mu_{n,s} = 0$。但实验结果与这一猜测相距其远,最新的实验数据为

$$\mu_{p,s} = 2.792\ 845\ 6\mu_N, \quad \mu_{n,s} = -1.913\ 042\ 8\mu_N$$

由此得出

$$g_{p,s} \approx 5.585\ 7, \quad g_{n,s} \approx -3.826\ 1$$

这说明质子不是一个基本粒子,它有内部结构;而中子不带电,却有磁矩数值,说明其内部有电荷,同时也具有内部结构。用现代核子的夸克模型可得出

$$\mu_{p,s} = 2.786\mu_N \qquad \mu_{n,s} = -1.786\mu_N$$

这和实验值很相近。

3. 原子核的磁矩

与原子核的自旋 $\boldsymbol{J}$ 相联系,原子核的磁矩 $\boldsymbol{\mu}_I$(指平行于核自旋方向的磁矩分量)为

$$\boldsymbol{\mu}_I = g_I \mu_N \boldsymbol{J}$$

其中,$J = \sqrt{I(I+1)}$。由于 $\boldsymbol{J}$ 在空间 z 方向的投影 $J_z = m_I$ 有 $2I+1$ 个取值 $m_I = I, I-1, \cdots, -I+1, -I$。所以,原子核的磁矩 $\boldsymbol{\mu}_I$ 在 z 方向的投影 $\mu_{I,z}$ 也有 $2I+1$ 个值,则

$$\mu_{I,z} = g_I \mu_N m_I \tag{1.61}$$

通常以核磁矩在 z 轴投影的最大值 μ_I 来衡量核磁矩的大小,其投影的最大值为

$$\mu_I = g_I \mu_N I \tag{1.62}$$

式中,g_I 是原子核磁矩 μ 和自旋 I 及 μ_N 的比例系数,称为核朗德因子或称为核的回转磁比率。因为中子的轨道磁矩为零,所以,原子核的磁矩等于核内所有质子的轨道磁矩与所有中子和质子的自旋磁矩的矢量和。一般的文献和出版物中给出的磁矩的大小常以核磁子 μ_N 为单位,例如,质子和中子的磁矩就分别为 $+2.792\ 8$ 和 $-1.913\ 0$。

从核磁子 μ_N 的表达式看,m_p 比 m_0 大 1 836 倍,所以,核磁子仅为玻尔磁子的 1/1 836,可见核磁矩比原子中的电子磁矩要小得多,这就是为什么超精细结构谱线的间距要远小于精细结构谱线的间距的原因。

磁矩是矢量,方向相反的磁矩可以互相抵消。以氘核为例,氘核中只有一个质子和一个中子,假定氘核的基态全是 S 态,即轨道角动量为零,基态时质子和中子的自旋磁矩的方向应该相反,它们之和为 $0.879\ 81\mu_N$;而氘核磁矩最新的实验值为 $0.857\ 48\mu_N$,即假定的理论值和实验值并不相等,这说明除了核子的自旋磁矩外,我们还要考虑轨道磁矩,也就是说氘核的轨道角动量不能全为零,氘核的基态不能全是 S 态。实验也表明,氘核的基态除 S 态(轨道角动量为 $0\hbar$)外,还包含大约 4% 的 D 态(轨道角动量为 $2\hbar$)。之所以没有 P 态(轨道角动量为 $1\hbar$),与氘核的基态宇称有关。

所以,要正确计算原子核的磁矩数值,就必须对核内核子运动的状态有个合理的描述。核磁矩反映了核子在核内的运动状态,是研究原子核结构的重要物理量,常用核磁共振法测定。由(1.62)式可见,假如核自旋 I 已知,测量磁矩的实质在于测量核朗德因子 g_I。

1.5.3 原子核的电四极矩

原子核是一个具有电荷分布的带电体。根据电动力学,一个分布电荷体系产生的势可以表示为各种电多极势的叠加,在原子核的电多极展开中,电四极矩是一个重要的物理量,它反映了原子核的形状,又可描述原子核与有梯度的外电场之间的相互作用。

首先,让我们看看什么是电多极势。由电磁学可知,在离一个点电荷 e 为 r 处的电势为

$$\varphi_0 = \frac{1}{4\pi\varepsilon_0} \cdot \frac{e}{r} \tag{1.63}$$

我们把 φ_0 称为单极子势。

对于一对相隔为 d 的正负电荷 e 的偶极子,虽然它的总电荷为零,但它有电偶极矩 $D = ed$,在 r 处的偶极子势为

$$\varphi_1(x, y, z) = \frac{1}{4\pi\varepsilon_0} \cdot \frac{z}{r^3}D = \frac{1}{4\pi\varepsilon_0} \cdot \frac{\cos\theta}{r^2}D \tag{1.64}$$

对于电四极子则存在相应的四极子势,还有八极子势,等等。

现在我们进而讨论像原子核这样的电荷分布体系所产生的电势,如图 1.11 所示。假定核的电荷均匀分布于轴对称椭球形的核内,并以该对称轴为 z 轴设置一坐标系 (x, y, z),求对称轴上 z_0 点的电势 φ。

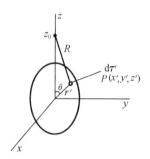

核内 $P(x', y', z')$ 点、电荷密度为 $\rho(x', y', z')$ 的体积元 $\mathrm{d}\tau'$ 在 z_0 点产生的电势为

$$\mathrm{d}\varphi = \frac{1}{4\pi\varepsilon_0} \cdot \frac{\rho(x', y', z')\mathrm{d}\tau'}{R} \tag{1.65}$$

图 1.11　原子核产生的电势

核体系在 z_0 点产生的电势则为

$$\varphi = \int_V \mathrm{d}\varphi = \frac{1}{4\pi\varepsilon_0}\int_V \frac{\rho(x', y', z')\mathrm{d}\tau'}{R} = \frac{\rho}{4\pi\varepsilon_0}\int_V \frac{\mathrm{d}\tau'}{R} \tag{1.66}$$

在 (1.66) 式中,假定核内电荷均匀分布,则 ρ 为常数,可以提出积分号外,积分限为原子核体积 V。由于

$$\frac{1}{R} = \frac{1}{(z_0^2 + r'^2 - 2z_0r'\cos\theta)^{1/2}} = \sum_{l=0}^{\infty} \frac{r'^l}{z_0^{l+1}}P_l(\cos\theta)$$

式中 $P_l(\cos\theta)$ 为勒让德多项式,则

$$P_0(\cos\theta) = 1,\ P_1(\cos\theta) = \cos\theta,\ P_2(\cos\theta) = \frac{1}{2}(3\cos^2\theta - 1),\cdots$$

代入 (1.66) 式,则可得到

$$\begin{aligned}
\varphi &= \frac{1}{4\pi\varepsilon_0}\sum_{l=0}^{\infty}\frac{1}{z_0^{l+1}}\rho\int_V r'^l P_l(\cos\theta)\mathrm{d}\tau' \\
&= \frac{1}{4\pi\varepsilon_0}\Big[\frac{1}{z_0}\rho\int_V \mathrm{d}\tau' + \frac{1}{z_0^2}\rho\int_V r'\cos\theta\mathrm{d}\tau' + \frac{1}{2z_0^3}\rho\int_V r'^2(3\cos^2\theta - 1)\mathrm{d}\tau' + \cdots\Big] \\
&= \frac{1}{4\pi\varepsilon_0}\Big[\frac{Ze}{z_0} + \frac{1}{z_0^2}\rho\int_V z'\mathrm{d}\tau' + \frac{1}{2z_0^3}\rho\int_V(3z'^2 - r'^2)\mathrm{d}\tau' + \cdots\Big]
\end{aligned} \tag{1.67}$$

式中,第一项为单极子势,即核电荷集中于核中心时所产生的电势;第二项为偶极子势;第三项为四极子势,以后各项可以忽略。并定义:

$$Q \equiv \frac{1}{e}\int_V \rho(3z'^2 - r'^2)\mathrm{d}\tau' \tag{1.68}$$

为核的电四极矩,电四极矩具有面积量纲,常用的单位是靶 (b),1 b $= 10^{-28}$ m^2。

对原子核而言,理论与实验都证明,原子核的电偶极矩恒等于零。这说明,如果原子核的

电荷均匀分布于轴对称椭球形的核内,则在它对称轴方向所产生的电势可以看作一个单电荷势和四极子电势之和。而四极子电势与原子核的形状密切相关,因此,电四极矩成为原子核的重要特性之一。

假如原子核是一椭球,对称轴的半轴为 c(沿 z 轴方向),另外两个半轴相等为 a(沿 z 轴的垂直方向),存在 $\rho V = Ze$。那么,由(1.68)式可得

$$Q \equiv \frac{1}{e} \int_V \rho (3z'^2 - r'^2) \mathrm{d}\tau' = \frac{Z}{V} \int_V (2z'^2 - x'^2 - y'^2) \mathrm{d}\tau' = \frac{2}{5} Z(c^2 - a^2) \qquad (1.69)$$

显然,球形核的电四极矩为零;长椭球形核的 $Q > 0$;扁椭球形核的 $Q < 0$,如图 1.12 所示。

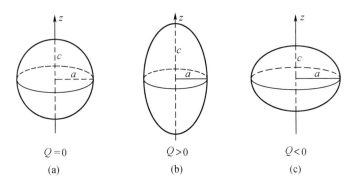

$Q = 0$ $Q > 0$ $Q < 0$

(a)   (b)   (c)

图 1.12　原子核的形状与电四极矩的关系

(a)球形;(b)长椭球形;(c)扁椭球形

定义形变参数 $\varepsilon \equiv \Delta R/R$,$R$ 为与椭球同体积的球半径,ΔR 为椭球对称轴半径 c 与 R 之差,即 $\Delta R = c - R$,则

$$c = R(1 + \varepsilon) \qquad (1.70)$$

由椭球和球体积的关系 $\frac{4}{3} \pi R^3 = \frac{4}{3} \pi a^2 c$,可得

$$a = R / \sqrt{1 + \varepsilon} \qquad (1.71)$$

代入(1.69)式,即可得

$$Q \approx \frac{6}{5} ZR^2 \varepsilon = \frac{6}{5} Z r_0^2 A^{2/3} \varepsilon \qquad (1.72)$$

由实验测出 Q 就可得到形变参数。可见,原子核的电四极矩是核偏离球形的量度,根据电四极矩 Q 值的大小和符号可以推知原子核偏离球形的程度。

由于核的电四极矩的存在,它与核外电子的电场产生相互作用,就会具有相互作用能。这将破坏原子光谱超精细结构的间距法则,实验分析偏离的程度可以求得原子核电四极矩,也可通过测量电四极矩共振吸收来分析原子核的电四极矩。此外,利用原子核本身能级间的跃迁也能测出电四极矩。

一些核素的核矩数值见表 1.4。从表中可见,电四极矩有正有负,多数为正值,说明大多数原子核的形状为长椭球。表中氘核的电四极矩不为零,$Q = 0.002\ 82\ \mathrm{b} = 0.282\ \mathrm{fm}^2$,这又一次证明:氘核的基态不完全是 S 态,这是由于处于 S 态的核一定是球对称的,Q 必为零。从表中还看出,核的自旋量子数 $I = 0, 1/2$ 时,电四极矩 Q 为零,这可由量子力学严格证明。

表 1.4　一些核素的核矩实验值[10]

核素	自旋 $\hbar$	磁矩 μ_N	电四极矩/b
n	1/2	− 1.913 0	0
^{1}H	1/2	2.792 8	0
^{2}H	1	0.857 4	0.002 82
^{3}H	1/2	2.978 9	0
^{3}He	1/2	− 2.127 5	0
^{4}He	0	0	0
^{7}Li	3/2	3.256 3	− 0.045
^{176}Lu	7	3.180 0	8.00
^{235}U	7/2	− 0.35	4.1
^{238}U	0	0	0
^{241}Pu	5/2	− 0.730	5.600

1.5.4　超精细相互作用

在研究原子光谱的初始阶段,我们只把原子核看成有一定质量的点电荷,依此得到原子光谱的粗结构;在考虑了电子的自旋作用后,得到了原子光谱的精细结构;当考虑到本节谈到的原子核的自旋、磁矩和电四极矩的贡献时,将得到原子光谱的超精细结构。所以,研究原子光谱的超精细结构是探索原子核性质的重要工具,在这里不再做进一步的讨论。

1.6　原子核的统计性质

微观粒子与经典粒子的基本区别之一在于微观粒子的统计性。

在自然界中存在许多不同种类的微观粒子,如电子、质子、中子、光子、π 介子等。同一类微观粒子,都有相同的静止质量、电荷、自旋、磁矩、内禀宇称(宇称将在下节讨论)和寿命等。这些微观粒子与经典粒子不同,同类的微观粒子具有不可分辨性,即全同性。我们不能同时确定其位置与动量,不能比不确定度关系所允许的更精确。根据量子力学,描述它们状态的是波函数,它只能预言在何时何地粒子出现的概率,而不能给出每个粒子的运动轨迹,因而不能分辨同类微观粒子。

对于由同类微观粒子组成的多粒子体系,描述此体系的某一量子态的波函数为 $\Psi(x_1, x_2, \cdots, x_i, \cdots, x_j, \cdots, x_n)$,其中 x_i 表示第 i 个粒子的空间坐标和自旋。

以 P_{ij} 表示体系中第 i 个和第 j 个粒子交换的变换,则交换粒子后的波函数为

$$P_{ij}\Psi(x_1, x_2, \cdots, x_i, \cdots, x_j, \cdots, x_n) = \Psi(x_1, x_2, \cdots, x_j, \cdots, x_i, \cdots, x_n) \tag{1.73}$$

由于粒子的全同性,交换前后的波函数应描述体系的同一量子态,它们的差别最多只相差一个常数 λ,即

$$P_{ij}\Psi(x_1, x_2, \cdots, x_i, \cdots, x_j, \cdots, x_n) = \lambda\Psi(x_1, x_2, \cdots, x_i, \cdots, x_j, \cdots, x_n) \tag{1.74}$$

再交换这对粒子,则可得出

$$P_{ji}P_{ij}\Psi(x_1, x_2, \cdots, x_i, \cdots, x_j, \cdots, x_n) = \lambda^2\Psi(x_1, x_2, \cdots, x_i, \cdots, x_j, \cdots, x_n) \tag{1.75}$$

这表示 $\lambda^2 = 1$,由此得出 $\lambda = \pm 1$。

这说明全同粒子体系的波函数对粒子交换只有两种可能:当 $\lambda = 1$ 时为对称波函数,表示一组全同粒子中如有两个粒子对换,波函数不改变符号,即

$$\Psi(x_1, x_2, \cdots, x_i, \cdots, x_j, \cdots, x_n) = \Psi(x_1, x_2, \cdots, x_j, \cdots, x_i, \cdots, x_n) \qquad (1.76)$$

当 $\lambda = -1$ 时为反对称波函数,表示一组全同粒子中如有两个粒子对换,波函数改变符号,即

$$\Psi(x_1, x_2, \cdots, x_i, \cdots, x_j, \cdots, x_n) = -\Psi(x_1, x_2, \cdots, x_j, \cdots, x_i, \cdots, x_n) \qquad (1.77)$$

实验和理论分析表明,任何微观粒子的自旋量子数不是半整数就是整数。其中电子、中子、质子、中微子、μ 子等的自旋为半整数,称为费米子(Fermion)。而光子($s=1$)、π 介子($s=0$)等的自旋为整数,称为玻色子(Boson)。

由费米子组成的全同粒子系统,量子态的波函数是交换反对称的,它们遵从费米–狄拉克统计法。由玻色子组成的全同粒子系统,量子态的波函数是交换对称的,它们遵从玻色–爱因斯坦统计法。

具有不同统计性的全同粒子所构成的多粒子体系,其性质有极大的差别。对于费米子体系,应遵循泡利原理:在同一量子态上只允许有一个费米子。对于玻色子,则没有这一限制,在同一量子态上可以容纳任意多个玻色子。

这里可以举简单的例子来说明不同统计性带来的差别。有两个不同的量子态,要填充三个全同粒子。对于经典统计粒子是可分辨的,可能的组合状态有 8 种:其中三个粒子在同一个态上的 2 种;两个粒子在一个态上,另一粒子在另一态上的有 6 种。对于玻色子,由于有全同性,可能状态数减为 4。而对于费米子,由于泡利原理,可能状态数为 0。

在 1.5.1 节中已指出,原子核的自旋由质量数 A 来决定:奇 A 核的自旋为半整数,偶 A 核的自旋为整数。所以奇 A 核是费米子,偶 A 核是玻色子,这一结论也可以用上面的公式来论证。当两个原子核对换,相当于这两个原子核中的核子一一对换。质子和中子都是费米子,每交换一个核子,波函数改变一次符号。互换 A 次,则波函数的符号改变 $(-1)^A$ 次。当 A 为奇数时,波函数变号,即为费米子;A 为偶数时,波函数不变号,即为玻色子。因此,核的统计性取决于质量数 A 的奇偶性。

进而推广,由奇数个费米子组成的粒子仍然是费米子;由偶数个费米子组成的粒子为玻色子;由任意个玻色子组成的粒子总是玻色子。

核的统计性质对论证核是由中子和质子组成的起过重要作用。假设原子核是由质子和电子组成的,那么电荷数为 Z、质量数为 A 的核应由 A 个质子和 $A-Z$ 个电子组成。由于电子和质子均为费米子,因此,核包含了 $2A-Z$ 个费米子。如果 Z 为偶数,则 $2A-Z$ 为偶数,于是该核为玻色子。如果 Z 为奇数,则 $2A-Z$ 为奇数,于是该核为费米子。可见,核的统计性将取决于 Z 的奇偶性,而与 A 的奇偶性无关,这个假定与核的统计性相矛盾。由实验得知,${}_{7}^{14}\mathrm{N}$ 核遵循玻色统计,从一个侧面论证了中子–质子论的成功。

1.7　原子核的宇称

原子核的宇称是原子核的一个十分重要的性质,在讨论原子核的宇称之前,对宇称有关的基本概念先作一简要介绍。

1.7.1　空间反演与宇称算符

1927 年,维格纳(E. P. Wigner)提出了宇称的概念,宇称是描写空间反演运算的物理量。

空间反演表示坐标 $\boldsymbol{r} \rightarrow -\boldsymbol{r}$ 或 $(x, y, z) \rightarrow (-x, -y, -z)$ 的变换,它与镜像反射是等价的(若垂直于镜面的轴为 z 轴,则镜像反射后 $(x, y, z) \rightarrow (x, y, -z)$,绕 z 轴做 $180°$ 旋转之后可得 $(-x, -y, -z)$)。所谓在空间反演(或镜像反射)下物理规律的不变性,就是说如果将所有的实验条件和内在因素都换成镜像时,实际过程和它的镜像过程都遵守同样的物理规律。也就是说,物理规律不会因为空间反演而有差别。

在宏观世界中,物理规律(如牛顿力学、麦克斯韦方程组等)在空间反演下是不变的。例如,假设有一个中间真空的螺旋导管(见图 1.13),在中间放置一个 α 放射源,α 粒子向上发射,当螺旋导管不通电时,α 粒子沿虚线方向前进。给导管通上逆时针方向的恒定电流,则产生方向向外的恒定磁场 $\boldsymbol{B}$。根据洛伦兹(H. Lorentz)定律,α 粒子受一个向右偏转的力,即

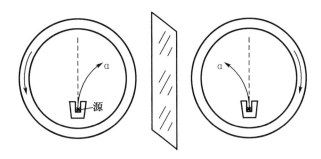

图 1.13　经典物理中空间反演不变性的实例

$$\boldsymbol{F} = q\boldsymbol{v} \times \boldsymbol{B} \tag{1.78}$$

且其回旋半径(Cyclotron radius)为

$$\rho = \frac{mv}{qB}$$

式中,m 为 α 粒子的质量。

对镜像过程而言,在镜像中螺旋导管的电流方向为顺时针方向,则磁场方向为垂直向里,α 粒子向左偏转,且具有相同的回旋半径。互为镜像的两个宏观物理过程都遵守同样的牛顿力学和电磁学定律。即对宏观物理现象,空间是左右对称的。但在宏观物理中,没有相应的宇称守恒定律并得出相应的守恒量。

宇称是微观物理领域特有的概念,它描述的是微观体系状态波函数的对称性。引入空间反演算符 $\hat{P}$ 来表示坐标体系对应于原点的空间反演,如果状态波函数 $\psi(\boldsymbol{r})$ 是空间反演算符 $\hat{P}$ 的本征态,π 是本征值,则有

$$\hat{P}\psi(\boldsymbol{r}) \equiv \psi(-\boldsymbol{r}) = \pi\psi(\boldsymbol{r}) \tag{1.79}$$

若用算符 $\hat{P}$ 对上式再反演一次,则

$$\hat{P}^2\psi(\boldsymbol{r}) = \hat{P}\psi(-\boldsymbol{r}) = \psi(\boldsymbol{r}) \tag{1.80}$$

同时有

$$\hat{P}^2\psi(\boldsymbol{r}) = \hat{P}[\pi\psi(\boldsymbol{r})] = \pi^2\psi(\boldsymbol{r}) \tag{1.81}$$

这表明 $\hat{P}$ 的本征值 $\pi = \pm 1$。将 π 值代入(1.79)式,得

$$\psi(\boldsymbol{r}) = \pm \psi(-\boldsymbol{r}) \tag{1.82}$$

(1.82)式表明,描述粒子状态的波函数在空间反演后可能有两种结果:一种是 $\pi = +1$ 的情况,波函数符号不改变,即

$$\psi(\boldsymbol{r}) = \psi(-\boldsymbol{r}) \tag{1.83}$$

我们称此波函数具有"正"的(或说"偶"的)宇称,也就是该微观粒子的宇称为正。

另一种是 $\pi = -1$ 的情况,波函数的符号改变,即

$$\psi(\boldsymbol{r}) = -\psi(-\boldsymbol{r}) \tag{1.84}$$

我们称此波函数具有"负"的(或说"奇"的)宇称,也就是该微观粒子的宇称为负。例如,波函数 $\psi_1 = A\cos kx$ 具有偶宇称,$\psi_2 = A\sin kx$ 具有奇宇称。

1.7.2　空间反演不变性与宇称守恒

在量子力学中,微观粒子的运动规律用薛定谔方程描述:

$$i\hbar \frac{\partial \psi(\boldsymbol{r})}{\partial t} = H(\boldsymbol{r})\psi(\boldsymbol{r}) \tag{1.85}$$

由(1.79)式,波函数在空间反演下为

$$\hat{P}\psi(\boldsymbol{r}) = \psi(-\boldsymbol{r})$$

如果微观粒子运动规律具有空间反演不变性,就要求

$$i\hbar \frac{\partial \psi(-\boldsymbol{r})}{\partial t} = H(\boldsymbol{r})\psi(-\boldsymbol{r})$$

即

$$i\hbar \frac{\partial \psi(\boldsymbol{r})}{\partial t} = H(-\boldsymbol{r})\psi(\boldsymbol{r}) \tag{1.86}$$

由式(1.85)和(1.86),可得到

$$H(\boldsymbol{r}) = H(-\boldsymbol{r}) \tag{1.87}$$

因此,在空间反演下微观粒子物理规律不变与哈密顿量 $H(\boldsymbol{r})$ 在空间反演变换下不变等价。由式(1.87)有

$$\hat{P}H(\boldsymbol{r})\psi(\boldsymbol{r}) = H(-\boldsymbol{r})\hat{P}\psi(\boldsymbol{r}) = H(\boldsymbol{r})\hat{P}\psi(\boldsymbol{r})$$

即

$$[\hat{P}, H] = 0 \tag{1.88}$$

由于 $\hat{P}$ 与 H 对易,表明宇称算符 $\hat{P}$ 的本征值 π,即宇称量子数是好量子数,它的值不随时间改变。π 值不随时间改变的物理意义是:如果微观物理规律在空间反演下不变,则此微观体系的宇称将保持不变,体系内部变化时,变化前的宇称等于变化后的宇称。就是说,一个孤立体系的宇称,奇则永远为奇,偶则永远为偶,这就是宇称守恒定律。

1.7.3　原子核的宇称

原子核是由中子与质子组成的多粒子体系,它的状态可以用在中心力场中运动的各核子的波函数的乘积来描述。因而,一个多粒子系统的宇称应由粒子的内禀宇称和粒子间相对运动宇称合成而成。宇称是相乘量子数,则体系的宇称也应是各部分宇称的乘积。

核子在核内的运动可用中心力场下独立运动粒子的波函数来表示

$$\psi(r_i, \theta_i, \phi_i) = NR(r_i)P_{l_i}^{m_i}(\cos\theta_i)e^{im_i\phi_i} \tag{1.89}$$

式中,N 为归一化常数;$R(r)$ 是径向波函数,只与 r 的大小有关;$P_l^m(\cos\theta)$ 为勒让德多项式,l 是轨道角动量量子数,m 是磁量子数。在空间反演下 $r \to r$,$\theta \to \pi - \theta$,$\phi \to \pi + \phi$,如图 1.14 所示。所以有

$$R(r_i) \to R(r_i)$$

$$P_{l_i}^{m_i}(\cos\theta_i) \to (-1)^{l_i+m_i} P_{l_i}^{m_i}(\cos\theta_i)$$
$$e^{im_i\phi_i} \to (-1)^{m_i} e^{im_i\phi_i}$$

因此

$$\hat{P}\psi(r_i,\theta_i,\phi_i) = (-1)^{l_i}\psi(r_i,\theta_i,\phi_i) \tag{1.90}$$

这表示(1.89)式中波函数的宇称的奇偶性与 l 的奇偶性相同:l 为奇数时,$\psi(r,\theta,\phi)$ 具有奇宇称;l 为偶数时,$\psi(r,\theta,\phi)$ 具有偶宇称。因为 $\psi(r,\theta,\phi)$ 的宇称取决于轨道量子数 l,所以称它为轨道宇称。核由 A 个核子组成,如果各个核子的轨道角动量分别为 $l_1,l_2,\cdots,l_A$,则原子核的核子间的相对运动宇称为 $(-1)^{l_1+l_2+\cdots+l_A}$。

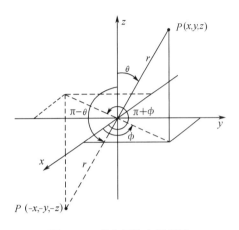

图 1.14　球坐标的空间反演

作为微观粒子,还应该有内禀宇称,它和粒子内部结构有关。例如质子、中子、电子等的内禀宇称为偶,即 $\pi = +1$(内禀宇称在粒子物理中一般用 p 表示),而另一些粒子,如 π 介子、光子等,其内禀宇称为奇,即 $\pi = -1$。考虑到粒子的内禀宇称,则 A 个粒子体系的总宇称 π 为

$$\pi = \pi_1\pi_2\cdots\pi_A(-1)^{l_1+l_2+\cdots+l_A} \tag{1.91}$$

由于核子的内禀宇称为正,内禀宇称之乘积总是正的,即 $\pi_1\pi_2\cdots\pi_A = +1$,所以,质量数为 A 的原子核的宇称即为

$$\pi_N = \prod_{i=1}^{A}(-1)^{l_i} \tag{1.92}$$

即核的宇称为组成核的各个核子的轨道宇称之积。

在原子核能态的标记中,我们常用 I^π 这一符号表示原子核的自旋和宇称,如 $1^-,2^+$ 等。如 ^{4}He 基态的自旋为零,宇称为正,则表示为 0^+。

一定的原子核状态具有确定不变的宇称。只有当原子核状态改变时,即核内中子和质子状态改变时,原子核的宇称才会发生变化。因此,对原子核宇称的测定可以推知核内核子运动规律,是研究核结构的重要手段之一。实验上核宇称的测定就是通过核衰变或核反应使原子核状态发生变化时进行的。

在 1956 年以前,人们认为在微观过程中宇称是守恒的,即体系变化前后的宇称保持不变。在李 – 杨假说和吴健雄的验证实验之后,人们才发现宇称在弱相互作用中是不守恒的(详见 3.2.11)。

1.8　原子核的能态和核的壳层模型

原子核是由核子组成的微观体系。和原子相似,原子核也有能态结构,有核的基态和激发态。由于核力是强相互作用力,原子核激发态的激发能比原子的要高得多,轻核激发态的激发能一般为 MeV 的量级,重核也要达几十 keV 到 100 keV 的量级。

在 1.1 节中我们曾定义了同质异能素,它实际上就是处于寿命较长的激发态的原子核,核

激发态平均寿命的典型值为 10^{-12} s,同质异能素一般要求其平均寿命长于 0.1 s。它们与处于基态的核素仅仅是能态不同。用于标志能态特征的物理量有激发能、自旋、宇称等,在实验上测定这些物理量并研究其变化规律是原子核物理学的重要课题之一。

在讨论核的能态结构时,就不能不提及原子核的壳层模型和集体模型,它们在各自的角度上描述了核子在核内的运动规律。

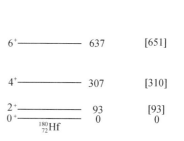

图 1.15　^{180}Hf的能级图

图 1.15 就是 ^{180}Hf的能级图①。图中每一能态的能量列出了测量值和计算值,括号内的计算值就是玻尔(A. Bohr)和穆特尔逊(B. Mottelson)根据他们在 1972 年提出的原子核集体模型计算得到的值,与实验值符合得相当好,他们于1975 年获得了诺贝尔物理学奖。由图可以看到,每个能态都有确定的自旋和宇称,例如,基态的自旋和宇称为 0^+,第一激发态的自旋和宇称为 2^+,等等。每个激发态可以通过放出 γ 光子或其他方式跃迁到较低的能态,至于哪些跃迁能够被容许以及发生跃迁的概率大小等,将在第3 章中进一步讨论。

关于原子核模型的探讨一直是核物理的核心研究课题之一。前面介绍的液滴模型在解释原子核的结合能、核反应的复合核模型和核裂变的一些现象中,取得了很大的成功,但也有它的局限性,尤其在解释有关核的“幻数”现象时就无能为力了。幻数现象的存在,直接推动了原子核的壳层模型的建立。

1.8.1　幻数存在的实验依据

在人们熟知的元素周期表中,原子序数 Z 为 2,10,18,36,54,86 的元素,是化学性质很稳定的惰性元素,这些数是原子序数的幻数,对应的正是电子填满壳层时的电子数。

在研究原子核的稳定性时人们也发现了类似的现象,当组成原子核的质子数或中子数为2,8,20,28,50,82 和中子数为 126 时,这些核特别稳定。我们把这些数称为幻数。

幻数现象在核素的丰度分布中可以明显看到。对地球、陨石及其他天体组成的化学成分分析表明,有些核素的丰度比附近核素的明显偏大,如 $^{4}_{2}He_{2}$,$^{16}_{8}O_{8}$,$^{40}_{20}Ca_{20}$,$^{60}_{28}Ni_{32}$,$^{88}_{38}Sr_{50}$,$^{90}_{40}Zr_{50}$,$^{120}_{50}Sn_{70}$,$^{138}_{56}Ba_{82}$,$^{140}_{58}Ce_{82}$,$^{208}_{82}Pb_{126}$ 等。这些核素的质子数或中子数是幻数,或者两者都是幻数。

幻数现象还表现在所有的稳定核素中,中子数 N 为 20,28,50 和 82 的同中子素最多。如图 1.16 所示,N 等于 20 和 28的有五个稳定同中子素,$N=50$ 的有六个,$N=82$ 的同中子素则多达七个。幻数存在的实验依据还表现在当中子数或质子数为幻数时,原子核结合能的实验值与液滴模型的计算值偏离最大,表明这些幻数核具

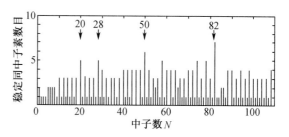

图 1.16　稳定同中子素分布[9]

---

① A. Bohr, Nobel Lecture(1975).

有较好的稳定性。还有许多实验事例说明幻数的存在,这里就不再列举了。

1.8.2 原子核的壳层模型

由于和原子一样存在幻数,而原子的幻数用原子的壳层结构进行了很好的解释,自然会联想到在原子核中可能也存在类似的壳层结构,用这样的壳层结构应该也能解释原子核的幻数。参照核外电子的壳层,核内要形成壳层结构,必须满足三个条件:

①每个能级上容纳的核子数目有一定的限制;

②核内存在一个中心力场;

③每个核子在核内的运动应当是各自独立的。

条件①很容易满足。由于中子和质子都是费米子,应服从泡利原理,泡利原理限制了每一个中子和质子能级所容纳的核子数目。而且,中子和质子应该各自组成自己的能级壳层。这一假定与实验相符合,因为实验发现的幻数分别对质子和中子都存在。

而条件②和③,对原子核来讲似乎难于满足。首先,原子核中不存在像原子那样明显的中心力场。其次,原子核中核子密度远大于原子中的电子密度,每个核子都受到其他核子的强烈作用而不断发生碰撞,很难设想单个核子能保持独立的运动状态。在原子核壳层模型理论不断完善的过程中,提出一些论据说明单个核子运动的独立性,即核子仍能保持原有的运动状态,最重要的就是要考虑核内泡利原理的作用。

泡利原理不仅限制了每个能级所能容纳核子的数目,同时也限制了原子核中核子与核子碰撞的概率。由于泡利原理的限制,处于基态的原子核的最低能级已被核子填满。如果两个核子发生碰撞而使能态发生改变,改变能态的核子只能去填充未填满的较高能级,这在核与外界不交换能量的条件下是不可能发生的。这就相当于处于基态的原子核,填充满低能级的核子由于碰撞而跃迁到较高能级的概率很小,这就使得核子在核内有较大的自由程,即单个核子能看成在核内独立运动。同时,我们把一个核子看成在核内一个平均场中独立地运动,该平均场就是其他核子对这个核子作用的总和。对于接近球形的原子核,可以认为这个平均场是有心场。这样,就能满足条件②和③了。

下面的任务就是选择有心场的具体形式,由于核内的平均场是一个核子受其他核子作用的总和,对于球形核,它的平均场应该球对称。

通常先考虑两种较为简单的有心势场——直角势阱和谐振子势阱,它们的特点如下:

(1)在核内,核子受力 $F = -\partial V/\partial r = 0$,核子受的合力为零;

(2)在表面处,$\partial V/\partial r > 0$,即 $F < 0$,表明核子在表面处受向内拉力,而且随 r 增大变化很快;

(3)在核外,核子不受作用力,$V(r) = 0$。

直角势阱如图 1.17 所示,其数学表达式为

$$V(r) = \begin{cases} -V_0 & r \leqslant R \\ 0 & r > R \end{cases} \tag{1.93}$$

谐振子势阱如图 1.18 所示,其数学表达式为

$$V(r) = -V_0 + \frac{1}{2}m\omega^2 r^2 \tag{1.94}$$

式中,R 是原子核半径;r 为力场中的某一点到场中心的距离,即有心场的径向参数;V_0 是势阱深度;m 是核子质量;$\omega = (2V_0/mR^2)^{1/2}$。下面的讨论将以谐振子势阱为例,进而求得核子在核

内可能所处的能级。

利用量子力学,可以得到核子在谐振子势阱中运动的能量为

$$E_{\nu l} = n_0 \hbar\omega + \frac{3}{2}\hbar\omega \tag{1.95}$$

式中,n_0 为谐振子量子数,$n_0 = 2(\nu - 1) + l$;ν 为径向量子数,$\nu = 1, 2, 3, \cdots$;l 为轨道量子数,$l = 0, 1, 2, \cdots$。式(1.95)中的后面一项为常数,在讨论能级结构时可以不予考虑。我们仍用原子光谱中的符号 νl 来表示核子的能级,$l = 0, 1, 2, 3, \cdots$ 的能级分别用 s,p,d,f,$\cdots$ 字母来表示,字母前面的数字代表 ν,如 1s,2p,3d 等。

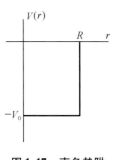

图 1.17   直角势阱

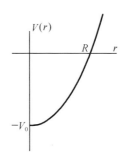

图 1.18   谐振子势阱

由(1.95)式可见,核子在势阱中的能级能量取决于 n_0,n_0 又取决于 ν 和 l。对最低能级,$n_0 = 0$,此时仅存在一组可取值:$\nu = 1, l = 0$,即只有 1s 状态;对 $n_0 = 1$ 的能级,也只能有一组 ν 和 l 的值:$\nu = 1, l = 1$,即只有 1p 状态;对 $n_0 = 2$ 的能级,可取两组 ν 和 l 的值:$\nu = 2, l = 0$ 以及 $\nu = 1, l = 2$,所以,该能级包含两种状态 2s 和 1d。其余的可以类推,结果见表 1.5。

表 1.5   谐振子势阱能级的核子数

能级能量 $E_{\nu l}(\hbar\omega)$	谐振子量子数 n_0	能级包含的状态	能级的同类核子数	前面各能级的同类核子总数
0	0	1s	2	2
1	1	1p	6	8
2	2	2s,1d	12	20
3	3	2p,1f	20	40
4	4	3s,2d,1g	30	70
5	5	3p,2f,1h	42	112
6	6	4s,3d,2g,1i	56	168

从表 1.5 中可见,谐振子势阱只给出前面三个幻数:2,8,20,其他幻数没有出现,直角势阱也出现相似的结果,这说明幻数不仅与势阱的形状有关,还必须考虑另外的重要因素。

1949 年,迈耶尔(M. G. Mayer)和简森(J. H. D. Jensen)提出,应该在核势阱中加入自旋 - 轨道耦合作用项。实验也表明,核子的自旋 - 轨道耦合作用是不可忽略的,即核子的能量不仅取决于轨道角动量 $\boldsymbol{L}$ 的大小,还与轨道角动量 $\boldsymbol{L}$ 相对于自旋 $\boldsymbol{S}$ 的取向有关。为此,引入总角动量 $\boldsymbol{J}$ 的量子数 $j = l \pm s(l > 0)$,即考虑了核子的自旋 - 轨道耦合作用后,所有 $l > 0$ 的能级都

一分为二,即分裂为 $j = l - 1/2$ 和 $j = l + 1/2$ 两个能级(有别于原子的情况,$j = l + 1/2$ 的能级低于 $j = l - 1/2$ 的能级),分裂后能级的间距随 l 的增大而增大。这样,核子的一个能级以 nlj 表示,每个能级上最多放 $2j + 1$ 个核子。考虑自旋 – 轨道耦合后得到的能级如图 1.19 所示。图中最左边的横线代表不考虑耦合前的能级,仅两个量子数,而右边的能级图则增加了 j 量子数。由于核子的自旋 – 轨道耦合很强,所分裂的两个能级的间距可以很大,以致改变了原来能级的次序,并使能级分布表现出明显的相对集中的情形,即显示了清晰的壳层结构,组成了新的原子核壳层并给出了全部幻数。两个幻数间的各能级,形成一个主壳层。主壳层内的每一能级,叫作支壳层。主壳层之间的能量间隔较大,支壳层之间的能量间隔较小。如图 1.19 所示,有的能级劈裂得特别大,例如,50,82,126 三个幻数就分别落在 1g,1h,1i 的分裂处。

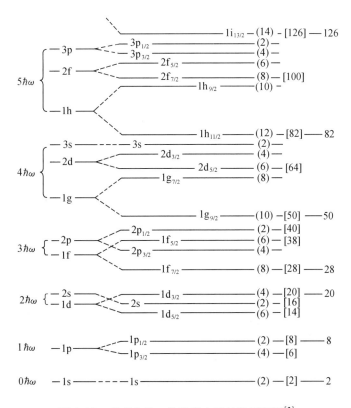

图 1. 19　考虑自旋 – 轨道耦合后的核子能级[2]

质子和中子各自形成自己的壳层。由于质子间存在库仑力,质子的能级比相应的中子能级要高一些,能级间距也大一些,能级的排序也有所变化,但幻数相同,即主壳层的相对位置没有变化。

原子核的壳层模型理论还预言了 1.1 节中提到的超重稳定元素"岛"的可能性。82 以后的质子幻数可能是 114,126 以后的中子幻数为 184,所以,$Z = 114$,$N = 184$ 的核为双幻数核,该核及其周围的一些核可能具有相当大的稳定性,这些核称为超重元素核。

1.8.3　原子核基态的自旋和宇称

按原子核的壳层结构模型,原子核的基态是指核中质子和中子都填满最低一些能级的能态,这时,原子核的能量最低。当核子处于较高能级而尚有较低能级未填满时,原子核的能量较高,称为激发态。这种处于较高能态的核子称为被激发的核子,这种核子越多,或所处的能态越高,则核的激发能也越高。原子核的能级可以用图1.15所示的能级图表示,图中每一能态表示了核子填充核子能级情况的不同。

原子核的壳层模型成功地解释了原子核基态的自旋和宇称。例如偶偶核的基态,在每一个核子能级上所占有的核子数都是偶数。由于同一能级中的偶数个核子的角动量 J 大小相等,而且由于对力的作用,成对的两个核子的 J 方向相反,因而同一能级的所有核子的角动量矢量和为零,即质子壳层和中子壳层都具有等于零的角动量。所以,偶偶核基态的自旋为零。由于偶偶核基态中每一能级的核子数为偶,因此它的宇称为正。这些结论已为实验完全证实。

对于奇 A 核,由于其余偶数个核子相当于一个偶偶核,相当于构成了一个闭壳层。基于上述讨论,闭壳层内的核子对角动量的贡献为零,原子核基态的自旋和宇称就完全由闭壳层外的这个核子决定,这种模型也叫单粒子模型。例如,按原子核的壳层模型,^{13}C 和 ^{13}N 均在闭壳层($1p_{3/2}$)外有一个核子,这个核子处在 $1p_{1/2}$ 层(见图1.19),因此,^{13}C 和 ^{13}N 基态的自旋为1/2;而宇称由 $(-1)^l$ 确定,现在 $l=1$(p 态),所以,^{13}C 和 ^{13}N 基态的宇称为负。这一结论与实验完全符合。

奇奇核基态的自旋由最后一个奇中子和奇质子耦合而成。由于中子和质子的自旋都是1/2,而轨道角动量总是整数,因此,耦合结果必定是整数。对天然存在的奇奇核和人工制备的奇奇核,它们的自旋均为整数,无一例外。奇奇核的宇称同样由两个奇核子的状态决定,核的宇称为

$$\pi = (-1)^{l_n + l_p} \tag{1.96}$$

核的壳层模型对核的基态磁矩也做了一些估算,与实验值大致符合。但对电四极矩和核能级间的跃迁概率的解释则与实验值差距甚大,这些不足导致了核的集体模型的出现,这里我们不再进一步展开讨论。

思 考 题

1-1 用波粒二象性及相对论关系论述原子核为什么必须由质子和中子组成。

1-2 在有关原子核结合能的概念中,结合能、比结合能、质量亏损、质量过剩之间有什么关系?

1-3 α 粒子的核子作用势和中子的核子作用势有什么差别,其库仑势垒的高度各为多少?

1-4 试画出角动量量子数分别为1,2,3时的轨道角动量及其分量的示意图。

1-5 组成相同,但处于不同能级的原子核是否可以认为是完全相同的原子核,它们可能有哪些不同的性质?

1-6 什么是玻色子和费米子,哪一种需遵循泡利不相容原理? 光子、中子、质子、电子及α 粒子各属于哪一类?

习　　题

1-1　当电子的速度为 2.5×10^8 m·s^{-1} 时,它的动能和总能量各为多少 MeV?

1-2　将 α 粒子的速度加速至光速的 0.95 倍时,α 粒子的质量为多少 u,合多少 g?

1-3　$T = 25$ ℃,$P = 1.013 \times 10^5$ Pa 时,$S + O_2 \rightarrow SO_2$ 的反应热 $Q = 296.9$ kJ·mol^{-1},试计算生成 1 mol SO_2 时体系的质量亏损。

1-4　1 kg 的水从 0 ℃升温至 100 ℃,质量增加了多少?

1-5　已知:$\Delta(92,238) = 47.309$ MeV;$\Delta(92,239) = 50.574$ MeV;$\Delta(92,235) = 40.921$ MeV;$\Delta(92,236) = 42.446$ MeV。试计算 ^{239}U,^{236}U 最后一个中子的结合能。

1-6　当质子在球形核里均匀分布时,原子核的库仑能为

$$E_c = \frac{3}{5} \frac{1}{4\pi\varepsilon_0} \frac{e^2 Z(Z-1)}{R}$$

Z 为核电荷数,R 为核半径,r_0 取 1.5×10^{-15} m。试计算 ^{13}C 和 ^{13}N 核的库仑能之差。

1-7　已知:$\Delta(6,13) = 3.125$ MeV;$\Delta(7,13) = 5.345$ MeV。计算 ^{13}C 和 ^{13}N 核的结合能之差。

1-8　利用结合能半经验公式,计算 ^{236}U,^{239}U 最后一个中子的结合能,并把结果与题 1-5 的结果进行比较。

1-9　计算 ^{42}K 原子核每一个核子的平均结合能。

1-10　利用结合能半经验公式计算 ^{64}Cu,^{107}Ag,^{140}Ce,^{238}U 核的原子质量,并把计算值与下列实验值进行比较,说明结合能半经验公式的应用范围。

$M(^{64}\text{Cu}) = 63.929\ 764$ u;$M(^{107}\text{Ag}) = 106.905\ 096$ u

$M(^{140}\text{Ce}) = 139.905\ 484$ u;$M(^{238}\text{U}) = 238.050\ 788$ u

1-11　质子、中子和电子的自旋都为 1/2,以 $^{14}_{7}$N 为例证明:原子核不可能由电子和质子组成,但可以由质子和中子组成。

1-12　试证明偶偶核基态的宇称总是偶的。

第2章 原子核的放射性

如前所述,已经发现的处于基态或同质异能态的核素约有 3 000 种,其中天然存在的核素约有 332 种,其余皆为人工制造。天然存在的核素可分为两大类:一类是稳定的核素,例如 $^{40}_{20}$Ca,$^{209}_{83}$Bi 等,约有 270 种;一类是不稳定的核素。不稳定核素是指其原子核会自发地转变成另一种原子核或另一种状态并伴随一些粒子或碎片的发射,它又被称为放射性原子核,例如 $^{210}_{84}$Po(发射 α 粒子),$^{222}_{88}$Ra(发射 α,β 粒子),$^{198}_{79}$Au(发射 β 粒子)等。

在无外界影响下,原子核自发地发生转变的现象称为原子核的衰变,核衰变有多种形式,如 α 衰变、β 衰变、γ 衰变,还有自发裂变及发射中子、质子的蜕变过程,图 2.1 给出了不稳定原子核可能发生的各种衰变过程的示意图。对衰变现象的研究可提供许多有关原子核的结构和相互作用的知识和信息。如原子核衰变过程中存在的选择定则、守恒规律等,给原子核和粒子的相互作用机理提供了重要的信息。又如衰变的快慢和原子核衰变的初末态有敏感的关系,这也提供了核结构方面的信息。

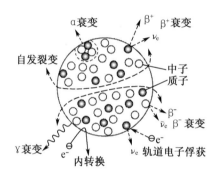

图 2.1 原子核衰变模式

通过对放射性原子核进行各种测量,目前已经积累了大量资料。为了便于使用和查阅,已汇编成衰变纲图和同位素表。图 2.2 是一些核素的衰变纲图[①],在实际工作中,可以根据衰变纲图和同位素表提供的资料,选取有用的数据。衰变纲图中,横线(其中粗实线代表原子核基态,细线表示激发态)表示原子核的能态,横线左右两端分别标示出该能态的自旋宇称及能级能量;带箭头的斜线代表某种衰变过程,箭头向左表示质子数 Z 减少,向右表示 Z 增加,箭头线上标示了放射粒子的类型及其能量或者能量最大值,在衰变核右侧标明的时间代表该核素的半衰期(将在 2.1 节中讨论)。其中,左图为核素 ^{210}Po 的衰变纲图,^{210}Po 发生 α 衰变,发射两种能量的 α 粒子,能量分别为 4 516.58 keV 和 5 304.33 keV,右边的百分数被称作绝对强度,它反映了 ^{210}Po 核在衰变时发射该 α 粒子的概率。右图为 ^{32}P 的衰变纲图,^{32}P 发生 β 衰变,只发射一种最大能量为 1 710.4 keV 的 β 粒子。对衰变纲图的详细讨论见第 3 章。

---

① 本书中所引用放射性核素的衰变纲图,除特殊标明外,均来自参考书目[24],并保留原衰变纲图的数据。其他地方用的核数据均采用附录 I 核素性质表的数据,此数据为 2005 年版核数据。

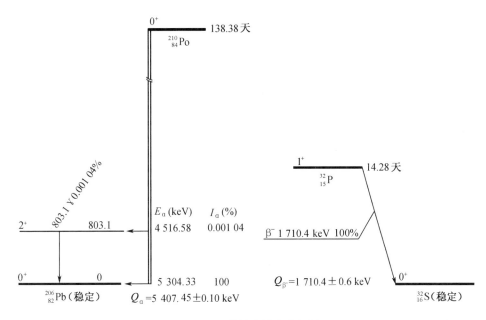

图 2.2　一些核素的衰变纲图

2.1　放射性衰变的基本规律

不稳定原子核会自发地发生衰变,放射出 α 粒子、β 粒子和 γ 光子等。本章仅讨论原子核放射性衰变的基本规律,有关 α 衰变、β 衰变及 γ 衰变(或跃迁)中的守恒定律、相互作用和原子核结构的关系将在第 3 章中讨论。

对一个放射源来说,包含有同一种核素的大量原子核,它们不会同时发生衰变,而是有先有后,但我们不能预测某个原子核在哪个时刻将发生衰变。实际上,衰变是一个统计的过程,总的效果是随着时间的流逝,放射源中的放射性原子核数目按一定的规律减少。下面我们先讨论单一放射性的衰变规律,然后再讨论多代连续放射性的衰变规律。

2.1.1　单一放射性的指数衰减规律

以 $_{86}^{222}\mathrm{Rn}$(常称氡射气)的 α 衰变为例,实验发现,把一定量的氡射气单独存放,在大约 4 天之后氡射气的数量会减少一半,经过 8 天会减少到原来的 1/4,经过 12 天减到 1/8,一个月后就不到原来的百分之一了,衰变情况如图 2.3(a)所示。如果以氡射气数量的自然对数为纵坐标,以时间为横坐标作图,则可得到图 2.3(b),由此可列出线性方程:

$$\ln N(t) = -\lambda t + \ln N(0) \tag{2.1}$$

其中,$N(0)$ 和 $N(t)$ 是时间 $t=0$ 和 t 时刻的 $_{86}^{222}\mathrm{Rn}$ 核数,$-\lambda$ 为直线的斜率,是一个常数。将(2.1)式化为指数形式,则得

$$N(t) = N(0)\mathrm{e}^{-\lambda t} \tag{2.2}$$

可见,氡的衰变服从指数规律。实验表明,任何放射性物质在单独存在时都服从指数规律。指

数衰减规律不仅适用于单一放射性衰变,而且也适用于同时存在分支衰变的衰变过程,指数衰减规律是放射性核素衰变的普遍规律。但是对各种不同的核素来说,它们衰变的快慢又各不相同,即它们的 λ 各不相同,所以 λ 反映了不同放射性核素的个性。

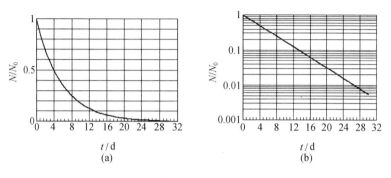

图2.3 ^{222}Rn的衰变规律图

放射性指数衰减规律是原子核衰变行为的内禀属性,对某原子核而言该规律是确定的。但就一个具体的原子核来说,衰变是随机的,我们不能肯定地说它一定会在什么时候衰变,只能给出它在一定时间范围内发生衰变的概率。只有当放射源里有大量待衰变原子核的时候,每个原子核衰变行为的随机性发生了相对抵消,指数衰减这个确定的规律才会被凸显出来。

实验发现,通过加压、加热、加电磁场、机械运动等物理或化学手段都不会影响指数衰减规律,λ 的大小也没有受到显著影响。这说明,原子核的衰变主要受核内因素影响,与核外因素关系不大(实际上,由于核外电子的波函数可以进入原子核,核外电子的状态也会对原子核的衰变构成很小的影响,这通常并不重要,但有可能被穆斯堡尔效应谱仪这种对能量变化非常灵敏的核探测方法所感知)。

2.1.2   衰变常数、半衰期、平均寿命和衰变宽度

式(2.2)中的比例常数 λ 称为衰变常数。由(2.2)式微分可得

$$- \mathrm{d}N(t) = \lambda N(t)\mathrm{d}t \tag{2.3}$$

式中,$- \mathrm{d}N(t)$ 为原子核在 t 到 $t + \mathrm{d}t$ 时间间隔内的衰变数。由此可见,此衰变数正比于时间间隔 $\mathrm{d}t$ 和 t 时刻的原子核数 $N(t)$,其比例系数正好是衰变常数 λ。因此,λ 可写为

$$\lambda = \frac{- \mathrm{d}N(t)/N(t)}{\mathrm{d}t} \tag{2.4}$$

显然,式(2.4)中的分子 $- \mathrm{d}N(t)/N(t)$ 表示一个原子核的衰变概率。可见,λ 是单位时间内一个原子核发生衰变的概率,其单位为时间的倒数,如 s^{-1},min^{-1},h^{-1},d^{-1},a^{-1} 等。衰变常数表征该放射性核素衰变的快慢,λ 越大,衰变越快;λ 越小,衰变越慢。实验指出,每种放射性核素都有确定的衰变常数,衰变常数 λ 的大小与这种核素如何形成或何时形成都无关。

如果一种核素同时有几种衰变模式(如图2.2中核素 ^{210}Po 有两个 α 衰变,还有一些放射性核素既可放射 α 粒子,又能放射 β 粒子等等),则该核素的总衰变常数 λ 应该是各个分支衰变常数 λ_i 之和,即

$$\lambda = \sum_i \lambda_i \tag{2.5}$$

于是,可以定义分支比 R_i 为

$$R_i = \frac{\lambda_i}{\lambda} = \frac{\lambda_i}{\sum_i \lambda_i} \tag{2.6}$$

可以看出,分支比 R_i 表示了第 i 个分支衰变在总衰变中所占的比例。

前已述及,衰变纲图中的百分数被称为绝对强度,它反映的是母核素在衰变一次时产生各衰变(包括子核素的衰变)的概率。分支比则指的是某一具体核素在衰变一次时产生各衰变(只考虑该核素的衰变)的概率。二者都是百分比,但只有在讨论衰变纲图中的母核素时,绝对强度和分支比才是一样的。

除了 λ 外,还有一些物理量,比如半衰期 $T_{1/2}$ 等,也可用于表征放射性衰变的快慢。放射性核素的数目衰变掉一半所需要的时间,叫作该放射性核素的半衰期,用 $T_{1/2}$ 表示,其单位可采用秒(s)、分钟(min)、小时(h)、天(d)、年(a)等。根据定义

$$N(T_{1/2}) = N(0)/2 \tag{2.7}$$

用指数衰减规律(2.2)式代入,可得

$$T_{1/2} = \ln 2/\lambda \approx 0.693/\lambda \tag{2.8}$$

由此可见,$T_{1/2}$ 与 λ 成反比,因此 $T_{1/2}$ 越大,衰变越慢,而 $T_{1/2}$ 越小则衰变越快。(2.7)式也表示半衰期 $T_{1/2}$ 与何时作为时间起点是无关的,从任何时间开始算起这种原子核的数量减少一半的时间都一样,即等于 $T_{1/2}$。

还可以用平均寿命 τ 来量度衰变的快慢,τ 简称寿命。平均寿命可以计算如下:若在 $t = 0$ 时放射性核素的数目为 $N(0)$,当 $t = t$ 时就减为 $N(t) = N(0)\mathrm{e}^{-\lambda t}$。因此,在 $t \to t + \mathrm{d}t$ 这段很短的时间内,发生衰变的核数为 $-\mathrm{d}N(t) = \lambda N(t)\mathrm{d}t$,这些核的寿命为 t,它们的总寿命为 $t\lambda N(t)\mathrm{d}t$。由于有的原子核在 $t = 0$ 时就衰变,有的要到 $t \to \infty$ 时才发生衰变,因此,所有核素的总寿命为

$$\int_0^\infty t\lambda N(t)\mathrm{d}t \tag{2.9}$$

于是,任一核素的平均寿命 τ 为

$$\tau = \frac{\int_0^\infty t\lambda N(t)\mathrm{d}t}{N(0)} = \frac{1}{\lambda}\int_0^\infty (\lambda t)\cdot \mathrm{e}^{-\lambda t}\mathrm{d}(\lambda t) = \frac{1}{\lambda} \tag{2.10}$$

可见,原子核的平均寿命为衰变常数的倒数。由于 $T_{1/2} = 0.693/\lambda$,故

$$\tau = \frac{T_{1/2}}{0.693} = 1.44 T_{1/2} \tag{2.11}$$

因此,平均寿命比半衰期长一点,是 $T_{1/2}$ 的 1.44 倍。在 $t = \tau$ 时,即得

$$N(t = \tau) = N_0 \mathrm{e}^{-1} \approx 37\% \cdot N_0 \tag{2.12}$$

表明放射性核素在经过时间 τ 以后,剩下的核素数目约为原来的 37%。

除了用衰变常数 λ、半衰期 $T_{1/2}$ 和平均寿命 τ 表述核衰变的快慢外,还会用到衰变宽度 Γ 这一物理量。由放射性衰变的量子理论可以知道,当原子核处于某一能量为 E_0 的激发态,并不意味着核的激发能仅为一确定的值 E_0,而是处于以 E_0 为中心的具有一定宽度的能量范围内,也就是说,能级存在一定的宽度。由量子力学跃迁概率公式(费米黄金规则)可得到激发能处于以 E_0 为中心的不同能量 E 的概率分布函数,即原子核激发能为 E 的概率为

$$|A(E)|^2 = \frac{1}{4\pi^2} \cdot \frac{1}{(E - E_0)^2 + (\hbar\lambda/2)^2} \qquad (2.13)$$

式中,$A(E)$ 是能量为 E 的态的波函数振幅。

由不确定度关系

$$\Gamma = \hbar\lambda \qquad (2.14)$$

有

$$|A(E)|^2 = \frac{1}{4\pi^2} \cdot \frac{1}{(E - E_0)^2 + (\Gamma/2)^2} \qquad (2.15)$$

此式表明,原子核处于能量为 E 的态的概率随 E 的变化曲线在 $E = E_0$ 处有峰值,峰的半宽度为 Γ,见图 2.4。也就是说,衰变态的能量主要集中在 $E_0 - \Gamma/2$ 和 $E_0 + \Gamma/2$之间,Γ 即为衰变核所处能级的自然宽度。

由于 $\lambda = 1/\tau$,则(2.14)式可化为

$$\Gamma\tau \approx \hbar \qquad (2.16)$$

(2.16)式表明,原子核的衰变(即寿命 τ 有限)是与它的能量不确定(存在能量展宽 Γ)相关的。如果 $\Gamma \rightarrow 0$,则 $\tau \rightarrow \infty$,也就是说,当原子核的能量是确定的时,它就是

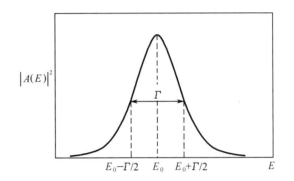

图 2.4 衰变态处于能量 E 的概率

稳定的,不会发生放射性衰变。典型的核激发态寿命为 $\tau \approx 10^{-12}$ s,相应的 $\Gamma \approx 10^{-4}$ eV,可见衰变核能级宽度非常小。由于与 τ 存在一定的对应关系,Γ 显然也可以表示不稳定核衰变的快慢程度,所以也把 Γ 称为衰变宽度。

2.1.3 放射性的活度和单位

一个放射源在单位时间内发生衰变的原子核数称为它的放射性活度,通常用符号 A 表示。放射性活度表征了一个放射源的强弱,它不仅取决于放射性原子核的数量,而且还与这种核素的衰变常数有关。

如果一个放射源在 t 时刻含有 $N(t)$ 个放射性原子核,放射源核素的衰变常数为 λ,则这个放射源的放射性活度为

$$A(t) = -\frac{dN(t)}{dt} = \lambda N(t) \qquad (2.17)$$

代入 $N(t)$ 的指数规律,即(2.2)式,得到

$$A(t) = \lambda N(t) = \lambda N_0 e^{-\lambda t}$$

即

$$A(t) = A_0 e^{-\lambda t} \qquad (2.18)$$

这里 $A_0 = \lambda N_0$,是放射源的初始放射性活度。由(2.18)式可见,一个放射源的放射性活度也是随时间指数衰减的。

由于历史的原因,放射性活度常采用居里(简称居,用符号 Ci 表示)为单位。最初,1 Ci 定义为 1 g 镭每秒衰变的数目。1950 年,为了统一起见,国际上共同规定:一个放射源每秒钟有 3.7×10^{10} 次核衰变定义为 1 Ci,即

$$1 \text{ Ci} = 3.7 \times 10^{10} \text{ s}^{-1} \tag{2.19}$$

更小的单位有毫居($1 \text{ mCi} = 10^{-3} \text{ Ci}$)和微居($1 \text{ μCi} = 10^{-6} \text{ Ci}$)。1975 年,国际计量大会(General Conference on Weights and Measures)规定了放射性活度的 SI 单位为贝可勒尔(简称贝可,用符号 Bq 表示),即

$$1 \text{ Bq} = 1 \text{ s}^{-1} \tag{2.20}$$

显见

$$1 \text{ Ci} = 3.7 \times 10^{10} \text{ Bq} \tag{2.21}$$

应该指出,放射性活度仅仅是指单位时间内原子核衰变的数目,而不是指在衰变过程中放射出的粒子数目。有些原子核在发生一次衰变时可能放出多个粒子。例如 ^{137}Cs 放射源(见图 3.22),假如在某一时间间隔内有 10 000 个原子核发生衰变,平均会放出 19 456 个粒子。其中最大能量为 1.17 MeV 的电子有 540 个,最大能量为 0.512 MeV 的电子有 9 460 个,并伴随有 8 500 个能量为 0.662 MeV 的光子和 956 个能量约为 0.62 MeV 的内转换电子。

在实际工作中除放射性活度外,还经常用到比放射性活度或比活度的概念。比放射性活度就是单位质量放射源的放射性活度,即

$$A_m = A/m \tag{2.22}$$

式中,m 为放射源的质量,比放射性活度的单位是 $\text{Bq} \cdot \text{g}^{-1}$ 或 $\text{Ci} \cdot \text{g}^{-1}$。

衡量一个放射源或放射性样品放射性强弱的物理量,除放射性活度外,还常用衰变率这一概念。设 t 时刻放射性样品中,某一放射性核素的原子核数为 $N(t)$,该放射性核素的衰变常数为 λ,我们把这个放射源在单位时间内发生衰变的核的数目称为衰变率 $J(t)$,即

$$J(t) = \lambda N(t) \tag{2.23}$$

可见,放射性活度和衰变率具有相同的定义,是同一物理量的两种表述。前者多用于给出放射源或放射性样品的放射性活度,而后者则常作为描述衰变过程的物理量。

2.2　递次衰变规律

上节已讨论了单一放射性的衰变规律。所谓单一放射性,是指放射源是由单一的一种放射性原子核组成,它的数目的变化单纯地由它本身的衰变引起,并且衰变后的核是一个稳定的核。当一种核素衰变后产生了第二种放射性核素,第二种放射性核素又衰变产生了第三种放射性核素……这样就产生了多代连续放射性衰变,称之为递次衰变,例如下面的衰变过程:

$$^{214}_{84}\text{Po} \xrightarrow{\alpha, 1.64 \times 10^{-4} \text{ s}} {}^{210}_{82}\text{Pb} \xrightarrow{\beta^-, 22.20 \text{ a}} {}^{210}_{83}\text{Bi} \xrightarrow{\beta^-, 5.01 \text{ d}} {}^{210}_{84}\text{Po} \xrightarrow{\alpha, 138.4 \text{ d}} {}^{206}_{82}\text{Pb}(稳定)$$

上式是一种递次衰变的表达方式,表明了各级衰变的衰变方式、半衰期和衰变产物。

在递次衰变中,任何一种放射性物质被分离出来单独存放时,它的衰变都满足(2.2)式的指数衰变规律。但是,它们混在一起的情况却要复杂得多。

2.2.1　两代连续衰变规律

先讨论两代连续放射性衰变的过程,即母体(指发生衰变的核)衰变生成子体(指衰变生成的核),子体衰变生成稳定核素,且母体、子体处于同一体系中。例如:

$$^{90}_{38}\text{Sr} \xrightarrow{\beta^-, 28.9 \text{ a}} {}^{90}_{39}\text{Y} \xrightarrow{\beta^-, 64 \text{ h}} {}^{90}_{40}\text{Zr}(稳定)$$

我们看看在这类情况中,原子核的数目和放射性活度将按什么规律变化。为讨论方便,先给出两代连续放射性衰变的一般表达式为

$$A \xrightarrow{\lambda_1} B \xrightarrow{\lambda_2} C(稳定) \qquad (2.24)$$

其中,A 为母体,它衰变成子体 B,B 又衰变成 C,C 是稳定的。

设 A 的衰变常数为 λ_1,B 的衰变常数为 λ_2,在 $t=0$ 时刻,A 的核数目为 N_{10},B 和 C 的数目为 0。

1. A 的放射性衰变规律

对第一种放射性核素 A,它是单一放射性衰变,根据(2.2)式,A 的衰变规律为

$$N_1(t) = N_{10} e^{-\lambda_1 t} \qquad (2.25)$$

2. B 的放射性衰变规律

第二种放射性核素 B 的数目的变化由两个因素决定:一是 A 衰变成 B,使 B 增加 $\lambda_1 N_1(t) \mathrm{d}t$;二是 B 衰变成 C,使 B 减少 $\lambda_2 N_2(t) \mathrm{d}t$,这样 B 的数目随时间的变化率为

$$\frac{\mathrm{d}N_2(t)}{\mathrm{d}t} = \lambda_1 N_1(t) - \lambda_2 N_2(t) \qquad (2.26)$$

将(2.25)式代入(2.26)式,得到

$$\frac{\mathrm{d}N_2(t)}{\mathrm{d}t} + \lambda_2 N_2(t) = \lambda_1 N_{10} e^{-\lambda_1 t} \qquad (2.27)$$

用 $e^{\lambda_2 t}$ 乘以(2.27)式两端后,可得

$$\frac{\mathrm{d}}{\mathrm{d}t}\left[N_2(t) e^{\lambda_2 t}\right] = \lambda_1 N_{10} e^{(\lambda_2 - \lambda_1)t}$$

积分可得

$$N_2(t) = \frac{\lambda_1}{\lambda_2 - \lambda_1} N_{10} e^{-\lambda_1 t} + c e^{-\lambda_2 t} \qquad (2.28)$$

积分常数 c 由初始条件,即 $t=0$ 时,$N_2 = 0$,求得

$$c = -\frac{\lambda_1}{\lambda_2 - \lambda_1} N_{10} \qquad (2.29)$$

代入(2.28)式,得到 B 的放射性衰变规律为

$$N_2(t) = \frac{\lambda_1}{\lambda_2 - \lambda_1} N_{10} (e^{-\lambda_1 t} - e^{-\lambda_2 t}) \qquad (2.30)$$

3. C 的数目变化规律

稳定核素 C 仅由 B 衰变而来,因此

$$\frac{\mathrm{d}N_3(t)}{\mathrm{d}t} = \lambda_2 N_2(t)$$

将(2.30)式代入,积分并利用初始条件($t=0,N_3=0$),得到

$$N_3(t) = \frac{\lambda_1 \lambda_2}{\lambda_2 - \lambda_1} N_{10}\left[\frac{1}{\lambda_1}(1 - e^{-\lambda_1 t}) - \frac{1}{\lambda_2}(1 - e^{-\lambda_2 t})\right] \qquad (2.31)$$

由此,我们得到了两代连续放射性衰变的规律为

$$\begin{cases} N_1(t) = N_{10}\mathrm{e}^{-\lambda_1 t} \\[2mm] N_2(t) = \dfrac{\lambda_1}{\lambda_2 - \lambda_1}N_{10}(\mathrm{e}^{-\lambda_1 t} - \mathrm{e}^{-\lambda_2 t}) \\[2mm] N_3(t) = \dfrac{\lambda_1\lambda_2}{\lambda_2 - \lambda_1}N_{10}\Big[\dfrac{1}{\lambda_1}(1 - \mathrm{e}^{-\lambda_1 t}) - \dfrac{1}{\lambda_2}(1 - \mathrm{e}^{-\lambda_2 t})\Big] \end{cases} \tag{2.32}$$

2.2.2　多次连续衰变规律

正如 2.2 节开头提到的核素 $^{214}_{84}\mathrm{Po}$ 需经过四次衰变才能生成稳定核素 $^{206}_{82}\mathrm{Pb}$,在两代连续放射性衰变过程的基础上,如果 C 也不稳定(即 $\lambda_3 \neq 0$),则对 $N_3(t)$ 有微分方程

$$\frac{\mathrm{d}N_3(t)}{\mathrm{d}t} = \lambda_2 N_2(t) - \lambda_3 N_3(t) \tag{2.33}$$

和上面一样,用 $\mathrm{e}^{\lambda_3 t}$ 乘以(2.33)式的两端作积分并利用初始条件,最后可得

$$N_3(t) = N_{10}(c_1\mathrm{e}^{-\lambda_1 t} + c_2\mathrm{e}^{-\lambda_2 t} + c_3\mathrm{e}^{-\lambda_3 t}) \tag{2.34}$$

式中,$c_1 = \dfrac{\lambda_1\lambda_2}{(\lambda_2 - \lambda_1)(\lambda_3 - \lambda_1)}$;$c_2 = \dfrac{\lambda_1\lambda_2}{(\lambda_1 - \lambda_2)(\lambda_3 - \lambda_2)}$;$c_3 = \dfrac{\lambda_1\lambda_2}{(\lambda_1 - \lambda_3)(\lambda_2 - \lambda_3)}$。

对于 n 代连续放射性衰变过程(共连续有 $n+1$ 个核素,其中最后一个核素是稳定的),若有初始条件 $N_1(0) = N_{10}$,$N_m(0) = N_{m0} = 0$,$m = 2,3,\cdots,n,n+1$,且相应的各衰变常数为 λ_1,$\lambda_2,\cdots,\lambda_n$,用同样的方法可求出第 n 个核素的数目随时间的变化规律为

$$N_n(t) = N_{10}(c_1\mathrm{e}^{-\lambda_1 t} + c_2\mathrm{e}^{-\lambda_2 t} + \cdots + c_n\mathrm{e}^{-\lambda_n t}) \tag{2.35}$$

式中

$$c_1 = \frac{\lambda_1\lambda_2\cdots\lambda_{n-1}}{(\lambda_2 - \lambda_1)(\lambda_3 - \lambda_1)\cdots(\lambda_n - \lambda_1)}$$

$$c_2 = \frac{\lambda_1\lambda_2\cdots\lambda_{n-1}}{(\lambda_1 - \lambda_2)(\lambda_3 - \lambda_2)\cdots(\lambda_n - \lambda_2)}$$

$$\cdots\cdots$$

$$c_n = \frac{\lambda_1\lambda_2\cdots\lambda_{n-1}}{(\lambda_1 - \lambda_n)(\lambda_2 - \lambda_n)\cdots(\lambda_{n-1} - \lambda_n)}$$

由上述结果可以看出,在多代连续衰变过程中,任一代核素数目的变化规律不仅与本身的衰变常数有关,而且与前面所有各代核素的衰变常数有关。只有第一代核素的衰变是单一放射性衰变。

(2.35)式是在特殊的(也是最常遇到的)初始条件下得出的。对于其他初始条件,也可用类似的方法求解,只不过结果更复杂而已。

2.2.3　放射性的平衡:暂时平衡和长期平衡

多代连续放射性衰变过程中,各个核素的衰变有快有慢,如果时间足够长,各核素数目的变化会出现什么现象呢? 这就是放射性平衡要探讨的问题。它对于解释自然界中现存的放射系,对于制备人工放射源等问题都是重要的。

我们仍以两代连续放射性衰变过程,即 $\mathrm{A} \xrightarrow{\lambda_1} \mathrm{B} \xrightarrow{\lambda_2} \mathrm{C}$ 为例来讨论放射性平衡问题。两代过程讨论清楚了,再推广到多代。设 A 和 B 的衰变常数分别为 λ_1 和 λ_2,初始条件仍然是 $N_1(t=0) = N_{10}$,$N_2(t=0) = 0$,$N_3(t=0) = 0$。现分三种情况来讨论。

1. 暂时平衡

暂时平衡的条件是 $\lambda_1 < \lambda_2$,即 $T_{1/2}^{(1)} > T_{1/2}^{(2)}$,这表示母核比子核衰变得慢。例如:

$$^{200}_{78}\text{Pt} \xrightarrow{\beta^-,12.5\,\text{h}} {}^{200}_{79}\text{Au} \xrightarrow{\beta^-,0.81\,\text{h}} {}^{200}_{80}\text{Hg}(\text{稳定})$$

母核半衰期 $T_{1/2}^{(1)} = 12.5\,\text{h}$,子核半衰期 $T_{1/2}^{(2)} = 0.81\,\text{h}$,满足 $T_{1/2}^{(1)} > T_{1/2}^{(2)}$ 的条件。

刚开始时,由于母核 A 的衰变,子核 B 从无到有并开始增加。但随时间的推延,子核 B 的数目 $N_2(t)$ 的增长会变慢,这受两个因素的影响:一是母核 A 的数目因衰变越来越少,相应的衰变率 $J_1(t) = \lambda_1 N_1(t)$ 也越来越小,即单位时间形成的子核 B 的数目变少了;二是子核 B 在衰变,当 $N_2(t)$ 增加时,相应地 $J_2(t) = \lambda_2 N_2(t)$ 也增加,这表示单位时间内衰变掉的子核 B 的数目在增加。经过一段时间后,子核 B 的数目会达到极大值,将该时刻记为 t_m,这时单位时间内子核 B 的形成(即 $J_1(t)$)和衰变(即 $J_2(t)$)数目相等,用公式表示应为

$$\left.\frac{\mathrm{d}N_2(t)}{\mathrm{d}t}\right|_{t=t_\text{m}} = \left[J_1(t) - J_2(t)\right]_{t=t_\text{m}} = 0 \tag{2.36}$$

将(2.30)式代入,得

$$\left.\frac{\mathrm{d}N_2(t)}{\mathrm{d}t}\right|_{t=t_\text{m}} = \frac{\lambda_1}{\lambda_2 - \lambda_1}N_{10}\left(-\lambda_1 e^{-\lambda_1 t_\text{m}} + \lambda_2 e^{-\lambda_2 t_\text{m}}\right) = 0$$

由此得出

$$t_\text{m} = \frac{1}{\lambda_2 - \lambda_1}\ln\frac{\lambda_2}{\lambda_1} \tag{2.37}$$

由(2.37)式,t_m 仅与母核和子核的 λ_1,λ_2 有关。另外,由(2.36)式看到,在 t_m 时刻有 $J_1(t_\text{m}) = J_2(t_\text{m})$,这表示此时子核、母核的衰变率相等,而且 $J_2(t_\text{m})$ 达到极大值。在实际应用中,知道 t_m 很重要,因为这时分离出子体,可以获得最大的活度。

在经过足够长的时间之后,由于 $\lambda_1 < \lambda_2$,使得 $e^{-\lambda_1 t} \gg e^{-\lambda_2 t}$,由(2.32)式可得

$$\begin{cases} N_1(t) = N_{10}e^{-\lambda_1 t} \\ N_2(t) = \dfrac{\lambda_1}{\lambda_2 - \lambda_1}N_{10}\left(e^{-\lambda_1 t} - e^{-\lambda_2 t}\right) \approx \dfrac{\lambda_1}{\lambda_2 - \lambda_1}N_{10}e^{-\lambda_1 t} \end{cases} \tag{2.38}$$

它们之比为

$$\frac{N_2(t)}{N_1(t)} \approx \frac{\lambda_1}{\lambda_2 - \lambda_1} \tag{2.39}$$

此式表明,母核与子核的数目之比保持不变,当母核的数目衰变掉一半时,子核的也衰变掉一半,这表示这种母子核共存的体系是以母核的半衰期 $T_{1/2}^{(1)}$ 衰变的,这就是暂时平衡。在暂时平衡情况下,子体与母体的放射性活度之比

$$\frac{A_2(t)}{A_1(t)} = \frac{\lambda_2 N_2(t)}{\lambda_1 N_1(t)} \approx \frac{\lambda_2}{\lambda_2 - \lambda_1} \tag{2.40}$$

也是保持不变的,且 $A_2(t) > A_1(t)$。

以 $^{200}_{78}\text{Pt} \xrightarrow{\beta^-,12.5\,\text{h}} {}^{200}_{79}\text{Au} \xrightarrow{\beta^-,0.81\,\text{h}} {}^{200}_{80}\text{Hg}$ 为例,设 $A_{10} = \lambda_1 N_{10} = 100\,\text{Bq}$,$A_{20} = \lambda_2 N_{20} = 0\,\text{Bq}$,可以建立如图 2.5 所示的暂时平衡及发展变化的示意图。图中曲线 b 是母核 $^{200}_{78}\text{Pt}$ 的活度变化曲线;a 是在母子核共存体系中子核 $^{200}_{79}\text{Au}$ 的活度变化曲线,在 $t_\text{m} = 3.4\,\text{h}$ 处达极大值;将 a 的直线部分外推至 $t = 0$ 处,得直线 e;由 e 减去 a 的对应值,得到 d,d 表示子核单独存在时其活度的

变化曲线;c 是母子共存体系总活度的变化曲线。

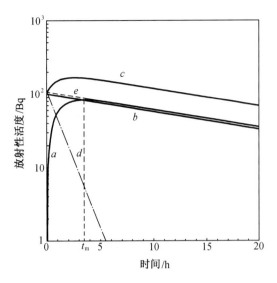

图 2.5　暂时平衡($\lambda_1 < \lambda_2$)

对于多代连续的放射性衰变 $A_1 \xrightarrow{\lambda_1} A_2 \xrightarrow{\lambda_2} A_3 \xrightarrow{\lambda_3} \cdots A_n \xrightarrow{\lambda_n} A_{n+1}$（稳定），只要 A_1 的 $T_{1/2}^{(1)}$ 最大,就会建立起按 A_1 的半衰期 $T_{1/2}^{(1)}$ 进行衰变的暂时平衡体系。首先,经过足够长时间,A_1 和 A_2 建立暂时平衡,$A_1 + A_2$ 以 $T_{1/2}^{(1)}$ 为半衰期进行衰变。然后 A_3 和 $A_1 + A_2$ 又可建立暂时平衡,$A_1 + A_2 + A_3$ 以 $T_{1/2}^{(1)}$ 为半衰期进行衰变。依此类推,各代都将建立起暂时平衡,而且以 $T_{1/2}^{(1)}$ 为半衰期进行衰变。每个放射性核素的数目及其活度都有固定的比例,不随时间改变。许多人工制造的放射性核素就属于这种多代连续衰变,并达到了暂时平衡。

2. 长期平衡

长期平衡的条件不仅是 $\lambda_1 < \lambda_2$,而且要求 $\lambda_1 \ll \lambda_2$,即母核的半衰期 $T_{1/2}^{(1)}$ 要比子核的大许多。另外,在我们观察的时间范围内,母核的数目几乎不变。也就是观察时间 $\Delta t \ll T_{1/2}^{(1)}$。这种情况下,母子核体系将建立起长期平衡。例如:

$$^{228}_{88}\text{Ra} \xrightarrow{\beta^-,5.76\ a} {}^{228}_{89}\text{Ac} \xrightarrow{\beta^-,6.15\ h} {}^{228}_{90}\text{Th}$$

母核的半衰期为 5.76 年,而子核的只有 6.15 小时,相差很大,另外,若在几天内观察,母核的数目几乎不变。

开始时,子核的数目从 0 逐渐增加,经过相当长的时间后,子核的数目将不会再增加。由于 $\lambda_1 \ll \lambda_2$,由(2.30)式得

$$\begin{cases} N_1(t) = N_{10}\text{e}^{-\lambda_1 t} \\ N_2(t) = N_{10}\dfrac{\lambda_1}{\lambda_2 - \lambda_1}(\text{e}^{-\lambda_1 t} - \text{e}^{-\lambda_2 t}) \approx N_{10}\dfrac{\lambda_1}{\lambda_2}\text{e}^{-\lambda_1 t} \end{cases} \tag{2.41}$$

由此可得出

$$\frac{N_2(t)}{N_1(t)} \approx \frac{\lambda_1}{\lambda_2} \quad \text{和} \quad \frac{A_2(t)}{A_1(t)} = \frac{\lambda_2 N_2(t)}{\lambda_1 N_1(t)} \approx 1 \tag{2.42}$$

这说明母子体系达到长期平衡后,母核和子核的数目比例保持不变。另外,由于在观察时间范围内,母核数目几乎保持不变,因此子核数目也几乎保持不变。在长期平衡时,母体和子体的放射性活度是相等的。

以 $^{228}_{88}\text{Ra} \xrightarrow{\beta^-,5.76\ a} {}^{228}_{89}\text{Ac} \xrightarrow{\beta^-,6.15\ h} {}^{228}_{90}\text{Th}$ 为例,设 $A_{10} = \lambda_1 N_{10} = 100$ Bq,$A_{20} = \lambda_2 N_{20} = 0$ Bq,可以建立如图 2.6 所示的长期平衡的示意图。图中各曲线的意义和图 2.5 的相同。在图 2.6 中曲线 b,c 的平衡部分与时间轴平行,即它们不随时间改变,这是与图 2.5 的不同之处。

对于多代连续衰变过程,如果第一个核 A 的半衰期 $T_{1/2}^{(1)}$ 足够大,比其余各代子核的半衰期

都大许多,而且在观察时间范围内母核的数目可以看成是不变的,则该多代连续衰变体系将建立长期平衡。这时各个核素的数目不仅都有确定的比例,而且其数目都保持不变,整个体系的各代子核的衰变率都和母核衰变率相等。由(2.42)式类推,可得

$$N_m = \frac{\lambda_1}{\lambda_m} N_1, \quad m = 2, 3, \cdots$$

即

$$\lambda_1 N_1 = \lambda_2 N_2 = \lambda_3 N_3 = \cdots \quad \text{或}$$
$$A_1 = A_2 = A_3 = \cdots \quad (2.43)$$

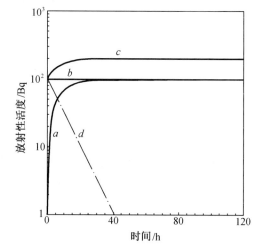

图 2.6 长期平衡($\lambda_1 \ll \lambda_2$)

3. 逐代衰变

若母核的衰变比子核的快,即 $\lambda_1 > \lambda_2$,这就建立不起平衡,于是会形成逐代衰变的现象。例如

$$^{131}_{52}\text{Te} \xrightarrow{\beta^-,25.0 \text{ min}} {}^{131}_{53}\text{I} \xrightarrow{\beta^-,8.02 \text{ d}} {}^{131}_{54}\text{Xe}$$

开始时,$N_2(t)$ 逐渐增加,而 $N_1(t)$ 逐渐减少,由于 $\lambda_1 > \lambda_2$,只要时间足够长,就会满足 $\text{e}^{-\lambda_2 t} \gg \text{e}^{-\lambda_1 t}$,由(2.30)式得

$$\begin{cases} N_1(t) = N_{10}\text{e}^{-\lambda_1 t} \to 0 \\ N_2(t) = N_{10}\dfrac{\lambda_1}{\lambda_2 - \lambda_1}(\text{e}^{-\lambda_1 t} - \text{e}^{-\lambda_2 t}) \approx N_{10}\dfrac{\lambda_1}{\lambda_1 - \lambda_2}\text{e}^{-\lambda_2 t} \end{cases} \quad (2.44)$$

这说明母核较快地先衰变完,然后剩下子核单独进行衰变。这时子体的放射性活度为

$$A_2(t) = \lambda_2 N_2(t) \approx N_{10}\frac{\lambda_1 \lambda_2}{\lambda_1 - \lambda_2}\text{e}^{-\lambda_2 t} \quad (2.45)$$

以 $^{210}_{83}\text{Bi} \xrightarrow{\beta^-,5.01 \text{ d}} {}^{210}_{84}\text{Po} \xrightarrow{\alpha,138.4 \text{ d}} {}^{206}_{82}\text{Pb}$ 为例,设 $A_{10} = \lambda_1 N_{10} = 100 \text{ Bq}$,$A_{20} = \lambda_2 N_{20} = 0 \text{ Bq}$,可以建立如图 2.7 所示的逐代衰变的示意图。图中曲线 b 是母核 $^{210}_{83}\text{Bi}$ 的衰变曲线,经过一段时间后,它几乎全衰变掉了。这以后,子核 $^{210}_{84}\text{Po}$ 按单一衰变过程衰变。

如果多代连续衰变过程中,上代的核素都比下代核素衰变得快,即有 $\lambda_1 > \lambda_2 > \lambda_3 > \cdots > \lambda_n$。那么,随着时间的流逝,将形成逐代衰变的现象,而不能形成平衡。首先是第一代衰变完,接着第二代,第三代……逐代衰变完。

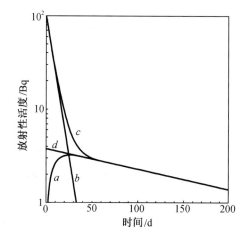

图 2.7 逐代衰变($\lambda_1 > \lambda_2$)

以上我们讨论了经过足够长的时间后,多代连续放射性衰变过程将出现暂时平衡、长期平衡或逐代衰变等现象。实际情况往往是这三种情况都交织在一起。例如,当地球形成时,可能存

在许许多多放射性核素,它们都建立起各自的多代连续衰变过程。其中母核衰变比子核衰变快,母核就按逐代衰变先衰变掉了;如果这个子核比下一代子核衰变慢,则形成暂时平衡。暂时平衡体系总要衰变掉,这时又会有另外的半衰期更长的核素形成新的暂时平衡。这样往复下去,总会出现半衰期最长的核素形成长期平衡。因此,地球上目前存在的三个放射系,就是遗留下来的处于长期平衡的多代连续衰变体系。

2.3　放　射　系

地球年龄约为 46 亿年。经过了如此长的地质年代之后,那些半衰期比较短的核素现在都已衰变完了。目前还能存在于地球上的放射性核素都只能维系在三个处于长期平衡状态的放射系中。这些放射系的第一个核素的半衰期都很长,和地球的年龄相近或比它更长。如钍系的 $^{232}_{90}\text{Th}$,半衰期为 1.405×10^{10} a;铀系的 $^{238}_{92}\text{U}$,半衰期为 4.468×10^{9} a;锕 – 铀系的 $^{235}_{92}\text{U}$,其半衰期为 7.04×10^{8} a。在三个放射系中的其他核素,虽然单独存在时,衰变都较快,但它们维系在长期平衡体系内时,都按第一个核素的半衰期衰变,因此可保存至今。

这三个放射系中的核素,主要是通过 α 衰变、$β^{-}$ 衰变和 γ 衰变的。经过一系列这些衰变,直到稳定核素为止。对于 α 衰变,质量数减少 4 电荷数减少 2,在元素周期表中将向前移动两个位置;对于 $β^{-}$ 衰变,质量数不变,而电荷数增加 1,在元素周期表中向后移一个位置;而对于 γ 衰变,质量数和电荷数都不变,因此在元素周期表中的位置不变。由此可见,通过 α,$β^{-}$,γ 衰变而形成的放射系,其中各个核素之间,质量数只能差 4 的整数倍。现在具体讨论三个天然存在的放射系。

1. 钍系(4n 系)

钍系从 $^{232}_{90}\text{Th}$ 开始,经过连续 10 次衰变,最后到达稳定核素 $^{208}_{82}\text{Pb}$。由于 $^{232}_{90}\text{Th}$ 的质量数 $A = 232 = 4 \times 58$,是 4 的整倍数,该系其他核素的质量数也均为 4 的整数倍,故称 4n 系。这一系的各个核素,衰变方式及其半衰期已表示在图 2.8 中。

其实,比 $^{232}_{90}\text{Th}$ 更重的 4n 系核素也是存在的,如 $^{236}_{92}\text{U}$ 和 $^{240}_{94}\text{Pu}$ 等。这些核素的半衰期远小于地球的年龄,不可能在自然界中遗留下来,但是可以通过核反应人工制备出来。这些人工方法造出和天然放射系相关联的核素,在图中用虚线圆圈表示。

在图 2.8 中还可以看到分支衰变的现象。例如,^{212}Bi 可以通过 α 衰变为 ^{208}Tl,也可通过 $β^{-}$ 衰变为 ^{212}Po,其分支比分别为 35.9% 和 64.1%。

2. 铀系(4n + 2 系)

铀系由 ^{238}U 开始,经过 14 次连续衰变而到达稳定核素 $^{206}_{82}\text{Pb}$。该系核素的质量数皆为 4 的倍数加 2,故也称为 4n + 2 系。

铀系各代子体的衰变关系如图 2.9 所示。

3. 锕 – 铀系(4n + 3 系)

锕 – 铀系是从 $^{235}_{92}\text{U}$ 开始的,经过 11 次连续衰变,到达稳定核素 $^{207}_{82}\text{Pb}$。该系核素的质量数可表示为 4n + 3,其各代子体的衰变关系如图 2.10 所示。

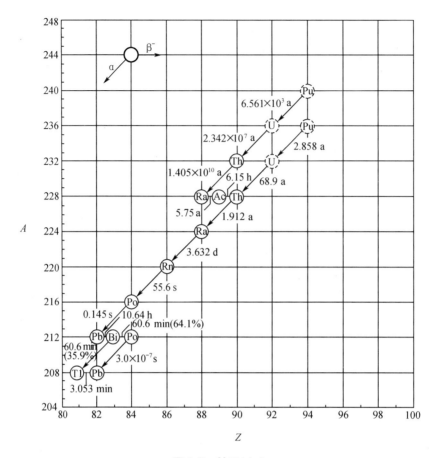

图2.8　钍系(4n)

4. 镎系(4n+1系)

在天然存在的放射系中,缺少了4n+1系。后来,由人工方法才发现了这一放射系,以其中半衰期最长的$^{237}_{93}$Np(镎)命名,称为镎系。$^{237}_{93}$Np的半衰期为2.144×10⁶ a。制备方法是把$^{238}_{92}$U放到反应堆中受中子照射,连续吸收三个中子,经两次 β⁻ 衰变而形成4n+1系的最重的核素$^{241}_{94}$Pu(钚),$^{241}_{94}$Pu再经过一次 β⁻ 衰变和一次 α 衰变而形成$^{237}_{93}$Np。具体过程如下:

$$^{238}_{92}\text{U}+3\text{n}\longrightarrow{}^{241}_{92}\text{U}\xrightarrow{\beta^-}{}^{241}_{93}\text{Np}\xrightarrow{\beta^-}{}^{241}_{94}\text{Pu}$$

$$^{241}_{94}\text{Pu}\xrightarrow{\beta^-,14.29\text{ a}}{}^{241}_{95}\text{Am}\xrightarrow{\alpha,432.2\text{ a}}{}^{237}_{93}\text{Np}$$

镎系最后到达稳定核素$^{209}_{83}$Bi,其各代子体的衰变关系如图2.11所示。我们可以看到$^{241}_{94}$Pu和$^{241}_{95}$Am的半衰期分别为14.3 a和432.2 a,按逐代衰变规律很快就衰变完了,留下$^{237}_{93}$Np,它和下面各代放射性核素建立起长期平衡,并按它的半衰期2.144×10⁶ a衰变。由于它的半衰期远比地球年龄小,相对于地球年龄,这是暂时平衡。因此,到现今这一系已完全衰变完了,只剩下稳定的产物$^{209}_{83}$Bi。

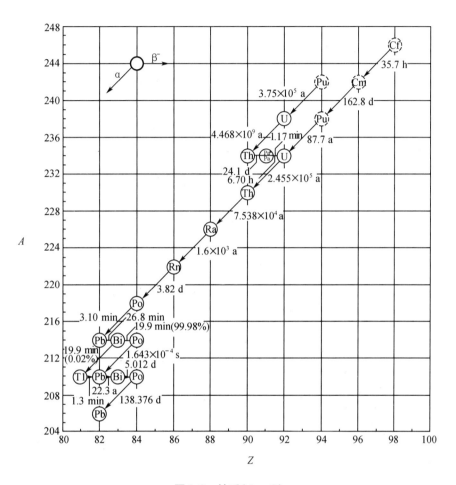

图 2.9   铀系(4n+2)

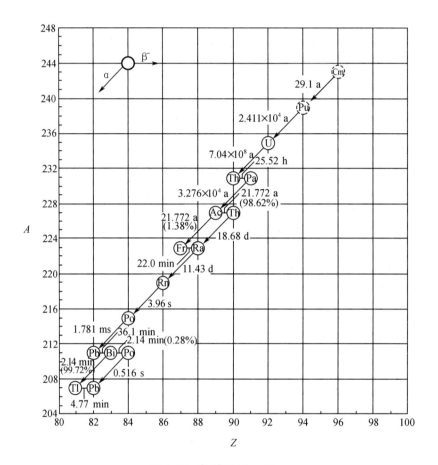

图 2.10　锕铀系(4n+3)

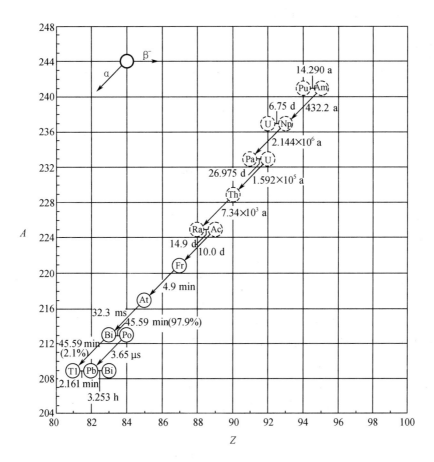

图 2.11 镎系(4n+1)

2.4　放射规律的一些应用

放射性核素的应用是相当广泛的,在农业、工业、医疗卫生等方面都有应用。这里我们仅举一些例子说明放射性衰变规律的应用。

2.4.1　确定放射源的活度和性质

1. 确定放射源的活度

以单一放射源^{137}Cs为例。若 10 年前制备了质量 $W = 2 \times 10^{-5}$ g 纯的^{137}Cs放射源,那么,当时和现在它的活度分别是多少呢?

^{137}Cs的原子量 $A = 136.907$,所以 10 年前制备出来的^{137}Cs相应的核数为

$$N_0 = \frac{N_A}{A} \cdot W = 8.797 \times 10^{16} \text{个}$$

其中,$N_A \approx 6.022 \times 10^{23}$ mol^{-1}为阿伏伽德罗常数。查附录 I 核素性质表可知^{137}Cs的半衰期为 $T_{1/2} = 30.03$ a,则其衰变常数为

$$\lambda = 0.693/T_{1/2} = 0.023 \text{ a}^{-1}$$

得到 10 年前该放射源的活度为

$$A_0 = \lambda N_0 = \frac{0.023 \times 8.797 \times 10^{16}}{365 \times 24 \times 3\,600} = 6.39 \times 10^7 \text{ Bq}$$

根据(2.18)式,得到现在(即 $t = 10$ a)它的活度为

$$A(t) = A_0 \mathrm{e}^{-\lambda t} = 6.39 \times 10^7 \times \mathrm{e}^{-0.023 \times 10} = 5.08 \times 10^7 \text{ Bq}$$

所以,经过 10 年后,^{137}Cs源的放射性活度只减弱了约 1/5。

2. 确定放射性活度和制备时间

在人工制备放射源时,如果反应堆中的中子注量率或加速器中带电粒子束流强是恒定的,则制备的人工放射性核素的产生率 P 是恒定的,而放射性核素同时又在衰变,因此它的数目变化率为

$$\frac{\mathrm{d}N(t)}{\mathrm{d}t} = P - \lambda N(t) \tag{2.46}$$

对热中子场的情况,产生率可表达为

$$P = N_t \sigma_0 \Phi \tag{2.47}$$

式中,N_t 为样品中被用于制备放射源的靶核的总数,而且认为在辐照过程中保持不变(因为变化的部分只占极小的比例);σ_0 为靶核的热中子截面;Φ 为热中子的注量率。

由初始条件 $N(0) = 0$,求解(2.46)式的微分方程,可得到照射时间为 t_0 时靶物质中生成的放射性核数为

$$N(t_0) = \frac{N_t \sigma_0 \Phi}{\lambda}(1 - \mathrm{e}^{-\lambda t_0}) = \frac{N_t \sigma_0 \Phi S}{\lambda} \tag{2.48}$$

或者说,得到的放射性活度为

$$A(t_0) = N_t \sigma_0 \Phi(1 - \mathrm{e}^{-\lambda t_0}) = N_t \sigma_0 \Phi S$$

式中,$S = 1 - \mathrm{e}^{-\lambda t_0}$ 称为饱和因子。此式表明生成的放射性核的数目呈指数增长,由该式,要使

饱和值达到 1,必须经过相当长的时间,但由于饱和因子是指数增长的,因此要达到较大的饱和因子还是比较快的。例如要求放射性活度达到饱和活度 $A_0 = N_t \sigma_0 \Phi$ 的 99%,由上式得

$$S = 1 - e^{-\lambda t_0} = 0.99$$

则所需时间为

$$t_0 = \frac{2}{\lambda}\ln 10 = T_{1/2}\frac{2\ln 10}{\ln 2} \approx 6.65 T_{1/2}$$

可见,经过放射性核素半衰期 $T_{1/2}$ 的六七倍时间,即可得到放射性活度为 A_0 的 99% 的放射源,如果再延长时间,也只不过是再增加不到 1% 而已,这是不合算的。通常,在制备放射源时,照射时间以六七倍 $T_{1/2}$ 为宜。如果可供照射的时间不够长,则可通过增加 N_t(即增加被用于制备放射源的物质的量)或增大热中子的注量率来得到较高的放射性活度。

3. 确定放射源的性质

在人工制备放射源时,确定其组成是很重要的,因为放射源的组成和放射源的性质,与发射粒子的种类、数量和能量等密切相关。例如要制备 $^{90}_{38}Sr$ 放射源,但因为存在下面这样一个两代连续放射性衰变过程:

$$^{90}_{38}Sr \xrightarrow{\beta^-,28.90\ a} {}^{90}_{39}Y \xrightarrow{\beta^-,64.053\ h} {}^{90}_{40}Zr(稳定)$$

$\lambda_1 \ll \lambda_2$,且 $T_{1/2}^{(1)}$ 较长,可形成长期平衡。由(2.37)式可求得达到长期平衡的时间为

$$t_m = \frac{1}{\lambda_2 - \lambda_1}\ln\frac{\lambda_2}{\lambda_1} \approx \frac{1}{\lambda_2}\ln\frac{\lambda_2}{\lambda_1} = \frac{T_{1/2}^{(2)}}{\ln 2}\ln\frac{T_{1/2}^{(1)}}{T_{1/2}^{(2)}} \approx 10 T_{1/2}^{(2)} \approx 640\ h$$

此式说明,原来制备的纯 $^{90}_{38}Sr$ 放射源,经过约 640 h 后,变成了 $^{90}_{38}Sr$ 和 $^{90}_{39}Y$ 共存的 β^- 放射源了,并以母核 $^{90}_{38}Sr$ 的半衰期 $T_{1/2} = 28.90\ a$ 衰变。这时放射源的活度也变成了纯 $^{90}_{38}Sr$ 源的 2 倍,发射的 β 粒子也发生了很大变化。

2.4.2　确定远期年代

利用放射性衰变规律与放射性平衡现象来确定远期年代的方法,在考古学和地质学中占有重要地位并取得了巨大成功,现做简要介绍。

1. ^{14}C 断代年代法

测量样品中长寿命放射性同位素的含量,能确定样品的历史年代,这在考古学和地质年代学中称为断代年代法。常用的放射性核素有 ^{10}Be,^{14}C,^{26}Al,^{36}Cl 等,其中以 ^{14}C 断代研究最多。

$^{14}_{6}C$ 的半衰期 $T_{1/2} = 5\ 700\ a$,远远短于地球的年龄,在地球形成时存在的天然 $^{14}_{6}C$ 早已衰变完。然而,来自地球外的宇宙射线与大气层中的原子核发生反应时,产生了许多次级中子。这些次级中子又与大气层中的氮(主要是 $^{14}_{7}N$)发生反应而产生放射性核素 $^{14}_{6}C$,即

$$n + {}^{14}_{7}N \rightarrow {}^{14}_{6}C + p$$

假定宇宙线的强度是恒定的(这一假定起码在与宇宙年龄相比非常短暂的几万到十万年可以认为是成立的),这使得 $^{14}_{6}C$ 的产生率保持不变。经过相当长的时间后,$^{14}_{6}C$ 的产生和衰变达到平衡,其数目保持不变。在大气中还存在稳定的核素 $^{12}_{6}C$,根据实验测定,在大气中 $^{14}_{6}C$ 和 $^{12}_{6}C$ 的数目之比约为 $1.2:10^{12}$,而且这个比例在地球各个纬度基本不变。

植物吸收空气中的二氧化碳(包含了 ^{14}C 和 ^{12}C),动物又以动植物为食,这样通过新陈代谢,动植物中的碳和大气中的碳进行交换,处于一种动态平衡。所以动植物活着时,其体内的

^{14}C与^{12}C的含量比和大气中的一样,保持恒定。当生物死亡后,这种交换停止了,生物体内的^{14}C只发生衰变,而得不到新的^{14}C的补充,使得生物遗骸中^{14}C和^{12}C的比例发生了变化。所以,只要测定生物遗骸中的^{14}C与^{12}C的含量比,并与当代活样参考样品的^{14}C与^{12}C的含量比做比较,即可确定该生物体死亡距今的年代t:

$$\frac{(^{14}\mathrm{C}/^{12}\mathrm{C})}{(^{14}\mathrm{C}/^{12}\mathrm{C})_{\mathrm{s}}} = \exp\left(-\frac{\ln 2}{T_{1/2}}t\right)$$

式中,下标 s 表示参考样本。

当然,实际进行鉴定时,仅是取遗骸的一部分,^{14}C和^{12}C的比例常随生物体的部位不同而有小的差别;另外,^{14}C和^{12}C的比例在地球上不同地方也会有微小差别,因此实际测定时要做必要的修正和校准。对于^{14}C半衰期而言,^{14}C测定的年代范围约为 100 年到 10 万年左右。

^{14}C含量的测定早期采用测量^{14}C的 β 放射性,由于样品放射性很弱,限制了样品量不能过小,测量时间也较长。现在一般采用超灵敏质谱分析方法,如用串列加速器质谱仪,直接测量^{14}C核素的数目,使测量时间大大缩短并可大大节省样品量,形成现代^{14}C断代年代法。

2. 地质放射性鉴年法

由于地质年代非常长(10^9 a 量级),用放射性法确定地质年代时,通常不是测定岩石中某种放射性核素的放射性活度,而是确定母核与子核数量之比。

假定在岩石生成时刻($t = t_0$),放射性母核数为$N_{\mathrm{p}}(t_0)$,子核数$N_{\mathrm{d}}(t_0) = 0$,而在测量时刻($t = t_1$),母核数变为$N_{\mathrm{p}}(t_1)$,生成的子核数为$N_{\mathrm{d}}(t_1)$,则有

$$N_{\mathrm{p}}(t_0) = N_{\mathrm{p}}(t_1) + N_{\mathrm{d}}(t_1)$$
$$N_{\mathrm{p}}(t_1) = N_{\mathrm{p}}(t_0)\mathrm{e}^{-\lambda(t_1-t_0)}$$

所以

$$\Delta t = t_1 - t_0 = \frac{1}{\lambda}\ln\frac{N_{\mathrm{p}}(t_0)}{N_{\mathrm{p}}(t_1)} = \frac{1}{\lambda}\ln\left[1 + \frac{N_{\mathrm{d}}(t_1)}{N_{\mathrm{p}}(t_1)}\right] \tag{2.49}$$

从此式可见,只要知道衰变常数λ,实验测得母、子核数量之比,即可确定岩石的生成年代。当然,在测定中需注意是否满足$N_{\mathrm{d}}(t_0) = 0$的条件及子核是否可能从岩石中逸出。

2.4.3　短寿命核素发生器

随着核医学和放射医学的发展,采用短寿命核素发生器生产放射性核素已成为核医学的一个重要的组成部分。其基本原理是将寿命较长的核素吸附在某种吸附剂上,它不断衰变,生成短寿命子体。由于母、子体在吸附剂上的吸附能力不同,可采用适当的化学方法将子体淋洗下来,而母体仍留在吸附剂上,母体仍不断衰变生长出子体,犹如母牛挤奶一样,所以,短寿命核素发生器常称为"母牛"。

其中^{99}Mo – $^{99\mathrm{m}}$Tc母牛的成功应用,大大促进了核医学的发展。它是将母体^{99}Mo以钼酸铵$[(\mathrm{NH}_4)_2{}^{99}\mathrm{MoO}_4]$的形式吸附在$\mathrm{Al}_2\mathrm{O}_3$的玻璃交换柱上。使用时用生理盐水淋洗交换柱,得到过锝酸钠($\mathrm{Na}_2{}^{99\mathrm{m}}\mathrm{TcO}_4$)溶液。^{99}Mo的衰变过程为

$$^{99}\mathrm{Mo}\xrightarrow{\beta^-,\ T_{1/2}=65.97\ \mathrm{h}}{}^{99\mathrm{m}}\mathrm{Tc}\xrightarrow{\mathrm{IT},\ T_{1/2}=6.005\ 8\ \mathrm{h}}{}^{99}\mathrm{Tc}\xrightarrow{\beta^-,\ T_{1/2}=2.111\times10^5\ \mathrm{a}}\cdots$$

由于$T_{1/2}(^{99}\mathrm{Mo}) > T_{1/2}(^{99\mathrm{m}}\mathrm{Tc})$,体系可以建立起暂时平衡。为获得最大量的$^{99\mathrm{m}}$Tc,由(2.37)式可知,在$t = t_{\mathrm{m}}$时淋洗交换柱是适宜的。代入相关的衰变常数,可解得$t_{\mathrm{m}} = 23$ h。这

就是说,在 ^{99}Mo – ^{99m}Tc 母牛上每经过 23 h 就可以一次得到最多量的 ^{99m}Tc。由于 ^{99}Mo 不断衰减,因而所得的 ^{99m}Tc 将一次比一次少,直到到达其使用寿命为止。

^{99}Mo – ^{99m}Tc 母牛的结构示意图如图 2.12 所示,它是一种典型的色谱柱型发生器。其中中心部位是下底垫有烧结玻璃筛板的玻璃柱,外装铅屏蔽,在柱内充填了色谱剂,上端有固定筛环。为了避免细菌进入柱内,整个系统是密封的,其上端仅同与菌源隔离的淋洗液容器连接,在出口管道处设置了微孔过滤器。

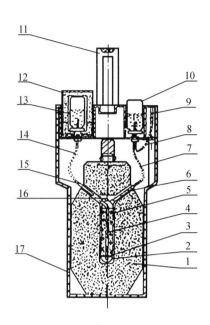

1—发生器铅罐;
2—玻璃交换柱;
3—筛板;
4—淋洗液排出管;
5—钼酸锆胶体;
6—生理盐水进水接头;
7—连接胶管;
8—连接胶管;
9—空气过滤器;
10—生理盐水瓶;
11—发生器提把;
12—小型铅罐;
13—淋洗液收集瓶;
14—连接胶管;
15—淋洗液出口接头;
16—装料管接头;
17—塑料外壳。

图 2.12 ^{99}Mo – ^{99m}Tc母牛结构图

除 ^{99}Mo – ^{99m}Tc 母牛外,还有其他的短寿命核素发生器,如 ^{113}Sn – ^{113m}In 母牛等,都在核医学中用于获取短寿命放射性核素。

思 考 题

2–1 放射性衰变服从指数规律,说明衰变常数的物理意义。还有哪些参数用来描写衰变的快慢,它们的关系是什么?

2–2 多代连续放射性建立暂时平衡和永久平衡的条件是什么? 在达到平衡时有什么主要的特点?

2–3 试分析确定远期年代中地质放射性鉴年法的原理。

2–4 ^{99}Mo – ^{99m}Tc 母牛为什么能构成暂时平衡,分析其中 t_m 的物理意义和实用上的重要性。

习　　题

2-1　放射性活度分别经多少个半衰期以后,可以减小至原来的 3%,1%,0.1% 和 0.01%?

2-2　已知 ^{32}P,^{14}C 和 ^{238}U 的半衰期分别为 14.26 d,5 700 a 和 4.468 $\times 10^9$ a,试求它们的衰变常数(以 s^{-1} 为单位)。

2-3　放射性核素平均寿命的含义是什么?试计算 ^{239}Pu($T_{1/2} = 2.41 \times 10^4$ a),^{90}Sr($T_{1/2} = 28.9$ a),^{210}Po($T_{1/2} = 138.4$ d)的平均寿命。

2-4　对只含一种放射性核素的放射源,在不同时间进行测量,所得数据如下:

t/min	1	11	26	41	56	66	81	96	111
计数率/min^{-1}	4 950	4 360	3 670	3 054	2 540	2 239	1 881	1 569	1 317

(1)作出衰变曲线;

(2)由图求出此核素的 $T_{1/2}$ 和 λ。

2-5　已知 ^{226}Ra 的 $T_{1/2} = 1.6 \times 10^3$ a,原子质量为 226.025 u,求 1 g 的 ^{226}Ra(不包括子体)每秒钟发射的 α 粒子数。

2-6　计算下面 1.0 Ci 的放射源的原子核数?

(a)^{18}F;(b)^{14}C;(c)^{222}Rn;(d)^{235}U。

2-7　人体内含 18% 的 C 和 0.2% 的 K。已知天然条件下 ^{14}C 与 ^{12}C 的原子数之比为 1.2:10^{12},^{14}C 的 $T_{1/2} = 5 700$ a;^{40}K 的天然丰度为 0.011 7%,$T_{1/2} = 1.248 \times 10^9$ a。求体重为 75 kg 的人体内的总放射性活度。

2-8　已知 ^{90}Sr 按右式衰变:^{90}Sr $\xrightarrow{\beta^-,28.9 \text{ a}}$ ^{90}Y $\xrightarrow{\beta^-,64.053 \text{ h}}$ ^{90}Zr(稳定)。

试计算将纯 ^{90}Sr 源放置多长时间,其产生的 ^{90}Y 的放射性活度与它的相等。

2-9　对某混合样品的放射性进行连续测量,所得结果如下:

t/min	0	0.5	1.0	2.0	2.5	3.0	3.5	4.0
计数率/min^{-1}	4 200	2 776	1 964	1 243	975	821	701	604
t/min	4.5	6.0	7.0	8.0	9.0	10.0	11.5	12.5
计数率/min^{-1}	450	342	259	198	149	112	74	56

(1)作出衰变曲线;

(2)试求混合样品中含有几种放射性核素,半衰期各为多大?

(3)试求混合样品中各核素的起始计数率为多大?

2-10　将 1 Ci 的 ^{222}Rn 密封于内表面面积为 6 cm^2 的安瓿内,试问:经过两年以后,安瓿内可能有哪几种核素,其中原子数最大的是什么核素?若将安瓿打破,从 1 cm^2 的内表面每秒钟发射多少 α 粒子、多少 β 粒子?

2 - 11　1 000 cm³ 海水含有 0.4 g 的 K 和 1.8 × 10⁻⁶ g 的 U。假定后者与其子体达到平衡,试计算 1 000 cm³ 海水的放射性活度。

2 - 12　1 g 与其短寿命子体处于平衡状态的²²⁶Ra,每年产生标准状态的氦气 0.217 cm³,求阿伏伽德罗常数。

2 - 13　经过多长时间,在 500 g 纯 U 中积累的 Pb 可以达到 10 g?

2 - 14　有一²²³Ra($T_{1/2}$ = 11.43 d)与另一未知核素及其子体达到平衡的混合物,对此混合物的测量得到:$t = 0$ 时,计数率为 9 000 min⁻¹;$t = 5$ d 时,计数率为 4 517 min⁻¹;$t = 10$ d 时,计数率为 2 509 min⁻¹。试求未知核素的半衰期。

2 - 15　某矿石试样经分析获得下列原子数比:$^{40}\text{Ar}/^{40}\text{K}$ = 4.13($^{40}\text{K} \xrightarrow{\beta^-,1.248 \times 10^9 \text{ a}} {}^{40}\text{Ar}$);$^{206}\text{Pb}/^{238}\text{U}$ = 0.66;$^{87}\text{Sr}/^{87}\text{Rb}$ = 0.049($^{87}\text{Rb} \xrightarrow{\beta^-,4.97 \times 10^{10} \text{ a}} {}^{87}\text{Sr}$)。

假定矿石中^{40}Ar,^{87}Sr,^{206}Pb分别由^{40}K,^{87}Rb,^{238}U衰变产生,试用上述数据分别估算此矿石的年龄,并说明 K - Ar 法所得的数据为什么偏低。

2 - 16　考古工作者将某古代遗址中一块木头碳化后,测得每克碳的衰变率为 0.06 Bq,试估算此古代遗址距今多少年?

第3章 原子核的衰变

放射性核素的衰变服从一定的衰变规律。每种放射性核素都有各自的、表征衰变快慢的衰变常数 λ。核衰变有许多类型，如 α 衰变、β 衰变、γ 衰变（或称 γ 跃迁），以及中子发射、质子发射、核裂变，等等。

3.1 α 衰变

不稳定核自发地放出 α 粒子而发生蜕变的过程称为 α 衰变。具有 α 放射性的核素一般为重核，质量数小于 140 的 α 放射性核素只有少数几种。到目前为止，共发现 200 多种 α 放射性核素。α 衰变放出的 α 粒子能量大多在 4~9 MeV 范围内。

3.1.1 α 衰变的衰变能

原子核的 α 衰变，可以一般地表示为

$$^A_Z X \longrightarrow ^{A-4}_{Z-2}Y + \alpha \tag{3.1}$$

其中，X 为母核，Y 为子核。衰变前，母核 X 可以看作静止，根据能量守恒定律有

$$m_X c^2 = m_Y c^2 + m_\alpha c^2 + T_\alpha + T_Y$$

式中，m_X，m_Y 和 m_α 分别为母核 X、子核 Y 和 α 粒子的静止质量；T_α 和 T_Y 分别为 α 粒子的动能和子核 Y 的反冲动能。

定义 T_α 与 T_Y 之和为 α 衰变能，并记作 $E_0(\alpha)$ 或简写为 E_0，则

$$E_0 = T_\alpha + T_Y = [m_X - (m_Y + m_\alpha)]c^2 \tag{3.2}$$

可见，α 衰变能也等于衰变前后母核与子核及 α 粒子的静止质量的质量亏损。由于一般核素表上给出的质量值均为原子质量，经过简单推导，α 衰变能 E_0 可表示为

$$E_0 = [M_X - (M_Y + M_{He})]c^2 \tag{3.3}$$

式中，M_X，M_Y 和 M_{He} 分别为 X，Y 和氦的原子质量，这里我们忽略了电子与原子核之间的结合能的差别。显然，放射性核要能自发地发生 α 衰变，必须有 $E_0 > 0$，即

$$M_X(Z, A) > M_Y(Z-2, A-4) + M_{He} \tag{3.4}$$

换言之，一个核素要发生 α 衰变，衰变前母核的原子质量必须大于衰变后子核的原子质量与氦原子质量之和。例如，$M(^{210}Po) = 209.9829$ u，$M(^{206}Pb) = 205.9745$ u，$M(^4He) = 4.0026$ u，满足 (3.4) 式的条件，^{210}Po 可以发生 α 衰变，即 $^{210}Po \rightarrow ^{206}Pb + \alpha$。我们还可依 (3.3) 式算出它的 α 衰变的衰变能为 $E_0 = 5.407$ MeV。

3.1.2 α 衰变能与核能级图

衰变能 E_0 是一个很重要的参量，α 衰变能是指 α 衰变时放出的能量，此能量以 α 粒子的动能和子核动能的形式出现。由于子核总要受到反冲，它的动能不可能为零，因此，α 粒子的动能总是小于 α 衰变能。根据能量和动量守恒，很容易得到 α 粒子的动能（通常就叫作 α 粒子的能量）与衰变能之间的定量关系，从而只要测出 T_α 就可以得到衰变能 E_0 了。

由于母核在衰变前处于静止状态,根据动量守恒定律,衰变后子核和 α 粒子的动量数值相等,方向相反,即

$$m_Y v_Y = m_\alpha v_\alpha$$

式中,m_Y,v_Y 分别为子核的静止质量和速度;m_α,v_α 分别为 α 粒子的静止质量和速度。则子核的反冲能为

$$T_Y = \frac{1}{2} m_Y v_Y^2 = \frac{1}{2} m_\alpha v_\alpha^2 \cdot \frac{m_\alpha}{m_Y} = \frac{m_\alpha}{m_Y} T_\alpha$$

所以

$$E_0 = T_\alpha + T_Y = \left(1 + \frac{m_\alpha}{m_Y}\right) T_\alpha \approx \left(1 + \frac{4}{A-4}\right) T_\alpha = \frac{A}{A-4} T_\alpha \tag{3.5}$$

式中我们已用核的质量数之比代替了核质量之比,容易证明,这样做带来的误差很微小。

从(3.5)式可以看出,α 粒子的出射动能 T_α 与衰变能 E_0 之间有确定的关系。当母核从某一能级经 α 衰变到子核的某一能级时,与衰变能 E_0 相对应,α 粒子的动能 T_α 也是取某一确定的数值。反过来,我们可以从实验测量到的某一 α 粒子动能 T_α,求出衰变能,并得到有关核能级的信息。

实验中我们可以用各种能谱仪精确地测定 α 粒子的动能。事实上,在 α 衰变的核素中,大部分核素放出的 α 粒子往往有多组,每组 α 粒子有确定的能量。例如,^{212}Bi(俗称 ThC)衰变成 ^{208}Tl 时,主要放出六组 α 粒子,图 3.1 给出了 ^{212}Bi 的 α 能谱图,图中横坐标为 α 粒子能量,纵坐标为相对

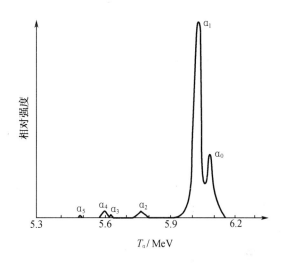

图 3.1　^{212}Bi 的 α 能谱

强度(放出的 α 粒子相对数量),每组 α 粒子呈现一个强度不同的峰的分布,峰值所对应的能量为 α 粒子的能量。由图可得到各组 α 粒子的动能 T_α,再依(3.5)式可算出相应的衰变能 E_0,列于表 3.1 中。

表 3.1　^{212}Bi(ThC)的 α 粒子能量及衰变能

	T_α/MeV	E_0/MeV
α_0	6.090	6.207
α_1	6.051	6.167
α_2	5.768	5.879
α_3	5.626	5.734
α_4	5.607	5.715
α_5	5.481	5.586

从图 3.1 可以看出，α 粒子能量具有分立的、不连续的特征，表明子核具有分立的能量状态，这与量子化概念是一致的，我们可以由此得到子核 ^{208}Tl 核的能级图。当 ^{212}Bi 放出能量最大的 α_0 粒子时衰变到 ^{208}Tl 的基态，这时相应的衰变能量也最大，记为 E_{00}。E_{00} 的第二脚标 0 既与 α_0 对应，又与 ^{208}Tl 的基态相对应。当 ^{212}Bi 放出 α_1 时，它衰变到 ^{208}Tl 的第一激发态，那时放出的衰变能为 E_{01}。因此 $E_{00} - E_{01} =$ 6.207 MeV – 6.167 MeV = 0.040 MeV 代表子核 ^{208}Tl 的第一激发态能量。由此同样推理，可得到子核的激发态能量 E_i^*，如下所示：

$$E_1^* = E_{00} - E_{01} = 0.040 \text{ MeV}$$

$$E_2^* = E_{00} - E_{02} = 0.328 \text{ MeV}$$

$$E_3^* = E_{00} - E_{03} = 0.473 \text{ MeV}$$

$$E_4^* = E_{00} - E_{04} = 0.492 \text{ MeV}$$

$$E_5^* = E_{00} - E_{05} = 0.621 \text{ MeV}$$

图 3.2 中标出了子核 ^{208}Tl 的激发态能级。

处于激发态的子核以放出 γ 射线的形式而退激到基态，γ 射线的能量应为激发态与基态能量之差，它又与相应的 α 衰变的衰变能之差相等。如图 3.2 所示，确实观察到五组 γ 射线，它们分别与 α_0 相对应的衰变能与其他五组 α 粒子 $\alpha_1 \sim \alpha_5$ 相对应的衰变能之差相等。

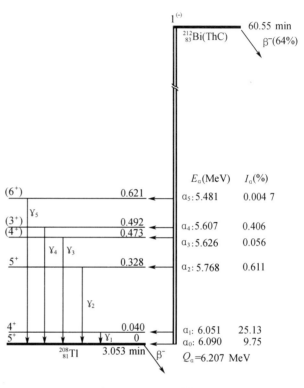

图 3.2　^{212}Bi 的 α 衰变和 ^{208}Tl 的能级

3.1.3　α 衰变的衰变常数

α 衰变产生的 α 粒子来自原子核，由图 3.3 的 α 粒子与核作用过程的势能曲线可知，当 $r < R$ 时，α 粒子处在它与子核 Y 所共同形成的势阱内，势阱深度为 $-V_0$。当 α 粒子活动到核的边界处，势能急剧上升，在 $r = R = R_N + R_\alpha = r_0 (A-4)^{1/3} + r_0 4^{1/3}$ 处，库仑势垒高度为 $V_c(R)$。取 $r_0 = 1.5$ fm，则可算出 α 粒子对 ^{210}Po 核的势垒高度 $V_c(R) = 22$ MeV，而 ^{210}Po 衰变时释放的 α 粒子动能仅为 5.304 MeV，远低于势垒高度。按照经典观点，α 粒子不可能越过库仑势垒发射出去，但根据量子力学的理论，

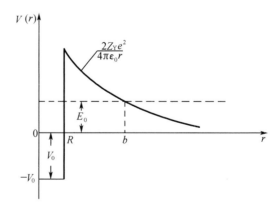

图 3.3　α 粒子的核作用势

它是有可能穿透势垒后离开子核 Y 成为自由粒子的。

1. 衰变常数 λ 与衰变能 E_0 的关系

早在 20 世纪初,人们就对 α 衰变常数与衰变能的关系做了大量的实验研究工作,发现衰变能与衰变常数之间存在一定的关系,表3.2 中列出了 α 衰变核素的 α 粒子的能量与半衰期的实验数据。从表可见,α 衰变核素的半衰期对 α 粒子的能量(或相应的衰变能)存在十分强烈的依赖关系,从 ^{212}Po 到 ^{238}U,α 粒子的能量仅变化了 2.1 倍,而半衰期却变化了 23 个数量级。

表3.2　几个 α 衰变核素的实验数据

核素	α 粒子能量 T_α/MeV	半衰期 $T_{1/2}$	核素	α 粒子能量 T_α/MeV	半衰期 $T_{1/2}$
^{212}Po	8.785	2.99×10^{-7} s	^{210}Po	5.304	138.376 d
^{217}Rn	7.741	5.4×10^{-4} s	^{226}Ra	4.784	1.60×10^3 a
^{209}At	5.647	5.4 h	^{238}U	4.198	4.47×10^9 a

从实验数据分析,α 衰变常数还与原子序数有关。对不同的元素作半衰期的对数与 α 粒子能量的关系图时,可得到一系列有规则的近乎平行的直线。图 3.4 给出了八种元素的偶偶核从基态到基态的 α 衰变的半衰期与衰变能的关系。除了 Po 的三种同位素和 Em(Rn)的两种同位素外,同一元素的实验点都在一条直线上。对一种核素的衰变常数和衰变能可以用经验公式表示:

$$\lg\lambda = A - BE_0^{-1/2} \tag{3.6}$$

式中,系数 A,B 对一定元素是常量,不同的元素具有不同的值。

但对奇奇核的 α 衰变,则得不到上述简单的关系。

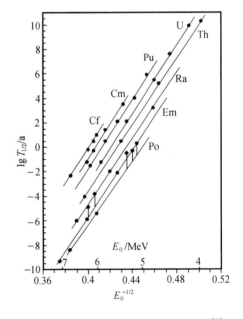

图 3.4　偶偶核的半衰期与 E_0 的关系[2]

2. α 衰变的量子力学理论

伽莫夫(George Gamow),康登(Edward U. Condon)与格尼(Ronald W. Gurney)这两组人在 1928 年独立且几乎同时地提出了 α 衰变的量子隧穿理论,其对 α 衰变半衰期与衰变能关系的成功解释被认为是量子力学的第一个成功应用。

根据量子力学的势垒穿透理论,α 粒子穿透势垒的概率为

$$P = e^{-G} \tag{3.7}$$

$$G = \frac{2\sqrt{2\mu}}{\hbar} \int_R^b \sqrt{V(r) - E_0} \cdot dr$$

G 被称为伽莫夫因子(有的教材是 $G/2$)。式中,μ 为 α 粒子和子核 Y 的约化质量,由于发生 α

衰变的核均为重核,μ 可用 m_α 代替;$V(r)$ 为 r 处的库仑势垒的高度;E_0 为 α 衰变的衰变能;$R = R_{\mathrm{N}} + R_\alpha$;$b$ 代表当 $r = b$ 时,$V(b) = E_0$,$b - R$ 代表势垒厚度。

由于子核反冲能很小,所以

$$T_\alpha \approx E_0 = V(b) = \frac{2Z_{\mathrm{Y}}e^2}{4\pi\varepsilon_0 b}$$

由此即得

$$b = \frac{2Z_{\mathrm{Y}}e^2}{4\pi\varepsilon_0 E_0} \tag{3.8}$$

由(3.8)式进一步演算得到

$$G = \frac{2\sqrt{2m_\alpha}}{\hbar}\int_R^b \left(\frac{2Z_{\mathrm{Y}}e^2}{4\pi\varepsilon_0 r} - E_0\right)^{1/2}\mathrm{d}r = \frac{2\sqrt{2m_\alpha E_0}}{\hbar}\int_R^b \left(\frac{b}{r} - 1\right)^{1/2}\mathrm{d}r$$

令 $x = r/b$,可得

$$G = \frac{Z_{\mathrm{Y}}e^2\sqrt{2m_\alpha}}{\pi\varepsilon_0\hbar\sqrt{E_0}}\int_{R/b}^1 \left(\frac{1}{x} - 1\right)^{1/2}\mathrm{d}x \tag{3.9}$$

而实际上,常用厚垒的情况即 $b \gg R$,所以 $x \ll 1$。上式中的积分为

$$\int_{R/b}^1 \left(\frac{1}{x} - 1\right)^{1/2}\mathrm{d}x = \int_0^1 \left(\frac{1}{x} - 1\right)^{1/2}\mathrm{d}x - \int_0^{R/b}\left(\frac{1}{x} - 1\right)^{1/2}\mathrm{d}x \approx \frac{\pi}{2} - \int_0^{R/b}\sqrt{1/x}\,\mathrm{d}x \approx \frac{\pi}{2} - 2\sqrt{\frac{R}{b}} \tag{3.10}$$

代入(3.9)式,得到

$$G \approx \frac{Z_{\mathrm{Y}}e^2\sqrt{2m_\alpha}}{\pi\varepsilon_0\hbar\sqrt{E_0}}\left(\frac{\pi}{2} - 2\sqrt{\frac{R}{b}}\right)$$

进而得到

$$G = \frac{Z_{\mathrm{Y}}e^2\sqrt{2m_\alpha}}{2\varepsilon_0\hbar\sqrt{E_0}} - \frac{4e\sqrt{m_\alpha R Z_{\mathrm{Y}}}}{\sqrt{\pi\varepsilon_0}\,\hbar} \tag{3.11}$$

代入(3.7)式,得到 α 粒子穿透势垒概率的表达式为

$$P = \mathrm{e}^{-G} = \exp\left(-\frac{Z_{\mathrm{Y}}e^2\sqrt{2m_\alpha}}{2\varepsilon_0\hbar\sqrt{E_0}} + \frac{4e\sqrt{m_\alpha R Z_{\mathrm{Y}}}}{\sqrt{\pi\varepsilon_0}\,\hbar}\right) \tag{3.12}$$

衰变常数 λ 是单位时间内发生 α 衰变的概率,它应等于单位时间内 α 粒子来到子核边界并试图穿越势垒的次数 n 与穿透势垒的概率 P 的乘积,即

$$\lambda = nP \tag{3.13}$$

显然

$$n = \frac{v}{2R} \tag{3.14}$$

式中,v 为 α 粒子在母核中运动的速度,R 的意义同前,是 α 粒子半径和子核半径之和。

对于核内动能为 $E_{\mathrm{k}}(\mathrm{MeV})$ 的 α 粒子,它的速度为

$$v = \sqrt{\frac{2E_{\mathrm{k}}}{m_\alpha}} \approx \sqrt{\frac{2(E_0 + V_0)}{m_\alpha}} \tag{3.15}$$

式中,V_0 为势阱深度。将(3.12),(3.14),(3.15)代入(3.13)式,得

$$\lambda = \frac{1}{2R} \sqrt{\frac{2(E_0 + V_0)}{m_\alpha}} \exp\left(-\frac{\sqrt{2m_\alpha} e^2 Z_Y}{2\varepsilon_0 \hbar \sqrt{E_0}} + \frac{4e \sqrt{m_\alpha R Z_Y}}{\sqrt{\pi \varepsilon_0} \hbar}\right) \quad (3.16)$$

进而得到 α 衰变平均寿命的对数为

$$\lg\tau = -\lg\lambda = \frac{\sqrt{2m_\alpha} e^2 Z_Y}{4.6\varepsilon_0 \hbar} E_0^{-1/2} - \lg\left(\frac{1}{2R}\sqrt{\frac{2(E_0 + V_0)}{m_\alpha}}\right) - \frac{4e \sqrt{m_\alpha R Z_Y}}{2.3 \sqrt{\pi\varepsilon_0} \hbar}$$

我们可把此式简写为

$$\lg\tau = A E_0^{-1/2} - B \quad (3.17)$$

式中，$A = \dfrac{\sqrt{2m_\alpha} e^2 Z_Y}{4.6\varepsilon_0 \hbar}$；$B = \lg\left(\dfrac{1}{2R}\sqrt{\dfrac{2(E_0 + V_0)}{m_\alpha}}\right) + \dfrac{4e \sqrt{m_\alpha R Z_Y}}{2.3 \sqrt{\pi\varepsilon_0} \hbar}$。

(3.17)式给出了 α 衰变的平均寿命 τ 和衰变能 E_0 的关系，与偶偶核得出的实验规律符合得相当好。但对奇奇核的 α 衰变，理论与实验值则相差甚远，虽引入禁戒因子但仍存在一定矛盾，有待进一步研究。

从平均寿命 τ 和衰变能 E_0 的关系还可以看出，τ 随 E_0 的变化十分敏感。可见，我们用势垒贯穿效应来解释 α 衰变是正确的。事实上严格的计算会给出与实验相符的定量结果。

3.1.4 其他重粒子衰变

从能量守恒定律的角度看，原子核不但能自发地发射出 α 粒子，而且也可能自发地发射出中子、质子或其他核子集团。对其他重粒子的发射如中子或质子的发射，一般不称"中子衰变"或"质子衰变"，因为容易与中子和质子不稳定而发生衰变相混淆，一般称为中子发射和质子发射。对中子发射将在第 13 章中讨论。

1. 质子发射

原子核自发地发射质子的现象，称为质子发射，又称为质子放射性。在 β 稳定线附近的缺中子核素，最后一个质子的结合能 $S_p > 0$，不可能发射质子。但远离 β 稳定线、中质比 N/Z 小的核素，最后一个质子的结合能可能为负值，即 $S_p < 0$，就有可能发射质子。

在 1982 年之前，实验上只找到一个从原子核发出质子的放射性事例，即通过核反应生成的 ^{53}Co 的同质异能态 ^{53m}Co，它释放出能量为 1.59 MeV 的质子，半衰期 $T_{1/2} = 247$ ms。^{53m}Co 发射质子的原因如下：

（1）^{53m}Co 是丰质子核素，其中质比约为 0.96，与质子发射相竞争的过程当然有 β$^+$ 衰变，质子发射的分支比仅为 1.5%；

（2）^{53m}Co 为奇 A 核，发射质子后转变为偶偶核 $^{52}_{26}$Fe，能量状态可大大降低而趋于稳定。

另有几十例质子发射是在 β 衰变后释放质子，称之为 β 缓发质子。直到 1982 年才发现从基态直接释放质子的事例。第一例是用重离子反应 ^{55}Ni + ^{96}Ru，产生新的核素 $^{151}_{71}$Lu$_{80}$。在自然界大量存在的稳定核素是 $^{175}_{71}$Lu$_{104}$，因此 $^{151}_{71}$Lu$_{80}$ 比稳定同位素少 24 个中子，也就是说，它是一个严重丰质子的核素。$^{151}_{71}$Lu$_{80}$ 能自发释放能量为 1.23 MeV 的质子，半衰期约为 81 ms。第二例是用重离子反应 ^{58}Ni + ^{92}Mo 形成 $^{147}_{69}$Tm$_{78}$（自然界存在的稳定核素是 $^{169}_{69}$Tm$_{100}$），它自发地发射能量为 1.50 MeV 的质子，半衰期约为 0.58 s。

随着实验技术的发展，先后发现了 22 个从基态或同质异能态发射质子的核，质子发射是研究远离 β 稳定线核素的重要领域，对核理论的发展有重要的作用。

2. ¹⁴C放射性

除 α 放射性外,原子核还能自发地放射出比 α 粒子更重的粒子,称为重离子发射。从理论上预知,镭和钍的一些核素有可能自发地发射¹⁴C,²⁴Ne,²⁶Mg等重离子。第一个实验报道来自 1984 年初,英国牛津大学的 H. J. Rose 和 G. A. Jones 用活度为 3. 3 μCi 的²²³Ra在 189 天内记录到 11 个发射¹⁴C的事件①,其蜕变过程如下:

$$^{223}_{88}\text{Ra} \rightarrow\ ^{209}_{82}\text{Pb} +\ ^{14}_{6}\text{C}$$

²²³Ra发射¹⁴C和发射 α 粒子之比为$(8.5 \pm 2.5) \times 10^{-10}$。几个月之后,法国与美国的一些研究小组证实了他们的结果,并在²²²Ra和²²⁴Ra的衰变中也观察到¹⁴C放射性的事例。

后来又发现²³²U自发发射²⁴Ne,²⁴¹Am自发地发射²⁸Si等事例。重离子放射性的研究可以提供重离子发射机制和核结构的信息。

3.2　β　衰　变

β 衰变是核电荷数 Z 改变而核子数 A 不变的自发核衰变过程。它主要包括 β⁻ 衰变,β⁺衰变和轨道电子俘获(Electron Capture,简称为 EC)。它的半衰期分布在 10^{-3} s ~ 10^{24} a,发射粒子的能量在几十 keV ~ 几 MeV,β 衰变的核素几乎遍及整个元素周期表。

3.2.1　β 衰变曾面临的难题

在贝可勒尔发现放射性后,他证明了放射源发射的射线之一的 β 射线,就是电子。但由实验得到 β 衰变放出的 β 射线的能谱是连续分布的,发出的电子的动能具有从零到某一最大值 $T_{\beta max}$ 之间的任意数值。图 3.5 就是两种不同核素的 β 粒子的能谱,两者虽具有不同的 $T_{\beta max}$,但都是连续分布的,与 α 粒子的分立能谱(图 3.1)形成了明显的对照。

β 射线能谱的连续性与核能级的量子化概念的矛盾,使当时科学界面临了两个难题:

(1)原子核是个量子体系,它具有的能量必然是分立的。而核衰变则是不同的原子核能态之间的跃迁,由此释放的能量也必然是分立的。α 衰变证实了这一点。那么,为什么 β 衰变放出的电子能量是连续的呢?

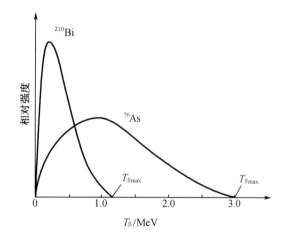

图 3.5　β 粒子能谱

(2)我们已确切知道原子核是由质子和中子组成的,那么 β 衰变放出的电子是从哪里来的呢? β 衰变相应的核过程又是什么呢?

---

①　H. J. Rose and G. A. Jones, Nature 307, 345(1984).

这两个难题的解决,使人们对原子核的认识又提高到了一个新的水平。

3.2.2　中微子假说和弱相互作用

1. 中微子假说的提出

为解释 β 衰变中放出的电子能量连续的问题,泡利(W. Pauli)在 1930 年提出了中微子假说。泡利预言,原子核在 β 衰变过程中,在放出一个 β 粒子的同时,还放出一个自旋为 1/2、不带电荷、静止质量几乎为零的粒子。不久,费米(E. Fermi)将这种粒子命名为中微子,用符号 ν 表示。与 α 衰变一样,β 衰变的衰变能定义为 β 粒子动能 T_β、中微子的动能 T_ν 和子核的反冲动能 T_Y 之和,即

$$E_0 = T_\beta + T_\nu + T_Y \tag{3.18}$$

设母核是静止的,由动量守恒定律,有

$$P_\beta + P_\nu + P_Y = 0$$

这里,P_β,P_ν,P_Y 分别代表 β 粒子、中微子和反冲核的动量。

由于 β 粒子、中微子及反冲核构成了三体系统,当三个物体从一点分离时,它们可以向不同方向飞去,在满足能量和动量守恒的情况下,各自取连续的能量。其中,β 粒子动能可取介于 0 到 $T_{\beta max} \approx E_0$ 之间的任何能量值,从而得到一个连续分布。

在 β⁻ 衰变过程中放出的是电子和反中微子,例如:

$$^3H \rightarrow {}^3He + e^- + \tilde{\nu}_e \tag{3.19}$$

在 β⁺ 衰变中释放的是正电子和中微子,例如:

$$^{13}N \rightarrow {}^{13}C + e^+ + \nu_e \tag{3.20}$$

在轨道电子俘获过程中仅释放出中微子,例如:

$$^7Be + e_K^- \rightarrow {}^7Li + \nu_e \tag{3.21}$$

在(3.19)~(3.21)式中,e_K^- 中的右下标 K 表示 K 层轨道电子;中微子 ν_e 或反中微子 $\tilde{\nu}_e$ 的右下标 e 表示它们是随着电子而产生的,称为电子中微子。

另外,中微子假说也解释了 β 衰变中的角动量守恒问题。在 β 衰变中要发射或吸收一个自旋为 1/2 的 β 粒子或电子,这样,如果没有中微子的发射,衰变前后整个体系的角动量就不能守恒。由于中微子的存在,中微子和电子的自旋都是 1/2,两者相加只能是 0 或 1,因而,β 衰变后体系角动量仍可保持原来的整数或半整数了,即体系的角动量可以守恒。

实验证明,中微子不带电,静止质量几乎为零,自旋为 1/2,磁矩非常小。中微子与物质的相互作用能力非常弱,属于弱相互作用,实验测得的作用截面为 $\sigma \approx 10^{-43}$ cm²。在原子密度为 10^{22} cm⁻³ 的物质中,中微子的平均自由程大于 10^{16} km。因此,中微子几乎能不发生任何作用而穿透任何物体,即使穿过地球(直径约为 1.3×10^4 km)作用概率也仅为 10^{-12}。

中微子 ν 和反中微子 $\tilde{\nu}$ 互为反粒子。它们具有相同的质量、电荷、自旋和磁矩。它们的差别在于:第一,自旋方向不同,中微子的自旋方向与运动方向相反,而反中微子的自旋方向与运动方向相同;第二,具有不同的相互作用的性质。

2. 中微子存在的实验证明

中微子与物质的相互作用概率很小,实验证实的工作非常困难,早期的实验工作是从间接测量开始的。

(1)中微子存在的间接证明

1942 年,我国著名核物理学家王淦昌提出研究^{7}Be 的 K 轨道电子俘获来证明中微子存在的建议[①]。其过程为

$$^7_4\text{Be} + \text{e}^- \rightarrow ^7_3\text{Li} + \nu_e$$

衰变能 $E_0 = 0.86$ MeV。由于轨道电子俘获的产物仅为中微子和子核,为满足能量及动量守恒,$^7_3$Li 的反冲能只能取单值,计算值为 $T_Y = 56.3$ eV,只要测出 $^7_3$Li 的反冲能为该值,就可以间接证明中微子是存在的。同年,阿仑(J. S. Allen)进行了实验,1952 年戴维斯(R. Davis)改进了实验,实验结果为 $T_Y = (55.9 \pm 1)$ eV。实验与理论结果符合很好,间接说明了上述衰变过程是成立的,也就间接证明了中微子的存在。

(2)中微子存在的直接证明

自由中子不稳定,它的衰变过程为

$$\text{n} \rightarrow \text{p} + \text{e}^- + \tilde{\nu}_e \tag{3.22}$$

该过程的逆过程为

$$\tilde{\nu}_e + \text{p} \rightarrow \text{n} + \text{e}^+ \tag{3.23}$$

这就是实验测量反中微子的反应原理。通过该反应,可以把测量反中微子变成测量中子和正电子。中子可以通过辐射俘获(n, γ)产生的特征 γ 射线测量,正电子可以通过两个 0.511 MeV 的湮没辐射测量,也就是只要同时(或时间相关的)测量到特征 γ 射线和湮没辐射即可证明中微子的存在。

实验由科文(C. L. Cowan)和莱因斯(F. Reines)从 1953 年开始,直到 1959 年才得到满意的结果,1995 年莱因斯获得诺贝尔物理学奖。实验中,利用高功率反应堆来作为非常强的反中微子源,实验装置由两个质子靶和三个液体闪烁探测器组成,置于距反应堆 15 米的地下室中。实验证实了 $\tilde{\nu}_e$ 的存在,并测出了反中微子与质子的作用截面

$$\sigma_{\text{exp}} \approx (1.10 \pm 0.26) \times 10^{-43} \text{ cm}^2 \tag{3.24}$$

与理论计算得到的作用截面

$$\sigma_{\text{th}} \approx (1.07 \pm 0.07) \times 10^{-43} \text{ cm}^2 \tag{3.25}$$

符合得非常好。

(3)中微子与反中微子不同的实验证明

β 衰变的不同过程中分别有中微子和反中微子产生,如何证明它们是否相同? 戴维斯进行了实验。^{37}Ar 核的 K 俘获过程为 $^{37}\text{Ar} + \text{e}^-_K \rightarrow ^{37}\text{Cl} + \nu_e$,其逆过程 $\nu_e + ^{37}\text{Cl} \rightarrow ^{37}\text{Ar} + \text{e}^-$ 应该成立,实验证实了这个结论。如果 ν_e 和 $\tilde{\nu}_e$ 一样,则对反中微子 $\tilde{\nu}_e$ 也可以实现下面的过程,即 $\tilde{\nu}_e + ^{37}\text{Cl} \rightarrow ^{37}\text{Ar} + \text{e}^-$ 同样能发生,实验结果表明此反应发生的概率小得多,由此可确定 ν_e 和 $\tilde{\nu}_e$ 是不同的。

(4)中微子的三种类型

按现代粒子物理观点,除了与 β 衰变相联系的电子中微子——ν_e 和 $\tilde{\nu}_e$ 外,还有在 π 介子衰变中发射的中微子的第二种形态——μ 中微子,即 ν_μ 和 $\tilde{\nu}_\mu$,以及在 τ 介子衰变中发射的中微子的第三种形态——τ 中微子。

电子、μ 子、τ 子及相应的中微子都称为轻子,按序分为第一代轻子(e, ν_e);第二代轻子(μ, ν_μ)和第三代轻子(τ, ν_τ)。

---

① K. C. Wang, Phys. Rev., 61, 97, 1942.

在世界范围内,关于中微子的研究正方兴未艾,中微子质量的存在、太阳中微子的丢失及其相联系的 τ 子中微子与 μ 子中微子之间的振荡等在理论上均具有重大价值。例如,标准模型[1]要求中微子的质量为零,但这与目前中微子测量的实验结果不符,因此,对中微子的研究必然会促进物理基本理论的发展。

3. 弱相互作用

在泡利提出中微子假说后不久,1934 年,意大利物理学家费米(E. Fermi)基于中微子假说及实验事实,建立了 β 衰变的费米理论,成功地解释了实验上观察到的 β 谱的形状,建立了半衰期和能量的关系,而且还用它解决了 β 衰变的第二个难题。

费米认为,正像光子是在原子或原子核从一个能态跃迁到另一个能态产生的那样,电子和中微子是在衰变中产生的。β^- 衰变的本质是核内一个中子变为质子,可以表示为

$$n \to p + e^- + \tilde{\nu}_e \tag{3.26}$$

β^+ 和 EC 的本质是一个质子变为中子,可分别表示为

$$p \to n + e^+ + \nu_e \tag{3.27}$$

$$p + e_K^- \to n + \nu_e \tag{3.28}$$

费米进而指出,中子与质子是核的两个不同状态,因此,中子与质子之间的转变相当于核子的一个量子态到另一个量子态的跃迁,在跃迁过程中放出电子与中微子,电子和中微子事先并不存在于核内;产生电子和中微子的是电子 – 中微子场与原子核的相互作用,即弱相互作用。

这样,除强相互作用、电磁相互作用、引力相互作用外,人们对自然界的作用方式又增加了新的认识。表 3.3 中列出了各种相互作用的主要特征。

表 3.3　四种相互作用的特征

相互作用方式	相对强度	力程/m	特征时间/s	媒介子
强	1	10^{-15}	10^{-23}	胶子
电磁	10^{-2}	∞	$10^{-20} \sim 10^{-16}$	光子
弱	10^{-14}	$10^{-18} \sim 10^{-17}$	10^{-10}	$W^{\pm}, Z^0$
引力	10^{-39}	∞		引力子(?)

3.2.3　β^- 衰变

β^- 衰变可以一般地表示为

$$_Z^A X \to _{Z+1}^A Y + e^- + \tilde{\nu}_e \tag{3.29}$$

根据能量守恒定律及核衰变能的定义,考虑到中微子的静止质量几乎为零,β^- 衰变的衰变能可以表示为

---

[1]　粒子物理的标准模型(Standard Model)是粒子物理学重要的基础理论,它是建立在弱电统一理论和量子色动力学(描述强相互作用)基础上关于基本粒子及其相互作用的理论,在预测实验结果方面非常成功,但模型认为中微子的质量为零,与目前的实验不符。

$$E_0(\beta^-) = T_Y + T_{\beta^-} + T_{\tilde{\nu}_e} = [m_X(Z,A) - m_Y(Z+1,A) - m_0]c^2$$
$$= \{[M_X(Z,A) - Zm_0] - [M_Y(Z+1,A) - (Z+1)m_0] - m_0\} \cdot c^2$$
$$= [M_X(Z,A) - M_Y(Z+1,A)]c^2 \tag{3.30}$$

式中,m 代表核质量;M 为相应的原子质量。根据质量过剩 $\Delta(Z,A)$ 的定义,(3.30)式也可表示为

$$E_0(\beta^-) = \Delta(Z,A) - \Delta(Z+1,A) \tag{3.31}$$

由(3.30)式可见,β^- 衰变的衰变能为母核原子静止质量与子核原子静止质量之差(确切地说是指质量亏损对应的能量)。与发生 α 衰变同样道理,发生 β^- 衰变的条件为

$$M_X(Z,A) > M_Y(Z+1,A) \quad 或 \quad \Delta(Z,A) > \Delta(Z+1,A) \tag{3.32}$$

此式表明,对电荷数分别为 Z 和 $Z+1$ 的两个同量异位素,只要前者的原子质量大于后者的原子质量,就能发生 β^- 衰变。例如氚的 β^- 衰变:

$$^3H \rightarrow {}^3He + e^- + \tilde{\nu}_e \tag{3.33}$$

^3H 的原子质量为 3.016 049 5 u($\Delta(1,3) = 14.950$ MeV),^3He 的原子质量为 3.016 029 1 u($\Delta(2,3) = 14.931$ MeV),满足(3.32)式所列条件,(3.33)式的衰变可以发生。

图 3.6 是 ^3H 的衰变纲图,图中 β^- 衰变由从母核出发向右下方指向子核的带箭头的斜线表示,旁边给出了 β^- 粒子的最大动能(18.591 keV)和绝对强度(100%),图中 Q_{β^-} 就是衰变能 E_0。^3H 基态横线右边的"12.32 年"表示 ^3H 的半衰期。图中还标明了母核 ^3H 的基态和子核 ^3He 基态的自旋均为 1/2、宇称均为偶宇称,即" + "。

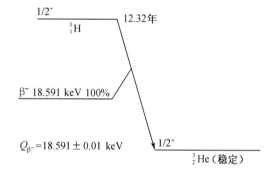

图 3.6　^3H 的衰变纲图

β^- 衰变的放射性核素是丰中子核素,也就是图 1.3 中位于 β 稳定线上方的核素。从放射系里可以看到,重核经几次 α 衰变之后,核内中子数 N 与质子数 Z 之比有一定升高,成为丰中子核素,因而相继会出现几次 β^- 衰变。对裂变重核,由于重核的 N/Z 较大,当它裂变成中等质量的核时,其 N/Z 比相应的稳定的中等质量的核高得多,故重核的裂变产物大多也是 β^- 放射性核。另外,通过 (n,γ) 反应得到的人工放射性核素,由于核内中子数增加,也大都是 β^- 放射性的。因此,β^- 衰变是核衰变中发生的最多的衰变方式。

3.2.4　β^+ 衰变

β^+ 衰变一般可以表示为

$$^A_Z X \rightarrow {}^A_{Z-1} Y + e^+ + \nu_e \tag{3.34}$$

与 β^- 衰变同理,可得到 β^+ 衰变的衰变能为

$$E_0(\beta^+) = [m_X(Z,A) - m_Y(Z-1,A) - m_0]c^2 = [M_X(Z,A) - M_Y(Z-1,A) - 2m_0]c^2$$

和

$$E_0(\beta^+) = \Delta(Z,A) - \Delta(Z-1,A) - 2m_0c^2 \tag{3.35}$$

可见,β^+衰变能等于母核原子与子核原子的静止能量差,再减去两个电子的静止能量。因此,产生β^+衰变的条件为

$$M_X(Z,A) > M_Y(Z-1,A) + 2m_0 \quad 或 \quad \Delta(Z,A) > \Delta(Z-1,A) + 2m_0c^2 \quad (3.36)$$

所以,对两个同量异位素,只有当电荷数为Z的核素的原子静止质量比$Z-1$的核素的原子静止质量大出$2m_0$时,才能发生β^+衰变。例如:

$$^{13}N \rightarrow ^{13}C + e^+ + \nu_e$$

$\Delta(7,13) = 5.345$ MeV,$\Delta(6,13) = 3.125$ MeV,衰变能$E_0 = \Delta(7,13) - \Delta(6,13) - 1.022 = 1.198$ MeV > 0,满足β^+衰变发生的条件,能够发生β^+衰变。β^+粒子动能的最大值$T_{\beta max} = 1\,198$ keV。

图 3.7 是^{13}N的衰变纲图,图中β^+衰变由从母核出发先向下然后向左下方指向子核的带箭头的线表示,旁边给出了β^+粒子的最大动能(1 198 keV)和绝对强度(100%)。图中,向下的垂直直线段表示 1.022 MeV 的能量,也就是说,母核与子核原子的静止能量之差减去$2m_0c^2$后,才是β^+粒子的最大动能。β^+衰变纲图中,一般不给出$E_0(\beta^+)$,而是给出$Q_{EC} = E_0(\beta^+) + 2m_0c^2$。

与β^-衰变相反,β^+衰变核素是在图 1.3 中位于β稳定线下方的核素,其N/Z小于稳定线中的核素,为缺中子核素。以^{13}N为例,^{13}N是^{12}C吸收

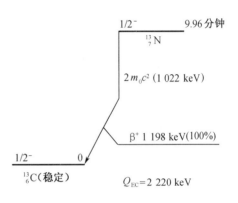

图 3.7　^{13}N的衰变纲图[10]

一个质子后形成的产物,其N/Z小于稳定同位素^{14}N的N/Z,同时也满足β^+衰变发生的条件,所以,它是β^+放射性核素,其衰变子核为稳定核素^{13}C。

3.2.5　轨道电子俘获(EC)

β衰变的第三种类型是轨道电子俘获,用 EC 或符号ε表示,在这个过程中,母核俘获核外的一个轨道电子,使母核中的一个质子变为中子,在蜕变到子核的同时放出一个中微子。由于 K 层电子最"靠近"原子核,所以 K 层电子最易发生俘获。

轨道电子俘获一般可表示为

$$^A_Z X + e_i^- \rightarrow ^A_{Z-1} Y + \nu_e \quad (3.37)$$

式中,e_i^-的下标i分别代表 K,L,M…层电子。注意,在 EC 过程中,衰变后的产物仅为子核和中微子。和前面一样,轨道电子俘获的衰变能$E_0(\varepsilon)$可表达为

$$E_0(\varepsilon) = [m_X(Z,A) + m_0 - m_Y(Z-1,A)]c^2 - B_i$$

式中,B_i为第i层电子在母核原子中的结合能。$E_0(\varepsilon)$用原子质量表示为

$$E_0(\varepsilon) = [M_X(Z,A) - M_Y(Z-1,A)]c^2 - B_i \quad 或 \quad E_0(\varepsilon) = \Delta(Z,A) - \Delta(Z-1,A) - B_i \quad (3.38)$$

即发生第i层电子俘获的衰变能等于母核原子的静止能量减去子核原子的静止能量再减去第i层电子在母核原子中的结合能。由此,发生轨道电子俘获的条件是

$$M_X(Z,A) - M_Y(Z-1,A) > B_i/c^2 \quad 或 \quad \Delta(Z,A) - \Delta(Z-1,A) > B_i \quad (3.39)$$

　　所以,在两个相邻的同量异位素中,只要母核(Z)的原子质量与子核($Z-1$)的原子质量之差大于第i层电子在母核原子中的结合能的相应质量时,就能发生第i层的轨道电子俘获。例如,核素$^7_4$Be通过两个轨道电子俘获 EC_1(10.35%) 和 EC_2(89.65%)而衰变到子核$^7_3$Li的激发态和基态,如图3.8所示。图中,轨道电子俘获由从母核出发向左下方指向子核的带箭头的斜线表示,旁边给出了轨道电子俘获的绝对强度。注意,轨道电子俘获中没有电子发射,所以不能在斜线边标示电子能量。图中 Q_{EC} 就是 $E_0(\varepsilon)$。

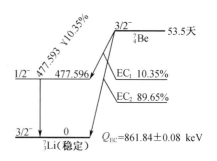

图3.8　$^7_4$Be的衰变纲图

　　前已提到,由于K层电子最靠近原子核,故K俘获概率最大。但如果

$$B_K/c^2 > (M_X - M_Y) > B_L/c^2$$

则K俘获不能发生,但L,M,N…层电子俘获仍可以发生,且L俘获的概率就最大。例如^{205}Pb的衰变就是如此。

　　当母核X俘获一个自己核外的K层(能量允许时概率最大)电子形成子核Y后,子核Y对应原子的核内外的电荷数仍然是相等的,但是K电子壳层却出现了一个空位,因此母核X的K俘获相当于形成了一个K电子被激发的Y原子。此时,Y原子的外层电子要发生向K层空位的跃迁(L壳层概率最大),产生特征X射线或俄歇电子。L壳层跃迁产生的特征X射线的能量为

$$E_X = \Delta E_K = B_K - B_L = h\nu \tag{3.40}$$

　　在同一个电磁跃迁过程中,发射俄歇电子和产生特征X射线是互为竞争关系的。发射俄歇电子时,外层电子跃迁产生的能量不是以特征X射线的形式放出,而是直接给予了同一层(或更外层,例如M层)的某个电子,这个电子就脱离原子的束缚,成为自由电子,这种效应称为俄歇效应,这个电子称为俄歇电子。以发生在L层的俄歇效应为例,俄歇电子的能量为

$$T_e = \Delta E_K - B_L = B_K - B_L - B_L = B_K - 2B_L$$

式中,ΔE_K 为电子由L层向K层跃迁时放出的能量。如发生在M层,则俄歇电子的能量为

$$T_e = \Delta E_K - B_M = B_K - B_M - B_M = B_K - 2B_M$$

发射特征X射线和俄歇电子的过程如图3.9所示。

　　比较(3.36)式和(3.39)式可以看出,由于 $2m_0c^2 \gg B_i$,因此,能发生 β^+ 衰变的原子核就有可能发生轨道电子俘获,反之,能发生轨道电子俘获的原子核却不一定能发生 β^+ 衰变。^{55}Fe就是一例,它的原子质量只比^{55}Mn大 0.232 MeV,小于 1.022 MeV,故不能发生 β^+ 衰变,只能发生 EC。衰变能在子核^{55}Mn与中微子之间分配,显然,绝大部分为中微子所得并具有确定的能量。由于中微子与物质的作用截面非常小,我们将只能从子核的特征X射线或俄歇电子来获得是否发生轨道电子俘获的信息。在^{55}Fe发生轨道电子俘获过程中,容易测到^{55}Mn的能量为 5.899 keV 的 K_αX 射线。

3.2.6　β衰变纲图和β衰变三种形式的比较

　　同样可以用衰变纲图确切表示上述三种β衰变过程。衰变纲图中用横线表示原子核的能级,习惯上用粗横线表示母核和子核的基态,细横线表示激发态。横线之间的距离表示核能

级差或母核与子核的静止能量差。从母核能级横线出发,向右下的带箭头的斜线表示 β⁻ 衰变(子核电荷数加 1),向左下的带箭头的斜线表示轨道电子俘获(子核电荷数减 1),而 β⁺ 衰变则由向下的直线段加向左下的带箭头的斜线表示(子核电荷数减 1),直线段的长度代表 $2m_0c^2$ 的能量,斜线段代表的能距为 β⁺ 粒子的最大动能。(某些书上或网络上给出的衰变纲图中,β⁺ 衰变可能没有向下的直线段,但在旁边的文字标示中有描述。)

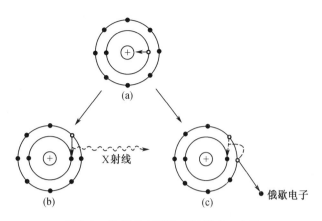

图 3.9　特征 X 射线和俄歇效应示意图

(a)—(b)特征 X 射线的产生;(a)—(c)俄歇电子的产生

经 β 衰变生成的子核一般处于激发态,处于激发态的子核往往通过发射 γ 光子或内转换电子而跃迁至基态。绝大多数 β 衰变的核伴有 γ 射线的发射,纯 β 放射性核素不多。

β 衰变三种形式的特点和能量条件,可以归结为以下几点:

(1)当 $M(Z,A) > M(Z+1,A)$ 时,原子核是 β⁻ 放射性的;而当 $M(Z,A) > M(Z-1,A) + B_i$ 或 $M(Z,A) > M(Z-1,A) + 2m_0$ 时,原子核能以轨道电子俘获(EC)或 β⁺ 形式衰变。因此,一般情况下不可能存在质量数 A 相同,核电荷数 Z 只相差 1 的两相邻稳定同量异位素。

(2)当能量满足 β⁺ 衰变的条件(即(3.36)式)时,从原则上讲,β⁺ 衰变和轨道电子俘获可同时有一定的概率发生。理论和实验研究表明,对于轻核,由于衰变能一般较大,β⁺ 衰变的概率远大于发生 K 俘获的概率,很难观察到与 β⁺ 衰变同时产生的轨道电子俘获;对于重核正相反,轨道电子俘获概率可占压倒优势,很少发生 β⁺ 衰变;对中等质量的原子核,β⁺ 衰变和轨道电子俘获往往同时发生。从衰变纲图的手册中可明显地看到这个规律。

(3)某些核可能同时满足(3.32),(3.36),(3.39)三个不等式,这些核就可能同时以三种形式衰变,但各有一定的分支比(说明:衰变纲图中的百分数严格地说是绝对强度,若绝对强度描述的是衰变纲图主核素的衰变过程,则绝对强度同时也就是主核素分支衰变的分支比,如图 3.10 的情况;子核素衰变所对应的绝对强度并不直接等价于它的分支衰变的分支比,但可以相互导出)。

例如,⁶⁴Cu 就是 β⁻ 衰变,β⁺ 衰变和 EC 都可能发生的核素,见图 3.10。它有 37.1% 的分支比发生 β⁻ 衰变到 ⁶⁴Zn 的基态;0.48% 的分支比发生轨道电子俘获衰变到 ⁶⁴Ni 的激发态;44.5% 的分支比发生轨道电子俘获衰变到 ⁶⁴Ni 的基态;另有 17.9% 的分支比以 β⁺ 衰变方式到 ⁶⁴Ni 的基态。既有 β⁻,又有 β⁺ 或 EC 时,衰变纲图中要同时给出 Q_{EC} 与 Q_{β^-}。

3.2.7　β 衰变的费米理论和选择定则

费米于 1934 年提出了原子核的 β 衰变理论,称为 β 衰变的费米理论。尽管这个理论后来有许多发展,但基本思想没有变化。费米理论的基本思想可概括为三点:

(1)质子和中子是核子的两种不同的量子态,β 衰变是原子核中质子与中子的相互转变,也就是核子的两种量子态间的跃迁;

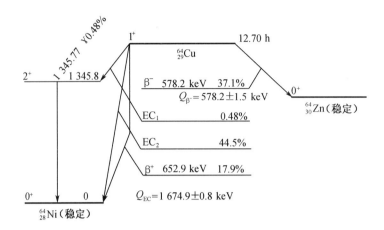

图3.10　^{64}Cu的衰变纲图

（2）在核子的两种量子态跃迁过程中，放出电子和中微子；电子和中微子是核子不同状态之间跃迁的产物，电子和中微子事先并不存在于核内；

（3）把β衰变过程与原子发光相类比，原子从一种量子态向另一量子态跃迁时发射光子，原子发光是电磁场与电子相互作用而放出光子，它是一种电磁相互作用。β衰变中是电子 – 中微子场与原子核的相互作用，发射电子和中微子，电子和中微子是原子核在不同状态之间跃迁而产生的。

β衰变是弱相互作用。弱相互作用远弱于电磁相互作用，因此，β衰变的过程就远比发光过程慢得多，前者半衰期一般量级为10^{-2} s ~ 10^8 a，而后者一般为10^{-16} ~ 10^{-4} s。

根据量子力学的微扰理论，β衰变的概率公式，即单位时间内发射动量在p_β到$p_\beta + \mathrm{d}p_\beta$之间的β粒子的概率为

$$I(p_\beta)\mathrm{d}p_\beta = \frac{g^2\left|M_{\mathrm{if}}\right|^2}{2\pi^3\hbar^7c^3}(E_0 - T_\beta)^2 p_\beta^2\mathrm{d}p_\beta \tag{3.41}$$

式中，g是反映β衰变作用强度的常数，需要通过实验来测定；E_0，T_β分别为衰变能和β粒子动能；M_{if}称为跃迁矩阵元，它与跃迁前后的核状态以及衰变产物的状态有关：

$$M_{\mathrm{if}} = \int\psi_{N_\mathrm{f}}^*\psi_{N_\mathrm{i}}\mathrm{e}^{-\frac{i}{\hbar}(\boldsymbol{p}_\beta+\boldsymbol{p}_\nu)\cdot\boldsymbol{r}}\mathrm{d}\tau = \int\psi_{N_\mathrm{f}}^*\psi_{N_\mathrm{i}}\mathrm{e}^{-i(\boldsymbol{k}_\beta+\boldsymbol{k}_\nu)\cdot\boldsymbol{r}}\mathrm{d}\tau \tag{3.42}$$

式中，$\boldsymbol{k}$为波矢量，$\boldsymbol{k} = \boldsymbol{p}/\hbar$。

1. 跃迁分类

我们将跃迁矩阵元中的指数部分展开成级数，以了解各级数项的贡献：

$$\mathrm{e}^{-i(\boldsymbol{k}_\beta+\boldsymbol{k}_\nu)\cdot\boldsymbol{r}} = 1 - i(\boldsymbol{k}_\beta + \boldsymbol{k}_\nu)\cdot\boldsymbol{r} - \frac{1}{2!}\left[(\boldsymbol{k}_\beta + \boldsymbol{k}_\nu)\cdot\boldsymbol{r}\right]^2 + \cdots \tag{3.43}$$

此级数中相邻两项差别较大，假设β粒子的最大动能为1 MeV，相当于动量数值为$3m_0c$[①]，其

———————————

① 在相对论条件下，电子动量$p = \sqrt{m^2c^2 - m_0^2c^2}$，$m$为电子动质量，$m_0$为电子静止质量，当$m\approx 3m_0$时，总能量为$mc^2 = 3m_0c^2 = 1.5$ MeV，其中动能约为$mc^2 - m_0c^2 \approx 1.0$ MeV，电子动量为$p = \sqrt{9m_0^2c^2 - m_0^2c^2}\approx 3m_0c$。

中第二项仅为

$$(\boldsymbol{k}_\beta + \boldsymbol{k}_\nu) \cdot \boldsymbol{r} = \frac{(\boldsymbol{p}_\beta + \boldsymbol{p}_\nu) \cdot \boldsymbol{r}}{\hbar} \approx \frac{3m_0 c}{\hbar} r_0 A^{1/3} \approx \frac{1}{10} \sim \frac{1}{100}$$

因此,用此级数代入(3.42)式中的矩阵元时,级数的第一项对跃迁概率的贡献最大,高次项依次递减得很快。

跃迁矩阵元 M_{if} 中的指数部分 $e^{-i(\boldsymbol{k}_\beta + \boldsymbol{k}_\nu) \cdot \boldsymbol{r}}$ 是轻子(包括电子和中微子)的平面波函数,可将它按轻子轨道角动量 l 展开为球面波:

$$e^{-i(\boldsymbol{k}_\beta + \boldsymbol{k}_\nu) \cdot \boldsymbol{r}} = \sum_{l=0}^{\infty} (2l+1)(-i)^l j_l[(\boldsymbol{k}_\beta + \boldsymbol{k}_\nu) \cdot \boldsymbol{r}] P_l(\cos\theta) \tag{3.44}$$

式中,$j_l[(\boldsymbol{k}_\beta + \boldsymbol{k}_\nu) \cdot \boldsymbol{r}]$ 是球贝塞尔函数;$P_l(\cos\theta)$ 是勒让德多项式。因 $(\boldsymbol{k}_\beta + \boldsymbol{k}_\nu) \cdot \boldsymbol{r} \ll 1$,则有

$$j_l[(\boldsymbol{k}_\beta + \boldsymbol{k}_\nu) \cdot \boldsymbol{r}] \approx [(\boldsymbol{k}_\beta + \boldsymbol{k}_\nu) \cdot \boldsymbol{r}]^l / (2l+1)!!$$

其中,$(2l+1)!! = 1 \times 3 \times 5 \times \cdots \times (2l+1)$,于是(3.44)式有

$$e^{-i(\boldsymbol{k}_\beta + \boldsymbol{k}_\nu) \cdot \boldsymbol{r}} = \sum_{l=0}^{\infty} \frac{(2l+1)(-i)^l}{(2l+1)!!} [(\boldsymbol{k}_\beta + \boldsymbol{k}_\nu) \cdot \boldsymbol{r}]^l P_l(\cos\theta) \tag{3.45}$$

同样,由于 $(\boldsymbol{k}_\beta + \boldsymbol{k}_\nu) \cdot \boldsymbol{r} \ll 1$,展开式的各项逐次比前项小得多,将(3.45)式代入(3.42)式的矩阵元时,级数第一项($l=0$)对跃迁概率贡献最大,随 l 的增加而很快下降。

当 $l=0$ 项有贡献时,称为允许跃迁,此时跃迁矩阵元 $M_{if} \approx \int \psi_f^* \psi_i \mathrm{d}\tau \equiv M$,$M$ 与轻子的能量和动量无关,仅与跃迁前后原子核的状态有关,因此称 M 为原子核矩阵元。

当 $l=0$ 的项对矩阵元没有贡献时,跃迁概率将比允许跃迁概率小得多,这种跃迁称为禁戒跃迁。

对禁戒跃迁而言,如果 $l=1$ 的项为主要贡献,则称为一级禁戒跃迁;如果 $l=1$ 的贡献为零,$l=2$ 的贡献是主要的,则称为二级禁戒跃迁;其余类推。

2. 选择定则

和原子发光一样,β 衰变服从一定的选择定则,选择定则可以由衰变过程中有关的守恒定律得到。在 β 衰变过程中满足角动量守恒,即有

$$\boldsymbol{I}_i = \boldsymbol{I}_f + \boldsymbol{S} + \boldsymbol{L} \tag{3.46}$$

式中,$\boldsymbol{I}_i$,$\boldsymbol{I}_f$ 分别代表母核和子核的自旋,$\boldsymbol{S}$,$\boldsymbol{L}$ 分别代表轻子的自旋和轨道角动量,电子与中微子的自旋量子数均为 1/2。

在 β 衰变中,母子核之间的宇称关系是与轻子带走的轨道角动量 l,即与衰变的级次有关的。为了使 l 级禁戒跃迁的跃迁矩阵元不为 0(这样它才能发生),要求母核波函数、子核波函数和轻子轨道运动的波函数的乘积应为偶函数,只有这样才能在具有对称结构的原子核内做积分时使 l 级禁戒跃迁的跃迁矩阵元取非 0 值。由第 1 章对宇称的讨论我们知道,轨道运动波函数的宇称与其对应的轨道角动量有关,为 $(-1)^l$,则母核波函数的对称性也必须为 $(-1)^l$,进而母核波函数与子核波函数的宇称关系也就被确定为 $(-1)^l$。因此,在 β 衰变中,母核与子核的宇称关系与禁戒级次有关,为

$$\pi_i = \pi_f (-1)^l \tag{3.47}$$

式中,l 为轻子带走的轨道角动量量子数。

（1）允许跃迁的选择定则

对于允许跃迁，$l = 0$，(3.46)式简化为

$$I_i = I_f + S$$

轻子自旋为电子自旋和中微子自旋之和，即

$$S = S_e + S_\nu$$

由于电子和中微子自旋均为1/2，这时，轻子的自旋只有两种取值可能：要么等于0；要么等于1。前者为电子和中微子的自旋反平行，即为单态。这时，$I_i = I_f$，则

$$\Delta I = I_f - I_i = 0 \tag{3.48}$$

称为费米选择定则，简称 F 选择定则。后者为电子和中微子的自旋平行，即为三重态，即 $I_i = I_f + 1, I_f, I_f - 1$，所以

$$\Delta I = I_f - I_i = 1, 0, -1 \quad (0 \rightarrow 0 \text{ 跃迁除外}) \tag{3.49}$$

称为伽穆夫－泰勒(Gamow-Teller)选择定则，简称 G－T 选择定则。

$\Delta \pi$ 表示母核和子核的宇称的变化，由(3.47)式，得到

$$\Delta \pi = \pi_i \pi_f = (-1)^l \pi_f^2 = (-1)^l \tag{3.50}$$

对于允许跃迁，$l = 0$，所以 $\Delta \pi = +1$，表示母核和子核的宇称相同。

综上所述，允许跃迁遵守下面的选择定则：

$$\Delta I = 0, \pm 1; \quad \Delta \pi = +1 \tag{3.51}$$

（2）禁戒跃迁的选择定则

对禁戒跃迁，$l \neq 0$，根据相似的推理过程，可以得到下面的选择定则。需要提及的一点是：二级禁戒跃迁在理论上也存在 $\Delta I = 0, \pm 1$ 的情况，但由于允许跃迁和它的宇称关系相同，且允许跃迁的发生概率大得多，因此在实际上很难看到 $\Delta I = 0, \pm 1$ 的二级禁戒跃迁，这是下式中二级禁戒跃迁 $\Delta I = \pm 2, \pm 3$ 的原因。对于三级或更高级次的禁戒跃迁，道理是一样的。

$$
\begin{array}{llll}
\text{一级禁戒跃迁} & l = 1 & \Delta I = 0, \pm 1, \pm 2 & \Delta \pi = -1 \\
\text{二级禁戒跃过} & l = 2 & \Delta I = \pm 2, \pm 3 & \Delta \pi = +1 \\
\quad\vdots & & & \\
n \text{ 阶禁戒跃迁} & l = n & \Delta I = \pm n, \pm(n+1) & \Delta \pi = (-1)^n
\end{array} \tag{3.52}
$$

下面举几个实例：

${}^{3}_{1}\text{H} \xrightarrow{\beta^-} {}^{3}_{2}\text{He}$ 为 $1/2^+ \rightarrow 1/2^+$，这时 $\Delta I = I_f - I_i = 0, \Delta \pi = \pi_i \cdot \pi_f = +1$，故此跃迁为允许跃迁。

${}^{111}_{47}\text{Ag} \xrightarrow{\beta^-} {}^{111}_{48}\text{Cd}$ 为 $1/2^- \rightarrow 1/2^+$，这时 $\Delta I = I_f - I_i = 0, \Delta \pi = \pi_i \pi_f = -1$，所以，此跃迁为一级禁戒跃迁。

${}^{39}_{18}\text{Ar} \xrightarrow{\beta^-} {}^{39}_{19}\text{K}$ 为 $7/2^- \rightarrow 3/2^+$，这时 $\Delta I = I_f - I_i = 2, \Delta \pi = \pi_i \pi_f = -1$，同样为一级禁戒跃迁。

3.2.8　β谱的形状与居里描绘

在 β 衰变概率公式(3.41)中，令

$$K = \frac{g|M_{if}|}{(2\pi^3 \hbar^7 c^3)^{1/2}} \tag{3.53}$$

对允许跃迁，跃迁矩阵元近似等于原子核矩阵元，即 $M_{if} \approx M = \int \psi_{N_f}^* \psi_{N_i} \mathrm{d}\tau$，它与轻子能量无

关,因此 K 可以看成常量。此时,单位时间内发射动量在 p_β 到 $p_\beta + \mathrm{d}p_\beta$ 之间的 β 粒子的概率为

$$I(p_\beta)\mathrm{d}p_\beta = K^2(E_0 - T_\beta)^2 p_\beta^2 \mathrm{d}p_\beta \tag{3.54}$$

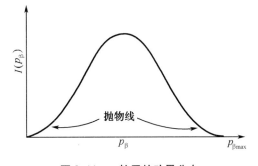

图 3.11 β 粒子的动量分布

可见,跃迁概率随动量的分布取决于 $(E_0 - T_\beta)^2 p_\beta^2$。当 p_β 趋于零时,$(E_0 - T_\beta)$ 的相对变化很小,则 $I(p_\beta)$ 近似与 p_β^2 成正比,动量分布近似为抛物线;当 p_β 接近最大值时,则 $I(p_\beta)$ 近似与 $(E_0 - T_\beta)^2$ 成正比,同样,β 粒子的动量分布也以抛物线趋势趋向于零,而中间有一极大值。这与实验所得 β 粒子的动量分布形状大体一致,如图 3.11 所示。

将(3.54)式改写为

$$\left[\frac{I(p_\beta)}{p_\beta^2}\right]^{1/2} = K(E_0 - T_\beta) \tag{3.55}$$

由(3.55)式,函数 $[I(p_\beta)/p_\beta^2]^{1/2}$ 与 $(E_0 - T_\beta)$ 成线性关系。从实验得到 β 粒子的动量分布,然后以函数 $[I(p_\beta)/p_\beta^2]^{1/2}$ 为纵坐标,T_β 为横坐标作图,可得一条直线,这种方法称为居里描绘(Kurie Plot,有的书上称为库里厄图)。居里描绘有利于把理论值与实验值进行比较,进而还可精确地确定 β 粒子的最大能量 $T_{\beta\max}$,大大弥补了由于 β 能谱曲线与横坐标相交不明显而不好确定 $T_{\beta\max}$ 的困难。

在按(3.55)式做居里描绘时,发现在低能部分偏离直线。对 β⁻ 衰变,实验值高于直线,而对 β⁺ 衰变,实验值低于直线。这是由于忽略了原子核的库仑场对发射 β 粒子的影响而产生的。为此,引入库仑改正因子 $F(Z, T_\beta)$,这样(3.41)式变为

$$I(p_\beta)\mathrm{d}p_\beta = \frac{g^2|M_{if}|^2}{2\pi^3\hbar^7 c^3} F(Z, T_\beta)(E_0 - T_\beta)^2 p_\beta^2 \mathrm{d}p_\beta \tag{3.56}$$

相应地,(3.55)式变为

$$\left[\frac{I(p_\beta)}{F(Z, T_\beta)p_\beta^2}\right]^{1/2} = K(E_0 - T_\beta) \tag{3.57}$$

在考虑库仑改正因子 $F(Z, T_\beta)$ 后的居里描绘如图 3.12 所示。库仑改正因子 $F(Z, T_\beta)$ 与 β 粒子能量有关,$F(Z, T_\beta) \sim T_\beta$ 关系曲线如图 3.13 所示。

居里描绘除了能精确地确定 $T_{\beta\max}$ 外,还可以用来对具有几种能量的复杂的 β 谱进行分解,得到这几种 β 谱的最大能量及相对强度。同时,β 谱的居里描绘还是直接确定中微子质量的一种有效方法。

对于禁戒跃迁,由于矩阵元不仅与原子核的波函数有关,还与 β 粒子和中微子的动量有关,禁戒跃迁的居里描绘一般不再是直线,这里就不做进一步讨论了。

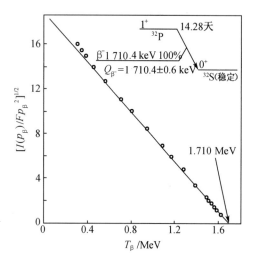

图 3.12　β谱的居里描绘

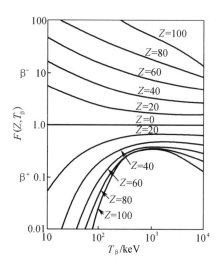

图 3.13　$F(Z, T_\beta) \sim T_\beta$ 关系曲线[2]

3.2.9　衰变常数和比较半衰期

1. 衰变常数

如前所述,(3.56)式表示了单位时间内发射动量为 p_β 到 $p_\beta + \mathrm{d}p_\beta$ 之间的 β 粒子的概率,若将 p_β 从 0 到 $p_{\beta\max}$ 积分,就可以得到单位时间内发射所有 β 粒子的总概率,这与衰变常数 λ 的定义是一致的,所以

$$\lambda = \frac{\ln 2}{T_{1/2}} = \int_0^{p_{\beta\max}} I(p_\beta) \mathrm{d}p_\beta = \int_0^{p_{\beta\max}} \frac{g^2 |M_{if}|^2 F(Z, T_\beta)}{2\pi^3 c^3 \hbar^7} (E_0 - T_\beta)^2 p_\beta^2 \mathrm{d}p_\beta \qquad (3.58)$$

忽略 M_{if} 与 T_β 的关系,有

$$\lambda \approx \frac{g^2 |M_{if}|^2}{2\pi^3 c^3 \hbar^7} \int_0^{p_{\beta\max}} F(Z, T_\beta)(E_0 - T_\beta)^2 p_\beta^2 \mathrm{d}p_\beta$$

$$\approx \frac{m_0^5 c^4 g^2 |M_{if}|^2}{2\pi^3 \hbar^7} \int_0^{p_{\beta\max}} F(Z, T_\beta) \left(\frac{E_0 - T_\beta}{m_0 c^2}\right)^2 \left(\frac{p_\beta}{m_0 c}\right)^2 \mathrm{d}\left(\frac{p_\beta}{m_0 c}\right)$$

令

$$f(Z, E_0) = \int_0^{p_{\beta\max}} F(Z, T_\beta) \left(\frac{E_0 - T_\beta}{m_0 c^2}\right)^2 \left(\frac{p_\beta}{m_0 c}\right)^2 \mathrm{d}\left(\frac{p_\beta}{m_0 c}\right) \qquad (3.59)$$

可得到

$$\lambda \approx \frac{g^2 |M_{if}|^2 m_0^5 c^4}{2\pi^3 \hbar^7} f(Z, E_0) \qquad (3.60)$$

$f(Z, E_0)$ 称为费米积分。如果知道了库仑改正因子和 β 粒子最大能量,就可对该积分求解,并进而求得衰变常数。当 $E_0 \gg m_0 c^2$,并取 $F(Z, T_\beta) \approx 1$ 时,可由(3.59)式得到

$$\lambda \propto 1/T_{1/2} \propto E_0^5 \qquad (3.61)$$

此关系称为萨金特(Sargent)定律。它表明 β 衰变的半衰期与 β 粒子最大能量存在很强的依

赖关系。这意味着,即使对同一类型(如都是允许跃迁或都是一级禁戒跃迁等)的跃迁,由于衰变能 E_0 的不同,半衰期 $T_{1/2}$ 也可以有很大差别。所以,仅由半衰期的大小不能唯一确定跃迁的类型,需引进一个新的物理量,这就是下面讨论的比较半衰期。

2. 比较半衰期

定义比较半衰期 $fT_{1/2}$ 为

$$fT_{1/2} = f(Z, E_0) \cdot T_{1/2} = \frac{2\pi^3\hbar^7\ln2}{m_0^5 c^4 g^2 |M_{if}|^2} \approx \frac{5\,000}{|M_{if}|^2}$$

由此可见,$fT_{1/2}$ 仅取于跃迁矩阵元 $|M_{if}|$。而跃迁类型是由 M_{if} 中轻子波函数 $e^{-i(k_\beta+k_\nu)\cdot r}$ 展开式中哪一项是主要贡献决定的,因此,跃迁类型不同,$|M_{if}|$ 值的大小也不同,显然可以用 $fT_{1/2}$ 值来进行跃迁类型的大致分类。由于 $fT_{1/2}$ 值比较大,常用的是 $\lg(fT_{1/2})$ 值。表 3.4 列出了各级跃迁的 $\lg(fT_{1/2})$ 值。

表 3.4　各级跃迁的 $\lg(fT_{1/2})$ 值

跃迁级次	$\lg(fT_{1/2})$ 值	跃迁级次	$\lg(fT_{1/2})$ 值
超允许跃迁	2.9 ~ 3.7	二级禁戒跃迁	10 ~ 13
允许跃迁	4.4 ~ 6.0	三级禁戒跃迁	15 ~ 18
一级禁戒跃迁	6 ~ 10		

注:一级禁戒跃迁中含非唯一型和唯一型,在这里讨论从略。

表 3.4 中超允许跃迁是指镜像核之间的跃迁,镜像核的质量数、核自旋、宇称均相等,只是质子数和中子数互为相反。互为镜像核的两个原子核的波函数很相像,几乎重叠,则 $|M|^2 \approx 1$,因而 $fT_{1/2}$ 最小。表 3.5 中列出了一些核的 β 衰变级次和比较半衰期供参考。

表 3.5　一些核的 β 衰变

衰变方式	$I_i^\pi \to I_f^\pi$	ΔI	$\Delta\pi$	E_0/MeV	$T_{1/2}$	$\lg(fT_{1/2})$	级次
$^3_1\mathrm{H} \xrightarrow{\beta^-} {}^3_2\mathrm{He}$	$1/2^+ \to 1/2^+$	0	+1	0.019	12.3 a	3.10	超允许
$^{45}_{20}\mathrm{Ca} \xrightarrow{\beta^-} {}^{45}_{21}\mathrm{Sc}$	$7/2^- \to 7/2^-$	0	+1	0.256	162.6 d	6.0	允许
$^{87}_{36}\mathrm{Kr} \xrightarrow{\beta^-} {}^{87}_{37}\mathrm{Rb}$	$5/2^+ \to 3/2^-$	-1	-1	3.889	76 min	7.8	禁戒 1
$^{59}_{26}\mathrm{Fe} \xrightarrow{\beta^-} {}^{59}_{27}\mathrm{Co}$	$3/2^- \to 7/2^-$	2	+1	1.565	44.5 d	11.2	禁戒 2

根据原子核的壳层模型预言的 $\lg(fT_{1/2})$ 值,与实验结果符合得相当好,这也是核壳层模型成功应用的实例之一。

3.2.10　β 衰变有关的反应和其他衰变方式

1. 中微子吸收

中微子吸收过程可以描述为

$$\nu_e + n \to p + e^-$$
$$\tilde{\nu}_e + p \to n + e^+ \tag{3.62}$$

即中微子被中子俘获后产生质子和电子,反中微子被质子俘获后产生中子和正电子。中微子

吸收与 β 衰变过程一样,都是使核内的核子状态发生了转换,都是弱相互作用的过程。严格地说中微子吸收是一个反应过程,而不是衰变。

如前所述,1959 年科文和莱因斯正是利用 $\tilde{\nu}_e + p \rightarrow n + e^+$ 这一过程首次直接证明了中微子的存在,实验还证明,中微子与物质的相互作用是十分微小的。

2. 双 β⁻ 衰变

对相邻的三个同量异位素 $_{Z-1}^{A}X$、$_{Z}^{A}Y$ 和 $_{Z+1}^{A}W$,如果能量上不允许有 $_{Z-1}^{A}X \xrightarrow{\beta^-} {_{Z}^{A}Y} \xrightarrow{\beta^-} {_{Z+1}^{A}W}$ 的 β⁻ 衰变过程,但满足 $M(Z-1,A) > M(Z+1,A)$ 的条件,则可能发生双 β⁻ 衰变,即 $_{Z-1}^{A}X$ 同时发射两个 β⁻ 粒子,直接生成 $_{Z+1}^{A}W$ 而不经过中间的 $_{Z}^{A}Y$。如:

$$_{34}^{82}Se \xrightarrow{T_{1/2} = 9.1 \times 10^{19}\ a} {_{36}^{82}Kr} + 2\beta^- + 2\tilde{\nu}_e$$

满足上述条件,能够发生双 β⁻ 衰变的天然核素有 60 多个,实验上只发现了 10 个核素有双 β⁻ 衰变的事例(^{48}Ca,^{76}Ge,^{82}Se,^{96}Zr,^{100}Mo,^{116}Cd,^{128}Te,^{130}Te,^{150}Nd和^{238}U),而且它们的衰变常数都非常小。

是否存在无中微子发射双 β⁻ 衰变目前仍是学界很关注的问题,如果这种过程能成立,将涉及衰变过程中轻子数不守恒的问题。而轻子数不守恒和中微子的质量问题都是与大统一等理论的进展休戚相关的,但目前仍是个谜。

3. β 延迟中子发射

图 3.14 是一个著名的事例。^{87}Br 是 ^{235}U 吸收中子后的裂变产物,为 β⁻ 放射性核素,半衰期 55.6 s,它以 70% 的分支比衰变到^{87}Kr的激发态,然后立刻放出一个中子衰变成 ^{86}Kr。即 ^{87}Br $\xrightarrow{\beta^-,\ T_{1/2} = 55.6\ s}$ ^{87*}Kr $\xrightarrow{n,\ T_{1/2}很小}$ ^{86}Kr,这是一个典型的连续衰变的过程,其中第一级的半衰期大于第二级的半衰期,可以形成暂时平衡体系,平衡后,中子发射的半衰期由母核的半衰期决定,即为 55.6 s。这种在 β 衰变慢过程中发射的中子,称为缓发中子,缓发中子在核反应堆控制中起着关键作用。

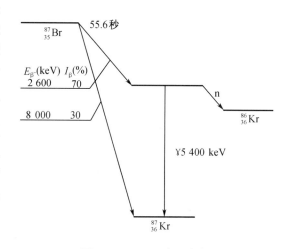

图 3.14　β 延迟中子发射

另外,1979 年,实验上还首次发现了 β 延迟 2n 发射。^{11}Li 先以 β⁻ 衰变为^{11}Be,半衰期为 8.59 ms,子核^{11}Be处于 8.84 MeV 激发态,立刻释放两个中子变为^{9}Be,形成 β 延迟 2n 发射。

3.2.11　β 衰变中的宇称不守恒

在 β 衰变的研究中,发现 β 衰变中宇称不守恒是物理学的一个重大进展。1956 年美籍华裔物理学家李政道和杨振宁[1]提出弱相互作用中宇称不守恒,1956 年吴健雄[2]等人实验验证

① T. D. Lee and C. N. Yang,Phys. Rev. ,104,254(1956).

② C. S. Wu et al,Phys. Rev. 105,1413(1957).

了李 – 杨提出的弱相互作用中宇称不守恒的理论。1957 年李 – 杨获得了诺贝尔物理学奖。

1956 年以前,由于在宏观世界中,物理规律在空间反射变换下是不变的,因而很自然地把这一结论推广到微观世界中,即认为微观世界中宇称是守恒的。1956 年,李政道和杨振宁在分析 θ – τ 疑难时指出,宇称守恒在强相互作用和电磁相互作用中是经过实验检验的,而在弱相互作用中却没有经过实验的检验,因此 θ – τ 疑难是由于弱相互作用下宇称不守恒引起的,并建议用 ^{60}Co 的衰变实验进行检验。

1. θ – τ 疑难和李 – 杨假说

所谓 θ – τ 疑难,就是 τ$^+$ 介子和 θ$^+$ 介子的同一性的问题,这一问题使物理学家困惑不解,促使一些物理学家开始怀疑宇称守恒的普遍性。

实验发现,τ$^+$ 介子和 θ$^+$ 介子的一切性质都相同,不仅质量相等,平均寿命相同,并且总是同时产生,在 K 介子衰变中占固定的比例(见表 3.6)。因此,我们自然想到,它们是同一粒子,即都是 K 介子,只是衰变方式不同而已。

表 3.6 θ$^+$,τ$^+$ 的性质

粒子	衰变方式	占所有 K 介子衰变比例	m/MeV	τ($\times 10^{-8}$ s)
τ$^+$	$\tau^+ \to \pi^+ + \pi^+ + \pi^-$	6%	966.3 ± 2.0	1.19 ± 0.05
θ$^+$	$\theta^+ \to \pi^+ + \pi^0$	29%	966.7 ± 2.0	1.21 ± 0.02

但是,根据宇称守恒,可以推出 θ$^+$ 为偶宇称,而 τ$^+$ 为奇宇称。现分析如下:τ,θ 和 π 介子自旋均为零。对 θ$^+$ 的衰变:

$$\theta^+ \to \pi^+ + \pi^0 \tag{3.63}$$

由角动量守恒,衰变前的总角动量 $J = 0$,则衰变后两个粒子的相对运动角动量 $l = 0$,衰变后的宇称为

$$\pi_f = \pi_{\pi^+} \cdot \pi_{\pi^0} \cdot (-1)^l = (-1)(-1)(-1)^0 = +1 \tag{3.64}$$

假如宇称守恒成立,衰变前后系统宇称相等,即 $\pi_i = \pi_f$,则可得 θ$^+$ 的宇称为偶。

对于 τ$^+$ 的衰变,有 $\tau^+ \to \pi^+ + \pi^+ + \pi^-$。同理,它们的相对运动角动量 $l = 0$,则

$$\pi_f = \pi_{\pi^+} \cdot \pi_{\pi^+} \cdot \pi_{\pi^-} \cdot (-1)^l = (-1)(-1)(-1)(-1)^0 = -1 \tag{3.65}$$

如果宇称守恒,则可得 τ$^+$ 为奇宇称。

根据这些分析,可以认识到,如果认为宇称守恒是普遍成立的,只能判定 τ$^+$ 与 θ$^+$ 不是同一种粒子,这与前面由它们的质量、寿命等性质相同而认为是同一粒子的看法相矛盾。这就是 20 世纪 50 年代中期产生的 θ – τ 疑难。

解决 θ – τ 疑难的办法只有两种:

(1)认为 θ$^+$,τ$^+$ 是一种粒子,宇称在这种衰变中不守恒;

(2)认为宇称守恒是普遍成立的,而 θ$^+$ 和 τ$^+$ 是两种粒子。

李 – 杨认真研究了这一问题。他们分析,在强相互作用和电磁相互作用中宇称的守恒性得到了广泛的验证;但在弱相互作用中,从来没有验证过宇称的守恒性,只是简单的推论而已。他们提出了弱相互作用中宇称不守恒的假说,认为 θ – τ 疑难正是弱相互作用中宇称不守恒的表现。他们建议,可以通过测量极化的 ^{60}Co 核的 β$^-$ 衰变来检验弱相互作用中宇称的守恒性。

设一原子核^{60}Co,它的自旋方向向上,
则它的镜像自旋应为向下,如图3.15所
示。当沿着自旋的反方向发射β粒子时,
其镜像过程就沿着自旋方向发射β粒子。
如果β衰变时宇称是守恒的,上述过程都
能实现,因而原子核沿着自旋的方向和沿
着自旋的反方向发射β粒子的概率应该一
样。而试验结果后者大于前者,证明β衰
变中宇称是不守恒的,从而解开了前面的
"θ - τ疑难"。

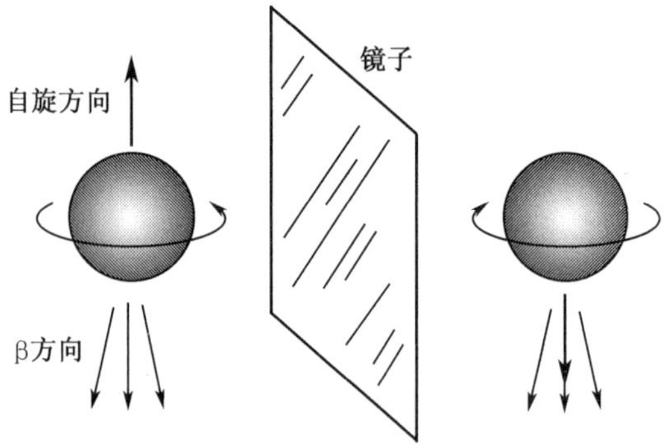

2. 极化^{60}Co核的β衰变实验

图3.15　极化^{60}Co核β衰变的镜像过程

上述实验过程的关键点和难点在于将^{60}Co核极化。所谓极化,就是使原子核自旋按一定
方向排列起来。但在一般实验条件下,原子核是非极化的,也就是由于热运动的缘故,原子核
的自旋取向是杂乱的。即使单个原子核发射β粒子的方向相对于它的自旋方向是各向异性
的,实验中对大量原子核观察到的平均效果也会是各向同性的。因而,实验的核心问题是如何
实现原子核极化。其要点是低温和外加磁场,在降低热运动对原子核自旋的影响的同时,通过
外磁场与核磁矩的作用,把原子核按一定的自旋取向排列起来。

吴健雄等人就是根据这样的实验思想,在具有极低温度条件的美国国家标准局完成了实
验。把^{60}Co放射源混在硝酸铈镁单晶的表面层内,硝酸铈镁是一种理想的顺磁盐,可在外磁场
作用下产生很强的内磁场,从而使^{60}Co极化。装置放在液氦中,达到1 K低温,并进而通过绝
热退磁使温度达到0.004 K的超低温。

不久实验也证明了介子衰变中宇称也是不守恒的。

3.3　γ　跃　迁

α衰变、β衰变和核反应过程中形成的子核往往处于激发态,原子核从激发态通过发射γ
射线或内转换电子跃迁到较低能态的过程称为γ跃迁或γ衰变。

3.3.1　γ跃迁的一般特性

首先我们重述对γ射线性质的认识:γ射线和X射线一样,都是波长很短的电磁辐射,两
者没有本质差别,只是产生的方式不同。γ射线是原子核激发态退激过程的产物,当原子核从
较高能态向较低能态跃迁时放出γ射线;而原子较高能级跃迁到低能级时放出的电磁辐射则
称为X射线。γ射线能量一般在keV到十几MeV之间,而X射线的能量范围在eV到几十
keV。由波粒二象性,γ射线具有波的干涉、衍射等一切波动性,γ射线又是一种粒子流,这种粒
子称为γ光子。γ光子静止质量为零,根据质能关系式可得:

γ光子的动质量为

$$m_\gamma = \frac{E_\gamma}{c^2} = \frac{h\nu}{c^2}$$

γ光子的动量为

$$P_\gamma = m_\gamma c = \frac{h\nu}{c} = \frac{h}{\lambda}$$

以上两式中 h 为普朗克常数；ν 为 γ 光子的频率；c 为光速；λ 为 γ 射线的波长。

γ 光子的自旋为 1，是玻色子，服从玻色－爱因斯坦统计。γ 射线的波长很短，不带电荷，在物质中的穿透能力很强。

设 E_i 为原子核跃迁前激发态的能量，E_f 为原子核跃迁后的激发态或基态能量，则 γ 衰变能为

$$E_0 = E_i - E_f = E_\gamma + T_R \tag{3.66}$$

式中，E_γ 表示 γ 衰变放出的 γ 光子能量；T_R 代表子核反冲动能。假定原子核在跃迁过程中只发射一个 γ 光子，且跃迁前动量为零。由动量守恒得到

$$m_R v_R = h\nu/c$$

式中，m_R，v_R 为子核的静止质量和反冲速度。由此可得到子核的反冲动能为

$$T_R = \frac{E_0^2}{2m_R c^2} \tag{3.67}$$

由于子核反冲能远小于 γ 光子的能量，γ 光子的能量 E_γ 可以近似看为

$$E_\gamma = h\nu \approx E_0 = E_i - E_f \tag{3.68}$$

很多情况下，原子核可能处于较高的激发态，在跃迁回基态的过程中可能放出多个 γ 光子，或者在 α 或 β 衰变中，母核按一定分支比通过多于一个 α 或 β 衰变过程而衰变到子核的激发态和基态，这时也会有多个 γ 光子产生。以 ^{60}Co 放射性核素为例，从图 3.16 的 ^{60}Co 衰变纲图可以看出，它主要是通过分支比为 99.89% 和 0.1% 的两个 β^- 衰变过程分别衰变到 ^{60}Ni 的能量为 2 505.71 keV 和 1 332.51 keV 的两个激发态上，β^- 粒子的最大能量相应为 318.3 keV 和 1 491.1 keV，其中能量为 2 505.71 keV 为主激发态。^{60}Ni 的激发态的寿命极短，能量为 2 505.71 keV 的激发态很快的接连放出能量分别为 1 173.238 和 1 332.513 keV 的两个 γ 光子而跃迁到基态。也就是说，每有一个 ^{60}Co 原子核发生 β^- 衰变，立刻就有两个 γ 光子伴随而生。

这种原子核由激发态退激到基态所接连发射两个 γ 光子的辐射称为级联 γ 辐射。实验发现，两个光子发射方向之间的夹角 θ 服从一定的概率分布，概率 W 可以用角关联函数 $W(\theta)$ 来描述，这种现象称为角关联，它与电磁跃迁是以电多极跃迁、还是磁多极跃迁的形式发生，以及 γ 光子带走的角动量都是有关系的。本书对角关联不做进一步讨论。

3.3.2　内转换电子

在发生由初态向末态的电磁跃迁时，原子核可能会发射 γ 光子，也可能会产生内转换电子，二者互为竞争关系。所谓内转换（Internal Conversion）过程，指的是原子核把它的电磁跃迁能量交给了核外的某个壳层电子，使该电子获得能量后变成自由电子，称为内转换电子，原子核实现了退激的过程。由于 K 壳层电子的波函数进入原子核的概率最大，在能量允许的情况下，K 壳层内转换电子最为常见。

内转换电子的动能是

$$T_e = E_i - E_f - B_i = E_\gamma - B_i \tag{3.69}$$

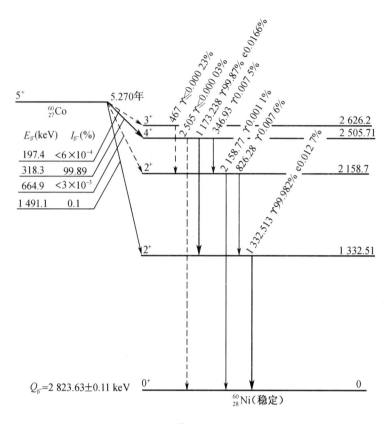

图 3.16　^{60}Co的衰变纲图

式中,B_i 是 i 层电子的结合能。显然,内转换电子的能谱是分立的,它与 β 衰变时的电子的连续谱截然不同。

内转换可以在原子的任何一壳层(K,L,M…)的电子上发生,关键取决于 E_0 的大小。当 $E_0 > B_K$ 时,内转换主要在 K 层电子上发生;当 $B_K > E_0 > B_L$ 时,内转换主要在 L 层电子上发生;当 $B_L > E_0 > B_M$ 时,内转换主要在 M 层电子上发生;依此类推。

图 3.17 为 ^{198}Au 的衰变纲图,图 3.18 是用磁谱仪测量的 ^{198}Au 的 β 谱和 ^{198}Hg 的内转换电子谱。图中的连续谱主要是 ^{198}Au 的 β⁻ 衰变中分支比为 98.6% 、最大能量为 960.7 keV 的 β 粒子能谱。叠加在连续谱上的三个尖峰是 ^{198}Hg 的内转换电子谱。但在这里要强调的是:β 粒子能谱反映的是母核 β 衰变过程中放出的 β 粒子的能量,而内转换电子谱反映的是子核 γ 跃迁过程中放出的内转换电子的能量,前者为连续电子谱,而后者为分立电子谱。

^{198}Hg 的 K,L,M 层电子的结合能分别是:83.193 keV,14.839 keV 和 3.562 keV。显然有 $E_0 > B_K > B_L > B_M$,与图 3.17 中能级 411.804 keV 相应的三个内转换电子的能量分别为

$$T_e(K) = 411.804 - 83.193 = 328.611 \text{ keV}$$

$$T_e(L) = 411.804 - 14.839 = 396.965 \text{ keV}$$

$$T_e(M) = 411.804 - 3.562 = 408.242 \text{ keV}$$

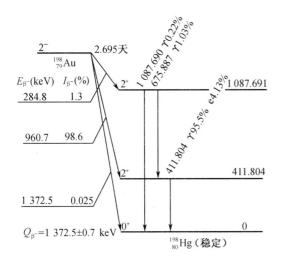

图 3.17　$^{198}_{79}$Au 的衰变纲图

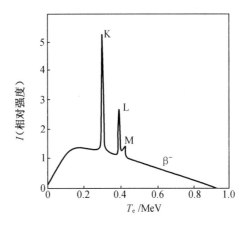

图 3.18　^{198}Au 的电子谱

由于 L,M 层分别有 3 个和 5 个支壳层,有不同的电子结合能 B_{L1},B_{L2},B_{L3},$B_{M1}\cdots$,因此在 L,M 内转换电子谱中,还有精细的结构,但一般不易观察到。

内转换效应与发射光子是核激发态退激过程中相互竞争的过程,其发生概率的大小完全由核能级特性所决定。一般说来,重核低激发态发生跃迁时,发生内转换的概率较大。为了表示内转换和 γ 跃迁相对概率的大小,引进了内转换系数 α,它的定义为

$$\alpha \equiv \frac{\lambda_e}{\lambda_\gamma} = \frac{N_e}{N_\gamma} \tag{3.70}$$

式中,λ_e,λ_γ 分别表示单位时间发射电子和光子的概率,N_e 和 N_γ 分别表示单位时间内发射的内转换电子数和 γ 光子数。这样,核激发态单位时间的跃迁概率则为

$$\lambda = \lambda_e + \lambda_\gamma = \lambda_\gamma(1 + \alpha)$$

若用 N_K,N_L,$N_M\cdots$分别表示单位时间内相应壳层发射的内转换电子数目,则相应的内转换系数为

$$\alpha_K = \frac{N_K}{N_\gamma}, \alpha_L = \frac{N_L}{N_\gamma}, \alpha_M = \frac{N_M}{N_\gamma}, \cdots$$

且有总内转换系数

$$\alpha = \alpha_K + \alpha_L + \alpha_M + \cdots \tag{3.71}$$

各核素不同激发态的内转换系数可查表或由衰变纲图得到。

曾有人把内转换过程理解为处于激发态的原子核在向低能级跃迁时,接连发生两个过程,即先放出光子,这个光子再把核外电子打出去。计算表明这种过程发生的概率非常小,而内转换概率可以很大;另一方面,从下面一节讨论的 γ 跃迁的选择定则也可以看到,当两能级的自旋和宇称都是 0^+ 时,即对 $0^+ \rightarrow 0^+$ 之间的跃迁是绝不可能通过发射 γ 光子实现的(光子的自旋是 1,不满足角动量守恒定则),但却可以通过放出内转换电子而实现跃迁。事实上,发现 0^+ 激发态的实验方法之一就是观察内转换电子。

内转换电子发射后,原子中发射内转换电子的壳层就出现了一个空位。当较外层的电子

向这个空位跃迁时,多余的能量以发射特征 X 射线或俄歇电子的形式放出。这已在 β 衰变的轨道电子俘获中讲述过。

3.3.3　γ 辐射的多极性及 γ 跃迁的选择定则

1. 原子核的多极辐射

为了便于对 γ 辐射多极性的理解,先回顾一下经典的电磁辐射。由经典电动力学可知,一个电荷分布体系形成的势,总是可以用点电荷的单极子、偶极子、四极子等的势的叠加表示。同样,一个带电体系作周期性运动向外辐射的电磁辐射,总可以等效为偶极子、四极子、八极子等多极子振荡所产生的电磁辐射的叠加。

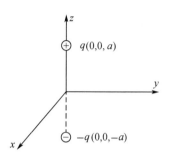

图 3.19　电偶极子

以偶极子为例(如图 3.19 所示),由两个电量相等符号相反的电荷组成的偶极子作简谐振动,这两个电荷 q 和 $-q$ 的位置随时间的变化为

$$z_1 = a\sin\omega t\,; \quad z_2 = -a\sin\omega t$$

式中,a 为振幅,ω 为角频率。于是电偶极矩随时间的变化为

$$D = D_0\sin\omega t$$

其中 $D_0 = 2aq$。这种偶极振子所产生的辐射,叫作电偶极辐射。由两个偶极子组成的系统称为电四极子,它振荡所产生的辐射称为电四极辐射。其余电八极辐射等类推,统称为电多极辐射。

如果在 oxy 平面内有一交变电流回路,角频率为 ω,这样一个电流回路就相当于一个沿 z 方向作简谐振动的磁偶极振子,它所产生的辐射就是磁偶极辐射。与电多极辐射相似,磁辐射也有磁偶极辐射、磁四极辐射、磁八极辐射等,统称为磁多极辐射。

由经典电动力学可以得到单位时间内发射的能量,称为多极辐射能量发射率。经典电磁多极辐射的能量和角动量都是振动频率 ω 的函数,ω 可以取任意值,能量和角动量也可以取任意值。

原子核也是一个电荷电流分布体系。处于激发态的原子核发射 γ 射线退激,类似于经典电磁辐射中电荷电流分布变化而发射电磁波的过程。但原子核是微观体系,微观体系的能量和角动量等是量子化的,其运动变化规律要用量子力学描述。另外,原子核的状态还有确定的角动量和宇称等,这些特点将反映在下面的讨论中。

首先,能级间的电磁跃迁所发射的 γ 光子具有单一的能量

$$h\nu = \hbar\omega = E_i - E_f$$

式中,角频率 $\omega = 2\pi\nu$,其余符号同前。如单位时间内发射光子数为 n,则能量发射率为

$$W = n\hbar\omega = nh\nu$$

总之,光子能量需满足量子化条件。

下面讨论 γ 辐射的角动量与宇称。设原子核跃迁前后的角动量分别为 $\boldsymbol{I}_i$ 和 $\boldsymbol{I}_f$,γ 光子带走的角动量为 $\boldsymbol{L}$,由角动量守恒定则应满足

$$\boldsymbol{L} = \boldsymbol{I}_i - \boldsymbol{I}_f$$

即

$$L = |I_i - I_f|,\ |I_i - I_f| + 1,\cdots,I_i + I_f - 1, I_i + I_f \tag{3.72}$$

从理论和实验得知,L 越大跃迁概率越小,所以一般 L 取最小值,即

$$L = \Delta I = |I_i - I_f| \tag{3.73}$$

　　由于光子本身的自旋为 1，因此，应该有 $L \geqslant 1$。因而，由 $I_i = 0$ 的状态跃迁到 $I_f = 0$ 的状态，即 $0 \rightarrow 0$ 的跃迁，是不可能通过发射 γ 光子来实现的。对于 $I_i = I_f \neq 0$ 的跃迁，按（3.72）式，L 的最小值为 0，但由于要求 $L \geqslant 1$，所以应该取 $L = 1$。

　　根据被 γ 光子带走的角动量的不同，可以把 γ 辐射分成不同的极次。$L = 1$ 时为偶极辐射；$L = 2$ 时为四极辐射；$L = 3$ 时为八极辐射，依此类推。显然，当 γ 辐射带走的角动量为 L 时，辐射的极次为 2^L。

　　γ 跃迁是一种电磁相互作用，在电磁相互作用中宇称是守恒的。设 π_i，π_f，π_γ 分别表示跃迁前后原子核和 γ 光子的宇称，则

$$\pi_i = \pi_\gamma \cdot \pi_f \quad \text{或} \quad \pi_\gamma = \frac{\pi_i}{\pi_f} \tag{3.74}$$

可以看出，如果跃迁前后原子核的宇称不变，则 γ 光子的宇称为" $+$ "；如果跃迁前后原子核的宇称改变，则 γ 光子的宇称为" $-$ "。

　　根据 γ 光子宇称的不同，γ 辐射可以分为两类：

　　①一类是宇称的奇偶性和角动量的奇偶性相同的，称为电多极辐射。对电多极辐射，发射光子的宇称 π_γ 与被 γ 光子带走的角动量 L 的关系为

$$\pi_\gamma = (-1)^L \tag{3.75}$$

　　②另一类是宇称的奇偶性和角动量的奇偶性相反的，称为磁多极辐射。此时，发射光子的宇称 π_γ 与被 γ 光子带走的角动量 L 的关系为

$$\pi_\gamma = (-1)^{L+1} \tag{3.76}$$

　　电多极辐射实质上主要是由核内的电荷密度变化引起的，以 EL 表示，例如，以 $E1$，$E2$，$\cdots$ 分别表示电偶极辐射、电四极辐射等。而磁多极辐射是由核内电流密度和内在磁矩的变化引起的，用 ML 表示，如 $M1$，$M2$，$\cdots$ 表示磁偶极辐射、磁四极辐射等。

2. γ 跃迁概率公式

　　γ 跃迁概率公式可以由量子电动力学得到，也可以从经典电磁场理论过渡到量子力学描述而得到，都十分繁杂。这里仅引用最简单的模型得到的结果，也能得到各种跃迁极次概率的量级比较。

　　根据原子核的壳层模型，原子核的 γ 跃迁发生在少数几个核子身上，最简单的是单质子模型，该模型假定 γ 跃迁是由核内一个质子状态变化所决定的。韦斯科夫（V. F. Weisskopf）根据这种模型得到的电多极辐射的 γ 跃迁概率公式为

$$
\begin{aligned}
\lambda_E(L) &= \frac{1}{4\pi\varepsilon_0} \frac{2(L+1)}{L[(2L+1)!!]^2} \left(\frac{3}{L+3}\right)^2 \frac{e^2}{\hbar c} (kR)^{2L} \omega \\
&= \frac{4.4(L+1)}{L[(2L+1)!!]^2} \left(\frac{3}{L+3}\right)^2 \left(\frac{E_\gamma}{197}\right)^{2L+1} (1.4 \times A^{1/3})^{2L} \times 10^{21}
\end{aligned} \tag{3.77}
$$

磁多极辐射的 γ 跃迁概率公式为

$$
\begin{aligned}
\lambda_M(L) &= \frac{1}{4\pi\varepsilon_0} \frac{20(L+1)}{L[(2L+1)!!]^2} \left(\frac{3}{L+3}\right)^2 \frac{e^2}{\hbar c} \left(\frac{\hbar}{m_p c R}\right)^2 (kR)^{2L} \omega \\
&= \frac{1.9(L+1)}{L[(2L+1)!!]^2} \left(\frac{3}{L+3}\right)^2 \left(\frac{E_\gamma}{197}\right)^{2L+1} (1.4 \times A^{1/3})^{2L-2} \times 10^{21}
\end{aligned} \tag{3.78}
$$

式中，A 为核质量数；R 为核半径；k 为光子的波数，与光子的角频率 ω 的关系是 $k = \omega/c$；L 为 γ

光子带走的角动量;m_P 为质子的质量;γ 跃迁能量 E_γ 以 MeV 为单位,所得的 $\lambda_E(L)$ 和 $\lambda_M(L)$ 的单位为 s^{-1}。

(3.77)和(3.78)式为单质子模型估计的 γ 跃迁概率的上限。一般情况下,跃迁概率的测量值比上述的估算值小,但对那些处于幻数附近的原子核就符合得比较好。对奇 A 核和远离幻数的偶偶核等形变大的核,其 E2 的跃迁概率却超过理论的上限值,说明了壳层模型的局限性,而核结构的综合模型则较好地解决了这个问题。

利用(3.77)和(3.78)式,可以对不同类型和极次的跃迁概率的数量级进行比较。对于较重的原子核,可取 $R \approx 10^{-12}$ cm;设跃迁产生的光子能量为 1 MeV,则其波数 $k \approx 5 \times 10^{10}$ cm^{-1};于是 $kR \approx 5 \times 10^{-2}$,由此可估算出跃迁能量为 1 MeV 时:

L 相邻的电多极辐射 γ 跃迁的概率比为

$$\lambda_E(L+1)/\lambda_E(L) \approx (kR)^2 \approx 2.5 \times 10^{-3}$$

L 相邻的磁多极辐射 γ 跃迁的概率比为

$$\lambda_M(L+1)/\lambda_M(L) \approx (kR)^2 \approx 2.5 \times 10^{-3}$$

L 相同的磁多极辐射和电多极辐射 γ 跃迁的概率比为

$$\lambda_M(L)/\lambda_E(L) = 10\left(\frac{\hbar}{m_p c R}\right)^2 \approx 4 \times 10^{-3}$$

总结估算结果可得到如下几点重要推论:

(1)跃迁概率随 L 的增加而很快减小。四极辐射的跃迁概率比偶极辐射的小三个数量级;八极辐射的跃迁概率又比四极辐射小三个数量级。另外,比值还与跃迁能量有关,能量越低,相邻极次的跃迁概率差别越大。

(2)相同极次的磁多极辐射的跃迁概率要比电多极辐射的跃迁概率小 2~3 个数量级。因而,一般来说 λ_{ML} 与 $\lambda_{E(L+1)}$ 具有相同数量级,例如磁偶极辐射和电四极辐射可能同时发生。

(3)对同类型同极次的跃迁,跃迁概率与 E_γ 有关,E_γ 小则跃迁概率也小。

3. γ 跃迁选择定则

根据 γ 跃迁中的角动量守恒和宇称守恒以及跃迁概率的比较,可以得到原子核由始态 (I_i, π_i) 跃迁到终态 (I_f, π_f) 的 γ 跃迁选择定则。由(3.72)式,光子带走的角动量 L 可以取以下数值:

$$L = |I_i - I_f|, |I_i - I_f| + 1, \cdots, I_i + I_f - 1, I_i + I_f \tag{3.79}$$

光子带走的宇称 π_γ 由(3.74)式决定,其取值为

$$\pi_\gamma = \pi_i/\pi_f \tag{3.80}$$

从这两个最基本的关系,可导出 γ 跃迁的选择定则,列于表 3.7 中。

表 3.7　多极辐射的选择定则

$\Delta\pi$ ＼ ΔI	0 或 1	2	3	4	5
+	$M1(E2)$	$E2$	$M3(E4)$	$E4$	$M5(E6)$
−	$E1$	$M2(E3)$	$E3$	$M4(E5)$	$E5$

注:表中括号内的跃迁类型表示可能与括号前的跃迁类型同时发生。

γ 跃迁选择定则的应用可归纳为两类：

（1）根据原子核初态或终态的自旋和宇称，定出跃迁极次，如图 3.20 所示。

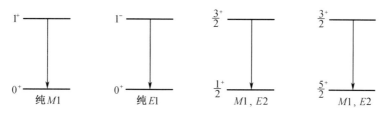

图 3.20　由核的初态和终态的自旋和宇称定跃迁极次

（2）根据跃迁类型与原子核的初态或终态中一个能级的自旋和宇称，求另一个能级的自旋和宇称，如图 3.21 所示。不过这时求得的自旋值可能不是单值，必须配合其他方法才能最后确定。

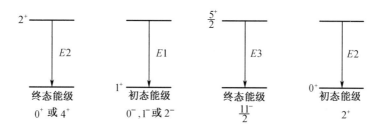

图 3.21　由跃迁极次和一个能级的自旋和宇称定另一能级的自旋和宇称

3.3.4　同质异能跃迁

在绝大多数情况下，原子核的激发态寿命都相当短暂，典型值为 10^{-12} s，也有更短的。但是，有一些激发态寿命较长。一般把寿命长于 0.1 s 激发态的核素，称为同质异能素，但也没有严格的界定。同质异能素与处于基态的核素具有相同的质量数和电荷数，但能态不同，因此是不同的核素。同质异能素发生的跃迁，称为同质异能跃迁。同质异能跃迁可以发射 γ 光子，也可以发射内转换电子。

图 3.22 给出了 ^{137}Cs 的衰变纲图。如图所示，^{137}Cs 通过 β^- 衰变到 ^{137m}Ba 和 ^{137}Ba，其中 ^{137m}Ba 为同质异能素，它以半衰期 2.552 分钟

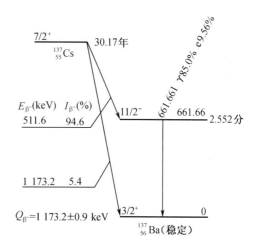

图 3.22　^{137}Cs 的衰变纲图

通过同质异能跃迁而回到 ^{137}Ba 基态，放出 γ 光子和内转换电子的绝对强度（相对于 ^{137}Cs 的衰变）分别为 85.0% 和 9.56%。

实验发现，同质异能态的角动量与基态（或相邻较低激发态）的角动量之差 ΔI 较大，能量之差一般比较小，因而跃迁概率就比较小。这与（3.77）和（3.78）式给出的结果是一致的。例如，^{137m}Ba 与 ^{137}Ba 基态的角动量之差 $\Delta I = 4$。

同质异能素除通过 γ 跃迁到基态外,也可直接发生 β 或 α 衰变生成新的子核。例如由中子与靶核 ^{59}Co 发生(n,γ)核反应,生成核可以是 ^{60}Co,也可能是 ^{60m}Co。它们均可能发生 β 衰变,并且具有不同的半衰期,如 ^{60m}Co 的半衰期为 10.5 min,而 ^{60}Co 的则为 5.274 a。

3.3.5 穆斯堡尔效应

穆斯堡尔效应又称无反冲 γ 共振吸收,是德国物理学家穆斯堡尔(R. L. Mossbauer)于 1958 年首先实现的。据此,穆斯堡尔获得了 1961 年的诺贝尔物理学奖。

1. γ 射线的共振吸收与核反冲

共振吸收是一种非常普遍的物理现象,例如,两支频率相同的音叉的共振现象。在原子光谱中,当一束光子的能量正好等于原子激发态的能量时,就会引起光子的共振吸收。但在原子核中,当 γ 射线能量正好等于原子核激发能时发生的共振吸收现象,直到 1953 年才被发现。

由(3.66)式和(3.67)式,在考虑了原子核的反冲能 T_R 后,γ 跃迁发射的 γ 射线能量 $E_{\gamma(e)}$ 为

$$E_{\gamma(e)} = E_0 - T_R = E_0 - \frac{E_0^2}{2m_R c^2} \qquad (3.81)$$

式中,m_R 为反冲原子核的质量。可见,γ 射线的能量比激发能 E_0 小 $E_0^2/2m_R c^2$。同样,处于基态的同类原子核吸收光子时也会产生同样大小的反冲,就同一个人在水面上从一叶小舟跳往另一叶小舟时,两叶小舟都会受到反冲一样。因此,要把原子核从基态激发到能量为 E_0 的激发态,γ 射线的能量 $E_{\gamma(a)}$ 必须大于 E_0,即

$$E_{\gamma(a)} = E_0 + T_R = E_0 + \frac{E_0^2}{2m_R c^2} \qquad (3.82)$$

根据不确定度关系,任何不稳定核素所处的能级都存在能级宽度,用 Γ 表示,所以,同一激发态的 γ 射线的发射谱和吸收谱分别是以 $E_0 - T_R$ 和 $E_0 + T_R$ 为中心的连续分布,其平均能量相差 $2T_R$,如图 3.23 所示。

显然,只有当发射谱与吸收谱相互重叠(图 3.23 中阴影区)时,才能发生 γ 共振吸收。要发生显著的共振吸收,就必须具备下述条件:

$$2T_R \leqslant \Gamma \qquad (3.83)$$

现在,我们估计一下发生 γ 跃迁时核反冲能 T_R 的大小。以 ^{57}Fe 为例,^{57}Fe 由第一激发态跃迁到基态时释放 14.4 keV 的 γ 光子,这时:

$$T_R = \frac{(14.4 \text{ keV})^2}{2 \times 57 \text{ u} \times 931 \text{ MeV/u}} = 2 \times 10^{-3} \text{ eV}$$

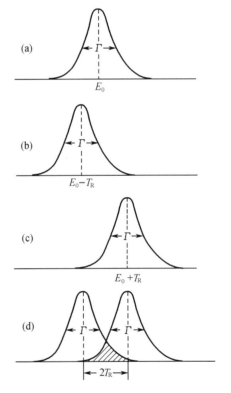

图 3.23　反冲引起的发射谱和吸收谱的位移

它与 γ 光子能量相比,确实是可以忽略的小量。再看看激发态的能级宽度,已知 ^{57}Fe 的 14.4 keV 激发态能级的寿命为 9.8×10^{-8} s,它相应的能级宽度就为

$$\Gamma = \frac{\hbar}{\tau} = 6.72 \times 10^{-9} \text{ eV}$$

可见,它远远小于原子核的反冲能 T_R,不能满足(3.83)式所要求的能发生共振吸收的条件。这也就是原子核的共振吸收现象难以实验观测到的原因。

对于原子发光的情况,由于核外电子跃迁对应的能量要小得多,反冲能 T_R 也就小得多,因此这个条件很容易满足。例如,钠原子处于激发态的平均寿命约为 10^{-8} s,相应的能级宽度为

$$\Gamma \approx \frac{\hbar}{\tau} = 6.58 \times 10^{-8} \text{ eV}$$

当钠原子由激发态跃迁到基态而发射能量为 2.1 eV 的 D 线时,钠原子反冲能 $T_R \approx 10^{-11}$ eV,远小于能级宽度 Γ。这意味着发射钠 D 线的激发态的发射谱和吸收谱几乎完全重叠,因此在实验上非常容易观察到共振吸收。

2. 穆斯堡尔效应的原理

穆斯堡尔在 1958 年发现,当放射性核素处于固体晶格中时,遭受反冲的就不再是单个原子核,而可能是整块晶体。这时 T_R 表达式中的 m_R 将是晶体的质量,于是 T_R 趋向于零。整个过程可视为无反冲的过程,这就是穆斯堡尔效应。例如,一个小晶粒可包含 10^{17} 个原子,此时反冲能 $T_R \approx 10^{-19}$ eV,很容易满足 $2T_R \ll \Gamma$。就像一个人从两叶冻在冰面的小舟之间跳动时,小舟可以看成不受到任何反冲一样。

实际上,由于原子核总是束缚于晶体的晶格中,反冲核动能可能转换为晶格振动能,会有一部分能量损失于晶格振动。因此,无反冲共振吸收不是绝对的。为了得到足够大的无反冲发射和吸收的份额,必须选用坚实的、晶格振动不容易激发的晶体,即选取德拜(Debye)温度高的晶体;原子核 γ 跃迁的能量不能太高,一般小于 100 keV;同时要求内转换系数比较小,跃迁以发射 γ 光子为主要过程。此外,降低晶体温度也可以改善无反冲共振吸收。

1958 年,穆斯堡尔以^{191}Os 为源,利用^{191}Ir 为吸收体首先观察到了无反冲共振吸收现象。图 3.24 是实现穆斯堡尔效应的装置示意图,^{191}Os 的衰变纲图见图3.25。用来观测无反冲共振吸收的是^{191}Ir 的 129.46 keV 的能级,该能级是由放射源^{191}Os 经 β^- 衰变而形成的。放射源^{191}Os固定在转盘上,通过准直孔的 γ 射线透过Ir 吸收片(^{191}Ir 的丰度为 37.3%)后被探测

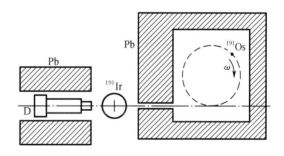

图 3.24　穆斯堡尔效应的装置示意图

器 D 记录。放射源和吸收体都置于 $T = 88$ K 的低温恒温器中。

当轮子转动时,放射源就相对于吸收体运动,当转盘速度为零时,无反冲共振吸收最强,即共振吸收的份额最大,探测器的计数降到最低;当放射源的相对运动速度为 v 时,由于多普勒效应放射源发射的 γ 射线的能量将发生变化,即

$$\Delta E = \pm E_\gamma \frac{v}{c} \tag{3.84}$$

这样,共振吸收将减少,探测器的计数率将上升。当能量改变的数值超过能级的自然宽度时,探测器 D 的计数率将急剧上升。图 3.26 是^{191}Ir 的 129.4 keV γ 射线的共振吸收谱,又称为穆

斯堡尔谱。图中横坐标为相对运动速度 v 和相应的 γ 射线的能量变化 ΔE;纵坐标是 γ 射线强度的相对变化。由图可见,当相对运动速度仅为几 cm/s 时,就会使共振吸收破坏。由该实验测定的谱线半宽度为 $\Gamma \approx 4.6 \times 10^{-6}$ eV,即可求得 $\tau \approx 1.4 \times 10^{-10}$ s, $\lambda \approx 7.1 \times 10^{9}$ s^{-1}。

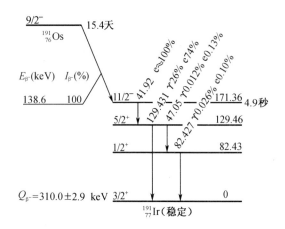

图 3.25　^{191}Os 的衰变纲图

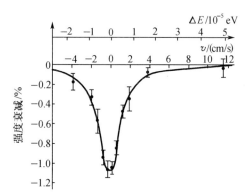

图 3.26　^{191}Ir 的 129.4 keV 的
γ 射线的穆斯堡尔谱[2]

由图 3.24 也可知道,穆斯堡尔谱仪应该由放射源、吸收体、探测器及驱动装置组成,其中放射源和吸收体应为衰变的母核和子核,如 ^{191}Os $-$ ^{191}Ir、^{57}Co $-$ ^{57}Fe 等。

穆斯堡尔核素的条件为:①具有足够小的能级宽度,即激发态有足够长的寿命;②能较容易地将放射性核素固定到晶体中。

如前所述,放射源和吸收体应为衰变的母核和子核。吸收体即实验样品中必须含有与放射源核素共振吸收的材料。例如,对 ^{57}Co 穆斯堡尔放射源来说,样品中必须含有 ^{57}Fe,且须为薄源。样品可以是粉末、固体、液体等。

3. 穆斯堡尔效应的应用

在穆斯堡尔效应应用中,人们研究最多的是 ^{57}Fe 的 14.4 keV 的 γ 射线,它在室温下穆斯堡尔效应就十分显著,因此,^{57}Fe 成为重要的工作物质。另外,还有 ^{67}Zn,^{119}Sn,^{127}I 等 γ 跃迁核素。

穆斯堡尔效应具有能量分辨本领非常高的特点。例如,对 ^{191}Ir,$\Gamma/E_\gamma = 4 \times 10^{-11}$;对 ^{57}Fe,$\Gamma/E_\gamma = 3 \times 10^{-13}$;对于 ^{67}Zn 的 93.3 keV 的 γ 射线,$\Gamma/E_\gamma = 5.3 \times 10^{-16}$。这样高的能量分辨本领是其他研究方法所不能达到的。10^{-13} 即意味着测量地球到月球之间的距离时,可以精确到 0.01 mm。所以,它可以应用于许多精细效应的测量和研究中,如用它来验证广义相对论和直接分析核能级的超精细结构等,其应用范围遍及核物理、固体、冶金、材料、化学及生物学等学科中。

(1)重力红移测量

广义相对论预言,在重力场作用下,光子的频率会发生变化,称为谱线红移又称重力红移。如在地面发射能量为 $E_\gamma = h\nu$ 的光子,此 γ 光子运动到离地面高 H 处,由于重力作用,它所具有的能量将减小为

$$E'_\gamma = h\nu - mgH$$

式中 m 为光子的动质量,即

$$m = E_\gamma / c^2 = h\nu / c^2$$

于是有

$$E'_\gamma = h\nu - \frac{h\nu}{c^2}gH = h\nu\left(1 - \frac{gH}{c^2}\right) = h\nu'$$

则频移为

$$\Delta\nu = \nu - \nu' = \nu \cdot \frac{gH}{c^2} \tag{3.85}$$

若 $H = 20$ m,则

$$\frac{\Delta\nu}{\nu} = 2.2 \times 10^{-15}$$

1960 年庞得(R. V. Pound)和里布卡(G. A. Rebka)用 ^{57}Co 源和 ^{57}Fe 吸收体进行了测量,其测量值与理论值的比约为 1.05 ± 0.1,符合得很好。实验中,他们十分小心地关注由于外界条件对频率变化的干扰因素,例如,相距 20 m 的 ^{57}Co 放射源和 ^{57}Fe 吸收体的温差不能大于 1 ℃ 等。对重力红移准确的测量可以说是穆斯堡尔效应在近代物理学的基础研究方面取得的最为突出的成就。

(2)核能级的超精细结构的研究

所谓核能级的超精细结构就是核外电子对核能级的影响而造成核能级分裂的现象。例如二价铁与三价铁的超精细结构分析用于考古学、材料学以及医学等许多领域。这是由于当核外电子不同时,这些电子就会使核处于不同的磁场环境,而 ^{57}Fe 不同的能级就会与外磁场产生不同的作用能,这些作用能使能级产生不同的分裂,这些分裂的能级之间跃迁的 γ 射线就可以通过穆斯堡尔效应测量。

至今,已发现的穆斯堡尔元素近 50 个,穆斯堡尔核素超过 90 个,穆斯堡尔跃迁多达 110 余个。最为常用的核素为(占 80% 以上) ^{57}Fe, ^{119}Sn, ^{151}Eu。能量分辨率特别高的穆斯堡尔跃迁为: ^{67}Zn 的 93.3 keV 的 γ 射线, $\Gamma / E_\gamma = 5.3 \times 10^{-16}$; ^{181}Ta 的 6.23 keV, $\Gamma / E_\gamma \approx 1.1 \times 10^{-14}$ 以及 ^{73}Ge 的 13.3 keV, $\Gamma / E_\gamma \approx 8.6 \times 10^{-14}$ 。

思　考　题

3-1　α 衰变与 β 衰变的衰变能的定义是什么?

3-2　如何由 α 粒子能量来确定子核的激发态的能级分布?

3-3　如何解释 β 粒子的连续能量分布? β 衰变的费米理论的核心是什么?试分析本章图 3.16、图 3.17 给出的衰变纲图中 β 衰变的类型。

3-4　在核激发态的能级跃迁中存在哪两个竞争过程?发生内转换效应的后续过程是什么,内转换系数如何定义?

3-5　如何由电磁辐射的多极性得到 γ 跃迁的选择定则?

3-6　什么是无反冲共振吸收?作为穆斯堡尔核素应满足哪些条件,为什么?

习　题

3-1　实验测得^{226}Ra 的 α 能谱由 $T_{\alpha_1}=4.785$ MeV(95%)和 $T_{\alpha_2}=4.602$ MeV(5%)两种 α 粒子组成,试计算如下内容并作出^{226}Ra 的衰变纲图(简图)。

(1)子体^{222}Rn 的反冲能;

(2)^{226}Ra 的 α 衰变能;

(3)激发态^{222}Rn 发射的 γ 光子能量。

3-2　比较下列核衰变过程的衰变能和库仑势垒高度:

$$^{234}U\rightarrow\alpha+^{230}Th, ^{234}U\rightarrow^{12}C+^{222}Rn, ^{234}U\rightarrow^{16}O+^{218}Po$$

有关核素的质量过剩请查附录 I。

3-3　^{238}Pu 的重要用途之一是制造核电池。假定^{238}Pu($T_{1/2}=87.7$ a,$E_\alpha=5.4992$ MeV)α 衰变能的 5% 转换为电能,当电池的输出功率为 20 W 时,此电池应装多少克的^{238}Pu?

3-4　^{226}Ra 通过 3 次 α 衰变生成^{214}Pb,即

$$^{226}Ra \xrightarrow{\alpha,4.78\ MeV} {}^{222}Rn \xrightarrow{\alpha,5.49\ MeV} {}^{218}Po \xrightarrow{\alpha,6.00\ MeV} {}^{214}Pb$$

利用这些数据和下面的原子质量,说明^{226}Ra→^{214}Pb + ^{12}C 过程在能量上虽然允许,但实际上观察不到。

已知,$\Delta(88,226)=23.669$ MeV;$\Delta(82,214)=-0.224$ MeV;$r_0=1.4\times10^{-15}$ m。

3-5　设 $B(A,Z)$,$B(^4He)$,$B(A-4,Z-2)$ 分别为母核、α 粒子、子核的结合能,试证明:$E_0(\alpha)=B(A-4,Z-2)+B(^4He)-B(A,Z)$。

3-6　^{64}Cu 能以 β^-,β^+,EC 三种形式衰变,试求:(1)β^+,β^- 粒子的最大能量;(2)在轨道电子俘获衰变中产生的中微子的能量。已知有关核素的质量如下:^{64}Cu,63.929766 u;^{64}Ni,63.927967 u;^{64}Zn,63.929145 u。

3-7　已知 $M(^7Be)=7.016929$ u,$M(^7Li)=7.016004$ u,求^{7}Be + $e^-\longrightarrow^7$Li + ν 过程中子核^{7}Li 和中微子的能量和动量。

3-8　实验测得 β^- 放射性核素^{56}Mn 衰变过程中放出的 β^- 粒子有三种,最大能量(分支比)分别为 2.847 MeV(56.3%),1.037 MeV(27.9%),0.734 MeV(14.6%);放出的 γ 光子也有三种,能量(绝对强度)分别为 0.847 MeV(98.9%),1.810 MeV(27.2%)和 2.113 MeV(14.3%)。

(1)试作出^{56}Mn 的衰变纲图。

(2)^{56}Mn 的 β^- 衰变子核是^{56}Fe,请问^{56}Fe 基态的自旋和宇称分别是什么?

(3)已知本题涉及的^{56}Fe 激发态自旋和宇称均是 2^+,分析各 γ 跃迁的类型和极次,利用 γ 跃迁的概率公式,分析说明为什么只测到了这三种 γ 光子。

3-9　$^{64}_{29}$Cu,$^{80}_{35}$Br 都能以 β^-,β^+ 和 EC 三种形式衰变。指出 Z,A 为何值的原子核可能具有与$^{64}_{29}$Cu,$^{80}_{35}$Br 相似的衰变性质,为什么?

3-10　^{60}Co 经 β^- 衰变生成激发态的^{60}Ni,然后接连放射 1.17 MeV 和 1.33 MeV 的两个 γ 光子而跃迁到^{60}Ni 的基态。假定两个 γ 光子几乎同时放出,试分别计算两个 γ 光子以相同和相反方向放出时,^{60}Ni 核获得的反冲能。

3 – 11　在^{214}Pb 的 β$^-$谱中观察到能量分别为 36.84,37.517,39.809,49.229,49.532 keV 的单能谱线。已知^{214}Bi 的电子结合能 B_{LI} = 16.388 keV,$B_{LⅡ}$ = 15.711 keV,$B_{LⅢ}$ = 13.419 keV,B_{MI} = 3.999 keV,$B_{MⅡ}$ = 3.696 keV,证明^{214}Pb 的 β$^-$谱中这些单能谱线是内转换引起的,并计算^{214}Bi 的激发能。

3 – 12　^{137}Cs($T_{1/2}$ = 30.17 a)经 β$^-$衰变至子核激发态的分支比为 94.6% ,该核 γ 跃迁的内转换系数为 α_K = 0.092,I_K/I_L = 5.66,I_M/I_L = 0.260,试计算 1 μg ^{137}Cs 衰变时每秒钟放出的 γ 光子数。(^{137}Cs 的衰变纲图见图 3.22,不要用图中的 85% 和 9.56%)

3 – 13　^{119}Sn 自激发态跃迁至基态时发射 24 keV 的 γ 光子。为了补偿发射体与吸收体之间的能级位移 10^{-6} eV,要求这两者之间的相对运动速度为多少?

3 – 14　已知^{119}Sn 的 24 keV 能级的寿命为 1.9×10^{-8} s。当穆斯堡尔谱线的半高宽等于该能级的自然宽度 Γ 时,源与吸收体之间应有多大的相对运动速度?

3 – 15　按图 3.16 给出的^{60}Co 的衰变纲图:

(1)用 γ 跃迁的选择定则分析图中各 γ 跃迁的类型和极次;

(2)试用(3.77)和(3.78)式计算从^{60}Ni 的 2 505.71 keV 能级出发的各 γ 跃迁的概率及相对值,并和衰变纲图上给出的绝对强度的相对值进行比较。

第4章 原子核反应

第2章和第3章描述了核的衰变过程,即不稳定核素在没有外界影响下自发地发生核蜕变的过程。本章将讨论核反应,即原子核与原子核,或者原子核与其他粒子(例如中子、γ光子等)之间的相互作用所引起的各种变化。

一般情况下,核反应是以一定能量的入射粒子轰击靶核的方式出现的。入射粒子可以是质子、中子、光子、电子、各种介子以及原子核等。当入射粒子与核距离接近到 10^{-15} m 时,两者之间的相互作用就会引起原子核的各种变化并能产生新的核素,核反应是产生不稳定核素的最重要的手段。

核反应实际上研究两类问题:一是核反应运动学问题,它研究在能量、动量等守恒的前提下,核反应能否发生;二是核反应动力学问题,它研究参加反应的各粒子间的相互作用机制并进而研究核反应发生概率的大小。

这里先介绍在原子核物理发展史上起过重要作用的几个核反应,以对核反应的概念有初步的感性认识。

4.1 核反应的概况

4.1.1 几个著名的核反应

1. 历史上第一个发现的人工核反应

1919 年,卢瑟福用 ^{214}Po 放出的 7.6 MeV 的 α 粒子作为入射粒子,去轰击氮原子,发生了如下的反应

$$\alpha + {}^{14}N \rightarrow {}^{17}O + p \tag{4.1}$$

即,α粒子与 ^{14}N 反应,产生了 ^{17}O 和质子。这个反应可以简写为: $^{14}N(\alpha, p)^{17}O$。这是人类历史上第一次人工实现使一个元素变成了另一个元素。

卢瑟福用的实验装置示意图见图4.1,α 源为 ^{214}Po,放置在离荧光屏 28 cm 处,中间放了一张银箔,按 α 粒子在空气中射程估算,α 粒子不能射到荧光屏上。因此,当盒内充以其他气体,例如二氧化碳气体时,用显微镜看不到荧光屏上有任何闪光。但当氮气充入时,却观察到了闪光。经分析,卢瑟福确认产生的粒子是质子,荧光屏上的闪光是由质子引起的。

2. 第一个在加速器上实现的核反应

1932 年,英国的考克拉夫(J. D. Cockcroft)和瓦耳顿(E. T. S. Walton)发明了高压倍加器,把质子加速到了 500 keV 并轰击锂靶时,实现了如下核反应

$$p + {}^7Li \rightarrow \alpha + \alpha \tag{4.2}$$

也可表示为 $^7Li(p, \alpha)^4He$。释放的 α 粒子每一个都具有 8.9 MeV 动能,这是一个放能反应,这也是人们通过核反应实现释放核能的一个例子。

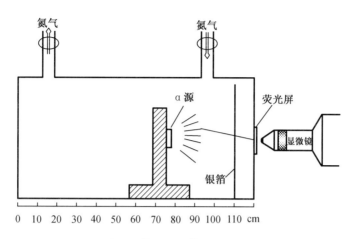

图 4.1　卢瑟福^{14}N$(\alpha,$p$)^{17}$O 实验装置示意图

3. 产生第一个人工放射性核素的反应

1934 年, 法国的约里奥·居里夫妇用下列反应产生了第一个人工放射性核素:

$$\alpha + {}^{27}\text{Al} \rightarrow {}^{30}\text{P} + n \tag{4.3}$$

常表示为^{27}Al$(\alpha,$n$)^{30}$P。反应产物^{30}P 是 β^{+} 放射性核素, 这是天然存在的放射性核素外第一个人工产生的放射性核素, 核素^{30}P 的衰变如下式所示:

$$^{30}\text{P} \xrightarrow{T_{1/2}\ =\ 2.498\ \text{min}} {}^{30}\text{Si} + \beta^{+} + \nu_e \tag{4.4}$$

4. 导致发现中子的核反应

中子的发现是核物理发展的一个重大事件, 导致发现中子的核反应是

$$\alpha + {}^{9}\text{Be} \rightarrow {}^{12}\text{C} + n \tag{4.5}$$

该反应早在 1930 年就由玻特(W. Bothe)和贝克尔(H. Becker)在实验室实现过, 他们发现用 α 粒子轰击铍时会使铍发出穿透能力很强的中性粒子, 他们认为这是一种穿透能力更强的 γ 光子, 并称之为“铍辐射”。后来约里奥·居里夫妇又进行了这一实验, 并让反应产物打在石蜡上, 发现能量约为 6 MeV 的质子从石蜡中被击出。他们和玻特一样, 把“铍辐射”理解为 γ 光子, 质子流是由 γ 光子在石蜡上发生类似于康普顿效应的某种现象引起的。但可以估算(参考第 6 章), 要产生 6 MeV 质子, 至少需要 60 MeV 的 γ 光子, 而这样高能量的 γ 光子是无法从 α 粒子轰击^{9}Be 反应中产生的。因而, 他们也未能正确解释这一物理现象。

1932 年, 查德威克(J. Chadwick)重复了这一实验, 并用反应产物不仅轰击氢, 而且还轰击氦和氮, 进而比较氢、氦和氮的反冲能, 由这些实验, 他证明了 α 粒子轰击铍的反应中产生了一种中性的、质量与质子差不多的粒子, 他称之为中子。

在上述发现中子的实验和理论工作中, 有如此多著名物理学家重复同一实验, 却得到的是完全不同的解释, 给后人在学术研究上很大的启迪。

在上面所举的一些核反应事例中, 都体现了核反应的一些守恒律:除能量守恒与动量守恒外, 还需遵循电荷守恒、核子数守恒、角动量守恒等守恒定则。

4.1.2　核反应与反应道

从上面的核反应事例可以看出, 核反应可表示为

$$a + A \rightarrow B + b \tag{4.6}$$

也常表示为 A(a,b)B。这里,我们分别用 a,A,b 和 B 代表入射粒子、靶核、出射轻粒子和剩余核。当入射粒子能量比较高时,出射粒子的数目可能是两个或两个以上,所以核反应的一般表达式为

$$A(a, b_1 b_2 b_3 \cdots) B \tag{4.7}$$

例如,能量为 30 MeV 的质子轰击靶核 ^{63}Cu 时,发生核反应:$p + {}^{63}Cu \rightarrow {}^{62}Cu + p + n$;用 40 MeV 的质子轰击靶核 ^{63}Cu 时,发生核反应:$p + {}^{63}Cu \longrightarrow {}^{61}Cu + p + 2n$。这两个过程可以分别写成 $^{63}Cu(p,pn)^{62}Cu$ 和 $^{63}Cu(p,p2n)^{61}Cu$。

本章我们重点讨论二体核反应,即反应后只有一个出射粒子的情况。

同样的入射粒子和靶核引起的核反应的结果往往不止一种,而同样的核反应结果也可以由不同的入射粒子和靶核实现。为了描述这种情况,我们把每一种可能的反应过程称为一个反应道,并把反应前的过程称为入射道,反应后的过程称为出射道。这样,一个入射道可以对应几个出射道,例如,用 2.5 MeV 的氘核轰击 ^{6}Li 靶时,可产生如(4.8)式所示的反应。对于同一出射道,也可以对应多个入射道,如(4.9)式所示。

$$d + {}^6Li \rightarrow \begin{cases} {}^4He + \alpha \\ {}^7Li + p_1 \\ {}^7Li^* + p_2 \\ {}^6Li + d \\ \cdots\cdots \end{cases} \tag{4.8}$$

$$\left. \begin{array}{l} d + {}^6Li \\ p + {}^7Li \\ n + {}^7Be \end{array} \right\} \rightarrow {}^4He + \alpha \tag{4.9}$$

4.1.3 核反应分类

为了分析研究核反应的规律,可以从各种不同的角度对核反应进行分类,如可以按入射粒子的能量、出射粒子和入射粒子的种类等进行分类。

1. 按出射粒子种类分类

(1)出射粒子和入射粒子种类相同

出射粒子和入射粒子种类相同(即 a = b)的核反应称为核散射。核散射又可以分为弹性散射和非弹性散射。

弹性散射可以表示为

$$A(a, a) A \tag{4.10}$$

在此过程中反应物与生成物相同,散射前后体系的总动能不变,只是动能分配发生变化,原子核的内部能量状态不变,散射前后核一般都处于基态。

非弹性散射可以表示为

$$A(a, a') A^* \tag{4.11}$$

在此过程中反应物与生成物也相同,但散射前后体系的总动能不守恒,原子核的内部能量状态发生了变化,剩余核一般处于激发态。

例如,质子被 ^{12}C 核散射,若散射后的 ^{12}C 仍处于基态,这一反应就是弹性散射,表示为 ^{12}C(p,p)^{12}C;若散射后 ^{12}C 处于激发态,这一反应就是非弹性散射,表示为 ^{12}C(p,p')^{12}C*。

(2)出射粒子与入射粒子不同

出射粒子与入射粒子不同(即 b 不同于 a,剩余核也不同于靶核)的核反应称为核转变,也就是一般意义上的核反应,这是我们讨论的重点。在这一类核反应中,当出射粒子为 γ 射线时,称为辐射俘获,例如 ^{59}Co(n,γ)^{60}Co,^{197}Au(p,γ)^{198}Hg 等。

2. 按入射粒子种类分类

(1)中子核反应

入射粒子为中子的核反应称为中子核反应。中子与核作用时不存在库仑位垒,因此能量很低的慢中子就能引起核反应,其中最重要的是热中子辐射俘获(n,γ)反应,很多人工放射性核素就是使用(n,γ)反应制备的,如实验室常用的 ^{60}Co 源就是通过 ^{59}Co(n,γ)^{60}Co 反应制备的。此外,慢中子还能引起(n,p),(n,α)等反应。

快中子引起的核反应主要有(n,γ),(n,p),(n,α),(n,2n)等反应。例如,核反应堆中著名的裂变核素的增殖反应

$$^{238}\text{U}(n,\gamma)^{239}\text{U} \xrightarrow{\beta^-} {}^{239}\text{Np} \xrightarrow{\beta^-} {}^{239}\text{Pu}$$

就由一定能量的快中子引起。

(2)荷电粒子核反应

入射粒子为重带电粒子的核反应称为荷电粒子核反应。属于这类反应的有:

①质子引起的核反应,如(p,n),(p,α),(p,d),(p,pn),(p,2n),(p,p2n)和(p,γ)反应等;

②氘核引起的核反应,如(d,n),(d,p),(d,α),(d,2n),(d,αn)反应等;

③α 粒子引起的核反应,如(α,n),(α,p),(α,d),(α,pn),(α,2n),(α,2pn)和(α,p2n)反应等;

④重离子引起的核反应,比 α 粒子大的离子称为重离子,如 $^{238}_{92}$U($^{22}_{10}$Ne,p3n)$^{256}_{101}$Md,$^{246}_{96}$Cm($^{12}_{6}$C,4n)$^{254}_{102}$No 等。核电荷数 101 号至 107 号元素的合成都是通过重离子反应实现的。

(3)光核反应

由 γ 光子引起的核反应称为光核反应,其中最常见的是(γ,n)反应。另外,还有(γ,np),(γ,2n),(γ,2p)等反应。

此外,高能电子通过库仑激发也能引起核反应。

入射粒子的能量可以低到 1 eV 以下,也可以高到几百 GeV,入射粒子能量不同,核反应性质也不相同,因此,也可以按入射粒子的能量对核反应进行分类。入射粒子能量在 100 MeV 以下的,称低能核反应;在 100 MeV ~ 1 GeV 之间的,称中能核反应;在 1 GeV 以上的,称为高能核反应。一般的原子核物理只涉及低能核反应。

4.1.4　核反应中的守恒定则

核反应过程遵守一系列守恒定律,下面以 A(a,b)B 反应为例进行说明。

1. 电荷数、核子数守恒

核反应前后反应物和生成物的电荷数的代数和相等,在低能核反应中核子总数(或质量数之和)保持不变,即

$$Z_a + Z_A = Z_B + Z_b \quad 及 \quad A_a + A_A = A_B + A_b \tag{4.12}$$

式中脚标 a,A,B,b 分别表示入射粒子、靶核、剩余核和出射粒子。

2. 能量、动量守恒

核反应前后反应物和生成物的总能量及总动量之和均相等,即

$$E_a + E_A = E_B + E_b \quad 及 \quad \boldsymbol{P}_a = \boldsymbol{P}_B + \boldsymbol{P}_b \tag{4.13}$$

式中,E 为粒子或原子核的总能量,即其动能和静止能量之和;在动量关系式中已假定靶核是静止的(一般均符合实际情况)。

3. 角动量守恒

核反应前后体系的总角动量保持不变,即

$$\boldsymbol{J}_i = \boldsymbol{J}_f \tag{4.14}$$

反应前体系的总角动量为

$$\boldsymbol{J}_i = \boldsymbol{S}_a + \boldsymbol{S}_A + \boldsymbol{L}_i$$

等式右端分别代表入射粒子、靶核的自旋和两者相对运动的轨道角动量。

反应后体系的总角动量为

$$\boldsymbol{J}_f = \boldsymbol{S}_b + \boldsymbol{S}_B + \boldsymbol{L}_f$$

等式右端分别代表出射粒子、剩余核的自旋和两者相对运动的轨道角动量。

4. 宇称守恒

核反应的典型时间在 $10^{-16} \sim 10^{-22}$ s,在这个时间尺度上,弱相互作用和引力作用都被忽略了,可以认为只涉及强相互作用和电磁相互作用,因此核反应前后的宇称是守恒的:

$$\pi_i = \pi_f \tag{4.15}$$

反应前体系的宇称等于入射粒子的宇称 π_a、靶核的宇称 π_A 和两者相对运动的轨道宇称的乘积,即

$$\pi_i = \pi_a \cdot \pi_A \cdot (-1)^{l_i}$$

反应后体系的宇称有相似的表达式。

一般情况下(如中性粒子),入射粒子的波函数可以被视作平面波。经球谐函数展开后,入射粒子的平面波可按轨道角动量被正交分解为不同部分,每种部分有其特定的轨道角动量和轨道宇称。在讨论核反应时,我们通常是按照这些分波进行讨论的。作为例子,我们分析如下核反应:

$$\alpha + {}^{14}_{7}\text{N} \rightarrow {}^{17}_{8}\text{O} + p$$
$$I^{\pi} \qquad 0^+ \qquad 1^+ \qquad 5/2^+ \quad 1/2^+$$

(1)角动量守恒分析　已知 α 粒子和 ${}^{14}_{7}\text{N}$ 核的自旋分别为 0 和 1,若两者对心碰撞,则其相对运动轨道角动量量子数为 $l_i = 0$。由矢量合成法则,反应前体系的总角动量量子数为 1。且已知 ${}^{17}_{8}\text{O}$ 和质子的自旋分别为 5/2 和 1/2,两者的矢量和的取值可为 2 或 3。为满足角动量守恒,${}^{17}_{8}\text{O}$ 核与质子间相对运动的轨道角动量量子数 l_f 只能取 1,2,3 或 2,3,4。

(2)宇称守恒分析　反应前体系的宇称为

$$\pi_i = \pi_\alpha \cdot \pi_{{}^{17}\text{N}} \cdot (-1)^{l_i} = (+1)(+1)(-1)^0 = +1$$

反应后宇称

$$\pi_f = \pi_p \cdot \pi_{{}^{17}\text{O}} \cdot (-1)^{l_f} = (+1)(+1)(-1)^{l_f} = (-1)^{l_f}$$

为保证反应后体系宇称 $\pi_f = +1$,则 ${}^{17}_{8}\text{O}$ 核与质子相对运动的轨道角动量量子数 l_f 只能取偶

数,即 $l_f = 2,4$。

角动量守恒与宇称守恒在判别某个核反应能否发生时十分有用。

4.2　核反应能和 Q 方程

在核反应中,首先应研究的是核反应运动学问题,即在能量、动量等守恒的前提下,研究核反应能否发生或发生核反应的条件,并由此可得到有关核反应的一些重要结论。

4.2.1　反应能 Q

对核反应 $a + A \rightarrow B + b$,设反应物的静止质量分别为 m_a,m_A,m_B 和 m_b;相应的动能分别为 T_a,T_A,T_B 和 T_b。由能量守恒得到:

$$(m_a + m_A)c^2 + (T_a + T_A) = (m_b + m_B)c^2 + (T_b + T_B) \tag{4.16}$$

定义反应能为反应前后系统动能的变化量,用 Q 表示,即

$$Q = (T_b + T_B) - (T_a + T_A) \tag{4.17}$$

由(4.16)式得到

$$Q = (m_a + m_A)c^2 - (m_b + m_B)c^2 = \Delta m c^2 \tag{4.18}$$

式中,Δm 为反应前后的质量亏损。在忽略原子中电子结合能的差异后,反应能也可以用相应粒子或核的原子质量来表示:

$$Q = (M_a + M_A)c^2 - (M_b + M_B)c^2 \tag{4.19}$$

可见,反应能 Q 就等于反应前后体系总质量之差(以能量为单位)。

我们把 $Q > 0$ 的核反应称为放能反应,而 $Q < 0$ 的核反应称为吸能反应。

以核反应 ${}^{14}_{7}N(\alpha,p){}^{17}_{8}O$ 为例,已知相应各粒子的原子质量为:$M(7,14) = 14.003\ 074\ u$、$M(1,1) = 1.007\ 825\ u$、$M(2,4) = 4.002\ 603\ u$、$M(8,17) = 16.999\ 133\ u$,根据(4.19)式可得到 $Q = -0.001\ 281\ u \cdot c^2 = -1.193\ MeV < 0$,所以该反应为吸能反应。

(4.18)式还可以用反应前后有关粒子的结合能来表示。用 m_{aA} 表示入射粒子 a 与靶核 A 结合而成的中间核的质量,用 m_{bB} 表示出射粒子 b 与剩余核 B 结合而成的中间核的质量,显然存在 $m_{aA} = m_{bB}$。由(4.18)式,有

$$Q = (m_a + m_A - m_{aA}) \cdot c^2 - (m_b + m_B - m_{bB}) \cdot c^2 = B_{aA} - B_{bB} \tag{4.20}$$

式中,B_{aA} 和 B_{bB} 分别代表入射粒子与靶核和剩余核与出射粒子的结合能。并可以得到:当 $B_{aA} > B_{bB}$ 时,为放能反应;反之,为吸能反应。

4.2.2　Q 方程

反应能 Q 是一个非常重要的物理量。核反应的 Q 方程是反映反应能 Q 与反应中出射、入射粒子动能之间关系的方程式,由 Q 方程就可以根据实验测量的入射、出射粒子的动能来求得 Q 值。

假定靶核是静止的,依照动量守恒定律,入射粒子的动量应为出射粒子动量和剩余核动量的矢量和,如图 4.2 所示,即

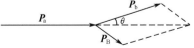

图 4.2　核反应中的动量守恒

$$P_a = P_b + P_B$$

由余弦定律得到

$$P_B^2 = P_a^2 + P_b^2 - 2P_aP_b\cos\theta \tag{4.21}$$

利用非相对论关系:$P^2 = 2mT$(T 为粒子动能),(4.21)式可改写为

$$T_B = \frac{m_a}{m_B}T_a + \frac{m_b}{m_B}T_b - \frac{2\sqrt{m_a m_b T_a T_b}}{m_B}\cos\theta \tag{4.22}$$

代入(4.17)式,且 $T_A = 0$,整理后得到

$$Q = \left(1 + \frac{m_b}{m_B}\right)T_b - \left(1 - \frac{m_a}{m_B}\right)T_a - \frac{2\sqrt{m_a m_b T_a T_b}}{m_B}\cos\theta \tag{4.23}$$

用质量数代替核质量(一般不会影响精确度),得到

$$Q \approx \left(1 + \frac{A_b}{A_B}\right)T_b - \left(1 - \frac{A_a}{A_B}\right)T_a - \frac{2\sqrt{A_a A_b T_a T_b}}{A_B}\cos\theta \tag{4.24}$$

可见,在入射粒子动能已知的情况下,只要测量出 θ 角方向出射粒子的动能,即可求得 Q 值。(4.24)式就称为 Q 方程。当 $\theta = 90°$ 时,存在十分简单的关系:

$$Q \approx \left(1 + \frac{A_b}{A_B}\right)T_b - \left(1 - \frac{A_a}{A_B}\right)T_a \tag{4.25}$$

在核反应中,经常需要估算不同角度下出射粒子的能量。对(4.24)式进行一定的运算,就可以得到出射粒子的能量 $T_b(\theta)$ 随出射角 θ 的变化关系,又称为能量角分布:

$$T_b(\theta) = \left\{ \frac{(A_a A_b T_a)^{1/2}}{A_B + A_b}\cos\theta \pm \left[\left(\frac{A_B - A_a}{A_B + A_b} + \frac{A_a A_b}{(A_B + A_b)^2}\cos^2\theta\right)T_a + \frac{A_B}{A_B + A_b}Q\right]^{1/2}\right\}^2 \tag{4.26}$$

式中正负号有确定的意义。一般情况下取正号,只有在特定条件下出射粒子能量出现双值,这时才取正负号,这将在 4.2.3 中详细讨论。

对弹性散射而言,由于 $Q = 0$,$A_a = A_b = A_1$,$A_A = A_B = A_2$,散射后出射粒子的能量与出射角的关系为

$$T_b(\theta) = \left\{ \frac{A_1}{A_1 + A_2}\cos\theta \pm \left[\frac{A_2 - A_1}{A_1 + A_2} + \left(\frac{A_1\cos\theta}{A_1 + A_2}\right)^2\right]^{1/2}\right\}^2 \cdot T_a \tag{4.27}$$

在核散射中,(4.27)是一个很有用的公式。

4.2.3 坐标系转换及核反应阈能

仍以核反应 $^{14}N(\alpha,p)^{17}O$ 为例,已知该核反应为吸能反应,$Q = -1.193$ MeV,那么入射粒子的动能至少为多少时,该核反应才能发生呢?此外,(4.26)式中正负号在什么情况下取正号,在什么情况下取负号呢?这些问题需要在质心坐标系中讨论。为此,下面先对实验室坐标系和质心坐标系做一介绍,讨论二者的转换问题,然后解决前面提到的问题。

1. 实验室坐标系和质心坐标系

实验室坐标系是指坐标原点固定于实验室中某一点的坐标系,简称 L 系。质心坐标系为坐标原点固定于由各粒子组成系统的质心上的坐标系,简称 C 系。显然,直接由实验测量得到的数据都是 L 系中的。但在理论分析时采用 L 系往往比较复杂,在 C 系中讨论就比较简单。为了使

实验数据能与理论做比较,就必将涉及有关物理量在 L 系和 C 系之间进行转换的问题。

　　以入射粒子 a 轰击靶核 A 为例,实验室坐标系的原点固定于静止的靶核 A 位置上,且保持空间位置不变。质心系的坐标原点放在由入射粒子 a 与靶核 A 所组成系统的质心上,并随质心而移动。设入射粒子 a 与靶核 A 的距离为 x,a 与 A 的质心至靶核的距离为 x_C,a 与 A 的质量分别为 m_a 和 m_A,如图 4.3 所示。根据质心的定义,有

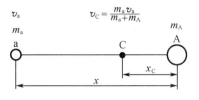

图 4.3　入射粒子速度与质心速度

$$\frac{x_C}{x - x_C} = \frac{m_a}{m_A}$$

即
$$x_C = \frac{m_a}{m_A + m_a}x \tag{4.28}$$

(4.28)式对时间求导,且令 $dx/dt = v_a$,$dx_C/dt = v_C$,可以得到:

$$v_C = \frac{m_a}{m_a + m_A}v_a \tag{4.29}$$

式中,v_C 就是质心 C 在 L 系中的速度。(4.28)和(4.29)式表明,从 L 系看,质心坐标系的原点的位置 x_C 是入射粒子与靶核距离 x 的函数;当 a 以速度 v_a 向靶核 A 运动时,质心 C 以速度 $(m_a/(m_a + m_A)) \cdot v_a$ 向靶核运动。

2. 相对运动动能

　　入射粒子 a 和靶核 A 相对于质心运动的动能之和,即它们在质心系中动能之和,称为入射粒子的相对运动动能,用 T' 表示。根据其定义,T' 为

$$T' = \frac{1}{2}m_a v_1^2 + \frac{1}{2}m_A v_2^2 \tag{4.30}$$

式中,v_1,v_2 分别为入射粒子 a 和靶核 A 在质心系的速度。v_2 的大小等于质心在 L 系中的速度 v_C,但方向相反。v_1,v_2 分别为

$$v_1 = v_a - v_C = \frac{m_A}{m_a + m_A}v_a \tag{4.31}$$

$$v_2 = v_C = \frac{m_a}{m_a + m_A}v_a \tag{4.32}$$

这样,将(4.31)、(4.32)式代入(4.30)式,就可以得到相对运动动能 T',即

$$T' = \frac{1}{2}\frac{m_a m_A}{m_a + m_A}v_a^2 = \frac{1}{2}\mu v_a^2 \tag{4.33}$$

式中,$\mu = m_a m_A/(m_a + m_A)$ 称为折合质量或约化质量,它是质心系中一个重要的物理量。

　　(4.33)式表明,入射粒子的相对运动动能 T' 可用约化质量及入射粒子在实验室坐标系中的速度表示出来。我们知道入射粒子在实验室坐标系中的动能为 $T_a = m_a v_a^2/2$,因此容易得到 T' 与 T_a 的关系为

$$T' = \frac{m_A}{m_a + m_A}T_a \tag{4.34}$$

(4.34)式即给出了入射粒子在质心坐标系和实验室坐标系中动能的转换关系。

　　对于上述情况,L 系中的动量为 $\boldsymbol{P} = m_a \boldsymbol{v}_a$(靶核在 L 系中是静止的);C 系中的动量 $\boldsymbol{P}'$ 可由

(4.31)和(4.32)式得到

$$\boldsymbol{P}' = m_a\boldsymbol{v}_1 + m_A\boldsymbol{v}_2 = 0 \tag{4.35}$$

根据动量守恒,质心系中核反应前后的动量均为零,这在计算核反应阈能时十分方便。

3. 核反应阈能

根据能量守恒定律,吸能反应中入射粒子的能量必须大于一定数值,核反应才能发生,那么该数值应该多大,它和反应能 $|Q|$ 是什么关系呢?在 L 系中,反应前体系必然具有一定动量,根据动量守恒定律,体系在反应后必定具有相等的动量,也就是说,反应后体系的动能不为零。因此,入射粒子的动能除了要供给被体系吸收的 $|Q|$ 值外,还要提供反应产物的动能。显然,T_a 必须超过 $|Q|$ 一定的数值才能发生吸能反应。

这个问题在 C 系中讨论就非常简单。在 C 系中,反应前后的动量均等于零,反应产物不一定要有动能。因此,反应前体系在 C 系中的动能,即相对运动动能 T' 最少等于 $|Q|$ 时,就可发生核反应,即

$$T' = \frac{m_A}{m_a + m_A}T_a \geqslant |Q| \tag{4.36}$$

进而得到 L 系中,吸能反应要能发生,入射粒子的能量应满足如下条件:

$$T_a \geqslant \frac{m_a + m_A}{m_A}|Q| \tag{4.37}$$

我们把在 L 系中能够引起吸能核反应的入射粒子的最低能量称为核反应阈能,用 T_{th} 表示为

$$T_{th} = \frac{m_a + m_A}{m_A} \cdot |Q| \approx \frac{A_a + A_A}{A_A} \cdot |Q| \tag{4.38}$$

例如,在核反应 $^{14}N(\alpha,p)^{17}O$ 中

$$T_{th} = \frac{4 + 14}{14} \times 1.193 \text{ MeV} = 1.53 \text{ MeV}$$

即只有当入射的 α 粒子能量至少等于 1.53 MeV 时,该核反应才能发生。

4. 出射角在实验室系与在质心系的转换关系

为解释(4.26)式中双值问题,就涉及出射角在 C 系和 L 系中的变换。二体核反应体系在 L 系和 C 系中关系可由图4.4表示,图中 θ_L,θ_C 分别为出射粒子在 L 系和 C 系中的出射角;φ_L,φ_C 则为反冲核在 L 系和 C 系中的反冲角。核反应过程中,出射粒子在 L 系中出现在不同出射角 θ_L 的概率 $\sigma(\theta_L)$ 是不相同的,$\sigma(\theta_L)$ 称为核反应的角分布。

由矢量合成法则,出射粒子 b 在 L 系中的速度 $\boldsymbol{v}_b$ 应等于 b 在 C 系中的速度 $\boldsymbol{v}'_b$ 与质心在 L 系中的速度 $\boldsymbol{v}_C$ 的矢量和,即

$$\boldsymbol{v}_b = \boldsymbol{v}'_b + \boldsymbol{v}_C \tag{4.39}$$

如图4.5所示。由正弦定理,有

$$\frac{v'_b}{\sin\theta_L} = \frac{v_C}{\sin(\theta_C - \theta_L)} \tag{4.40}$$

定义 $\gamma \equiv v_C/v'_b$,则(4.40)式可改写为

$$\sin(\theta_C - \theta_L) = \gamma\sin\theta_L$$

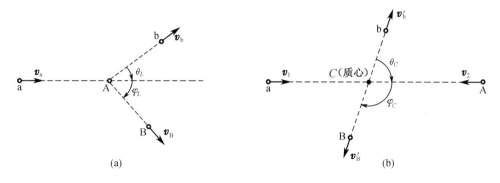

图 4.4　二体核反应在实验室坐标系(a)和质心坐标系(b)的描述

两边求反正弦,得

$$\theta_C = \theta_L + \arcsin(\gamma\sin\theta_L) \tag{4.41}$$

另一方面,由图 4.5 可得

$$v_b\cos\theta_L = v_C + v_b'\cos\theta_C \tag{4.42}$$

利用余弦定律

$$v_b^2 = v_C^2 + v_b'^2 - 2v_C v_b'\cos(\pi - \theta_C) \tag{4.43}$$

联合解方程(4.42)和(4.43)式,并以 v_b' 除等式两边,得到

$$(\gamma^2 + 1 + 2\gamma\cos\theta_C)^{1/2}\cos\theta_L = \gamma + \cos\theta_C$$

则有

$$\cos\theta_L = \frac{\gamma + \cos\theta_C}{(1 + \gamma^2 + 2\gamma\cos\theta_C)^{1/2}} \tag{4.44}$$

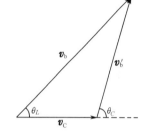

图 4.5　各速度之间的关系

从(4.41)和(4.44)式可以看出,如果 γ 已知,就可以分别由 θ_L 换算出 θ_C 或由 θ_C 换算出 θ_L,关键是如何确定式中的 γ。

根据反应能 Q 的定义,Q 等于反应前后各粒子总动能之差,在质心系中的表达式为

$$Q = \frac{1}{2}m_b v_b'^2 + \frac{1}{2}m_B v_B'^2 - T' \tag{4.45}$$

式中,v_b' 和 v_B' 为出射粒子和剩余核在质心系中的速度;T' 就是入射粒子的相对运动动能。

由于在质心系中的总动量为零,有

$$m_b v_b' = m_B v_B' \tag{4.46}$$

从(4.45)和(4.46)式消去 v_B',可得到

$$v_b'^2 = \frac{2m_B}{m_b(m_b + m_B)}(T' + Q) \tag{4.47}$$

利用(4.29),(4.33),(4.47)式,代入 $\gamma = v_C/v_b'$,可以得到

$$\gamma^2 = \frac{m_a m_b}{m_A m_B}\left(\frac{m_b + m_B}{m_a + m_A}\right)\frac{T'}{T' + Q} \tag{4.48}$$

用质量数 A 代替粒子的质量,且由质量数守恒:$A_b + A_B = A_a + A_A$,得到 γ 的表达式为

$$\gamma \equiv \frac{v_C}{v_b'} = \left(\frac{A_a A_b}{A_A A_B} \cdot \frac{T'}{T' + Q}\right)^{1/2} \tag{4.49}$$

由(4.49)式可见,γ 为入射粒子能量 T_a 的函数。对确定的核反应而言,当入射粒子能量一定时,γ 为一常量。下面对(4.49)式进一步展开讨论。

(1)对于弹性散射的情况

由于 $Q=0$,$A_a=A_b$ 和 $A_A=A_B$,所以,$\gamma=A_a/A_A$,γ 与入射粒子能量无关。对于两种极端情况:

①$A_a \ll A_A$,相当于轻粒子入射到重靶核上的弹性散射。此时,$\gamma \approx 0$,由(4.41)式,$\theta_C=\theta_L$。

②$A_a=A_A$,即质量相等的两粒子的碰撞。此时,$\gamma=1$,同样由(4.41)式,得 $\theta_C=2\theta_L$。当 θ_C 在 $0° \sim 180°$ 之间变化时,θ_L 在 $0° \sim 90°$ 间变化,$\theta_L>90°$ 时没有粒子出射。

(2)一般情况下 θ_L,θ_C 与 γ 的关系

①$\gamma<1$,此时 $v_C<v_b'$,v_b,v_C,v_b' 三者关系如图4.6所示。由图可见:

当 $\theta_L=\theta_C=0°$ 时,出射粒子向前。$v_b=v_b'+v_C$,此时,v_b 最大,即出射粒子能量最高;

当 $\theta_L=\theta_C=180°$ 时,出射粒子向后。$v_b=v_b'-v_C$,此时,v_b 最小,即出射粒子能量最低。

对于一般情况,v_b 是出射角 θ_L 或 θ_C 的单调下降函数,各个出射角都能观察到出射粒子。γ 越小,出射粒子能量随出射角 θ_L 的变化越小,当 $\gamma \rightarrow 0$ 时,出射粒子能量几乎不随出射角而变化。

②$\gamma>1$,即 $v_C>v_b'$,此时,v_b,v_C,v_b' 三者关系如图4.7所示。

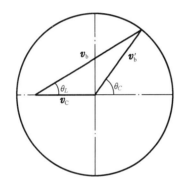
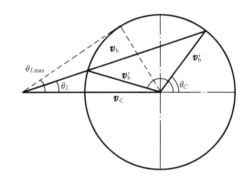

图4.6　$\gamma<1$ 时,v_b',v_b,v_C 的关系　　　　　**图4.7　$\gamma>1$ 时,v_b',v_b,v_C 的关系**

由图可见,此时,一个 θ_L 对应两个 θ_C 角,即对应两组能量的出射粒子,高能与小 θ_C 对应,而低能与大 θ_C 对应。它们分别对应于(4.26)式中方括号前的正负号时的 T_b 值,这就是能量双值问题。

另外,对 $\gamma>1$ 的情况,θ_L 不能在 $0° \sim 180°$ 之间变化,只能小于或等于某一最大值 θ_{Lmax}。当 $\theta_L=\theta_{Lmax}$ 时,出射粒子能量双值变成了单值,仅对应一个 θ_C 值,如图4.7中的虚线表示。此时有

$$\theta_{Lmax}=\arcsin\left(\frac{v_b'}{v_C}\right)=\arcsin\left(\frac{1}{\gamma}\right) \tag{4.50}$$

且有

$$\theta_L \leqslant \theta_{Lmax} \tag{4.51}$$

即出射粒子仅限于半张角为 θ_{Lmax} 的圆锥内,称之为圆锥效应,从而可获得定向粒子束。

由(4.49)式可见,对于放能反应,一般不会出现 $\gamma>1$ 的情况,只有当入射粒子比靶核重时才可能出现;而对吸能反应,由于 $Q<0$,容易出现 $\gamma>1$ 的情况,产生圆锥效应。

4.2.4 Q 方程的应用

Q 方程的本质反映了反应能与入射粒子能量、出射粒子方向和出射粒子能量之间的关系。在核物理中有多方面的应用。

1. 确定核素质量

由 Q 方程可知,在 T_a 已知的情况下,只要在特定方向上测定出射粒子的能量 T_b,就可以确定反应能 Q,进而可以根据(4.19)式算出体系反应后剩余核的质量,事实上,大多数不稳定核的质量就是用这种方法测定的。

例如,对核反应:$^3H + ^{16}O \rightarrow ^{18}O + p + Q$,已知 $M(^3H)$,$M(^{16}O)$ 和 $M(^1H)$;由实验测定 T_a,T_b 而求得 Q,则

$$M(^{18}O) = M(^3H) + M(^{16}O) - M(^1H) - Q/c^2 = 17.999\ 162\ u$$

2. 用于求剩余核激发态的激发能

以核反应 $d + ^6Li \rightarrow ^7Li + p$ 为例,已知入射粒子能量 $T_d = 2.0$ MeV;在 $\theta = 155°$ 的出射方向,测到两组能量的质子:$T_{p_1} = 4.67$ MeV,$T_{p_2} = 4.29$ MeV。求 ^7Li 的激发态能量。

由附录 I 核素的性质表得到各粒子和核素的质量过剩,求出反应能 $Q = 5.03$ MeV。

将 $T_{p_1} = 4.67$ MeV 代入 Q 方程(4.24)式,求出 $Q'_0 = 5.03$ MeV,与 Q 相等,说明相应的剩余核处于基态;对出射质子能量 $T_{p_2} = 4.29$ MeV,可求出相应的反应能 $Q'_1 = 4.55$ MeV,小于 Q,表明相应的剩余核处于激发态,且其激发能为

$$E^* = Q - Q'_1 = 0.48\ MeV$$

Q 方程还有其他多种用途,例如靶核识别等,这里就不再一一列举了。

4.3 核反应截面和产额

当一定能量的入射粒子 a 轰击靶核 A 时,在满足守恒定则的条件下,都有可能按一定的概率发生各种核反应。对核反应发生概率的研究是核反应的动力学问题,为了描述反应发生的概率,引入反应截面的概念。

4.3.1 核反应截面

一单能粒子束垂直地投射到厚度为 x 的薄靶(即靶厚 x 足够小)上,假定粒子透过薄靶时能量不变。设单位时间内入射的粒子数,即入射粒子的强度为 I;设靶内单位体积中的靶核数为 N,由此得到单位面积内的靶核数 $N_S = N \cdot x$。由于每个入射粒子与单个靶核作用的概率相等,所以,单位时间内入射粒子与靶核发生的核反应数 N' 应与 I 和 N_S 成正比,即

$$N' \propto I \cdot N \cdot x \propto I \cdot N_S \tag{4.52}$$

引入比例常数 σ,则

$$N' = \sigma \cdot I \cdot N_S \tag{4.53}$$

由(4.53)式可见

$$\sigma = \frac{N'}{I \cdot N_S} = \frac{单位时间内发生的核反应数}{单位时间内的入射粒子数 \times 单位面积内的靶核数} \tag{4.54}$$

σ 称为截面,其物理意义为:一个入射粒子入射到单位面积内只含有一个靶核的靶上所发生反应的概率。从截面的定义可见,其量纲为面积。常用单位为巴,用 b 表示,有

$$1\ \mathrm{b}\ =\ 10^{-28}\ \mathrm{m}^2\ =\ 10^{-24}\ \mathrm{cm}^2 \tag{4.55}$$

当然不同场合还会用到毫巴(mb)和微巴(μb)等。

对于一定的入射粒子和靶核,往往存在若干反应道,各反应道的截面,称为分截面 σ_i,如 $\sigma_1 = \sigma(\mathrm{n},\mathrm{p})$,$\sigma_2 = \sigma(\mathrm{n},\alpha)$,$\cdots$ 各种分截面 σ_i 之和,称为总截面,记为 σ_t,它与分截面的关系为

$$\sigma_\mathrm{t}\ =\ \sum_i \sigma_i \tag{4.56}$$

核反应中的各种截面均与入射粒子的能量有关,截面随入射粒子能量的变化关系称为激发函数,即 $\sigma(E) \sim E$ 的函数关系,与此函数相应的曲线称为激发曲线。反应 $^2\mathrm{H}(\mathrm{d},\mathrm{n})^3\mathrm{He}$ 和 $^3\mathrm{H}(\mathrm{d},\mathrm{n})^4\mathrm{He}$ 的激发曲线如图 4.8 所示。

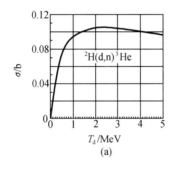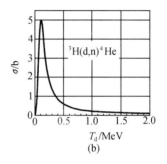

图 4.8　$^2\mathbf{H}(\mathbf{d},\mathbf{n})^3\mathbf{He}$ 和 $^3\mathbf{H}(\mathbf{d},\mathbf{n})^4\mathbf{He}$ 的激发曲线

4.3.2　微分截面和角分布

核反应的出射粒子可以向各个方向发射,实验发现各方向的出射粒子数不一定相同,这表明出射粒子飞向不同方向的核反应的概率不一定相等,为此引入微分截面来更精细的反映核反应的这一特征。

设单位时间出射到 $\theta \to \theta + \mathrm{d}\theta$ 和 $\phi \to \phi + \mathrm{d}\phi$ 间立体角 $\mathrm{d}\Omega$ 内的粒子数为 $\mathrm{d}N'$(见图 4.9 所示),则有

$$\mathrm{d}N' \propto I \cdot N_\mathrm{s} \cdot \mathrm{d}\Omega \tag{4.57}$$

引入比例常数 $\sigma(\theta,\phi)$,有

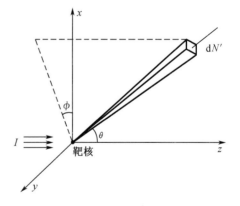

图 4.9　出射粒子角分布示意图

$$\mathrm{d}N' = \sigma(\theta,\phi) \cdot I \cdot N_\mathrm{s} \cdot \mathrm{d}\Omega \tag{4.58}$$

由(4.58)式可得

$$\sigma(\theta,\phi) = \frac{\mathrm{d}N'}{I \cdot N_\mathrm{s} \cdot \mathrm{d}\Omega} \tag{4.59}$$

也就是

$$\sigma(\theta,\phi) = \frac{单位时间出射到(\theta,\phi)方向单位立体角内的粒子数}{单位时间入射粒子数 \times 单位面积靶核数} \qquad (4.60)$$

定义 $\sigma(\theta,\phi)$ 为微分截面,其物理意义为:一个入射粒子入射到单位面积内只含有一个靶核的靶上发生反应且出射粒子出射到 (θ,ϕ) 方向单位立体角内的概率。$\sigma(\theta,\phi)$ 也常记为 $\mathrm{d}\sigma/\mathrm{d}\Omega$,其单位为巴/球面度,记为 b/sr。

由(4.58)式可得到出射粒子总数为

$$N' = IN_s\int_\Omega \sigma(\theta,\phi)\mathrm{d}\Omega$$

而 $\mathrm{d}\Omega = \sin\theta\mathrm{d}\theta\mathrm{d}\phi$(可自行证明),所以

$$N' = IN_s\int_0^{2\pi}\int_0^\pi \sigma(\theta,\phi)\sin\theta\mathrm{d}\theta\mathrm{d}\phi$$

$\sigma(\theta,\phi)$ 关于方位角 ϕ 是旋转对称的,因此 $\sigma(\theta,\phi)$ 实际仅是极角 θ 的函数,由于 ϕ 的取值范围为 $[0,2\pi]$,则

$$N' = 2\pi IN_s\int_0^\pi \sigma(\theta)\sin\theta\mathrm{d}\theta \qquad (4.61)$$

微分截面 $\sigma(\theta)$ 随 θ 的变化曲线称为角分布,它可由实验测定。对某一反应道,其分截面 σ_i 与微分截面 $\sigma_i(\theta)$ 的关系为

$$\sigma_i = 2\pi\int_0^\pi \sigma_i(\theta)\sin\theta\mathrm{d}\theta \qquad (4.62)$$

总截面则由(4.56)式决定。

4.3.3　反应产额

核反应中定义入射粒子在靶体中引起的核反应数与入射粒子数之比为核反应的产额(简称反应产额),一般用 Y 表示,即

$$Y = \frac{N'}{I_0} = \frac{入射粒子在靶体中引起的核反应数}{入射粒子数} \qquad (4.63)$$

由定义可知,反应产额指的是一个入射粒子在靶中引起核反应的概率。它与反应截面 σ、靶的厚度、靶的组成及物理状态等因素有关。在已知反应产额的情况下,很容易通过入射粒子数得到核反应数。下面我们分别分析一下中子和带电粒子入射时的反应产额。

1. 中子入射时的反应产额

以单能中子束为例。设中子束入射强度为 I_0,经过 x 距离后的强度为 $I(x)$,由(4.53)式,在 $x \sim x+\mathrm{d}x$ 层内单位时间发生的核反应数为 $N' = \sigma \cdot I(x) \cdot N \cdot \mathrm{d}x$,这应该等于中子束经过该层靶后的强度减少量,即 $\mathrm{d}I(x) = -\sigma \cdot I(x) \cdot N \cdot \mathrm{d}x$。式中 σ 为中子与靶核作用的反应截面,对单能中子 σ 为常数;N 为靶物质单位体积的原子核数。求解该微分方程并代入初始条件,$I(x=0) = I_0$,可得到透过靶厚 x 时的中子强度 $I(x)$ 为

$$I(x) = I_0 \cdot \mathrm{e}^{-\sigma \cdot N \cdot x} \qquad (4.64)$$

若靶厚为 D,则通过该靶时的中子强度 I_D 为

$$I_D = I_0 \cdot \mathrm{e}^{-\sigma \cdot N \cdot D} = I_0 \cdot \mathrm{e}^{-\Sigma \cdot D} \qquad (4.65)$$

可见,中子的流强随靶厚的增加而按指数规律减少。(4.65)式中,$\Sigma = \sigma \cdot N$,在工程应用中常用到,称为宏观截面。显然,Σ 的量纲为 $[L]^{-1}$,例如 cm^{-1} 等。

由(4.65)式,单位时间内,中子在厚度为 D 的靶体内引起的核反应数为

$$N' = I_0 - I_D = I_0(1 - e^{-\sigma ND}) \tag{4.66}$$

所以,反应产额为

$$Y = \frac{N'}{I_0} = 1 - e^{-\sigma ND} \tag{4.67}$$

对薄靶,即 $D \ll 1/(N\sigma)$,由(4.67)式,得到

$$Y \approx \sigma ND = N_S \sigma \tag{4.68}$$

式中,N_S 为靶体单位面积中的靶核数。对厚靶,满足 $D \gg 1/(N\sigma)$,此时,$Y \to 1$。

2. 带电粒子入射时的反应产额

对带电粒子,当它通过靶体时不仅会发生核反应,还要通过电离损失而损失能量,因此,即使不发生核反应,带电粒子的能量也会随着入射靶体的深度而减小。由于反应截面是入射粒子能量的函数,所以不同靶体深度 x 处的核反应截面是不同的。设靶体深度 x 处入射带电粒子的能量为 E,则在 $x \sim x + dx$ 层内单位时间发生的核反应数为

$$dN' = I \cdot N \cdot \sigma(E) \cdot dx \tag{4.69}$$

于是在厚度为 D 的靶体中单位时间的总反应数为

$$N' = \int_0^D dN' = \int_0^D IN\sigma(E)dx \tag{4.70}$$

得到反应产额为

$$Y = \frac{N'}{I_0} = \frac{1}{I_0}\int_0^D IN\sigma(E)dx \tag{4.71}$$

对薄靶的情况,入射带电粒子在靶体中的能量损失可以忽略,即 $\sigma = \sigma(E_0)$,而且,发生反应的粒子数远小于入射带电粒子的强度,即 $I \approx I_0$,则

$$Y = N\sigma(E_0)\int_0^D dx = N\sigma(E_0)D = N_S\sigma(E_0) \tag{4.72}$$

与(4.68)式有相似的表达。

对厚靶的情况(指靶厚 D 大于带电粒子在靶中的射程 $R(E_0)$,带电粒子在靶中穿透的深度最多为 $R(E_0)$,在 $R(E_0)$ 之后就没有入射带电粒子了),其产额为

$$Y = N\int_0^{R(E_0)} \sigma(E)dx = N\int_0^{E_0} \frac{\sigma(E)}{\left(-\dfrac{dE}{dx}\right)_{ion}}dE \tag{4.73}$$

式中,$(-dE/dx)_{ion}$ 为带电粒子的电离能量损失率,将在第6章中论述。由(4.73)式可知,如果知道激发函数,则产额就可求出了。

4.4 反应机制及核反应模型

下面进一步讨论核反应动力学的反应机制问题。由于对核力的作用还不甚了解,以及在量子力学中多体问题的困难,对核反应机制的研究仍用某些模型理论来解决。对于已提出的众多模型理论来说,它们各自都能成功地解释一些物理现象,但又都有一定的局限性。我们仅讨论各模型的基本点,着重分析由各种模型得出的一些重要的物理规律。

4.4.1　核反应的三阶段描述及光学模型

在对核反应实验现象和规律进行了大量研究工作的基础上,韦斯科夫(V. F. Weisskopf)1957 年提出了核反应的三阶段图像[1],概括而又形象地描述了核反应的过程,而且可以用已有模型来解释各阶段的实验规律,因而受到广泛的引用。

1. 核反应的三阶段描述

韦斯科夫根据核反应的时间顺序,把核反应分成三个阶段:独立粒子阶段、复合系统阶段和最后阶段,如图 4.10 所示。在图像中还包含了两种反应机制:复合核反应和直接反应,分述如下。

(1)独立粒子阶段

当入射粒子投射到靶核的核作用范围,可发生两种情况:一部分被核散射,称为势弹性散射或形状弹性散射;另一部分被靶核吸收,犹如光线投射到半透明玻璃球时发生的反射和透射的情况一样,描述这一阶段的理论为光学模型。

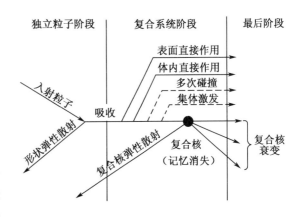

图 4.10　核反应的三阶段描述

在这一阶段入射粒子保持相对独立性,因此称为独立粒子阶段。

(2)复合系统阶段

核反应进入第二阶段,粒子被靶核吸收后,通过相互作用形成复合系统。此时,入射粒子不再是独立的了,入射粒子与靶核相互作用而交换能量,交换能量的方式又可分为直接作用和形成复合核两种机制。

(a)直接作用

直接作用又可分为如下三个过程:

①入射粒子把能量交给靶核的表面或体内的一个或几个核子,分别称为表面或体内直接作用,使反应直接推向第三阶段;

②入射粒子与靶核多次碰撞,交换能量后又发射出来,称为多次碰撞;

③入射粒子把部分能量交给靶核后飞出,这时靶核集体受到激发,引起转动、振动,此过程称为集体激发。

在这些过程中,入射粒子在不同程度上保持原有特性,"记忆"并未消失。直接作用过程的作用时间一般只有 $10^{-20} \sim 10^{-22}$ s,与粒子穿过靶核的时间相当。

(b)形成复合核

入射粒子与靶核相互作用,经过多次碰撞并不断损失能量,最后停留在核内,形成一个中间过程的原子核,称为复合核,复合核一般处于激发态。复合核形成后就"失忆"了,忘记了它的形成过程。复合核过程往往长达 10^{-15} s。

另外,还有些反应是介于直接作用和形成复合核这两种机制之间的过程,例如平衡前发

---

① V. F. Weisskopf,Rev. Mod. Phys. ,29,174(1957).

射,它是指入射粒子与靶核多次碰撞达到统计平衡,在形成复合核前就发射粒子的过程。

对于一个具体的核反应,直接作用与复合核形成这两种过程往往同时并存,它们截面的相对大小与入射粒子、靶核及入射粒子能量有关。两种机制的出射粒子能谱和角分布也是不相同的。对直接作用,出射粒子具有一系列单值能量,角分布呈前倾或后倾;形成复合核过程的出射粒子能谱接近麦克斯韦分布,角分布具有各向同性或90°对称性。在实验上,可通过测量出射粒子的能量和角分布来判断不同反应机制的类型。

(3)最后阶段

作为核反应的第三阶段,复合系统分解为出射粒子和剩余核。如果出射粒子与入射粒子是同种粒子,反应过程就是散射过程。当剩余核处于基态时,是弹性散射,当剩余核处于激发态时,是非弹性散射。由于入射粒子经历了进入原子核又被发射出来的过程,这个散射也叫复合核弹性散射,当入射粒子的能量处在某些适当值的时候,该散射表现出了共振的特点,此时也被称为共振散射。在观察出射道的粒子时,复合核弹性散射和前述独立粒子阶段的势弹性散射的效果是一样的,都是弹性过程。这两种弹性散射可以同时发生,它们所导致的出射粒子波函数会发生干涉。

2. 各种截面间的关系

根据核反应的三阶段描述,各种截面的大小反映各过程发生概率的大小。我们仍分阶段讨论。对反应的第一阶段,总截面 σ_t 应为势弹性散射截面 σ_{pot} 和吸收截面 σ_a 之和,即

$$\sigma_t = \sigma_{pot} + \sigma_a \tag{4.74}$$

其中吸收截面 σ_a 应为直接反应截面 σ_D 和复合核形成截面 σ_{CN} 之和,即

$$\sigma_a = \sigma_D + \sigma_{CN} \tag{4.75}$$

由于弹性散射包括势弹性散射和复合核弹性散射两个过程,则弹性散射截面 σ_{sc} 为势弹性散射截面 σ_{pot} 和复合核弹性散射截面 σ_{res} 之和,即

$$\sigma_{sc} = \sigma_{pot} + \sigma_{res} \tag{4.76}$$

也可以把总截面 σ_t 以弹性散射截面 σ_{sc} 和去弹性散射截面 σ_r 区分,σ_r 是指弹性散射截面以外的各种截面之和,σ_r 又称反应截面。可得到

$$\sigma_t = \sigma_{sc} + \sigma_r \tag{4.77}$$

由(4.76)式和(4.77)式,有

$$\sigma_t = \sigma_{sc} + \sigma_r = \sigma_{pot} + \sigma_{res} + \sigma_r \tag{4.78}$$

由(4.78)式和(4.74)式,进而得到

$$\sigma_a = \sigma_{res} + \sigma_r \tag{4.79}$$

(4.79)式意味着吸收截面为共振散射截面和去弹性散射截面之和。各种截面间的关系可用图4.11表示。各种截面值可由不同的测量方法得到。

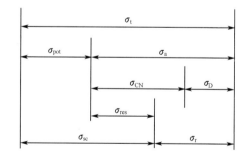

图4.11　各种截面之间的关系

3. 核反应的光学模型

核反应截面是十分重要的核数据。实验测量核反应截面一直是核物理工作中的一项经常性的、长期的工作。另外,怎么从理论上计算核反应截面数据则是对原子核理论的一个严峻的挑战。为此,对核反应的机制提出了各种模型,再回到实验中检验、修正。这就是核反应模型理论。

几十年来已有了许多模型,其中光学模型十分成功地描述了核反应的第一阶段,在解释中子反应总截面随靶核质量数 A 和入射中子能量的变化趋势上获得成功。后来又成功解释了中子与质子弹性散射的角分布,理论计算与实验结果符合得相当好。

光学模型的基本思想是把粒子投射到靶核上类比为光线射在半透明玻璃球(或称灰玻璃球)上,一部分被吸收,相当于粒子进入靶核,发生核反应;一部分被透射或反射,相当于粒子被散射。

由于粒子与靶核作用时,出射波产生相位移动,出现出射波与入射波互相干涉而引起强度变化,导致散射粒子的角分布出现类似于光学中的衍射图像。另外,入射波在靶核中的反射和折射也可引起干涉现象,导致总截面随靶核质量数或入射粒子能量发生高低变化。

光学模型的处理方法是引入复势阱 $V(r)$ 来描述粒子与靶核的作用。由于 $V(r)$ 为实数势阱时,入射粒子与靶核的作用就是一般的势散射问题。为了使相互作用能产生吸收的过程,仅取 $V(r)$ 为实数是不可行的,此时,最简单的势阱形式是复数方势阱,即

$$V(r) = \begin{cases} -(V_0 + iW) & r \leqslant R \\ 0 & r > R \end{cases} \tag{4.80}$$

式中,r 为到靶核中心的距离;R 为道半径(入射粒子与靶核半径之和);复数 $-(V_0 + iW)$ 代表势阱深度。势函数 $V(r)$ 的实数部分导致粒子的散射,而虚数部分导致粒子的吸收。

将复势阱代入薛定谔方程:

$$\frac{\mathrm{d}^2\psi}{\mathrm{d}x^2} + \frac{2\mu}{\hbar^2}(T' + V_0 + iW)\psi = 0 \tag{4.81}$$

式中,μ 为入射粒子与靶核的约化质量;T' 为体系的相对运动动能。用数值解法求解薛定谔方程,可得到截面值。例如,根据光学模型,靶核对入射粒子的吸收截面为

$$\sigma_a = \sum_{l=0}^{\infty} \sigma_l = \sum_{l=0}^{\infty} \pi \lambdabar^2 (2l+1) T_l \tag{4.82}$$

式中,l 为入射粒子的轨道角动量量子数;σ_l 为分波截面,反映了入射波函数中轨道角动量为 l 部分的波函数的作用截面;$\lambdabar = \lambda/2\pi$ 为入射粒子的约化德布罗意波长;T_l 为分波的穿透系数,它与势阱的形状有关。

在用光学模型计算截面时应注意:由于光学模型仅描述核反应的第一阶段,不涉及吸收后的过程,对薛定谔方程求解,仅能计算吸收截面、散射截面和总截面;并且,由于第一阶段的过程一般小于 10^{-20} s,相应的能量不确定性约为 100 keV,这表明光学模型所研究的是体系在此能量范围内的平均效应所得到的截面平均值。

4.4.2　复合核模型

1. 复合核模型的基本假定

入射粒子被靶核吸收后,形成复合核是核反应第二阶段的重要过程。核反应的复合核模型是玻尔(N. Bohr)在 1936 年提出来的。按这种模型,核反应可以分为相互独立的两个阶段:第一阶段是复合核的形成阶段,即入射粒子 a 被靶核 A 吸收,形成一个处于激发态的复合核 C^*;第二阶段是复合核衰变阶段,复合核 C^* 衰变为出射粒子 b 和剩余核 B。即

$$a + A \rightarrow C^* \rightarrow B + b \tag{4.83}$$

复合核模型的基本思想与液滴模型相似,也是把原子核比作液滴。当入射粒子射入靶核

后,它与周围核子发生强烈相互作用,经过多次碰撞,能量在核子之间传递,最后,达到了动态平衡,从而完成复合核的形成。复合核一般处于激发态,复合核的激发能为入射粒子的相对运动动能 T'(即质心系中的动能)和入射粒子与靶核的结合能 B_{aA} 之和,即

$$E^* = T' + B_{aA} = \frac{m_A}{m_a + m_A} T_a + B_{aA} \tag{4.84}$$

复合核形成后,并不立刻进行衰变。起始激发能由所有核子平均分配,以 $A = 100$ 为例,若激发能为 20 MeV,平均每个核子的能量仅 0.2 MeV,远小于最后核子的典型分离能,无法使某个核子脱离原子核。经多次碰撞,某个核子可能在随机的碰撞中积累足够高的动能从而脱离复合核,这个过程通常需要经过 $10^{-14} \sim 10^{-18}$ s 的时间,比粒子穿越靶核的时间(10^{-22} s)大得多。

复合核的形成类似于液滴的加热,处于激发态的复合核相似于沸腾的液体。复合核的衰变过程与液滴中蒸发出液体分子的情况相似,所以,复合核通过发射粒子而衰变的过程也叫作粒子蒸发。

由两个阶段的独立性的假定,(4.83)式表示的复合核反应截面 σ_{ab} 可表示为

$$\sigma_{ab} = \sigma_{CN}(T_a) \cdot W_b(E^*) \tag{4.85}$$

式中,$\sigma_{CN}(T_a)$ 为入射粒子与靶核相互作用形成复合核的截面,它是入射粒子动能 T_a 的函数;$W_b(E^*)$ 表示复合核发射出射粒子 b 的衰变分支比。两个阶段的独立性的假定还意味着当复合核存在多种衰变方式时,各种衰变方式都具有一定概率,而且这种概率与复合核形成的方式无关,我们可以把它称为"失忆"。

由于可以有多于一种途径形成一种复合核,这个复合核也可存在多种衰变方式。因此,(4.83)式可以表示为如下的一般形式:

$$\left.\begin{matrix} a + A \\ a' + A' \\ a'' + A'' \\ \cdots \end{matrix}\right\} \rightarrow C^* \rightarrow \left\{\begin{matrix} B + b \\ B' + b' \\ B'' + b'' \\ \cdots \end{matrix}\right. \tag{4.86}$$

由两阶段独立性的假定,可得到:

$$\sigma_{ab} : \sigma_{ab'} : \sigma_{ab''} = \sigma_{a'b} : \sigma_{a'b'} : \sigma_{a'b''} = \sigma_{a''b} : \sigma_{a''b'} : \sigma_{a''b''} \tag{4.87}$$

(4.87)已为实验所证实,这说明两阶段的独立性假设是成立的。

核反应的复合核理论成功地解释了许多核反应过程,并为许多实验事实所证明。

2. 复合核的能级和能级宽度

复合核可以通过各种方式进行衰变,设处于某激发态 E^* 的复合核单位时间内以过程 i 衰变的概率为 W_i,那么,单位时间内它的总衰变概率为

$$W = W_1 + W_2 + \cdots + W_i + \cdots = \sum_i W_i \tag{4.88}$$

于是,相应能级的平均寿命为

$$\tau = 1/W \tag{4.89}$$

根据不确定度关系,原子核的能级宽度 Γ 和平均寿命 τ 之间满足以下关系:

$$\Gamma = \hbar \cdot \frac{1}{\tau} = \hbar W = \hbar \sum_i W_i = \sum_i \Gamma_i \tag{4.90}$$

式中，Γ_i 为能级分宽度，表征发生某种衰变方式的概率；Γ 为能级总宽度。

复合核某一激发态能级的总宽度是该能级的各分宽度之和。复合核的能级及其宽度可以由核反应激发函数的测定来求得。

3. 核反应中的共振现象和单能级共振公式

当入射粒子的能量取某些特殊值的时候，它进入靶核形成复合核的概率出现了局部极大值，此时就发生了共振。例如，在实验测量激发曲线 $\sigma(E)$ 时，会发现在某些特殊能量点会出现一些尖锐的峰，这就是由共振所导致的。图 4.12 中给出了 ^{109}Ag 的辐射俘获（n,γ）反应的激发曲线，由图可见，中子能量在 1 ~ 1 000 eV 范围内时，激发曲线出现了多次峰值，与这些峰值对应的入射粒子能量称为共振能量。图中最高峰对应的反应截面约 23 000 b，与之相应的共振能量约为 5.19 eV。图中点线表示反应截面与中子速度 $1/v$ 的关系。

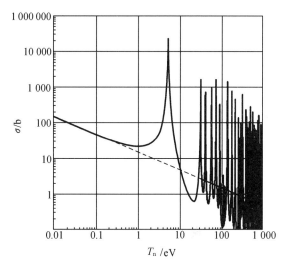

图 4.12　^{109}Ag 的（n,γ）反应的激发曲线

我们知道，复合核的激发能等于入射粒子的相对运动动能与它和靶核之间的结合能之和。显然，由实验找出了共振能量之后，复合核相应能级的能量是很容易求得的。

为了定量地描述核反应的共振现象，布莱特（G. Breit）和维格纳（E. P. Wigner）在考虑了复合核的形成和衰变概率之后，理论上推导出了一个表示反应截面与入射粒子能量关系的公式。

对于一般反应式 A(a,b)B，此公式为

$$\sigma_{ab} = \frac{\lambda^2}{4\pi} \cdot \frac{\Gamma_a \Gamma_b}{(T'-E_0)^2 + \left(\dfrac{\Gamma}{2}\right)^2} \tag{4.91}$$

（4.91）式称为布莱特－维格纳公式[①]，简称 B－W 公式。式中 λ 为入射粒子的波长（$\lambda = h/p$，h 为普朗克常量，p 为动量）；Γ 为复合核能级的总宽度；在弹性散射时，（质心系下）出射道粒子和入射道粒子的能量完全相同，入射道道宽 Γ_a 也就是出射道道宽，Γ_a 因此是发射粒子 a 的分宽度，我们称它为弹性散射分宽度，它与其他出射道道宽之间的关系决定了弹性散射的概率；Γ_b 代表核反应 A(a,b)B 发射粒子 b 的分宽度；T'，E_0 分别是入射粒子的相对运动动能和质心系中的共振能量。由于该公式只描写单个共振能级附近的反应截面随能量的变化关系，因而又称为单能级共振公式，它只适用于能级间的间距比较大的情况。

对于（n,γ）反应，总宽度 Γ 等于中子宽度 Γ_n 和 γ 光子宽度 Γ_γ 之和。得到

$$\sigma_{n,\gamma} = \frac{\lambda^2}{4\pi} \cdot \frac{\Gamma_n \Gamma_\gamma}{(T'-E_0)^2 + \left(\dfrac{\Gamma}{2}\right)^2} \tag{4.92}$$

① 　G. Breit, and E. P. Wigner, Phys. Rev. ,49,519(1936).

以下对 B – W 公式作两点讨论：

(1)当入射粒子的相对运动动能与共振能量相等时(即 $T' = E_0$)，发生共振吸收，核反应截面最大，其值为

$$\sigma_0 = \frac{\lambda^2}{\pi} \cdot \frac{\Gamma_a \Gamma_b}{\Gamma^2} = 4\pi \hbar^2 \cdot \frac{\Gamma_a \Gamma_b}{\Gamma^2} \qquad (4.93)$$

式中，$\hbar = \lambda/2\pi$。由(4.91)式，如果 Γ 不是很大，即复合核的激发态能量仅在一个很小的范围内变化时，无论由入射粒子动能决定的 λ、Γ_a，还是由复合核激发态决定的 Γ_b 都可以认为近似不变，于是 $T' = E_0 \pm \Gamma/2$ 时，$\sigma_{ab} = \sigma_0/2$。由此可见，共振峰峰值高度的一半处所对应的峰宽(简称半宽度)就是能级宽度 Γ。例如，图 4.12 中共振能量 $E_0 = 5.19$ eV 所对应的峰值高度一半处的峰宽约为 0.224 5 eV，因而复合核^{110}Ag 的相应能级的宽度就是 0.224 5 eV，^{110}Ag 在此能级的平均寿命为

$$\tau = \frac{\hbar}{\Gamma} = \frac{6.582\ 118\ 89 \times 10^{-16}\ \text{eV}\cdot\text{s}}{0.224\ 5\ \text{eV}} \approx 2.93 \times 10^{-15}\ \text{s}$$

可见，通过实验测定共振能量附近的激发曲线，不仅可以求得复合核能级的能量，而且可以测定复合核能级的寿命。

(2)核反应截面的 $1/v$ 规律

对于(n,γ)反应，理论上可以证明：复合核发射中子的概率正比于入射中子的速度，即 $\Gamma_n \propto v$。又当中子的能量比较低时，它的波长 $\hbar \propto 1/\sqrt{2\mu T'_n} \propto 1/v$($\mu$ 为约化质量)。另外，复合核发射 γ 光子的出射道宽 Γ_γ 取决于它所处激发态的能量。而当入射中子的能量比它和靶核的结合能小得多，即 $T'_n \ll B_{nA}$ 时，由(4.84)式可知，由 T'_n 的变化所引起的复合核激发能 E^* 的变化是很小的，此时，Γ_γ 可以近似地看作常数。当 T'_n 足够地小时，$\Gamma_n \ll \Gamma_\gamma$，所以，$\Gamma = \Gamma_n + \Gamma_\gamma \approx \Gamma_\gamma$。

由上述推论，并根据(4.92)式可知，当 $T'_n \ll E_0$ 时：

$$\sigma(n,\gamma) \propto 1/v \qquad (4.94)$$

即当入射中子的能量很小时，(n,γ)反应的反应截面与入射中子的速度成反比(即图 4.12 中虚线表示的情况)。(4.94)式称为 $1/v$ 定律，是一个十分重要的公式。

4.4.3 连续区理论和直接反应

1. 连续区理论

当入射粒子能量不太高时，激发曲线会出现一些共振峰，共振出现的能量范围叫作共振区。在共振区内可用 B – W 公式来描述。当入射粒子能量比较高(1 ~ 30 MeV) 时，复合核处于较高的激发态，高激发态具有能级密度大、能级宽度大(退激得更快)的特点，这最后导致了能级的重叠，形成连续区，如图 4.13 所示。此时，核反应的激发函数曲线不再有共振峰，呈现比较平滑的变化，如图 4.14 所示。为了反映激发曲线的平滑变化，对连续区提出了一种模型——黑核模型。

黑核模型与复合核模型均为强吸收模型，但不同于复合核模型的共振吸收，它认为在这个能量范围内，不管入射粒子具有什么样的能量，都能被靶核强烈吸收，类似于光学中的黑体，故称为黑核模型。黑核模型一般适用于入射粒子能量较高的情况，此时复合核的激发能较高，出射道很多，以致可以忽略通过入射道的衰变，因此，复合核的形成截面就是发生反应的截面，即

$\sigma_{CN} = \sigma_r$。

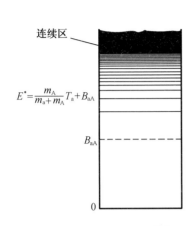

$$E^* = \frac{m_A}{m_a + m_A} T_a + B_{aA}$$

图 4.13 复合核能级示意图[11]

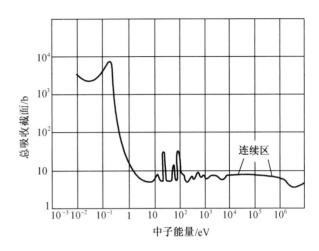

图 4.14 Cd 的激发函数曲线图[11]

由黑核模型同样可以导出中子的吸收截面为

$$\sigma_a(n) \approx \pi(R + \lambdabar)^2 \frac{4Kk}{(K + k)^2} \qquad (4.95)$$

式中，$k = \sqrt{2\mu T'_n}/\hbar$ 是中子在靶核边界外的波数；$K \approx \sqrt{2\mu(T'_n + V_0)}/\hbar$ 是中子在核内的波数；V_0 为靶核势阱深度；T'_n 为中子的相对运动动能；R 为道半径；$\lambdabar = \hbar/p$ 为中子的德布罗意波长；p 为中子动量；以上 $\hbar$ 为普朗克常数。

当中子能量很低时，$k \ll K$，$\lambdabar \gg R$，且 K 可以看成常数 K_0，(4.95) 式简化为

$$\sigma_a(n) \approx \frac{4\pi}{Kk} \approx \frac{4\pi}{K_0 k} \propto \frac{1}{v} \qquad (4.96)$$

式中，$K_0 = \sqrt{2\mu V_0}/\hbar$，可见，同样得到慢中子吸收截面与入射中子速度成反比的规律，即 $\sigma_a(n) \propto 1/v$。

当中子能量很高时，有 $K \approx k$，$\lambdabar \ll R$，由 (4.95) 式，得到

$$\sigma_a(n) \approx \pi R^2 \qquad (4.97)$$

表明此时靶核对中子的吸收截面趋于由靶核与中子半径共同决定的几何截面。

当入射粒子为荷电粒子时，它首先需要克服库仑势垒才能与靶核发生作用。根据连续区理论，此时核反应的吸收截面可近似表示为

$$\sigma_a \approx \pi(R + \lambdabar)^2 \left[1 - \frac{V(R + \lambdabar)}{T'} \right] \qquad (4.98)$$

式中，$V(R + \lambdabar)$ 为库仑势垒高度，T' 为入射粒子的相对运动动能。显然，满足 $T' \gg V(R + \lambdabar)$ 时，$\lambdabar \ll R$，同样有 $\sigma_a \approx \pi R^2$ 的关系。

2. 直接反应

除复合核反应外，核反应还可以通过入射粒子与靶核中少数核子直接相互作用而完成。也就是入射粒子与靶核中一个或几个核子相碰撞并交换能量，不形成复合核而立刻发射一个或几个核子，把这个过程称为直接反应。直接反应可分为两类反应：

　　第一类为削裂反应。它是指入射粒子打到靶核边上,其中一个或几个核子被靶核俘获,其余部分作为出射粒子继续向前飞行。显然,只有入射粒子至少由不少于两个核子组成时,才能够发生削裂反应。入射粒子常有^{2}H,^{3}H,^{3}He 核等,其中最重要的削裂反应是由氘核引起的,称为氘核反应。

　　氘核反应在核物理和核技术应用中占有重要地位。由于氘核的比结合能小,仅为 1.11 MeV,比一般核的比结合能 8 MeV 小得多,因此,氘核反应的反应能 Q 很大。例如,^{3}H(d,n)^{4}He 反应的 $Q = 17.6$ MeV,该反应是获得单能快中子的重要反应。通过氘核反应角分布的研究,还可以获得核能级的自旋和宇称的信息,这是研究核结构的重要方法。

　　削裂反应的逆过程称为拾取反应,它是指入射粒子与靶核作用时,从靶核拾取一个或几个核子结合成较重的粒子飞出核外,没有复合核的形成过程。例如(p,d),(n,d),(p,α),(^{3}He,α)等。

　　第二类是撞击反应。它是指入射粒子与靶核的一个或几个核子相碰撞,受作用的核子直接从靶核中飞出。或是入射粒子在靶核中损失一部分能量后离开靶核。还有可能上述过程同时发生,则导致三体反应。

　　总之,从上述讨论可看出核反应的复杂性和多样性。例如重离子反应,它是由比 α 粒子更重的正离子所引起的核反应。由于加速器技术的发展,可以得到各种核素的离子源并加速到足够的能量引起重离子反应,以促进核物理研究的新的发展领域。

思　考　题

　　4-1　核反应过程中服从哪些守恒定则,宇称是否守恒?

　　4-2　什么是放能反应和吸能反应? 在吸能反应中如何求阈能,采用质心系有什么优点?

　　4-3　什么是 Q 方程?

　　4-4　试述核反应截面的定义,并指出截面、微分截面、分截面、总截面及激发曲线的关系。

　　4-5　复合核模型的基本要点是什么? 如何解释核反应的共振现象和(n,γ)反应的 $1/v$ 规律?

习　　题

　　4-1　确定下列核反应中的未知粒子 x 或未知核 X:

(1)$^{18}_{8}$O(d,p)X; (2)X(p,α)$^{87}_{39}$Y; (3)$^{123}_{52}$Te(x,d)$^{124}_{53}$I。

　　4-2　利用附录Ⅰ中的核数据,求核反应^{192}Os(d,T)^{191}Os 的 Q 值。

　　4-3　能量为 6 MeV 的质子投射到静止的^{12}C 核上,求质心的运动速度。取质子的质量为 1 u。

　　4-4　求下列核反应的阈能:

$$^{16}O(p,d)^{15}O \qquad Q = -13.44 \text{ MeV}$$
$$^{93}Nb(p,d)^{92}Nb \qquad Q = -6.62 \text{ MeV}$$
$$^{209}Bi(p,d)^{208}Bi \qquad Q = -5.23 \text{ MeV}$$

　　4-5　若靶核与入射粒子之间的距离等于两者的半径之和,试求^{16}O(p,d)^{15}O,^{93}Nb(p,d)^{92}Nb

和^{209}Bi(p,d)^{208}Bi 反应的库仑势垒高度。把计算结果与题 4 - 4 计算的阈能进行比较,试对上述核反应的概率做出预言。

4 - 6　能量为 5.3 MeV 的 α 粒子投射在铍靶上,引起^{9}Be(α,n)^{12}C 反应,其反应能为 5.702 MeV。假定反应前^{9}Be 核处于静止状态,试求中子的最大和最小能量。

4 - 7　测量 10 MeV 中子在铅中的反应截面时,发现中子在 1 cm 厚的铅吸收材料中衰减到原来的 84.5%。铅的原子量是 207.21,密度 11.4 g/cm^3。计算总的反应截面。

4 - 8　快中子照射铝靶时,可以发生以下反应

$$n + {}^{27}Al \rightarrow {}^{27}Mg + p$$
$$\downarrow \xrightarrow{\beta^-,\ T_{1/2}=9.458\ min} {}^{27}Al$$

已知铝靶的面积为 2 × 5 cm^2,厚为 1 cm,靶面垂直于中子束。铝靶经 10^7 cm^{-2}·s^{-1} 的快中子束长期照射后,经过 20.4 min,放射性活度为 1.13 × 10^{-2} μCi,试求反应截面 σ。

4 - 9　自然界硼的密度 $N = 0.128 \times 10^{24}$ atoms/cm^3,对能量 $E = 0.025\ 3$ eV 的中子(即热中子),俘获截面 $\sigma_c = 764$ b,散射截面 $\sigma_s = 4$ b。

(a)计算 $E = 0.025\ 3$ eV 中子的宏观俘获、散射和总作用截面。

(b)$E = 0.025\ 3$ eV 中子束穿过 1 mm 和 1 cm 厚的硼时分别衰减多少?

(c)假设俘获截面是 1/v 规律,计算能量为 0.002 53 eV 和 100 eV 中子在硼中的宏观截面。

(d)吸收 50% 的能量为 100 eV 中子束时,需要多厚的硼?

4 - 10　用 14 MeV 的^{2}H核轰击磷粉靶,由于(d,p)反应生成了^{32}P。如果用流强为 25 μA 的^{2}H核照射 2 小时以后,^{32}P的放射性活度为 14.7 mCi,求此核反应的产额。在照射过程中^{32}P 的衰变可以忽略。

4 - 11　试计算^{2}H核俘获动能为 1 MeV 的质子所形成的^{3}He核的激发能。(有关数据见附录 I)

4 - 12　单能慢中子与^{181}Ta发生以下反应:
$$n + {}^{181}Ta \rightarrow {}^{182}Ta^* \rightarrow {}^{182}Ta + \gamma$$
当入射中子的能量 $T_n = 4.3$ eV 时,观察到共振吸收,其共振吸收截面为 $\sigma_0 = 4\ 200$ b,复合核能级发射中子的分宽度 $\Gamma_n \approx 2 \times 10^{-3}$ eV,$\Gamma_\gamma \gg \Gamma_n$,试计算复合核^{182}Ta*的寿命。

第5章　核裂变和核聚变及核能的利用

发现中子后不久，费米等开始用中子照射包括铀在内的各种元素，发现了许多新的放射性产物。在中子轰击当时知道的最重的核素${}^{238}_{92}$U时，观察到至少有四种不同半衰期的 β⁻ 放射性物质。1938 年，哈恩(O. Hahn)和斯特拉斯曼(F. Strassman)用放射化学的方法发现，有三种 β⁻ 放射性物质能和钡($Z=56$)一起沉淀。与此同时，依兰·居里 – 约里奥(I. Curie-Joliot)和萨维奇(L. Savitch)发现，中子照射过的铀靶中有一种 $T_{1/2} = 3.5$ h 的 β⁻ 放射性物质能和镧($Z = 57$)一起沉淀。随后，哈恩和斯特拉斯曼对上述工作进行了复核，于 1939 年 1 月正式确认，在中子束辐照过的铀靶中观察到了钡的放射性同位素。迈特纳(L. Meitner)和福里施(O. Frisch)对上述实验事实进行了解释，指出铀核的稳定性很差，在俘获中子之后本身分裂为质量差别不很大的两个核，裂变(Fission)一词就是由他们提出来的。

1947 年，我国物理学家钱三强和何泽慧夫妇等发现了用中子轰击铀时的三分裂现象，即形成三块裂片，其中一块就是 α 粒子。三分裂的概率很小，约为 3×10^{-3}，我们在这里仅对二裂变的现象展开讨论。

裂变的发现使得蕴藏在核内的巨大能量有了实际应用的可能，为人类提供了一种新能源。自 1940 年起核技术的研究迅速发展起来，同年秋天，一个模型反应堆在柏林 – 德里兰建成，为正式反应堆的建造提供了有价值的参数。1942 年 12 月第一个铀堆在美国投入运行。

质量较小的核合成质量较大的核的过程称为核聚变。相对核裂变，核聚变释放能量的能力更强，但核聚变却没有核裂变那么容易实现和可控，人们对此已进行了多年研究，取得了一定的成就，但离实际应用还有相当大的距离。

本章重点讨论核裂变及其有关问题，对于核聚变及可控热核反应只作一般介绍。

5.1　原子核的裂变反应

在没有外来粒子轰击下，原子核自行发生裂变的现象叫作自发裂变；而在外来粒子轰击下，原子核才发生裂变的现象称为诱发裂变。

5.1.1　自发裂变

自发裂变的一般表达式

$$\ _Z^A X \longrightarrow \ _{Z_1}^{A_1} Y_1 + \ _{Z_2}^{A_2} Y_2$$

在自发裂变刚发生的瞬间满足如下的关系：$A = A_1 + A_2$，$Z = Z_1 + Z_2$，即粒子数和电荷数守恒。其中，A_1，A_2 和 Z_1，Z_2 分别为裂变产物的质量数和电荷数。

1. 自发裂变能 Q_{SF}

自发裂变能 Q_{SF} 的定义与核衰变能的定义相似，定义为两个裂变产物 $Y_1(Z_1, A_1)$ 和 $Y_2(Z_2, A_2)$ 的动能之和，即

$$Q_{SF} = T_{Y_1(Z_1, A_1)} + T_{Y_2(Z_2, A_2)} \tag{5.1}$$

由能量守恒可以导出:

$$Q_{SF} = M(Z,A)c^2 - [M(Z_1,A_1) + M(Z_2,A_2)] \cdot c^2 \qquad (5.2)$$

和

$$Q_{SF} = B(Z_1,A_1) + B(Z_2,A_2) - B(Z,A) \qquad (5.3)$$

与核衰变一样,自发裂变发生的条件为 $Q_{SF} > 0$,即两裂片的结合能大于裂变核的结合能。仔细研究比结合能曲线可以发现,对于不是很重的核,例如 $A > 90$ 即可满足此条件。

2. 原子核的稳定性与裂变势垒

上面提到 $A > 90$ 的原子核就可能发生自发裂变,但实验中发现的自发裂变核都是很重的,可见满足 $Q_{SF} > 0$ 只是原子核自发裂变的必要条件,只有当原子核的裂变概率达到一定大小时,才能在实验上观察到裂变事件。

与 α 衰变的穿透势垒相类似,原子核自发裂变也要穿透一个势垒,这种裂变穿透的势垒称为裂变势垒。穿透裂变势垒的概率和自发裂变半衰期密切相关,穿透概率大,自发裂变半衰期就短,反之亦然。自发裂变半衰期对于裂变势垒的高度非常敏感,例如,垒高相差 1 MeV,自发裂变半衰期可以差到 10^5 倍。

图 5.1 是一些核素的自发裂变半衰期 $T_{1/2}(SF)$ 与 Z^2/A 的关系图。分析该图可归纳出如下几点:

(1)对偶偶核,自发裂变半衰期 $T_{1/2}(SF)$ 随 Z^2/A 的增加而急剧地减少;

(2)同一元素的 $\lg T_{1/2}(SF)$ 值几乎都落在一条抛物线上(图中实线相连),可见同一种元素的各种同位素半衰期差别很大;

(3) Z^2/A 的值差不多大小时,奇奇核、奇 A 核的 $T_{1/2}(SF)$ 值比偶偶核的高 $10^3 \sim 10^6$ 数量级。如 ^{249}Cf, ^{239}Pu 等。

根据核的液滴模型,稳定的原子核处于球形时的势能 V_{sp} 应小于它处于椭球形时的势能 V_{el}。相反,假如原子核处于球形时的势能大于它处于椭球形时的势能,它就会自发形

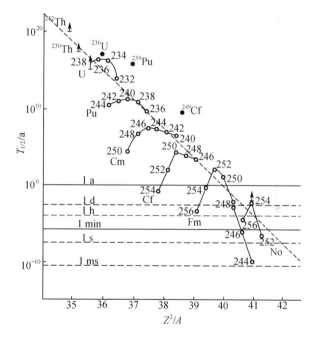

图 5.1 自发裂变半衰期与母核 Z^2/A 的关系[9]

变。球形原子核首先变成椭球,逐渐拉长成哑铃状,最后裂成两块,如图 5.2 所示。所以,原子核的稳定条件为

$$V_{el} - V_{sp} > 0 \qquad (5.4)$$

在原子核结合能的半经验公式(1.34)中,原子核形状发生变化时,物质密度没有发生变化,体积能不变,只有表面能和库仑能受核形状的影响。表面张力将力图使核保持球形,而库仑斥力将使核形变增大。因此,裂变势垒的大小将与核库仑能和核表面能的比值有关。在仅考虑(1.34)式中的表面能和库仑能的情况下,可得到

$$V_{el} - V_{sp} = \frac{1}{5}\varepsilon^2(2E_{S0} - E_{C0}) \qquad (5.5)$$

式中,E_{C0}为同体积球形核库仑能;E_{S0}代表同体积球形核表面能;ε为核电四极矩中的形变参数。为满足 $V_{el} - V_{sp} > 0$,就要求

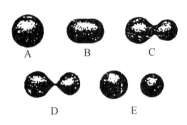

$$2E_{S0} - E_{C0} = 2a_S A^{2/3} - a_C \frac{Z^2}{A^{1/3}} > 0$$

式中,a_S, a_C为(1.34)式中的系数。代入 a_S, a_C,即可得到满足(5.4)式的条件:

图 5.2   裂变核的几个阶段示意图

$$Z^2/A < 51$$

下面讨论裂变势垒的形成。原子核由球形向椭球形变化过程中:在小形变阶段,表面能的增加比库仑能的减少快,导致原子核的势能增加;当形变大到一定程度后,表面能的增加不如库仑能的减少快,原子核的势能开始下降,这就形成了裂变势垒,高度用 E_b 表示。

根据液滴模型,可得到裂变势垒高度 E_b 的近似公式,当$2/3 < E_{C0}/2E_{S0} < 1$ 时:

$$E_b = 0.83\left(1 - 0.022\frac{Z^2}{A}\right)^3 E_{S0} \qquad (5.6)$$

(5.6)式表明:Z^2/A越大,即越重的核E_b越小,裂变越容易发生,这与实验结果大致相符。但锕系核素的裂变势垒高度 $E_b \approx 6$ MeV,几乎不随 Z^2/A 变化。

由此可以看出,核裂变的液滴模型理论虽解释了一些物理现象,但局限性也是明显的。有人在其基础上用壳模型进行了修正,解决了锕系的双峰势垒和裂变同质异能素,取得了巨大的进展,这些内容已不在我们讨论的范围。

表5.1列出了一些重核的自发裂变半衰期。

表 5.1   一些重核的自发裂变半衰期

核素	$T_{1/2}$(SF)	核素	$T_{1/2}$(SF)
^{226}Ra	$>10^{14}$ a	^{238}U	1.01×10^{16} a
^{232}Th	$>10^{21}$ a	^{252}Cf	85.5 a
^{239}Np	$>10^{12}$ a	^{254}Cf	60.5 d
^{244}Cm	1.25×10^7 a	^{248}Fm	10 h
^{235}U	1.8×10^{17} a	^{252}No	4 s

3. 裂变份额 R_{SF}

重核大多数具有 α 放射性,自发裂变与 α 衰变是相互竞争的过程,它们是重核蜕变的两种形式,将发生自发裂变和 α 衰变的衰变常数分别记为 λ_{SF} 和 λ_α,定义裂变份额 R_{SF} 为

$$R_{SF} = \frac{\lambda_{SF}}{\lambda_{SF} + \lambda_\alpha} \qquad (5.7)$$

对$^{235}_{92}$U,$\lambda_\alpha = 9.84 \times 10^{-10}$ a^{-1},$\lambda_{SF} = 3.85 \times 10^{-18}$ a^{-1},其裂变份额为

$$R_{SF} = \lambda_{SF}/(\lambda_{SF} + \lambda_\alpha) \approx 0$$

对 $^{252}_{98}$Cf，$\lambda_\alpha = 0.254\ \mathrm{a}^{-1}$，$\lambda_{SF} = 8.10 \times 10^{-3}\ \mathrm{a}^{-1}$，其裂变份额为 $R_{SF} = 3.1\%$；

而 $^{254}_{98}$Cf 的自发裂变概率比 α 衰变概率大很多，其裂变份额可达 $R_{SF} = 99.7\%$。

裂变碎片是很不稳定的原子核，一方面碎片处于较高的激发态，另一方面它们是远离 β 稳定线的丰中子核，因此可能发射中子，所以自发裂变核又是一种很强的中子源。超钚元素的某些核素，如 ^{244}Cm，^{249}Bk，^{252}Cf，^{255}Fm 等具有自发裂变的性质，尤其以 ^{252}Cf 最为突出。如 1 g 的 ^{252}Cf 体积小于 $1\ \mathrm{cm}^3$，每秒却可发射 2.31×10^{12} 个中子，但其半衰期较短（$T_{1/2} = 2.645\ \mathrm{a}$），给 ^{252}Cf 源在核技术中的应用带来了不小的困难。

4. 裂变同质异能素

1962 年，苏联杜布纳研究小组在由重离子核反应合成 102 ～ 104 号新元素时，发现 ^{242}Am 有个同质异能素，它以自发裂变方式衰变，其 $T_{1/2} = 14\ \mathrm{ms}$，比通常的 ^{242}Am 的自发裂变半衰期小 21 个数量级。它不同于 γ 跃迁中的同质异能素，这种同质异能素与基态的主要差异不是自旋而是形状，因而称为裂变同质异能素或形状同质异能素。常在核素符号左上角质量数的右边标以 f，例如 ^{242f}Am。目前已发现的裂变同质异能素有三十多种。

5.1.2　诱发裂变

能发生自发裂变的核素不多，大量的裂变过程是诱发裂变，即当具有一定能量的某粒子 a 轰击靶核 A 时，形成的复合核发生裂变，其过程记为 $\mathrm{A}(\mathrm{a}, f_1) f_2$，其中 f_1, f_2 代表二裂变的裂变碎片。核反应中形成的复合核一般处于激发态，其激发能 E^* 超过它的裂变势垒高度 E_b 时，就会立即发生核裂变。诱发裂变中，中子诱发裂变是最重要的、也是研究最多的诱发裂变，这是由于中子与靶核没有库仑势垒，能量很低的中子就可以进入核内使其激发而发生裂变。而在裂变过程又有中子发射，因此可能会形成链式反应，这也是中子诱发裂变受到关注的原因。以 $^{235}\mathrm{U}(\mathrm{n}, f_1) f_2$ 反应为例，热中子即可产生诱发裂变：

$$\mathrm{n} + {}^{235}\mathrm{U} \rightarrow {}^{236}\mathrm{U}^* \rightarrow \mathrm{Y}_1 + \mathrm{Y}_2$$

这里，处于激发态的复合核 $^{236}\mathrm{U}^*$ 是裂变核；$\mathrm{Y}_1, \mathrm{Y}_2$ 代表两个裂变碎片（如 $^{139}_{56}\mathrm{Br}$ 和 $^{97}_{36}\mathrm{Kr}$），按碎片质量的大小，可称为重碎片和轻碎片。

1. 裂变激发能

诱发裂变的一般表达式为

$$\mathrm{n} + {}^{A}_{Z}\mathrm{X} \rightarrow {}^{A+1}_{Z}\mathrm{X}^* \rightarrow {}^{A_1}_{Z_1}\mathrm{Y}_1 + {}^{A_2}_{Z_2}\mathrm{Y}_2 \tag{5.8}$$

一般假定靶核静止，入射中子的动能为 T_n。

先看复合核的形成过程。此时由能量守恒定律可列出如下关系：

$$T_\mathrm{n} + [m_\mathrm{n} + M(Z,A)]c^2 = E^* + M(Z, A+1)c^2 \tag{5.9}$$

由（4.84）式（对于复合核的激发能的讨论见第 4 章的 4.4.2 节），复合核的激发能为入射粒子的相对运动动能（即在质心系的动能）和入射粒子与靶核的结合能之和，即

$$E^* = \frac{m_\mathrm{X}}{m_\mathrm{n} + m_\mathrm{X}} T_\mathrm{n} + B_{\mathrm{n}, \mathrm{X}} \tag{5.10}$$

式中，$B_{\mathrm{n}, \mathrm{X}}$ 为中子与靶核的结合能；$m_\mathrm{n}, m_\mathrm{X}$ 为中子和靶核的质量。根据复合核激发能和裂变势垒的相对大小，可以把诱发裂变分为热中子核裂变和阈能核裂变两种情况讨论。

（1）热中子核裂变

仍以 $^{235}\mathrm{U}$ 为例，中子与 $^{235}\mathrm{U}$ 核以一定的截面发生热中子反应，即

$$n + {}^{235}U \rightarrow {}^{236}U^* \rightarrow Y_1 + Y_2$$

其中热中子的动能 $T_n = 0.025\ 3\ \text{eV} \approx 0$，所以，复合核的激发能为

$$E^* \approx B_{n,{}^{235}U} = \Delta({}^{235}U) + \Delta(n) - \Delta({}^{236}U) = 40.921 + 8.071 - 42.446 = 6.546\ \text{MeV}$$

它大于 ^{236}U 的裂变势垒高度($E_b = 5.9\ \text{MeV}$)，所以，热中子即可诱发 ^{235}U 裂变。此外，^{233}U，^{239}Pu 也能由热中子引起裂变,这些热中子就能诱发裂变的核称为易裂变核。

（2）阈能核裂变

以 ^{238}U 为例：

$$n + {}^{238}U \rightarrow {}^{239}U^* \rightarrow Y_1 + Y_2$$

若仍以热中子入射，则 $^{239}U^*$ 的激发能为

$$E^* \approx \Delta({}^{238}U) + \Delta(n) - \Delta({}^{239}U) = 47.309 + 8.071 - 50.574 = 4.806\ \text{MeV}$$

但 ^{239}U 的 $E_b = 6.2\ \text{MeV}$，这说明复合核的激发能比其裂变势垒高度低,不容易发生裂变。但是如果入射的不是热中子，而是能量 $T_n \geq 1.4\ \text{MeV}$ 的快中子，则 $^{239}U^*$ 的能量状态将提高到裂变势垒顶部,就可以立即产生裂变。因此 $T_n = 1.4\ \text{MeV}$ 就是 ^{238}U 产生诱发裂变的阈能。除 ^{238}U 外,还有 ^{232}Th 等,这些热中子不能诱发裂变的核称为不易裂变核。

2. 裂变截面

诱发裂变概率由裂变截面 σ_f 表示。σ_f 的物理意义是:当单位面积上只有一个靶核时,入射一个粒子引起裂变的概率,即

$$\sigma_f = \frac{I_f}{I_a \cdot N_S} \tag{5.11}$$

其中,I_f,I_a 分别为单位时间内发生裂变和入射粒子的数目,N_S 为单位面积上的靶核数目。在实验上测出这些量就可以得出裂变截面。

表5.2列出了一些核素热中子反应的各个截面:σ_f 为裂变截面,σ_γ 为辐射俘获截面,σ_a 为吸收截面,σ_t 为总截面。由表上看出 ^{233}U、^{235}U 和 ^{239}Pu 的热中子裂变截面 σ_f 成为吸收截面 σ_a 和总截面 σ_t 中的主要构成部分。这些易裂变核素一般又称为核燃料。为了比较,表中也列出了 ^{238}U 和 ^{238}Pu 的热中子截面,显然 ^{238}U 的热中子裂变截面非常小,而 ^{238}Pu 的 $\sigma_f = 16.5\ \text{b}$,与辐射俘获相比,热中子诱发裂变仅处于次要地位。核燃料中只有 ^{235}U 是天然存在的,但其丰度只有 0.7%,而 ^{233}U 和 ^{239}Pu 都需要人工制造。

表5.2 一些核素的热中子截面(单位:b)

	^{233}U	^{235}U	^{238}U	^{238}Pu	^{239}Pu
σ_f	531.1 ± 1.3	582.2 ± 1.3	18.5×10^{-6}	16.5 ± 0.5	742.5 ± 3.0
σ_γ	47.7 ± 2.0	98.6 ± 1.5	2.70 ± 0.02	547 ± 20	268.8 ± 3.0
σ_a	578.8 ± 2.0	680.8 ± 1.3	2.70 ± 0.02	564 ± 20	$1\ 011.3 \pm 4.2$
σ_t	587.0 ± 1.3	694.6 ± 1.1	11.60 ± 0.16	588 ± 20	$1\ 019 \pm 6$

图5.3给出了 ^{233}U，^{235}U，^{239}Pu 的裂变截面 σ_f 随中子能量的变化关系。在慢中子区,热中子截面最大,且服从 $1/v$ 规律,v 为中子速度。

一些阈裂变核的中子裂变激发曲线如图5.4所示,从图中可见,当入射中子能量超过某一

值后,裂变截面 σ_f 随中子能量迅速上升而呈阶梯形状。除了中子诱发裂变外,一些带电粒子,如 p,d,α 等,也可能引起诱发裂变,但带电粒子需要克服原子核的库仑势垒才能进入原子核,因此必须带有一定的能量才能引起裂变反应。此外,γ 射线也可能引起核裂变(称为光致裂变),一般记作 $\mathrm{A}(\gamma, f_1)f_2$。

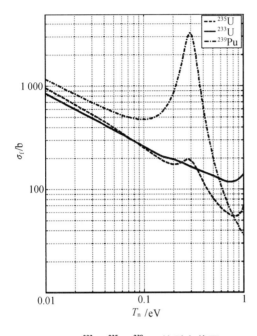

图 5.3　$^{233}\mathrm{U}$,$^{235}\mathrm{U}$,$^{239}\mathrm{Pu}$ 的裂变截面

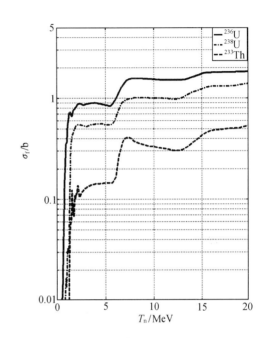

图 5.4　$^{232}\mathrm{Th}$,$^{236}\mathrm{U}$,$^{238}\mathrm{U}$ 阈裂变截面

5.1.3　裂变后现象

裂变后现象是指裂变碎片的各种性质及其随后的衰变过程及产物,如碎片的质量、能量、释放的中子、γ 射线等。

裂变产生的两个碎片可能有多种组合方式。例如热中子进入 $^{235}\mathrm{U}$ 引起裂变,可分裂为 $^{144}\mathrm{Ba}$ 和 $^{89}\mathrm{Kr}$,也可分裂为 $^{140}\mathrm{Xe}$ 和 $^{94}\mathrm{Sr}$,以及其他多种可能。上述两种裂变过程可表示为

$$\mathrm{n} + {}^{235}\mathrm{U} \rightarrow {}^{236}\mathrm{U}^* \rightarrow {}^{144}\mathrm{Ba} + {}^{89}\mathrm{Kr} + 3\mathrm{n}$$
$$\mathrm{n} + {}^{235}\mathrm{U} \rightarrow {}^{236}\mathrm{U}^* \rightarrow {}^{140}\mathrm{Xe} + {}^{94}\mathrm{Sr} + 2\mathrm{n}$$

原子核裂变后产生两个质量不同的碎片,它们受到库仑排斥而飞离出去,使得裂变释放的能量大部分转化成碎片的动能,这两个碎片称为初级碎片。初级碎片是很不稳定的原子核,这一方面是由于碎片具有很高的激发能,另一方面它们是远离 β 稳定线的丰中子核。因而初级碎片会直接发射中子(通常为 1 ~ 3 个),在发射中子后,仍处于激发态的碎片进一步发射 γ 光子而退激。在上述过程中发射的中子和 γ 光子是在裂变后小于 10^{-16} s 的短时间内完成的,所以称为瞬发裂变中子和瞬发 γ 光子。

发射瞬发中子和瞬发 γ 射线后的裂片称为次级裂片或称裂变的初级产物。初级产物仍是丰中子核,经过多次 β⁻ 衰变链,最后转变成为稳定的核素。对不同的裂变核就会有不同的 β⁻ 衰变链,例如,著名的 A = 140 重碎片的 β⁻ 衰变链为

$$^{140}\text{Xe} \xrightarrow{\beta^-,13.60\text{ s}} {}^{140}\text{Cs} \xrightarrow{\beta^-,63.7\text{ s}} {}^{140}\text{Ba} \xrightarrow{\beta^-,12.752\text{ d}} {}^{140}\text{La} \xrightarrow{\beta^-,1.678\text{ d}} {}^{140}\text{Ce}(\text{稳定})$$

在发现 β^- 放射性的同时有钡、镧的沉淀物,对这个衰变链的研究,导致发现了核裂变现象。

轻碎片中 $A = 99$ 的 β^- 衰变链:

$$^{99}\text{Nb} \xrightarrow{\beta^-,15.0\text{ s}} {}^{99}\text{Mo} \xrightarrow{\beta^-,2.749\text{ d}} {}^{99}\text{Tc} \xrightarrow{\beta^-,2.11\times10^5\text{ a}} {}^{99}\text{Ru}(\text{稳定})$$

β^- 衰变的半衰期一般大于 10^{-2} s,相对于瞬发裂变中子和 γ 射线的发射,这是慢过程。在连续 β^- 衰变过程中,有些核素可能具有较高的激发能,其激发能超过中子结合能,就有可能发射中子,这时发射的中子在时间上受 β^- 衰变过程的制约,所以称为缓发中子。缓发裂变中子的产额占裂变中子数的 1%。当然连续 β^- 衰变过程中各核素也仍会继续发射 γ 射线。图 5.5 给出了裂变后过程的示意图。

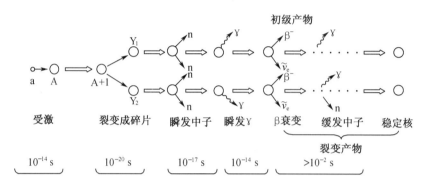

图 5.5 诱发裂变及裂变后过程的示意图

裂变过程很复杂,其产物也相当多。下面就裂变后产生碎片的质量分布、能量分布和中子的发射等作一简要介绍。

1. 裂变碎片的质量分布

裂变碎片的质量分布,又称裂变碎片按质量分布的产额,具有一定的规律性。发射中子前和发射中子后的碎片的质量分布有些差异,但基本特征是相同的。

在二裂变情况下,碎片 Y_1,Y_2 的质量 A_{Y_1},A_{Y_2} 的分布有两种情况:对 $Z \le 84$(如 $_{84}\text{Po}$)和 $Z \ge 100$(如 $_{100}\text{Fm}$,$_{101}\text{Md}\cdots$)的核素,$A_{Y_1} = A_{Y_2}$ 的对称分布的概率最大,称为对称裂变;对于 $90 \le Z \le 98$(即 $_{90}\text{Th} \sim {}_{98}\text{Cf}$)的核素,其自发裂变和低激发能诱发裂变的碎片质量分布是非对称的,称为非对称裂变,随激发能的提高,非对称裂变向对称裂变过渡。

图 5.6 给出了热中子诱发 ^{235}U 裂变产生的碎片的质量分布,这是一个典型的非对称分布[1]。重碎片的质量数的峰值 $A_H \approx 140$,而轻碎片峰值 $A_L \approx 96$,$A_H + A_L \approx 236$(即为复合核 ^{236}U 的质量数),具有这样性质的 A_H 和 A_L,便称它们是互补的。

对质量数在 228 ~ 255 的锕系元素(如 ^{233}U,^{239}Pu,^{252}Cf 等)裂变后碎片的质量作了统计,其中重碎片质量均为 $A_H \approx 140$,而且,A_H,A_L 互补。这说明 $A_H = 140$ 的核特别容易形成,这是由核结构的壳效应引起的。图 5.7 表示了轻重碎片平均质量数随裂变核质量数的变化,其中重碎片的质量平均数在 $A_H \approx 140$ 几乎不变,而轻碎片则随裂变核质量数而改变。

---

①   K. F. Flynn and L. E. Glendenin,Rep. ANL-7749(1970).

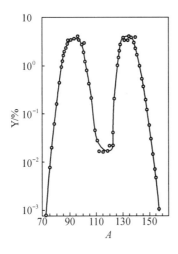

图 5.6　热中子诱发的 ^{235}U 裂变
产生的碎片的质量分布

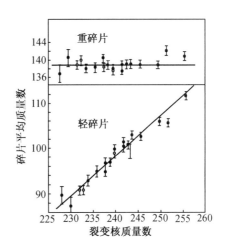

图 5.7　轻重两群碎片平均质量数
随裂变核质量的变化

2. 裂变能及其分配

根据能量守恒定律,重核发生二裂变的裂变能可以表示为

$$Q_f = \Delta Mc^2 = \left[M^*(Z_0, A_0) - M(Z_1, A_1) - M(Z_2, A_2) - \nu m_n \right] c^2 \tag{5.12}$$

式中,$M^*(Z_0, A_0)$ 代表激发态复合核的原子质量;$M(Z_1, A_1)$,$M(Z_2, A_2)$ 为发射中子后的碎片经 β^- 衰变而形成的两个稳定核的原子质量;ν 为裂变中发射的中子数。以 ^{235}U 热中子诱发裂变的一种裂变道为例,其裂变产物为两碎片 ^{140}Xe、^{94}Sr 和两个裂变中子,即

$$n + {}^{235}U \rightarrow {}^{236}U^* \rightarrow {}^{140}Xe + {}^{94}Sr + 2n \rightarrow {}^{140}Ce + {}^{94}Zr + 2n$$

由核素表查得各核素的原子质量,代入可算出裂变能 $Q_f = 208.2$ MeV。

这些能量大部分由裂变碎片带走,在表 5.3 中给出了慢中子诱发的 ^{235}U 和 ^{239}Pu 的裂变能量分配表,表中的数值均为平均值。

表 5.3　慢中子诱发裂变每次裂变的能量分配(单位:MeV)

靶核	^{235}U	^{239}Pu	靶核	^{235}U	^{239}Pu
轻碎片	99.8	101.8	裂变产物 β	7.8	8
重碎片	68.4	73.8	裂变产物 γ	6.8	6.2
裂变中子	4.8	5.8	中微子(测不到)	(12)	(12)
瞬发 γ	7.5	7	可探测总能量	195	202

3. 裂变中子

裂变中子包含瞬发中子和缓发中子两部分,缓发中子约占总数的 1%。瞬发中子的能谱 $N(E)$ 和每次裂变放出的平均中子数 $\bar{\nu}$ 是重要的物理量。实验结果显示,瞬发中子谱 $N(E)$ 可用麦克斯韦分布来表示:

$$N(E) \propto \sqrt{E}\exp(-E/T_{\mathrm{M}}) \tag{5.13}$$

其中 T_{M} 称为麦克斯韦温度。由此可计算出裂变中子的平均能量为

$$\bar{E} = \frac{\int_0^\infty EN(E)\,\mathrm{d}E}{\int_0^\infty N(E)\,\mathrm{d}E} = \frac{3}{2}T_{\mathrm{M}} \tag{5.14}$$

图 5.8 给出了^{235}U 热中子诱发裂变中子能谱的实验点和麦克斯韦分布拟合曲线。

^{252}Cf 自发裂变的裂变中子能谱和^{235}U 热中子诱发裂变中子能谱具有相同的分布,并常作为标准的裂变中子能谱,它们的麦克斯韦温度和裂变中子平均能量分别为

^{252}Cf(SF):　$T_{\mathrm{M}} = 1.453 \pm 0.017$ MeV　　$\bar{E} = 2.179 \pm 0.025$ MeV

^{235}U + n:　$T_{\mathrm{M}} = 1.319 \pm 0.019$ MeV　　$\bar{E} = 1.979 \pm 0.029$ MeV

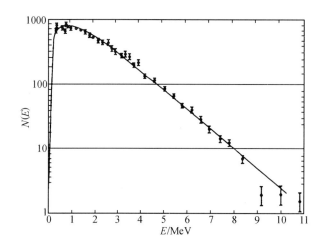

图 5.8　热中子诱发^{235}U 的裂变中子谱[9]

裂变中子平均能量 $\bar{E}$ 和每次裂变放出的平均中子数 $\bar{\nu}$ 有一定关系,可由蒸发模型得出如下半经验公式:

$$\bar{E} = A + B\sqrt{\bar{\nu} + 1} \tag{5.15}$$

A 和 B 可由实验确定,其值为 $A = 0.75$,$B = 0.65$。每次裂变放出的平均中子数 $\bar{\nu}$ 应由瞬发中子数 $\bar{\nu}_{\mathrm{p}}$ 和缓发中子数 $\bar{\nu}_{\mathrm{d}}$ 两部分组成:

$$\bar{\nu} = \bar{\nu}_{\mathrm{p}} + \bar{\nu}_{\mathrm{d}} \tag{5.16}$$

$\bar{\nu}$ 值是用实验测量的值按^{252}Cf 自发裂变的 $\bar{\nu} = 3.764$ 归一,可得出下列几种核燃料形成的裂变核的 $\bar{\nu}$ 值:

^{234}U:2.478 ± 0.007;^{236}U:2.405 ± 0.005;^{240}Pu:2.884 ± 0.007

缓发中子产生于裂变碎片的某些 β^- 衰变链中,缓发中子的半衰期就是中子发射体的 β^- 衰变母核的 β^- 衰变的半衰期。例如,在轻碎片 $A = 87$ 的 β^- 衰变链中,^{87}Br 经 β^- 衰变到^{87}Kr,^{87}Kr 的一个激发态可以发射中子,中子发射的半衰期就是^{87}Br 的 β^- 衰变半衰期 55.6 s。缓发中子的发射在反应堆的运行控制中具有十分重要的作用。

5.1.4　链式反应和核反应堆

核燃料(例如 ^{235}U,下面也均以 ^{235}U 为例)吸收了一个慢中子后,可能产生裂变,裂变后放出的中子又能产生新的裂变,这种使裂变维持下去的过程称为链式反应。

要维持链式反应,基本条件是一个中子被吸收后产生裂变,裂变放射出来的新一代中子中平均至少有一个中子又能引起新的裂变,如果引起新裂变的中子平均不足一个,则链式反应终将停止;超过一个中子则链式反应将增强。所以,只有满足一定条件的体系才能实现链式反应。但是当核燃料的体积过大,裂变产生的大部分中子都能再次引起裂变,链式反应将会十分剧烈地进行下去而演变成核爆炸。为了使裂变能量能成为人类所利用的能源,需要在人工控制下实现链式反应,这种人工控制的链式反应装置称为裂变反应堆。

1. 实现链式反应的条件

要维持链式反应的基本条件是在考虑了裂变中的一切可能损失之后,任何一代中子的总数要等于或大于前一代的中子总数。这相邻两代中子总数(这里的中子总数应当是统计平均的概念)之比称为中子倍增系数:

$$k_\infty = \frac{此代中子总数}{前代中子总数} \tag{5.17}$$

k_∞ 表示无限大(所谓无限大,是指没有中子能从体系的表面泄漏出去)介质下的中子倍增系数。维持链式反应的条件即为 $k_\infty \geqslant 1$,其中 $k_\infty = 1$ 为临界状态,$k_\infty > 1$ 为超临界状态。在一个以天然铀为核燃料的无限大的热中子反应堆中,中子倍增系数 k_∞ 应为

$$k_\infty = f\varepsilon\eta p \tag{5.18}$$

①f 为热中子利用系数。热中子一部分被裂变核燃料所吸收,另一部分则为其他非裂变材料所吸收,因此热中子利用系数 f 可表示为

$$f = 被裂变材料吸收的热中子数/热中子总数 \tag{5.19}$$

这样,若前一代热中子的总数为 N_0,则只有 $N_0 f$ 个热中子能被核燃料 ^{235}U 所吸收。

②η 为每个热中子被 ^{235}U 俘获后产生能维持裂变的中子的概率。若每次裂变产生 $\bar{\nu}$ 个快中子,热中子的裂变截面 σ_{f},其余过程还包括 ^{235}U 和 ^{238}U 的辐射俘获(n,γ)截面 σ_γ,则

$$\eta = \bar{\nu}\sigma_{\mathrm{f}}/(\sigma_{\mathrm{f}} + \sigma_\gamma) \tag{5.20}$$

这时前代 $N_0 f$ 个热中子被核燃料吸收后,会产生 $N_0 f\eta$ 个这一代中子(快中子)。

③ε 为快中子增殖因子。快中子可以使天然铀中的 ^{238}U 产生裂变,也会放出裂变中子,这是有利于中子增殖的。快中子增殖因子为

$$\varepsilon = \frac{快中子裂变产生的中子数 + 热中子裂变产生的中子数}{热中子裂变产生的中子数} > 1 \tag{5.21}$$

考虑了快中子增殖因子,这样就有 $N_0 f\eta\varepsilon$ 个中子了。

④p 为逃脱共振俘获的概率。中子慢化至热中子的慢化过程中中子数目将会减少。当快中子与减速剂碰撞而减速到约为 6.5～200 eV 时,它们与 ^{238}U 将产生共振吸收,共振吸收截面相当大但又不发射中子。设中子逃脱共振吸收的概率为 p,只有逃脱了共振吸收的中子才能继续经过碰撞成为热中子,这时,这一代的热中子数成为 $N_0 f\eta\varepsilon p$。

在以上的过程中,N_0 个热中子经过一代循环以后,变成了 $N_0 f\eta\varepsilon p$ 个热中子,因此这一反应堆的中子倍增系数为

$$k_\infty = N_0 f\eta\varepsilon p/N_0 = f\eta\varepsilon p \tag{5.22}$$

(5.22)式就是著名的反应堆的四因子公式,这一公式没有考虑因反应堆有一定大小而发生的中子泄漏,因此(5.22)式又称为无限大介质中的反应堆中子倍增系数。

若反应堆堆芯体积是有限的,一般地说,中子的产生与反应堆体积成正比,而泄漏的中子数目则与反应堆的表面积成正比。反应堆越大,逃脱中子与产生中子的比例则越小,越有利于链式反应的维持,因此要维持链式反应,必定有一个适当的大小,这称为临界体积。对一个纯 ^{235}U 裸球,临界半径 $r_c = 6.7$ cm,与此相应的核燃料的临界质量为 22.7 kg。

设 P 为中子不泄漏的概率,则有限大小的反应堆的中子倍增系数应为

$$k_{\text{eff}} = f\eta\varepsilon p P \tag{5.23}$$

显然,k_{eff} 比 k_∞ 小。

这些因子与反应堆的结构均有关系,例如,用天然铀和石墨均匀混合的介质,当碳原子数与铀原子数之比为 400:1 时,可计算出 $k_\infty = 0.78$,达不到临界条件即不可能维持链式反应,若将天然铀制成直径 0.025 m 的棒状物,插入石墨减速剂中形成栅格状,两铀棒之间距离为 0.11 m。这时可计算出下列参数:

$$\varepsilon = 1.028, \quad p = 0.905, \quad f = 0.888, \quad \eta = 1.308$$

从而得出:

$$k_\infty = f\eta\varepsilon p = 1.081$$

这种"裸堆"只要边长为 5.55 m 的立方体,就可达到 $k_{\text{eff}} = 1$ 的临界状态。但实际上,"裸堆"外要包一层反射层,反射层通常用非裂变材料如石墨、铍等制成,有了反射层,中子逃脱数目减少,因而可以减少临界体积。

2. 反应堆的控制

反应堆既要维持链式反应,又不能让链式反应发展到不可收拾的地步而引起爆炸,这就需要对反应堆进行控制。反应堆控制主要是控制堆内中子的密度,从而改变 k_{eff}。通常是用吸收热中子截面很大的材料如镉(Cd)和硼(B)做成柱形控制棒,由它插入反应堆活性区的深浅来控制中子密度。

对于反应堆中的中子密度 $n(t)$ 可做如下估计:一个中子从产生到被吸收称为一代中子,它所经过的时间 τ 叫作一代时间。对天然铀 - 石墨反应堆,$\tau \approx 10^{-3}$ s。按(5.23)式 k_{eff} 的定义,单位体积内原有的 $n(t)$ 个中子经过 τ 时间后便产生了 $n(t)k_{\text{eff}}$ 个中子,因此单位时间内平均增长的中子数为

$$\frac{\mathrm{d}n(t)}{\mathrm{d}t} = n(t)(k_{\text{eff}} - 1)/\tau$$

它的解为

$$n(t) = n(0)\mathrm{e}^{(k_{\text{eff}}-1)t/\tau} \tag{5.24}$$

所以,中子密度是指数增长的。我们定义反应堆周期 T 为

$$T = \tau/(k_{\text{eff}} - 1) \tag{5.25}$$

则由(5.24)式可知,经过一个反应堆周期 T 后,$n(t)$ 比原中子密度增长了 e 倍。如果 $\tau \approx 0.001$ s,则当 $k_{\text{eff}} = 1.001$ 时,$T = 1$ s;当 $k_{\text{eff}} = 1.01$ 时,$T = 0.1$ s。为了能从容地控制反应堆,要求反应堆周期 T 不能太短。在延长 T 的问题上,缓发中子起了重要的作用,缓发中子比瞬发中子有较长的滞后时间,这就使得反应堆周期 T 大大延长了。

反应堆中一代时间 τ 决定于中子发射时间 τ_1 和中子慢化时间 τ_2，$\tau = \tau_1 + \tau_2$。通常在石墨慢化剂中，$\tau_2 \approx 0.001$ s；如果仅考虑瞬发中子，$\tau_1 \approx 10^{-15}$ s，则 $\tau \approx \tau_2 = 0.001$ s。取 $k_{eff} = 1.005$，则 1 s 后中子密度为

$$n(1) = n(0) e^{(1.005-1) \times 1/0.001} = n(0) e^5 \approx 148 n(0)$$

即 1 s 后，中子密度增长了 148 倍，显然，此时中子增长太快，难以实现控制。

对缓发中子而言，缓发中子的发射时间由 β 衰变的半衰期而定，平均有 $\tau \approx \tau_1 \approx 0.1$ s。于是，当取 $k_{eff} = 1.005$ 时，1 s 后中子密度为

$$n(1) = n(0) e^{(1.005-1) \times 1/0.1} = n(0) e^{0.05} \approx 1.05 n(0)$$

此时，中子密度只增加了 5%，这就比较容易实现控制。

为了使缓发中子在中子的增殖中发挥控制作用，需要合理地选择 k_{eff} 值。通常选取在不考虑缓发中子贡献时 $k_{eff} \leq 1$，只有缓发中子也参与裂变时，才有 $k_{eff} \geq 1$。对 ^{235}U，缓发中子占裂变中子的份额为 $\delta = 0.006\ 4$，则应选择 $1 \leq k_{eff} \leq 1.006\ 4$。利用缓发中子后，反应周期可延长到几十秒，反应堆就可以从容控制了。

核反应堆可分为热中子反应堆和快中子反应堆。

热中子反应堆利用了 ^{235}U 等核燃料的热中子裂变截面大这一特点。由于裂变产生的中子是快中子，其动能约为 0.1 ~ 20 MeV，需要有减速剂，使中子慢化为热中子，再进行下一代的裂变，通用的减速剂是石墨、水或重水。这种反应堆可用于天然铀（含^{238}U，99.3%，^{235}U，0.7%）或低浓缩铀制成铀棒来实现链式反应。目前，用于核电站的大部分是热中子反应堆。

如果用高浓度的 ^{235}U 或 ^{239}Pu 作为核燃料，则不必对快中子进行慢化，而是依靠快中子进行裂变，这就是快中子反应堆，也称快堆。快堆还能用于核燃料的增殖，以利用天然铀中占绝大部分的 ^{238}U 或将地球含量极丰富的 ^{232}Th 制成为易裂变材料，反应过程如下：

$$^{238}\text{U}(n,\gamma)^{239}\text{U} \xrightarrow{\beta^-,\ 23.45\ \text{min}} {}^{239}\text{Np} \xrightarrow{\beta^-,\ 2.356\ \text{d}} {}^{239}\text{Pu}$$

和

$$^{232}\text{Th}(n,\gamma)^{233}\text{Th} \xrightarrow{\beta^-,\ 21.83\ \text{min}} {}^{233}\text{Pa} \xrightarrow{\beta^-,\ 26.975\ \text{d}} {}^{233}\text{U}$$

反应堆由铀棒、慢化剂（水或石墨）、控制棒、压力壳，及热交换器等组成。图 5.9 为压水反应堆（Pressurized Water Reactor，PWR）的示意图。这种反应堆是目前世界各国核电站采用的主要堆型。在压水反应堆中，用加压的水蒸气带出核能，水同时又是减速剂。在初级循环外面，都要加上坚固的屏蔽体外壳。

5.1.5 原子武器

如果引起裂变的第一代中子数为 N_0，那么经 n 代裂变后，中子数为 $N_0 k^n$。当 $k > 1$ 时，在短时间内会有很多核发生裂变。对于纯的 ^{235}U 来说，增殖系数可达 $k \approx 2$。假定在一块 ^{233}U 中，由于自发裂变、中子管或宇宙射线的中子等诱发一次裂变，那么经 80 代裂变后，其中子数可达 10^{24} 个。设中子的裂变自由程为 10 cm，80 次裂变中中子的总自由程为 8 m。热中子的速度约为 2×10^3 m/s，则爆炸将在百分之一秒内完成。原子弹就是利用了中子链式反应的爆炸性武器，除 ^{235}U 以外，^{233}U 和 ^{239}Pu 也可用于制造原子弹。

原子弹的结构形式有许多种，但一般是将几块或许多块小于临界体积的 ^{235}U 分放在一个密封的弹壳内。然后利用一引爆装置，使铀块紧紧地集中到一堆，使其超过临界体积，并适时

提供若干中子,则爆炸即刻发生。原子弹的基本组成部分是:引爆装置、普通炸药、弹壳、裂变材料、中子反射层等。

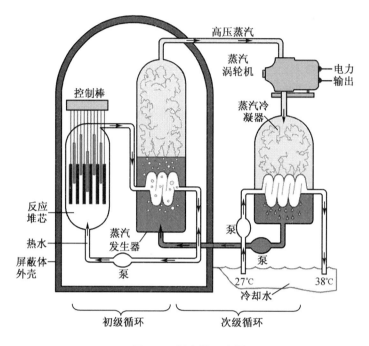

图 5.9　压水堆示意图

图 5.10 就是美国于 1945 年扔于日本广岛的外号为"小男孩"的原子弹,图中给出了该原子弹的结构示意图、外形尺寸、爆炸威力及爆炸过程等。当然,现代的原子弹在尺寸、威力和制导方面已远远优于第一颗原子弹,但其基本原理还是一样的。

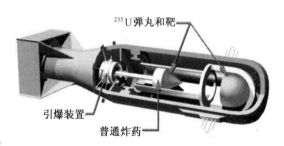

长度:10.5 英尺①

直径:2.4 英尺

质量:9 700 磅

爆炸威力:12 500 吨 TNT 当量

此核弹由 B - 29 轰炸机携带,用轰炸瞄准器瞄准,当核弹降落到 1 900 英尺时,引爆装置引爆其中的普通炸药,使一块楔形^{235}U 弹丸(55 磅)通过枪膛插入^{235}U 靶环(85 磅)中,产生自持的核裂变链式反应,引起爆炸。

图 5.10　"小男孩"原子弹示意图及简介

────────────

① 1 英尺 = 0.304 8 米;1 磅 = 0.453 592 37 千克。

5.2　原子核的聚变反应

我们已经理解,所谓原子能主要是指原子核结合能发生变化时释放的能量。以上介绍了获得原子能的一种途径:重核裂变。由比结合能曲线(图 1.4)我们容易发现,用轻核的聚变反应同样可以获得原子能。

5.2.1　轻核聚变

依靠轻核聚合而引起结合能的变化,以致获得能量的方法称为轻核的聚变,这是取得原子能的另一条途径。例如,以地球上海水中富有的氘进行聚变反应,可发生如下过程:

$$\left.\begin{aligned}
d + d &\rightarrow {}^3He + n + 3.25 \text{ MeV}\\
d + d &\rightarrow {}^3H + p + 4.0 \text{ MeV}\\
d + {}^3H &\rightarrow {}^4He + n + 17.6 \text{ MeV}\\
d + {}^3He &\rightarrow {}^4He + p + 18.3 \text{ MeV}
\end{aligned}\right\} \tag{5.26}$$

以上四个反应的总效果是

$$6d \rightarrow 2\,{}^4He + 2p + 2n + 43.15 \text{ MeV} \tag{5.27}$$

平均每个核子释放 3.60 MeV 的能量,大约是 ^{235}U 由中子诱发裂变时平均每个核子释放能量的 4 倍。核心问题是如何产生并利用这一巨大的能量呢? 对核裂变而言,^{235}U 可以由热中子引起裂变,继而又发生链式自持反应,因而可以用反应堆来产生并利用裂变能;但氘核是带电的,由于库仑斥力,室温下的氘核绝不会聚合在一起。氘核为了聚合在一起(靠短程的核力),首先必须克服长程的库仑斥力。我们已经知道,在核子之间的距离小于 10 fm 时才会有核力的作用,那时的库仑势垒高度为

$$V_c = \frac{e^2}{4\pi\varepsilon_0 \cdot r} = \frac{1.44 \text{ fm} \cdot \text{MeV}}{10 \text{ fm}} = 144 \text{ keV} \tag{5.28}$$

两个氘核要聚合,首先必须要克服这一势垒,平均每个氘核至少要有 72 keV 的动能,假如我们把它看成是平均动能($3kT/2$),则 $kT = 48$ keV,相应的温度为 $T = 5.6 \times 10^8$ K。如果考虑到粒子有一定的势垒贯穿概率和粒子的动能分布,有不少粒子的平均动能比 $3kT/2$ 大,那么,聚变的温度可降为 10 keV,即相当于 $T \approx 10^8$ K。但这仍然是一个非常高的温度,这时的物质处于等离子态,等离子态是物质的第四种状态,在这种情况下,所有原子都完全电离了。

不过,要实现自持的聚变反应并从中获得能量,仅靠高温还不够。除了把等离子体加热到所需温度外,还必须满足两个条件:①等离子体的密度 n 必须足够大;②所要求的温度和密度必须维持足够长的约束时间 τ。1957 年,劳逊(J. D. Lawson)把这两个条件定量地写成:

$$\left.\begin{aligned}
n\tau &= 10^{14} \text{ s/cm}^3 = 10^{20} \text{ s/m}^3\\
kT &= 10 \text{ keV}
\end{aligned}\right\} \tag{5.29}$$

这就是著名的劳逊判据,是实现自持聚变反应并获得能量增益的必要条件。

要使一定密度的等离子体在高温条件下维持一段时间是十分困难的事情。因为约束的“容器”不仅要能承受 10^8 K 的高温,而且还必须热绝缘,不能因等离子体与容器碰撞而降温,如何实现聚变反应,成为人类苦苦探索的难题!

5.2.2　太阳能——引力约束聚变

宇宙中能量的主要来源就是原子核的聚变,恒星的能源就是轻核聚变的结果。在太阳内部与其他恒星一样,其主要组成为处于等离子态的氢-质子,聚变过程为四个质子结合成一个^{4}He,主要有两个反应。

1. 碳循环,又称贝特(H. A. Bethe) 循环

它是由贝特在1938年提出来的,可以用下列反应式表示:

$$
\begin{array}{ll}
\text{反应方程式} & \text{反应或衰变寿命} \\
p + {}^{12}C \rightarrow {}^{13}N + \gamma + 1.95\ MeV & 10^6\ a \\
{}^{13}N \rightarrow {}^{13}C + e^+ + \nu + 2.22\ MeV & 10\ min \\
p + {}^{13}C \rightarrow {}^{14}N + \gamma + 7.54\ MeV & 2 \times 10^5\ a \\
p + {}^{14}N \rightarrow {}^{15}O + \gamma + 7.35\ MeV & 2 \times 10^7\ a \\
{}^{15}O \rightarrow {}^{15}N + e^+ + \nu + 2.75\ MeV & 2\ min \\
p + {}^{15}N \rightarrow {}^{12}C + {}^4He + \gamma + 4.96\ MeV & 10^4\ a
\end{array}
\tag{5.30}
$$

如图5.11所示。在循环过程中,碳核起催化剂作用,不增也不减,整个过程相当于4个质子合成一个^{4}He,同时放出两个正电子、两个中微子及26.7 MeV的聚变能。总的结果是:

$$4p \rightarrow {}^4He + 2e^+ + 2\nu + 26.7\ MeV \tag{5.31}$$

2. 质子-质子循环,又称克里齐菲尔德(C. L. Critchfield) 循环

可以用下列反应式表示:

$$
\begin{array}{ll}
\text{反应方程式} & \text{反应寿命} \\
p + p \rightarrow d + e^+ + \nu + 1.44\ MeV & 7 \times 10^9\ a \\
p + d \rightarrow {}^3He + \gamma + 5.49\ MeV & 4\ s \\
{}^3He + {}^3He \rightarrow {}^4He + 2p + 12.86\ MeV & 4 \times 10^5\ a
\end{array}
\tag{5.32}
$$

该过程表示于图5.12中,前两个反应各发生两次,第三个反应发生一次,总的效果是进去6个质子,放出一个^{4}He和两个质子、两个e^+和两个ν,因此同样有:

$$4p \rightarrow {}^4He + 2e^+ + 2\nu + 26.7\ MeV \tag{5.33}$$

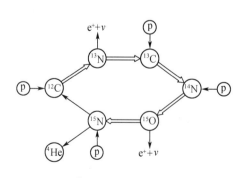

图5.11　碳循环

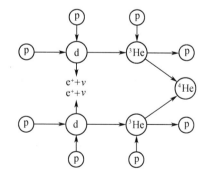

图5.12　质子-质子循环

这两个循环以哪一个为主主要取决于反应温度。当温度低于 1.8×10^7 K 时,以质子 – 质子循环为主,太阳的中心温度只有 1.5×10^7 K,在产生能量的机制中,质子 – 质子循环占 96% 。在许多比较年轻的热星体中,情况相反,碳循环更重要。

不论哪种循环,最终结果都是四个质子聚变,释放出 26.7 MeV 能量。每个质子贡献约 6.7 MeV,比^{235}U 裂变时每个核子的贡献大 8 倍。

正是太阳的巨大质量而产生的引力,把处于高温(10^7 K)的等离子体约束在一起发生热核聚变反应。在太阳中占主要反应的质子 – 质子循环反应很慢,这是由于其中第一个质子 – 质子反应,两个质子形成氘核过程中,其中一个质子必须发生 β^+ 衰变,这是个弱相互作用过程。此过程的反应截面约为 10^{-23} b,缓慢的反应速率保证了太阳的质量在今后的几百亿年内不会有显著的变化。

总之,太阳靠巨大的质量把外层为 6 000 K,中心温度为 1.5×10^7 K 的等离子体约束在一个半径 7×10^5 km 的大容器内,以十分慢的速率进行聚变反应。只有恒星能产生如此巨大的引力场,在地球上不可能把这么高温的等离子体约束这么长的时间。

5.2.3　氢弹——惯性约束聚变

为达到非自然的聚变反应,需要寻找在温度不太高时具有较大截面的反应。若要温度不太高,就要库仑势垒低。因此,很自然地应首先在氢同位素中寻找。

在(5.26)式中,反应截面最大、释放能量最多的反应是

$$d + T \to {}^4He + n + 17.6 \text{ MeV} \qquad (5.34)$$

在入射氘能量为 105 keV 附近出现共振,相应的截面为 5 b,当能量低于 100 keV 时,仍比其他反应的截面大,例如比 $d + d$ 反应大两个数量级。

氘(d)在天然氢中占 0.015% ,大约每 7 000 个氢原子中有一个氘原子,因此,从海水中可以大量地获得氘。但是,氚(T)在自然界是不存在的。不过,我们可由下列反应生产氚:

$$n + {}^6Li \to {}^4He + T + 4.9 \text{ MeV} \qquad (5.35)$$

因此,氘化锂($^6Li\,^2H$)可以作为热核武器氢弹的原料。氢弹的设计方案可以是:先在普通高效炸药引爆下使分散的裂变原料(^{235}U 或^{239}Pu)合并达到临界,发生链式反应,释放大量能量且产生高温高压,同时放出大量中子。中子与^6Li 反应产生氚,d 和 T 在高温高压下发生聚变反应。由于 $d + T$ 反应中产生 14 MeV 的中子能使^{238}U 裂变,因此,我们可把^{238}U 与氘化锂混在一起,导致裂变 – 聚变 – 裂变,整个过程在瞬间完成。全靠裂变的原子弹的当量一般为几万吨 TNT 当量,而氢弹(裂变加聚变)则可达百万吨,甚至千万吨级。

氢弹是在极短的时间内,利用惯性力将高温等离子体进行动力性约束的,简称惯性约束,是至今为止在地球上用人工方法大规模利用聚变能的唯一方法。

图 5.13 是美国 W87 热核弹头的结构示意图,取自 1999 年美国众议院特别委员会发表的"关于国家安全以及对华军事和商业关系的报告"(简称考克斯报告),爆炸威力达 300 000 吨 TNT 当量。

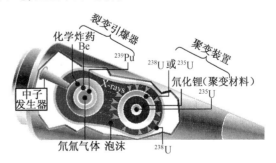

图 5.13　美国 W87 热核弹头的结构示意图

氢弹是人工实现的、不可控制的热核反应,有没有办法用人工可控制的方法实现惯性约束? 多年来人们作了各种探索。激光惯性约束是其中一个方案:在一个直径约为 400 μm 的小球内充以 30 ~ 100 大气压的氘 – 氚混合气体,让强功率激光(> 10^{12} W)均匀地从各个方向照射小球,使球内氘 – 氚混合体密度达到液体密度的 10^3 ~ 10^4 倍,温度达到 10^8 K 而引起聚变反应。

除激光惯性约束方案外,还有电子束、重离子束的惯性约束方案。不过,惯性约束方案至今为止还没有一个成功,科学家也正在为此而不懈努力。

5.2.4　可控聚变反应堆——磁约束

为达到人工实现可控制的聚变反应,应立足于地球上,尤其在海水中大量存在的氘作为聚变材料,实现(5.27)式中的聚变反应。磁约束的研究已有 50 余年历史,是研究可控聚变的最早的一种方法,也是目前看来最有希望的途径。

在磁约束实验中,带电粒子(等离子体)在磁场中受洛伦兹力的作用而绕着磁力线运动,因而在与磁力线相垂直的方向上就被约束住了,同时,等离子体也被电磁场加热。

由于目前的技术水平还不可能使磁场强度超过 10 特斯拉,因而磁约束的高温等离子体必须非常稀薄。如果说惯性约束是企图增大离子密度 n 来达到点火条件,那么磁约束则是靠增大约束时间 τ 来进行的。

磁约束装置的种类很多,其中最有希望的可能是环流器(环形电流器),又称托卡马克(Tokamak),见图 5.14。环流器主机的环向场线圈会产生几特斯拉的沿环形管轴线的环向磁场,由铁芯(或空芯)变压器在环形真空室内感生很强的等离子体电流。环形等离子体电流就是变压器的次级,只有一匝。由于感生的等离子体电流通过焦耳效应有欧姆加热作用,这个场又称为加热场。图 5.14(b)中 H_t 表示环场,H_p 表示角场。美国普林斯顿的托卡马克聚变试验堆(TFTR)于 1982 年 12 月 24 日开始运行,这是世界上四大新一代托卡马克装置之一。装置中的真空室大半径为 2.65 m,小半径 1.1 m;等离子体电流为 2.65 MA。

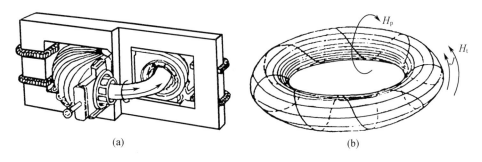

(a)　　　　　　　　　　　　　　　　　　(b)

图 5.14　托克马克(环流器装置示意图)

(a)示意图;(b)磁场的螺旋形结构

图 5.15 表示,到 1988 年为止,世界上不同的聚变装置已达的水平(即 $n\tau$ 及 T 值),图中 Q 称为能量增益因子,$Q = 1$ 表示得失平衡条件;$Q = 0.2$ 表示输出为输入的五分之一。

1993 年美国在 TFTR 装置上使用氘、氚各 50% 的混合燃料,温度达到 3 亿至 4 亿摄氏度,两次实验释放的聚变能分别为 0.3 万千瓦和 0.56 万千瓦,能量增益因子 Q 值达 0.28。1997

年联合欧洲环 JET 输出功率又提高到 1.61 万千瓦,持续时间 2 s,Q 值达到 0.65。1997 年 12 月,日本宣布,在 JT-60 上成功进行了氘-氚反应实验,Q 值可以达到 1.00。在 JT-60U 上,还达到了更高的等效能量增益因子,大于 1.3。

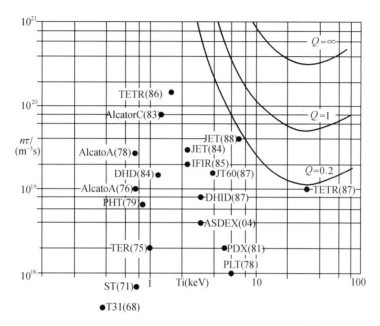

图 5.15　不同聚变装置在不同年代达到的水平[10]

另外,超导技术成功地应用于产生托卡马克强磁场的线圈,建成了超导托卡马克,使得磁约束位形的连续稳态运行成为现实,这是受控核聚变研究的一个重大突破。超导托卡马克是公认的探索、解决未来具有超导堆芯的聚变反应堆工程及物理问题的最有效途径。2002 年初,中国 HT-7 超导托卡马克实现了放电脉冲长度大于 100 倍能量约束时间、电子温度 2 000 万摄氏度的高约束稳态运行,中心密度大于每立方米 1.2 × 10^{19}。目前,全世界仅有俄、日、法、中四国拥有超导托卡马克。这些实验表明,磁约束核聚变研究已进入真正的氘-氚燃烧试验阶段。

ITER 计划是 1985 年由美苏两国首脑倡议提出的,其目的是建造一个聚变实验堆,探索和平利用聚变能发电的科学和工程技术可行性,为实现聚变能商业应用奠定基础。ITER 从 1988 年开始概念设计到完成《工程设计最终报告》,历时 13 年之久。该计划谈判从最初的欧盟、日本、俄罗斯和加拿大四方增加到中国、欧盟、印度、日本、韩国、俄罗斯和美国七方,从而成为当今世界最大的多边国际科技合作项目之一。

ITER 场址设在法国南部埃克斯以北的卡达哈什,ITER 装置建设已经开始,并计划于 2019 年实现第一等离子体。ITER 计划将为聚变示范堆奠定基础,按乐观估计,21 世纪中叶或稍晚可望实现聚变能商业化。

思 考 题

5-1 发生自发裂变的条件是什么？裂变能的定义是什么？

5-2 由中子引起的诱发裂变中如何区分易裂变核素和非易裂变核素？如何计算阈能核裂变的阈能？

5-3 慢中子的诱发裂变截面(即慢中子与易裂变核的核反应)的 $1/v$ 规律是什么意思？并指出 σ_0 和 v_0 的物理意义及大小。

5-4 指出裂变过程中瞬发裂变中子和缓发裂变中子在反应堆控制中的作用。

5-5 什么是引力约束、惯性约束和磁约束？

5-6 在氢弹中的核聚变反应是利用(d,T)反应,在可控热核聚变中是用(d,d)反应,而不采用太阳中的(p,p)反应,为什么？

习 题

5-1 ^{235}U 俘获一个热中子时,分裂成两个碎片,其质量数分别为 96 和 140。设两碎片的总动能为 165 MeV,试计算每一个碎片的动能和速度。

5-2 试计算^{234}U 和^{241}Am 的裂变阈能。

5-3 假定^{235}U 在吸收一个热中子后裂变成^{143}Ba,^{90}Kr 两个碎片,已知^{143}Nd,^{90}Zr 为稳定核素,试写出它们的衰变链。

5-4 计算聚变反应$^2_1$H$ + ^3_1H \rightarrow ^4_2He + ^1_0$n 产生的能量,并利用该结果,计算一个 100 兆瓦的电厂一年需要多少氘(^{2}H)和氚(^{3}H)？

5-5 地球表面海水总量为 10^{18}吨,海水中氢与氘原子数之比为 $1:1.5 \times 10^{-4}$。每克氘可放出 10^5 kW·h 聚变能,试计算海水中蕴藏的氘聚变能总量。

5-6 设一个聚变堆的功率为 100 万千瓦,以 d + T 为燃料,试计算一年要消耗多少氘？若改用煤作燃料,则每年要消耗多少煤？(煤的燃料热约为 3.3×10^7 J/kg)

第6章 辐射与物质的相互作用

辐射物理学关注的另一个重要领域是辐射与物质的相互作用。只有当辐射穿过物质并和物质发生相互作用时才会留下有关辐射的种类、能量、强度等信息，这些信息为辐射的探测及应用提供了物理基础。另外，对相互作用引起的物质吸收能量规律的研究，构成了辐射剂量学的物理基础，为辐射的屏蔽和辐照应用提供了依据。因此，对辐射与物质的相互作用的深入了解是十分重要的。

6.1　辐射与物质相互作用概述

辐射的种类很多，能量范围也很宽，但一般说来，我们只关注能量在 10 eV 量级以上的辐射。这个能量下限是辐射或辐射与物质相互作用的次级产物能使空气等典型材料发生电离所需的最低能量。能量大于这个最低能值的辐射称作电离辐射（Ionizing Radiation）。慢中子（尤其是热中子）本身的能量可能低于上述能量下限，但由于由慢中子引发的核反应及核裂变产物具有相当大的能量，因而也归入这一范畴。辐射（Radiation）又称射线（Ray），本书主要涉及的是原子或原子核蜕变及核反应过程产生的辐射。

6.1.1　辐射的分类

电离辐射按其电荷及其他性质，通常可分为四大类，如表6.1所示。下面分别作一简述：

表6.1　辐射探测涉及的四类辐射

带电粒子辐射		非带电（粒子）辐射
快电子	⬅🔲	电磁辐射
重带电粒子	⬅🔲	中子

1. 快电子

电子（Electron）是1897年汤姆逊（J. J. Thomson）研究阴极射线时发现的。通常说的电子带单位负电荷，其反粒子带单位正电荷，称为正电子（Positron）。辐射探测中涉及的快电子有：β衰变产生的β射线、内转换电子、γ射线与物质相互作用产生的次电子、由加速器产生的具有相当高能量的连续电子束或脉冲电子束等。

2. 重带电粒子

重带电粒子指质量为一个或多个原子质量单位并具有相当能量的带电粒子，一般带正电荷。重带电粒子实质上是壳层电子被完全或部分剥离的原子核，如α粒子为氦原子核，质子为氢核，氘为重氢的核，裂变产物和核反应产物则是较重的原子的核组成的重带电粒子。

3. 电磁辐射

辐射探测中涉及的电磁辐射包括两类：γ射线和X射线。其中γ射线指由核发生的或由物质与反物质之间的湮灭过程中产生的电磁辐射,前者称为特征 γ 射线,后者称为湮灭辐射;X 射线指处于激发态的原子退激时发出的电磁辐射或带电粒子在库仑场中慢化时所辐射的电磁辐射,前者称为特征 X 射线,后者称为韧致辐射。

4. 中子

中子不带电,一般由核反应、核裂变等核过程产生,易与物质发生核反应。辐射探测中,可以通过各种核反应探测中子。

快电子和重带电粒子为带电辐射,电磁辐射和中子为非带电辐射。带电辐射和非带电辐射与物质相互作用有着显著的区别。国际辐射单位和测量委员会(International Commission on Radiation Units and Measurements,简称 ICRU)推荐的有关电离辐射的术语中,强调了这种区别,将带电辐射和非带电辐射分别称为直接致电离辐射和间接致电离辐射。

①直接致电离辐射 快速带电粒子通过物质时,沿着粒子径迹通过许多次小的库仑力相互作用,将其能量传递给物质。

②间接致电离辐射 X/γ 射线或中子通过物质时,可能会发生少数几次相对而言较强的相互作用,把其部分或全部能量转移给它们所通过物质中的某带电粒子,然后,所产生的快速带电粒子再按①的方式将能量传递给物质。

可以看出,间接致电离辐射在物质中沉积能量需要两个过程——先把能量传递给某带电粒子,然后带电粒子沉积能量。表 6.1 中的箭头表示了间接致电离辐射的第一个过程所产生的带电粒子,X 或 γ 射线将其全部或部分能量传递给物质中原子核外的电子,产生次级电子(secondary electrons);中子则几乎总是以核反应或核裂变过程产生次级重带电粒子。

本章主要阐述重带电粒子、快电子以及电磁辐射与物质的相互作用,中子与物质的作用见第 13 章。

由于非带电粒子是先通过与物质相互作用产生带电粒子才实现能量的转移或沉积的,所以,带电粒子与物质的相互作用是辐射与物质相互作用的基础。

6.1.2 带电粒子与靶物质原子的碰撞过程

在核工程和核技术应用领域内,主要涉及辐射的能量范围为几 keV 到 20 MeV。在这个能量范围内,带电粒子穿过靶物质时主要通过库仑力与靶物质原子发生相互作用,归纳起来可分为四种作用方式:①与核外电子的非弹性碰撞;②与核外电子的弹性碰撞;③与原子核的非弹性碰撞;④与原子核的弹性碰撞。

弹性碰撞和非弹性碰撞的唯一区别在于前者在碰撞过程中动能守恒,而后者则会将入射粒子的动能转化为其他形式的能量,例如转化为靶物质原子的激发、电离能,或转化为电磁辐射能,我们把这部分能量用 ΔE 表示。当 $\Delta E = 0$ 时,为弹性碰撞,当 $\Delta E \neq 0$ 时,为非弹性碰撞。

由于碰撞的发生,一定能量的带电粒子在靶物质中会经历一个慢化的过程,如果靶物质足够厚,入射的带电粒子将最终停留在靶物质中。入射带电粒子也有穿透原子核的库仑势垒而发生核反应的现象,但发生的概率很小,对带电粒子的探测几乎没有影响。所以,我们只讨论上述四种碰撞的机制,并进一步分析各种碰撞过程引起的入射带电粒子的运动状态和靶物质原子状态的变化。

1. 带电粒子与靶物质原子中核外电子的非弹性碰撞

带电粒子进入任何一种物质后,入射带电粒子均会与物质原子的核外电子发生库仑作用,使电子获得能量,并改变物质原子的能量状态,引起电离和激发。

电离(Ionization)——电子克服原子核束缚成为自由电子,靶原子就分离为一个自由电子和一个失去一个电子的原子——正离子。原子最外层电子受原子核的束缚最弱,所以这些电子最容易被击出。有的自由电子具有足够的动能,可继续与其他靶原子发生相互作用,进一步产生电离,这些高速电子称为 δ 电子。

激发(Excitation)——如果转移能量较小,不足以发生电离过程,但可以使电子由低能级跃迁到高能级而使原子处于激发状态。处于激发态的原子不稳定,将很快从激发态跃迁回基态并发光。

入射带电粒子与核外电子发生非弹性碰撞,在核外电子获得能量的同时,带电粒子的能量将减少,运动速度降低。带电粒子正是通过大量的这种与核外电子的非弹性碰撞而不断损失能量的,直到能量损失完被阻止下来。带电粒子通过这种方式损失能量称为电离能量损失。这种过程是带电粒子穿过物质时损失能量的主要方式。

2. 带电粒子与靶物质原子核的非弹性碰撞

入射带电粒子与靶物质原子核之间也会发生库仑相互作用,使入射带电粒子受到排斥或吸引,导致入射带电粒子的速度和方向发生变化。

由经典电动力学可知,当带电粒子在加速(减速)时必然伴随辐射的产生。因此,当带电粒子与靶物质原子或原子核的库仑作用导致带电粒子骤然减速时,必然会伴随产生电磁辐射,称为轫致辐射(Bremsstrahlung)。在此过程中,入射带电粒子不断地损失能量,这种形式的能量损失称为辐射能量损失。

只有当带电粒子的动能大于它的静止能量时,辐射能量损失才成为重要的能量损失形式。对于重带电粒子,只有当能量达到 10^3 MeV 时,发生的轫致辐射才不可忽略。而快电子与原子核碰撞后运动状态会发生很大变化,因此,快电子的辐射损失占有重要的地位。

3. 带电粒子与靶物质原子核的弹性碰撞

带电粒子与靶物质原子核的库仑场作用而发生弹性散射,这就是卢瑟福散射。该过程既不会使原子核激发也不产生轫致辐射,只是使原子核反冲而带走带电粒子的一部分能量。这种能量损失称为核碰撞能量损失,我们把原子核对入射粒子的阻止作用称为核阻止。

卢瑟福散射公式给出了入射带电粒子与靶核发生弹性散射的截面 $d\sigma/d\Omega \propto z^4/E^2$[10],其中 z 和 E 分别是带电粒子的电荷数和动能。可以看到,当入射带电粒子能量较低和电荷数较大时,这种能量损失方式必须考虑,尤其对低速重离子会是重要的能量损失过程。

带电粒子与靶原子核发生弹性碰撞时,原子核获得反冲能量,可使晶格原子发生位移,形成靶物质的辐射损伤。由于电子质量轻,电子与原子核的弹性碰撞所受到的偏转比重带电粒子严重得多,因此,该过程是引起电子散射严重的主要因素。

4. 带电粒子与靶物质原子核外电子的弹性碰撞

带电粒子与靶物质原子核外电子的弹性碰撞过程只有很小的能量转移。实际上,这是入射带电粒子与整个靶原子的相互作用。这种相互作用方式只是在极低能量(100 eV)的电子才需考虑。由于这个作用方式对带电粒子能量损失贡献很小,我们一般不予讨论。

6.1.3 带电粒子在物质中的能量损失

带电粒子进入物质后,受库仑相互作用损失能量的过程也可以看成被物质阻止的过程,我们把某种吸收物质对带电粒子的线性阻止本领(简称阻止本领,Stopping Power)S定义为该粒子在材料中的微分能量损失dE除以相应的微分路径dx,即

$$S = -\frac{dE}{dx} \tag{6.1}$$

($-dE/dx$)也称为粒子的能量损失率(Rate of energy loss),或比能损失(Specific energy loss)。

根据带电粒子与靶物质原子碰撞过程的分析,带电粒子的能量损失率由电离能量损失率S_{ion}、辐射能量损失率S_{rad}及核碰撞能量损失率S_n组成,(6.1)式可相应地表示为

$$S = S_{ion} + S_n + S_{rad} = \left(-\frac{dE}{dx}\right)_{ion} + \left(-\frac{dE}{dx}\right)_n + \left(-\frac{dE}{dx}\right)_{rad} \tag{6.2}$$

其中,电离能量损失率($-dE/dx$)$_{ion}$是入射带电粒子与核外电子碰撞,致使原子的电离和激发引起的能量损失,所以又可称为电子碰撞能量损失或电子阻止本领,表示为($-dE/dx$)$_e$或S_e,这是相对于核阻止而言的。

对不同的带电粒子三种能量损失方式所占的比重不一样。为了叙述方便,下面我们将具有一定能量的质子、氘核、α粒子和π介子等重带电粒子称为快重带电粒子,将所有$z>2$并失去了部分电子的原子(正离子)和裂变碎片等粒子称为重离子。在我们关注的能量范围内,快重带电粒子和重离子的电离能量损失S_{ion}都是最主要的能量损失方式,而辐射能量损失S_{rad}都可以忽略;快重带电粒子的核碰撞能量损失S_n一般很小,但重离子(尤其速度很低时)的核碰撞能量损失S_n可以与电离能量损失S_{ion}相当。

对快电子来讲,快电子与核外电子发生非弹性碰撞使原子电离或激发引起的电离能量损失S_{ion},仍是其能量损失的重要方式,但辐射能量损失S_{rad}也占有十分重要的地位,当电子能量达到十几MeV时,辐射能量损失率S_{rad}将与电离能量损失率S_{ion}相当。由于电子质量小,核碰撞能量损失S_n所占份额很小,但核碰撞会引起严重的散射。

6.2　重带电粒子与物质的相互作用

如前所述,重带电粒子(如α,p,d…)与核外电子的非弹性碰撞是最主要的能量损失方式。可以估计一下在碰撞中电子可能从带电粒子获得的最大能量。由于重带电粒子的能量显著大于电子在原子内的结合能,因此,电子可以看成是自由电子。按照弹性碰撞理论,质量为m的重粒子与质量为m_0的电子发生碰撞后,电子所能得到的最大能量为$4Em_0/m$(E是重带电粒子的能量)。当重带电粒子为质子时,这个值为$E/500$,而重带电粒子的质量数更大时,这个数值将更小。大多数情况下,每次这样的相互作用仅转移入射重带电粒子能量的极小部分,一个1 MeV的重带电粒子在损失其全部能量之前,要发生约10^5次相互作用。一个重带电粒子通过一层物质而不发生相互作用的概率为零。

由于重带电粒子主要是与核外电子发生库仑作用,因此在行进方向上不会发生太大的偏转,它在物质中的径迹除了末端以外往往相当平直。

6.2.1　重带电粒子的能量损失率与Bethe公式

电离损失是带电粒子与物质作用过程中,引起能量损失的主要方式,因此电离能量损失率的研究最早引起学者的关注。描写($-dE/dx$)$_{ion}$与带电粒子速度、电荷等关系的经典公式称

Bethe 公式,该公式 1930 年首先由贝特(H. A. Bethe)用碰撞的量子理论给出,后来又经过多人的不断完善。

1. Bethe 公式

Bethe 公式反映了由电离损失引起的能量损失率与入射带电粒子的参量(如速度 v、电荷数 z)和靶物质的参量(如原子序数 Z、原子密度 N、平均激发和电离能 I)的函数关系。下面,我们对 Bethe 公式的推导作一简明的阐述,其详尽的证明可参阅文献[5]。

在 Bethe 公式推演中做了下述假定:在与入射带电粒子的作用过程中,由于一次碰撞中转移给电子的能量大于电子的结合能,入射带电粒子的速度一般大于轨道电子的速度,所以,靶物质原子中的电子可看成是"静止的自由电子";入射带电粒子在靶物质中的电荷态是确定的,不考虑入射带电粒子从原子中拾取电子的情况;由于碰撞中入射带电粒子传给电子的能量要比自身能量小得多,故可认为在碰撞后入射重带电粒子仍按原方向做直线运动。

设重带电粒子静止质量为 m,电荷为 ze,能量为 E,速度是 v;用 m_0 代表电子静止质量。我们将在实验室坐标系讨论带电粒子与单个电子的碰撞情况,按经典的处理方法,用碰撞参数 b 来描述入射带电粒子与电子之间的弹性碰撞。b 是入射带电粒子在运动方向上距电子的垂直距离,且满足 $b \gg R_0/2$,R_0 为对心碰撞时入射带电粒子与电子之间的最小距离。

如图 6.1 所示,重带电粒子以碰撞参数 b 沿 x 方向射入靶物质,当带电粒子与电子相距 r 时,电子受到的库仑力的大小为

$$f = \left| \frac{1}{4\pi\varepsilon_0} \cdot \frac{ze(-e)}{r^2} \right| = \frac{1}{4\pi\varepsilon_0} \cdot \frac{ze^2}{r^2}$$

(6.3)

作用过程的时间是从 $t = -\infty$ 到 $t = +\infty$。

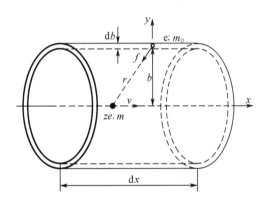

图 6.1　带电粒子与自由电子的弹性碰撞

对于 x 轴方向上的力 f_x,当粒子从一端运动到另一端时中间会变号,因此 x 轴方向的总动量为零。只有 f 的 y 方向分量 f_y 会传给电子动量:

$$p = p_y = \int_{-\infty}^{+\infty} f_y \mathrm{d}t$$

(6.4)

已知粒子在 $\mathrm{d}t$ 时间内移动了 $\mathrm{d}x$ 的距离,$\mathrm{d}t = \mathrm{d}x/v$,在与单个电子碰撞中,$v$ 可看成是不变的常数,$f_y = f \cdot b/r$,$r^2 = x^2 + b^2$。则

$$p = \int_{-\infty}^{+\infty} \left(\frac{1}{4\pi\varepsilon_0} \cdot \frac{ze^2}{(x^2 + b^2)} \right) \cdot \frac{b}{(x^2 + b^2)^{1/2}} \cdot \frac{\mathrm{d}x}{v}$$

$$= \frac{1}{4\pi\varepsilon_0} \cdot \frac{ze^2 b}{v} \int_{-\infty}^{+\infty} \frac{\mathrm{d}x}{(x^2 + b^2)^{3/2}} = \frac{1}{4\pi\varepsilon_0} \cdot \frac{2ze^2}{bv}$$

因此,转移的动能即入射重带电粒子损失的能量 ΔE_b 为

$$\Delta E_b = \frac{p^2}{2m_0} = \left(\frac{1}{4\pi\varepsilon_0} \right)^2 \cdot \frac{2z^2 e^4}{m_0 v^2 b^2}$$

(6.5)

为进一步计算入射带电粒子在靶物质中与所有电子发生电离碰撞所引起的能量损失,必须对碰撞参数为 b 的所有电子求和,并对 b 的可取值求积分。设单位体积内靶物质原子数为

N,其原子序数为 Z,则单位体积内的电子数为 $N \cdot Z$,则沿粒子入射方向半径为 b,厚度 $\mathrm{d}b$,长度 $\mathrm{d}x$ 的圆筒体内的电子数是 $2\pi b \cdot \mathrm{d}b \cdot \mathrm{d}x \cdot N \cdot Z$。这样,入射粒子经过 $\mathrm{d}x$ 距离后,所有碰撞参量在 b 与 $b+\mathrm{d}b$ 范围内的电子所得到的能量为

$$(\mathrm{d}E)_{b \sim b+\mathrm{d}b} = 2\pi b \cdot \mathrm{d}b \cdot \mathrm{d}x \cdot NZ \cdot \Delta E_{\mathrm{b}}$$

再对所有 b 的可取值,从 b 的最小值 $b_{\min}$ 到最大值 $b_{\max}$ 求积分,就得到 $\mathrm{d}x$ 距离内物质中所有电子从入射粒子获得的能量,这也就是入射粒子在 $\mathrm{d}x$ 距离内损失的能量 $(-\mathrm{d}E)_{\mathrm{ion}}$:

$$\left(-\frac{\mathrm{d}E}{\mathrm{d}x}\right)_{\mathrm{ion}} = \int_{b_{\min}}^{b_{\max}} (\mathrm{d}E)_{b \sim b+\mathrm{d}b} = \left(\frac{1}{4\pi\varepsilon_0}\right)^2 \cdot \frac{4\pi z^2 e^4 NZ}{m_0 v^2} \int_{b_{\min}}^{b_{\max}} \frac{\mathrm{d}b}{b}$$

$$= \left(\frac{1}{4\pi\varepsilon_0}\right)^2 \cdot \frac{4\pi z^2 e^4 NZ}{m_0 v^2} \ln \frac{b_{\max}}{b_{\min}} \tag{6.6}$$

上式中积分限 $b_{\min}$ 和 $b_{\max}$ 值的选择,要在量子力学的基础上来考虑,我们这里仅从经典力学出发,来粗略地确定它们的数值。很明显,$b_{\min}$ 不能为零,$b_{\max}$ 也不能为无穷大,否则会得出带电粒子在单位路程上的能量损失为无穷大的结论。

我们知道,b 越小,碰撞中电子获得的能量越多,按照经典碰撞理论,重带电粒子与电子对心碰撞时,电子获得的能量最大,约为 $2m_0 v^2$。因此,$b = b_{\min}$ 时,$\Delta E_{\mathrm{b}} = 2m_0 v^2$,由(6.5)式可得

$$b_{\min} = \frac{1}{4\pi\varepsilon_0} \cdot \frac{ze^2}{m_0 v^2} \tag{6.7}$$

而上限 $b_{\max}$ 应对应电子获得最小能量的阈值,可由电子在原子中的结合能来确定。我们知道,与带电粒子碰撞的电子实际上不是自由电子,而是核外束缚电子,带电粒子与电子的碰撞是非弹性碰撞,也就是说,电子只能从入射带电粒子处接受大于其激发能级的能量。我们引进一个参数 I——平均激发和电离能,即对靶原子中各壳层电子的激发能和电离能求平均。在上述碰撞过程中,电子获得的能量应至少为 I,即 $(\Delta E_{\mathrm{b}})_{\min} \geqslant I$,由此

$$b_{\max} = \frac{1}{4\pi\varepsilon_0} \cdot \frac{ze^2}{v} \cdot \left(\frac{2}{m_0 I}\right)^{1/2} \tag{6.8}$$

这样,$b > b_{\max}$ 时,认为电子完全被原子束缚,没有能量转移;而在 $b_{\min} < b < b_{\max}$ 时,电子可以被看成自由电子。

将 $b_{\min}$ 和 $b_{\max}$ 代入(6.6)式,可得

$$\left(-\frac{\mathrm{d}E}{\mathrm{d}x}\right)_{\mathrm{ion}} = \left(\frac{1}{4\pi\varepsilon_0}\right)^2 \cdot \frac{4\pi z^2 e^4 NZ}{m_0 v^2} \cdot \ln\left(\frac{2m_0 v^2}{I}\right)^{1/2} \tag{6.9}$$

而从量子理论推导出的非相对论情况下的公式为

$$\left(-\frac{\mathrm{d}E}{\mathrm{d}x}\right)_{\mathrm{ion}} = \left(\frac{1}{4\pi\varepsilon_0}\right)^2 \cdot \frac{4\pi z^2 e^4 NZ}{m_0 v^2} \cdot \ln\left(\frac{2m_0 v^2}{I}\right) \tag{6.10}$$

这与(6.9)式相比,仅在对数项内存在差异。

进一步考虑相对论与其他修正因子,推导出来的重带电粒子电离能量损失率的精确表达式称作 Bethe 公式:

$$\left(-\frac{\mathrm{d}E}{\mathrm{d}x}\right)_{\mathrm{ion}} = \frac{z^2 NZ}{v^2} \cdot \phi(v) \tag{6.11}$$

$$\phi(v) = \left(\frac{1}{4\pi\varepsilon_0}\right)^2 \cdot \frac{4\pi e^4}{m_0} \left[\ln \frac{2m_0 v^2}{I} - \ln(1 - (v/c)^2) - (v/c)^2\right]$$

式中,I 是物质原子的平均激发和电离能,它是 Bethe 公式的重要参数,一般由实验测定。I 的值大致可以表示为 $I = I_0 \cdot Z$,其中 $I_0 \approx 10$ eV 左右。

Bethe 公式对各种类型的带电粒子普遍有效,条件是这些带电粒子的速度要保持大于物质原子中电子的轨道运动速度。为了有效地应用此公式,下面对该式做进一步的讨论并请注意得到的一些重要结论。

(1)带电粒子的电离能量损失率与入射带电粒子速度 v 有关,而与它的质量无关。

在 Bethe 公式中,入射带电粒子的质量 m 是不出现的。这是由于重带电粒子质量远大于电子的静止质量,每次碰撞转移给电子的能量最多约为 $4Em_0/m \approx 2m_0v^2$(在非相对论情况下,$E = mv^2/2$)。因此,只要两种入射带电粒子的速度相等(即具有相同的 E/m),并且具有相等的电荷,则它们的电离能量损失率就相同。但要注意入射带电粒子能量一定时,不同质量带电粒子的速度是不同的。例如,质子与氘核,它们的电荷均为 $z = 1$,但质量分别为 1 和 2 个原子质量单位,当它们速度相等时,它们在同一物质中的 $(-dE/dx)_{ion}$ 相等。

(2)带电粒子的电离能量损失率与其电荷数的平方(z^2)成正比。

在 Bethe 公式中,电离能量损失率 $(-dE/dx)_{ion} \propto z^2$。例如,$\alpha$ 粒子的 $z = 2$,质子的 $z = 1$,如果它们以同样的速度入射到靶物质中,则 α 粒子的电离能量损失率为质子的四倍。由此,入射带电粒子电荷数越大,其电离能量损失率就越大,即穿透能力越小。

(3)带电粒子的电离能量损失率与入射粒子能量的关系。

图 6.2 给出了重带电粒子在不同能区的 $(-dE/dx)_{ion}$ 与其能量的关系,图中横坐标表示入射粒子中每一核子的平均能量 E/n,n 是入射粒子所含的核子数。

图中的 b 段,即 $500I < E/n \leqslant m_p c^2$ 的范围,阻止本领近似有 $1/E$ 的形式,即阻止本领随入射粒子能量的增加而减小。从(6.11)式可见,在该能区相对论效应很小,对数因子变化不大。其中,低能端为 $500I$,相当于 0.03 MeV(取 $I = 60$ eV);高能端为 $m_p c^2$,m_p 为质子的质量,$m_p c^2$ 约为 1 000 MeV。该段可以理解为带电粒子速度愈慢,掠过电子附近的作用时间愈长,电子获得的动量也就愈大,因此入射粒子的能量损失就愈大。

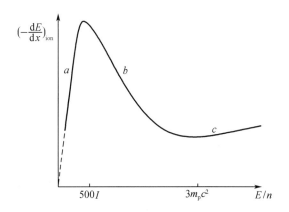

图 6.2　电离能量损失率随粒子的 E/n 值的变化[3]

当入射粒子能量较高时(平均每个核子的能量大于 1 500 MeV 时),(6.11)式方括号中的对数因子和相对论修正项起作用,使 $(-dE/dx)_{ion}$ 值缓慢地上升,相对应于图 6.2 曲线的 c 段。可以看出,当粒子的动能约为其静止能量的三倍(即图中的 $3m_p c^2$)时,比能损失最小,我们称此时的带电粒子为最小电离粒子 MIP(minimum ionizing particles)。

图 6.2 中 a 段对应入射粒子能量很低,即 $E < 500I$ 时的情况。这时,入射粒子与吸收体之间的电荷交换变得重要了,带正电的入射粒子从靶物质中拾取电荷,入射粒子的有效电荷降低使能量损失率下降,Bethe 公式不再适用。在该区域内,$(-dE/dx)_{ion}$ 随 v 的增大而变大。一般入射带电粒子在径迹末端将累积得到 z 个电子而变成中性原子。

（4）带电粒子电离能量损失率与吸收物质的 N,Z 的关系。

由 Bethe 公式可见：

$$(-dE/dx)_{ion} \propto NZ$$

表明高原子序数和高密度物质具有较大的阻止本领。

图 6.3 为各种不同粒子在空气中的能量损失率与能量的关系[1]，由图可见，各种粒子的电离能量损失率曲线的形状是相似的，其差异来自各粒子不同的静止质量和电荷量，如果把横轴修改为各粒子的速度，并将 α 粒子的电离能量损失率除以 4（电荷量 2 的平方），则这几条曲线将会重合。当电荷量为 1 的带电粒子处在其最小电离粒子能量时，它穿过单位质量厚度（即 1 g/cm^2）的轻物质后的电离能损值近似为常数，约 1.8 MeV。图中也给出了电子的能量损失率曲线，由于电子的静止质量为 0.511 MeV/c^2，因此，在 γ 射线测量中常见的 MeV 能量的电子往往就是最小电离粒子。

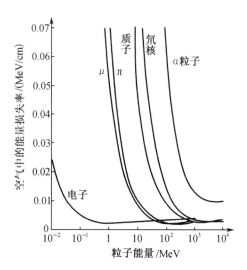

图 6.3 各种带电粒子在空气中的能量损失率与能量的关系

2. Bragg 曲线与能量歧离

带电粒子的能量损失率沿其径迹的变化曲线称作 Bragg 曲线。初始能量为几 MeV 的 α 粒子的 Bragg 曲线如图 6.4 所示。在径迹的绝大部分中，α 粒子的电荷数保持为 2，比能损失粗略地正比于 $1/E$。相应于图 6.2 中的 b 区，Bragg 曲线随穿透距离增大（α 粒子能量下降）而上升。接近径迹末端时，由于拾取电荷的影响，Bragg 曲线迅速下降直至零。

在图 6.4 中既有单个 α 粒子径迹的曲线，又有初始能量相同的平行 α 粒子束的平均特性曲线。两条曲线的差异是由歧离现象造成的。

由于各入射带电粒子与物质原子的微观相互作用是随机性的。因而其能量损失是一随机过程。前面给出的 Bethe 公式只是此过程的平均值的描述。实际上，同样能量的入射带电粒子经过一定距离后，各个粒子损失的能量不会完全相同。因此，对一束具有相同能量的入射带电粒子来讲，当它们穿过一定厚度的物质后，将不再是单能的而是发生了能量离散，这种能量损失的统计分布

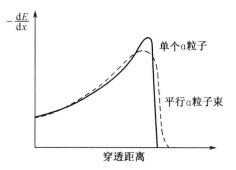

图 6.4 比能损失沿 α 粒子径迹的变化

称作能量歧离。离散后的粒子能量分布的宽度可作为能量歧离的量度，能量损失的歧离分布可以用高斯分布来描写。

图 6.5 给出了 3 MeV 的单能质子束在穿透 3.3 mg/cm^2 金箔后能量歧离的情况。在表面

① A. Beiser, Review of Modern Physics, 24, 273, (1952).

处能量分布很窄,越到靶物质深部,平均能量越小,而能量分布越宽,歧离越为严重。图中分布曲线峰值一半处的能量为谱线的半高宽 FWHM,由表面处的 6.5 keV 增加到 34.4 keV。

3. 能量损失的 Bragg 加法法则

电离阻止本领$(-\mathrm{d}E/\mathrm{d}x)_{\mathrm{ion}}$除以原子密度称为电离阻止截面 Σ_{ion},单位是 $\mathrm{eV} \cdot \mathrm{cm}^2$。它表示入射带电粒子穿过单位面积只有一个原子的物质时损失的能量。由于电离损失是与电子碰撞引起的能量损失,所以又称它为电子阻止截面 Σ_{e}:

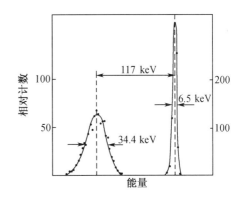

图 6.5 单能质子穿透一定靶厚后的能量歧离现象[3]

$$\Sigma_{\mathrm{e}} = \frac{1}{N}\left(-\frac{\mathrm{d}E}{\mathrm{d}x} \right)_{\mathrm{e}} \qquad (6.12)$$

对快速重带电粒子,核阻止 Σ_{n} 可以忽略,而 $\Sigma = \Sigma_{\mathrm{e}} + \Sigma_{\mathrm{n}}$,所以,$\Sigma_{\mathrm{e}}$ 就是原子的阻止截面 Σ。多种常用物质对不同能量的 α 粒子和质子的阻止本领、原子阻止截面等实验数据和理论计算值可在有关资料中获取。

对于化合物或混合物的阻止截面可由 Bragg 加法法则求得。例如某化合物由 a 个 X 原子和 b 个 Y 原子组成,表示为 $\mathrm{X}_a\mathrm{Y}_b$。则每个化合物分子的阻止截面 $\Sigma_{\mathrm{X}_a\mathrm{Y}_b}$ 为

$$\Sigma_{\mathrm{X}_a\mathrm{Y}_b} = a\Sigma_{\mathrm{X}} + b\Sigma_{\mathrm{Y}} \qquad (6.13)$$

式中,Σ_{X} 和 Σ_{Y} 分别为 X 和 Y 的原子阻止截面。推广到多元素化合物的情况,可得到化合物的阻止本领即电离能量损失率为

$$\frac{1}{N_{\mathrm{c}}}\left(-\frac{\mathrm{d}E}{\mathrm{d}x} \right)_{\mathrm{c}} = \sum_i W_i \frac{1}{N_i}\left(-\frac{\mathrm{d}E}{\mathrm{d}x} \right)_i \qquad (6.14)$$

式中,W_i 为化合物(或混合物)中第 i 种成分原子的份额;N_{c} 及 $(-\mathrm{d}E/\mathrm{d}x)_{\mathrm{c}}$ 表示化合物(或混合物)的原子密度与阻止本领;N_i 及 $(-\mathrm{d}E/\mathrm{d}x)_i$ 表示第 i 种成分元素的原子密度与阻止本领。例如,α 粒子在金属氧化物中的能量损失率可由 α 粒子分别在纯金属和氧中的 $(-\mathrm{d}E/\mathrm{d}x)$ 值代入(6.14)式求得。

Bragg 加法法则仅是近似的表达式,未考虑化合物分子中原子之间的相关性,例如电离能的变化等。近年来对几种化合物的测量表明,测得的 $(-\mathrm{d}E/\mathrm{d}x)$ 值与(6.14)式的计算值可相差 10% ~ 20%。

6.2.2 重带电粒子径迹的特征

带电粒子在物质中运动时不断损失能量,最后能量耗尽而停留在物质中。由于碰撞中重带电粒子传给电子的能量比自身能量小得多,故可认为在碰撞后入射重带电粒子仍按原方向直线运动,而在其行进的轨迹上会留下被电离和激发的原子,从而形成径迹,这种现象已借助核乳胶观测到。图 6.6 是模拟计算得到的带电粒子在水中的径迹片段。

1. δ 射线和比电离

如前所述,带电粒子穿过介质时产生电子 – 离子对,若产生的电子能量足够高,还能引起介质原子电离,则称该电子为 δ 电子或 δ 射线。图 6.6 中沿粒子直线径迹产生的分叉就是 δ 射线的径迹。其中 8 MeV 的 α 粒子产生了相当高能的 δ 射线,δ 射线仅在其径迹可见或明显

区别于初始电离时才会引起我们的关注。

图 6.6　计算得到的能量分别为 2 MeV 的质子(a)和 8 MeV 的 α 粒子(b)在水中的径迹片段

有时我们更希望知道带电粒子穿透介质单位距离时产生的平均离子对数,这就是比电离(Specific Ionization),它表示沿径迹的电离密度,在研究材料的辐射响应和生物效应时很重要。对给定能量的入射带电粒子,其穿透介质时的比电离等于阻止本领除以产生一个离子对所需的平均能量。例如,5 MeV 的 α 粒子在空气中的阻止本领为 1.23 MeV·cm^{-1},产生一个离子对的平均能量为 36 eV,则它在空气中的比电离为 1.23 MeV·cm^{-1}/36 eV =34 167 cm^{-1}。

2. 重带电粒子在物质中的射程及射程歧离

带电粒子在物质中运动时不断损失能量,待能量耗尽后就停留在物质中。它沿初始运动方向所行经的最大距离称作入射粒子在该物质中的射程 R(Range)。入射粒子在物质中行经的实际轨迹长度称作路程(Path)。射程与路程是不同的概念。显然,射程要小于路程,特别是当粒子径迹弯曲严重时,这两者的差异更显著。

重带电粒子的质量大,它与物质原子的轨道电子的相互作用不会导致其运动方向有大的改变,其轨迹几乎是直线。因此,重带电粒子的射程基本上等于路程。重带电粒子在介质中的射程原则上可以由 Bethe 公式直接求出,即对能量为 E_0 的带电粒子的射程 R 由下式给出:

$$R = \int_{E_0}^{0} \frac{\mathrm{d}E}{(-\mathrm{d}E/\mathrm{d}x)_{\text{ion}}} \tag{6.15}$$

但由于 $(-\mathrm{d}E/\mathrm{d}x)_{\text{ion}}$ 中 $\phi(v)$ 的复杂性以及 $(-\mathrm{d}E/\mathrm{d}x)_{\text{ion}}$ 的数学表达式在低能部分并不清楚,因此依靠计算来确定射程是困难的,一般仍需依靠实验来测定。

(1)射程的实验测定

图 6.7(a)给出了测量 α 粒子在空气中射程的实验装置。由 ^{210}Po 放射源放出的 α 射线经准直后进入探测器进行计数,探测器可以沿 α 粒子的出射方向移动。改变放射源到探测器的距离 x 就可得到图 6.7(b)的曲线。当距离 x 很小时,它的影响仅是使 α 粒子穿过时损失能量,计数率 n 保持不变。当增加到一定距离时,计数率开始下降,并很快下降为零。表明 α 粒子在从开始下降到降为零这段距离内被空气吸收,并把计数率下降为一半的透射距离定义为 α 粒子的平均射程 $\bar{R}$,常记作 R_0。

一组单能 α 粒子射程的平均值称为平均射程。对曲线 a 求导得到曲线 b,称为微分曲线,代表单位路程上减少的 α 粒子数随路程的分布,其峰值正好为平均射程 R_0。微分曲线分布的宽度表示射程的涨落,表明相同能量的 α 粒子在同一物质中的射程并不完全相同,这种涨落称为射程歧离。对于重带粒子而言,这种"歧离"约为平均射程的百分之几。

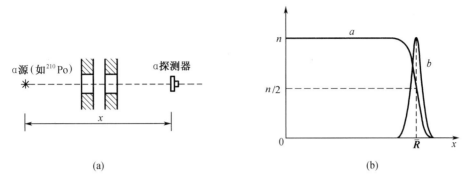

图 6.7　测量 α 粒子在空气中射程的实验装置及射程测量结果示意图

在各种重带电粒子中, α 粒子是最易得到和最常使用的, 关于 α 粒子射程的研究也最多。经过各种实验分析, 得到了 α 粒子在空气中的射程数据并总结出了半经验公式:

$$R_0 = 0.318E_\alpha^{1.5} \text{ cm} \qquad (6.16)$$

式中, E_α 为 α 粒子的能量, 单位为 MeV, 该式适用于 3 ~ 7 MeV 的 α 粒子。图 6.8 给出了常温 (15 ℃) 和 760 mmHg 气压下 α 粒子在空气中的射程 – 能量关系曲线。

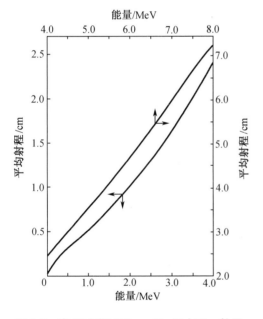

图 6.8　在 15 ℃和 760 mmHg 压力下 α 粒子在空气中的射程—能量关系曲线[12]

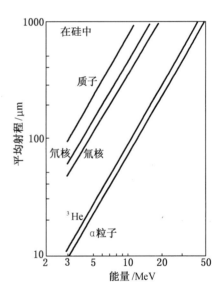

图 6.9　由计算得到的各种带电粒子在硅中的射程—能量关系曲线[12]

（2）不同重带电粒子在同一材料中的射程关系

利用 Bethe 公式也可导出不同重带电粒子在同一种吸收材料中的射程关系。由(6.11)和(6.15)式, 重带电粒子的射程可表达为

$$R(v) = \frac{1}{z^2}\int_{E_0}^{0}\frac{\mathrm{d}E}{G(v)} \tag{6.17}$$

式中,z 是粒子的电荷;$G(v)$ 是仅取决于粒子速度 v 的函数。由 $E = mc^2/\sqrt{1-(v/c)^2}$($m$ 为粒子的静止质量),可得 $\mathrm{d}E = mg(v)\mathrm{d}v$,$g(v)$ 也是粒子初始速度的函数。上式可以表达成

$$R(v) = \frac{m}{z^2}\int_{v_0}^{0}\frac{g(v)}{G(v)}\mathrm{d}v = \frac{m}{z^2}F(v) \tag{6.18}$$

式中,$F(v)$ 是粒子初始速度 v 的单值函数,对于具有同样速度的两种重带电粒子,$F(v)$ 取相同的数值。因此,它们射程的比值可写出

$$\frac{R_1(v)}{R_2(v)} = \frac{z_2^2 m_1}{z_1^2 m_2} \tag{6.19}$$

因此,对于没有射程数据可用的重带电粒子,可先算出其初始速度,再查出初始速度相同的任一种其他重带电粒子在同一吸收材料中的射程,就可由(6.19)式求出该粒子在该种材料中的射程。如图 6.9 给出了各种重带电粒子在硅中射程的计算结果。

应当指出,这些公式都是近似的,它们没有考虑粒子在其路程末端附近时电荷状态的变化。Evans 提出了补偿这个影响的修正因子,并比较准确地预计了射程值[5]。

(3)化合物(或混合物)中的射程

若已知带电粒子在化合物所有组分元素中的射程,也能估计出带电粒子在化合物中的射程。理论上讲,阻止本领与靶物质原子中的电子态和化学结合性质有关,但影响很小,可以假定($-\mathrm{d}E/\mathrm{d}x$)与这些因素无关。在此条件下,粒子在化合物中的射程由下式给出:

$$R_c = \frac{M_c}{\sum_i n_i(A_i/R_i)} \tag{6.20}$$

式中,R_i 为第 i 种元素中的射程;n_i 为化合物分子中第 i 种元素的原子数;A_i 为第 i 种元素的原子量;M_c 为化合物的分子量。

如果不能得到全部组分元素的射程数据,可按下面的半经验公式进行估算:

$$\frac{R_i}{R_0} \cong \frac{\rho_0}{\rho_i}\frac{\sqrt{A_i}}{\sqrt{A_0}} \tag{6.21}$$

式中,ρ 和 A 表示密度和原子量,下标 0 和 i 表示不同的吸收材料。当两种材料的原子量差别太大时,估算的精度会降低,因此,应尽可能使用与所关心吸收体的原子量相近的材料的射程数据。

3. 阻止时间

将带电粒子阻止在吸收体内所需要的时间可由射程与平均速度导出。对质量为 m,能量为 E 的非相对论粒子,其速度为

$$v = \sqrt{\frac{2E}{m}} = c\sqrt{\frac{2E}{mc^2}} = (3.00\times10^8~\mathrm{m/s})\sqrt{\frac{2E}{(931~\mathrm{MeV/u})m_a}}$$

式中,m_a 是以原子质量单位(u)为单位的粒子质量。假定粒子减慢时的平均速度 $\bar{v} = kv$(v 是粒子初始速度,k 是某常数),则阻止时间 t 为

$$t = \frac{R}{\bar{v}} = \frac{R}{kc}\sqrt{\frac{mc^2}{2E}} = \frac{R}{k(3.00\times10^8~\mathrm{m/s})}\sqrt{\frac{931~\mathrm{MeV/u}}{2}}\cdot\sqrt{\frac{m_a}{E}}$$

如果粒子是均匀减速,则 $\bar{v} = v/2$,即 $k = 1/2$。但由于带电粒子在径迹末端附近损失能量要快得多,因而 k 应取较大一点的数值。假定 $k = 0.6$,可以估算阻止时间为

$$t \cong 1.2 \times 10^{-7} R \sqrt{\frac{m_a}{E}} \tag{6.22}$$

式中,t,R,m_a 和 E 的单位分别是 s,m,原子质量单位 u 和 MeV。(6.22)式对重带电粒子在非相对论能区是相当准确的,但不适用于相对论粒子。当 α 粒子能量在 MeV 量级时,可由(6.22)式估算出它在固体或液体中的阻止时间为几 ps,在气体中是几 ns。

6.2.3　在薄吸收体中的能量损失

在辐射探测中常遇到带电粒子穿透薄吸收体的情况,例如 α 粒子穿透气体探测器的"窗"或金硅面垒半导体探测器的金层等情况,所以有必要对此做进一步的阐述。

带电粒子在薄吸收体中总共损失的能量 ΔE 可按下式计算:

$$\Delta E = \left(-\frac{\mathrm{d}E}{\mathrm{d}x} \right)_{\mathrm{ave}} \cdot d \tag{6.23}$$

式中,d 为吸收体厚度,而 $\left(-\mathrm{d}E/\mathrm{d}x \right)_{\mathrm{ave}}$ 是粒子在吸收体内的平均能量损失率。当能量损失较小时,能量损失率变化不大,可用入射粒子初始能量时的 $\left(-\mathrm{d}E/\mathrm{d}x \right)$ 值来代替。几种常用探测器材料中的 $\left(-\mathrm{d}E/\mathrm{d}x \right)$ 曲线如图 6.10 和图 6.11 所示。

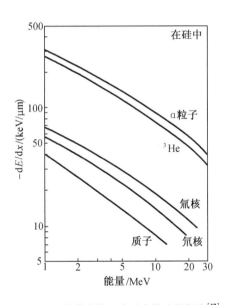

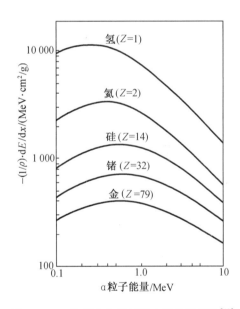

图 6.10　各种带电粒子在硅中的比能损失[12]　　**图 6.11　α 粒子在各种材料中的比能损失[12]**

对于阻止本领较大的吸收体,从上述数据直接得到适当加权的 $\left(-\mathrm{d}E/\mathrm{d}x \right)_{\mathrm{ave}}$ 值是不容易的。这时,可用射程—能量关系曲线来求 ΔE 值。如图 6.12 所示,令 R_1 表示能量为 E_0 的入射粒子在该吸收材料中的全射程(可由曲线得到);从 R_1 减去吸收体厚度 d 得到 R_2,它表示吸收体另一面出来的那些粒子的全射程;由曲线求出相应于 R_2 的粒子能量,即穿透出来的粒子能量 E_d;则能量损失 $\Delta E = E_0 - E_d$。这一方法必须要求粒子在吸收体中的径迹是直线,对重带

电粒子是适用的。

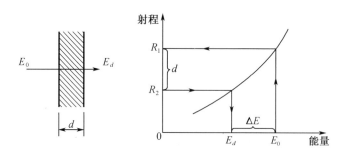

图 6.12　利用射程—能量关系求 ΔE 值

6.2.4　重离子的能量损失

由于半导体工业中离子注入的广泛应用、重离子束表面层分析及重离子核反应等方面研究工作的开展,重离子与物质相互作用的实验和理论工作在 20 世纪 60 年代得到很快的发展。

如前所述,重离子是指 $z > 2$ 的所有失去部分电子的原子(呈正离子状态)或过剩电子的原子(呈负离子状态),当然包括重核裂变时产生的裂变碎片。当一定荷电态的重离子穿过靶物质时,除入射离子的原子核与靶原子电子、靶核之间的作用外,还需考虑靶原子核与入射离子的束缚电子之间的库仑作用。至于入射离子中的电子与靶原子中电子的相互作用,一般不予考虑。

当离子速度大时,导致靶原子电离、激发的电离损失仍是入射离子能量损失的主要过程,但必须考虑下述两个因素带来的变化:由于电子拾取引起的入射离子的电荷态变化和核阻止作用引起的入射离子能量损失重要性的提高。

正如图 6.2 所示,α 粒子仅在能量很低时才有电荷拾取现象,但对重离子而言,这种效应却很容易发生。例如,即使在 1.3×10^{-3} Pa 的真空条件下,重离子穿过时也会发生电荷交换。在这种情况下,必须考虑外层电子对入射离子的核库仑场的屏蔽。一般情况下,在离子速度小于轨道电子的平均速度时,离子的电子阻止本领随离子速度减少而减少,一直降为零。而核阻止本领,随着离子速度减少,先是很快增加,在离子速度很低时,核阻止作用占优势,达到最大值后,很快趋于零。

裂变碎片是有效电荷数很大(如大于 20)的离子,因此在吸收体中能量损失率大,速度很快降低。与此同时,碎片会不断俘获电子使有效电荷减少。它的影响超过由于速度下降导致的能量损失率的增加,使 $(-dE/dx)_{ion}$ 值从开始就随裂变碎片能量损耗而不断减小。

6.3　快电子与物质的相互作用

与重带电粒子相比,电子的径迹要曲折地多。这是由于快电子与轨道电子的质量相等,因而在单次碰撞中就可能损失大部分能量并发生大的偏转。此外,还可能通过与核作用而发生快电子运动方向的急剧改变。

图 6.13 是借助于蒙特卡罗程序 MCNP4 得到的一束单能电子在铝中的径迹,由图可见,快

电子在材料中的径迹完全不同于 α 粒子。入射电子之间的径迹离散相当大,部分入射电子甚至背离原入射方向从入射表面射出,发生背散射的现象。

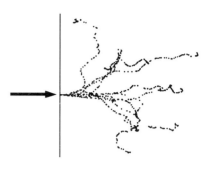

图 6.13　快电子在介质中径迹模拟图

6.3.1　快电子能量损失率

快电子的能量损失率由电离损失和辐射损失两部分组成,我们这里讨论的快电子包括单能电子束和 β 射线(正电子和电子)等,前者由电子枪发射的热电子并经加速而得到,后者则来自 β 放射源,并具有连续谱的特征。

1. 电离损失

快电子通过介质时,与核外电子发生非弹性碰撞,使靶原子电离或激发而损失能量。为了描述快电子由此引起的电离能量损失率,也给出了类似于(6.11)式的 Bethe 公式:

$$\left(-\frac{\mathrm{d}E}{\mathrm{d}x}\right)_{\mathrm{ion}} = \left(\frac{1}{4\pi\varepsilon_0}\right)^2 \cdot \frac{2\pi e^4 NZ}{m_0 v^2} \times \left[\ln\frac{m_0 v^2 E}{2I^2(1-\beta^2)} - (\ln 2)(2\sqrt{1-\beta^2} - 1 + \beta^2) + \right.$$

$$\left. (1-\beta^2) + \frac{1}{8}(1-\sqrt{1-\beta^2})^2\right] \tag{6.24}$$

式中,$\beta = v/c$,其余符号的意义与(6.11)式相同。

由于相同能量的情况下,电子的速度远大于重带电粒子的速度,因此,电子在单位路程上损失的能量远小于重带电粒子,相对于重带电粒子而言,电子是弱电离粒子。例如,4 MeV 的 α 粒子在水中的比电离为每微米 3 000 对电子 – 离子对,而 1 MeV 的电子则为 5 对。

2. 辐射损失

电子与重带电粒子不同,除电离能量损失外,通过轫致辐射的辐射能量损失成为不可忽略的因素。根据经典理论,当带电粒子受靶物质原子,尤其原子核库仑场的作用,使它的运动速度大小和方向发生变化,即发生加速度时总会发射电磁波。电磁波的振幅正比于电荷的加速度,而此加速度又正比于电荷所受的库仑作用力,即正比于 zZe^2/m(m 为入射带电粒子的质量)。因此,电磁辐射的强度应正比于 $z^2 Z^2/m^2$。根据量子电动力学,由轫致辐射引起的辐射能量损失率应服从下述关系:

$$\left(-\frac{\mathrm{d}E}{\mathrm{d}x}\right)_{\mathrm{rad}} \propto \frac{z^2 Z^2}{m^2} NE \tag{6.25}$$

对电子而言,其辐射能量损失率公式为

$$\left(-\frac{\mathrm{d}E}{\mathrm{d}x}\right)_{\mathrm{rad}} = \left(\frac{1}{4\pi\varepsilon_0}\right)^2 \cdot \frac{NEZ(Z+1)e^4}{137 m_0^2 c^4} \cdot \left(4\ln\frac{2E}{m_0 c^2} - \frac{4}{3}\right) \tag{6.26}$$

式中,m_0 代表电子的静止质量,其他符号意义与(6.11)式中的相同。

由(6.25)式和(6.26)式可以得到以下几点重要结论:

(1)辐射能量损失率($-\mathrm{d}E/\mathrm{d}x)_{\mathrm{rad}}$ 与 m^2 成反比

由于电子质量小,所以电子的辐射能量损失率,即电子的轫致辐射强度比重带电粒子要大得多。对重带电粒子而言,辐射能量损失可忽略,但电子的辐射能量损失通常需要考虑。

(2)辐射能量损失率($-\mathrm{d}E/\mathrm{d}x)_{\mathrm{rad}}$ 与 Z^2 成正比

该关系表明当电子打到高原子序数的材料时更容易产生轫致辐射,这对辐射防护不利,但用于产生强轫致辐射的 X 射线源时,选用重元素靶又是十分重要的。

(3)辐射能量损失率(– dE/dx)$_{rad}$与粒子能量 E 成正比

比较(6.24)和(6.26)式,可以看出:当电子能量较低时,电离能量损失占有主要的地位;而电子能量较高时,辐射能量损失就会越来越占有重要的作用。在相对论区,两者的比值为

$$\frac{(-dE/dx)_{rad}}{(-dE/dx)_{ion}} \cong \frac{E \cdot Z}{800} \qquad (6.27)$$

式中,E 以 MeV 为单位。辐射探测学中所涉及的快电子(如 β 粒子、内转换电子或 γ 射线与物质相互作用所产生的次级电子)的能量一般不超过数 MeV,只有在高原子序数的吸收材料中,辐射能量损失才是重要的。由(6.27)式可见,对于铅(Z =82),当电子能量大约 10 MeV 时,电离损失与辐射损失就相当了。在图 6.14 中,给出了不同靶物质中,不同能量电子的电离损失和辐射损失的变化情况。

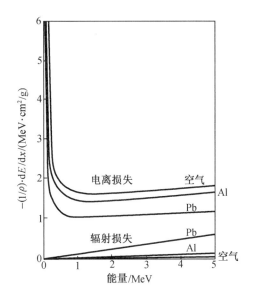

图 6.14 电子在不同物质中的电离损失与辐射损失[3]

在轫致辐射过程中,入射电子的动量由光子、被偏转的电子和原子核三者来分配,所以轫致辐射光子的能量是连续分布的,取值范围从零到入射电子能量,峰值大约在电子能量的 1/2 ～ 1/3 处,所以,轫致辐射又称连续 X 射线。轫致辐射强度的角分布与入射电子的能量有关,能量越高,辐射光子越趋向于向前发射。

6.3.2 电子的径迹特征

由于电子与物质相互作用的特点明显不同于重带电粒子,因而其径迹特征也完全不同于重带电粒子。

1. 电子的吸收

单能电子束或 β 射线穿过一定厚度的吸收物质时强度减弱的现象叫吸收,可用图 6.15(a)所示的实验装置进行观测。放射源放出的电子穿过吸收片后到达探测器,改变吸收片的厚度测量多个数据点,就可得到吸收曲线。

由于电子易受到散射而改变方向,因此,很薄的吸收体就能使被测电子束失掉一些电子,由此造成透射过吸收片的电子数与吸收体厚度的关系曲线从开始就下降。当吸收体厚度足够大时此曲线趋近于零。一般将吸收曲线的线性部分外推到零而得到外推射程 R_0,也可将吸收曲线为 0.5 时对应的吸收体厚度定义为平均射程 $\bar{R}$,如图 6.15(b)所示。

β 射线又不同于单能电子,β 射线的能量是从零到最大能量 $E_{\beta max}$ 连续分布的,低能 β 粒子在薄吸收体中就迅速被吸收,因而吸收曲线初始部分的衰减将快得多,呈近似指数衰减的形式,如图 6.15(c)所示。因此,在吸收物质厚度 x 比 β 粒子的射程 R_0 小很多时,β 射线在物质中的吸收近似表达为

$$I = I_0 e^{-\mu \cdot x} = I_0 e^{-\mu_m \cdot x_m} \tag{6.28}$$

式中,I_0 和 I 分别表示没有和有吸收体时的计数率;x 和 x_m 为吸收体线性厚度和质量厚度;μ 和 μ_m 称作线性吸收系数和质量吸收系数。在半对数坐标中,β 射线的吸收衰减曲线近似为直线,图 6.16 给出了核素 ^{185}W 的 β 射线($E_{\beta max} = 0.43$ MeV)的吸收曲线[①],纵坐标为计数率,横坐标为质量厚度。

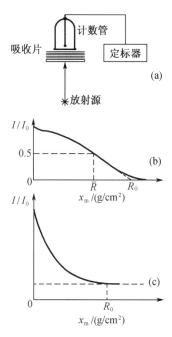

图 6.15　电子吸收曲线的测量
装置及吸收曲线

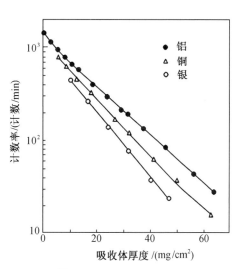

图 6.16　^{185}W 的 β 射线($E_{\beta max} = 0.43$ MeV)
的吸收衰减曲线

实验表明,对于不同的吸收介质,μ_m 随原子序数的增加而缓慢地上升,对于同一介质,吸收系数 μ_m 与 β 粒子最大能量 $E_{\beta max}$ 密切相关。对铝,有如下的经验公式:

$$\mu_m = \frac{17}{E_{\beta max}^{1.54}} \tag{6.29}$$

式中,μ_m 的单位为 cm^2/g,$E_{\beta max}$ 的单位为 MeV。由此,可以通过测量吸收衰减曲线来间接确定 β 射线的最大能量 $E_{\beta max}$。

2. β 射线的射程

β 射线在低 Z 材料中射程的经验公式见(6.30)和(6.31)式,射程 R_0 用质量厚度表示,单位为 $g \cdot cm^{-2}$,E 为 β 粒子的最大能量,单位为 MeV。

当 $0.01 \leqslant E \leqslant 2.5$ MeV 时

$$R_0 = 0.412 E^{1.27-0.095\,4\ln E} \tag{6.30}$$

当 $E > 2.5$ MeV 时

$$R_0 = 0.530 E - 0.106 \tag{6.31}$$

① T. Baltakmens,Nucl. Instr. and Meth. ,82,264(1970).

例如,对 ^{90}Y 源发出的最大能量为 $E_{\beta max} = 2.28$ MeV 的 β 粒子,它在人体组织中的射程约为 1 g·cm^{-2},线性厚度约 1 cm。而同样能量的 α 粒子却仅能穿透人体的表皮,约为几十微米。

3. 反散射

电子在穿越介质时,运动方向的改变主要是电子与原子核的弹性碰撞造成的。发生弹性碰撞时电子的能量变化很小,但其运动方向变化很大,即电子的散射角度可以很大。多次散射会导致反散射现象——进入吸收体表面的电子因发生大角度偏转而从入射面再发射出来。反散射将会影响探测器的测量结果,例如,在探测器入射窗或死层发生反散射的电子将不能进入探测器而未被探测到。此外,反散射也会影响 β 放射源的产额,在使用此类放射源时要注意这一点。

图 6.17 给出了单能电子垂直入射到各种吸收体表面上的反散射系数[1](指反散射电子与入射电子强度之比)用 η 表示,由图可见,入射电子能量低,而且吸收体原子序数大时,反散射现象更严重。因此,在实验中一般选择低 Z 物质作为探测装置的结构材料和源的托架,以减弱反散射对测量结果的影响。

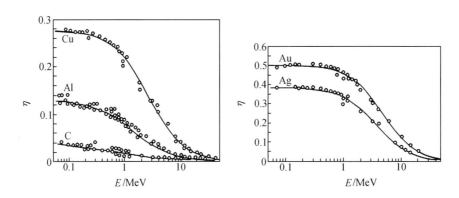

图 6.17　垂直入射的电子在各种材料的厚衬底上的反散射系数与能量的关系

6.3.3　正电子与物质的相互作用

1928 年狄拉克(P. A. M. Dirac)把相对论引进了量子力学,建立著名的狄拉克方程,即

$$E = \pm (p^2 c^2 + m_0^2 c^4)^{1/2}$$

方程中电子能态有正、负两个解,即正能态和负能态。狄拉克由此做出了存在正电子的预言,认为正电子是电子的一个镜像,它们具有严格相同的质量,但是电荷符号相反。狄拉克还预言存在着一个正电子和一个电子湮没(Annihilation)放出光子的过程;而这个过程的逆过程:一个光子湮灭产生出一个电子和一个正电子的过程(即 γ 射线的电子对效应)也可能存在。1931 年,他又提出反粒子理论,就是说宇宙里任何一个粒子都有反粒子,正电子就是电子的反粒子。1932 年,美国物理学家安德森(C. D. Anderson)在研究宇宙射线簇射中的高能电子径迹时发现了狄拉克预言的正电子,证实了狄拉克的预言。

正电子通过物质时,与电子一样,主要通过电离损失与辐射损失而损失能量。能量为几百

---

① T. Tabata, R. Ito, and S. Okabe, Nucl. Instr. and Meth. 94, 509(1971).

keV 的高能正电子仅需经过 10^{-12} s 量级的时间就能将能量降到热能的水平,这一过程称为"热化"。在 300 K 时,热化后正电子的动能为 0.025 eV。

　　热化后的正电子在扩散过程中与材料中的电子发生湮没,产生 γ 光子。湮没方式可以是电子 – 正电子直接发生湮没;也可以是正电子与介质中的电子形成正电子素(Positronium),正电子素是一种亚稳定束缚态,电子和正电子围绕其质心旋转,经过一定时间正电子和电子发生湮没而消失,同时放出 γ 光子。我们把正电子发射到湮没光子发射之间的时间间隔称为正电子寿命,正电子寿命与材料中的电子密度、材料的缺陷(正电子可能为之捕获)等因素有关。

　　e^+ 与 e^- 湮没时主要存在单光子发射、双光子发射和三光子发射三种途径,分别产生一个、二个、三个湮没光子。其中,单光子发射需要有第三个粒子参与吸收反冲动量,截面非常小,可以不予考虑。而三光子发生截面 $\sigma_{3\gamma}$ 与双光子截面 $\sigma_{2\gamma}$ 的比值约为

$$\sigma_{3\gamma}/\sigma_{2\gamma} \approx \alpha = 1/137 \tag{6.32}$$

式中 α 为精细结构常数。实际的数值还与正电子素的形成概率有关。

　　对双光子发射而言,由于湮没发生时 e^+ 动能已下降到很小,介质中 e^- 的热运动能量也可忽略,按照能量守恒定律,两个湮没光子的总能量应等于正、负电子的静止质量所对应的能量。因此

$$h\nu_1 + h\nu_2 = 2m_0c^2 \tag{6.33}$$

同时,考虑到湮没前正、负电子的总动量为零,由动量守恒定律,两个湮没光子的总动量也为零,则可知两湮没光子应在同一条直线上,方向相反,且

$$\frac{h\nu_1}{c} = \frac{h\nu_2}{c} \tag{6.34}$$

则容易得到

$$h\nu_1 = h\nu_2 \tag{6.35}$$

由(6.35)式可见,两个湮没光子的能量相同,均等于 0.511 MeV。两个湮没光子的发射方向相差 180°,并且湮没光子的发射是各向同性的,如图 6.18 所示,正电子为 ^{18}F 发射的 β^+ 射线。在实验上观察到 0.511 MeV 湮没辐射成为正电子产生的一个标志。

　　当正、负电子对具有一定动量时,由动量守恒,两湮没光子一定会具有相应的动量,它必然要对两个光子的夹角和能量产生影响。这时,两湮没 γ 辐射的夹角为 $180° - \theta$,不同的动量对应不同的 θ 角,我们称之为正电子湮没 γ 辐射的角度关联;同时,由于多普勒效应,湮没光子的能量也不是确定的 0.511 MeV,会有多普勒展

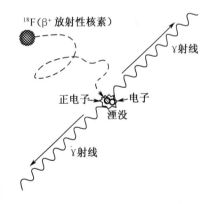

图 6.18　正电子湮没过程的示意图

宽。目前实验中已能测量湮没辐射的角度和能量的变化,这些变化反映了材料中电子动量的分布状态。

　　发生三光子湮没时,三个光子的总能量为 1.022 MeV,三个光子在一个平面上,能量按它们的相对发射方向分配,每个光子能量范围是 $0 \sim m_0c^2$,光子能量呈连续分布。

　　由于正电子湮没主要发生在其径迹的末端,所以正电子湮没反映了该处材料的微观结构

信息,这形成了一个学科分支－正电子湮没技术和谱学①。正电子的寿命、湮没辐射多普勒展宽、湮没辐射的角关联和湮没光子的能谱构成了正电子谱学测量的主要手段。

综观带电粒子与物质相互作用,在 6.2 和 6.3 节中,我们讨论了带电粒子在穿过介质时的两种主要的能量损失方式,即电离损失和辐射损失,这也是能量低于 20 MeV 的带电粒子与物质相互作用损失能量的主要过程。对高能带电粒子而言,除了上述过程,还会引起切仑科夫辐射(Cherenkov radiation)和穿越辐射(Transition radiation)。切仑科夫辐射是快速带电粒子的速度大于光在透明介质中的速度时产生的,而穿越辐射是快速带电粒子从一种介质突然穿越到另一种具有不同光学特性(例如不同介电常数)的介质时产生的辐射。这两种辐射造成的能量损失与电离损失相比占的比例很小,特别是粒子能量较低的情况,可以完全不考虑它们在能量损失中的作用,但在高能物理中却是十分重要的。

另外,当电子在磁场中偏转(例如正负电子对撞机的环形轨道中的电子)时,相当于受到加速而产生的辐射称为同步辐射(Synchrotron radiation)。它具有方向性好、功率大、能谱宽等优点,为科学研究及辐射技术应用提供了产生 X 射线的新手段。

6.4　γ 射线与物质的相互作用

光子(包括 X 射线和 γ 射线)是非带电粒子,它不能像带电粒子那样通过与原子作用产生电离与激发而不断地损失能量。光子与物质的相互作用是一种单次性的随机事件。就各个光子而言,它们穿过物质时只有两种可能:要么发生作用后消失或转换成另一能量与运动方向的光子,要么不发生任何作用而穿过物质。一旦发生作用,入射光子的全部或部分能量就转换为所产生的次电子的能量。

就大量入射光子的宏观效果而言,光子穿过有限厚度的介质后必然有一部分光子消失了,也必然仍有一部分光子毫无变化地通过,因此,射程与最大吸收厚度对于光子是没有意义的。由于光子与物质的相互作用是单次性的随机事件,发生作用的可能性需要用概率来描述,这个概率除了与物质的厚度和数密度有关外,还与截面 σ 有关。截面的概念见第 4 章,大家应该已熟悉了。

光子在介质中沉积能量(先生成次电子,再由次电子在介质内通过电离能量损失来沉积能量)的三种主要作用机制为光电吸收(Photoelectric Absorption)、康普顿散射(Compton Scattering)以及电子对产生(Pair Production)。这些作用过程都是使入射光子的或大或小的部分能量转换成次电子能量,同时入射光子或者完全消失,或者被散射变成另一具有不同能量与方向的光子。

汤姆逊散射(Thomson Scattering)和瑞利散射(Raleigh Scattering)是光子与物质相互作用的另外两种方式,这两种作用过程可以看成是没有能量转移的过程。在汤姆逊散射中,被视为"自由"的电子在入射电磁波的电矢量的作用下发生振荡,振荡的电子发射与入射波相同频率的辐射(光子)。汤姆逊散射是弹性散射,其结果是入射光子没有发生与介质的能量交换,而仅仅改变了运动方向。瑞利散射是把原子作为整体的一种相干散射,散射角非常小,光子与原子之间基本上没有能量转移,原子的反冲仅"维持"动量守恒。由于没有明显的能量转移,所

---

① 郁伟中. 正电子物理及其应用[M]. 科学出版社,2003.

以这两种过程在辐射探测中不占主要地位,我们将不做进一步讨论。

6.4.1　光子与物质的三种主要作用机制

1. 光电吸收

光电吸收是光子与靶物质原子之间的相互作用。在这个过程中,光子被原子吸收后消失了,靶物质原子中的某个束缚电子获得了入射光子的大部分能量,原子的其余部分只是承担了非常少(通常可以忽略)的反冲能。该束缚电子克服结合能后成为自由电子,被称为光电子。光电子的能量反映了入射光子的能量信息。光电吸收又常称光电效应,其过程可用图 6.19 表示。

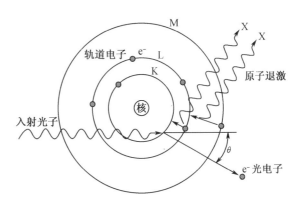

图 6.19　光电效应示意图

为解释光电效应,爱因斯坦 1905 年提出了光量子理论,并据此获得了 1921 年诺贝尔物理学奖。他假定光的能量在空间的分布是不连续的,呈能量子的状态,这些能量子只能整个的产生和吸收,称为光量子(即光子),光子的能量为 $E_\gamma = h\nu$。1907 年,爱因斯坦进一步提出光子的动量为 $\boldsymbol{p} = \hbar\boldsymbol{k}$,$\boldsymbol{k}$ 为光子的波矢。

入射 γ 光子能量的一部分消耗于光电子脱离原子束缚所需的电离能和反冲原子的动能,另一部分就作为光电子的动能。因此,光电效应的动量和能量守恒方程分别为

$$\hbar\boldsymbol{k} = \boldsymbol{p}_e + \boldsymbol{p}_a \quad \text{和} \quad h\nu = \hbar\omega = E_e + E_a + B_i$$

式中,$\boldsymbol{p}_e$ 和 $\boldsymbol{p}_a$ 为光电子和反冲原子的动量;E_e 和 E_a 为相应的动能。由于 $E_a = E_e(m_0/M)$,M 为原子质量,通常可以将 E_a 忽略不计。所以,光电子的动能 E_e 就是入射光子能量 $h\nu$ 与该束缚电子所处电子壳层的结合能 B_i 之差:

$$E_e = h\nu - B_i \tag{6.36}$$

(6.36)式就是著名的爱因斯坦光电方程。

光电吸收中,入射 γ 光子不是与自由电子相互作用,而是与整个原子相互作用,这个过程必须考虑原子的反冲,否则不能同时满足能量守恒和动量守恒。通过分析光电吸收过程的跃迁矩阵元可以知道,被束缚得越紧密(波函数更加靠近原子核)的电子具有越强的吸收光子的能力,这使得 K 壳层电子具有最大的光电吸收截面。光子在原子的 L、M 等壳层上也可以发生光电效应,但是截面要小不少。对于一个原子来说,至少有 80% 的光电吸收是发生在 K 壳层的。

发生光电效应时,从内壳层上发射出了电子,在此壳层上就留下空位,使原子处于激发状态,并通过发射特征 X 射线或发射俄歇电子的方式退激。由于作用时间和退激过程都很快,所以这些过程实际上可以看成是同时发生的,这些过程请参见第 3 章的图 3.9。

光子与单位面积内只含有一个原子的物质发生光电效应的概率,用光电效应截面描述,简称光电截面,用符号 σ_{ph} 表示。光电截面的大小与入射光子能量以及吸收物质的原子序数有关。总体而言,光电截面随光子能量增大而减小,随物质原子序数 Z 增大而急剧增大。

量子电动力学计算给出了光电截面公式。在非相对论情况下,即 $h\nu \ll m_0 c^2$ 时,发生在 K

层电子的光电截面为

$$\sigma_K = (32)^{1/2} \alpha^4 \left(\frac{m_0 c^2}{h\nu}\right)^{7/2} Z^5 \sigma_{Th} \propto Z^5 \left(\frac{1}{h\nu}\right)^{7/2} \tag{6.37}$$

式中,$\alpha = 1/137$ 为精细结构常数,$\sigma_{Th} = 8\pi(e^2/(4\pi\varepsilon_0 m_0 c^2))^2/3 = 6.65 \times 10^{-25} \text{ cm}^2$。

在相对论情况下,即 $h\nu \gg m_0 c^2$ 时光电截面为

$$\sigma_K = 1.5 \alpha^4 \frac{m_0 c^2}{h\nu} Z^5 \sigma_{Th} \propto Z^5 \cdot \frac{1}{h\nu} \tag{6.38}$$

原子的光电效应截面 σ_{ph} 则为

$$\sigma_{ph} = \frac{5}{4} \sigma_K \tag{6.39}$$

实际上,在实验中已经发现光电截面与 Z 和 $h\nu$ 的关系更加接近于

$$\sigma_{ph} \propto Z^n / (h\nu)^m$$

随着 $h\nu$ 的值从 0.1 MeV 增加到 3 MeV,n 的值将由 4 增加到 4.6;并且当 $h\nu \geqslant m_0 c^2$ 时,能量指数 m 将从 3 下降到 1,总的规律与理论计算符合得很好[5]。

我们注意到,光电效应的截面对原子序数非常敏感,$\sigma_K \propto Z^5$,前已提及,这与 K 电子的波函数分布有关——原子序数越大的原子,其 K 电子的径向分布就越靠近原子核,这使得光电吸收过程的跃迁矩阵元会因此而(近似)5 次方增大。由此,往往选用高 Z 材料作探测器以获得对 γ 射线较高的探测效率。由于同样的原因,也选用高 Z 材料(例如铅)作为 γ 或 X 射线的屏蔽材料。还可看出,σ_K 随 $h\nu$ 增大而减小(光子能量增大时波长会减小,从光子波长的视角来看,相当于 K 电子的波函数变成了一个原子序数更小的原子的波函数),低能时,减小得更快一些,高能时减小得缓慢一些。

在图 6.20 中给出了铅、锗和硅的光电截面与光子能量的关系曲线,也称为光电吸收曲线。由图可见,σ_{ph} 随 $h\nu$ 的增大而减小。

在 $h\nu < 100$ keV 时,尤其对高 Z 物质,光电截面显示出特征性的锯齿状结构,这种尖锐的突变称为吸收限,它是与 K,L,M 层电子的结合能相联系的。当光子能量逐渐增大到等于某一壳层电子的结合能时,这一壳层电子就对光电效应有贡献,导致 σ_{ph} 阶跃式的上升到某一较高数值,然后又随光子能量增大而下降。图 6.20 中铅的光电吸收曲线,其 K 层吸收限为 88.0 keV,L 层吸收限有 3 个,分别对应能量为 13.04 keV、15.20 keV 和 15.86 keV,M 层又 5 个吸收限。这种吸收限特性可用来有选择性地降低某一能量的 γ 辐射的强度,也可用于选择合适的能量激发产生某种特征 X 射线。

设光电子出射方向与光子入射方向的夹角为 θ(见图 6.19),在不同 θ 角出射光电子的概率是不一样的。用微分截面 $dn/d\Omega$ 代表进入平均角度为 θ 方向的单位立体角内的光电子数的份额,则光电子的角分布状态如图 6.21 所示。由于电子是在光子电矢量的驱动下脱离原子的束缚,而光子是横波,电矢量垂直于光子前进方向,因此在 0° 与 180° 方向不可能出现光电子,对一定能量的入射光子,光电子出现概率最大的角度是一定的。当入射光子能量较低,如小于 20 keV 时,光电子主要沿接近垂直于入射方向的角度发射;当光子能量较高时,光电子更多的朝前发射。

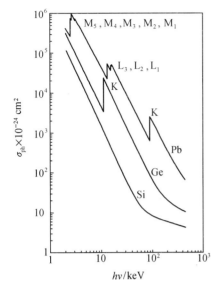

图 6.20　原子的光电截面与
入射光子能量的关系

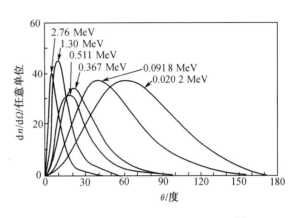

图 6.21　不同 $h\nu$ 时的光电子角分布[5]

另外,还需强调一点,不仅 X 射线和 γ 射线能发生光电效应,紫外和可见光波段的光子也能发生光电效应。而且,随光子能量的降低,光电截面呈增加的趋势。在光电池和第 9 章讲到的光电倍增管光阴极,都是利用光电效应将光有效地转换为电流的。

2. 康普顿散射

康普顿散射又常称为康普顿效应,是指入射光子与物质原子作用时,入射光子与轨道电子发生散射,将一部分能量传给电子并使它脱离原子射出而成为反冲电子,同时入射光子损失能量并改变方向而成为散射光子,如图 6.22 所示。图中 $h\nu$ 及

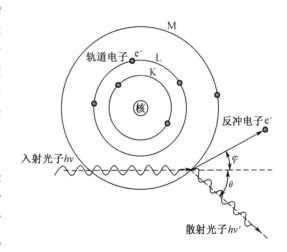

图 6.22　康普顿效应示意图

$h\nu'$ 分别为入射与散射光子能量,θ 为散射光子与入射光子方向的夹角,称为散射角,而 φ 是反冲电子与入射光子方向间的夹角,称为反冲角。与光电效应主要发生在束缚最紧的内层电子上不同,康普顿散射可以发生在原子外的所有 Z 个电子上,由于外层电子数量多且被束缚得松散,因此实际中看到的更多是外层反冲电子。在放射性同位素的通常的 γ 射线能量范围内,康普顿散射是最重要的一种相互作用机制。

下面我们分别来讨论康普顿散射中的能量传递关系、康普顿散射截面和角分布等情况。

(1)散射光子、反冲电子的能量与入射光子能量及散射角的关系

虽然入射光子与原子外层电子间的康普顿散射严格地说是一种非弹性碰撞过程,但由于原子外层电子的结合能很小,仅几 eV 量级,与入射光子能量相比可以忽略。这样,完全可以把外层电子看作是"自由电子"。康普顿效应就可认为是入射光子与处于静止状态的自由电子之间的弹性碰撞,入射光子的能量就在反冲电子和散射光子两者之间进行分配。

根据能量守恒定律:

$$h\nu = h\nu' + E_e \tag{6.40}$$

式中,E_e 为反冲电子的动能。

根据动量守恒定律有 $\hbar \boldsymbol{k} = \hbar \boldsymbol{k}' + \boldsymbol{p}_e$(分别对应入射光子、散射光子和反冲电子动量)。可得到沿光子入射方向和垂直于光子入射方向的动量守恒方程:

$$\frac{h\nu}{c} = \frac{h\nu'}{c}\cos\theta + p_e\cos\varphi \tag{6.41}$$

$$\frac{h\nu'}{c}\sin\theta = p_e\sin\varphi \tag{6.42}$$

式中,$h\nu/c$ 和 $h\nu'/c$ 分别为入射光子和散射光子的动量;p_e 为反冲电子的动量。

由(6.40)、(6.41)和(6.42)三式,并令 $\alpha \equiv h\nu/m_0c^2$,$\alpha' \equiv h\nu'/m_0c^2$,可得到下面三个重要的关系:

① 散射光子的能量

$$h\nu' = \frac{h\nu}{1 + \dfrac{h\nu}{m_0c^2}(1 - \cos\theta)} \quad 或 \quad \alpha' = \frac{\alpha}{1 + \alpha(1 - \cos\theta)} \tag{6.43}$$

② 反冲电子的动能

$$E_e = \frac{(h\nu)^2(1 - \cos\theta)}{m_0c^2 + h\nu(1 - \cos\theta)} \quad 或 \quad \frac{E_e}{m_0c^2} = \frac{\alpha^2(1 - \cos\theta)}{1 + \alpha(1 - \cos\theta)} \tag{6.44}$$

③ 散射角 θ 和反冲角 φ 之间的关系

$$\cot\varphi = \left(1 + \frac{h\nu}{m_0c^2}\right) \cdot \tan\frac{\theta}{2} \quad 或 \quad \cot\varphi = (1 + \alpha) \cdot \tan\frac{\theta}{2} \tag{6.45}$$

可见,当入射光子能量 $h\nu$ 一定时,散射光子能量 $h\nu'$ 和反冲电子的动能 E_e 随散射角是变化的;同时,反冲角 φ 与散射角 θ 之间有确定的关系。下面做进一步讨论:

① 当散射角 $\theta = 0°$ 时,散射光子能量 $h\nu' = h\nu$,达到最大值;而反冲电子动能 $E_e = 0$。这实际上表明,此时入射光子从电子旁掠过,未受到散射,光子未发生变化。

② 当散射角 $\theta = 180°$ 时,反冲角 $\varphi = 0°$。对应于入射光子与电子对心碰撞的情况,散射光子沿入射光子反方向散射出来,反冲电子则沿入射光子方向出射,这种情况称为反散射。此时,散射光子能量最小,即

$$h\nu'_{\min} = \frac{h\nu}{1 + 2h\nu/(m_0c^2)} = \frac{h\nu \cdot m_0c^2}{m_0c^2 + 2h\nu} \tag{6.46}$$

而反冲电子的动能最大,即

$$E_{e\,\max} = \frac{h\nu}{1 + m_0c^2/(2h\nu)} \tag{6.47}$$

由(6.46)式可见,当 $h\nu > m_0c^2$ 时,$h\nu'_{\min}$ 随 $h\nu$ 变化比较缓慢,因而对不同的入射光子能量,

180°反散射光子能量变化不大。图 6.23 反映了这一情况。由图可见,在入射光子的能量变化范围相当大时,180°反散射光子的能量也都在 200 keV 左右,这将是以后要讲到的 γ 能谱测量中反散射峰的形成原因。

③由(6.45)式,散射角 θ 与反冲角 φ 之间存在一一对应的关系。并由 φ 和 θ 的半角关系,当散射角在 0° ~ 180°之间变化时,反冲角相应的在 90° ~ 0°之间变化,这也就意味着反冲电子只能在 0° ~ 90°之间出现。

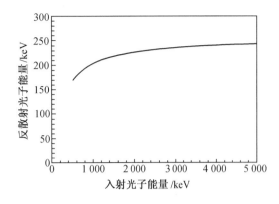

图 6.23　入射光子及相应的 180°反散射光子的能量

(2)康普顿散射截面与角分布

从(6.43)、(6.44)和(6.45)式可以看出,发生康普顿散射时,只要散射角 θ(或反冲角)确定,则可唯一地确定其他各参量。那么,康普顿散射中,散射角的取值服从什么样的分布呢?量子电动力学的康普顿散射理论给出了康普顿散射微分截面 $\mathrm{d}\sigma_{c,e}/\mathrm{d}\Omega$ 的表达式,即著名的 Klein – Nishina 公式:

$$\frac{\mathrm{d}\sigma_{c,e}}{\mathrm{d}\Omega} = r_0^2 \left(\frac{1}{1+\alpha(1-\cos\theta)}\right)^2 \left(\frac{1+\cos^2\theta}{2}\right) \left(1 + \frac{\alpha^2(1-\cos\theta)^2}{(1+\cos^2\theta)[1+\alpha(1-\cos\theta)]}\right)$$

$$(6.48)$$

式中,$r_0 = e^2/(4\pi\varepsilon_0 m_0 c^2) = 2.818 \times 10^{-15}$ m,为经典电子半径,$\alpha \equiv h\nu/m_0 c^2$。康普顿散射微分截面 $\mathrm{d}\sigma_{c,e}/\mathrm{d}\Omega$ 是指一个光子垂直入射到单位面积只包含一个电子的介质上时,散射光子落在 θ 方向单位弧度立体角内的概率,其单位为 $\mathrm{cm}^2 \cdot \mathrm{sr}^{-1}$。由于散射光子在方位角上是对称的,所以 $\mathrm{d}\sigma_{c,e}/\mathrm{d}\Omega$ 乘以 $2\pi\sin\theta$ 就转换为了 $\mathrm{d}\sigma_{c,e}/\mathrm{d}\theta$,此即为散射光子的角分布。

图 6.24 给出了单个电子的微分散射截面与散射角及能量的关系。能量较高的入射光子有强烈的向前散射的趋势,而能量较低的入射光子向前和向后散射的概率相当。

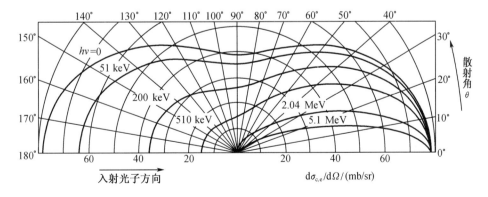

图 6.24　极坐标表示的微分散射截面 $\mathrm{d}\sigma_{c,e}/\mathrm{d}\Omega$ 与散射角及能量的关系

　　将微分截面 $\mathrm{d}\sigma_{\mathrm{c,e}}/\mathrm{d}\Omega$ 对全部 θ 可取值($0°\sim180°$)积分,即可得到对单个电子的康普顿效应总截面

$$\sigma_{\mathrm{c,e}} = 2\pi\int_0^\pi \frac{\mathrm{d}\sigma_{\mathrm{c,e}}}{\mathrm{d}\Omega}\sin\theta\mathrm{d}\theta = 2\pi r_0^2\Big[\frac{\alpha^3 + 9\alpha^2 + 8\alpha + 2}{\alpha^2(1+2\alpha)^2} + \frac{\alpha^2 - 2(1+\alpha)}{2\alpha^3}\ln(1+2\alpha)\Big]$$

$$(6.49)$$

　　图 6.25 给出了 $\sigma_{\mathrm{c,e}}$ 与入射光子能量的关系曲线。可以看出,当入射光子能量增加时,康普顿散射截面还是呈下降趋势,但其下降速度比光电截面的要慢。

　　在入射光子能量比原子中电子的最大结合能大得多时,即使原子的内层电子也可看成是"自由的",也能与入射光子发生弹性碰撞。所以,入射光子与整个原子的康普顿散射总截面 σ_{c} 将是它与各个电子的康普顿散射截面 $\sigma_{\mathrm{c,e}}$ 之和,即

$$\sigma_{\mathrm{c}} = Z\cdot\sigma_{\mathrm{c,e}}$$

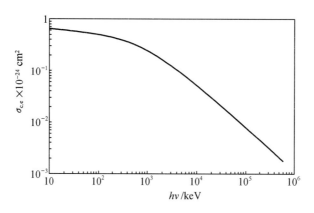

图 6.25　康普顿散射截面(对单个电子)
与入射光子能量的关系

　　由(6.49)式,我们可以总结出对原子的康普顿散射截面 σ_{c} 的规律:

①当入射光子能量很低时($h\nu\ll m_0c^2$,即 $\alpha\ll1$)

$$\sigma_{\mathrm{c}} \xrightarrow{h\nu\to0} \sigma_{\mathrm{Th}} = \frac{8}{3}\pi r_0^2\cdot Z \qquad (6.50)$$

此时,康普顿散射截面趋于汤姆逊散射截面,σ_{c} 与入射光子能量无关,仅与 Z 成正比。

②当入射光子能量较高时($h\nu\gg m_0c^2$,即 $\alpha\gg1$)

$$\sigma_{\mathrm{c}} = Z\pi r_0^2\frac{1}{\alpha}\Big(\frac{1}{2} + \ln(2\alpha)\Big) = Z\pi r_0^2\frac{m_0c^2}{h\nu}\Big(\frac{1}{2} + \ln\frac{2h\nu}{m_0c^2}\Big) \qquad (6.51)$$

此时 σ_{c} 与 Z 依然成正比,但近似地与光子能量成反比,随光子能量增加而减小。

　　在发生康普顿散射时,核外电子实际都是束缚电子而非自由电子,因此,当入射光子提供给这些电子的反冲能(与光子能量有关,也与光子散射角有关)不足以使它们克服原子的束缚时,就无法发生康普顿散射,康普顿散射的截面也因此需要作修正:

$$\sigma_{\mathrm{c}} = S(x,Z)\cdot\sigma_{\mathrm{c,e}}$$

式中,$S(x,Z)$ 称为非相干散射函数(Incoherent scattering function),Z 为介质的原子序数,$x = \sin(\theta/2)/\lambda$,$\theta$ 为散射角,λ 为入射光子的波长,入射光子能量较低时,x 乘以 $2h$ 约等于散射中

传递给电子的动量。x 较小时，$S(x,Z) <$
Z；x 值为几十时，$S(x,Z) = Z$，如图 6.26 所
示。各种元素的 $S(x,Z)$ 已被制成表格[①]，
可以用于原子康普顿散射截面的计算。

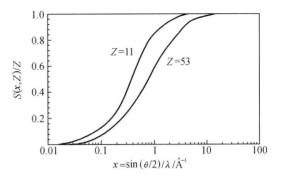

图 6.26 非相干散射函数 $S(x,Z)$

（3）反冲电子的能谱和角分布

发生康普顿效应时，散射光子可以向
各个方向发射，不同方向的散射光子对应
的反冲电子的出射方向和能量也不同，但
二者之间存在一一对应的关系。即对一定
方向的散射光子，相应的反冲电子的方向
和能量是确定的，也就是说，散射光子落在
$\theta \sim \theta + \mathrm{d}\theta$ 内与反冲电子落在对应的 $\varphi \sim \varphi + \mathrm{d}\varphi$ 内是同一随机事件，二者的发生概率相同，则有

$$\left(\frac{\mathrm{d}\sigma_{\mathrm{c,e}}}{\mathrm{d}\Omega}\right)_{\theta} \cdot 2\pi\sin\theta\mathrm{d}\theta = \left(\frac{\mathrm{d}\sigma_{\mathrm{c,e}}}{\mathrm{d}\Omega'}\right)_{\varphi} \cdot 2\pi\sin\varphi\mathrm{d}\varphi \qquad (6.52)$$

式中，Ω 和 Ω' 分别表示与散射角 θ 和反冲角 φ 对应的立体角。微分截面 $(\mathrm{d}\sigma_{\mathrm{c,e}}/\mathrm{d}\Omega)_{\theta}$ 表示散射光子落在某 θ 方向单位散射立体角内的概率，由(6.48)式给出；微分截面 $(\mathrm{d}\sigma_{\mathrm{c,e}}/\mathrm{d}\Omega')_{\varphi}$ 表示反冲电子落在与上述散射角 θ 对应的某反冲角 φ 方向单位反冲立体角内的概率。由(6.52)式即可得到反冲电子的微分截面：

$$\left(\frac{\mathrm{d}\sigma_{\mathrm{c,e}}}{\mathrm{d}\Omega'}\right)_{\varphi} = \left(\frac{\mathrm{d}\sigma_{\mathrm{c,e}}}{\mathrm{d}\Omega}\right)_{\theta} \cdot \left(\frac{\sin\theta}{\sin\varphi} \cdot \frac{\mathrm{d}\theta}{\mathrm{d}\varphi}\right) = \left(\frac{\mathrm{d}\sigma_{\mathrm{c,e}}}{\mathrm{d}\Omega}\right)_{\theta} \cdot \frac{(1+\alpha)^2(1-\cos\theta)^2}{\cos^3\varphi} \qquad (6.53)$$

(6.53)式反映了反冲电子落在 φ 方向单位弧度立体角内的概率，称为反冲电子的角分布。图 6.27 给出了一些能量 γ 光子的 $\mathrm{d}\sigma_{\mathrm{c,e}}/\mathrm{d}\Omega'$ 随反冲角 φ 的变化，由图可见，反冲电子只能在小于 $90°$ 方向发射。

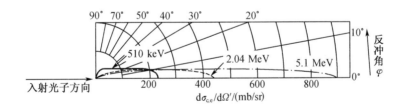

图 6.27 反冲电子微分截面 $\mathrm{d}\sigma_{\mathrm{c,e}}/\mathrm{d}\Omega'$ 与反冲角及入射光子能量的关系

已知反冲电子的能量可取从零到最大能量间的任何值，其分布情况需要用对反冲电子能量的微分截面 $\mathrm{d}\sigma_{\mathrm{c,e}}/\mathrm{d}E_{\mathrm{e}}$ 来描述，它表示反冲电子的能量落在 E_{e} 处单位能量间隔内的概率，也就是我们以后讨论 γ 能谱时用到的反冲电子能谱。该微分截面可以通过如下变换得到

① J. H. Hubble et al, J. Phys. Chem. Ref. Data, 1975, 4(3): 471 – 538.

$$\frac{\mathrm{d}\sigma_{\mathrm{c,e}}}{\mathrm{d}E_{\mathrm{e}}} = \frac{\mathrm{d}\sigma_{\mathrm{c,e}}}{\mathrm{d}\Omega} \cdot \frac{\mathrm{d}\Omega}{\mathrm{d}E_{\mathrm{e}}} = 2\pi\sin\theta \cdot \frac{\mathrm{d}\sigma_{\mathrm{c,e}}}{\mathrm{d}\Omega} \cdot \frac{\mathrm{d}\theta}{\mathrm{d}E_{\mathrm{e}}} = \frac{2\pi m_0 c^2}{(h\nu - E_{\mathrm{e}})^2} \cdot \frac{\mathrm{d}\sigma_{\mathrm{c,e}}}{\mathrm{d}\Omega}$$

将(6.48)式代入,并整理为关于反冲电子能量 E_{e} 的表达式,则有

$$\frac{\mathrm{d}\sigma_{\mathrm{c,e}}}{\mathrm{d}E_{\mathrm{e}}} = \frac{\pi r_0^2}{\alpha^2 m_0 c^2} \cdot \left[2 + \left(\frac{E_{\mathrm{e}}}{h\nu - E_{\mathrm{e}}} \right)^2 \left(\frac{1}{\alpha^2} - \frac{2(h\nu - E_{\mathrm{e}})}{\alpha E_{\mathrm{e}}} + \frac{h\nu - E_{\mathrm{e}}}{h\nu} \right) \right] \tag{6.54}$$

(6.54)式中,$0 \leqslant E_{\mathrm{e}} \leqslant E_{\mathrm{e\,max}}$。根据该
式,取定一些能量的入射光子,可以作出如
图6.28所示的康普顿反冲电子能谱。可
以看出,单能入射光子所产生的反冲电子
的能量是连续分布的,在较低能量处,反冲
电子数随能量变化较小,呈平台状;在最大
能量 $E_{\mathrm{e\,max}}$ 处反冲电子数目最多,呈现出尖
锐的边界,在 γ 谱学中称为康普顿沿
(Compton edge)。

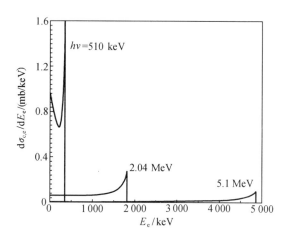

图6.28　自由静止电子的康普顿反冲电子能谱

(6.54)式及图6.28均是对自由且静
止的电子而言的,实际上,原子中的电子既
不自由又不静止,康普顿散射中,入射光子
是与运动且被束缚的电子碰撞,碰撞后散
射光子的能量不仅与入射光子能量及散射角有关,而且和碰撞前电子的运动状态有关。考虑
电子运动后,对一定能量的入射光子,散射到一定角度的散射光子的能量不再是按(6.43)式
唯一确定,而是展宽为以该能量为中心的一个分布,同样,反冲电子能量也被展宽,反映在图
6.28中,就是反冲电子能谱中的康普顿沿不再尖锐,且向低能方向有所移动[1]。

3.电子对产生

电子对产生又常称电子对效应,是光子与库仑场之间的相互作用。如图6.29所示,当辐
射光子的能量足够高,且经过原子核旁时,在核库仑场作用下,辐射光子可能转化为一个正电
子和一个负电子。

电子对效应过程中的动量守恒和能量守恒方程为

$$\hbar\boldsymbol{k} = \boldsymbol{p}_{\mathrm{e+}} + \boldsymbol{p}_{\mathrm{e-}} + \boldsymbol{p}_{\mathrm{r}} \tag{6.55}$$

$$h\nu = E_{\mathrm{e+}} + E_{\mathrm{e-}} + 2m_0 c^2 \tag{6.56}$$

(6.55)式中,从左往右分别为光子、正电子、电子和原子核的动量。由(6.56)式,只有当光子
能量至少为电子静止质量的两倍,即 $h\nu > 2m_0 c^2$ 时,才可能发生电子对效应。发生电子对效应
后,入射光子消失,其能量转化为正、负电子的静止质量以及正、负电子的动能。当入射光子能
量为 $h\nu$ 时,正、负电子的动能之和是 $h\nu - 2m_0 c^2$,该能量在电子与正电子之间随机分配,使电子
或正电子的能量可取从零到 $h\nu - 2m_0 c^2$ 间的任何值。电子对效应与光电效应相似,除涉及入
射光子和电子对外,必须有第三者——原子核参加,才能同时满足能量守恒与动量守恒定律。
此时,原子核必然受到反冲,但因原子核质量比电子大得多,核反冲能量很小,可以忽略不计。

---

①　J. Felsteiner et al,Nuclear Instruments and Methods,1974,118:253-255.

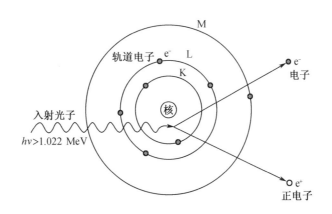

图 6.29　核库仑场中电子对效应的示意图

为满足动量守恒定律,电子和正电子几乎都是沿着入射光子方向的前向角度发射。入射光子能量越高,正、负电子的发射方向越是前倾。

电子对效应中产生的电子和正电子在吸收介质中通过电离损失和辐射损失消耗能量。正电子在物质中很快被慢化后,将与物质中的电子发生湮没,湮没光子在物质中可能再发生相互作用。正、负电子的湮没,可以看作高能光子产生电子对效应的逆过程。

光子除了在原子核库仑场中发生电子对效应外,在电子的库仑场中也能产生电子对,即三粒子生成效应。不过电子质量小,反冲能量大,所以在电子的库仑场中产生电子对的最低入射光子能量 $h\nu > 4m_0c^2$。三粒子生成效应中,光子能量将在所产生的正负电子对和原电子之间分配,三粒子生成效应发生的概率远小于在核库仑场中产生电子对的概率。

电子对效应要用狄拉克的电子理论来解释[5]。对于各种原子的电子对效应截面 σ_p 可由理论计算得到,它同样是入射光子能量和吸收物质原子序数的函数。图 6.30 给出了吸收物质的 σ_p 与入射光子能量 $h\nu$ 的关系。当 $h\nu$ 稍大于 $2m_0c^2$ 但又不太大时

$$\sigma_p \propto Z^2 h\nu \qquad (6.57)$$

当 $h\nu \gg 2m_0c^2$ 时

$$\sigma_p \propto Z^2 \ln(h\nu) \qquad (6.58)$$

可以看出,在能量较低时,σ_p 随光子能量线性增加;在高能时,σ_p 随 $h\nu$ 的变化就慢一

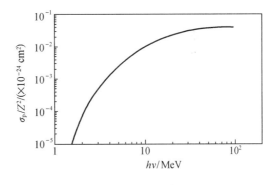

图 6.30　电子对效应截面与
入射光子能量的关系

点。但均有 $\sigma_p \propto Z^2$,即电子对效应截面与吸收物质原子序数的平方成正比。

4. 三种效应的比较

用 σ_γ 代表入射光子与物质原子发生作用的总截面。按照概率相加的原理应当有

$$\sigma_\gamma = \sigma_{ph} + \sigma_c + \sigma_p \qquad (6.59)$$

当 $h\nu < 1.022$ MeV 时,$\sigma_p = 0$。

图 6.31 给出了在各种不同原子序数物质中和不同入射光子能量下三种效应的相对重要

性。图中曲线表示两种相邻效应的截面正好相等时的 Z 与 $h\nu$ 值。左边曲线表示光电截面和康普顿散射截面相等;右边曲线表示康普顿散射截面与电子对效应截面相等。这两条曲线划分出了光电吸收、康普顿散射和电子对产生各自占优势的三个区域。

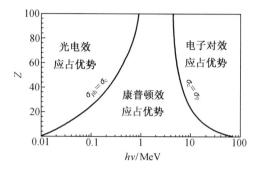

图 6.31　γ 射线与物质相互作用的三种
主要方式的相对重要性[5]

由图 6.31 可以看出:

①对于低能 γ 射线和原子序数高的吸收物质,光电效应占优势;

②对于中能 γ 射线和原子序数低的吸收物质,康普顿效应占优势;

③对于高能 γ 射线和原子序数高的吸收物质,电子对效应占优势。

三种截面均随介质原子序数的增大而增大,其中光电截面 $\sigma_{ph} \propto Z^5$,变化最剧烈;电子对效应截面 $\sigma_p \propto Z^2$ 次之,而康普顿效应截面 $\sigma_c \propto Z$ 的变化最小。

图 6.32 给出了常用作 γ 射线屏蔽材料的铅 (Pb)的各种相互作用截面曲线,由图可见,总截面 σ_γ 是各种相互作用截面之和,不同截面随入射光子能量的变化趋势不同,其中 σ_{ph} 随入射光子能量增大而降低最快,且在低能范围内,对应吸收限出现阶跃的变化;σ_c 则随入射光子能量增大下降较为平缓,且在低能部分,由于电子结合能影响而减小;σ_p 在 $h\nu \geq 1.022$ MeV 后才开始出现,并随 $h\nu$ 增大而增大。

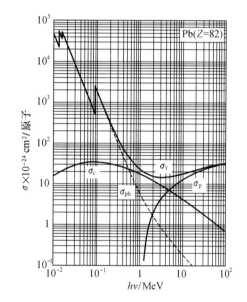

图 6.32　γ 射线与 **Pb** 相互作用的截面曲线
数据来自 physics. nist. gov 网站

5. 能量转移截面

γ 射线与物质相互作用后,次级电子携带的能量可以认为被物质完全吸收,沉积在物质中。很多情况下,沉积能量是我们特别关心的,例如,在探测器中,只有沉积在探测器介质中的能量才能转化为输出信号;在剂量学中,沉积能量与剂量直接相关,如比释动能(Kinetic Energy Released in Materials,KERMA)定义中的能量指的就是沉积能量。为了描述 γ 射线与物质相互作用过程中的能量转移性质,人们定义了能量转移(Energy transfer)截面或能量吸收截面:

$$\sigma_a = \frac{\overline{E}_e}{h\nu} \cdot \sigma_\gamma \tag{6.60}$$

它的微分形式为

$$\frac{d\sigma_a}{d\Omega} = \frac{E_e}{h\nu} \cdot \frac{d\sigma_\gamma}{d\Omega} \tag{6.61}$$

由此我们可以求出前面所述三种相互作用的能量转移截面。

对光电效应,由于入射光子能量几乎全部转移给了光电子,则它的能量转移截面为

$$\sigma_{\mathrm{ph,a}} = \frac{\overline{E}_{\mathrm{e}}}{h\nu} \cdot \sigma_{\mathrm{ph}} \approx \frac{h\nu}{h\nu} \cdot \sigma_{\mathrm{ph}} = \sigma_{\mathrm{ph}} \tag{6.62}$$

在电子对效应中,正负电子对带走的能量等于 $h\nu - 2m_0c^2$,则该效应的能量转移截面为

$$\sigma_{\mathrm{p,a}} = \frac{\overline{E}_{\mathrm{e}}}{h\nu} \cdot \sigma_{\mathrm{p}} = \frac{h\nu - 2m_0c^2}{h\nu} \cdot \sigma_{\mathrm{p}} \tag{6.63}$$

对康普顿散射,我们可以将康普顿散射截面 σ_{c} 按反冲电子与散射光子在散射中平均分配的能量份额分为两部分 $\sigma_{\mathrm{c,a}}$ 和 $\sigma_{\mathrm{c,s}}$,则

$$\sigma_{\mathrm{c}} = \sigma_{\mathrm{c,a}} + \sigma_{\mathrm{c,s}} = \frac{\overline{E}_{\mathrm{e}}}{h\nu}\sigma_{\mathrm{c}} + \frac{h\overline{\nu}'}{h\nu}\sigma_{\mathrm{c}}$$

其中,$\sigma_{\mathrm{c,a}}$ 对应反冲电子分配的能量份额,它即为康普顿散射能量转移截面,表示发生康普顿散射并沉积能量的概率;$\sigma_{\mathrm{c,s}}$ 对应散射光子分配的能量份额,称为康普顿散射能量散射(Energy Scattering)截面,它表示发生康普顿散射但不沉积能量的概率。康普顿效应中,入射光子转移给反冲电子的能量随散射角的不同是变化的,所以必须先求出康普顿散射微分能量转移截面,根据 Klein – Nishina 公式并由(6.61)式,有

$$\frac{\mathrm{d}\sigma_{\mathrm{c,a}}}{\mathrm{d}\Omega} = \frac{E_{\mathrm{e}}}{h\nu} \cdot \frac{\mathrm{d}\sigma_{\mathrm{c,e}}}{\mathrm{d}\Omega} = \frac{h\nu - h\nu'}{h\nu} \cdot \frac{\mathrm{d}\sigma_{\mathrm{c,e}}}{\mathrm{d}\Omega}$$

$$= \frac{r_0^2\alpha(1 - \cos\theta)}{2}\left(\frac{1}{1 + \alpha(1 - \cos\theta)}\right)^3\left(1 + \cos^2\theta + \frac{\alpha^2(1 - \cos\theta)^2}{1 + \alpha(1 - \cos\theta)}\right) \tag{6.64}$$

上式中,$\alpha = h\nu/m_0c^2$。将此式对 $0° \sim 180°$ 积分则得到康普顿散射能量转移截面为

$$\sigma_{\mathrm{c,a}} = \int_0^\pi \frac{\mathrm{d}\sigma_{\mathrm{c,a}}}{\mathrm{d}\Omega} \cdot \mathrm{d}\Omega = \pi r_0^2\left[\frac{\alpha^2 - 2\alpha - 3}{\alpha^3}\ln(1 + 2\alpha) - \frac{20\alpha^4 - 102\alpha^3 - 186\alpha^2 - 102\alpha - 18}{3\alpha^2(1 + 2\alpha)^3}\right] \tag{6.65}$$

进而可以由(6.65)和(6.49)求出康普顿反冲电子的平均能量为

$$\overline{E}_{\mathrm{e}} = h\nu \cdot \frac{\sigma_{\mathrm{c,a}}}{\sigma_{\mathrm{c,e}}} \tag{6.66}$$

图 6.33 为(6.65)和(6.49)式表示的截面曲线,由图可以看出,在入射光子能量较低时,能量转移截面比较小,且随着入射光子能量增加而增加,当入射光子能量约为 500 keV 时,能量转移截面达到最大,然后随入射光子能量增加而减小。在入射光子能量较低时,能量转移截面小于能量散射截面,而能量较高时,能量转移截面大于能量散射截面。

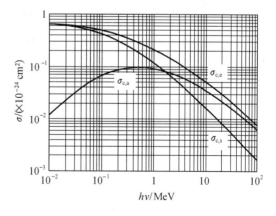

图 6.33　康普顿散射总截面、能量转移截面、能量散射截面

6.4.2　γ射线窄束的衰减规律

综上所述,γ射线通过介质时,如果发生了上述几种效应中的任何一种效应,则入射光子就会消失或转化为另一能量和角度不同的光子,在康普顿效应中,即使发生小角度散射,也要把散射光子排除出原来的入射束,这种情况称为γ射线窄束的衰减情况。下面就来具体分析射线束通过物质的情况。

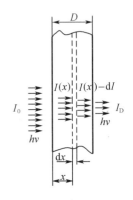

图6.34　γ射线通过物质时的衰减情况

设有一准直的单能γ射线束沿水平方向垂直通过吸收物质,如图6.34所示。γ射线束的初始强度即单位时间内通过单位截面积的γ光子数为 I_0,在深度 x 处γ射线束流强度减弱为 $I(x)$,吸收物质原子密度为 N,对该射线的总作用截面为 σ_γ。

我们来分析吸收体内深度 x 处一薄层 $\mathrm{d}x$ 前后的情况,在经过 $\mathrm{d}x$ 吸收层后,束流强度变化量 $\mathrm{d}I$ 为

$$-\mathrm{d}I = I(x)N\sigma_\gamma\mathrm{d}x \qquad (6.67)$$

式中负号表示束流强度沿 x 方向是减少的。并考虑到 $x=0$ 时 $I=I_0$,解此微分方程可得

$$I(x) = I_0\mathrm{e}^{-\sigma_\gamma N\cdot x} \qquad (6.68)$$

令 $\mu = \sigma_\gamma\cdot N = \sigma_\gamma\cdot\dfrac{N_A\cdot\rho}{A}$,称作线性衰减系数,其中 N_A 为阿伏伽德罗常数,ρ 和 A 为吸收物质的密度和材料元素的原子量,则

$$I(x) = I_0\mathrm{e}^{-\mu\cdot x} \qquad (6.69)$$

(6.69)式表明,准直单能γ束通过吸收物质时,其强度的衰减遵循指数规律。μ 的量纲为 $[L]^{-1}$,例如 cm^{-1}。实际应用中,更多的是采用质量衰减系数:

$$\mu_m = \frac{\mu}{\rho} = \sigma_\gamma\cdot\frac{N_A}{A} \qquad (6.70)$$

式中,ρ 是吸收物质密度;μ_m 的常用单位为 cm^2/g,它的物理意义是:单位质量的原子对某能量光子所表现出的面积大小,由原子的截面与原子的质量之比决定。对于一定能量的γ射线,μ_m 不随吸收物质的物理状态变化。例如对于水,无论液态或气态,μ_m 是相同的,在应用中带来很大方便。

按质量衰减系数的定义,(6.69)式应改为

$$I(x) = I_0\mathrm{e}^{-\mu_m\cdot\rho\cdot x} = I_0\mathrm{e}^{-\mu_m\cdot x_m} \qquad (6.71)$$

式中,$x_m = \rho\cdot x$,称作物质的质量厚度,常用单位为 $\mathrm{g/cm}^2$。采用质量厚度同样会带来很多方便,使厚度的测量更为精确。

在实际吸收测量实验中,会出现准直条件不理想的情况,这时探测器在测量进入探测器立体角内γ光子的同时,还能测到在立体角外的吸收体部分散射来的γ光子,我们称之为"宽束"的状态。这时,γ射线的衰减规律不再服从简单的指数关系,即(6.71)式不再成立,需要进行必要的修正:

$$I(x) = B(x,h\nu)\cdot I_0\mathrm{e}^{-\mu_m\cdot x_m} \qquad (6.72)$$

式中,$B(x,h\nu)$ 称为积累因子。积累因子的大小取决于入射γ光子能量、吸收体、准直条件以及探测器的响应特性等因素,在有关核数据手册中会给出典型条件下的积累因子表供采用。

当入射光子具有一定的能量分布(连续或分立的能谱,但不再是单能的)时,入射光子束流穿过物质时的衰减问题将更加复杂。在辐射屏蔽与剂量学相关文献中有专门分析处理这类问题的讨论,需要时可参考。

思 考 题

6-1 什么是带电粒子的电离损失和辐射损失,其作用机制各是什么?

6-2 什么叫作能量歧离?引起能量歧离的本质是什么?

6-3 射程与路程有什么差别?入射粒子的射程如何定义?

6-4 从辐射损失的理论表达式得到什么重要结论?为什么在电子与物质相互作用中辐射损失才是重要的?

6-5 γ射线与物质相互作用和带电粒子与物质相互作用的最基本的差别是什么?

6-6 光电效应截面与入射γ射线的能量和吸收介质有什么关系?

6-7 康普顿散射是光子与原子的轨道电子之间的非弹性散射,为什么可按弹性散射处理?

6-8 韧致辐射的产生机制是什么?韧致辐射的最大能量与入射带电粒子(主要是电子)能量有什么关系?

习 题

6-1 如果能量为 1 MeV 的 α 粒子在空气中的射程为 $R \cong 0.3$ cm,能不能一般地说 α 粒子在空气中每穿过 0.3 cm 的长度就损失 1 MeV 的能量? α 粒子的能量由 5 MeV 减少到 4 MeV 时在空气中穿过的距离是否等于 0.3 cm?

6-2 已知 ^{210}Po 放出的 α 粒子能量为 $E_\alpha = 5.3$ MeV,试求该 α 粒子:

(1)在空气中的射程(以 cm 表示)。

(2)在空气中约生成多少个离子对(在空气中生成一个离子对平均需要 35 eV 能量)?

(3)在 ZnS 中射程为多少(以质量厚度表示)? Zn 原子量为 65,S 原子量为 32,ZnS 密度为 $\rho = 4.1$ g/cm^3。

6-3 如果已知质子在某一物质中的射程和能量关系曲线,能否从这一曲线求得 d(氘核)与 T(氚核)在同一物质中的射程值? 如能够,请说明如何计算。

6-4 请估算 4 MeV 的 α 粒子在硅中的阻止时间。已知 4 MeV 的 α 粒子在硅中的射程为 17.8 μm。

6-5 10 MeV 的氘核与 10 MeV 的电子穿过铅时,它们的辐射能量损失率之比为多少? 20 MeV 电子穿过铅时,辐射损失与电离损失之比是多少?

6-6 $^{40}_{19}$K 发射出最大能量为 1.32 MeV 的 β$^-$粒子,求它在空气中的射程。

6-7 作强 β 源操作时,可用有机玻璃面罩阻挡 β 射线对人眼的伤害,问要用多厚的有机玻璃($\rho = 1.19$ g/cm^3)才能全部挡住 ^{90}Sr + ^{90}Y($E_{\beta max} = 2.26$ MeV)源放出的 β 射线?

6-8 试证明入射光子不能与自由电子发生光电效应。

6-9 一准直的 γ 光子束(能量为 2.04 MeV),穿过薄铅片,并在 20°方向测量次级电子。

试问在此方向的光电子和康普顿反冲电子能量各为多少(铅的 $B_K = 88.1$ keV, $B_L = 15$ keV)?

6-10　已知 ^{137}Cs 发出能量为 $h\nu = 662$ keV 的 γ 射线,试求发生康普顿效应时产生的反散射光子的能量和反冲电子的最大动能。

6-11　一窄束单能 γ 射线通过厚度为 5 cm 的物质后,强度减少到开始强度的 1/4,求线性衰减系数。

6-12　某一能量的 γ 射线在铅中的线性衰减系数为 0.6 cm^{-1},试问它的质量衰减系数及原子的总截面是多少? 多厚的铅容器才能使源射到容器外的 γ 射线强度减弱 1 000 倍?

6-13　一束未知强度的单能 γ 光子入射到某种材料上,分别经过厚度 d_1 和 d_2 后,其强度为 N_1 和 N_2,试求这种材料对于这种单能 γ 光子的线性衰减系数 μ。

6-14　一束准直的 γ 射线,通过厚度为 1,3,5,7 cm 的 Pb 后,强度分别为 900,206,48,11 计数/分,试求该 γ 射线在 Pb 中的半衰减厚度和线性衰减系数,并求 γ 射线能量(Pb 的原子量为 207.2,密度为 11.35 g/cm^3,截面曲线见图 6.32)。

第7章 辐射探测中的统计学

由于微观世界的概率统计特性,所有核事件,例如放射性核素的衰变、带电粒子在介质中电离损失产生电子–离子对、γ射线与物质相互作用发生次级效应等过程,在一定时间间隔内事件发生的数目和事件发生的时刻都是随机的,即具有统计涨落性。因而在辐射探测中,一定时间内测量到的核事件数目(例如探测器的计数)或某核事件发生的时刻也是随机的。因此概率论与数理统计就成为辐射探测学的一项重要的理论基础。

研究辐射探测中的统计学的意义在于两个方面。首先是用于检验探测装置的工作状态是否正常,判断测量值出现的不确定性是仅由统计性决定的,还是由仪器的工作状态的异常所引起的;第二种是依据统计学预测固有的统计不确定性,判断单次或有限次测量结果的精度是否满足要求,进而指导制订实验方案。而后者具有更重要的意义。

本章将针对探测学中的各种随机现象,分别讨论辐射探测中主要的概率统计问题。

7.1 核衰变和放射性计数的统计分布

放射性衰变是一种随机过程,因此,衰变过程发射的辐射的任何测量结果都会有一定的统计涨落。这就意味着在放射性测量中,在实验条件和参数严格保持不变的条件下,对同一放射性样品进行一组测量,每次测量的计数不会完全相同,而是围绕某一平均值上下涨落。而且重复另一组相同的测量时,又会服从大致相同的分布。

由于实验观测总是在一组条件下实现的。故每次观测可看作是一次试验,叫随机试验。而把每次随机试验的各种结果叫作各个事件,称为随机事件。表示随机试验各种结果的变量称为随机变量,更准确地说,一个随机试验的可能结果的全体组成一个基本空间 Ω,随机变量 ξ 是定义在基本空间 Ω 上取值为实数的函数,即基本空间 Ω 中的每一点。例如,上面所说的单位时间的计数,是用一个数来代表随机试验的结果,这个数量就叫随机变量。对应于一种随机试验可定义一个随机变量 ξ,这个随机变量可能取若干个数值,叫可取值,每个可取值代表某个可能出现的随机事件。

按照概率论的定义:反复进行同一随机试验,将所得各种结果(随机事件)排列、归纳,求出各种随机事件的出现频率,则当试验次数趋向于无穷大时,各事件的出现频率均将趋向于某一个稳定的数,此即该事件出现的概率。概率描写了对应于某种随机试验的各个随机事件出现的可能性,也就是相应的随机变量取某一可取值的概率。

例如,我们定义随机变量 ξ 为带电粒子在物质中电离能量损失产生的离子对数,则 ξ 可能取 n_i(n_i 为 1,2,3,4,…正整数),而 ξ 取某值 n_i 的概率就是该带电粒子在物质中产生 n_i 个离子对的概率。

按随机变量可取值的不同情况,随机变量可以分为两种类型:

（1）离散型随机变量

若随机变量 ξ 只能取有限个数值 $x_1,x_2,\cdots,x_n$ 或可列无穷多个数值 $x_1,x_2,\cdots,x_i,\cdots$ 则称 ξ 为离散型随机变量；ξ 取任一可能值 x_i 的概率记作 $P(x_i)$，其中 $i=1,2,\cdots,n$。例如，放射性核衰变数只能取 $n,n+1,\cdots$ 等正整数，它就是离散型随机变量。

（2）连续型随机变量

连续型随机变量 X 的可取值是整个数轴或其上某些区间内的所有数值。例如，放大器的放大倍数 A 就是一个连续型随机变量，可以取某区间内的所有数值。但连续型随机变量 X 取它的任一可能值 x 的概率却等于零，即 $P(X=x)=0$，事件 $X=x$ 不是不可能发生，只能说它发生的可能性很小。因此对连续随机变量通常是考虑它落在某个区间 Δx 的概率，当 Δx 很小时趋于 dx。

后面我们经常会遇到一类随机试验，它只有两个可能的结果，这类随机试验称作伯努利试验。如 γ 射线穿过物质时，要么发生作用，要么不发生作用，不可能再有其他结果，属于伯努利试验。相应于伯努利试验，伯努利型的随机变量只有两个可取值，一般用 0 和 1 表示。随机变量取 0 或 1 的概率就分别是伯努利试验两种结果出现的概率。

7.1.1　随机变量的分布函数与数字表征

对随机变量要有一定的了解，必须知道该随机变量的可取值及各可取值的发生概率。

1. 随机变量的分布函数与概率(密度)函数

我们知道，像放射性衰变这样的随机事件是服从一定规律的，常用分布函数来描写按一定条件组定义的随机变量的这一特性。离散型随机变量和连续型随机变量具有不同的分布函数表达式。

设有一离散型随机变量 ξ，其可取值为 $x_1,x_2,\cdots,x_i,\cdots,x_n$。定义：

$$F(x_i) = P\{\xi < x_i\} \tag{7.1}$$

为随机变量 ξ 的分布函数。这里，$P\{\xi<x_i\}$ 表示 ξ 取小于 x_i 的值的概率。我们还定义：

$$f(x_i) = P\{\xi = x_i\} \tag{7.2}$$

为离散型随机变量的概率函数，这里，$P\{\xi=x_i\}$ 表示 ξ 取 x_i 的概率，又称概率分布表。

对连续型随机变量 X，其概率密度函数(又简称密度函数)$f(x)$ 为

$$f(x) = \lim_{\Delta x \to 0} \frac{P\{x < X < x + \Delta x\}}{\Delta x} \tag{7.3}$$

连续型随机变量 X 的分布函数 $F(x)$ 为

$$F(x) = P\{X < x\} = \int_{-\infty}^{x} f(x)\,dx \tag{7.4}$$

表 7.1 给出了上述两种随机变量的分布函数和概率(密度)函数的关系。从表 7.1 可见，随机变量 ξ 的分布函数 $F(x)$ 是非减函数，函数呈一个个台阶形状，跳跃点就是各个可取值 x_i。对于连续型随机变量 X，其分布函数 $F(x)$ 是一个连续递增函数，$F(x)$ 处处左连续。归一性是它们共有的特性。

表 7.1　离散型随机变量和连续型随机变量的主要特性

	离散型随机变量 ξ	连续型随机变量 X
随机变量的可取值	$\xi = x_1, x_2, \cdots, x_n, \cdots$	$X = -\infty \to +\infty$
分布函数	$F(x_i) = P\{\xi < x_i\}$	$F(x) = P\{X < x\}$
概率(密度)函数	$f(x_i) = P\{\xi = x_i\}$	$f(x) = P\{x \leqslant X \leqslant x + dx\}/dx$
相互关系	$F(x_i) = \sum_{\xi < x_i} f(x_i)$	$F(x) = \int_{-\infty}^{x} f(x)\,dx$
归一性	$\sum_i f(x_i) = 1$	$\int_{-\infty}^{+\infty} f(x)\,dx = 1$

2. 随机变量的数字表征

除用分布函数或概率(密度)函数来描述随机变量外,在许多情况下可以仅用与分布函数相关的数值来描述随机变量,称作随机变量的数字表征。常用的数字表征为数学期望和均方偏差两种。

(1)数学期望

数学期望又称平均值,对离散型随机变量 ξ,它的数学期望为

$$E(\xi) = \sum_{i=1}^{N\text{或}\infty} [x_i \cdot f(x_i)] \tag{7.5}$$

连续型随机变量 X 的数学期望为

$$E(X) = \int_{-\infty}^{+\infty} x \cdot f(x)\,dx \tag{7.6}$$

其中,$f(x_i)$ 是 ξ 的概率函数;$f(x)$ 是 X 的密度函数。

在简单的数据处理中,常用到算术平均值,即 $\bar{x}_e = (\sum x_i)/n$。概率论中的大数定律说明,当实验次数无限增多时,算术平均值将趋近于数学期望。

(2)均方偏差

均方偏差,常简称为方差,离散型随机变量 ξ 的方差为

$$D(\xi) = \sum_{i=1}^{N\text{或}\infty} \{[x_i - E(\xi)]^2 \cdot f(x_i)\} \tag{7.7}$$

连续型随机变量 X 的方差为

$$D(X) = \int_{-\infty}^{+\infty} [x - E(x)]^2 \cdot f(x)\,dx \tag{7.8}$$

方差代表了随机变量的各可取值围绕平均值的离散程度。方差越小,数据的离散程度越小,表示实验观测值越集中地分布在平均值附近。在数据表达中,更多用均方根偏差 σ 和相对均方根偏差 ν 来表达数据的离散程度,它们与方差的关系为

$$\sigma_\xi = \sqrt{D(\xi)}; \; \sigma_X = \sqrt{D(X)} \tag{7.9}$$

$$\nu_\xi = \frac{\sigma_\xi}{E(\xi)}; \; \nu_X = \frac{\sigma_X}{E(X)} \tag{7.10}$$

σ 和 ν 又分别称为标准偏差和相对标准偏差。确定了随机变量的数字表征,对于随机变量的分布函数形式就有了一个基本的了解,在实际应用中是很重要的。

7.1.2　核衰变的统计分布

一般,随机试验结果的统计涨落遵循一定的统计分布规律。对核事件而言,它服从泊松分布和高斯分布。而泊松分布和高斯分布都可由更一般的二项式分布导出。下面将分别介绍这几种统计分布。

1. 二项式分布

设一个事件 A 在单次试验中出现的概率为 p,在同一试验中不出现的概率为 $q = 1 - p$,用随机变量 ξ 表示在一组 N_0 次独立无关的试验中事件 A 出现的次数,那么事件 A 在上述试验中出现 n 次(即 $\xi = n$)的概率可用下式表示:

$$P\{\xi = n\} = P_{N_0}(n) = \frac{N_0!}{(N_0 - n)! \cdot n!} p^n q^{N_0 - n} \tag{7.11}$$

式中,$P\{\xi = n\}$ 表示 ξ 取 n 值的概率。显然,ξ 的可取值为 $0,1,2,3,\cdots,N_0$,是离散型随机变量。(7.11)式所示的概率函数叫作二项式分布,具有这种形式概率函数的随机变量,被称作是遵守二项式分布的随机变量。二项式分布是最基本的统计规律分布,广泛适用于具有恒定的事件发生概率的统计过程。

由(7.11)式可以看出,二项式分布中存在两个参数 N_0 和 p。对于已知遵守二项式分布的随机变量 ξ,只要知道 N_0 及 p,就可以由(7.5)式及(7.7)式得出它们的数学期望与方差,即

$$E(\xi) = \sum_{n=0}^{N_0} [n \cdot P_{N_0}(n)] = N_0 \cdot p \tag{7.12}$$

$$D(\xi) = \sum_{n=0}^{N_0} \{[n - E(\xi)]^2 \cdot P_{N_0}(n)\} = N_0 \cdot p \cdot q = N_0 \cdot p \cdot (1 - p) \tag{7.13}$$

例如放射性核衰变过程中,已知放射性核衰变的规律为

$$N(t) = N_0 e^{-\lambda t}$$

式中,N_0 为 $t = 0$ 时刻样品或放射源中的放射性核数;$N(t)$ 为 t 时刻样品或放射源中尚未发生衰变的核数。则在 $0 \sim t$ 时间内,N_0 个放射性核中发生了衰变的核的平均数为

$$\Delta N = N_0 - N(t) = N_0(1 - e^{-\lambda t}) \tag{7.14}$$

则单个核在 $0 \sim t$ 时间内发生衰变的概率为

$$p = \frac{\Delta N}{N_0} = 1 - e^{-\lambda t} \tag{7.15}$$

而不发生衰变的概率 $q = 1 - p = e^{-\lambda t}$。对一确定的时间 t,p 是恒定的,这样的情况属于典型的二项式分布。

将 p,q 代入(7.11)式,那么在 t 时间内发生的总衰变数为 n 的概率为

$$P\{\xi = n\} = P_{N_0}(n) = \frac{N_0!}{(N_0 - n)! \cdot n!}(1 - e^{-\lambda t})^n (e^{-\lambda t})^{N_0 - n} \tag{7.16}$$

其相应的数学期望及方差为

$$m = E(\xi) = N_0 \cdot p = N_0(1 - e^{-\lambda t}) \tag{7.17}$$

$$\sigma^2 = D(\xi) = N_0 \cdot p \cdot q = N_0(1 - e^{-\lambda t})e^{-\lambda t} \tag{7.18}$$

二项式分布有两个独立参数 N_0 和 p,用起来不方便,而且计算概率分布较为复杂。对于核衰变来说,N_0 是一个很大的数,二项式分布可简化为泊松分布和高斯分布。

2. 泊松分布

在二项式分布中,当 N_0 很大,事件发生的概率 p 很小,同时 $m = N_0 \cdot p$ 为不大的常数时,可取值为全部非负整数的离散型随机变量 ξ(可取值为 $0,1,2,\cdots$)的概率函数可化为

$$P\{\xi = n\} = P(n) = \frac{m^n}{n!}\mathrm{e}^{-m} \tag{7.19}$$

我们称此随机变量遵守泊松分布。

由(7.19)式可见,泊松分布仅由一个参数 m 决定。在 m 较小时,泊松分布概率函数是不对称的,当 m 较大时概率函数趋于对称,如图 7.1 所示。

由(7.5)和(7.7)式可以得到遵守泊松分布的随机变量的数学期望和方差分别为

$$E(\xi) = \sum_{n=0}^{\infty}\left[n \cdot P(n)\right] = \sum_{n=0}^{\infty}\left(n \cdot \frac{m^n \cdot \mathrm{e}^{-m}}{n!}\right) = m \tag{7.20}$$

$$D(\xi) = \sum_{n=0}^{\infty}\left\{\left[n - E(\xi)\right]^2 P(n)\right\} = \sum_{n=0}^{\infty}\left[(n-m)^2 \cdot \frac{m^n \cdot \mathrm{e}^{-m}}{n!}\right] = m \tag{7.21}$$

可以看出,$D(\xi) = E(\xi) = m$,这是泊松分布的重要特性,而且也是判断一个随机变量是否服从泊松分布的重要依据。此外,概率论还证明:相互独立的遵守泊松分布的随机变量之和仍遵守泊松分布。

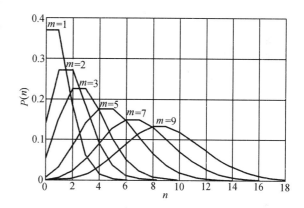

图 7.1 泊松分布的图形(m 为数学期望值)

在核衰变过程中,N_0 一般非常大,对较长寿命的核素,在测量时间 t 内,单个核发生衰变的概率 $p = 1 - \mathrm{e}^{-\lambda t} \approx \lambda t$,是一个非常小的量,$N_0 \cdot p \approx N_0 \cdot \lambda t$ 是一个不大的数,完全符合泊松分布的条件。此时,t 时间内的总衰变数 n 的数学期望和方差为

$$m = \sigma^2 = N_0 \cdot \lambda \cdot t \tag{7.22}$$

这里可以得到一个重要的结论:对一般的放射性核素,t 时间内一个核发生衰变的概率 p 均能满足 $p \approx \lambda t$ 的条件,从而,核衰变的统计规律服从泊松分布。但对寿命非常短的核素,例如,其半衰期为秒量级的核素,在一般的观测时间内,$p \approx \lambda t$ 的关系不再成立,$N_0(1 - \mathrm{e}^{-\lambda t})$ 不再是一个不大的数。此时,$\sigma^2 \neq m$,n 不再服从泊松分布,仍须用二项式分布来描述。

3. 高斯分布

高斯分布又称正态分布,它是最常见的一种可取值范围是整个数轴($-\infty$, $+\infty$)的连续型随机变量的统计分布,其概率密度函数为

$$f(x) = \frac{1}{\sqrt{2\pi} \cdot \sigma}\exp\left[-\frac{(x-m)^2}{2\sigma^2}\right] \tag{7.23}$$

式中,σ,m 是两常数。可以看出,高斯分布由两个参量 m 与 σ 决定。

由(7.6)和(7.8)式可以得到遵守高斯分布的随机变量 X 的数学期望和方差为

$$E(X) = \int_{-\infty}^{+\infty} x \cdot f(x)\,\mathrm{d}x = m \tag{7.24}$$

$$D(X) = \int_{-\infty}^{+\infty} [x - E(x)]^2 f(x)\,\mathrm{d}x = \sigma^2 \tag{7.25}$$

可见,(7.23)式中的两个参量 m 及 σ,实际上就是随机变量 X 的数学期望与均方根偏差值。

可以证明,当平均值 $m \gg 1$(例如 $\geqslant 20$)时,泊松分布可以用高斯分布来代替。这里又可得到另一个重要结论:一般情况下,核衰变的统计规律不仅服从泊松分布,同时也服从高斯分布。此时,高斯分布的随机变量 X 的取值范围仅为正整数,其两个参量 m 及 σ^2 采用泊松分布的平均值 m 代替即可,这种情况下,仍满足 $\sigma^2 = m$。

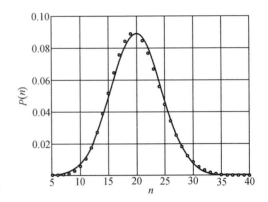

图 7.2 $m = 20$ 时泊松分布(圆点)和高斯分布(曲线)的比较

高斯分布是对称的,图 7.2 给出了 $m = 20, \sigma^2 = 20$ 的高斯分布和 $m = 20$ 的泊松分布的图形,可见它们已很相近。

根据密度函数的定义,随机变量 X 落在某一区间 (x_1, x_2) 内的概率为

$$P\{x_1 < X < x_2\} = \int_{x_1}^{x_2} \frac{1}{\sqrt{2\pi} \cdot \sigma} \exp\left(-\frac{(x-m)^2}{2\sigma^2}\right)\mathrm{d}x \tag{7.26}$$

令

$$z = \frac{x-m}{\sigma}, \mathrm{d}z = \frac{\mathrm{d}x}{\sigma} \tag{7.27}$$

则(7.26)式可化为

$$P\{x_1 < X < x_2\} = \frac{1}{\sqrt{2\pi}} \int_{z_1}^{z_2} \mathrm{e}^{-z^2/2}\,\mathrm{d}z = \frac{1}{\sqrt{2\pi}} \int_0^{z_2} \mathrm{e}^{-z^2/2}\,\mathrm{d}z - \frac{1}{\sqrt{2\pi}} \int_0^{z_1} \mathrm{e}^{-z^2/2}\,\mathrm{d}z$$

$$= \Phi(z_2) - \Phi(z_1) \tag{7.28}$$

这样,(7.26)式中的积分值并不需直接计算,而可从高斯函数积分数值表中查出 $\Phi(z_1)$,$\Phi(z_2)$,从而算出 $P\{x_1 < X < x_2\}$ 的数值。

高斯分布有十分重要的实际意义。因为,尽管理论上连续型随机变量可以有各种各样的概率密度函数,但实践中发现,大部分遇到的连续型随机变量均遵守或近似遵守高斯分布,只要找出恰当的参数 m(平均值)与 σ(均方根偏差),就可将其概率密度函数用(7.23)式写出来,并可利用高斯函数积分数值表计算各种概率。

7.1.3　随机变量组合的分布

在实验数据的处理中常会遇到几个随机变量合成的问题。例如,当样品中含有两种放射性核素时,探测器测量的放射性计数为两种核素引起计数的和;在实验中实验数据的本底的扣除等,都存在随机变量的合成问题。在这些情况下,复杂的随机变量往往可以分解为由若干简单的随机变量运算、组合而成。从原理上讲,可以求出复杂随机变量的分布函数或概率函数,

但一般来说这是非常复杂的。实际上,只需要知道表征随机变量分布的两个重要的数字表征,即数学期望和方差就够了。

1. 相互独立随机变量的运算组合

下面给出由随机变量运算得到的合成随机变量的数字表征与组成它的随机变量的数字表征的关系,这些结果均适用于离散型或连续型的随机变量,但请注意各关系成立的条件。

(1)随机变量与常数"乘积"的数学期望和方差

设 C 为常数,则由该常数与随机变量 ξ 乘积而成的随机变量的数学期望和方差为

$$E(C \cdot \xi) = C \cdot E(\xi) \tag{7.29}$$

$$D(C \cdot \xi) = C^2 \cdot D(\xi) \tag{7.30}$$

(2)相互独立的随机变量的"和""差"或"积"的数学期望

设 $\xi_1, \xi_2, \cdots, \xi_i, \cdots$ 为相互独立的随机变量,则由它们的"和""差"或"积"组成的随机变量的数学期望分别是各随机变量数学期望的"和""差"或"积"。即

$$E(\xi_1 \pm \xi_2 \pm \xi_3 \pm \cdots) = E(\xi_1) \pm E(\xi_2) \pm E(\xi_3) \pm \cdots \tag{7.31}$$

$$E(\xi_1 \cdot \xi_2 \cdot \xi_3 \cdot \cdots) = E(\xi_1) \cdot E(\xi_2) \cdot E(\xi_3) \cdot \cdots \tag{7.32}$$

(3)相互独立的随机变量的"和"或"差"的方差

设 $\xi_1, \xi_2, \cdots, \xi_i, \cdots$ 为相互独立的随机变量,则由它们的"和"或"差"组成的随机变量的方差均是组成它的各随机变量方差的"和",即

$$D(\xi_1 \pm \xi_2 \pm \xi_3 \pm \cdots) = D(\xi_1) + D(\xi_2) + D(\xi_3) + \cdots \tag{7.33}$$

(4)相互独立的服从泊松分布的随机变量之"和"仍服从泊松分布

若随机变量 $\xi_1, \xi_2, \cdots, \xi_i, \cdots$ 相互独立且均服从泊松分布,设 $\xi = \xi_1 + \xi_2 + \xi_3 + \cdots$,由(7.31)式可得 $E(\xi) = E(\xi_1) + E(\xi_2) + E(\xi_3) + \cdots$,由(7.33)式可得 $D(\xi) = D(\xi_1) + D(\xi_2) + D(\xi_3) + \cdots$,由于 $E(\xi_i) = D(\xi_i)$,则可推得 $E(\xi) = D(\xi)$。所以,相互独立的遵守泊松分布的随机变量之和仍遵守泊松分布。但应注意,相互独立的遵守泊松分布的随机变量之差并不遵守泊松分布。

2. 串级随机变量(Generating Functions) [18]

在辐射测量中经常会遇到级联、倍增过程的涨落问题。我们可应用概率论中的串级(级联)型随机变量的概念及运算规则来处理这类问题。

下面我们来看串级随机变量的定义。

设 ξ_1 为对应于试验条件组 A 定义的随机变量,ξ_2 为对应于另一试验条件组 B 定义的随机变量,且 ξ_1, ξ_2 相互独立。按如下规则定义一个新的随机变量 ξ:

①先按条件组 A 做一次试验,实现随机变量 ξ_1 的一个可取值 ξ_{1i};

②再按条件组 B 进行 ξ_{1i} 次试验,并实现了 ξ_{1i} 个随机变量 ξ_2 的可取值 $\xi_{21}, \xi_{22}, \cdots, \xi_{2\xi_{1i}}$;

③将这些可取值加起来得到 ξ_i,它为新随机变量 ξ 的一个可取值:

$$\xi_i = \xi_{21} + \xi_{22} + \cdots + \xi_{2\xi_{1i}} = \sum_{j=1}^{\xi_{1i}} \xi_{2j} \tag{7.34}$$

这时,称 ξ 为随机变量 ξ_1 和随机变量 ξ_2 的串级随机变量。随机变量 ξ_1 称作此串级随机变量的第一级,随机变量 ξ_2 称作其第二级。

概率论证明了二级串级随机变量 ξ 的数学期望 $E(\xi)$ 和方差 $D(\xi)$ 服从下列公式:

$$E(\xi) = E(\xi_1) \cdot E(\xi_2) \tag{7.35}$$

$$D(\xi) = [E(\xi_2)]^2 \cdot D(\xi_1) + E(\xi_1) \cdot D(\xi_2) \tag{7.36}$$

$$\nu_\xi^2 = \frac{D(\xi)}{[E(\xi)]^2} = \nu_{\xi_1}^2 + \frac{1}{E(\xi_1)}\nu_{\xi_2}^2 \tag{7.37}$$

由(7.37)式可以看出,当第一级随机变量的数学期望值 $E(\xi_1)$ 较大时,在串级随机变量 ξ 的相对方差 ν_ξ^2 中,第二级随机变量的相对方差 $\nu_{\xi_2}^2$ 的贡献有可能比第一级随机变量的相对方差 $\nu_{\xi_1}^2$ 小得多,甚至可以忽略。

以上是关于两级串级型随机变量的情况。这些规则完全可以推广到 N 级串级随机变量的情况。对 N 个相互独立的随机变量 $\xi_1,\xi_2,\cdots,\xi_N$,按照与二级串级随机变量相似的方法可定义出 N 级串级随机变量 ξ。同样可以证明:

$$E(\xi) = E(\xi_1) \cdot E(\xi_2) \cdot \cdots \cdot E(\xi_N) \tag{7.38}$$

$$\nu_\xi^2 = \nu_{\xi_1}^2 + \frac{\nu_{\xi_2}^2}{E(\xi_1)} + \frac{\nu_{\xi_3}^2}{E(\xi_1) \cdot E(\xi_2)} + \cdots + \frac{\nu_{\xi_N}^2}{E(\xi_1) \cdot E(\xi_2)\cdots E(\xi_{N-1})} \tag{7.39}$$

另外,串级型随机变量还服从下列运算规则:

(1)由两个相互独立的伯努利型随机变量 ξ_1,ξ_2 串级而成的随机变量 ξ 仍是伯努利型随机变量。若随机变量 ξ_1 的正结果发生概率为 p_1,ξ_2 的正结果发生概率为 p_2,则 ξ 的正结果发生概率为

$$p = p_1 \cdot p_2 \tag{7.40}$$

(2)由相互独立的遵守泊松分布的随机变量 ξ_1(第一级)与伯努利型随机变量 ξ_2(第二级)串级而成的随机变量 ξ 仍遵守泊松分布。若 m_1 为 ξ_1 的平均值,p_2 为 ξ_2 的正结果发生概率,则 ξ 的平均值为

$$m = m_1 \cdot p_2 \tag{7.41}$$

关于串级随机变量的更多运算规则和特点可以在文献①中查到。

串级随机变量的引入在辐射探测中有很重要的意义,利用它,很多辐射探测学中的概率统计问题的分析会清晰而简单,以后我们可以看到很多具体的应用实例。

7.1.4 放射性测量计数的统计分布

在原子核发生衰变后,我们必须用探测器对核衰变产生的粒子进行探测。但并不是所有辐射源发出的粒子都能进入探测器中,即使进入探测器也未必都能被记录下来,因此,粒子的探测也是一个随机过程,放射性测量的计数是一个随机变量。那么,放射性测量计数的统计分布是怎样的呢?

为简化讨论,我们假定在一定测量时间 t 内放射源衰变发出的 N 个粒子全部入射到探测器上,探测器对入射粒子的探测效率为 ε。探测器对单个入射粒子的探测显然属于伯努利试验,即要么探测到,发生正事件的概率 $p = \varepsilon$,要么没探测到,其概率 $q = 1 - \varepsilon$。N 个粒子入射,相当于 N 次独立的 $p = \varepsilon$ 的伯努利试验,则探测器给出的计数 n 应服从二项式分布:

$$P_N(n) = \frac{N!}{(N-n)!n!}\varepsilon^n(1-\varepsilon)^{N-n} \tag{7.42}$$

(7.42)式中 $P_N(n)$ 表示 N 为一确定值,但射入探测器的粒子数 N 不是一个常数,而是服从泊

① T. Jorgensen. On Probability Generating Function, American Journal of Physics,1948,16:285.

松分布的随机变量,设它的数学期望值为 M,于是有

$$P(N) = \frac{M^N}{N!}e^{-M} \tag{7.43}$$

按全概率公式,可以得到探测器输出计数 n 的概率函数为

$$P(n) = \sum_{N=n}^{\infty} [P_N(n) \cdot P(N)] = \sum_{N=n}^{\infty} \left[\frac{N!}{(N-n)!n!}\varepsilon^n(1-\varepsilon)^{N-n} \cdot \frac{M^N}{N!}e^{-M} \right]$$

$$= \frac{(M\varepsilon)^n}{n!}e^{-M}\sum_{N=n}^{\infty} \frac{(1-\varepsilon)^{N-n}M^{N-n}}{(N-n)!}$$

由级数展开公式 $e^x = 1 + x + x^2/2! + x^3/3! + \cdots$,可得到

$$P(n) = \frac{(M\varepsilon)^n}{n!} \cdot e^{-M} \cdot e^{(1-\varepsilon)\cdot M} = \frac{(M\varepsilon)^n}{n!}e^{-M\varepsilon} \tag{7.44}$$

可见,当入射粒子数 N 服从平均值为 M 的泊松分布时,探测器的计数 n 同样服从泊松分布,且其平均值 m 和方差 σ^2 为

$$m = \sigma^2 = M\varepsilon \tag{7.45}$$

由 (7.22),$M = N_0\lambda t$,则 (7.45) 可改写为

$$m = \sigma^2 = N_0\lambda t\varepsilon \tag{7.46}$$

如果按照串级随机变量的运算规则分析,也可得到相同的结论,即由相互独立的遵守泊松分布的随机变量 N 与伯努利型随机变量串级而成的随机变量 n 仍遵守泊松分布。

7.2　放射性测量的统计误差

如前所述,由于放射性核衰变具有随机性,测量过程中射线与物质相互作用过程也具有随机性,因此,在某个测量时间内对样品进行测量得到的计数值同样是一个随机变量,它的各次测量值也总是围绕平均值上下涨落的。这种涨落是由放射性衰变和辐射与物质相互作用的统计性引起的,所以把单次或有限次测量结果与数学期望的误差称为统计误差。

统计误差与一般的偶然误差一样,服从正态分布,在表示和运算规则上亦很相似。其不同之处在于计数值统计误差与计数值本身相关,即计数的数学期望与方差相等。这也是判断测量值出现的不确定性是仅由统计性决定,还是由仪器的工作状态的异常所引起的重要手段。

7.2.1　辐射探测数据的统计误差

我们已知,对一般辐射测量而言,粒子计数服从泊松分布,测量计数的平均值 m 与均方根偏差(标准偏差)σ 满足:

$$\sigma^2 = m \tag{7.47}$$

按照概率论中关于数学期望的论述(大数定律),需要在同样的条件下进行大量实验,当实验次数趋向无穷多次时,实验值的算术平均值将趋向于数学期望。而实际上,我们得到的只能是有限次测量的算术平均值或一次测量值。由于泊松分布的特点,m 较大时,它与有限次测量的平均值 $\overline{N}$ 或任一次测量值 N_i 相差不大。所以,可以认为

$$\sigma^2 = m \approx \overline{N} \approx N_i \tag{7.48}$$

式中,N_i 为单次测量值;$\overline{N}$ 为 k 次测量值 $N_i(i = 1, 2, \cdots, k)$ 的平均值,即

$$\overline{N} = \frac{1}{k} \sum_{i=1}^{k} N_i \tag{7.49}$$

实验数据处理中,常常用到样本方差的概念。样本方差 σ_S^2 是总体方差的无偏估计,因此可以用样本方差来估计有限次测量结果的涨落,并把 σ_S 称为样本标准偏差:

$$\sigma_S = \sqrt{\frac{1}{k-1} \sum_{i=1}^{k} (N_i - \overline{N})^2} \tag{7.50}$$

σ_S 反映了包含统计涨落在内的各种因素引起的数据的离散,由 σ_S 是否明显大于 σ,可检验实验数据的质量,并判断测量仪器工作状态是否有异常。

一般正常的辐射测量情况下,统计误差是主要的,我们可只考虑统计误差的影响。这时,根据(7.48)式即可得到测量结果的标准偏差。考虑标准偏差,测量结果可用一定置信度的置信区间来表示。如对于单次测量,其测量结果可以表达为

$$N_i \pm \sigma = N_i \pm \sqrt{N_i} \tag{7.51}$$

该式表明的置信区间为 $(N_i - \sqrt{N_i}, N_i + \sqrt{N_i})$,置信度为68.3%。这意味着,在实验条件保持不变的情况下,任何一个单次测量的结果落在 $N_i \pm \sqrt{N_i}$ 这个区间内的概率为68.3%,标准偏差正是表明具有这一概率的空间宽度。当用图来表示一组测量值时,常将对每次测量所估计的误差同时标明在图上。图7.3给出了作为某变量 z 的函数的量 x 的一组测量值,变量 z 可以是时间或距离等参数,一般为准确值。测量数据用"点"来表示,而每点的测量误差用每点上下的误差棒(error bar)的长度来表示。按惯例每点两边的误差棒的长度等于一倍 σ 值。在这种情况下,如果试图拟合一个函数变化曲线 $x = f(z)$,则拟合函数应该经过全部数据的误差棒的概率为68.3%[7]。

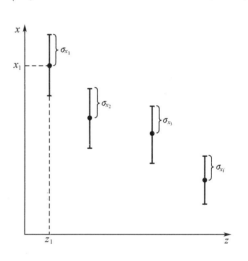

图7.3　实验数据的误差棒的表示方法

由(7.48)式,随机变量的平均值 m 越大,则 σ 越大。但是切不要误认为 m 越大,测量反而越不精确。实际上,m 越大,测量精确度就越高。由于 σ 不能恰当地反映测量数据的离散程度,一般用相对均方根偏差 ν 来表示,ν 越小,表示随机变量的试验值越集中的分布在其平均值附近,测量精度就越高。对泊松分布,相对标准偏差 ν 为

$$\nu = \frac{\sigma}{m} = \frac{\sqrt{m}}{m} = \frac{1}{\sqrt{m}} \approx \frac{1}{\sqrt{N_i}} \tag{7.52}$$

可见,测量值 N_i 越大,相对误差越小,测量精度越高。例如,当测量的计数为100时,$\nu = 10\%$,当测量的计数为10 000时,$\nu = 1\%$,这也就是为什么在实验中力求提高探测效率,得到高的总计数的原因。

由(7.46)式,在测量时间 t 内探测器计数的平均值为 $m = N_0 \lambda t \cdot \varepsilon = nt$(这里 n 代表单位时间的计数,即计数率),则探测器计数的相对标准偏差为 $\nu = 1/\sqrt{nt}$。当 n 比较小时,为减小相对标准偏差,可适当增大测量时间 t。我们可以容易的从所要求的相对标准偏差 ν 的数值,估

算出所必需的最短测量时间 t 为

$$t \geqslant \frac{1}{n \cdot \nu^2} \tag{7.53}$$

7.2.2　计数统计误差的传递

在一般核测量中,人们很少直接对未处理的计数数据感兴趣。通常这种数据都要经过乘法、加法或其他函数运算来导出一个更直接关心的结果。所以,除了要确定测量计数值本身的误差外,很多问题中还要算出以计数值作为自变量的函数的误差,甚至是多个独立的计数值作为自变量的多元函数的误差,这就是误差的传递(Error Propagation)。

可以证明,若 $x_1, x_2, \cdots, x_n$ 是相互独立的随机变量,各随机变量相应的标准偏差分别为 $\sigma_{x_1}, \sigma_{x_2}, \cdots, \sigma_{x_n}$,那么由这些随机变量导出的任何量 $y = f(x_1, x_2, \cdots, x_n)$ 的均方偏差为

$$\sigma_y^2 = \left(\frac{\partial y}{\partial x_1}\right)^2 \sigma_{x_1}^2 + \left(\frac{\partial y}{\partial x_2}\right)^2 \sigma_{x_2}^2 + \cdots + \left(\frac{\partial y}{\partial x_n}\right)^2 \sigma_{x_n}^2 \tag{7.54}$$

对于只有加减或只有乘除的几种常用函数,得到的误差运算公式见表7.2。

表7.2　几个简单函数的标准偏差及相对标准偏差

函数 f	标准偏差	相对标准偏差
$y = ax_1 \pm bx_2$	$\left[(a\sigma_{x_1})^2 + (b\sigma_{x_2})^2\right]^{\frac{1}{2}}$	$\left[(a\sigma_{x_1})^2 + (b\sigma_{x_2})^2\right]^{\frac{1}{2}}/(ax_1 \pm bx_2)$
$y = x_1 \cdot x_2$	$x_1 \cdot x_2 \left[\left(\frac{\sigma_{x_1}}{x_1}\right)^2 + \left(\frac{\sigma_{x_2}}{x_2}\right)^2\right]^{\frac{1}{2}}$	$\left[\left(\frac{\sigma_{x_1}}{x_1}\right)^2 + \left(\frac{\sigma_{x_2}}{x_2}\right)^2\right]^{\frac{1}{2}}$
$y = x_1/x_2$	$\frac{x_1}{x_2}\left[\left(\frac{\sigma_{x_1}}{x_1}\right)^2 + \left(\frac{\sigma_{x_2}}{x_2}\right)^2\right]^{\frac{1}{2}}$	$\left[\left(\frac{\sigma_{x_1}}{x_1}\right)^2 + \left(\frac{\sigma_{x_2}}{x_2}\right)^2\right]^{\frac{1}{2}}$

下面我们来说明辐射测量中的几个典型问题的误差计算。

1. 计数率的统计误差

设在 t 时间内记录了 N 个计数,则计数率为 $n = N/t$,根据误差传递公式(7.54),则计数率 n 的标准偏差和相对标准偏差为

$$\sigma_n = \sqrt{\frac{\sigma_N^2}{t^2}} = \sqrt{\frac{N}{t^2}} = \sqrt{\frac{n}{t}} \tag{7.55}$$

$$\nu_n = \frac{\sigma_n}{n} = \frac{\sqrt{\frac{n}{t}}}{n} = \frac{1}{\sqrt{nt}} = \frac{1}{\sqrt{N}} \tag{7.56}$$

计数率结果写成 $n \pm \sqrt{n/t}$ 或 $n \pm n/\sqrt{N}$。

(7.56)式表明,计数率的相对标准偏差仅与总计数有关,且与总计数的相对标准偏差相等。

2. 多次测量结果平均计数的统计误差

假如对某样品重复测量了 k 次,每次测量时间 t 相同(即等精度测量),得到 k 个计数值

$N_1, N_2, \cdots, N_k$。则在时间 t 内的平均计数值为

$$\overline{N} = \frac{1}{k} \sum_{i=1}^{k} N_i \tag{7.57}$$

由(7.54)式,$\overline{N}$ 的方差为

$$\sigma_{\overline{N}}^2 = \frac{1}{k^2} \sum_{i=1}^{k} \sigma_{N_i}^2 = \frac{1}{k^2} \sum_{i=1}^{k} N_i = \frac{\overline{N}}{k} \tag{7.58}$$

$\overline{N}$ 的相对标准偏差为

$$\nu_{\overline{N}} = \frac{\sigma_{\overline{N}}}{\overline{N}} = \frac{1}{\sqrt{k\overline{N}}} = \frac{1}{\sqrt{\sum_i N_i}} \tag{7.59}$$

多次测量结果平均计数的表达式为

$$\overline{N} \pm \sigma_{\overline{N}} = \overline{N} \pm \sqrt{\overline{N}/k} \tag{7.60}$$

相应的我们还可以得到多次测量平均计数率及其标准偏差和相对标准偏差为

$$\bar{n} = \frac{\overline{N}}{t} = \frac{1}{kt} \sum_{i=1}^{k} N_i \tag{7.61}$$

$$\sigma_{\bar{n}} = \sqrt{\frac{1}{t^2} \sigma_{\overline{N}}^2} = \sqrt{\frac{\overline{N}/k}{t^2}} = \frac{1}{\sqrt{k}} \sqrt{\frac{\bar{n}}{t}} \tag{7.62}$$

$$\nu_{\bar{n}} = \frac{\sigma_{\bar{n}}}{\bar{n}} = \frac{1}{\bar{n}\sqrt{k}} \sqrt{\frac{\bar{n}}{t}} = \frac{1}{\sqrt{k\bar{n}t}} = \frac{1}{\sqrt{\sum_i N_i}} \tag{7.63}$$

由(7.59)和(7.63)式可以看出,在 t 时间内计数平均值或计数率平均值的相对标准偏差与只测量一次但时间增加 k 倍所得到结果的相对标准偏差相同。因此在放射性测量中,不管是一次测量还是多次测量,只要测量得到的总计数相同,其结果的相对标准偏差就是相同的,即具有相同的测量精度,在每次测量时间一定的情况下,测量次数越多,其误差越小。

3. 存在本底时样品净计数率误差的计算

在辐射测量中,本底总是存在的。本底包括宇宙射线、环境中的天然放射性及仪器噪声等。这时,为求得净计数率需要进行两次测量:第一次测本底,设在时间 t_b 内测得本底计数为 N_b,第二次测样品,设在 t_s 时间内测得样品计数(包括本底)为 N_s。这时样品的净计数率 n_0 为

$$n_0 = n_s - n_b = \frac{N_s}{t_s} - \frac{N_b}{t_b} \tag{7.64}$$

式中,n_s 和 n_b 分别为样品总计数率(包括本底)和本底计数率。由(7.55)式可求出 n_0 的标准偏差 σ_{n_0} 为

$$\sigma_{n_0} = \sqrt{\frac{N_s}{t_s^2} + \frac{N_b}{t_b^2}} = \sqrt{\frac{n_s}{t_s} + \frac{n_b}{t_b}} \tag{7.65}$$

结果写成

$$n_0 \pm \sigma_{n_0} = (n_s - n_b) \left[1 \pm \frac{1}{n_s - n_b} \sqrt{\frac{n_s}{t_s} + \frac{n_b}{t_b}} \right] \tag{7.66}$$

由(7.66)式,本底计数率越高,相对误差愈大,所以实验中应尽量减少本底。

4. 不等精度独立测量值的组合

对不等精度测量,简单的求平均不再是求单次"最佳值"的适宜方法,需进行加权平均,即给各次测量结果赋予一个权重,使得测量精度高的数据在求平均值时的贡献大,而测量精度低的数据在求平均值时的贡献较小。下面以不等精度测量计数率为例来说明这种方法。

如果对同一量进行了 k 次独立测量,各次测量的时间为 t_i,计数为 N_i。这样,计数率的加权平均值应为

$$\bar{n} = \frac{\sum\limits_i W_i n_i}{\sum\limits_i t_i} \tag{7.67}$$

先求各次测量的计数率及方差为

$$n_i = N_i/t_i, \quad \sigma_{n_i}^2 = n_i/t_i \quad (i = 1, 2, \cdots, k)$$

设各次测量的权为 $W_i = \lambda^2/\sigma_{n_i}^2 (i = 1, 2, \cdots, k)$,其中 λ^2 为任一常数,可用 $\bar{n}$ 来代替,进而用 n_i 代替。则

$$W_i \approx \frac{\lambda^2}{\sigma_{n_i}^2} \approx \frac{n_i}{n_i/t_i} = t_i \quad (i = 1, 2, \cdots, k) \tag{7.68}$$

代入得到计数率的加权平均值 $\bar{n}$ 为

$$\bar{n} = \sum_i W_i n_i / \sum_i t_i = \sum_i N_i / \sum_i t_i \tag{7.69}$$

$\bar{n}$ 的标准偏差为

$$\sigma_{\bar{n}} = \sqrt{\frac{1}{\left(\sum\limits_i t_i\right)^2} \cdot \sum_i \sigma_{N_i}^2} = \sqrt{\frac{1}{\left(\sum\limits_i t_i\right)^2} \cdot \sum_i N_i} = \sqrt{\frac{\bar{n}}{\sum\limits_i t_i}}$$

$\bar{n}$ 的相对标准偏差为

$$\nu_{\bar{n}} = \frac{\sigma_{\bar{n}}}{\bar{n}} = \frac{1}{\sqrt{\sum\limits_i N_i}} \tag{7.70}$$

所以其结果表示为

$$\bar{n} \pm \sigma_{\bar{n}} = \bar{n} \pm \sqrt{\frac{\bar{n}}{\sum\limits_i t_i}} \tag{7.71}$$

对相同测量时间,则变为等精度测量

$$\bar{n} \pm \sigma_{\bar{n}} = \bar{n} \pm \sqrt{\bar{n}/(kt)}$$

5. 测量时间和测量条件的选择

不考虑本底时,由(7.53)式可由计数率 n 和要求的测量精度 ν_n 得到必需的最小测量时间 t,其中,计数率 n 可以用短时间测量结果估计。例如,短时间测量估计到 $n \approx 10^3/\text{min}$,若要求 $\nu_n \leqslant 1\%$,则要求测量时间 $t \geqslant 10$ min。

在有本底存在时,需要合理分配样品测量时间 t_s 和本底测量时间 t_b,以便在规定的总测量时间 $T(T = t_s + t_b)$ 内使结果的误差最小。

设 t_s 内测得辐射源加本底的计数为 N_s,t_b 内测得的本底计数为 N_b,由此可得到源净计数率 $n_0 = n_s - n_b = \dfrac{N_s}{t_s} - \dfrac{N_b}{t_b}$,及其标准偏差 $\sigma_{n_0} = \left(\dfrac{n_s}{t_s} + \dfrac{n_b}{t_b}\right)^{1/2}$。

为在规定的总测量时间 $T = t_s + t_b$ 内使测量结果误差最小。由极值条件

$$\frac{\mathrm{d}}{\mathrm{d}t_s}\left(\sqrt{\frac{n_s}{t_s} + \frac{n_b}{T - t_s}}\right) = 0 \tag{7.72}$$

得到

$$t_s / t_b = \sqrt{n_s / n_b} \tag{7.73}$$

进而求得最佳时间分配

$$t_s = \frac{\sqrt{n_s / n_b}}{1 + \sqrt{n_s / n_b}}T, \quad t_b = \frac{1}{1 + \sqrt{n_s / n_b}}T$$

在这种最佳条件下测量结果的相对方差为

$$\nu_{n_0}^2 = \left[\frac{1}{n_s - n_b}\sqrt{\frac{n_s}{t_s} + \frac{n_b}{t_b}}\right]^2 = \frac{1}{Tn_b(\sqrt{n_s / n_b} - 1)^2} \tag{7.74}$$

在 ν_{n_0} 给定的情况下,需要的最小测量时间为

$$T_{\min} = \frac{1}{n_b \nu_{n_0}^2(\sqrt{n_s / n_b} - 1)^2} \tag{7.75}$$

式中,n_s,n_b 可先通过粗测进行估计。

7.3 带电粒子在介质中电离过程的统计涨落

辐射测量中,除了要对输出脉冲进行计数外,很多情况下还需要测量输出脉冲的幅度。作为粒子能量测量的探测器,其输出脉冲幅度一般与入射粒子在探测器中损失的能量成正比。但是,在探测器内损失完全相同的能量,所对应的输出脉冲幅度却并不完全相同,而是围绕一个幅度的平均值波动,这是由带电粒子在探测器介质中电离过程的随机性所引起的。各种探测器输出脉冲幅度的分布及其影响因素等,将在探测器的章节中论述,这里,仅对带电粒子在介质中电离过程的统计涨落所服从的规律进行讨论。

7.3.1 电离过程的涨落和法诺分布

在第 6 章中已指出,带电粒子通过库仑力与物质原子的核外电子进行非弹性碰撞使介质原子电离、激发产生电子—正离子对(对气体)或电子—空穴对(对半导体)而损失能量。由于这些产生电离或激发的碰撞都是随机的,因而一定能量的带电粒子在介质中产生的离子对数也是一个随机变量,应服从一定的概率分布。下面以气体介质为例说明。

实验发现,带电粒子在气体中每产生一对离子、电子所消耗的平均能量 W 基本上是一个常数,大约为 30 eV 左右。则能量为 E_0 的带电粒子把全部能量损耗在气体介质中后,产生的平均离子对数为

$$\bar{n} = \frac{E_0}{W} \tag{7.76}$$

设该带电粒子在气体中与气体原子(分子)总共进行了 N 次碰撞,则每次碰撞产生离子对的概率就是 $\bar{n}/N$。假设每次碰撞过程是相互独立的,则带电粒子总共产生的离子对数 n 将遵守二项式分布。一般 N 是一个很大的数,$\bar{n}/N$ 很小,而 $N \cdot (\bar{n}/N) = \bar{n} = E_0/W$ 为一个有限的常数,因

而该二项式分布趋于泊松分布,即

$$P(n) = \frac{\bar{n}^n}{n!}e^{-\bar{n}} \tag{7.77}$$

由此可以得到离子对数 n 的标准偏差及相对标准偏差为

$$\sigma = \sqrt{\bar{n}} = \sqrt{\frac{E_0}{W}} \tag{7.78}$$

$$\nu = \frac{\sigma}{n} = \frac{1}{\sqrt{\bar{n}}} = \sqrt{\frac{W}{E_0}} \tag{7.79}$$

(7.79)式表明,带电粒子在探测器介质中损失的能量 E_0 越大,平均电离能 W 越小,则产生的离子对数越多,离子对数的相对涨落就越小。

实验发现,离子对数 n 的涨落比(7.78)式计算的结果要小。(7.78)式是按照带电粒子与介质原子的各次碰撞是相互独立的假设推导出来的。但实际上,带电粒子在与介质原子的碰撞过程中,能量会不断变小,形成离子对的概率也不断发生变化;另外,电离产生的 δ 电子可引起进一步的电离,形成新的离子对,因此,各次碰撞不能看成完全独立的。此外,总的碰撞次数 N 本身也不是一个常数,而是有涨落的。所以,带电粒子总共产生的离子对数 n 不能简单的仅用泊松分布来描述。

法诺(U. Fano)通过引入法诺因子 F 解决了这个问题。设 σ^2 为离子对数 n 的实际涨落, $\bar{n}$ 为离子对数的平均值,则定义法诺因子为

$$F = \frac{\sigma^2}{\bar{n}} \tag{7.80}$$

这样,离子对数涨落的方差即为

$$\sigma^2 = F \cdot \bar{n} = F \cdot \frac{E_0}{W} \tag{7.81}$$

相应的有

$$\nu^2 = \frac{F}{\bar{n}} = \frac{F \cdot W}{E_0} \tag{7.82}$$

不同材料的法诺因子不同,需要由实验测定。气体的法诺因子一般介于 $0.05 \sim 0.20$ 之间,而半导体的法诺因子一般为 $0.06 \sim 0.15$。

这种描述电离过程产生的离子对数(或电子 – 空穴对数)涨落的分布称为法诺分布,在辐射探测学中十分重要,后面我们分析探测器输出信号时常会用到。

7.3.2　粒子束脉冲的总电离电荷量的涨落

第 8 章我们会看到,辐射探测器可以有不同的工作方式:在脉冲型工作方式下,探测器逐个对辐射粒子进行探测,输出信号为脉冲信号,脉冲的个数与入射粒子数对应,而脉冲的幅度反映入射粒子的能量;在累计型工作方式下,探测器输出信号反映的是一定数量入射粒子的累计特性。累计型工作方式又可分两种情况:①入射粒子呈脉冲束状,即一束束粒子间隔而来,束与束间隔时间 T 较长,而每束粒子持续时间 t 很短、粒子数量很大,这样同束粒子在探测器中的电离效果相互叠加,使探测器输出一个大脉冲,脉冲幅度与该束粒子包含的粒子数和每个粒子的能量有关,此工作状态可称为脉冲束工作状态;②入射粒子为稳定粒子束流,输出信号

为一个近似直流的电流或电压信号,信号大小正比于粒子束流在探测器内产生的平均电离效应,该工作状态称为电流型工作方式。不同工作方式探测器的输出信号的涨落有不同的处理方式,本章仅讨论粒子束脉冲的总电离电荷量的涨落问题,电流型工作方式输出信号的涨落将在第 8 章讨论。

在高能物理或核技术应用等领域中常会有探测器工作于脉冲束工作状态的情况。例如用电子直线加速器加速电子打靶产生轫致辐射时,每个持续时间 t 仅为 $2 \sim 3$ μs 的脉冲内包含了大量粒子,这时,探测器的输出信号反映的是该脉冲内所有粒子在探测器介质内产生的总电离效果,如图 7.4 所示。

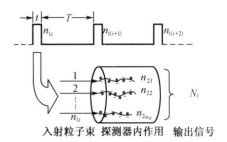

图 7.4　粒子束脉冲的探测

设 n_1 代表一个粒子束脉冲所包含的带电粒子数,它是一个随机变量,假设其服从泊松分布,每个粒子束脉冲中的实际粒子数为它的一个可取值,例如第 i 脉冲束中包含的粒子数为 n_{1i}。每个入射的带电粒子在探测器内产生 n_2 个离子对,n_2 也是一个随机变量,服从法诺分布。在探测器中,第 i 个入射粒子束脉冲中的 n_{1i} 个粒子,将分别产生 $n_{21}, n_{22}, \cdots, n_{2j}, \cdots, n_{2n_{1i}}$ 个离子对,则第 i 个入射粒子束脉冲所产生的总离子对数为

$$N_i = n_{21} + n_{22} + \cdots + n_{2n_{1i}} = \sum_{j=1}^{n_{1i}} n_{2j} \tag{7.83}$$

显然,这是一个典型的由 n_1 和 n_2 这两个随机变量串级而成的串级随机变量。其平均值和相对均方偏差分别为

$$\overline{N_i} = \bar{n}_1 \cdot \bar{n}_2 \tag{7.84}$$

$$v_{N_i}^2 = v_{n_1}^2 + \frac{1}{\bar{n}_1} v_{n_2}^2 = \frac{1}{\bar{n}_1} + \frac{1}{\bar{n}_1} \cdot \frac{F}{\bar{n}_2} = \frac{1}{\bar{n}_1}\left(1 + \frac{F}{\bar{n}_2}\right) \tag{7.85}$$

由于法诺因子 $F < 1$,而 $\bar{n}_2$ 又相当大,由(7.85)式可知,决定输出信号相对均方涨落的主要是入射粒子数 n_1,而电离过程涨落的影响可近似忽略。

7.4　辐射粒子与信号的时间分布

辐射探测中,测量都是时间相关的,有时测量的就是时间量,如确定粒子的入射时刻;大部分情况下测量的是脉冲计数,但需要了解入射粒子的时间分布规律从而进行计数校正等。本节将讨论入射粒子及探测器输出脉冲的时间间隔的分布规律。

7.4.1　相邻核事件的时间间隔

相邻核事件可以是相邻的两次核衰变,也可以是相邻的两个信号脉冲。这里,我们讨论相邻信号脉冲的时间间隔的分布。设 t 为相邻信号脉冲的时间间隔,它是一个连续型随机变量,用 $f(t)$ 表示它的概率密度函数,则相邻信号脉冲的时间间隔为 t 的概率为 $f(t) \cdot \mathrm{d}t$。

前面提到放射性测量计数服从泊松分布,设单位时间内的平均信号脉冲数为 m,则 t_0 时间内信号脉冲数为 n 的概率应该是

$$P_{t_0}(n) = \frac{(m \cdot t_0)^n}{n!} \mathrm{e}^{-m \cdot t_0} \tag{7.86}$$

式中,mt_0 为 t_0 时间内的平均信号脉冲数。

相邻信号脉冲时间间隔 t 实际上就是在 $t=0$ 时刻输出第一个信号脉冲,而在 t 时间后的 $t+\mathrm{d}t$ 内又输出第二个信号脉冲。也就是等效于 $0\sim t$ 时间内没有脉冲输出,而在 $t\sim t+\mathrm{d}t$ 输出一个脉冲这两个事件要同时发生。按概率运算基本公式,相邻信号脉冲时间间隔为 t 的概率 $f(t)\cdot\mathrm{d}t$ 就应该等于,在 $0\sim t$ 时间内没有脉冲输出的概率 $P_t(0)$ 乘以在 $t\sim t+\mathrm{d}t$ 输出一个脉冲的概率 $P_{\mathrm{d}t}(1)$,即

$$f(t)\cdot\mathrm{d}t = P_t(0)\cdot P_{\mathrm{d}t}(1) \tag{7.87}$$

由(7.86)式

$$P_t(0) = \frac{(m\cdot t)^0}{0!}\mathrm{e}^{-m\cdot t} = \mathrm{e}^{-m\cdot t} \tag{7.88}$$

$$P_{\mathrm{d}t}(1) = \frac{(m\cdot\mathrm{d}t)^1}{1!}\mathrm{e}^{-m\cdot\mathrm{d}t} = m\cdot\mathrm{d}t\cdot\mathrm{e}^{-m\cdot\mathrm{d}t} = m\cdot\mathrm{d}t \tag{7.89}$$

由此可得

$$f(t)\cdot\mathrm{d}t = P_t(0)\cdot P_{\mathrm{d}t}(1) = m\cdot\mathrm{e}^{-m\cdot t}\cdot\mathrm{d}t \tag{7.90}$$

$$f(t) = m\cdot\mathrm{e}^{-m\cdot t} \tag{7.91}$$

可见,相邻信号脉冲时间间隔 t 的概率密度函数为指数型函数,见图 7.5 中 $S=1$ 的曲线。该分布表明具有时间间隔短的信号脉冲出现的概率较高,也就是说第一个信号脉冲后在短时间内出现第二个脉冲的概率较大。按(7.91)式可求出其平均值及方差为

$$\bar{t} = \int_0^\infty t\cdot f(t)\mathrm{d}t = \int_0^\infty t\cdot m\mathrm{e}^{-mt}\mathrm{d}t = \frac{1}{m} \tag{7.92}$$

$$\sigma_t^2 = \int_0^\infty (t-\bar{t})^2\cdot f(t)\mathrm{d}t = \int_0^\infty\left(t-\frac{1}{m}\right)^2\cdot m\mathrm{e}^{-mt}\mathrm{d}t = \frac{1}{m^2} \tag{7.93}$$

(7.92)式表明平均时间间隔恰为单位时间内的平均脉冲数的倒数,这是很容易理解的。

由(7.91)式,可以求出时间间隔大于等于某时间 T 的信号脉冲出现的概率为

$$P(t\geqslant T) = \int_T^\infty f(t)\mathrm{d}t = \mathrm{e}^{-mT} \tag{7.94}$$

而时间间隔小于某时间 T 的信号脉冲出现的概率为

$$P(t<T) = 1 - P(t\geqslant T) = 1 - \mathrm{e}^{-mT} \tag{7.95}$$

由(7.95)式,当 $T=\bar{t}=1/m$ 时,$P(t<T)=1-\mathrm{e}^{-1}\approx63\%$,即意味着时间间隔比平均时间间隔小的信号脉冲数约占总信号脉冲数的 63%。

7.4.2　相邻进位脉冲的时间间隔

在放射性测量中,有时需要使用具有进位功能的定标器来记录信号脉冲数,也就是当输入 S 个信号脉冲时,定标器才记录一个计数,称作 S 倍进位脉冲。由此,两个相邻的进位脉冲的时间间隔实际上就是 S 个输入脉冲的时间间隔,称为 S 倍时间间隔,仍用 t 表示,它也是一个连续型随机变量,设其概率密度函数为 $f_S(t)$。

如前,S 倍进位脉冲时间间隔为 t 的概率 $f_S(t)\cdot\mathrm{d}t$ 应该等于 $0\sim t$ 时间内有 $S-1$ 个信号脉冲的概率 $P_t(S-1)$ 乘以 $t\sim t+\mathrm{d}t$ 时间内有一个信号脉冲的概率 $P_{\mathrm{d}t}(1)$,即

$$f_S(t)\cdot\mathrm{d}t = P_t(S-1)\cdot P_{\mathrm{d}t}(1) \tag{7.96}$$

设单位时间内信号脉冲的平均数为 m,则由(7.86)和(7.96)式可推得

$$f_S(t) = \frac{(mt)^{S-1}}{(S-1)!} m e^{-mt} \tag{7.97}$$

其平均值和方差分别为

$$\bar{t} = \int_0^\infty t \cdot f_S(t)\,\mathrm{d}t = \int_0^\infty t \cdot \frac{(mt)^{S-1}}{(S-1)!} m e^{-mt}\,\mathrm{d}t = \frac{S}{m} \tag{7.98}$$

和

$$\sigma_t^2 = \int_0^\infty (t - \bar{t})^2 f_S(t)\,\mathrm{d}t = \int_0^\infty \left(t - \frac{S}{m}\right)^2 \frac{(mt)^{S-1}}{(S-1)!} m e^{-mt}\,\mathrm{d}t = \frac{S}{m^2} \tag{7.99}$$

可以看出,(7.91)、(7.92)及(7.93)式不过是 (7.97)、(7.98)和(7.99)式在 $S=1$ 时的特例。

图 7.5 中画出了 $S=1,2,4,6$ 时的函数形式。可以看出,当 S 变大后,短时间间隔出现进位脉冲的概率逐渐减小,概率密度分布趋于对称。最大概率密度所对应的时间间隔 t_S 可由下面的极值条件确定:

$$\left.\frac{\mathrm{d}f_S(t)}{\mathrm{d}t}\right|_{t=t_S} = \left.\frac{\mathrm{d}}{\mathrm{d}t}\left[\frac{(mt)^{S-1}}{(S-1)!} m e^{-mt}\right]\right|_{t=t_S} = 0$$

可得 $t_S = (S-1)/m$。可以看到,随 S 增大, $t_S \to \bar{t}$,即最可几时间间隔与平均时间间隔趋于一致。

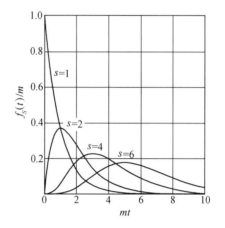

图 7.5 脉冲时间间隔的分布

思 考 题

7-1 二项式分布、泊松分布、高斯分布之间有什么关系?

7-2 通常放射性计数服从什么分布规律,在实际测量过程中如何利用该规律。

7-3 什么是统计涨落,在放射性测量中能否完全避免统计涨落,能否减小测量结果的统计涨落。

7-4 辐射探测信号的时间分布规律是怎样的,在测量中有什么用?

7-5 电离过程的统计涨落服从什么分布,它对探测器输出信号的分析有什么意义?

习 题

7-1 在实验中我们原预备测一组 10 个数据,测量条件完全相同,每个数据测 5 分钟。测完前 2 个数据后发现测量时间太短,数据误差达不到要求,改为测量时间 10 分钟。同学 A 把前两个数据乘以 2,列入数据表格,这样做对吗,为什么?

7-2 放射性测量中,脉冲计数的平均值为 m,求测量值落在 $m \pm \sqrt{m}$, $m \pm 2\sqrt{m}$, $m \pm 3\sqrt{m}$ 范围内的概率。

7-3 若在时间 t 内,放射源放出粒子的平均数为 $\bar{n} = 100$,试求:

（1）在相同时间内放出 $n = 108$ 个粒子的概率；

（2）出现绝对偏差 $|\bar{n} - n| > 6$ 的概率。

7 – 4　进行放射性测量时，若要求计数率的相对误差分别不大于 1%，2%，5%，则要求总计数 N 应分别不小于多少？

7 – 5　在某次测量中，5 分钟测得放射源加本底总计数 $N_s = 1\ 080$，移去源，10 分钟测得本底计数 $N_b = 223$，求放射源的计数率及其标准偏差。

7 – 6　用一探测器，每 5 分钟测得 N_s 计数分别为 1 114，1 086，1 201，1 056；每 10 分钟测得 N_b 分别为 230，218，204，196；试求放射源的平均计数率及其标准偏差。

7 – 7　对一个放射源进行测量，已知放射源减本底的计数率（净计数率）n_0 约 80/分钟，本底计数率 n_b 约为 20/分钟，实测时只容许总测量时间 T 为 1 小时，问欲得到最佳结果，源和本底测量时间应各是多少？ 源的计数率及其误差是多少？

7 – 8　某一计数系统的固有本底计数率为 50/分钟，从某时间开始测量放射性样品 10 分钟，得到总计数为 1 683 次。延迟 24 小时重复进行 10 分钟测量，得到总计数为 914 次。问：（1）这个样品的放射性半衰期是多少？ （2）计数统计引起的半衰期的标准偏差是多少？

第8章 气体探测器

就像测量温度、气体压力和气体组分等测量中需要不同的传感器一样，测量电离辐射也需要一些特殊的器件或装置，以使被测辐射粒子能产生相应的可观测信号。利用辐射在气体、液体或固体中引起的电离、激发效应或其他物理、化学变化进行辐射探测的器件称作电离辐射探测器(Ionizing Radiation Detector)，简称辐射探测器。我们将重点讨论入射粒子的全部或部分能量转化为可观测的电信号(如电流、电压信号等)的一类探测器。

在电信号探测器中按工作介质及作用机制，可区分为气体电离探测器(Gas-filled detectors，也可简称为气体探测器)、闪烁探测器(Scintillation detectors)以及半导体探测器(Semiconductor detectors)，分别在第8、9、10 三章讲述。

探测器产生信号的过程一般可归纳为以下几步：

(1)辐射粒子射入探测器的灵敏体积；

(2)入射粒子与探测器的工作介质发生相互作用，在介质中沉积能量引起电离与激发过程；

(3)探测器通过自身特有的工作机制将沉积的能量转变为电信号，并在输出回路形成可测量的输出信号。

以上过程中，(3)是辐射探测器部分所要讨论的主要内容。

在学习辐射探测器时主要应掌握四个方面的内容：①探测器的工作机制——即将入射粒子能量转换成输出信号的物理过程；②探测器的输出信号，包括对信号的估算及涨落分析等；③探测器的主要性能；④探测器的典型应用实例。特别是前两部分——探测器的工作机制与输出信号是整个辐射探测学的基础。

气体探测器是以气体为工作介质，由入射粒子在其中产生的电离效应引起输出电信号的探测器。由于产生信号的工作机制不同，气体电离探测器主要有电离室、正比计数器和 G - M 计数器等类型。它们均有各自的特点以及相应的适用领域。

气体探测器是历史最悠久的探测器。早在十九世纪末居里夫妇发现并提取放射性同位素钋及镭时，就用电离室来监测化学分离过程中的各项产物。一百多年来，气体探测器不断有新的发展，应用领域也逐渐扩大，不仅在核工程与技术领域得到广泛的应用，而且在高能物理领域，也占有重要地位。例如，在世界上众多的高能物理研究中心都大量应用着由正比室、漂移室等气体探测器构成的、具有工程性质的大型探测器系统。1992 年，法国物理学家夏帕克(G. Charpak)更是因在发展多丝气体正比室方面的卓越贡献而荣获诺贝尔物理学奖。

就工作原理而言，气体探测器(尤其是电离室)是所有探测器中原理最为简单清晰的。其基本原理就是辐射在气体介质中产生电子 - 离子对，这些离子对在探测器灵敏体积的电场中运动而形成输出信号。为此，本章将先说明气体中的电离及离子、电子运动的基本规律，并在后面结合各种具体的气体探测器说明气体探测器输出信号的过程和特点，以及各种气体探测器的主要性能和典型应用实例。

8.1 气体中离子与电子的运动规律

8.1.1 带电粒子在气体中产生的电离与激发

在第6章,我们已详细说明了带电粒子穿过物质时,通过使物质原子电离或激发而损失能量的情况,并给出了描写电离能量损失率的 Bethe 公式。当介质是气体时,则导致分子或单原子气体(如 Ar)激发或电离,电离产生的电子和离子在电场的作用下定向运动就会使气体探测器输出信号。

带电粒子在气体中产生一对离子对所平均消耗的能量 W 称为平均电离能。大量实验表明,平均电离能 W 与气体的种类、辐射类型和辐射能量都没有很强的依赖关系,典型值为 30 ~ 35 eV。这个特点决定了一定能量的带电粒子产生的总离子对数与入射粒子能量成正比关系,即

$$N = E/W \tag{8.1}$$

例如,^{210}Po 的能量为 5.3 MeV 的 α 粒子,当其能量全部损失在气体中时,产生的总电离为 $N = E/W = 1.51 \times 10^5$ 个离子对,这一特性是气体探测器测量入射带电粒子能量的基本依据。

表 8.1 给出了几种气体的平均电离能 $W(eV)$ 和最低电离能 $I_0(eV)$,从表可见,α 粒子、γ/X 射线(相应次电子能量)及 β 射线等具有不同比电离的粒子的电离能存在一定差别。由表还可见,平均电离能要远大于气体的最低电离能,这是因为部分能量消耗于使气体分子激发,而未形成离子对的缘故。

表 8.1 几种气体的电离能 $W(eV)$ 和最低电离能 $I_0(eV)$ [17]

气体	$W(\alpha)$	$W(X,\gamma)$	$W(\beta)$	I_0
He	46.0 ± 0.5	41.5 ± 0.4	$29.9 \pm^{15}_0$	24.5
Ne	35.7 ± 2.6	36.2 ± 0.4	28.6 ± 8	21.6
Ar	26.3 ± 0.1	26.2 ± 0.2	26.4 ± 0.8	15.8
Kr	24.0 ± 2.5	24.3 ± 0.3		14.0
Xe	22.8 ± 0.9	21.9 ± 0.3		12.1
H_2	36.2 ± 0.2	36.6 ± 0.3		15.6
N_2	36.39 ± 0.04	34.6 ± 0.3	36.6 ± 0.5	15.5
O_2	32.3 ± 0.1	31.8 ± 0.3	31.5 ± 2	12.5
CO_2	34.1 ± 0.1	32.9 ± 0.3	34.9 ± 0.5	14.4
C_2H_2	27.3 ± 0.7	25.7 ± 0.4		11.6
C_2H_4	28.03 ± 0.05	26.3 ± 0.3		12.2
C_2H_6	26.6	24.6 ± 0.4		12.8
CH_4	29.1 ± 0.1	27.3 ± 0.3		14.5
BF_3	35.6 ± 0.3			
空气	34.98 ± 0.05	33.73 ± 0.15	36.0 ± 0.4	

需要说明的是,带电粒子在气体中电离产生离子对是一随机过程,即带电粒子在气体中消耗能量 E 所产生的离子对数 N 是服从法诺分布的随机变量,不同气体中的法诺因子 F 介于 $0.05 \sim 0.20$ 之间。

8.1.2　气体中离子、电子的漂移

气体中的中性原子或分子总是处于不停的热运动中,标准情况下,典型气体分子的平均自由程 λ 大约为 $10^{-6} \sim 10^{-8}$ m。由入射带电粒子生成的电子和正离子,与气体分子一样也做着连续不断地热运动。在存在外加电场的情况下,离子和电子将受到库仑力的作用,产生沿电场方向(或反方向)的定向运动。我们把这种由外加电场引起的、叠加在离子和电子热运动上的宏观定向运动称作离子、电子在气体中的漂移,在该方向上的运动速率称为漂移速度。

1. 离子的漂移

在外电场作用下,离子、电子的定向运动是它们在与气体分子不断发生碰撞的过程中实现的,离子或电子在每两次碰撞之间都将从电场获得能量。由于离子和电子的质量有巨大差异,它们平均能量的变化是很不一样的,从而造成漂移速度的巨大差别。

离子的质量与气体分子的质量相当,在与气体分子碰撞过程中能量损失大,因而它在两次碰撞间从电场获得的能量大部分传输给了气体分子。这样,存在电场时离子的平均能量与没有电场时相比只是略有增加,相差不大。

实验表明,稳定状态下的离子漂移速度 $u^{\pm}$ 与电场强度 $\mathscr{E}$ 成正比,与气体的压力 P 成反比,即

$$u^{\pm} = \pm \mu^{\pm} \cdot \frac{\mathscr{E}}{P} \tag{8.2}$$

式中,常数 $\mu^{\pm}$ 称为离子的迁移率,角标的正负号分别对应正离子和负离子;$\mathscr{E}/P$ 又称为约化场强;等式右边的正、负号代表正离子和负离子的漂移方向与电场方向相同或相反。(8.2)式适用于 $\mathscr{E}/P \leqslant 0.03$ V·cm^{-1}·Pa^{-1} 的范围。迁移率的大小与气体的性质有关,几种气体中离子的迁移率见表8.2。在气体探测器通常的工作条件下,离子的漂移速度为 10^3 cm/s 量级。

2. 电子的漂移

电子的质量与气体分子相比小得多,它与气体分子弹性碰撞时只损失很少的能量。这样,电子在两次碰撞间从电场获得的能量在碰撞时会保留一部分并积累起来,使电子的能量不断增加,直到它的弹性碰撞能量损失与在两次碰撞间从电场获得的能量相等,或增加到能与气体分子发生非弹性碰撞时,才能达到新的平衡。因此,存在电场时,平衡后电子的平均能量要比没有电场时大得多。

此时,电子的平均能量为

$$\frac{1}{2} m \bar{v}_e^2 = \eta \frac{3}{2} kT \tag{8.3}$$

式中,$\bar{v}_e$ 为电子的杂乱运动平均速度;$\frac{3}{2}kT$ 为平衡热运动能量;k 为玻耳兹曼常数;T 为气体的绝对温度;η 称为电子温度。某些气体的电子温度 η 与电场强度的关系如图8.1所示,它的大小与各种气体分子的最低激发能有关。

电子漂移速度 u_e 与约化场强 $\mathscr{E}/P$ 不成正比关系,而用一般的函数关系表达,即

$$u_e = f(\mathscr{E}/P) \tag{8.4}$$

此函数关系一般只能由实验测定。与离子相比,电子的漂移有两点重要的差别:

(1)在同样气体与电场条件下,电子的漂移速度约比离子的大 10^3 倍,约 10^6 cm/s。

由于电子的平均自由程比离子大数倍,而质量又比离子小约 10^3 倍。因而,在平均自由程内电子将获得较大的动能,并且有更大的漂移速度。

(2)电子的漂移速度对组成气体的成分非常灵敏。

在单原子气体中加入少量多原子分子气体时,电子的漂移速度甚至可增大一个量级。图 8.2 给出了不同气体中电子漂移速度与电场强度关系的实验曲线,由图可见,在 Ar 气中少量掺入某种气体就可显著提高电子漂移速度,这些气体一般是甲烷、二氧化碳及氮等多原子或双原子分子气体。这些气体分子有很多低能级,使电子能量不用积累到很高,就能发生非弹性碰撞而大量损失能量。因此,少量多原子分子气体的加入会使气体中电子的电子温度 η 显著下降,进而导致 $\bar{v}_e$ 下降。当电子在气体中的自由程 λ 没有太大变化时,$\bar{v}_e$ 下降必然使得两次碰撞的时间间隔 $t(t = \lambda/\bar{v}_e)$ 变长,从而导致漂移速度有明显的提高。这一效应在气体探测器的工作机制中十分重要。

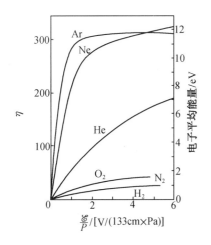

图 8.1　气体中电子的平均能量
与电场强度的关系[18]

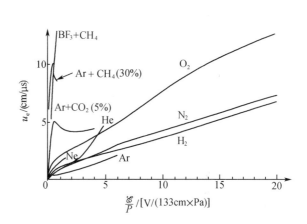

图 8.2　电子在气体中的漂移速度[17]

8.1.3　气体中离子、电子的扩散、复合和电荷转移

1. 气体中正离子和电子的扩散运动

气体中产生的正离子和电子,在发生杂乱热运动的同时,存在因空间密度不均匀而由密度大的空间向密度小的空间扩散的趋势。设单位时间内通过空间一点上单位面积的粒子流(电子或离子)净数为 $dn^{\pm}/dt$,则 $dn^{\pm}/dt$ 正比于粒子的密度梯度 $\nabla n^{\pm}$,即

$$\frac{dn^{\pm}}{dt} = -D^{\pm} \cdot \nabla n^{\pm} \tag{8.5}$$

式中,D^{+} 与 D^{-} 分别表示正离子与电子(或负离子)的扩散系数;等式右边的负号表示,扩散运动的方向与密度的梯度方向相反。根据气体动力论,若粒子的速度遵守麦克斯韦分布,则扩散系数 D 与粒子的杂乱运动速度 $\bar{v}$ 及平均自由程 λ 有如下关系

$$D = \frac{1}{3}\lambda\bar{v} \qquad (8.6)$$

这就是说,扩散系数 $D^{\pm}$ 与气体的性质、温度和压强有关。由于电子的平均自由程及 $\bar{v}$ 都比离子大得多,电子的扩散系数大于离子。

由(8.6)式也可看出,在气体中掺入多原子分子气体能够减小 $\bar{v}$,也就能使电子的扩散系数变小。在一般气体探测器的工作条件下,扩散运动的影响基本可以忽略。表8.2中列出了正、负离子在各种气体中的迁移率和扩散系数。

表 8.2　离子的迁移率和扩散系数(760 mmHg,15 ℃)[17]

气体	μ^{+} /$(cm^{2} \cdot atm \cdot s^{-1} \cdot V^{-1})$	μ^{-} /$(cm^{2} \cdot atm \cdot s^{-1} \cdot V^{-1})$	$D^{+} \times 10^{2}$ /$(cm^{2} \cdot s^{-1})$	$D^{-} \times 10^{2}$ /$(cm^{2} \cdot s^{-1})$
H_2	5.7	8.6		
He	5.1	6.3		
N_2	1.29	1.82	2.9	4.1
O_2	1.33	1.80	3.0	4.1
CO_2	0.79	0.95	2.5	2.6
Ar	1.37	1.7		
空气	1.37	1.8	3.2	4.2
水蒸气	0.83	0.72		

2. 气体中离子和电子的复合

复合是指正离子与负离子或正离子与电子相遇时结合成中性的原子或分子的现象。复合使入射带电粒子在气体中电离产生的部分离子对消失,不再对输出信号产生贡献,破坏了原来入射带电粒子电离效应与输出信号之间的对应关系。因此,复合现象在气体探测器工作时要尽量减小或避免发生。

(1)正离子与负离子(或电子)的复合

由于碰撞频率与正离子和负离子(或电子)的密度的乘积成正比。因此,复合造成的单位体积、单位时间内离子对的损失数为

$$-\frac{\partial n^{+}}{\partial t} = -\frac{\partial n^{-}}{\partial t} = \alpha \cdot n^{+} \cdot n^{-} \qquad (8.7)$$

其中, n^{+} 和 n^{-} 为正离子和负离子(或电子)的密度, α 称作复合系数。正离子同负离子的复合系数 α_{i-i} 比正离子同电子的复合系数 α_{e-i} 大得多, α_{i-i} 约为 10^{-6} cm³/s 量级,而 α_{e-i} 约为 $10^{-7} \sim 10^{-10}$ cm³/s。为此,避免复合的影响应该从避免负离子的形成做起。

(2)负离子的形成

电子与气体分子碰撞时,电子可能被气体分子捕获而形成负离子。电子在一次碰撞中被捕获的概率(也称为吸附系数)用 p 来表示, p 的大小与气体的性质有关。有些气体(如 O_2 、水蒸气和卤素气体)捕获概率特别大,称为负电性气体, p 达到 $10^{-3} \sim 10^{-4}$ 。而惰性气体和 N_2 , CH_4 、 H_2 等捕获概率却很小($p \leqslant 10^{-6}$)。捕获概率还与电子能量有关,图8.3为氧分子的捕获电子概率 p 与电子能量 E_e 的实验曲线。在 $E_e \approx 0.2$ eV 附近呈现一个峰值, $p \approx 10^{-3}$;随着能

量增大,在 $E_e \approx 2.0$ eV 附近 p 还有一个较小的峰。

在气体探测器中,电子在被收集前要与气体分子发生大量的碰撞。可以估算,电子在 1 μs 时间内将与气体分子平均发生 10^5 次碰撞。因此,存在负电性气体时,电子被捕获形成负离子的机会将大大增加。形成负离子的结果是使漂移速度大大地减慢,从而增加了复合损失。为此,在制备气体探测器过程中,需要通过多种真空工艺及气体纯化措施来尽量降低负电性气体的含量,以改善探测器的性能。

减小负电性杂质影响的另一种方法是在单原子气体中添加少量的双原子或多原子分子气体,使电子的漂移速度增加,从而减小电子被捕获的概率。

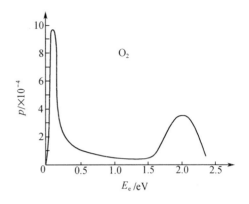

图 8.3　氧分子的吸附系数与电子能量的关系[17]

3. 气体中的电荷转移过程

由于中性的气体分子与生成的正离子和电子不断地发生碰撞,在碰撞中,正离子与中性分子可能发生电荷交换,正离子成为中性原子,而中性分子成为正离子,我们把这种现象称为电荷转移。

电荷转移过程在含有几种不同分子的混合气体中是十分重要的,尤其当离子密度较高和混有电离电位低的多原子分子气体时更为明显。在一些气体探测器中,例如以后讲的正比计数器和 G – M 计数管中,电荷转移是一种很重要的现象。

8.2　电　离　室

电离室是最早应用的输出电信号的电离辐射探测器,在核物理发展的早期,电离室曾起过重要的作用。例如,用电离室发现了宇宙射线;通过电离室探测反冲质子,从而证实了中子的存在等等。虽然迄今已有百年历史,但仍在得到广泛应用。由于电离室的工作机制及输出信号理论很完备清晰,也便于理解,所以我们从电离室出发来学习辐射探测器,并将以它为基础来学习、掌握其他辐射探测器。

8.2.1　电离室的结构和输出信号形成的物理过程

对输出电信号的辐射探测器而言,电离室输出信号形成的物理过程很典型,对它的讨论具有普遍的适用价值。从今后的讨论可以看到所有这类探测器的输出信号的基本过程为:电子和正离子等荷电粒子在加有外加电场的极板间定向漂移,该过程中,极板上的感应电荷发生变化,进而在负载电路上流过感应电流并形成输出信号。这些荷电粒子可以是电子 – 正离子对(气体探测器),也可以是电子 – 空穴对(半导体探测器)或倍增电子束(闪烁探测器)。因而,我们将对电离室输出信号形成的物理过程进行比较详尽地分析。

1. 电离室的基本结构

电离室有两种基本工作方式:一种是记录单个辐射粒子的脉冲电离室,相应的工作方式为脉冲型工作方式,主要用于重带电粒子的能量和强度测量;另一种为记录大量辐射粒子平均电离效应的电流电离室和总电离效应的累计电离室,分别相应于电流型工作方式和脉冲束工作方式,主要用于辐射的强度或剂量测量。

　　两种工作方式的电离室在结构上基本相同的,主体由两个处于不同电位的极板组成。极板的形状原则上是任意的,但实际上常用的是平板形和同心圆柱形两种形式,如图8.4所示。在有些场合也选用球形或其他形状。

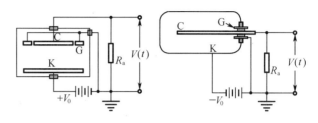

图8.4　电离室的基本结构

　　极板间相互绝缘并分别连到电源 V_0 的高压端与地,从而在两电极间产生电场。两电极中与测量仪器相连的电极称作收集极(C),一般处于与地接近的电位,另一电极称高压极(K)。我们把两电极边缘为界、存在有电力线所包围的两电极间的区域称为电离室的灵敏体积,入射粒子只有在灵敏体积内产生离子对才能引起输出信号,灵敏体积外的环形电极(在圆柱形电离室中呈管状)称作保护环(G),其电位与收集极相同,主要作用是使灵敏体积边缘处的电场保持均匀,同时还能使流过绝缘子(图8.4中以深色表示,用以支撑电极或穿引导线)的漏电流不流经负载电阻,减小漏电流对信号测量的影响。

　　在电极系统的外面常有一个密封的外壳,用于保证灵敏体积内介质气体压力和成分的稳定,有时外壳也可以就是其中一个电极。根据测量的需要,在某些电离室外壳壁上开有"窗",以便低穿透本领的射线能进入其灵敏体积。

2. 电离室的本征电流信号产生的物理过程

　　电离室的工作特点是:在电离室两电极间的灵敏体积内构建一电场,其强度足以避免离子对复合的发生,入射带电粒子在该灵敏体积内电离形成离子对,离子对在电场的作用下产生定向漂移,从而在回路中输出电流信号。下面将以平板形电离室为例分析,对圆柱形和球形电离室的分析方法是相似的。

　　首先讨论电离室的外回路中没有负载电阻的情况,两极板直接连接到电源的正负极,如图8.5所示。电源为内阻为零的理想电源,电压为 $-V_0$,两平行极板间的电容为 C_1。根据静电学可知,在电离室正极板 a 和负极板 b 的内侧应分别充有电荷 $+Q_0$ 和 $-Q_0$,且 $|+Q_0| = |-Q_0|$,其中 $Q_0 = C_1V_0$。在两极板间为一均匀电场,电场强度为 $\mathscr{E}$,方向由正极板 a 指向负极板 b。

　　在电离室灵敏体积内距正极板 x_0 处引入一电荷为 $+e$ 的点电荷。通过静电作用,该正离子将在极板 a 和极板 b 上分别感应出负电荷 $-q_1$ 与 $-q_2$。由奥高定理可得到:

$$q_1 + q_2 = e \tag{8.8}$$

且有

$$|q_1| = \frac{d-x_0}{d} \cdot e \quad 和 \quad |q_2| = \frac{x_0}{d} \cdot e \tag{8.9}$$

式中,x_0 为正离子距 a 极板的距离,d 为两极板间的距离。

　　受电离室内电场 $\mathscr{E}$ 的作用,正离子在引入瞬间将立刻开始向负极漂移,即 x_0 增大,q_1 不断

减小而 q_2 不断增大。由于 $q_1 + q_2$ 始终恒等于 e,所以 q_1 的减少量恰等于 q_2 的增加量,即 $|\Delta q_1| = |\Delta q_2|$。这表明正离子向负极漂移的过程中,它在正极 a 上的负感应电荷不断地通过外接回路流到了负极 b 上。这样,在外接回路中就形成了电流信号 $i^+(t)$,如图 8.5 所示。$i^+(t)$ 就是电离室内由于正离子在电场作用下定向漂移而在外回路中产生的输出电流信号,一般可简称为离子电流。

当正离子到达负极 b 表面附近的瞬间,它在正极 a 上的感应电荷 $-q_1$ 已全部流到负极 b 上,此时负极 b 上的感应电荷为 $(-q_1) + (-q_2) = -e$。它与到达负极 b 的电荷为 $+e$ 的正离子相中和。至此,电离室内正离子的漂移过程完全结束,与此同时,外回路中的离子电流 $i^+(t)$ 完全消失。

从上述讨论中可以看出两点:

(1)仅当正离子正在漂移时,外回路中才有离子电流 $i^+(t)$ 存在。一旦正离子的漂移过程结束,$i^+(t)$ 也立即为零。

(2)正离子从初始位置漂移到负极 b 的过程中,流过外回路的电荷量不是正离子自身的电荷量 e,而是正离子最初在正极 a 上产生的感应电荷量 q_1。正离子的初始位置不同,流过外回路的电荷量 q_1 也不同,流过外回路的 $i^+(t)$ 随时间的变化也不同。

相同推理,假如在电离室灵敏体积内距正极板 x_0 处引入一电子(电荷为 $-e$)。电子将在极板 a 和极板 b 上分别感应出正电荷 $+q_1$ 与 $+q_2$。类似的分析可以得出在电子向正极板漂移的整个过程中,流过外回路的总电荷量就是它在初始位置在负极板的感应电荷 $+q_2$。并且在外接回路中形成了电流信号 $i^-(t)$,$i^-(t)$ 与 $i^+(t)$ 的方向是一致的,如图 8.6 所示。$i^-(t)$ 是由电子定向漂移形成的,一般称为电子电流。

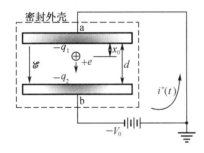

图 8.5 正离子漂移产生的电流信号

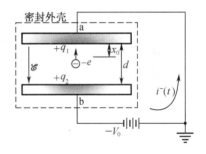

图 8.6 电子漂移产生的电流信号

实际上,由辐射粒子电离损失产生的每个离子对中的正离子和电子永远是在同一时刻、同一位置产生的。开始时它们在电极上的感应电荷恰好数量相等、极性相反,所以感应电荷总和为零。在电场的作用下,电子和正离子分别向正极板和负极板漂移,在外回路中将流过一电流信号 $i(t)$,则

$$i(t) = i^+(t) + i^-(t)$$

如图 8.7 所示。一旦正离子或电子到达极板漂移运动结束,则它所对应的那部分电流就会立即变为零。当电

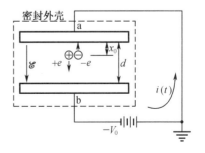

图 8.7 脉冲电离室的电流信号

子和正离子全部到达极板时,总电流信号 $i(t) = 0$。$i(t)$ 的大小完全取决于离子对的漂移速度,即取决于极板上感应电荷的变化率。

当入射带电粒子在电离室形成 N 个离子对时,在外回路流过的电流信号 $I(t)$ 为

$$I(t) = I^+(t) + I^-(t) \qquad (8.10)$$

式中,$I^+(t)$ 和 $I^-(t)$ 分别代表 N 个正离子和 N 个电子漂移所引起的回路电流。$I(t)$ 只由电离室内正离子和电子漂移引起,故称为电离室的本征电流。

正离子被负极收集时,相应流过外回路的电荷量为 q_1;而电子被正极收集时,相应流过外回路的电荷量为 q_2。因此,一对正离子、电子分别被负、正极收集后,流过外回路的总电荷量应为 $q_1 + q_2$,恰等于 e。这一结论与离子对在灵敏体积内所处的位置无关。

8.2.2　脉冲电离室

在一定的入射粒子流及输出回路参量条件下,如果电离室的输出信号反映的是单个入射粒子的电离效应,那么就称该电离室工作于脉冲工作状态,同时把工作于脉冲状态的电离室称作脉冲电离室。

这时,当一个入射带电粒子在电离室中形成的 N 对正离子和电子全部被收集后,在输出回路流过的电荷总量即为

$$Q = N \cdot e = \frac{E}{W} \cdot e \qquad (8.11)$$

该结果与电离室电极形状、电场分布、电压以及输出回路参量无关。因此,对一定的离子对数而言,电离室是一个理想的"恒电荷源",大部分其他辐射探测器也都具有这一特点。

1. 电离室输出回路的等效电路和输出电流信号[18]

入射粒子在电离室中产生的电流信号 $I(t)$ 可用各种电子仪器,如放大器、电流表等仪器、仪表测量。我们把电流信号 $I(t)$ 直接流经的回路(一般包括探测器、探测器的输出端、测量仪器第一级电子线路的输入端等)称为电离室的输出回路。

电离室的输出回路可以用图 8.8(a)表示。测量仪器可以等效为 R_i,C_i 的并联,图中 R_a 是负载电阻,C' 为回路中器件和连线等的杂散电容,电离室的极板电容为 C_1。对图 8.8(a)进一步简化可等效成图 8.8(b),图中 $R_0 = R_a \cdot R_i / (R_a + R_i)$,$C_a = C_i + C'$。电离室的输出回路在电离室输出信号测量中起着极为重要的作用,因为任何测量仪器所测到的信号都是在输出回路中形成的。此外,电离室的工作状态也与输出回路的参量有关,所以,在选择测量仪器及其参量时要特别注意。

我们可由能量守恒定律推演而得到脉冲电离室输出回路的等效电路。

由图 8.8,流过电源的电流 $I_P(t) = I_R(t) + I_{C_a}(t)$。则该过程中电源提供的功率 $W(t)$ 为

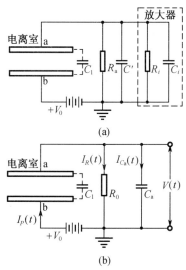

图 8.8　脉冲电离室的输出回路

$$W(t) = I_P(t) \cdot V_0 = [I_R(t) + I_{C_a}(t)] \cdot V_0 \tag{8.12}$$

而消耗的功率可分为三部分：

①在外回路中消耗的功率。当输出回路中 $R_a \neq 0$，则在电离室输出电流信号时，R_0 上必然同时形成电压降 $V(t)$，则外回路中损耗功率为在 R_0 和 C_a 上损耗功率之和，即

$$W_o(t) = [I_R(t) + I_{C_a}(t)] \cdot V(t) = \frac{V(t)^2}{R_0} + C_a \cdot \frac{\mathrm{d}V(t)}{\mathrm{d}t} \cdot V(t) \tag{8.13}$$

②在电离室自身电容上消耗的功率。由图8.8，在输出回路中产生电压信号 $V(t)$ 的同时，电离室两极间的电位差 $(V_0 - V(t))$ 也随时间发生变化。由静电学知识，当电容 C 两端的电压发生变化时，它所储存的能量 $Q^2/2C$ 就会发生变化，该能量的变化率就是它所消耗的功率。当其两端的电位差由 V_0 变化到 $(V_0 - V(t))$ 时，其储能变化率，即在电离室自身电容上损耗的功率为

$$W_{C_1}(t) = \frac{\mathrm{d}}{\mathrm{d}t}\left(\frac{C_1^2 \cdot (V_0 - V(t))^2}{2C_1}\right) = -C_1(V_0 - V(t))\frac{\mathrm{d}V(t)}{\mathrm{d}t} \tag{8.14}$$

③电离室内正离子、电子在电场作用下漂移所消耗的功率为

$$W_e(t) = e \cdot \sum_{j=1}^{N^+(t)} [\mathscr{E}(\boldsymbol{r}_j^+(t)) \cdot \boldsymbol{u}^+(\boldsymbol{r}_j^+(t))] - e \cdot \sum_{k=1}^{N^-(t)} [\mathscr{E}(\boldsymbol{r}_k^-(t)) \cdot \boldsymbol{u}^-(\boldsymbol{r}_k^-(t))]$$

$$\tag{8.15}$$

式中，$\boldsymbol{r}_j^+(t)$ 和 $\boldsymbol{r}_k^-(t)$ 分别代表第 j 个正离子和第 k 个电子在 t 时刻的空间位置；$\mathscr{E}$ 及 $\boldsymbol{u}^+$，$\boldsymbol{u}^-$ 分别表示 t 时刻正离子及电子所在位置的电场强度与相应的漂移速度。

按照能量守恒定律，$W(t) = W_e(t) + W_o(t) + W_{C_1}(t)$，则以上关系式可整理为

$$I(t) = \frac{V(t)}{R_0} + (C_a + C_1)\frac{\mathrm{d}V(t)}{\mathrm{d}t} \tag{8.16}$$

其中

$$I(t) = \frac{e}{(V_0 - V(t))} \cdot \left[\sum_{j=1}^{N^+(t)} \mathscr{E}(\boldsymbol{r}_j^+(t)) \cdot \boldsymbol{u}^+(\boldsymbol{r}_j^+(t)) - \sum_{k=1}^{N^-(t)} \mathscr{E}(\boldsymbol{r}_k^-(t)) \cdot \boldsymbol{u}^-(\boldsymbol{r}_k^-(t))\right]$$

$$\tag{8.17}$$

从(8.16)式可以看出，电流信号 $I(t)$ 比流过电源的电流 $I_P(t) = I_R(t) + I_{C_a}(t)$ 要大，其差值为 $C_1 \cdot \mathrm{d}V(t)/\mathrm{d}t$，恰是在电容 C_1 上加 $V(t)$ 电压时的电流。因此，电流信号 $I(t)$ 是流经 R_0，C_a 的电流与流经电离室自身电容 C_1 的电流之和，所以，我们将 $I(t)$ 称作 $R_a \neq 0$ 时电离室输出的总电流信号。

由于一般电离室两极板间所加的电压 V_0 远大于电离室输出的电压信号 $V(t)$（即 $V_0 \gg V(t)$，$V_0 - V(t) \approx V_0$），则(8.17)式可简化为

$$I_0(t) = \frac{e}{V_0} \cdot \left[\sum_{j=1}^{N^+(t)} \mathscr{E}(\boldsymbol{r}_j^+(t)) \cdot \boldsymbol{u}^+(\boldsymbol{r}_j^+(t)) - \sum_{k=1}^{N^-(t)} \mathscr{E}(\boldsymbol{r}_k^-(t)) \cdot \boldsymbol{u}^-(\boldsymbol{r}_k^-(t))\right] \tag{8.18}$$

(8.18)式表示电离室两极板间电压不变的情况下，电离室的输出电流，也就是输出回路中 $R_a = 0$ 时的输出电流。

比较(8.17)和(8.18)式可见，对于 $R_a \neq 0$ 的情况，虽然两极板间的电压差发生了变化，但总输出电流仍与 $R_a = 0$ 的情况基本相同。说明电离室的输出电流基本不受输出回路参量 $R_0 C_0$ 变化的影响，因此，把电离室看成一个内阻无限大的理想的电流源是可以的，但必须满足

$V(t) \ll V_0$ 的条件。所以，从输出信号的角度看，电离室可以用一电流源 $I_0(t)$ 及与之并联的电离室自身极板间电容 C_1 代替。

据此我们可以对图 8.8 做进一步简化：①将电离室等效为电流源 $I_0(t)$ 与 C_1 的并联，电流方向用箭头表示，它是电离室内电力线方向的延伸；②将电源短路（当电源内阻 $R_r \neq 0$ 时，则用 R_r 代替）。经过整理，即可得到电离室输出回路的等效电路，如图 8.9 所示，图中 $R_0 = R_a \cdot R_i / (R_a + R_i)$，$C_0 = C_a + C_1 = C_i + C' + C_1$。利用该等效电路可以更方便地分析电离室的输出信号。

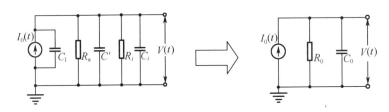

图 8.9　输出回路的等效电路

前面提到，(8.18)式中的 $I_0(t)$ 是电离室输出回路中 $R_a = 0$ 时，电离室的输出电流。此时，两极板的电位没有发生变化，流过外回路的电流 $I_0(t)$ 仅为灵敏体积中生成的全部正离子和电子漂移所贡献，与外回路参量无关。(8.18)式就是上面所说的电离室的本征电流的表达式。

对平板电离室而言，灵敏体积内为均匀电场，$\mathscr{E} = V_0/d$。正离子和电子的漂移速度与它们所在位置无关，分别为 u^+ 和 u^-，则此时电离室的本征电流为

$$I_0(t) = \sum_{i=1}^{N} \frac{e}{d}(u^+ + u^-) = \frac{Ne}{d}u^+ + \frac{Ne}{d}u^- \qquad (8.19)$$

(8.19)式中右边第一项为离子电流，第二项为电子电流。其图形大致可以用图 8.10 表示，图中 t_1 表示开始有电子到达正极板的时刻，$t_2 = T^-$ 对应全部电子被正电极收集的时刻；t_3 为开始有正离子到达负电极的时刻，$t_4 = T^+$ 对应全部正离子被负极板收集的时刻。当然，入射粒子射入位置不同时，这些时刻也将不同。而且 $T^+ \approx 10^3 \cdot T^-$，$T^+$ 达到 ms 的量级。

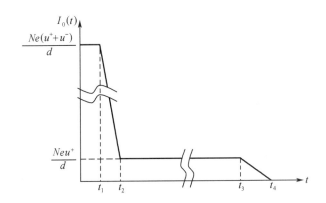

图 8.10　平板电离室的输出电流波形

2. 离子脉冲电离室和电子脉冲电离室

电离室工作于脉冲工作状态时，对应于每一个入射粒子的本征电流信号在输出回路产生

一个脉冲,这时单位时间内的入射粒子数 n 与输出回路时间常数 R_0C_0 的关系满足

$$n \cdot R_0C_0 \ll 1 \quad 或 \quad R_0C_0 \ll 1/n$$

式中,$1/n$ 为两个相邻入射粒子时间间隔的平均值。这个条件的含意为探测器输出回路的时间常数(决定了输出电压脉冲信号的宽度)远远小于两个相邻入射粒子的平均时间间隔,因此,每个输出脉冲反映的是单个入射粒子的信息。

脉冲电离室应用中,实际测量的往往是输出电流在输出回路形成的电压脉冲信号。脉冲电离室输出的电压脉冲信号可通过对(8.16)式求解得到,当 $V(0)=0$ 时,可得到

$$V(t) = \frac{e^{-t/R_0C_0}}{C_0}\int_0^t I_0(t')e^{t'/R_0C_0}dt' = \frac{e^{-t/R_0C_0}}{C_0}\int_0^t [I_0^+(t') + I_0^-(t')]e^{t'/R_0C_0}dt' \quad (8.20)$$

其中离子电流 $I_0^+(t)$ 的持续时间是全部正离子被收集的时间 T^+,电子电流 $I_0^-(t)$ 的持续时间是全部电子被收集的时间 T^-。由于 $T^+ \gg T^-$,所以 T^+ 决定了 $I_0(t)$ 的持续时间。

由(8.20)式,则 $V(t)$ 也可表示为离子漂移和电子漂移两部分贡献的叠加,即

$$V(t) = V^+(t) + V^-(t)$$

对平板形电离室,各种 R_0C_0 所对应的电压脉冲形状可参见图8.11。由图可见,在不同的 R_0C_0 取值条件下,会形成不同的输出电压脉冲信号,并形成电离室截然不同的工作状态。

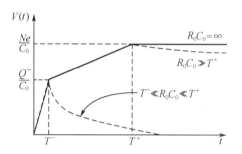

图8.11　平板电离室的输出电压脉冲形状

(1)离子脉冲电离室

输出回路时间常数取 $R_0C_0 \gg T^+$。在这种情况下,电压信号反映了离子及电子漂移的共同贡献,处于这种工作状态的电离室称为离子脉冲电离室。此时 $V(t)$ 应当为:

①当 $t < T^+$ 时,$t/R_0C_0 \approx 0$,则

$$V(t) \approx \frac{1}{C_0}\int_0^t I_0(t')dt'$$

②当 $t = T^+$ 时

$$V(T^+) = \frac{1}{C_0}\int_0^{T^+} I_0(t')dt' = \frac{Ne}{C_0} \quad (8.21)$$

③当 $t > T^+$ 时

$$V(t) = \frac{e^{-t/R_0C_0}}{C_0}\Big[\int_0^{T^+} I_0(t')e^{t'/R_0C_0}dt' + \int_{T^+}^t I_0(t')e^{t'/R_0C_0}dt'\Big] \approx \frac{Ne}{C_0} \cdot e^{-t/R_0C_0}$$

由图8.11可见,在 $R_0C_0 \gg T^+$ 的情况下,在 T^+ 时刻电离室的输出电压脉冲信号幅度为 Ne/C_0,与入射粒子产生的总离子对数 N 成正比。因此,当能量为 E 的带电粒子把全部能量都损耗在电离室灵敏体积内时,离子脉冲电离室条件下的输出电压脉冲信号幅度 $h = V(T^+)$ 与粒子能量 E 成正比,即

$$h = V(T^+) = \frac{Ne}{C_0} = \frac{E}{W} \cdot \frac{e}{C_0} \quad (8.22)$$

由此,可通过测量离子脉冲电离室输出电压脉冲信号的幅度,来测量入射带电粒子的能量。

离子脉冲电离室的主要问题是输出电压脉冲信号宽度很大,整个脉冲宽度约为

$1\sim10$ ms, 只能在极低计数率下工作, 且导致信号放大器的通频带的低频半功率点很低, 低频噪声干扰严重, 因此实用价值不大。

(2)电子脉冲电离室

输出回路时间常数取 $T^+ \gg R_0C_0 \gg T^-$。在这种条件下, 可以忽略正离子漂移的贡献, 仅考虑 $I_0^-(t)$ 引起的 $V^-(t)$ 信号。由于 $R_0C_0 \gg T^-$, 此时 $V^-(t)$ 应当为:

①当 $t < T^-$, 此时 $t/R_0C_0 \approx 0$, 则

$$V^-(t) \approx \frac{1}{C_0}\int_0^t I_0^-(t')\,\mathrm{d}t'$$

②当 $t = T^-$, 此时

$$h^- = V^-(T^-) = \frac{1}{C_0}\int_0^{T^-} I_0^-(t')\,\mathrm{d}t' = \frac{Q^-}{C_0} \tag{8.23}$$

③当 $t > T^-$, 此时

$$V^-(t) = \frac{\mathrm{e}^{-t/R_0C_0}}{C_0}\Big[\int_0^{T^-} I_0^-(t')\,\mathrm{d}t'\Big] = \frac{Q^-}{C_0}\cdot \mathrm{e}^{-t/R_0C_0}$$

电子漂移所产生的电压脉冲信号 $V^-(t)$ 的幅度为 $h^- = Q^-/C_0$, 其中, $Q^- = \int_0^{T^-} I_0^-(t)\,\mathrm{d}t$ 代表电子漂移对输出电荷的贡献, 参见图8.11。即在 $T^+ \gg R_0C_0 \gg T^-$ 的情况下, 电离室输出的电压脉冲信号主要由电子漂移决定, 这种工作状态的电离室称为电子脉冲电离室。

与离子脉冲电离室相比, 由于 $R_0C_0 \ll T^+$, 电子脉冲电离室的脉冲宽度大大减小, 为 μs 量级, 所以电子脉冲电离室可用来测量强得多的入射粒子流。但对平板型电子脉冲电离室而言, 入射粒子产生电离的位置不同时, Q^- 是不同的, 则输出电压脉冲信号的幅度与初始电离的位置有关。在这种情况下, 由(8.23)式可得到:

$$Q^- = \int_0^{T^-} I_0^-(t)\,\mathrm{d}t = \int_0^{T^-} \frac{e}{V_0}\Big[\sum_{j=1}^N \mathscr{E}(\boldsymbol{r}_j^-(t))\cdot \boldsymbol{u}^-(\boldsymbol{r}_j^-(t))\Big]\mathrm{d}t = \frac{e}{V_0}\sum_{j=1}^N \int_{\boldsymbol{r}_j^-(0)}^{\boldsymbol{r}_j^-(T^-)} \mathscr{E}(\boldsymbol{r}_j^-(t))\,\mathrm{d}r$$

式中, $\mathrm{d}r = \boldsymbol{u}^-\mathrm{d}t$, $\boldsymbol{r}_j^-(0)$ 和 $\boldsymbol{r}_j^-(T^-)$ 代表电子初始产生和最终收集的位置。由积分得到

$$Q^- = \frac{e}{V_0}\sum_{j=1}^N \big[\varphi(\boldsymbol{r}_j^-(T^-)) - \varphi(\boldsymbol{r}_j^-(0))\big] = \frac{e}{V_0}\sum_{j=1}^N \big[\varphi^+ - \varphi(\boldsymbol{r}_j^-(0))\big] \tag{8.24}$$

这里, φ^+ 就是正极电位。(8.24)式表明, Q^- 与第 j 个电子被收集时最终电位和最初产生处电位之差相关。这样, 电子脉冲电离室的输出脉冲幅度不仅取决于生成的离子对数, 而且与离子对生成的位置有关, 输出脉冲幅度与入射带电粒子的能量没有简单的对应关系, 不过这个问题可以通过采取一些特殊的设计来解决。

从上述讨论中, 我们可以得到一些对探测器输出信号分析大有裨益的重要结论:

①电压脉冲信号的上升时间为电流脉冲信号的持续时间;

②电离室输出的电压脉冲信号为变前沿的脉冲信号;

③电子或正离子漂移对输出脉冲信号的贡献取决于电子或正离子扫过的电位差。

3. 圆柱形电子脉冲电离室和屏栅电离室

为解决平板形电子脉冲电离室存在的问题, 设计了特殊形状与结构的电子脉冲电离室。下面给出两种实例:圆柱形电子脉冲电离室与屏栅电离室。

（1）圆柱形电子脉冲电离室

圆柱形电离室的基本结构如图 8.12 所示，它利用圆柱形电场分布的特点来减少 Q^- 与粒子入射位置 r 的依赖关系，近似使 $Q^- \propto N$。圆柱形电离室中的电位分布为

$$\varphi(r) = V_0\left(-\frac{\ln(r/a)}{\ln(b/a)}\right) \qquad (8.25)$$

其中，a 是中央阳极半径；b 是圆筒状阴极的半径。

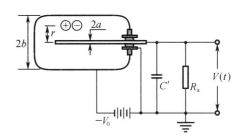

图 8.12　圆柱形电离室

作为电子脉冲电离室必定须满足 $R_0C_0 \ll T^+$，也就是仅考虑电子漂移对输出信号的贡献。设全部离子对产生在 r_0 处，该处电位为 $\varphi(r_0)$。由（8.24）式，当电子向阳极漂移并到达阳极后输出脉冲电荷量为

$$Q^- = \frac{Ne}{V_0}\cdot[\varphi^+ - \varphi(r_0)] = Ne\cdot\frac{\ln(r_0/a)}{\ln(b/a)}$$

此时圆柱形电子脉冲电离室的输出电压脉冲信号幅度为

$$h(r_0) = \frac{Ne}{C_0}\cdot\frac{\ln(r_0/a)}{\ln(b/a)} \qquad (8.26)$$

此关系参见图 8.13。由图可见，选足够大的 b/a 值后，输出脉冲幅度在 r_0 稍大时随 r 的变化就比较平缓。例如，取 $b/a = 10\ 000$，当 $r_0 \approx 0.2b$ 时，$h(r_0) \approx 0.85 \times Ne/C_0$，随 r_0 的变化就不显著了。这是由于对圆柱形电离室，越靠近阳极电场越强，电位差越集中在阳极附近较小的区域内，而且，随 b/a 值的增大，这种现象更为明显。

由此，对圆柱体内不同位置内形成的电子－离子对，电子漂移到阳极的过程中扫过的电位差相差不大，因而对 Q^- 的贡献相差也不大。因此，对大部分入射粒子而言，圆柱形电子脉冲电离室

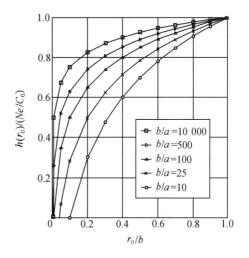

图 8.13　电子电压脉冲幅度
与 r_0 的关系

的输出电压脉冲信号幅度均接近于 Ne/C_0，因而可由其输出电压脉冲信号幅度来较好地测量入射粒子的能量。

需要注意的是，圆柱形电子脉冲电离室的中央丝极必须是正极，否则上述讨论不再成立。

（2）屏栅电离室

屏栅电离室的基本结构如图 8.14 所示，它相当于是在平板形电离室阳极（A）与阴极（C）之间增加了一个由平行细丝构成的栅状电极，称为栅极（G），其电位处于阳极和阴极之间。由于栅极的静电屏蔽作用，C－A 之间的电场被分成了两个相互隔离的区域，即 C－G 区和 G－A 区。

可以通过准直器或给辐射源确定合适的方位，使入射带电粒子与工作气体的相互作用严格局限在阴极和栅极之间，即仅在 C－G 内产生离子对。所产生的正离子在电场作用下直接漂向阴极，电子则漂向栅极并穿过栅极继续漂向阳极。栅极在起到屏蔽作用的同时，应做到对

电子透明而使其能顺利通过。在电子由栅极 G 向阳极 A 漂移的过程中,G 上电子的感应电荷会通过负载电阻流向 A,并在负载电阻上产生输出电压脉冲信号。对于 G - A 来说,每一个在其中漂移的电子都可看作是在 G 表面产生的,与 C - G 区内初始电离产生的位置无关。而且,都扫过了由 G 到 A 的全部电位差(V_2),因此都有 $1 \times e$ 的感应电荷从 G 流向 A。

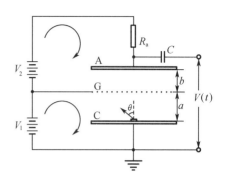

图 8.14　屏栅电离室结构示意图

设入射粒子在 C - G 区内产生了 N 个离子对,则最终由 G 流向 A 的总电荷量应为

$$Q = Q^- = N \cdot e \tag{8.27}$$

屏栅电离室输出电流信号的持续时间 T_H 即为电子在 G - A 区的漂移时间,它与入射粒子的入射方向、射程等有关。设 G - A 间距离为 b,u_1 和 u_2 分别为电子在 C - G 区和 G - A 区的漂移速度,假定电子在漂移过程中一直保持原来的相对位置不变,则如图 8.14 所示,当放射源放置在 C 表面,重带电粒子出射方向与 C 表面法线的夹角为 θ,粒子射程为 R 时,T_H 为

$$T_H = \frac{R\cos\theta}{u_1} + \frac{b}{u_2} \tag{8.28}$$

显然,T_H 是随 θ 变化的。因此,屏栅电离室输出的电压脉冲信号是变上升时间的,后续处理时必须注意。电流脉冲在负载电阻上形成相应的输出电压脉冲信号,其幅度为

$$h = \frac{Q}{C_0} = \frac{Ne}{C_0} = \frac{E}{W} \cdot \frac{e}{C_0} \tag{8.29}$$

与入射粒子能量成正比。因此,屏栅电离室是一种可以测量重带电粒子能量的探测器。

由屏栅电离室工作原理可知,入射粒子在 C - G 区产生电离后,G - A 回路中并不能马上产生输出信号,这说明屏栅电离室输出信号存在时滞(即带电粒子的入射时刻与所测定的输出脉冲信号的产生时刻的时间间隔)。对于图 8.14 中的情况,时滞 t_a 为

$$t_a = \frac{a - R\cos\theta}{u_1} \tag{8.30}$$

4. 脉冲电离室输出电压脉冲信号幅度的测量

圆柱形电子脉冲电离室和屏栅电离室构成了实用的脉冲电离室,(8.21)式给出了脉冲电离室的输出电压脉冲信号幅度的表达式。设入射粒子能量为 1 MeV,其全部能量均损失在电离室灵敏体积内,电离室工作气体的平均电离能为 35 eV,输出回路等效电容 $C_0 = 100$ pF,则输出电压脉冲信号幅度为

$$h = \frac{Q}{C_0} = \frac{Ne}{C_0} = \frac{E}{W} \cdot \frac{e}{C_0} = \frac{10^6 \text{ eV}}{35 \text{ eV}} \cdot \frac{1.6 \times 10^{-19} \text{ C}}{100 \times 10^{-12} \text{ F}} = 4.57 \times 10^{-5} \text{ V}$$

也就是说,脉冲电离室输出电压脉冲信号幅度一般很小,仅为微伏到毫伏量级。所以,为了测量脉冲电离室输出的电压信号,必须要有性能良好的前置放大器和足够大放大倍数的线性脉冲放大器对该信号进行放大,以适应幅度分析器的要求并尽量减小对电离室输出电压脉冲信号幅度涨落的影响。由脉冲电离室构成的能谱仪的测量装置示意参见图 8.15,可用于辐射粒子能量的测量,尤其适宜于重带电粒子能量的测量。

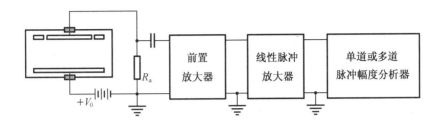

图 8.15　脉冲电离室能谱仪的原理示意图

由于脉冲电离室谱仪的脉冲幅度很小,为尽可能增大输出脉冲的幅度,有效的降低 C_0 十分重要。以屏栅电离室为例,适当增大 G–A 的距离以减小极板电容 C_1(但会导致上升时间的加大)和使前置放大器尽量靠近电离室以减小 C',都是可行的措施。随着后来发展起来的正比谱仪、闪烁谱仪和半导体谱仪,脉冲电离室谱仪已在许多场合被替代。

5. 脉冲电离室的性能

脉冲电离室的性能指标是衡量脉冲电离室性能优劣的重要依据。下面给出的这些性能指标不仅适用于脉冲电离室,而且对其他脉冲探测器也是适用的。

(1)电离室的饱和特性曲线

电离室输出电压脉冲信号幅度与工作电压的关系称为脉冲电离室的饱和特性,如图 8.16 所示。由图可见,电离室饱和特性曲线可分为三部分。其中 oa 段为复合区,由于外加电压不够高,电离室内场强不足以克服电子、离子复合的发生,从而导致电离室输出脉冲电荷量和电压脉冲信号幅度小于应有的大小。复合与工作电压有关,随工作电压增高,电场越强,则复合的影响越小,输出信号幅度越大。

当工作电压高到使复合与扩散的影响基本消除后,电离室输出的电压脉冲信号幅度就达到了最大值 $h = Ne/C_0$,并不再随工作电压增加而改变,即图 8.16 中的 ab 段,我们称这种情况为达到了饱和。ab 段即为饱和区,是脉冲电离室正常工作的区域。

当工作电压进一步加大,电离室工作进入 bc 段,此时电离室内电场过强而产生了碰撞电离,使正离子和电子数目变大,从而使输出的脉冲电荷

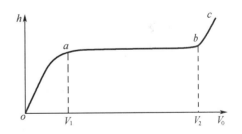

图 8.16　脉冲电离室的饱和特性

量与电压脉冲信号幅度随工作电压而急剧上升,这时,该探测器已不再是电离室工作状态了。

脉冲电离室的饱和特性对于选择脉冲电离室的工作电压具有重要意义。一般可定义输出电压脉冲幅度达到饱和值 90% 的工作电压,即 a 点的电压 V_1 为饱和电压,b 点的电压 V_2 为放电电压,$V_2 - V_1$ 称为饱和区的长度,脉冲电离室的工作电压一般可选为 $V_1 + (V_2 - V_1)/3$。当电子–离子对浓度很大,或是气体密度较大时,需要更强的电场才能克服复合与扩散的影响,饱和电压变大。

实际上达到饱和后,饱和区 ab 段也并非绝对水平,而是随着工作电压的增加输出信号的幅度还略有增加。在 ab 段上,每一百伏内输出信号幅度增加的百分比称作饱和特性的斜率。

造成斜率的因素很多,但主要是由于电离室灵敏体积随工作电压增加而略有增加(即边缘效应)以及负电性气体分子的影响随工作电压增加而减小等引起的。一般通过良好的设计和严格的工艺可以将电离室饱和特性的斜率控制在非常小的范围内。

饱和电压、饱和区的长度与饱和特性的斜率,是衡量电离室饱和特性的主要指标。

(2)电离室脉冲幅度谱及能量分辨率

在辐射探测器的各种应用中,测量入射辐射的能量分布占有相当大的比例,这些工作都可归类于辐射能谱学,在图3.1中就给出了^{212}Bi的α能谱。在这种情况下,探测器只能工作在脉冲工作状态,也就是每个输出脉冲反映的是单个入射粒子的信息:脉冲计数与入射粒子数对应,而单个输出信号的幅度反映入射粒子的能量。

即使每个能量完全相同的入射带电粒子将全部能量损耗在电离室灵敏体积内,由于电离过程的统计涨落,脉冲电离室输出的各个电压脉冲信号幅度 h 也并不完全相同,而是形成一定的分布。以脉冲幅度 h 为横坐标,以每单位脉冲幅度间隔脉冲计数 dN/dh 为纵坐标,则可得到脉冲幅度的分布曲线 $dN/dh \sim h$,该曲线即是脉冲幅度谱,图 8.17 给出了单能带电粒子的脉冲幅度谱。脉冲幅度谱一般是采用多道脉冲幅度分析器获得的,这时脉冲幅度就转化为多道的道址 x_i,纵坐标就用对应的在一定时间内的计数 N 或计数率 n 表示。经过一定的能量刻度工作,将 $dN/dh \sim h$ 转化为 $dN/dE \sim E$ 时,我们把 $dN/dE \sim E$ 称为能谱,不同 $\bar{h}$ 对应不同的入射粒子的能量。

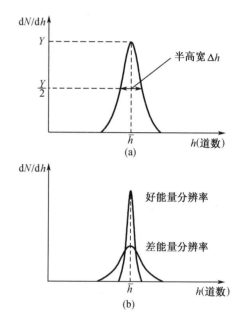

图 8.17　单能带电粒子脉冲幅度谱及能量分辨率

实际上,图 8.17(a)就是一个单能粒子的脉冲幅度分布,这种分布称为探测器对所测定的辐射能量的响应函数。图 8.17(b)是两套性能不同的谱仪得到的响应函数。虽然它们的峰值对应的能量相同,但具有不同的宽度分布。孰优孰劣,可用能量分辨率来表示。

定义能量分辨率为

$$\eta = \frac{\Delta E}{E} \times 100\% = \frac{\Delta h}{\bar{h}} \times 100\% \tag{8.31}$$

式中,ΔE 表示能谱半高宽,即谱峰值极大值一半处的全宽度,缩写符号为 FWHM;E 为谱线对应的能量。当仪器在线性条件下工作时,η 也可以由脉冲幅度谱的半高宽 Δh 和幅度平均值 $\bar{h}$ 得到。由(8.31)式可见,η 无量纲,一般用%表示。

显然,脉冲幅度相等的情况下,能量分辨率越小,则相应能峰就越窄,则越能准确确定 $\bar{h}$ (或相应入射带电粒子的能量 E)的数值,并越能区分开能量相近的入射粒子,也就是说能量分辨率越小越好。影响一个谱仪能量分辨率的因素很多,但电离过程产生的离子对数的涨落是最基本的影响因素,它限制了分辨率所能达到的极限。

如前所述,能量为 E 的入射带电粒子在电离过程中产生的离子对数 N 服从法诺分布,即

$\sigma_N^2 = F \cdot \overline{N}$，$\overline{N} = E/W$。由于电离产生的离子对数 N 足够大，此法诺分布可近似用高斯分布代替。

脉冲电离室输出电压脉冲幅度与 N 成正比，即 $h = k \cdot N$，（k 是常数，由输出回路总电容 C_0 等决定），则容易知道 h 也遵守高斯分布，且 $\sigma_h^2 = k^2 \cdot \sigma_N^2$。由概率论，当随机变量遵守高斯分布时，其半高宽与标准偏差之间存在下列关系：

$$\text{FWHM} \approx 2.36 \cdot \sigma \tag{8.32}$$

则 $\Delta h \approx 2.36 \cdot \sigma_h = 2.36 \cdot k \cdot \sigma_N$，按定义并由（7.82）式，得到能量分辨率为

$$\eta = \frac{\Delta h}{\overline{h}} \approx \frac{2.36 \cdot k \cdot \sigma_N}{k \cdot \overline{N}} = 2.36 \nu_N = 2.36 \cdot \sqrt{\frac{F}{\overline{N}}} = 2.36 \cdot \sqrt{\frac{F \cdot W}{E}} \tag{8.33}$$

用半高宽 FWHM 表示的能量分辨率则为

$$\Delta E = \text{FWHM} = \eta \cdot E = 2.36 \cdot \sqrt{F \cdot E \cdot W} \tag{8.34}$$

从上述公式可见，FWHM 与高斯分布的标准偏差相对应，而 η 与相对标准偏差相对应。

对于脉冲电离室，电离过程的涨落是不可避免的，因此（8.33）和（8.34）式给出了脉冲电离室能量分辨率的最小极限值，有时我们把仅由统计涨落引起的能量分辨率称为本征分辨率。并由上述公式可见，能量分辨率与法诺因子有关，法诺因子越小，能量分辨率越好；同时能量分辨率又是对应于某个能量或某个能峰而言的。

影响能量分辨率的其他因素还有很多，例如电子学，尤其是前置放大器的噪声的贡献，以及系统的漂移等。为给出测量系统的总能量分辨率，应该把所有涨落全盘考虑。假如每种涨落的来源是互相独立的，则总的 FWHM 的平方将等于每种单独来源的 FWHM 值的平方和，即

$$(\text{FWHM})^2_{\text{Total}} = \sum_i (\text{FWHM})^2_i \tag{8.35}$$

式中，i 包括统计涨落、前置放大器噪声、探测器和电子仪器的漂移等独立的因素。例如，可以用一个稳定、精密的脉冲发生器代替探测器，则可测得除探测器外其他涨落对总分辨率的贡献。

由于对影响能量分辨率的所有因素进行理论分析往往很复杂，所以一般均通过实验来测定能量分辨率，但理论分析依然是重要的，因为它为我们指出了谱仪能量分辨率的极限以及改善能量分辨率的途径。

（3）探测效率

探测效率指入射到脉冲探测器灵敏体积内的辐射粒子被记录下来的百分比，一般用 ε 表示。对于脉冲电离室来说，其探测效率即为

$$\varepsilon = \frac{\text{记录下来的脉冲数}}{\text{射入电离室灵敏体积的粒子数}} \times 100\% \tag{8.36}$$

对带电粒子而言，由于受它在灵敏体积内损失的能量大小、仪器的甄别阈大小等因素的影响，其探测效率 ε 也达不到 100%。

对于 X，γ 光子或中子，它们射入电离室灵敏体积并不能直接引起输出脉冲信号，而首先必须通过与物质发生相互作用产生次级带电粒子，并且产生的次级带电粒子能进入灵敏体积。X/γ 射线产生的次级电子可以在室壁或电极上产生，也可以在工作气体中产生。中子则是通过与电离室内的辐射体（例如 ^{10}B、^{3}He 等）的相互作用而产生次级带电粒子的，详见第 13 章。因此，对 X、γ 光子或中子的探测效率主要取决于电离室的构成物质以及它们与电离室物质发生产生次级带电粒子相互作用的截面，然后与次级带电粒子的能量及分布、产生位置、记录仪

器的甄别阈等也有关。

　　作为一个完整的探测器性能的描述,还有很多指标,例如探测器的坪特性曲线、探测系统的时间响应特征等,我们将在以后所涉及的、在这方面具有典型应用价值的探测器时,再予以进一步讨论。

8.2.3　电流电离室

　　在大量入射粒子的情况下,由于输出脉冲信号的严重重叠,不再能得到单个入射粒子的信息,只能由平均电离电流或一个个脉冲束的总电离电流来测定射线的强度,探测器将在与脉冲探测器不同的工作方式下运行,我们称之为累计型工作方式。累计型工作方式反映一定数量粒子的累计特性,又可分脉冲束工作状态和电流工作状态。

　　脉冲束工作状态已在 7.3.2 中讨论过,脉冲信号总电荷为 $Q_i = N_i e$,其中 N_i 为第 i 个脉冲入射到探测器内产生的总离子对数。输出回路的时间常数应满足 $t \ll R_0 C_0 \ll T$,其中 t 为脉冲束持续时间,在电子直线加速器中 t 约为 $2 \sim 3$ μs,相当于电子收集的漂移时间 T^-;T 为束脉冲之间的时间间隔,约为 ms 量级,相当于正离子漂移收集时间 T^+。所以,工作于脉冲束状态的电离室的输出回路时间常数相当于电子脉冲电离室,进一步的讨论与前面讲的脉冲电离室同样处理就可以了。

　　在这里将重点讨论稳定粒子束流在探测器内产生平均电离效应的电流型工作方式。其输出信号为一个直流电流或电压信号,其电流(电压)的大小一般正比于粒子束流的大小。在反应堆控制系统中,电离电流可达到 10^{-6} A,可以用一般的检测计(其内阻可以视为零)测量。在同位素应用的场合,电流可低到 10^{-16} A,一般情况下电离电流很小,而必须用静电计(Electrometer)测量。静电计检测回路中串联的高阻 R_a 上的电压降,该电压降可以用静电计直接测量或者先将直流信号变为交流信号,再予以放大测量。不论是用检测计还是用静电计测量,都可以等效为输出回路 $R_0 C_0$ 的情况进行分析。

　　当电离室工作于电流型工作状态时,单位时间内的入射粒子数 n 与输出回路时间常数 $R_0 C_0$ 的关系满足:

$$n \cdot R_0 C_0 \gg 1 \quad 或 \quad R_0 C_0 \gg 1/n \qquad (8.37)$$

式中,$1/n$ 就为两个相邻事件时间间隔的平均值。这个条件意味着在 n 一定的情况下,输出回路时间常数 $R_0 C_0$ 远大于入射粒子的平均时间间隔。这时,各入射粒子产生的电压信号将相互重叠起来,无法区分各单个入射粒子产生的信号。当在输出回路 $R_0 C_0$ 上充、放电达到平衡时,输出电压 $V(t)$ 就呈现为带有脉动的直流电压。显然,这一直流电压或相应的直流电流反映了大量入射粒子的平均电离效应。

1. 电流电离室的输出信号及其涨落

　　累计电离室不论电流型工作状态还是脉冲束工作状态,其所处的工作状态主要由入射粒子流的状态和电离室输出回路参量决定,而与电离室本身结构关系不大,同一个电离室,在不同情况下可能处于完全不同的工作状态。

　　(1)电流电离室的输出饱和电流 I_0

　　由于实际工作中,电流电离室测量的大量入射粒子的平均电离效应的变化是缓慢的,因此,在计算电流电离室的输出信号时,我们可近似认为,在离子收集时间或输出回路时间常数内,入射粒子在电离室内所产生的电离效应是恒定的。忽略离子对的复合和扩散的影响,在收

集极上得到的平衡电流为

$$I_0 = e \int_{V_a} N_0(x,y,z) \, \mathrm{d}x \mathrm{d}y \mathrm{d}z \qquad (8.38)$$

式中，$N_0(x,y,z)$ 为灵敏体积 V_a 中在点 (x,y,z) 处单位体积内，在单位时间内产生的离子对数，产生率 N_0 是一个常量，不随时间而变化；积分限为电离室的整个灵敏体积。(8.38)式表明，电离室电极收集的电荷与入射粒子在电离室灵敏体积内产生的离子对数保持相同的速率，由于一般电离室工作于饱和区，我们又常把 I_0 称为饱和电流。

当单位时间内射入电离室灵敏体积的带电粒子数均值为 $\bar{n}$，而每个入射带电粒子在灵敏体积内平均产生 $\bar{N}$ 个离子对时，单位时间内电离室灵敏体积内产生的离子对数即为 $\bar{n} \cdot \bar{N}$。因此，电流电离室输出电流信号的平均值为

$$I_0 = \bar{n} \cdot \bar{N} \cdot e \propto \bar{n} \qquad (8.39)$$

I_0 正比于 $\bar{n}$。对于稳定的粒子流及电离室工作条件没有变化的情况下，I_0 是一个直流信号。所以，电流电离室是一种常用的测量辐射强度的探测器。这时，在高阻上的电压降 $V_0 = I_0 \cdot R_0$，这里 R_0 为输出回路的电阻值，由于静电计的输入阻抗 R_e 远大于高阻 R_a，即 $R_e \gg R_a$，所以 $R_0 \approx R_a$。此时，在高阻上输出的直流电压为

$$V_0 = I_0 \cdot R_a \qquad (8.40)$$

在电离室的研究和应用中做出重要贡献的罗西(B. B. Rossi)和斯脱勃(H. H. Staub)给出了平板电离室中，离子对的复合和扩散对饱和电流的影响[①]。由复合引起的饱和电流相对损失率 $(\delta I_0 / I_0)_{\mathrm{rec}}$ 为

$$-\left(\frac{\delta I_0}{I_0}\right)_{\mathrm{rec}} = \frac{\alpha N_0 d^2}{6 u^+ u^-} \qquad (8.41)$$

式中，α 为复合系数；d 为平板电离室两极板的距离；u^+,u^- 分别代表正、负离子的漂移速度。由于离子复合系数为电子复合系数的 10^4 倍，电子的漂移速度又是离子的 10^3 倍，因此，负离子的存在将会明显的加大复合损失。尤其在高辐射照射率下引起的很高的离子对产生率和电场强度不够高时，复合损失会更明显。

由扩散引起的饱和电流的相对损失率 $(\delta I_0 / I_0)_{\mathrm{dif}}$ 为

$$\left(\frac{\delta I_0}{I_0}\right)_{\mathrm{dif}} = 2.5 \times 10^{-2} \cdot \frac{\eta}{V} \qquad (8.42)$$

式中，η 为存在电场和不存在电场情况下电子或离子的能量的比值。对离子 $\eta \approx 1$；对电子而言，就是(8.3)式中的电子温度，$\eta \approx 10^2$。可见，电子扩散的损失相对于离子是重要的，尤其是在高电子－离子对密度、工作电压 V 不高的情况下，电子扩散出灵敏体积的现象是不可忽略的。

因此，电离室的饱和电流曲线与电离室的结构、所充的气体及辐射的类型和强度有关。图 8.18 给出了一个圆柱形电离室两种不同辐射强度和不同气体时的饱和特性曲线，包括了 SF_6，CO_2，He 和空气等 4 种气体。由曲线可见，在高辐照条件下，随工作电压的上升更慢地趋于饱和。

对于比电离大的入射粒子，例如 α 粒子和质子等重带电粒子，由于发生柱状复合

---

① B. B. Rossi and H. H. Staub. Ionization Chambers and Counters, chap. 2, Mc－Graw－hill Book Company, Inc., New York, 1949.

(Columnar recombination),饱和特性曲线也比低
比电离粒子上升得更缓慢一些。

（2）电流电离室信号的涨落

对电流电离室信号涨落的讨论将复杂一些，
这是由于电流电离室输出信号的涨落除了与单位
时间射入探测器的带电粒子数 n 和每个带电粒子
在探测器内产生的离子对数 N 的涨落有关外，还
与每一电子－正离子对在探测器中引起的输出信
号 S 相关。假定每一个电子－正离子对在探测器
中引起的输出信号 S 为

$$S = f(\tau) \tag{8.43}$$

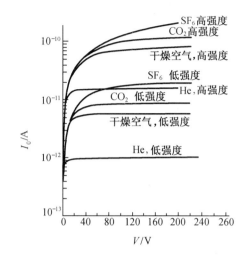

图 8.18　不同气体和不同辐照强度下
电离室的饱和特性曲线

$f(\tau)$ 是某一时间函数。那么，在任何一时刻 t，探
测器的总输出信号 S_t 就是 t 时刻前在探测器内存
在的各个离子对产生的信号在 t 时刻取值的叠
加。$f(\tau)$ 对输出信号是电流信号还是电压信号将
有不同的函数关系，一般，输出电流信号 $f(\tau)$ 可以用矩形函数来表示；而在 $R_0 C_0$ 输出回路上
的形成的电压信号 $f(\tau)$ 则可表示为指数函数。

已知单位时间射入探测器的平均带电粒子数 $\bar{n}$ 和每个带电粒子在探测器内产生的平均离子
对数 $\bar{N}$ 的情况下，参考书目[18]给出了电流电离室输出电流信号的平均值和相对均方涨落为

$$\bar{I} = \bar{n} \cdot \bar{N} \cdot e \tag{8.44}$$

$$\nu_I^2 = \frac{\left(1 + \dfrac{F}{\bar{N}}\right)}{\bar{n} \cdot T} \approx \frac{1}{\bar{n} \cdot T} \tag{8.45}$$

式中 T 取正离子的漂移时间 T^+，即相当于入射粒子引起一次电离后电流信号的持续时间。由
(8.45)式可见：输出电流信号的相对均方涨落取决于在 T 内入射的总粒子数；由于 F 小于1，
$\bar{N}$ 一般较大，因此，ν_I^2 主要决定于入射带电粒子数 n 的涨落，而受每个入射粒子电离产生离子
对数 N 的涨落的影响较小，这一点在分析累计探测器输出信号的涨落时十分重要。

当 $\bar{n} \cdot T \gg 1$ 时，相当于入射粒子流足够强，以至输出电流可用检流计测量(此时 $R_0 C_0 = 0$)，
仅 t 以前 T 时间间隔内入射粒子产生的离子对形成的电流信号对总输出信号 S_t 有贡献。这
时，输出电流 $\bar{I}$ 为一直流电流，反映了大量入射粒子的平均电离效应。

在输出回路 $R_0 C_0$ 上输出的直流电压信号及其相对均方涨落分别为

$$\bar{V} = \bar{n} \cdot \bar{N} \cdot e \cdot R_0 = I_0 R_0 \tag{8.46}$$

$$\nu_V^2 = \frac{\left(1 + \dfrac{F}{\bar{N}}\right)}{2 R_0 C_0 \bar{n}} \cong \frac{1}{2 R_0 C_0 \bar{n}} \tag{8.47}$$

由(8.46)式可见，电流电离室输出电压信号的平均值恰为输出电流平均值与 R_0 的乘积，这和
前面推导的结论是一致的。由于电流电离室一般都采用静电计测量输出电流在高阻上的电压
降，因此，(8.46)和(8.47)式十分重要，并可以得到下列重要的结论：

①电流电离室输出电压信号的涨落决定于 $2 R_0 C_0 \bar{n}$，即主要由 $1/\bar{n}$ 决定，而与每个带电粒

子所产生的离子对数 N 的关系不大;

②用电流电离室测量能量不同的入射带电粒子束流时,假如它们的输出电压信号幅度 $\bar{V}$ 相同,对入射带电粒子能量高的束流,由于此时单位时间内入射到电离室灵敏体积内的带电粒子平均数 $\bar{n}$ 比较小,其输出电压信号的相对均方涨落就比较大;

③由(8.47)式可见,在 $\bar{n}$ 不变的情况下,电离室输出回路等效电路的参数 $R_0 C_0$ 直接决定了电离室的工作状态。当 $R_0 C_0$ 较小、且满足 $R_0 C_0 \ll 1/\bar{n}$ 时,电压信号的涨落将变大,甚至使 ν_V^2 远远大于 1,此时,电离室的输出电压信号波动很大,已无法反映大量入射粒子的平均电离效应,电离室处于脉冲工作状态;当选择大的输出回路参数,且满足 $R_0 C_0 \gg 1/\bar{n}$ 时,输出电压信号的涨落 $\nu_V^2 \ll 1$,这时,电离室的输出电压信号为一直流信号,能很好地反映大量入射粒子的平均电离效应,电离室处于电流工作状态。

因此,脉冲电离室与电流电离室仅是两种工作状态,是由入射粒子流强度及输出回路时间常数决定的,在电离室结构上,二者并无本质差别。但考虑到在电流电离室状态下漏电流的影响较大,因而电极的绝缘和保护环的设计就很重要。另外,电流电离室可以收集电子或负离子的负电荷,对工作气体要求较低,甚至可采用空气电离室。

2. 电流电离室的主要性能

电流电离室和脉冲电离室是电离室的两种工作状态,两者的结构、本征电流的形成在本质上是相似的,但应用方式、场合以及输出信号又有鲜明的差别,因此用来衡量二者使用性能的各项指标也不同。

(1)电流电离室的饱和特性

电流电离室的饱和特性曲线与图 8.16 的脉冲电离室的饱和特性相似,将曲线的纵坐标由输出脉冲幅度改为输出电流就可以了。图 8.16 中的 ab 段为饱和区,是电流电离室正常工作的区域,这个区域内的电流信号值就是饱和电流值。

对电流电离室,饱和电压的影响因素除了脉冲电离室已分析的外,还与入射粒子流强度有关,入射粒子流强度越大,则电离室灵敏体积内正离子和电子的浓度就越大,因而饱和电压越大。饱和特性曲线的斜率除了前面提到的边缘效应及负电性气体分子的影响外,绝缘材料的漏电流(特别是当没有保护环时)等也是重要的影响因素。

(2)灵敏度

电流电离室输出信号反映的是大量入射粒子的平均电离效应,其输出是直流电流或直流电压,(8.36)式定义的探测效率不再适用。我们需要引入一个新的与探测效率相关的物理量——灵敏度,来描写电流电离室的性能,电流电离室的灵敏度 η 定义为

$$\eta = 信号电流(或电压)/入射粒子流强度 \tag{8.48}$$

灵敏度 η 不再用 % 来表示,而是带有量纲的物理量。对于不同的辐射场,描写束流强度的单位不同,则相应的灵敏度单位也不同。例如,对于 γ 辐射场,灵敏度的单位一般是[安培/单位照射量率],如[A/(Gy·s^{-1})]等。对于热中子场,灵敏度的单位是[安培/单位注量率],如[A/(n·cm^{-2}·s^{-1})]。输出信号用电压表示时,上述单位中的安培改为伏特就可以了。

影响灵敏度的因素很多。对带电粒子而言,入射带电粒子的种类与能量、电离室窗的厚度、工作气体的阻止本领与 W 值等都影响灵敏度的数值。对 γ 射线,电离室的灵敏度首先取决于 γ 光子在电离室内产生次级电子且次级电子进入电离室灵敏体积的概率。对于中子场,电离室的灵敏度主要与中子与电离室内辐射体相互作用产生带电粒子的截面以及辐射体的质

量与分布方式(气态或固态薄膜等)等有关。

灵敏度还与辐射的能量有关,它随能量的变化称为能量响应。以 γ 照射量测量为例,显然希望电离室的能量响应是一水平直线,即灵敏度与辐射能量无关,这方面存在许多技术难点,在剂量测量学中有专门的论述,这里不再说明。

(3)线性范围

电流电离室的线性范围是指输出电流(电压)与入射粒子流强(常用注量率表示)保持线性关系的范围,如图8.19所示。显然,饱和区越长,饱和电压越低,线性范围会越大。在入射粒子流强度增大时,饱和电流(电压)将提高,如果辐射的注量率过高,由于复合的损失会使输出电流与注量率不再呈线性关系。此时,若进一步提高工作电压,如由 V_A 提高到 V_B,则可适当提高线性范围,但工作电压不能高于图8.16中 b 相应的电压,否则会产生放电。实际上,常以额定工作电压下,保持线性关系的最大输出电流来标志电离室线性范围的大小,并定义在一定照射量下实测值与线性值的相对偏差作为非线性偏差的量度:

$$\delta = \Delta I/I_0 \times 100\% \qquad (8.49)$$

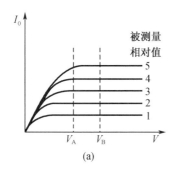 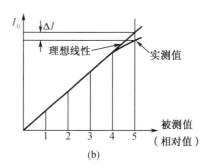

图8.19　电流电离室的线性范围

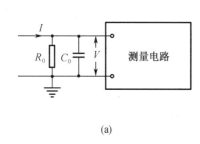 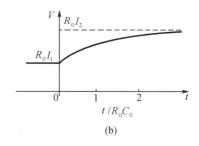

图8.20　电流电离室的响应时间

(4)电流电离室的时间响应特性

由于电流电离室的输出信号包含了电子和正离子漂移的贡献,当辐射强度变化时,电离室的电流信号将存在滞后的现象。在入射粒子流强度随时间的变化与正离子的收集时间相当或者还快的情况下,(8.38)式将不成立。因此,离子收集时间就是电流电离室电流信号的响应时间。

而电压信号的响应时间主要决定于输出回路的时间常数 R_0C_0 值,图8.20中探测器输出回路等效电路的克希霍夫方程为

$$I = C_0 \frac{\mathrm{d}V}{\mathrm{d}t} + \frac{V}{R_0} \tag{8.50}$$

当饱和电流 I 由 I_1 突变到 I_2 时,求解(8.50)式,可得到

$$V = R_0 I_2 - R_0(I_2 - I_1)\mathrm{e}^{-t/R_0 C_0} \tag{8.51}$$

即电压信号并不能随电流信号发生突变,而是以时间常数 $R_0 C_0$ 指数上升,$R_0 C_0$ 越大,响应越慢。R_0 主要由负载电阻 R_a 决定,可以根据需要选择。C_0 中含有电离室自身的电容 C_1,它由电离室的设计决定,在一些实用的电流电离室中,为提高灵敏度,常采用多平行板电极系统,导致 C_1 可大到上千 pF。因此,在要求电压信号响应快的场合,必须从设计上保证电离室具有尽量小的自身电容。

　　一般辐射场的变化是比较缓慢的,对响应时间要求不高,过小的 $R_0 C_0$ 会使读数很不稳定,一般仪表上都会有不同时间常数可供选择。

8.2.4　电离室的典型应用

　　电离室是最早用于辐射测量的气体探测器之一,如早在 19 世纪末居里夫妇就是用电离室来检测化学分离过程中各项产物的。直到现在仍广泛用于核反应堆运行监测的堆用探测器——硼电离室和裂变室等,是在电离室的极板上涂覆硼和裂变材料用于中子探测。由于裂变碎片和核反应产生的次带电粒子具有相当高的能量,大大弥补了电离室输出信号小的缺点,这两种电离室将在第 13 章中讨论。

　　电子脉冲电离室主要用于探测例如 α 粒子等重带电粒子。在这种情况下,辐射源往往放在灵敏体积内,并可测定它们的能谱、放射性活度、比电离等物理量。其中屏栅电离室最为成功,库恩(Coon)等设计的屏栅电离室[1]如图 8.21 所示。该装置用于探测快中子在石蜡辐射体上产生的反冲质子。屏栅电离室的栅极由直径为 76.2 μm、间距为 1.5 mm 的铜丝网构成,工作气体为 7.5 atm 的氩气。阴极和栅极电位比阳极低 2 500 V 和 1 500 V。

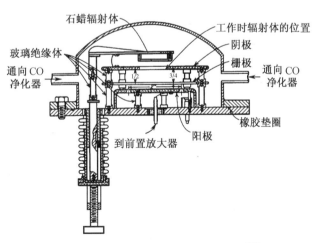

图 8.21　用于能量测量的屏栅电离室[14]

---

① 　J. H. Coon and H. H. Barschll,Phys. Rev. ,1946,70:592.

当用一个具有 α 放射性的铀源放在石蜡辐射体的位置上时,得到的 α 谱如图 8.22 所示,峰的半高宽 $\Delta E \approx 150$ keV,相当于能量分辨率为 3%。由于半导体探测器的发展,目前重带电粒子谱仪更多选用的是金硅面垒半导体探测器,但在低比活度的大面积放射源及活度的刻度工作中,仍需采用屏栅电离室。

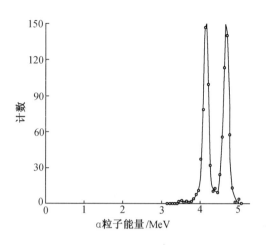

图 8.22   用屏栅电离室得到的 α 能谱[14]

迄今,在核科学与工程中电流电离室的应用比脉冲电离室更为广泛,尤其是辐射剂量的检测。电离室的一项重要的应用就是测量 γ 射线照射量,充空气的电离室特别适用这种应用,因为照射量是空气中产生的电离电荷定义的。国际与国家 X 或 γ 辐射照射量的基准就是一种精心设计与制作的"自由空气电离室"。在一般的剂量测量仪表中,电流电离室也由于其能量响应特性好而经常被采用。

充入高气压工作气体的电流电离室,具有灵敏度高、性能稳定、可靠、工作寿命非常长(十年以上)、承受恶劣工作环境影响的能力强等特点,在工业中具有极广泛的用途。如密度计、厚度计、料位计、水分计以及核子秤等均大量选用电流电离室作为辐射探测器。例如,国内一公司生产的 HHD 型核子秤电离室,其外形尺寸为 $\phi 25$ cm $\times 120$ cm 的圆柱形结构,工作气体为 25 大气压的纯度达 99.998% 的氩气,其饱和特性为 $\pm 0.2\% / (300 \sim 600$ V);灵敏度(单位照射量率的电离电流)为 1.97×10^{-4} A/(C·kg^{-1}·h^{-1}),电离室绝缘电阻达 2.2×10^{13} Ω;在国内有大约上万套保有量,成为核技术应用的一个成功的实例①。

8.3   正比计数器

脉冲电离室输出脉冲信号的幅度与入射粒子能量成正比,可以测量入射粒子的能量,但当入射粒子能量很低时(如 100 keV 以下),输出脉冲信号幅度很小,受放大器噪声的影响,脉冲电离室无法对低能粒子进行测量。此时,我们需要一种在探测器内即能将入射粒子产生的电离效应放大的气体探测器,以使能量很低的粒子所产生的脉冲信号幅度也能显著地高过电子学噪声,这种气体探测器就是正比计数器,它的出现使气体探测器在低能辐射的测量方面发挥了重要作用。

正比计数器以圆柱形结构为主,当然也有盘状、球状或其他形式的。它们的共同特点是,必定有细丝状(直线状或环状)阳极,在其附近可产生小范围的强电场区域,在该区域内能发生碰撞电离。

8.3.1   正比计数器的工作原理

1. 汤森雪崩(Townsend avalanche)

在 8.1 节中指出,有电场存在时,气体中电离形成的自由电子的动能为 $\eta \cdot \frac{3}{2} kT$,其中 η 是

---

①   由清华大学工程物理系金葆桐先生提供。

电场强度的函数。假如电场强度大到使电子的动能等于或大于气体分子的电离能时，就能发生碰撞电离，而碰撞电离产生的电子又会进一步引起碰撞电离，而呈现级联倍增的过程，这种气体放大过程称为汤森雪崩。把能导致雪崩发生所需要的最小电场强度定义为阈场$\mathscr{E}_T$，对典型气体、标准气压下$\mathscr{E}_T$大约为10^6 V/m 量级。

汤森方程给出了在单位路程长度上电子数 n 的相对增量为

$$\mathrm{d}n/n = \alpha \mathrm{d}x \tag{8.52}$$

式中，α 是与气体的性质、压强和电场强度有关的常数，称为第一汤森系数。α 与 $\mathscr{E}$ 的关系如图 8.23 所示。当 $\mathscr{E} < \mathscr{E}_T$ 时 $\alpha = 0$，当场强大于 $\mathscr{E}_T$，α 随 $\mathscr{E}$ 的增加而呈总的上升趋势。

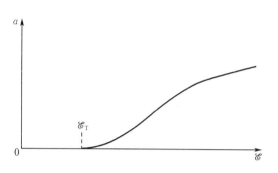

图 8.23　典型气体汤森系数与电场强度关系

对均匀电场，设两电极间的距离是 1 cm，那么加在两电极上的电压要高至 10^4 V 才能使电场强度等于 $\mathscr{E}_T$，显然这样的工作电压太高了。因此，正比计数器的碰撞电离都是在非均匀电场中发生的。下面我们以最常见的圆柱形正比计数器为例，设圆筒状阴极内径为 $2b$，阳极丝的直径为 $2a$，则两电极间半径为 r 处的电场强度为

$$\mathscr{E}(r) = \frac{V_0}{r\ln(b/a)} \tag{8.53}$$

式中，V_0 为加在阳极和阴极之间的电压，电场强度分布如图 8.24 所示。当 $r = a$ 时，电场强度达到最大，$\mathscr{E}_{max}$ 为

$$\mathscr{E}_{max} = \frac{V_0}{a\ln(b/a)}$$

显然，只有满足 $\mathscr{E}_{max} > \mathscr{E}_T$ 时，才能在探测器内实现碰撞电离。我们定义 $\mathscr{E}_{max} = \mathscr{E}_T$ 时所对应的工作电压为正比计数器的阈压，用 V_T 表示，则

$$V_T = \mathscr{E}_T \cdot a\ln(b/a) \tag{8.54}$$

V_T 可以通过实验确定，并由（8.53）式可得到 $\mathscr{E}_T$ 的值。

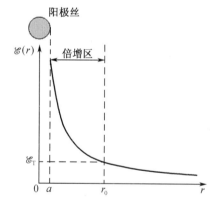

图 8.24　圆柱形电极间的电场强度

设工作电压满足 $V_0 > V_T$，且电子在 r_0 处开始雪崩，即 r_0 处电场强度等于 $\mathscr{E}_T$。显然，由（8.53）式可得到：$V_0/r_0 = V_T/a$，因此

$$r_0 = a \cdot \frac{V_0}{V_T} \tag{8.55}$$

一般情况下，r_0 很小，与阳极丝的半径 a 在同一量级。

2. 正比区的气体放大

在汤森雪崩过程中，除了碰撞电离产生电子外，还可能由下列两个过程产生电子：

（1）光电效应　电子与气体原子碰撞时，受激原子在退激时会发射出光子，只要光子能量

大于气体电离能或阴极材料的逸出功,就可能在气体分子或阴极表面上打出光电子;

(2)阴极表面的二次电子发射　正离子或受激原子撞击阴极表面,发生正离子与阴极表面的负感应电荷中和或受激原子退激过程时,可能使阴极表面发射出次电子。

在正比计数器中这两个过程是不重要的,其影响可以忽略。且由于空间电荷很小,不至于显著影响探测器内部的电场分布,初始电离事件中每个电子所产生的雪崩是独立的,对每个电子都具有大致相同的气体放大过程。此时,表示计数管工作特征的气体放大系数 A 为

$$A = \frac{n(a)}{n(r_0)} \tag{8.56}$$

式中,$n(r_0)$ 表示发生电离碰撞前到达 r_0 时的电子数(即初始产生的电子数);$n(a)$ 表示最终到达阳极表面的电子数。

气体放大机制的理论最先是由罗斯(M. E. Rose)和柯夫(S. A. Korff)提出的[1]。为了计算气体放大系数 A,罗斯假设在雪崩过程中可以忽略离子的复合和负离子的形成,并且不考虑光电效应和阴极表面的二次电子发射对雪崩过程的影响。

由汤森方程可以得到在雪崩过程中,$n(r)$ 个电子经过 dr 距离后,电子增殖的平均数 dn 为

$$dn = -\alpha \cdot n(r) \cdot dr \tag{8.57}$$

另一方面,若用电离碰撞的截面 σ 表示,上式亦可写成

$$dn = -n(r) \cdot N_0 \cdot \sigma \cdot dr \tag{8.58}$$

式中,N_0 为气体分子的密度,所以

$$\alpha = N_0 \cdot \sigma = 1/\lambda_I \tag{8.59}$$

λ_I 为电离碰撞的平均自由程。可见,第一汤森系数 α 代表一个电子在单位路程上发生电离碰撞的次数。

实验证明,当电子的能量小于 $40 \sim 50$ eV 时,电离碰撞截面 σ 与电子的平均动能 E_e 成正比,即

$$\sigma = k \cdot E_e \tag{8.60}$$

其中,k 为与气体性质有关的常数。电子在两次电离碰撞间由于电场加速所获得的平均能量 $E_e = e \cdot \mathscr{E}(r) \cdot \lambda_I$,$\mathscr{E}(r)$ 为距中心轴线为 r 处的电场强度。若 E_e 用 eV 作单位,则

$$E_e = \mathscr{E}(r) \cdot \lambda_I = \mathscr{E}(r) \cdot \frac{1}{N_0 \cdot \sigma} \tag{8.61}$$

由(8.53)、(8.59)、(8.60)和(8.61)式,可得到

$$E_e = \sqrt{\frac{\mathscr{E}(r)}{N_0 \cdot k}} = \sqrt{\frac{V_0}{N_0 \cdot k \cdot r \cdot \ln(b/a)}}$$

$$\alpha = N_0 \cdot \sigma = N_0 \cdot k \cdot E_e = \sqrt{\frac{k \cdot N_0 \cdot V_0}{r \cdot \ln(b/a)}} \tag{8.62}$$

将(8.62)式代入(8.57)式,得到

$$\frac{dn}{dr} = -\sqrt{\frac{k \cdot N_0 \cdot V_0}{r \cdot \ln(b/a)}} \cdot n(r) \tag{8.63}$$

解(8.63)式中的微分方程,并带入初始条件 $n(r_0) = N$,N 为入射带电粒子在正比计数器灵敏体积内直接产生的离子对数目,则

---

① M. E. Rose and S. A. Korff, Phys. Rev. , 59, 851(1941).

$$n(r) = N \cdot \exp\left[2\left(\frac{k \cdot N_0 \cdot V_0}{\ln(b/a)}\right)^{1/2}(\sqrt{r_0} - \sqrt{r})\right] \tag{8.64}$$

将(8.64)式带入(8.56)式,得到气体放大系数 A 为

$$A = \frac{n(a)}{n(r_0)} = \exp\left[2\left(\frac{k \cdot N_0 \cdot V_0 \cdot a}{\ln(b/a)}\right)^{1/2}\left(\sqrt{\frac{r_0}{a}} - 1\right)\right] \tag{8.65}$$

再利用(8.55)式,则有

$$A = \exp\left[2\left(\frac{k \cdot N_0 \cdot V_0 \cdot a}{\ln(b/a)}\right)^{1/2}\left(\sqrt{\frac{V_0}{V_T}} - 1\right)\right] \tag{8.66}$$

由(8.66)式可见,气体放大系数决定于气体的性质、气体的压强、工作电压 V_0 和电极半径 a 和 b 等参数。当这些参数选定后,A 保持常数,即输出信号的幅度仍正比于入射粒子损失在计数器中的能量,我们把气体探测器的这个工作区域称为正比区。

另外,对(8.66)式取对数,得到

$$\ln A \propto V_0^{1/2}(\sqrt{V_0/V_T} - 1) \tag{8.67}$$

由(8.67)式可见,当电压足够高,而使 $\sqrt{V_0/V_T} \gg$ 1,则近似有 $\ln A \propto V_0$,即在半对数坐标上,$A \sim V_0$ 曲线近似为直线。图8.25给出了90%的 Ar 加10%的 CO_2 混合气体中,不同气压下 $A \sim V_0$ 的关系,正比计数管的几何参数为 $2a = 0.13$ mm,$2b = 39.62$ mm。由图可见,在 V_0 较大的区域 $\ln A$ 与 V_0 呈线性关系,说明罗斯等提出的气体放大的机制是正确的。

实际上,为保证气体放大系数 A 是一常数,工作电压 V_0 一般不会比阈压 V_T 高太多。因此,r_0 一般是比较小的,仅为数倍于 a,例如,设 $a = 0.01$ cm,$b = 1.0$ cm,工作电压 V_0 为 2 000 V,$\mathscr{E}_T = 10^6$ V/m,简单计算可知,$r_0 = 0.043$ cm,r_0 仅为阳极丝半径的4倍,雪崩区的体积仅为圆柱体内总体积的 0.17%。

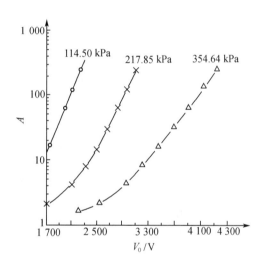

图 8.25　正比计数器的 $A \sim V_0$ 的关系[18]

由于 r_0 很小,入射粒子在 $a \sim r_0$ 区域内产生电离的比例很小,可忽略。在这种情况下,几乎所有的初级离子对都产生在倍增区之外,初始电子只有漂移到倍增区才能倍增。因此,每个电子都经历相同的倍增过程,具有同样的气体放大系数 A,而与原来的生成位置无关,这保证了正比计数器输出信号与入射粒子损耗能量之间的正比关系。

图8.26给出了用 Monte Carlo 方法模拟得到的典型的电子放大及其散布的空间分布的情况,可形象地说明在阳极丝表面附近雪崩形成的情况。由图可见,雪崩仅发生在几倍阳极丝直径的范围内,并且沿阳极丝长度方向也限制在丝直径几倍的范围内,这点,对以后讨论的辐射入射位置的测量和计数率的分辨时间修正均有重要的作用。

3. 有限正比区的气体放大

当工作电压增高而导致气体放大系数 A 变得相当大,例如,单原子或双原子分子气体 $A > 10^2$,多原子分子气体 $A > 10^4$ 时,雪崩过程中的光电效应和阴极表面的二次电子发射引起的电子的增加已不可忽略,并且还需要进一步考虑正离子的空间电荷的影响。这时,输出信号的幅度不再与入射粒子的能量保持正比的关系,即 A 随入射粒子能量增大而变小,我们把这种工作状态称为有限正比区,以下分别讨论这三种效应对雪崩过程的影响。

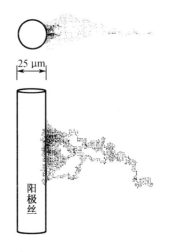

图 8.26　单电子引起雪崩的蒙卡模拟[12]

(1)气体放大过程中光子的作用——光子反馈

在雪崩过程中,不仅发生碰撞电离,更有大量的碰撞激发:即气体分子从电子碰撞中获得能量而跃入激发态。激发态分子退激时发出的光子一般属紫外区域,其能量通常比金属阴极表面的逸出功高,因而有可能在阴极表面打出次电子来。这些次电子向阳极漂移,进入雪崩区后又会产生碰撞电离及碰撞激发,这一过程中产生的紫外光子又可能在阴极上再次打出次电子……,这个过程称为光子反馈。

电子完成一次雪崩过程的时间大约为 10^{-6} s,而光子在气体中或阴极上打出次电子的时间却小于 10^{-9} s,这意味着由光子反馈参与的放大过程无法与初始雪崩过程分开。我们用 A_0 表示不包含光子反馈的气体放大系数,并假定对应于每一个到达阳极表面的电子,通过光子反馈在气体中和阴极上又产生一个次电子的概率为 γ,则由于光子反馈,实际的气体放大系数应为

$$A = A_0 + (\gamma A_0)A_0 + \gamma(\gamma A_0^2)A_0 + \cdots = A_0 + \gamma A_0^2 + \gamma^2 A_0^3 + \cdots \qquad (8.68)$$

式中,γA_0 的大小取决于工作电压。当 $\gamma A_0 < 1$ 时,(8.68)式收敛,可求出

$$A = \frac{A_0}{1 - \gamma A_0} \qquad (8.69)$$

由(8.69)式,当 $\gamma A_0 \ll 1$ 时,$A \approx A_0$,计数器工作于正比区。随着工作电压增高,γA_0 逐渐增大,光子的作用愈为明显,A 也更加迅速的上升。这时,空间电荷效应的影响也不能忽略,放大系数 A 不再是常数,而与原电离有关,即计数器进入有限正比区。在正比区和有限正比区,放大系数还是收敛的。当工作电压进一步上升并导致 $\gamma A_0 \to 1$ 时,则上述等比级数不再收敛,即 $A \to \infty$。此时计数器进入"自持放电"的状态,即过渡到盖革区了,我们将在下一节讨论这种工作状态。

实验还发现多原子分子对光子反馈有抑制作用,这是由于多原子分子能强烈吸收紫外光子并发生超前离解(即多原子分子在吸收紫外光子成激发态后并不通过发出光子退激,而是自身分解成了几个小分子),大大减少了因光子反馈而在阴极表面打出次电子的可能性。这样,在正比计数器工作气体 Ar 中混入一部分多原子分子气体(如 CO_2,CH_4 等),$\ln A \sim V_0$ 曲线将比较平缓地上升,发生自持放电的电压可以高得多,正比计数器才具有更大的工作电压区间,图 8.25 就是用 90% 的 Ar 加 10% CO_2 的混合气体给出的结果。

(2)气体放大过程中正离子的作用——离子反馈

雪崩中的电子漂移、碰撞电离及光子反馈等过程,都是快过程。在这些过程中,漂移速度

比电子慢三个数量级的正离子基本没动,仍停留在阳极丝附近的碰撞电离区。

碰撞电离形成的正离子在电场作用下向阴极漂移,当正离子漂移到与阴极表面相距 5×10^{-8} cm 范围时,由于它和阴极间极强的静电作用,将从阴极拉出一个电子同自己中和。由于气体原子的电离能一般要大于阴极表面的逸出功,例如,氩原子的电离能是 15.4 eV,而铜表面的逸出功仅 4 eV 左右。则中和后的原子处于激发态,其激发能一般仍大于阴极表面的逸出功。

处于激发态的原子可通过发出一个光子(平均经过 10^{-8} s 左右)回到基态,该光子有一定概率在阴极上打出次级电子。也可以在它距阴极 2×10^{-8} cm 时,通过直接交互作用,将激发能交给阴极打出一个电子回到基态。这些次电子又会向阳极漂移而引起新的雪崩,我们把这一过程称为离子反馈。

由于正离子在阴极表面打出次电子的概率很小,因此离子反馈所产生的信号比原来的信号小得多,而且在时间上也有一个相当大的延迟——即正离子从阳极漂移到阴极的时间。在 $R_0C_0 \ll T^+$ 时,在继第一次雪崩的脉冲后,将跟着一个或几个小脉冲;当 $R_0C_0 \gg T^+$ 时,这些脉冲重叠起来使幅度增大。

同样,多原子分子气体对抑制离子反馈发挥了重要作用。这是因为惰性气体的电离能高于多原子分子气体的电离能,当惰性气体的正离子 A^+ 在漂移过程中与多原子分子 M 发生碰撞时,将会进行电荷交换,即以很大的概率发生下面的过程:

$$A^+ + M \rightarrow M^+ + A$$

这样,到达阴极表面的正离子将全部是 M^+,M^+ 在阴极表面的中和过程中发生超前离解而不会再打出次电子。这样,离子反馈被消除,滞后于入射粒子信号的假信号将不会再出现。可以看出,在正比计数器工作气体中混入一定比例的多原子分子气体是很重要的。

(3)空间电荷效应的影响

在雪崩完成时,大量正离子仍几乎不动地散布在阳极周围,构成正离子云,使阳极附近的电场减弱,从而会使气体放大系数局域性地变小。这种影响在正比区是可以忽略的,但是,在有限正比区特别是沿轴向的离子密度很大的情况下,就有明显的影响了。例如,由于 α 粒子比电离较大,相应的气体放大系数 A 要比 β 粒子的小。同理,粒子径迹垂直于轴线时,A 要比平行时小。因此,在有限正比区,气体放大系数不再是常数而与原电离密度、计数率的高低以及入射粒子径迹的取向等因素有关。

8.3.2 正比计数器的输出信号

正比计数器一般工作在脉冲状态,因而下面将讨论单个入射粒子产生的信号,这类似于8.2 节中的圆柱形脉冲电离室的讨论,但又有下列几个显著的特点。

(1)对输出信号的主要贡献来自雪崩形成的正离子的漂移

当正比计数器的气体放大系数 A 足够大时,雪崩形成的离子对数远大于初始离子对数,因此,对输出信号的贡献主要来自碰撞电离产生的离子对。另一方面,碰撞电离仅发生在阳极附近很小的区域内($r_0 \sim a$),碰撞电离产生的电子很快被丝极收集,电子在收集过程中所扫过的电位差很小,电子漂移在总输出信号中所贡献的只占一小部分(一般小于 10% 或更少),而碰撞电离产生的正离子在到达阴极被收集的过程中却经过了电位差 V_0 的绝大部分。因此,我们在讨论正比计数器的输出信号时,可以只考虑正离子漂移的贡献。

（2）正比计数器仍可以获得快的时间响应

我们在讨论电离室的输出信号时，正离子在电场中漂移速度较慢是面临的主要问题，但在正比计数器中则不然。由于碰撞电离的正离子是在距丝极很小的强电场区域内产生的，正离子在强场下将以高速运动，这使得离子电流在起始阶段显得较大，并很快（约 μs 时间）就扫过了阳极丝和阴极之间电压差的大部分。当离子漂移到半径较大的区域时，由于电场强度和离子漂移速度都下降了，此时离子电流会大大降低并持续很长时间（几百 μs），当电路的成型时间较小时，这一部分离子电流对输出信号的贡献也就很小了，在下面的分析中可以更清楚地了解这一点。

（3）输出信号与初始电离之间存在时间延迟

由于有漂移区和雪崩区的存在，输出脉冲的时间特征可以分成两部分：初始电离产生的电子从初始位置到雪崩区的漂移时间和雪崩开始到雪崩过程结束所需的倍增时间。而初始电离产生的电子漂移对输出脉冲的贡献很小，完全可以忽略，这就导致初始离子对形成时间（即粒子入射的时刻）与输出脉冲起始时间的延迟。在一般情况下，入射粒子的入射方向是随机的，漂移时间还与初始电离形成的位置有关。

因此，在计算正比计数器输出信号时可以认为全部输出信号均由正离子所贡献，并假定正离子均从阳极表面开始向阴极漂移。则由（8.2）和（8.53）式，有

$$u^+(r) = \frac{\mu^+ \mathscr{E}(r)}{P} = \frac{\mu^+}{P} \cdot \frac{V_0}{\ln(b/a)} \cdot \frac{1}{r} \tag{8.70}$$

代入运动方程得

$$\int_a^{r(t)} \frac{\mathrm{d}r}{u^+(r)} = \int_0^t \mathrm{d}t$$

积分即可得到 t 时刻正离子距离阳极丝中心的径向距离 $r(t)$ 的关系式，即

$$r(t) = \left(2\frac{\mu^+}{P} \cdot \frac{V_0}{\ln(b/a)}t + a^2\right)^{1/2} \tag{8.71}$$

将 $r(t) = b$ 代入上式就可得到正离子被收集需要的时间

$$t^+ = \frac{(b^2 - a^2)P\ln(b/a)}{2\mu^+ V_0} \tag{8.72}$$

对典型参数情况，收集时间是相当长的，可达几百微秒。

由（8.18）式可知正比计数器输出电流信号为

$$I_0(t) = \frac{e}{V_0}A \cdot N \cdot \mathscr{E}(r(t)) \cdot u^+(r(t)) \tag{8.73}$$

将（8.2）和（8.53）式代入（8.73）式可得

$$I_0(t) = \frac{A \cdot N \cdot e \cdot V_0 \cdot \mu^+}{P \cdot r^2(t) \cdot (\ln(b/a))^2} \tag{8.74}$$

将（8.71）代入（8.74）式，可得

$$I_0(t) = \frac{A \cdot N \cdot e}{2\ln(b/a)}\left(\frac{1}{t+\tau}\right) \tag{8.75}$$

其中

$$\tau = a^2 \frac{\ln(b/a) \cdot P}{2V_0 \mu^+}$$

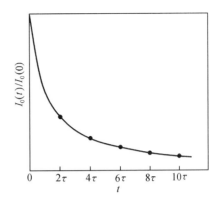

可见，τ 为仅与正比计数器的几何参数、工作电压和工作气体有关的参数，在一般正比计数器工作条件下，$\tau \approx 10^{-8}$ s。(8.75)式就是正比计数器输出电流信号的近似计算公式，可定性地由图 8.27 表示。由图可见，当 $t \approx 10\tau$ 时，$I_0(t)$ 已较小，这时的电流脉冲的持续时间仅 10^{-7} s，仍能得到很好的时间响应特征。

对回路电流积分就可得到输出信号电荷随时间的关系，即

图 8.27　正比计数器的输出电流信号

$$Q(t) = \int_0^t I_0(t)\,\mathrm{d}t = \frac{A \cdot N \cdot e}{2\ln b/a}\ln\left(1 + \frac{t}{\tau}\right) \tag{8.76}$$

将(8.72)式代入(8.76)式，可得正比计数器输出信号电荷量为

$$Q = Q(t^+) = A \cdot N \cdot e \tag{8.77}$$

这与以前我们对输出信号形成过程分析的结论是一致的。将(8.75)代入(8.20)式，即可得到输出电压信号的表达式

$$V(t) = \frac{\mathrm{e}^{-t/R_0 C_0}}{C_0}\left[\int_0^t \mathrm{e}^{t/R_0 C_0} I_0(t)\,\mathrm{d}t\right] = \frac{ANe}{2C_0\ln(b/a)} \cdot F(t) \tag{8.78}$$

其中

$$F(t) = \mathrm{e}^{-t/R_0 C_0}\int_0^t \mathrm{e}^{t/R_0 C_0}\left(\frac{1}{t+\tau}\right)\mathrm{d}t$$

可见，$F(t)$ 是仅与 $R_0 C_0, \tau, V_0$ 等有关的时间函数，与入射粒子位置无关。这是由于正比计数器的电压脉冲主要由增殖后的大量离子对贡献，而这些离子对集中在阳极丝附近，因而，电压脉冲幅度与电离位置无关。同时，对不同的时间常数 $R_0 C_0$，电压脉冲的幅度均正比于 ANe。在选择小的 $R_0 C_0$ 时，将明显地改善其时间特性，适用于高计数率的情况，输出电压脉冲幅度将损失很小。

图 8.28 给出了正比计数器的输出电压脉冲的形状，分别代表 $R_0 C_0$ 不同取值的情况。从初始电离发生到雪崩发生开始($0 \sim t_1$)的时间内，仅由初始电离电子运动感生，幅度只有微弱增长，甚至可以忽略。随后，从雪崩开始到电子被阳极收集的时间($t_1 \sim t_2$)为雪崩电子的贡献，一般小于 10%。输出脉冲的主要贡献为正离子的漂移。

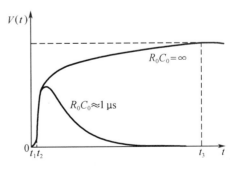

由上述分析可知，正比计数器是一种时间响应很快(与电子脉冲电离室相当)而又可用来测量入射粒子(特别是低能粒子)能谱的探测器。

图 8.28　正比计数器的输出脉冲形状

正比计数器有时也工作在电流工作状态，即通过选择适当的 $R_0 C_0$ 值与放大器参数，使输出信号反映入射粒子流的平均电离效应。此时，输出信号将为一带有涨落的直流信号，其平均

电流值为

$$I = A \cdot \overline{N} \cdot e \cdot n \tag{8.79}$$

其中, n 是单位时间内射入正比计数器灵敏体积的带电粒子数; $\overline{N}$ 是每一入射带电粒子所产生离子对数的平均值。

8.3.3　正比计数器的性能

正比计数器一般工作于脉冲方式,其各项性能指标可与脉冲电离室相类比,当然也必然带来变化,要注意到它们的不同之处。

1. 正比计数器的能量分辨率

正比计数器和电离室一样,其目的之一是测量入射辐射的能量分布,这些工作同样都可归类于辐射能谱学,其主要的指标之一就是能量分辨率。设入射粒子是单能带电粒子,且全部能量都损失在正比计数器灵敏体积内。用 N_A 表示一个入射粒子经过雪崩后正比计数器中的离子对数,则 N_A 就是一个由随机变量 N 与 A 串级而成的二级串级随机变量。其中 N 表示入射粒子产生的初始离子对数, N 为遵守法诺分布的随机变量,其平均值为 $\overline{N}$;气体放大系数也是一个随机变量,它的平均值就是实际测得的气体放大系数 A。对某一入射粒子 i 而言, N 取可取值 N_i,对应 A 的可取值为 $A_1, A_2, A_3, \cdots, A_{N_i}$。由 7.1.3 串级随机变量及其运算规则,得到 N_A 的平均值为

$$\overline{N}_A = \overline{N} \cdot A \tag{8.80}$$

串级随机变量 N_A 的相对方差为

$$\nu_{N_A}^2 = \nu_N^2 + \frac{1}{\overline{N}} \nu_A^2 = \frac{F}{\overline{N}} + \frac{1}{\overline{N}} \nu_A^2 \tag{8.81}$$

若用 h 表示输出电压脉冲幅度,由于 $h \propto N_A$,因而得到输出脉冲幅度的相对方差为

$$\nu_h^2 = \nu_{N_A}^2 = \frac{1}{\overline{N}}(F + \nu_A^2) \approx \frac{1}{\overline{N}}(F + 0.68) \tag{8.82}$$

其中,通过实验测定 $\nu_A^2 \approx 0.68$。由脉冲电离室能量分辨率的阐述可知,正比计数器的能量分辨率将为

$$\eta = 2.36 \nu_h \approx 2.36 \sqrt{\frac{F + 0.68}{\overline{N}}} \tag{8.83}$$

这就是由统计涨落理论估算出的正比计数器的最佳能量分辨率,而实际测到的能量分辨率要比(8.83)式估算的差,这是因为还存在其他一些影响能量分辨率的因素,如主要有:阳极丝不均匀、位置不对中和丝的弯曲;工作气体中负电性气体的影响,使部分电子不能再参与电子倍增过程;在端面和周围界面附近入射的粒子有可能将一部分能量损失在了灵敏体积之外,从而使信号脉冲幅度变小,称为末端效应与室壁效应;电信号测量系统的影响,例如,放大器噪声,高压稳定性等。这些因素使一些脉冲幅度变小,也导致脉冲幅度谱变宽,特别是在低能粒子测量工作中更要注意。

2. 正比计数器信号的时间特性和计数率的死时间修正

由于正比计数器更多工作于脉冲工作状态,具有较快的时间响应特性,因此,对它的计数特性我们将给予更多的关注。几乎在所有的探测系统中,总存在一个最小的时限,两个事件的时间间隔必须大于这个时限时,才能被分辨开而记录为两个单独的脉冲。这个最小的时间间

隔称为计数系统的死时间(又常称分辨时间),常用 τ_D 表示。而随机性作为核事件的基本属性之一,总存在发生在死时间内的事件而造成计数的丢失。尤其在高计数率的情况下,这种死时间损失可能十分严重,必须对这种损失进行修正。

(1)计数系统死时间特性的模型

假设用 m 代表真事件的作用率,n 表示记录到的计数率,系统的死时间用 τ_D 表示。在比较简单的情况,对每个真事件跟随一个固定的死时间 τ_D,在 τ_D 时间内发生的真事件将会丢失。探测系统的死时间在总测量时间内的份额就可由乘积 $n\tau_D$ 给出。因此,损失的真事件的计数率就是 $mn\tau_D$,即

$$m - n = mn\tau_D$$

得到 m 为

$$m = \frac{n}{1 - n\tau_D} \tag{8.84}$$

我们把这种死时间与计数率无关的类型称为非扩展型响应。如图 8.29 的下部所示,对 6 个真事件记录到 4 个计数。

由于正比计数器中电子雪崩过程只局限在一个很小的区域内(如图 8.26 所示),所以阳极丝不同部位可同时由不同的入射粒子产生多个相互独立、互不干扰的雪崩。完全可能在某入射粒子产生了一个信号脉冲后的 τ_D 时间内又来了一个入射粒子,则该入射粒子仍能引起信号脉冲,第二个脉冲又将跟随一个 τ_D 的时间间隔,且第二个脉冲后的 τ_D 时间间隔内产生的脉冲也不能被分辨和记录,这样测量系统的死时间变长了。以此类推,可能出现一串脉冲虽然占据了许多个 τ_D 时间间隔而仍只当作一个脉冲记下来的情形,如图 8.29 的上部所示,6 个真事件仅记录到 3 个计数。我们把这种分辨时间并不总是固定、与计数率的高低相关的系统的死时间特性称为扩展型响应。除正比计数器之外,前面讨论过的电离室死时间特性同样属于扩展型响应。

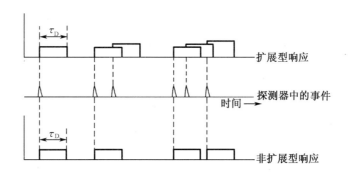

图 8.29　探测器的死时间特性两种类型的示意图

我们知道,一定时间间隔内的入射粒子数(或产生的信号脉冲数)是遵守泊松分布的,则由(7.95)式可知,任何一个信号脉冲与前一信号脉冲的时间间隔小于 τ_D 的概率为

$$P(t < \tau_D) = 1 - e^{-m\tau_D} \tag{8.85}$$

由于任一个信号脉冲与前一信号脉冲的时间间隔小于 τ_D 将不被记录,因此,(8.85)式表示了任一信号脉冲不被记录(也就是计数丢失)的概率。平均地说,单位时间内由于分辨时间 τ_D

的影响而丢失的计数为

$$\Delta m = m \cdot (1 - e^{-m\tau_D}) \tag{8.86}$$

则单位时间内实际记下来的脉冲数(即实测计数率)n 为

$$n = m - \Delta m = m e^{-m\tau_D} \tag{8.87}$$

这就是测得计数率与真计数率之间的关系式。由(8.87)式可见,当 m 很大时,n 可趋近于零,即测量装置完全被阻塞了。

当 $m\tau_D \ll 1$,即当计数损失不大时($n \approx m$),将(8.87)式中的 $e^{-m\tau_D}$ 按台劳级数展开,并只取前两项,可得 $n = m(1 - m\tau_D)$,同时 $n\tau_D \approx m\tau_D$,则

$$m = \frac{n}{1 - n\tau_D} \tag{8.88}$$

得到与(8.84)式相一致的结果。这就是当 $m\tau_D \ll 1$ 时,即死时间损失小的特殊情况下,两种类型的分辨时间修正采取相同的公式。

扩展型和非扩展型响应系统观测到的计数率 n 与真计数率 m 的关系曲线见图 8.30。当计数率较低时,两种模型给出相同的结果,从(8.84)式和(8.88)式也可见到。但在高计数率时则显著不同,非扩展型的观测计数率将向渐近值 $1/\tau_D$ 靠近。此渐进值表示计数器的分辨时间刚好等于两次计数之间的时间间隔,即意味着当 $m \to \infty$ 时,计数率最大,$n = 1/\tau_D$。不过,此时 n 已与 m 相差很远,m 已无法由 n 校正得到了。

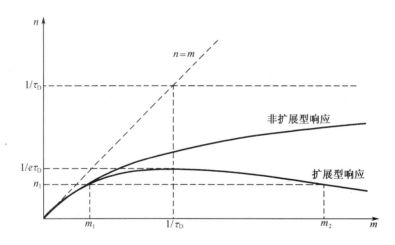

图 8.30　扩展型和非扩展型死时间的 n 与 m 的关系曲线

实际上,死时间和分辨时间这两个术语经常等同使用,计数的分辨时间修正又常称为死时间修正。而有些时候,死时间和分辨时间分别又会有特定的含义,例如,G-M 管的死时间等,可根据所述说的条件和对象区分。

(2)正比计数器的死时间修正

正比计数器的分辨时间主要由输出电流脉冲的宽度所决定。如前所述,在采用脉冲成形等技术后,正比计数器的分辨时间可小到 1 μs 左右。

对正比计数管一类的扩展型分辨时间修正的情况,观测的计数率会出现一个极大值。对应一个观测值 n_1 会有两种情况:一种是真实的低真计数率,另一种则是由于随计数率提高,分

辨时间成倍扩展,这样仅有很少的真事件被记录下来。如图 8.30 所示,观测的计数率既可以对应 m_1,也可以对应 m_2。在实验中,只要改变真计数率并观察测量值的计数率是增大还是减少,即可判别双值性的取值。

(3)正比计数器输出信号的时滞和时间分辨本领

时滞是带电粒子入射时刻与所能确定的输出信号的产生时刻的时间间隔。入射带电粒子产生电子－离子对,可以看成是瞬间完成的,相对而言,电子、离子的漂移是较慢的过程。初始电子从产生处漂移到阳极附近需要一定的时间,该时间间隔即为正比计数器输出信号的时滞,即图 8.28 中的 t_1。由于粒子入射的位置是随机的,因而时滞也是一个涨落的随机变量。

由此,一般利用探测器的输出信号只能在一定涨落的范围内确定粒子的入射时刻,我们常把确定粒子入射时刻的精确度称为探测器的时间分辨本领。时间分辨本领除了与输出信号的幅度、形状有关外,此处可知亦与时滞的不确定性有关。正比计数器的前沿和时滞的涨落都是 μs 量级,因此正比计数器的时间分辨本领也是 μs 量级。

3. 正比计数器的坪特性曲线

由于正比计数器具有较快的响应时间特性,除用于辐射的能量测量外,也常用于辐射的粒子计数。因此,必然会关心工作条件(包括大气压力、温度、湿度)变化,尤其是工作电压的波动对计数率变化的影响。这就是在一定的辐照条件下,计数率与工作电压的关系,称为坪特性曲线。

为得到坪特性曲线,采用如图 8.31 所示的方框图,其中甄别器设定一定的甄别阈以消除电子学噪声,甄别器还具有脉冲成形的功能,供定标器有效地计数。当经过放大器的输出信号幅度超过甄别阈时就被定标器记录。

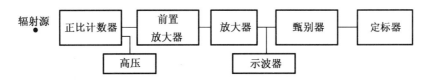

图 8.31　测量坪特性曲线的实验装置

改变高压 V_0,就可得到如图 8.32(b)所示的坪特性曲线。图 8.32(a)是输出脉冲幅度与工作电压的关系。当 $V_0 = 0$ 时,入射粒子虽在探测器的灵敏体积内产生离子对,但不存在定向漂移,全部复合。当 V_0 还未增加到足以克服离子对的复合影响时为复合区 I,然后进入饱和区 II,即电离室的工作电压范围。

随 V_0 的增加,开始出现汤森放电,输出脉冲幅度明显增加。由于输出脉冲的幅度存在分布,在脉冲分布的最大脉冲仍未超过甄别器的甄别阈时,定标器仍无计数。当 $V_0 \geqslant V_A$ 时,开始有脉冲超过甄别阈,坪曲线开始上升。到 $V_0 = V_B$,输出脉冲的幅度基本均大于阈值,进入坪曲线的坪区,这时,计数率随 V_0 的增加基本没有明显的增加。

电压加到 $V_0 \approx V_C$,此时工作电压已高到可能出现双脉冲或其他虚假的脉冲。我们把 $V_B \sim V_C$ 称为正比计数器的坪区。显然,为保持确定的探测效率,工作电压应选在坪区之内。实际上坪特性的坪区并非完全水平,而是有一定的"斜率",这是由于负电性气体、末端与管壁效应等影响,正比计数器输出脉冲中总有一些幅度较小的脉冲随着工作电压不断升高而越来越多地被记录下来造成的。

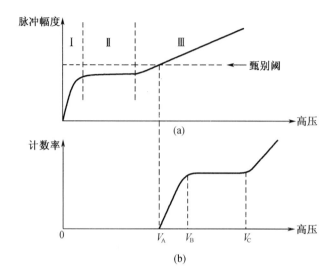

图 8.32　正比计数器的坪特性曲线及成因

　　假如脉冲幅度分布是从零开始的连续状分布,这时不管工作电压如何,永远没有全部脉冲都大于甄别阈的时候,所以坪特性上不可能出现完全平坦的坪区。当电压不断增高,将不断有更多的脉冲能被记录,则计数率不断增加。

　　由于后面将讨论的 G－M 计数管的坪特性曲线更为重要和具有实用价值,因此,坪特性曲线的具体指标和机制将在 8.4 中进一步展开讨论。

8.3.4　正比计数器的应用

　　总的说来,由于气体放大效应的存在,正比计数器比较适合低能粒子的测量。这里将介绍几种典型的正比计数器并结合其应用的领域予以说明。

1. 正比谱仪

　　用正比计数器测量入射粒子能谱的装置称作正比谱仪,其方框图与图 8.15 的脉冲电离室所组成的谱仪相近,包括正比计数器、放大器、脉冲幅度分析器及高压电源等。

　　正比谱仪的一个优点是适合测量低能粒子,甚至当入射粒子仅在灵敏体积内产生一个离子对时,正比计数器的输出信号也仍可被相当准确地测量。例如,对 X 射线的探测下限可到0.1 keV。

　　图 8.33(a)为密封的鼓形正比计数器的剖面图,中间丝极可以是一个环状丝或直丝,在丝极附近形成雪崩区,高压选择在正比区。为便于低能 β 射线或 X 射线进入灵敏体积,减少窗对辐射的吸收,在端面采用厚度小于 100 μm 的铍作为入射窗,并采用环状网格防止铍窗过大的变形。为提高探测效率,工作气体采用密度较大的氙气,工作气体压力略小于一个大气压。

　　正比谱仪的另一种常用正比计数器采用流气式正比计数器。结构上常采用圆柱或半球形灵敏体积,采用直径大约为 76.2 μm 细丝绕成的小圈作为丝极,窗为 0.9 mg/cm^2 厚度的镀铝聚酯薄膜。工作气体为 90% 氩加 10% 乙醇,在工作起始阶段用大流量,以尽快进入工作状态,在稳定后可降为每秒 1~2 个气泡即可,还可降低气流引起的干扰。也可把放射源放在计数器内部,构成无窗的流气正比计数器,如图 8.33(b)所示。这样可以得到近似 2π 的立体角,特别

适用于 α 或软 β 射线的测量。另一个优点是可以将被测放射性物质以气体形式引入其内,从而避免放射源自吸收及在衬托物上反散射的影响。正比计数器的雪崩区很小,所以尽管气体放射性物质分散在整个灵敏体积内,但在雪崩区产生辐射粒子的比例却很小,因而对能谱测量结果影响不大。例如测量 ^{14}C 时,可先将它制成 $^{14}CO_2$ 再作为充气成分之一引入正比计数器内。

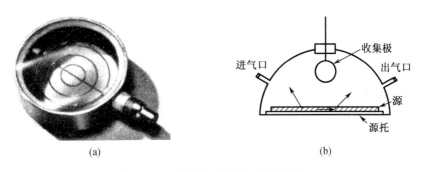

图 8.33　正比谱仪所用的正比计数管

(a)密闭式正比计数管;(b)流气式正比计数管

正比计数器的工作介质是气体,阻止本领小,因而当测量较高能量的入射粒子时,常采用增高充气压力或沿阳极丝方向加一纵向磁场的方法,这可使所测带电粒子的能量上限提高到几个 MeV。

2. 单丝位置灵敏正比计数器

辐射测量中,除了测量入射粒子的能量、数量以及入射时刻等信息外,有时还需要测量粒子入射的空间位置。单丝位置灵敏正比计数器是一种简单的位置灵敏探测器,其结构原理如图 8.34 所示。

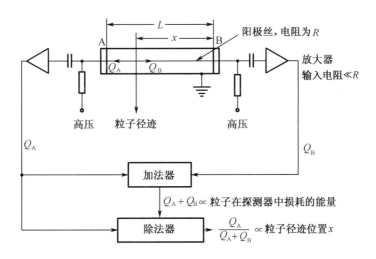

图 8.34　用电荷分配法确定入射粒子位置方法的示意图[12]

由于正比计数器的气体放大过程集中在阳极丝长度的很小的区域,可以实现一种确定事件发生位置的方法。正比计数器中最常用的位置灵敏方法基于图 8.34 所示的电荷分配原理。此处正比计数器一般为长圆柱形,中央阳极丝为一根电阻为 R 的均匀高阻丝,使得收集的电荷按与入射位置有关的比例输入到阳极丝两端的两个放大器的输入端,分别为图 8.34 中的 Q_A 和 Q_B。将两个放大器输出信号相加就得到幅度与总电荷 $Q_A + Q_B$ 成正比的输出脉冲,用相加信号去除其中一个放大器的输出信号,例如图 8.34 中的 $Q_A/(Q_A + Q_B)$,就可以得到仅与位置有关的结果。

设粒子入射处到 B 端的距离为 x,则与 A 端距离为 $L - x$,相应电阻为 R_B 和 R_A。则输出电荷分配为

$$\frac{Q_A}{Q_B} = \frac{R_B}{R_A} = \frac{x}{L - x} \tag{8.89}$$

可得到入射粒子径迹的位置

$$x = \frac{Q_A}{Q_A + Q_B} \cdot L \tag{8.90}$$

除上述电荷分配法确定入射粒子位置外,也可以采用电流分配法,其原理是一样的。

3. 多丝正比室和漂移室

随辐射成像技术和高能物理发展的需要,20 世纪 60 年代以来,位置灵敏探测器的研究得到很快的发展,出现了多种位置灵敏的探测器。在气体探测器中就有多丝正比室、漂移室等新的探测手段。

多丝正比室(MultiWire Proportional Chamber)是目前应用较为广泛的位置灵敏探测器。1968 年夏帕克研制成功世界上第一个可以实用的多丝正比室[1]。

多丝正比室由两块作负电极的平行金属网中间夹有作正电极的平行金属丝平面构成一个个单元,室中充以氩和甲烷或二氧化碳等混合气体。电极间加直流高压,电压处在正比区。当高能带电粒子穿过多丝正比室,使路径上的气体原子电离,电离产生的电子在附近某一金属丝的电场中形成雪崩式的电离增殖,其放电的总电量正比于初始电离中的电子数目,放电形成的负脉冲正比于该粒子的电离损失。利用专门的电子线路可确定入射粒子穿过室的位置,进一步由多个单元定出粒子的径迹。

多丝正比室的阳极丝常用几十微米直径的镀金钨丝或不锈钢丝,它们是低电阻率材料,为了确定粒子入射位置的二维坐标,必须用两个阳极丝方向相互垂直的多丝正比室重叠在一起进行测量,要求入射带电粒子能量较高,能同时穿过两组阳极丝的区域。图 8.35 给出了多丝正比室的结构和电场分布示意图,其中,阳极丝的直径为 20 μm,丝距为 2 mm,阳极丝的数量多达 10^5 个。从多丝正比室的电场分布可见,除丝附近很小的区域外,大部分为均匀电场,在丝附近形成高场强区,并形成气体放大。

多丝正比室具有定位精度高,时间分辨率好,允许高计数率的优点。多丝正比室每根阳极丝独立工作,分辨时间为 μs 量级,可进行 $10^5/s$(每丝)或更高计数率的快速计数,时间分辨本领可达约 20 ns,并同时实现计数和定位。它对带电粒子的探测效率可接近 100%。另外,多丝正比室结构简单,易于加工成各种形状和尺寸,如方形、长方形、圆筒形等。

漂移室(Drift Chamber)是在多丝正比室基础上发展起来的一种粒子探测器。夏帕克在研

---

① 　G. Charpak,et al.,Nucl. Instr. and Meth. 1968,62:202 – 26.

究多丝正比室的同时，注意到通过测量初级电离电子漂移到阳极丝的时间来确定入射粒子空间位置的可能性。1969 年他与美国的 A. H. 沃伦特首次提出了这种探测器——漂移室。

漂移室的基本构造类似于多丝正比室，它与多丝正比室的重要区别在于：多丝正比室是只要某阳极丝有输出脉冲，就认为粒子入射在该丝的 1/2 丝距范围之内；而漂移室将进一步测量出初始电离电子向阳极丝的漂移时间，由漂移时间的长短定出入射粒子离开阳极丝的准确距离，从而很大地提高了空间分辨本领。阳极丝距也就不再是多丝正比室那样的 1 mm、2 mm 等，而是增大到几厘米甚至几十厘米。由于丝距较大，易制成各种形状的大面积探测器，丝数的减少也降低了电子线路的费用。

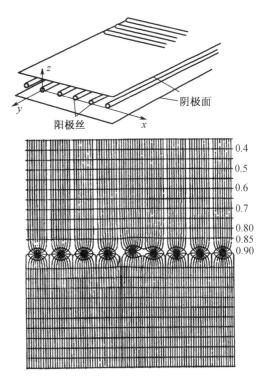

图 8.35　多丝正比室结构及电场分布

漂移室定位精度很高（100 μm 或更好），时间分辨好（可达 5 ns），直流高压下自触发，连续灵敏，能同时计数和定位。在用于磁场中时，由于电子在漂移过程中会受到磁场影响而偏离无磁场轨道，在定位时需作一定校正。

目前漂移室与多丝正比室一样，在高能物理实验中起着极其重要的作用，已成为必不可少的探测器之一，同时在核物理、天文学及宇宙线、生物、医学及 X 射线晶体学中的应用也正在不断发展。

例如，作者之一曾参与研制的欧洲 HERA – B 实验的外径迹探测器（The Outer Tracker Detector）就是一种大型平面漂移室的系统[1]，HERA – B 实验是用 HERA 电子 – 质子对撞机的 920 GeV 质子束进行的固定靶实验，研究在 $B^0 \rightarrow J/\psi K_S^0$ 衰变中的 CP 破坏（CP violation）。外径迹探测器具有 113 000 个读出道，总体积达 22 m³。图 8.36 给出了单、双层多丝漂移室的剖面图，每一个室呈六边形，高度为 5 mm 或 10 mm，总体上呈蜂窝状，称为蜂窝状多丝漂移室（The Honeycomb Drift Chambers）。

由于外径迹探测器必须工作在 40 MHz 高频率下，能处理每个质子束中 100 个初始和次级带电粒子，同时要求很高的阴极使用寿命。蜂窝状多丝漂移室的阴极采用成型的一种 Pokalon-C 膜粘接而成，这样可以在阴极粘接前、在开放的状态下布丝，从而保证丝的位置。阳极丝是用镀金的钨丝。因此，它具有安全性好、长的阴极寿命和易于加工等优点。为得到所需的时间特征，采用净化的混合工作气体 $Ar/CF_4/CO_2$，其比例为 65∶30∶5，具有电子漂移速度快的优点，并采用内循环的工作方式。

---

① 　H. Albrecht, ···, B. X. Chen, ···, et al. , Nucl. Instr. and Meth. 2005 ,555 :310 – 323.

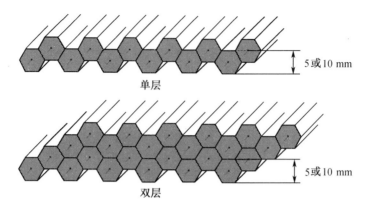

图 8.36　蜂窝状多丝漂移室剖面图

8.4　G - M 计数管

在8.3节中我们讨论过有限正比区的工作状态,由于光子反馈、离子反馈和空间电荷的影响,雪崩过程中的气体放大系数随工作电压急剧上升,同时,输出信号的幅度不再与入射粒子能量成正比。随电压的进一步上升,这时计数器的输出信号(幅度和形状)与入射粒子的性质(如能量、类型等)无关,入射粒子只是起一个触发自持放电的作用,这种工作状态称为盖革区,工作于这一区域的计数器称为 G - M 计数管,它是以这种计数器的发明者盖革(Geiger)和米勒(Muller)的名字命名的,可简称为 G - M 管。

由于输出信号幅度和粒子性质无关,因此,G - M 管只能用来测量射线强度,而不能测量入射粒子的能量。尽管如此,G - M 管仍获得了广泛的应用,这是因为它有如下一些突出的优点:

(1)灵敏度高,甚至只在其灵敏体积内产生一个离子对,就可以触发自持放电,只要带电粒子能够进入其灵敏体积,就几乎一定能记录下来;

(2)输出信号脉冲电荷量大,可达 10^8 电子电荷量级,因此,测量仪器可以很简单;

(3)可制成各种合适的形状,有小到直径 2 mm、长度 1 cm 的针状计数管,也有直径几厘米、长度几十厘米甚至 1 m 的宇宙射线计数管,α,β,γ 等各种射线都能用它来探测;

(4)易制、价廉,比其他种类的探测器要便宜得多。

为了更好地理解 G - M 管的工作原理,将 G - M 管与所讨论过的电离室、正比计数器联系起来,我们可以在相同的辐照条件下,测量中央为阳极丝的圆柱形探测器的电离电流随工作电压的变化关系,得到如图 8.37 的实验结果。曲线的横坐标为工作电压;纵坐标为电极上收集的离子对数,并用对数坐标表示。

曲线可以分为5个区域。第Ⅰ区称为复合区,工作电压很低而存在电子 - 正离子的复合,随电压上升复合损失减少,电流趋于饱和。第Ⅱ区称为饱和区或电离室区,在这个区域内,生成的离子对电荷全部收集,输出信号的大小反映了入射粒子损失在计数器灵敏体积内的能量。图中的 α,β_1 和 β_2 的差异表示入射粒子能量不同。第Ⅲ区为正比区,由于碰撞电离的发生而产生气体放大,离子对数将比原电离倍增 $10 \sim 10^4$。气体放大系数随电压而增大,但对一定电压气体放大系数保持恒定,总电荷量仍正比于原电离电荷量。第 IV 区为有限正比区,由于气体放大系数过大,空间电荷的影响越趋明显,气体放大系数与原电离有关,而且初始电离越大的入射粒子影响越大,总离子对数不再与入射粒子能量成正比,这种状态作为过渡而无实用价值。第 V 区为盖革区,随电压升高形成自持放电,此时总电离电荷与原电离无关,几条曲线重合,这就是 G - M 管的工作区域。当电压继续升高,进入连续放电并有光产生,利用这一现象又发展了火花室、自猝熄流光管(SQS)等探测器。

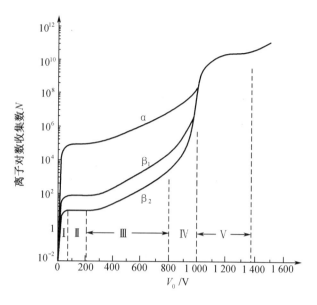

图 8.37　离子对收集数与工作电压关系曲线

除了不能得到入射粒子的能量信息外,G - M 管的另一主要缺点是死时间长,可达 10^2 μs,所以仅能适用于计数率不高的情况,当计数率达到每秒钟几百个时就必须进行死时间校正。另外,G - M 管的寿命较短。

G - M 管按其充气的性质可以分为两大类。一类是充纯单原子或双原子分子气体,如惰性气体 Ar,Ne 或 H_2,N_2 等气体,它们是一种非自熄 G - M 管,采用外猝熄的办法实现入射粒子的计数,目前已很少采用了。另一类为自熄 G - M 计数管,在计数管中加入少量猝熄气体而实现自熄,自熄计数管按猝熄气体又可分为有机管及卤素管两种。下面我们主要讨论这两种自猝熄计数管,为更清楚自猝熄计数管的原理,还是从非自熄计数管入手讨论。

8.4.1　盖革放电和非自熄 G - M 计数管

与前面分析的正比计数器一样,入射粒子产生的电子向阳极(中央丝极)漂移,电子在阳极附近发生碰撞电离,构成一雪崩型的电子潮。在正比计数器中,每个初始电子只产生一次雪崩而趋于收敛,并且,初始电离事件中每个电子所产生的雪崩过程基本上互不相关。由于所有的雪崩几乎都是相同的,所收集的电荷仍然正比于初始电离。有限正比区的光子反馈成为不可忽略的因素,这时气体放大系数 A 如(8.68)式所示:

$$A = A_0 + (\gamma A_0)A_0 + \gamma(\gamma A_0^2)A_0 + \cdots = A_0 + \gamma A_0^2 + \gamma^2 A_0^3 + \cdots \tag{8.91}$$

此时,由于仍满足 $\gamma A_0 < 1$,A 还是收敛的,但放大系数 A 不再是常数,而与原电离有关。

当工作电压进一步升高,A 进一步增大,例如当 $A \approx 10^5$ 时,一般情况下,$\gamma \approx 10^{-5}$,因此,$\gamma A_0 \rightarrow 1$,上述等比级数不再收敛,$A \rightarrow \infty$,计数器进入自持放电的状态。在这种条件下,初次雪崩产生的光子在气体的某一区域或在阴极表面打出一个或更多的电子,新产生的电子在向阳极移动的过程中,触发又一次雪崩。这样,只要在灵敏体积内产生一个电子,放电便会持续地发展下去,大约在 10^{-1} μs 的时间内,遍及整个计数器的灵敏区,我们把这种以光子反馈为主引起的自持放电现象称为盖革放电,如图 8.38 所示。

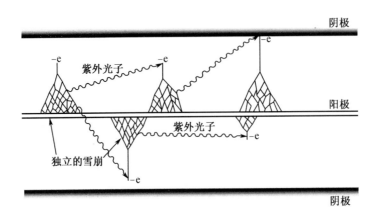

图 8.38　盖革放电的过程示意图

　　在雪崩中与电子一起产生的工作气体主要成分(例如氩或氖)的正离子包围阳极丝构成正离子鞘,阳极丝附近的电场随着正离子鞘的形成而逐渐减弱,以致新电子不能再增殖,最后导致放电终止。所以,不论引起这一过程的初始离子对有多少,最后形成的总的电离电荷是相同的。计数器的输出信号(幅度和形状)与入射粒子的性质(如能量、类型等)无关,入射粒子只是起一个触发自持放电的作用。整个放电过程持续时间很短,放电过程中产生的电子很快被阳极收集并在外回路上形成电子电流,而正离子仍处于形成鞘的位置,使阳极丝附近的电场仍维持很低的状态。

　　此后,正离子鞘在电场作用下向阴极移动,当它离开雪崩区后,丝极附近的电场才逐步得到恢复。当正离子到达阴极表面时,将发生离子反馈的现象。由于正离子鞘中的正离子数很多,因此,每个正离子鞘通过离子反馈在阴极表面上打出至少一个电子的概率,几乎是 100% 。这样,正离子鞘到达阴极后又会给出新的电子,它们向阳极漂移就又会引起雪崩,又会形成新的正离子鞘……在此情况下,G – M 管一旦被触发就会产生连续的多重脉冲输出,即对应一个入射粒子可能有无穷个输出脉冲,我们称之为非自熄状态。

　　为解决非自熄 G – M 管的多重脉冲输出问题,必须采用外部猝熄的方法终止放电过程。外猝熄方法是计数器输出第一个脉冲过后的固定时间内,使阳极电压下降到阈值以下阻止雪崩的发生。抑制电压的时间必须超过正离子的漂移时间和自由电子的传输时间之和。当然,前者要远大于后者,达几百微秒,这就大大限制了可测量的计数率的提高。这种需要外猝熄的计数管称为非自熄计数管,由于它在实际使用中局限性很大,必然导致自猝熄 G – M 管的产生和发展。

8.4.2　有机自熄 G – M 计数管

　　1937 年乔斯特(A. Trost)发现,在非自熄 G – M 管中充入一些有机蒸气后,计数管会自动猝熄,这种计数管就叫有机自熄 G – M 管。在单原子或双原子分子气体中加入的少量有机气体(又称猝熄气体),一般占总含量的 10% ~ 20% ,常用的是酒精、戊烷、异戊烷、石油醚等。这些有机气体具有以下性质:

　　(1)强烈地吸收紫外光子　由于有机蒸气均为多原子分子,具有密集的振动和转动能级,能强烈的吸收多种能量的光子。例如,氩的 11.5 eV 的紫外光子通过 0.8 mm 的酒精蒸气 (2 kPa 压力,与 12 kPa 氩气相混合)后,光子数将降低为原来的 1/e。有机分子在吸收光子后,发生电离或处于受激状态。激发态有机分子的离解寿命约为 10^{-13} s,远小于退激发光的寿命 10^{-8} s。因此,绝大多数的有机分子在吸收光子后立即离解为较小的简单分子或原子,称之为超前离解。这样,雪崩区发射的大量光子基本上被作为猝熄气体的有机蒸气吸收而不能到达阴极,从而大大抑制了光子反馈的过程。

(2)抑制正离子反馈的作用 由于有机气体的电离电位一般小于单原子分子气体,例如氩的电离电位为 15.7 eV,酒精的电离电位为 11.3 eV。雪崩后生成的单原子分子离子在向阴极迁移过程中会频繁与有机分子碰撞并发生电荷交换过程,使有机分子电离。电荷交换过程可以表示为

$$Ar^+ + M \rightarrow M^+ + Ar^* \rightarrow M^+ + Ar + h\nu \tag{8.92}$$

光子的能量 $h\nu$ 为氩同有机分子电离能之差。电离碰撞的自由程大约为 $10^{-3} \sim 10^{-4}$ cm,Ar^+ 从雪崩区到阴极的漂移过程中可碰撞 10^3 次左右,所以这种电荷交换是很充分的,以致最后到达阴极表面时几乎全是猝熄分子的正离子 M^+。

M^+ 到达阴极表面中和后处于激发态 M^*;Ar^* 退激发射的光子 $h\nu$ 很快被周围的有机气体吸收,同样形成 M^*。但由于 M^* 的超前离解的性质,有机蒸气分子自身离解而很少发射光子,因此正离子反馈作用被抑制,计数管的自持放电得到了猝熄。

在了解了有机猝熄气体的自熄机制后,对有机自熄 G - M 管的工作机制就容易理解了。可以简述如下。

1. 放电——正离子鞘的形成过程

(1)电子潮的产生

与非自熄 G - M 管电子潮产生的过程类似,不过所产生的离子中除了有氩离子 Ar^+ 外,还有多原子分子的离子 M^+,而且后者由于电离能较低等原因甚至会更多一些。在电子潮中还会包含氩的激发原子 Ar^* 及多原子分子的激发分子 M^*。该过程描述如下:

$$初始电离电子\ e \longrightarrow Ar^+ + Ar^* + M^+ + M^* + e \longrightarrow \tag{8.93}$$

(2)放电的传播

Ar^* 发出的光子造成了放电的传播。由于有机气体强烈地吸收紫外光子,则 Ar^* 的光子不可能到达阴极,在阳极附近很小的范围内,Ar^* 退激发出的光子在有机分子上打出光电子,光电子会引起新的电子潮,又产生新的光子,又在其附近打出新的光电子……因此放电是从第一个电子潮所在处,贴着阳极丝表面逐步向两端传播的。可描述为

$$Ar^* \rightarrow Ar + h\nu \rightarrow M^+ + M^* + e \rightarrow \tag{8.94}$$

当放电还在向两端传播时,开始放电较早的区域已经形成了正离子鞘,不再产生电子潮。这样,整个放电过程可以看成是两个"放电环"从第一个电子潮的位置向两端移动,放电环移过后的区域,正离子鞘形成,当放电环到达端点后,整个正离子鞘就全部形成了。这与非自熄 G - M 管正离子鞘逐渐"加厚"的形成方式不同,并为实验所证实。

放电过程中电子很快向阳极漂移并形成电子电流,因此,只要两个放电环存在,电子电流就是恒定的,当一个放电环到达终点消失后,电子电流就减小了一半,当两个放电环都到达终点消失后,电子电流就消失了。

2. 正离子鞘的漂移过程

在正离子鞘向阴极漂移的过程中发生电荷交换过程,最后到达阴极表面的正离子鞘将全部由 M$^+$ 组成,过程描述如(8.92)式所示。

3. 在阴极表面的猝熄过程

定量的研究表明,M$^+$ 在漂移到与阴极相距 5×10^{-8} cm 以前,就已从阴极拉出一个电子使自己中和而成为处于激发态的中性分子 M*。M* 为中性粒子不受电场的影响,只有很少一部分能到达阴极并在阴极上打出电子,绝大部分 M* 则发生超前离解退激。总的说来,一个 M$^+$ 能产生新的次级电子的概率约为 10^{-10}。一般正离子鞘中大约有 $10^8 \sim 10^9$ 个 M$^+$,因此,大约 $10 \sim 100$ 个正离子鞘才可能在阴极打出一个新的次级电子,即有机 G – M 管每记录 $10 \sim 100$ 个粒子才可能给出一个假脉冲。如此便基本上实现了自动猝熄。

有机 G – M 管存在的问题主要为:①由于有机气体具有丰富的激发态能级,电子能量难于积累,为在两次碰撞中能积累足够的能量达到氩或有机气体的电离能,须足够高的工作电压;②受有机气体离解的影响而使计数寿命较短,一般为 $10^7 \sim 10^8$ 计数。

8.4.3 卤素管

1948 年留勃孙(S. H. Liebson)首先制出自熄式的低阈压 G – M 管——卤素管。在这种计数管中充入惰性气体氖(Ne)和微量的卤素气体 Br$_2$ 或 Cl$_2$(0.5% ~ 1%)。微量的卤素不仅能起猝熄作用,而且使卤素管的起始工作电压远低于有机 G – M 管,通常为 300 ~ 400 V。

由于 Ne 的电离能 $I_{Ne} = 21.6$ eV,其亚稳态能级的能量 E_{Ne}^{Δ} 和第一激发态能级的能量 E_{Ne}^{*} 为 $E_{Ne}^{\Delta} \approx E_{Ne}^{*} = 16.5$ eV,而 Br$_2$ 的电离能 $I_{Br_2} = 12.8$ eV,这使得电离过程发生重大变化。

1. 放电——正离子鞘的形成过程

当初始电离电子进入雪崩区发生碰撞电离过程时,电子潮的形成是靠氖的亚稳态原子 Ne$^{\Delta}$ 的中介作用而进行的。由于 $E_{Ne}^{\Delta} < I_{Ne}$,则电子与 Ne 非弹性碰撞时生成的主要是处于亚稳态的 Ne$^{\Delta}$ 和少量的 Ne*。处于亚稳态的 Ne$^{\Delta}$ 与微量 Br$_2$ 相碰时可使后者电离,这种受激原子与气体分子发生的称为第二类非弹性碰撞的过程在卤素管的放电过程中起主要作用。由于第二类非弹性碰撞的截面很大,即使对微量的 Br$_2$,在 Ne$^{\Delta}$ 生成的 10^{-8} s 内就可以与 Br$_2$ 发生碰撞而产生新的电子。新的电子又和原来的电子一起不断产生 Ne$^{\Delta}$,再通过它来电离 Br$_2$……,从而形成一个增殖很快的电子潮。此过程可表达为

$$e + Ne \rightarrow Ne^{\Delta} + Br_2 \rightarrow Ne + Br_2^+ + e \rightarrow \cdots \tag{8.95}$$

可以看出,卤素管电子潮的产生是靠 Ne$^{\Delta}$ 的中介作用形成的,并不需要将电子能量提高到大于 Ne 的电离能。同时,由于 $E_{Ne}^{\Delta} \approx E_{Ne}^{*}$,而具有较低激发能级的 Br$_2$ 的量又非常少,则电子在能量积累到 Ne 的亚稳态能级或第一激发能级以前很少发生非弹性碰撞,因此,电子能量的积累过程可以不在一个自由程内完成,不需要有强电场的存在,所以卤素管发生电子潮的阈压比较低,而且电子潮发生的位置也可以离中央丝极较远。

在电子碰撞过程中产生的 Ne* 主要通过发光回到基态,由于卤素含量很低,它们所发出的光子可能在阴极或 Br$_2$ 上打出光电子,这是引起电子潮的另一种过程。所以,在卤素管中正离子鞘形成和非自熄 G – M 相似,在整个阳极丝同时形成并逐步加厚直至放电终止。

2. 正离子鞘的漂移过程及在阴极表面的猝熄过程

卤素管在放电过程中产生的正离子基本都是 Br$_2^+$,即使其中有一些 Ne$^+$,也会在正离子鞘

漂移过程中发生电荷交换过程,则最终到达阴极表面的将全部是 Br_2^+。从卤素气体的光谱分析发现,当波长短于 150 nm 时,它们的吸收谱是连续的,这表明卤素分子吸收紫外光后分解了,它们具备超前离解的性质,正离子被阴极收集时将不再打出次电子,因而卤素管具有"自熄"性质。

$$Br_2^+ + e \rightarrow Br_2^* \rightarrow Br + Br \tag{8.96}$$

另外,由于 Br_2 在分解以后还能够复合,因此尽管 Br_2 的量很少,卤素管的计数寿命却比有机 G－M 管长一个数量级左右。

综上所述,卤素管具有低阈压和自猝熄的特点。但当卤素管中的 Br_2 量过多时,电子与 Br_2 相碰而使之激发(Br_2 的激发能比 Ne 的低多了)的过程变得不可忽略,这使得电子的能量难以积累到使 Ne 激发到亚稳态,则卤素管低阈压的性能就消失了。

另外,由于卤素管中产生碰撞电离的位置可离阳极较远,因此,放电过程中形成的正离子鞘具有较广的空间分布,它们在阳极上的感应电荷较少,产生的感应电场较弱,因而在使阳极附近电场降低而使放电过程终止中起的作用较小。同样原因使得放电过程中电子电流较大,流过输出电路使计数管阳极电压下降明显,从而降低了阳极附近的电场,对放电过程终止起着较大的作用。因此,卤素管放电的终止及输出电荷量与输出电路参量有关。

8.4.4　强流管

强流管是 1950 年以后发展起来的一种特殊卤素管,也具有低阈压的性质。它的输出电流脉冲极大,可以直接用微安表来测量其平均输出电流,故称强流管。

强流管的特点是粗阳极,其阴极、阳极直径之比 b/a 要比一般卤素管还要小得多,而且 b 也很小(有的仅 5 mm),这使得计数管内电场强度的分布更加均匀。因此,电子潮几乎可以在整个管子内产生,所生成的正离子几乎分布在整个管内空间,正离子及其感应电荷造成的电场较小,对终止放电过程作用很小。正离子漂移对输出信号的贡献也比电子漂移的贡献小很多。放电过程的终止仅决定于电子电流何时使计数管阳极电压降到阈压以下。这样,计数管的输出电荷量比卤素管还要大得多,而且输出电路参量对它更有直接的影响。

8.4.5　自熄 G－M 计数管的输出信号及性能

以下将说明自熄 G－M 管的主要性能,并对各种自熄 G－M 管加以比较。

1. 自熄 G－M 管的脉冲形状和时间特性

(1)自熄 G－M 管的脉冲形状

在 G－M 管中,初始电离、雪崩过程中电子的收集和正离子的漂移对输出脉冲的贡献与正比计数器相似。初始电离过程的电子、离子对输出的贡献完全可以忽略,由于正离子鞘的形成过程在 1 μs 内,放电中产生的电子很快就为阳极收集了。所以输出脉冲同样包含两个主要的贡献:电子收集的快上升部分和正离子漂移期间的缓慢上升部分。由(8.72)式,正离子由丝极漂移到阴极需要的时间 t^+ 为

$$t^+ = \frac{(b^2 - a^2)P\ln(b/a)}{2\mu^+ V_0} \tag{8.97}$$

假如阳极丝和阴极的直径分别为 5×10^{-3} cm 和 1 cm,$V_0 = 1\,000$ V,$P = 0.55$ atm,$\mu^+ = 1.37$ cm$^2 \cdot$atm$\cdot$s$^{-1} \cdot$V^{-1},可得到 $t^+ = 265 \times 10^{-6}$ s。

令 $\tau = R_0 C_0$，当 τ 取不同值时，可得到如图 8.39 所示输出脉冲的形状。假如输出回路的时间常数选为无穷大，输出脉冲上升到最大值需要全部的正离子收集时间。由于正离子鞘在漂移的初始阶段扫过电场电位差的大部分，并在强场下将以高速运动，形成脉冲起始阶段的快速上升，所以，在离子漂移最初的阶段贡献了信号的主要部分。图 8.39 中给出了 $\tau/t^+ = 1/2$ 和 $\tau/t^+ = 1/6$ 时的输出脉冲，可见脉冲宽度有明显的变化，而幅度变化很小。在选择较小的时间常数的情况下，例如 $\tau = R_0 C_0 \approx 1~\mu s$，可以得到较好的时间响应，脉冲幅度也损失不大。

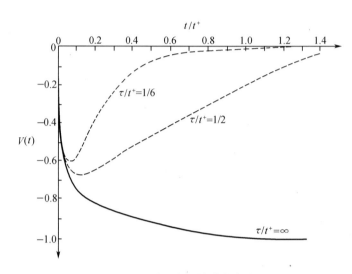

图 8.39　不同时间常数的输出脉冲形状

(2)自熄 G－M 管的失效时间 t_d 和复原时间 t_e

G－M 管在放电过程结束后，其阳极表面电场强度很低，已不能产生自持放电。只有当正离子鞘漂移一段距离后，即经过一定的时间 t_d 后，阳极表面附近的电场强度才能恢复到产生自持放电所需的数值，所以，在 t_d 这段时间内入射的带电粒子将不能触发自持放电，无法产生输出信号。自熄 G－M 管在记录一个入射粒子后不再能记录新入射粒子的这一段时间 t_d，称作自熄 G－M 管的失效时间。

在失效时间 t_d 刚结束后，由于电场尚未完全恢复，对再次进入的入射粒子只需要形成较少的正离子就可以使电场再次降到临界点以下，所以此时输出脉冲幅度就比较小。原正离子鞘越往外移，再次产生的脉冲幅度越大，直至原正离子鞘完全被阳极收集，新产生的脉冲才能恢复正常幅度。从失效时间终了到正离子鞘被阴极收集，这段时间称作复原时间，用 t_e 表示。t_d 和 t_e 一般都是 10^{-4} s 量级。

可利用示波器观察自熄 G－M 管的失效及复原现象。将示波器扫描时间调至略大于 $t_d + t_e$，并使计数率很高，则可看到如图 8.40 所示的图形，由图形的包络轨迹可以确定 t_d 和 t_e。

(3)计数管探测装置的分辨时间 t_f

在失效时间 t_d 后再次入射粒子形成的脉冲超过甄别阈时，第二个脉冲就可以被记录下来，我们把从原点到第二个脉冲的幅度"复原"到记录仪的阈的高度所需的时间定义为计数管探测装置的分辨时间 t_f(见图 8.40)，它就是我们之前提到的死时间 τ_D。

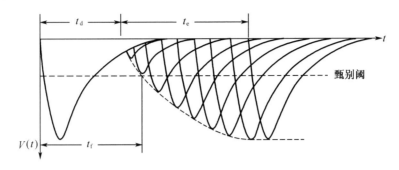

图 8.40 G−M 管的失效时间,复原时间和分辨时间

由于 t_f 的影响,G−M 管也存在计数损失及计数率校正的问题。G−M 管的死时间修正类型与正比计数器是不同的,G−M 管的死时间 τ_D 是固定的,属于 8.3.3 节中非扩展型死时间响应。这种情况下的计数损失修正用(8.84)式就可以了,即

$$m = \frac{n}{1 - n\tau_D} \tag{8.98}$$

式中,n 和 m 仍分别表示观测到的计数率和真计数率。

(4)G−M 计数管的时滞与时间分辨本领

G−M 管的时滞就是入射粒子所产生的电子从产生处漂移到阳极附近雪崩区域所需的时间。另外,记录仪器有一定的阈,则从脉冲开始形成到 $V(t)$ 超过记录仪器的阈,也需要一段时间,一般将这段时间也算在时滞之内。由于入射粒子的入射位置不同,即使 G−M 管的工作条件不变,时滞也是变化不定的。一般 G−M 管的时滞在 $1 \times 10^{-7} \sim 4 \times 10^{-7}$ s 范围内,其时间分辨本领一般也在 μs 量级,采取一些特殊措施(如限制粒子的入射位置和方向等)后,可提高到 10^{-7} s 左右。

2. G−M 管的坪特性

同样,我们把入射粒子流不变时,G−M 管的计数率同工作电压的关系曲线称作坪特性。一般 G−M 管的坪特性如图 8.41 所示。其中 V_{AB} 称作坪长:

$$V_{AB} = (V_B - V_A) \quad (V) \tag{8.99}$$

坪区斜率

$$\eta = \left(\frac{N_B - N_A}{N_A}\right) \times 100\% \Big/ \left(\frac{V_B - V_A}{100}\right) \quad \left[\frac{\%}{100\,V}\right] \tag{8.100}$$

这里,V_A 是计数开始不再随工作电压迅速增长时的电压值;V_B 是放电电压,当工作电压超过此数值,计数率将迅速增长,甚至连续放电。N_A,N_B 分别是工作电压为 V_A 及 V_B 时的计数率。以下对坪特性各部分做进一步的分析。

(1)起始电压 V_A

起始电压 V_A 相当于 G−M 管自持放电的阈压,它与 G−M 管的几何条件、充气压力及成分有关,可以通过测量坪曲线得到。实际测量时,需要注意坪曲线形状与计数装置甄别阈的关系,图 8.41 是在计数装置的甄别阈比较低的情况下得到的,能反映出坪特性的起始弯曲部分的细节,此时计数管尚未进入盖革区,而处于正比区或有限正比区。测量时,计数装置的甄别阈不能过高,以防止计数管已进入盖革区,但脉冲幅度尚未超过甄别阈而不被记录,造成工作

电压过高,并使测到的坪长变短。有
机管的起始电压一般为 1 000 V,而
卤素管为 300 ~ 400 V。

（2）坪区斜率的成因

坪特性曲线在坪区内并不完全
水平,而是随着工作电压增加而抬
高。从使用角度来看,希望坪区斜率
越小越好,这样就可以略去电压变化
对测量结果的影响。坪区斜率的成
因主要为:①随工作电压 V_0 的增加,

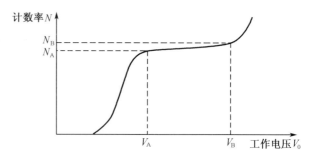

图 8.41　G－M 管的坪特性曲线

正离子鞘电荷量增加,猝熄不完善的可能性增加;②随 V_0 的增加,负电性气体的电子释放概率
增加;③随 V_0 的增加,灵敏体积增大,使探测到的粒子数增多;④结构的尖端放电增加,为此,
需要在阳极丝端加烧一个玻璃珠。

卤素管中的卤素气体本身就是负电性气体,其坪斜比有机管差一些。

（3）坪区末端的限制

工作电压增到 V_B 以后,计数率很快增加以致变成连续放电,V_B 限制了坪区的末端。

对 G－M 管来说,坪特性是最重要的指标,它是判断计数管是否可用和性能优劣的标准。
有机管的坪长大约 150 ~ 300 V,坪斜 5%/100 V;卤素管坪长大约 100 V,坪斜 10%/100 V。

3. G－M 管的探测效率

G－M 管的探测效率也定义为

$$\varepsilon = \frac{\text{记下来的 G－M 管输出脉冲数}}{\text{进入 G－M 管的粒子数}} \tag{8.101}$$

对于 G－M 管,只要入射粒子在其灵敏体积内产生一个离子对,就可触发一输出信号。对
进入计数管有效体积的任何带电粒子而言,其探测效率几乎为 100%。因此,对带电粒子,探
测效率由入射粒子穿透计数器的窗而不被吸收或散射的概率决定。

对 γ 射线,只要它在计数管阴极和管壁上产生的次级电子(在 G－M 管所充气体中产生
的次电子可忽略不计,因为气体的阻止本领比阴极和管壁小得多)能进入 G－M 管的灵敏体
积,则这个 γ 光子就能触发一输出信号而被探测到。因此,G－M 管对 γ 射线的探测效率取决
于两个独立的因素:(1)入射 γ 射线与管壁作用并产生次电子的概率;(2)次电子进入灵敏体
积的概率。受次电子在管壁材料中最大射程的限制,只有在接近气体的内管壁层一定厚度内
产生的次电子才能进入气体中,一般该厚度为 1 ~ 2 mm,再增加管壁厚度将无助于探测效率的
提高。

图 8.42 给出了 G－M 管对不同能量 γ 射线的探测效率。对中等能量的光子,主要作用是
康普顿效应,由于次电子的射程反比于材料的原子序数 Z,而康普顿截面又正比于 Z,两者互
相抵消而造成对不同的管壁差别不大。但对较低的能量,光电效应是占优势的,因此,高 Z 材
料的探测效率明显要高。一般 ε_γ 约为 1% 左右。

4. 自熄 G－M 管的寿命

G－M 管的寿命分为计数寿命(记多少次数后计数管就不能用了)和搁置寿命(计数管可
存放多久而不变)。对于有机管,只要制备工艺足够严格,要保证长达几年的搁置寿命是不困

难的,然而计数寿命却比较短。对于卤素管,由于管内所充卤素气体化学性质很活泼,为保证足够长的搁置寿命必须在制备工艺中采取许多措施,不过它的计数寿命却比有机管的长得多。一般说来,有机 G-M 管的计数寿命约为 10^8 次计数左右,卤素管的计数寿命一般可达 $10^9 \sim 10^{10}$ 次计数左右。

另外,自熄 G-M 管的工作条件对温度有一定要求。最低温度由 G-M 管内猝熄气体的凝结温度决定:一般卤素管可在低至 -50 ℃ ~ -100 ℃ 的温度下工作,充戊烷有机管可在 -20 ℃ 以上的温度下工作,

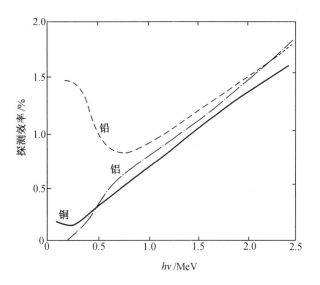

图 8.42　G-M 管对不同能量 γ 射线的探测效率[12]

而充酒精蒸气的有机管在 0 ℃ 以下就不能工作了。G-M 管最高工作温度是由管内猝熄气体的分解或化学作用、外壳的机械强度和绝缘电阻以及制备工艺等因素决定的,可从 +50 ℃ 一直到 +100 ℃ 以上。

最后还须指出,输出电路不仅影响电压脉冲的形成,还更对自熄 G-M 管的性能产生影响。例如,输出电路的参数影响到 G-M 管的输出电荷量,因而就会影响 G-M 管的寿命、失效时间以及坪特性等各项性能。有机管的放电过程紧贴着阳极表面进行,其输出电路参量对输出电荷量的影响较小,因而对其他性能的影响也比较小。卤素管或强流管的输出电路的影响就大多了,甚至会由于输出电路参量选择不当而使计数管很快损坏。

8.4.6　自熄 G-M 管的典型结构与应用

1. 典型结构

G-M 管的结构形式很多,按照测量粒子的类型和能量要求,计数器的大小和几何形状变化很大。结构形式上,除用得最多的圆柱形和端窗形外,还有流气式计数管、针状计数管以及液体计数管等形式。从大小尺寸上,外径可以从 1~2 mm 到几 cm,长度可以从 1 cm 到 1 m。下面简单介绍常用的两种结构形式。

(1)圆柱形计数管

这种计数管的结构如图 8.43 所示。图中:1 为管壁,一般为玻璃或金属;2 是阴极;3 是阳极引出线;4 是屏蔽管;5 是阳极丝,一般为钨丝,也有采用镍铬丝的;6 是排气管;7 是阴极引出线;在阳极丝末端焊一金属片(如镍片)9,再加上弹簧 8 和排气管末端的收口,可使计数管内阳极丝保持拉紧的状态。为了使用方便,常在阳极引出线处及 10 处加两电极帽。电极帽与阳极及阴极引出线用锡焊接,与管壁则用胶粘牢。

一般 γ 计数管均制成圆柱形。将圆柱形计数管的管壁做得很薄,使 β 粒子能够穿透,亦可构成 β 计数管。

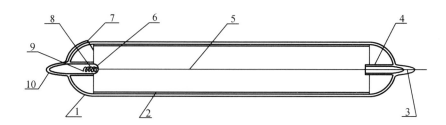

图8.43　圆柱形 G－M 管的结构

（2）端窗形计数管

为了探测 α,β 等穿透本领弱的粒子,必须在计数管壁上设有薄窗,它既能保证计数管不漏气,又能使 α,β 等粒子射入灵敏体积,一般均采用端窗形结构,如图 8.44 所示。图中:1 是管壁;2 是阴极;3 是排气管;4、5、6、7 分别为阳极引出线、阴极引出线、屏蔽管以及阳极丝,阳极丝只能一端固定,直径稍粗(例如 0.1 mm),在末端封有一玻璃小珠 8 以避免产生尖端放电;10 为薄的入射窗;9为黏合剂;11 是一法兰盘。

辐射通过端窗进入计数管的灵敏体积,由于大多数计数管是低于大气的压力下工作,窗需要有一定强度,以支撑较大的压力差。端窗一般用云母或一定强度的薄膜材料制成,用于探测 α 粒子时,窗厚薄至 1 mg/cm^2,探测 β 或 γ 射线时,窗可以厚一点。

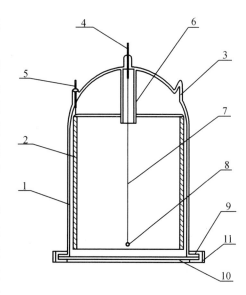

图8.44　端窗形计数管

2. 应用

自熄 G－M 管由于使用简单、价格低廉而获得大量应用。对带电粒子,一般采用带有薄窗的端窗形计数管,对 γ 射线多用圆柱形计数管,管壁可用玻璃管内衬无氧铜阴极或不锈钢材料。关于将 G－M 计数管用于放射性活度绝对测量中的各种修正因子,将在第 12 章中讨论。现仅对 G－M 管在高计数率下工作的改进方法以及 G－M 管在 γ 射线监测仪中的应用作一讨论。

（1）首次计数时间法

由于 G－M 计数管固有的死时间比较大,在计数率为 100～200 s^{-1} 时,死时间的修正就十分重要。到计数率达到几千每秒时,修正值非常大,以至于真计数率具有明显的不确定性,对死时间的微小变化非常敏感。为使 G－M 管在高计数率下能够应用,有人发明了首次计数时间法(Time-To-First-Count Method)。

该方法是在计数管工作电压回路设置一个选择开关,可以使计数管工作在正常的高压或另外一个低于阈压的低压两种状态。在发生一个盖革放电后,工作电压瞬时由高压降低到低压,并维持大约 1～2 ms 的一个固定的"等待时间",等待时间必须大于 G－M 管的恢复时间

$(t_d + t_e)$，即要使正离子鞘全部到达阴极，使计数管恢复到正常的工作状态。等待时间一结束，工作电压立即恢复到高压而使计数管处于"开"的工作状态，同时开始计时，等待下一个盖革放电的发生，开始下一个等待时间循环。工作流程见图 8.45 所示。这样，就可得到一系列等待时间结束到下一个真事件发生的时间间隔的测量值。取这些测量值的平均值，就可以得到时间轴上任一个时间点到下一个真事件的时间间隔的平均值 $\bar{t}$。由（7.92）式，可得到真事件率为

$$m = \frac{1}{\bar{t}} \tag{8.102}$$

从总体上讲，这种方法得到的结果与探测器死时间的影响无关，每一时间间隔的起始时间均为探测器的"开"时间，而结束时间为下一个脉冲发生的时刻。测量的精度取决于高压开关时刻的确定精度，即对"0"时刻的确定精度，和对盖革放电定时的确定精度。这种定时不确定性可小于 10^{-7} s，因此，μs 量级或稍长一点的平均时间间隔 $\bar{t}$ 的结果即可达到所需的精度要求。与此相应测量的计数率可达 10^5 s^{-1}，比常规的测量高出两个量级。

这种方法中，起始时刻的随机性与（7.92）式中"假定在 $t = 0$ 时刻已发生一次事件"有差别，似乎存在一定矛盾，但任一时间点的选取对长时间有更大的权重[①]，因此，这个时间间隔平均值 $\bar{t}$ 仍由 $1/m$ 确定。

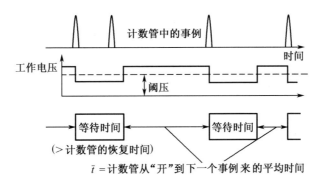

图 8.45　用首次计数时间法确定 G－M 管真事件率的流程图

（2）G－M 监测仪

G－M 管的一个典型应用为"G－M 监测仪"，常用于 γ 射线照射量率的测量。一般 G－M 监测仪为便携式仪表，由小型 G－M 管、高压电源和脉冲计数率计组成。在这样的仪器中，G－M 管的计数率与 γ 射线照射量率相联系，为此须对仪器进行刻度，把计数率变换为照射量率的读出结果。

G－M 管的计数率除了与 γ 射线照射量率有关外，还与 γ 射线能量有关，在图 8.42 中给出了几种材料 G－M 管的探测效率随 γ 射线能量的变化曲线。可通过实验对一定型号的 G－M 监测仪给出不同射线能量下的校正因子，得到计数率随 γ 射线照射量率的关系。图 8.46 就是 Ludium 14x 型 γ 射线照射量率计的校正因子曲线，其中屏蔽是指对 β 射线的屏蔽，由于一般 γ 射线的发射都由 β 衰变而来，屏蔽的有无会对校正因子有影响。

---

① 　参考书目[12]中 chap. 3，Ⅶ－B，p. 98.

此外,G－M 管还用于许多特殊的场合,例如用于医学诊断的"针形计数管"(Needle Counter),其前部壁厚 0.1 mm,直径为 2～3 mm 的不锈钢薄管,灵敏体积的长度可为 1 cm。由于其形状和大小,可用于插入软组织和相似的应用。当然,也可利用 G－M 管的输出信号来确定粒子入射的时刻,从而判断某核事件发生的时刻。如前所述,G－M 管的时间分辨本领最高可达 10^{-7} s 左右。

前面所提到的强流管,实质上是一种粗阳极的卤素管,图 8.47(a)是阳极直径 0.5～1.5 mm 的强流管,(b)的强流管阳极粗至几毫米,在阳极筒内可放置放射源,达到 4π 立体角的测量条件,以提高探测效率。甚至还可采用直径更大的阳极,其内壁空间可放置另一个计数管用于低水平测量,外计数管作为反符合装置,用于降低本底计数。

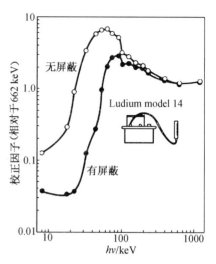

图 8.46 某型 G－M 监测仪的校正因子与光子能量的关系

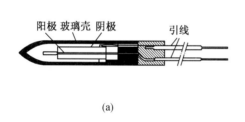

(a)

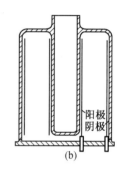

(b)

图 8.47 两种强流管

8.5 气体探测器的新发展

随着粒子物理和高能物理实验的发展,在多丝正比室或漂移室的基础上又发展了许多形式的气体探测器,其基本原理大多可以用正比计数器或多丝正比室的原理去理解,但它们克服了多丝正比室制造工艺要求高的局限性,且在空间分辨率等方面有很大提高。下面介绍几种。

1. 微条气体室

微条气体室(Microstrip Gas Chamber,简称 MSGC)是 1988 年法国的 A. Oed 使用光刻技术制成的。在绝缘或半绝缘基板上通过光刻形成交替布置的两组细金属条,分别为阳极条(宽度为 5～10 μm)和阴极条(也称为电场条,宽度为 50～100 μm),两条之间中心间距为 50～100 μm。两阳极条中心间距为 200 μm。在阳极上加适当高压,则阳极附近电场强度可高至产生电子雪崩,其空间分辨率可到 30 μm。

2. 气体电子倍增器

气体电子倍增器(Gas Electron Multiplier,简称 GEM)是 1997 年 CERN 开发的。在两面覆

铜(铜层厚 5 μm)的薄板(厚 50 μm)上通过光刻技术蚀刻高密度小孔(孔径约 70 μm,间距 140 μm),在两面之间施以一定的电位差,则各个小孔处会形成强电场,电子在该处可发生雪崩放大,这就是 GEM 的原理。GEM 的增益可达到约 10^4,空间分辨率可到 40 μm。在 GEM 中,电子通过小孔倍增放大后又回到了气体中继续漂移,因此可以实现多层 GEM 结构,以达到更高的增益。GEM 信号可以用 MSGC 或其他位置灵敏探测器读出。

3. 阻性板室

阻性板室(Resistive Plate Chamber,简称 RPC)是由两块平行的阻性材料(如玻璃、电木)板组成的,两板间气隙厚度为几毫米,典型的约为 2 mm,阻性板外表面涂覆导电石墨层作为电极,一般所加高压在气隙中产生约 5 kV/mm 的均匀电场。带电粒子通过气隙时会产生流光放电,在高阻的阻性板上会产生瞬时的压降,使气隙内电场强度骤降,放电猝灭,且放电只限制在放电点周围几平方毫米范围内。放电引起的信号可通过金属感应条或感应片读出,以实现一定的位置灵敏性。RPC 的主要特点是时间分辨率好(< 1.5 ns),探测效率高(90% ~ 98%),输出信号较大(200 ~ 400 mV),造价低并适合批量制作,在许多大型实验中均被大量使用。

思　考　题

8 – 1　为什么射线在气体中产生一对离子对平均消耗的能量要比气体分子的电离能大?

8 – 2　气体探测器为什么会有离子脉冲电离室和电子脉冲电离室的区别,区别又在哪里?

8 – 3　试说明屏栅电离室栅极上感应电荷的变化过程。

8 – 4　为什么屏栅电离室的收集极必须是阳极?

8 – 5　电流电离室所能测的最大辐射强度受何因素限制? 脉冲电离室呢?

8 – 6　为什么圆柱形电离室、正比计数器、G – M 管的中央丝极必须是阳极?

8 – 7　圆柱形电子脉冲电离室的输出电荷主要是由电子所贡献,但在圆柱形正比计数器中输出电荷却主要是正离子的贡献,这是什么原因?

8 – 8　试说明有机自熄 G – M 管在工作过程中有哪些会导致有机分子分解的过程?

8 – 9　对于 G – M 管来说,本底脉冲信号与所要探测的射线产生的脉冲信号有无差别?

8 – 10　为什么卤素管可以获得比有机管低的阈压?

8 – 11　根据 G – M 管坪的定义,试分析电离室、正比计数器坪特性曲线将有何特点?

8 – 12　有机自熄 G – M 管能否全部充以有机蒸气而不充氩气,以提高计数寿命?

8 – 13　试总结负电性气体对电离室、正比计数器以及 G – M 管性能的影响。

8 – 14　试总结多原子分子气体在上述三种探测器中的作用。

习　题

8 – 1　设平板电离室两电极间的距离为 2 cm,内充 1.5 大气压的氩气,所加高压为 1 000 V。请计算正离子由阳极表面漂移到阴极表面所需的时间?

8 – 2　设平板电离室两电极间的距离为 2 cm,请分别计算出电离室中在阳极表面、两电极中间以及阴极表面三处产生的一离子对因漂移而产生的 $I^+(t)$、$I^-(t)$、$Q^+(t)$、$Q^-(t)$ 以及 Q^+ 和 Q^-?(设电子漂移速度为 10^5 cm/s,正离子漂移速度为 10^3 cm/s)。

8 - 3 有一充氩气的离子脉冲电离室,电离室本身电容为 10 pF,输出回路中放大器的噪声为 20 μV(均方根值),输入电容为 20 pF。若认为信噪比小于 5 就无法进行测量了,试计算该脉冲电离室所能测量的最低粒子能量?

8 - 4 设在极板距离为 d 的平板电离室中,α 粒子的径迹如图 8.48 所示,假定沿径迹各处的比能损失为一常数 S,且已知电子的漂移速度为 u,试画出电子漂移形成的电流脉冲,并计算出电流脉冲的幅度和持续时间。

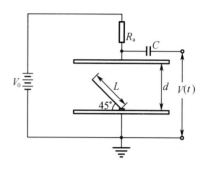

图 8.48

8 - 5 设有一充氩气的圆柱形电子脉冲电离室,阳极半径 $a = 0.1$ mm,阴极半径 $b = 1$ cm,长度 10 cm,所用仪器输入电容为 10 pF。试计算 1 MeV 质子所产生的最大电压脉冲幅度?

8 - 6 设有一累计电离室,每秒有 10^4 个 α 粒子射入其灵敏体积并将全部能量损耗于其中。已知 $E_\alpha = 5.3$ MeV,电离室内充纯氩气,试求出累计电离室输出的平均饱和电流。若输出回路的参数为 $R_0 = 10^{10}$ Ω, $C_0 = 20$ pF,此时输出电压信号的相对均方根涨落是多大?

8 - 7 为达到所需的信噪比要求,一充氩的正比计数器输出电压脉冲幅度至少为 10 mV,若总电容 $C_0 = 100$ pF,则正比计数器的气体放大倍数 A 应至少为多大才能测量 50 keV 的 X 射线?

8 - 8 试计算屏栅电离室和正比计数器对 ^{210}Po 放射源能量为 5.30 MeV 的 α 粒子的最佳能量分辨率,设工作气体均为 Ar,法诺因子 $F = 0.2$。

8 - 9 用正比计数器测量 α 粒子强度,每分钟计数为 5×10^5 个。假如该正比计数器的分辨时间为 3 μs,试校正计数损失。

8 - 10 G - M 计数管常见的接法如图 8.49 所示,在阴极接地时,中央丝极接正高压;中央丝极接地时,阴极接负高压。假定输出回路时间常数比较小(例如为微秒量级),请画出这四种情况下输出回路的等效电路和输出的电压脉冲(标明极性和直流电位)。

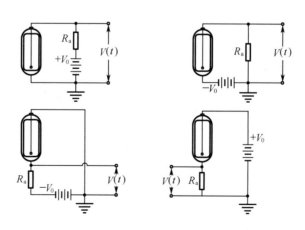

图 8.49

8－11　对正比计数器、G－M 计数管等气体压力低于常压的气体探测器,当用于探测能量为 1 MeV 的 γ 射线时,探测效率随计数管壁厚的变化规律大约如图 8.50 所示。(1)试解释该曲线的基本成因;(2)试估计最佳壁厚 d_m 的量级。

8－12　假定 G－M 计数管的气体放大系数 $A \approx 2 \times 10^8$,定标器的阈值设置为 0.25 V,试求输出回路中允许的最大分布电容是多大?(已知计数管的电容 $C_1 = 10$ pF,测量仪器的输入电容 $C_i = 15$ pF)。

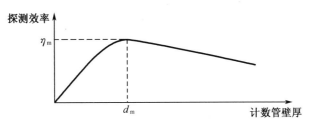

图 8.50

第9章　闪烁探测器

　　闪烁探测器(Scintillation Detector)是利用电离辐射在某些物质中产生的闪光来探测电离辐射的,它也是目前应用最多、最广泛的电离辐射探测器之一。对射线引起物质发光的现象人们是很熟悉的,最典型的如 X 光透视,就是利用 X 射线透射过人体组织并在荧光屏上成像来诊断的。早在 1910 年,卢瑟福在 α 散射实验中已使用了闪烁探测器,通过显微镜用眼睛直接观察 α 粒子在硫化锌荧光屏上产生的微弱闪光来计数。由于使用上不方便,闪烁探测器的发展比较缓慢。

　　1947 年 Coltman 和 Marshall 成功地用光电倍增管(Photomultiplier Tube,简称 PMT)测量了辐射在闪烁体内产生的微弱荧光光子,开始了现代闪烁探测器的发展[①]。随着光电倍增管等微光探测器件的应用与技术的进步,闪烁探测器得到了非常迅速的发展,各种新型闪烁体层出不穷。由于具有探测效率高、分辨时间短、使用方便、适用性广等特点,闪烁探测器在某些方面的应用已经超过了气体探测器,并为形成 γ 射线谱学提供了可能。

9.1　闪烁探测器的基本工作原理

　　闪烁探测器主要由闪烁体、光电转换器件及相应的电子学系统三部分组成,如图 9.1 所示。目前常用的光电转换器件是光电倍增管,但雪崩型光二极管的应用也在逐渐增多。在闪烁体与光电转换器件之间有时会配置光导,以确保闪烁光子的收集与传输。下面以配有光电倍增管的闪烁探测器为例,描述一下闪烁探测器的工作过程:

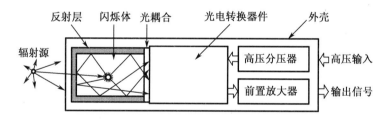

图9.1　闪烁探测器及闪烁谱仪组成示意图

　　①首先入射辐射射入闪烁体并在闪烁体中损耗能量,引起闪烁体原子的电离和激发;
　　②受激原子退激发出波长位于可见光或临近可见光的闪烁光子;
　　③闪烁光子通过反射、透射等光传输过程打到光电倍增管的光阴极上;
　　④打到光阴极上的闪烁光子按一定概率在光阴极上转换成光电子;
　　⑤光电子飞向光电倍增管的第一打拿极被收集并发射出更多的电子;
　　⑥电子在光电倍增管的打拿极系统传输并倍增;

　　①　J. W. Coltman and F. H. Marshall, Phys. Rev. 1947,2:528.

⑦倍增后的电子在光电倍增管的最后一个打拿极与阳极间运动时,在相应输出回路上形成输出信号。

若用 n_e 表示在光电倍增管第一打拿极上收集到的光电子数,M 表示光电倍增管的总倍增系数。那么,在光电倍增管输出端的输出电荷量为

$$Q = M \cdot n_e \cdot e \tag{9.1}$$

一般情况下,闪烁体产生的闪烁光子数正比于入射粒子损耗在闪烁体中的能量,因此,当入射粒子能量全部损失在闪烁体内时,测量输出信号的大小可以得到入射粒子的能量。闪烁探测器主要工作于脉冲工作状态,如用于计数或输出脉冲幅度的分析,输出信号反映的都是单个入射粒子的信息;当然有些情况下,闪烁探测器也可工作于累计工作状态。

9.2　闪　烁　体

闪烁体是指和辐射相互作用之后能产生闪烁光子的物质,主要包括以下三种类型:

①无机闪烁体,如碱金属卤化物晶体(如 NaI(Tl),CsI(Tl)等)或其他无机晶体(如 $CdWO_4$、ZnS(Ag)、BGO 等)以及玻璃体;

②有机闪烁体,如有机晶体(如蒽、芪晶体等)、有机液体与塑料闪烁体;

③气体闪烁体,如氩、氙等。

按照辐射探测的要求,理想的闪烁材料应该具有以下性质:

①发光效率高——将带电粒子动能转变成闪烁光子的效率较高;

②线性好——入射带电粒子损耗的能量与产生的闪烁光子数应当是很好的线性关系,并且呈线性关系的能量范围越大越好;

③发射光谱与吸收光谱不重叠——闪烁体介质对自身发射的光是透明的,可以有效地收集到入射粒子产生的闪烁光子;

④发光衰减时间短——入射粒子产生闪光的持续时间短,可以产生快的输出信号;

⑤良好的加工性能及合适的折射率等。

任何闪烁体都很难同时满足所有的要求,使用中要根据具体工作需要来选择适合的最佳闪烁体。一般来说,无机闪烁体的光输出产额及线性比较好,但发光衰减时间较长;而有机闪烁体的发光衰减时间短得多,但其光产额较低。

9.2.1　闪烁体的发光机制

有机闪烁体的发光机制和无机闪烁体有很大的不同,有机闪烁体的发光过程是单个分子的能级结构决定的,与整个闪烁体的物理状态(如固体、液体、气体或溶液等)无关。而无机闪烁体的发光过程由材料晶格结构与组分的能态(能带与杂质能级等)确定。下面重点讨论无机闪烁体的发光机制。

无机闪烁体的发光机制以无机晶体,尤其是掺杂激活剂的卤素碱金属最为典型,例如NaI(Tl)、CsI(Tl)等晶体。晶体材料是指具有空间点阵结构,即组成晶体的原子、分子或离子是按一定的规则排列的材料。在晶体中,大量原子按一定规律紧密地排列在一起,相邻原子间的相互作用得到明显的加强。在晶体内按周期性排列的各原子核电场的作用下,各原子的外层电子可以转移到围绕晶体内的其他原子核而运动。这样的电子不再从属于某个特定的原

子,而是从属于整个晶体。晶体内的这种现象称作电子的共有化。

晶体中电子所处的能量状态将由孤立原子中的一系列能级变为一组能带。对 N 个原子组成的晶体,每个能带将由 N 个能差非常小的能级组成,且只能容纳有限个电子。在基态时,总是低能量的能带先被占据,然后逐步向上填。由价电子所填充的能带称为价带,比价带能级更低的能带,则被内层电子填满。比价带能级高的能带称为导带,处于导带中的电子可以自由迁移通过晶体。价带顶与导带底之间称为禁带,其宽度称为禁带宽度 E_G,纯净晶体的禁带中不可能有电子。图 9.2 给出了晶体闪烁体的简化能带图。

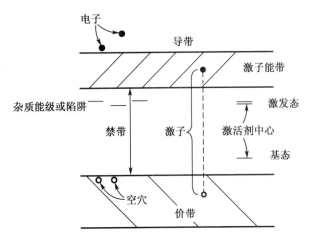

图 9.2　卤素碱金属晶体的能带结构

当入射粒子使晶体获得一定能量时,将使一些电子主要由价带跃过禁带而进入导带,同时在价带中留下一些空穴,即产生了电子－空穴对。伴随着电子从导带跃迁回价带,将发出一个能量与禁带宽度相当的光子,一般而言,这些光子处于不可见的紫外区域。在纯晶体中,这些光子会被介质原子共振吸收而不能透射出闪烁体。为了使无机闪烁晶体能发出可输出的闪烁光子,通常在晶体中加入少量杂质,即激活剂,这些激活剂是发光中心,可以提高晶体的发光效率并使发射的光子处于可见光的范围。

激活剂在纯晶体的禁带中产生了一些局部能级,如图 9.2 所示。当带电粒子经过探测介质并与探测介质发生相互作用时,电子将从价带上升到导带,形成大量电子—空穴对。由于激活剂原子的电离能小于典型晶格点的电离能,带正电的空穴将迅速向一个激活剂晶格点迁移并使其电离,同时,导带中的电子在晶体内自由移动直到碰到这种电离了的激活剂为止,此时电子落入激活剂晶格点,从而形成了处于激发态的激活剂原子,这些激发态在图 9.2 中用禁带内的短线表示。

当激活剂原子处于允许跃迁的激发态时,原子会很快地(典型寿命约为 10^{-7} s 或更小)退激并且发射出光子,其能量为激活剂的激发态到其基态的能量差,这些光子称为荧光光子,是我们关心的主要对象。由于电子—空穴对的产生及迁移过程极快,闪烁晶体的发光过程可以看作在粒子入射的瞬间就使一批激活剂原子处于激发态,然后按各激发态特有的寿命退激发光。对大多数无机闪烁体来说,可用一个发光衰减时间,即单一的指数衰减规律来描述发光过程。

上述过程中发出的光子的能量小于晶体的禁带宽度,不能被晶体吸收,而且由于激活剂的浓度很低,一般也不能再引起激活剂的激发而被吸收。也就是说,激活剂使晶体的发射光谱和吸收光谱不再严重地重叠,产生的闪烁光子容易从晶体中传输出来。适当地选择激活剂,可以使退激光子能量处于可见光区域。

有时,激活剂原子会处于禁止跃迁回基态的激发态,只有从热运动中获得能量而升至某一较高能量的允许跃迁能级后,才能跃回基态而发出光子,该退激过程将延续 10^{-4} ~ 1 s,甚至到小时的量级,所发出的光子称作磷光光子,磷光是闪烁体的本底光或“余辉”的重要来源。另外,当电子及空穴被激活剂晶格点俘获后,可能发生某些无辐射跃迁,这种情况下不产生闪烁光子,称为猝灭。

固体物理研究表明,当电子被激发到靠近导带底时,电子与空穴将以一种联系松散的组态一起迁移来代替上述电子与空穴的单独迁移,形成所谓的激子(Exciton)。当激子遇到一个激活剂原子的晶格点,也将发生与前相同的退激过程并发出光子。

下面我们来看一下闪烁过程中的能量传递效率。对多数物质,产生一个电子 – 空穴对平均约需要三倍的禁带宽度的能量。如 NaI(Tl) 晶体的禁带宽度 $E_G = 7.3$ eV,则在 NaI(Tl) 晶体中产生一电子 – 空穴对约需要 22 eV 的能量,所以,入射带电粒子在 NaI(Tl) 中损耗 1 MeV 的能量时将产生约 4.5×10^4 个电子 – 空穴对。实验测得 NaI(Tl) 的闪烁光总能量与入射 β 粒子消耗能量之比约为 13%,闪烁光子的平均能量约为 3 eV,这样,入射 β 粒子消耗 1 MeV 能量后将产生 4.3×10^4 个闪烁光子。可以看出,闪烁光子数非常接近于粒子入射时形成的电子 – 空穴对数,几乎每一电子 – 空穴对都将产生一个闪烁光子,能量传递给激活剂晶格点的过程是非常有效的。

有机闪烁体大多属于苯环结构的芳香族碳氢化合物,发光过程主要由 π 电子能态间的跃迁实现。在有机闪烁体中,同样可以观察到荧光和磷光的发射,其荧光衰减时间为 10^{-9} s,磷光过程则可达 10^{-4} s,且磷光光谱的波长比荧光光谱的波长要长。

在有机闪烁体中还可观察到波长和荧光一样,但时间迟后的延迟荧光。延迟荧光具有较长的寿命并服从一定的指数规律,用两个指数衰减曲线(即快闪烁成分和慢闪烁成分)之和能恰当地描述复合产额曲线。

有机闪烁体的发射光谱和吸收光谱的峰值是分开的,但发射谱的短波部分与吸收谱的长波部分有少许重叠,导致闪烁体对自身发射的荧光仍有一定的自吸收。为提高发光效率,会加入一些低浓度的高效闪烁物质,形成"二元"有机闪烁体。为进一步改善与光电倍增管光谱响应的匹配,常又加入微量的"波长移位剂"(又称移波剂)使产生的发射波长更长,构成"三元"有机闪烁体。这些有机闪烁体可以是液体或塑料闪烁体。

9.2.2　闪烁体的物理特性

闪烁体与探测辐射有关的物理特性主要有以下几个方面,这些特性对各种类型的闪烁体都是重要和适用的。

1. 发射光谱

闪烁体受辐射粒子激发后所发射的光并不是单色的,而是具有一定波长范围的连续谱。图 9.3 为几种典型闪烁体的发射光谱曲线。通常将发射光谱曲线的极大值对应的光的波长作为闪烁体发射光谱的特征,称为发射谱极大值的波长。

了解不同闪烁体的发射光谱,主要为了处理好闪烁体与光电倍增管光谱响应的匹配问题。图 9.3 中也给出两种最常用的光电倍增管光阴极材料的光谱响应曲线,它们分别是双碱材料和 S – 11 光阴极。可见,对常用的无机晶体,它们的匹配是相当好的。

有机闪烁体的发射谱极大值的波长一般位于 400 ~ 450 nm 的可见光区域,与所加的发光物质和移波剂等添加物成分有关,个别可达 530 nm,位于红外的区域。

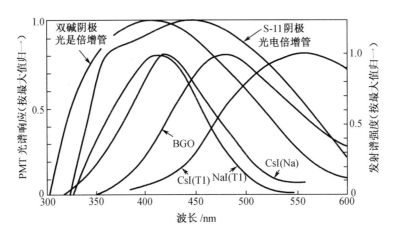

图9.3 几种常用的无机晶体的发射光谱和两种光阴极材料的光谱响应曲线[12]

2. 闪烁效率 C_{np} 和光子产额 Y_{ph}

入射粒子损耗在闪烁体内的能量仅有一部分转换为了闪烁光子的能量,而大部分转换为了晶格振动能和热能等非辐射能量。其中,闪烁体将入射粒子损耗在其中的能量转换为发射光子的能量是闪烁探测器的最基本过程,该能量转换效率以及它与入射粒子的类型和能量的关系也是我们关心的。对于该能量转换效率,一般可用以下三种量来描述。

(1)闪烁效率 C_{np}

闪烁效率又称发光效率,它为入射粒子损耗在闪烁体中的能量 E 转换为闪烁光子的总能量 E_{ph} 的百分比,即

$$C_{np} = \frac{E_{ph}}{E} \times 100\% \tag{9.2}$$

同一闪烁体对具有相同能量的不同辐射的 C_{np} 值是不同的。例如,NaI(Tl)晶体对 β 粒子的闪烁效率为13%,而对 α 粒子的仅为2.6%。各种带电粒子的闪烁效率与相同能量下电子的闪烁效率之比称为抑制因子,该因子与能量有关。

(2)光子产额 Y_{ph}

光子产额为入射粒子在闪烁体中损失单位能量后所产生的闪烁光子数,这里的闪烁光子数一般指的是荧光光子数。设入射粒子在闪烁体中消耗的能量为 E,所产生的闪烁光子总数为 n_{ph},则光子产额为

$$Y_{ph} = \frac{n_{ph}}{E} \qquad (光子数／MeV) \tag{9.3}$$

假如闪烁体所发射光子的平均能量为 $h\bar{\nu}$,则光能产额与闪烁效率之间的关系是

$$Y_{ph} = C_{np}/h\bar{\nu} \tag{9.4}$$

例如,NaI(Tl)对快电子的闪烁效率约为13%,则1 MeV的快电子将有130 keV能量转换为闪烁光子的能量,而闪烁光子的平均能量约为3 eV,由(9.4)式,NaI(Tl)对快电子的光能产额则应为 4.3×10^4 个光子/MeV。

(3)相对闪烁效率(也称为相对发光效率)

闪烁效率或光子产额的确定涉及光子数的绝对测量,技术上很复杂。通常闪烁体性质表中给出的是相对闪烁效率,一般以蒽或 NaI(Tl) 为参考,即定义蒽或 NaI(Tl) 对 β 射线的相对闪烁效率为 100%,由此得到其他闪烁体的相对闪烁效率,如以蒽为参考,则得到 NaI(Tl) 晶体对 β 射线的相对闪烁效率为 230%。在比较不同闪烁体的相对闪烁效率时,请注意要以同一个闪烁体为参考标准。

显然,对核辐射测量而言,闪烁体的闪烁效率越高越好,这样不仅能使输出脉冲幅度较大,并且由于光子数多,统计涨落小,会得到较好的能量分辨率。

3. 闪烁体的能量响应

在能谱测量中,我们特别关心闪烁体的闪烁效率是否能够与辐射能量无关,或者在相当宽的辐射能量范围内为一常数,以保证闪烁探测器输出信号的幅度与辐射损耗在其中的能量呈线性关系,从而达到良好的能谱测量效果。闪烁体闪烁效率与辐射能量的关系称为闪烁体的能量响应,该关系需要通过实验测量。

实验表明,有机闪烁体,如蒽、芪、液体闪烁体及塑料闪烁体等,对能量高于 125 keV 的电子的能量响应是线性的。而对于质子或 α 粒子等重带电粒子,它们的闪烁效率要比相同能量下电子引起的闪烁效率低得多,例如能量在几百 keV 的质子的光输出大约比电子的小一个数量级,当能量更高时这种差别会变小一点。另外,重带电粒子能量响应的非线性也要大于电子的,需要更高的能量才能呈现线性关系。Maier 与 Nitschke 用 NE213 液体闪烁体对质子进行了测量,其光输出结果如图 9.4 所示,光输出用等效电子能量来表示。由图可见,当质子能量在 5 MeV 以下时,光子产额可描述为正比于 $E^{3/2}$,而当能量更高时,则近似与能量呈线性关系,该结论对多数有机闪烁体都是成立的。

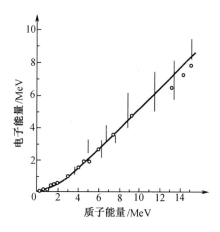

图 9.4　液体闪烁体 NE213 的光输出与质子能量的关系[12]

无机闪烁体闪烁效率一般较大,多用于辐射的能谱测量,尤其是 γ 射线的能谱测量。因此,大家对无机闪烁体的能量响应更为关切。图 9.5 给出了 7 种无机闪烁体对电子的相对能量响应曲线①,各曲线对 445 keV 的数值进行归一。理想的能量响应应为通过 445 keV 点的水平线,这样,总的光输出将直接正比于入射粒子损耗在闪烁体中的能量。由图可见,除 YAP 外的各种闪烁体对电子的能量响应均呈现出一定的非线性,而且主要是在低能部分,所以利用闪烁探测器测量入射粒子能量时必须首先确定适当测量的能量区间和进行能量刻度。

4. 闪烁体的时间响应及发光衰减时间

入射带电粒子与闪烁体作用沉积能量并引起闪烁体发出由闪烁光子构成的光脉冲,该光脉冲的时间特征即为闪烁体的时间响应,一般可看成由上升时间和衰减时间两部分组成。其中,上升时间主要取决于带电粒子在闪烁体中耗尽能量所需要的时间以及闪烁体内原子激发的时间,约为 $10^{-11} \sim 10^{-9}$ s 量级;而衰减时间则相应于原子激发态的退激过程,满足指数衰减

---

① W. Mengesha, et al. IEEE Trans. Nucl. Sci. 1998, 45(3): 456.

规律。

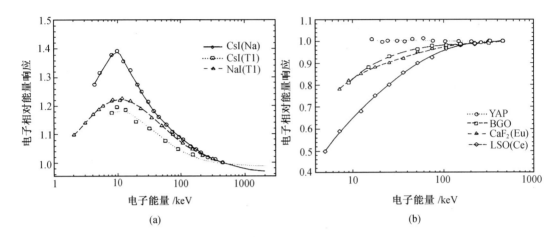

图9.5　几种无机闪烁体的电子能量响应曲线

若闪烁光脉冲的上升时间远小于衰减时间,则可认为上升过程是瞬时完成的,因此可用一个简单的指数函数模型来描述该时间响应,即从带电粒子入射到闪烁体的时刻起,t 时刻单位时间内闪烁体发射的光子数 $n(t)$ 近似为

$$n(t) = n(0)\,\mathrm{e}^{-t/\tau_0} \tag{9.5}$$

式中,$n(0)$ 为 $t=0$ 时刻单位时间内发射的光子数;τ_0 为闪烁体的发光衰减时间常数,是闪烁光脉冲发光强度降为 $1/e$ 所需的时间。作为闪烁体的重要指标之一,不同的闪烁体会有不同的 τ_0,例如,NaI(Tl)晶体的 τ_0 为 0.23 μs,CsI(Na)晶体的 τ_0 为 0.63 μs。

由(9.5)式,在一个闪烁光脉冲中闪烁体发射的总光子数应为

$$n_{\mathrm{ph}} = \int_0^\infty n(t)\,\mathrm{d}t = \int_0^\infty n(0)\,\mathrm{e}^{-t/\tau_0}\mathrm{d}t = n(0)\cdot\tau_0$$

则(9.5)式可改写为

$$n(t) = \frac{n_{\mathrm{ph}}}{\tau_0}\cdot\mathrm{e}^{-t/\tau_0} \tag{9.6}$$

(9.6)式适用于大多数无机闪烁体,它们的 τ_0 大部分为百纳秒或微秒量级,远大于光脉冲的上升时间。而有机闪烁体和少数无机闪烁体具有小得多的发光衰减时间,如塑料闪烁体 NE102A 的 $\tau_0 = 2.4$ ns,这时,闪烁体发光能态形成所需要的时间不能再看成是瞬间的,因此全面描述闪烁光脉冲形状必须考虑它的上升时间。一些研究认为可采用标准偏差为 σ_{ET} 的高斯函数 $f(t)$ 来描述发光能态的形成[①]。这时,闪烁光脉冲将为(∗ 号表示卷积)

$$n(t) = n(0)\cdot f(t) * \mathrm{e}^{-t/\tau_0} \tag{9.7}$$

实验中,可用高速测量手段测量光脉冲的半高宽(FWHM)来表征闪烁光脉冲的上升和下降时间,而且用 FWHM 比单独用 τ_0 更能准确地描述特别快的闪烁体的性能。以 NE102A 为例,高斯函数 $f(t)$ 的 $\sigma_{\mathrm{ET}} = 0.7$ ns,$\tau_0 = 2.4$ ns;实验测得的 FWHM $= 3.3$ ns。

另外,前面提到过有机闪烁体除荧光光子的发射外,还可观察到波长和荧光一样但时间迟

① 　B. Bengtson and M. Moszynski, Nucl. Instrum. Meth. 1974,117:227.

后的延迟荧光。也就是说,有机闪烁体闪烁光脉冲由快、慢两种成分构成,需要用两个光脉冲的叠加来描述。我们仍采用忽略上升时间的简化指数函数模型描述每个光脉冲,则总的光脉冲可表示为

$$n(t) = \frac{n_f}{\tau_f} e^{-t/\tau_f} + \frac{n_s}{\tau_s} e^{-t/\tau_s} \qquad (9.8)$$

其中,τ_f 与 n_f 分别为快成分的发光衰减时间常数和总光子数,而 τ_s 及 n_s 则分别为慢成分的发光衰减时间常数和总光子数。一般说来,τ_f 为纳秒量级,τ_s 则在数十至数百纳秒之间,如 NE213 液体闪烁体的 $\tau_f = 2.4$ ns,$\tau_s = 200$ ns,分别对应荧光和延迟荧光的发光衰减时间常数。理论研究表明,慢成分的份额主要取决于激发粒子的能量损失率 dE/dx,dE/dx 大的粒子慢成分的比例要大,例如 α 粒子的大于质子的,质子的又大于电子的。

图 9.6 为不同粒子在有机闪烁晶体芘中的发光衰减曲线,各曲线在时间零点取相同数值。由图可见,在半对数坐标上发光衰减曲线均不是一条直线,证明了闪烁光脉冲中存在着至少快、慢两种成分,而各曲线并不重合也反映了不同成分的相对比例与入射粒子种类有关,其中,α 粒子的 dE/dx 最大,所以其引起的发光衰减曲线中慢成分的比例最大,发光衰减曲线随时间缓慢下降;γ 射线(对应的次电子)的 dE/dx 最小,所以其引起的发光衰减曲线中慢成分的比例最小,发光衰减曲线随时间很快下降;而快中子(对应的反冲质子)的处于中间。由此,可根据输出脉冲信号的形状,利用脉冲形状甄别技术来判断入射粒子的类型。例如,在强 γ 场背景下测量中子的注量率时,就常采用脉冲形状甄别技术,去除 γ 射线引起的信号,从而减弱 γ 射线对中子计数的影响,这是一项非常有用的实验技术。

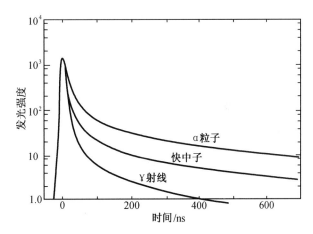

图 9.6 用不同类型辐射激发时芘晶体的发光衰减曲线[12]

5. 闪烁体的温度效应

大多闪烁体的闪烁效率,也就是闪烁体的光输出随温度是变化的,图 9.7 给出了几种常用闪烁体的相对光输出随温度的变化曲线。由图可见,温差较大时,闪烁体闪烁效率的差别可以很大,如 NaI(Tl) 晶体在 150 ℃时的闪烁效率约为室温时的 70%,而 BGO 晶体的闪烁效率随温度升高而下降的趋势比其他闪烁体大得多,在 50 ℃时,它的闪烁效率已降为室温时的 60% 左右,到 100 ℃时其闪烁效率更是低至室温时的约 20%,温度效应限制了 BGO 晶体在环境温度较高条件下的应用。对包括闪烁体和光电倍增管在内的探测系统,一般光电倍增管也是温度敏感的器件,其增益随温度也是变化的,所以,闪烁探测器谱仪应工作在温度变化较小的环境条件下。在环境温度变化较大的情况下,使用闪烁探测器谱仪时需要采用一定的稳谱措施,例如通过跟随特征峰位变化调节光电倍增管高压或放大器放大倍数的反馈调节稳峰方法等,以减少温度效应对闪烁谱仪测量能谱的影响。

此外,闪烁体的发光衰减时间随温度也是有变化的,图9.8给出了NaI(Tl)晶体的发光衰减时间随温度的变化曲线,随温度的增加,NaI(Tl)晶体的发光衰减时间逐渐减小,我们通常说的NaI(Tl)晶体的发光衰减时间为0.23 μs,指的是室温下的数值。在应用脉冲形状甄别技术的场合,特别要注意这一点,可采取控制环境温度或随温度改变甄别阈等方法来解决。发光衰减时间的变化也会给能谱测量带来影响,因为同样光子数时,不同的发光衰减时间对应不同的输出电流形状,从而使输出电压信号的幅度也不再相同,前面提到的稳谱方法在这里依然有效。

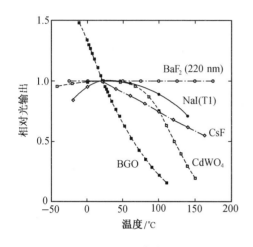

图9.7　几种闪烁体的光输出
随温度的变化[12]

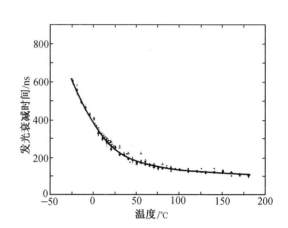

图9.8　NaI(Tl)晶体发光衰减时间
随温度的变化[12]

上面给出的是闪烁体的主要物理特性,在实际工作中,根据具体的应用要求,还必须考虑闪烁体的密度、有效原子序数、折射率、加工性能、吸湿性能、机械性能等;在强辐射测量中,还应特别关注闪烁体的辐照性能。一般闪烁体的性能指标均会在厂家的说明材料中查到,表9.1,9.2,9.3中分别列出了一些常用闪烁体的性能。

9.2.3　无机闪烁体

无机闪烁探测器的使用已有一百多年的历史,大致经过了三个发展阶段:

第一阶段是20世纪50年代以前,典型的如最早期的$CaWO_4$和ZnS的使用,这一阶段闪烁体充当一个类似荧光屏的作用,人们主要通过肉眼观察闪光来判断是否有粒子入射并发生了相互作用,效率很低,使用不便。

第二阶段从1948年开始,主要标志是霍夫施塔特(R. Hofstadter)发明了基于Tl激活的碘化钠晶体的闪烁计数器。随后人们发展了一系列卤化碱金属晶体,使闪烁探测器得到了迅速发展。该阶段是闪烁探测器的一个重要发展时期,开拓和发展了近代γ射线闪烁谱学。

第三阶段大致从20世纪80年代开始,此阶段,Ce^{3+}激活的多种新型探测材料得到了广泛应用,这些新型的无机闪烁体除了有传统卤化碱金属晶体具有的高的闪烁效率和高的阻止本领外,通常发光衰减时间较短,可以用于高计数率的测量。

目前常见的有代表性的无机闪烁材料的主要性能见表9.1,下面分类介绍几种常用的无机闪烁体的性能和应用。

表 9.1　常见无机闪烁体的性能

材料	发射谱极大值的波长 λ_m/nm	发光衰减时间常数/μs	λ_m 的折射率	密度 ρ/(g/cm³)	光输出/(光子数/keV)	X/γ 相对光输出（双碱光阴极)/%	是否潮解
碱金属卤化物							
NaI(Tl)	410	0.23	1.85	3.67	38	100	严重
CsI(Na)	420	0.63	1.84	4.51	41	85	是
CsI(Tl)	565	0.68(64%),3.34(36%)	1.79	4.51	54	45	轻微
^{6}LiI(Eu)	470~485	1.4	1.96	4.08	11	23	是
其他慢晶体							
ZnS(Ag)[a]	450	0.20	2.36	4.09	~50	130[b]	否
CaF$_2$(Eu)	435	0.9	1.44	3.19	19	50	否
Bi$_4$Ge$_3$O$_{12}$	480	0.30	2.15	7.13	8~10	8~20	否
CdWO$_4$	475	1.1(40%),14.5(60%)	2.30	7.90	12~15	30~50	是
非掺杂快晶体							
BaF$_2$	220,310	0.0006,0.63	1.56	4.89	1.8,10	3,16	否
CsI	315,500	0.016(80%),1.0(20%)	1.80	4.51	2	4~6	轻微
CeF$_3$	310,340	0.005,0.027	1.68	6.16	4	0.04~0.05	否
Ce 激活快晶体							
GSO	440	0.056(90%),0.4(10%)	1.85	6.71	9	20	否
YAP	370	0.027	1.95	5.37	18	40	否
YAG	550	0.088(72%),0.302(28%)	1.82	4.56	8	15	否
LSO	420	0.047	1.82	7.40	25	75	否
LuAP	365	0.017	1.94	8.40	17	30	否
BrilLance™350	350	0.028	~1.9	3.79	49	70~90	否
BrilLance™380	380	0.026	~1.9	5.29	63	130	是
PreLude™420	420	0.041	1.81	7.10	32	75	否
玻璃闪烁体							
锂玻璃[c]	395	0.075	1.55	2.5	3~5	10	否

此数据来自[12]和 Crystals &Detectors,SAINT‑GOBAIN 产品目录。

a. 多晶的;b. 对 α 粒子;c. 特性随配方不同而变化。

1. 具有激活剂的卤化碱金属闪烁体

一般的卤化碱金属闪烁体带有激活剂,是当前无机闪烁体的主流,具有闪烁效率高、密度大和阻止本领高的优点,但发光衰减时间较慢。

(1)NaI(Tl)闪烁晶体

NaI(Tl)表示铊激活的碘化钠闪烁晶体,无色透明,密度为 3.67 g/cm³。NaI(Tl)晶体最突出的优点是闪烁效率很高,尽管在它应用于辐射探测的半个多世纪以来,人们已研制了多种其他闪烁晶体,但 NaI(Tl)晶体始终是最卓越的之一,应用十分广泛,是常规测量 γ 射线能谱的标准闪烁材料。NaI(Tl)晶体较容易生长,可以制成尺寸很大(如直径大于 φ300 mm)的 NaI(Tl)晶体毛坯。通常 NaI(Tl)晶体有一定脆性,遇到机械振动或温度冲击容易损坏,但通过热锻工艺可以得到有效改善(如法国圣戈班公司生产的 NaI(Tl)探测器抗冲击性能已达到 1 000 g,耐温达到 200 ℃),而且并不影响其闪烁性能。热锻后可用车、铣等机械加工手段,制成各种尺寸和形状,如 φ25.4 mm×25.4 mm、φ50.8 mm×50.8 mm、φ76.2 mm×76.2 mm 等标准尺寸圆柱体,直径达 φ800 mm 的圆片,100 mm×150 mm×1 200 mm 的长方体等。

　　NaI(Tl)晶体闪烁光脉冲主要成分的发光衰减时间常数为 230 ns,限制了它在高计数率及高时间分辨本领测量中的应用。此外,光脉冲中还有约 9% 的发光衰减时间长达 0.15 s 的磷光,这个时间特性一般比光电倍增管输出电路的时间常数大得多,因此在光电倍增管输出回路中会形成滞后于主脉冲的信号,其幅度很小,低计数率工作时,不会影响主脉冲的测量,但高计数率工作时可能会由于脉冲的堆积对测量产生不利影响。

　　实际应用中,NaI(Tl)晶体的最大缺点是易潮解,制备和使用过程中必须密封包装,否则将很快地潮解变色、性能下降,直至不能使用。

　　(2)CsI(Tl)和 CsI(Na)闪烁晶体

　　碘化铯是另一应用广泛的卤化碱金属闪烁体,共有纯碘化铯(CsI)、铊激活的碘化铯(CsI(Tl))和钠激活的碘化铯(CsI(Na))三种,虽然主要成分一样,且一般物理特性,如密度等完全一致,但它们的闪烁性能却有很大不同。图 9.9 给出了三种碘化铯闪烁体的发射光谱及闪烁效率随温度的变化曲线,由图可见,纯 CsI、CsI(Na)和 CsI(Tl)的发射谱极大值的波长分别为 315 nm,420 nm 和 565 nm,闪烁效率随温度的变化也不相同。此外,三者的发光衰减时间常数也不一样,详见表 9.1。

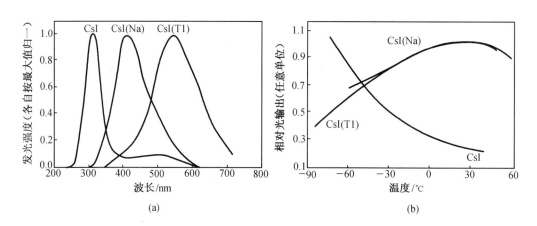

图9.9　三种碘化铯晶体的发射光谱及闪烁效率温度响应曲线

　　由图 9.3,CsI(Na)晶体的相对发射光谱与 NaI(Tl)晶体的很接近,而且光产额与闪烁效率也较高,但发光衰减时间常数约为 0.63 μs,属于比较慢的闪烁体,不适于高计数率使用。CsI(Na)晶体也会潮解,使用和保存要求和 NaI(Tl)晶体一样。

　　相对来说,CsI(Tl)晶体的吸湿性要轻微得多,封装和使用较为方便。CsI(Tl)晶体的闪烁光脉冲由快慢(分别对应发光衰减时间为 0.68 μs 和 3.34 μs)两种成分组成,对于不同的入射粒子,快慢成分的比例不同,因此,可用脉冲形状甄别技术来分辨不同类型的入射粒子,特别是可清晰分辨重带电粒子和电子。由图 9.3 可见,CsI(Tl) 晶体的发射谱极大值的波长远大于 NaI(Tl) 晶体,与常用的 S-11 或双碱光阴极的匹配很差,要注意光电倍增管的选择。

各种碘化铯晶体的共同点是铯的原子序数高于钠,对 γ 射线的探测效率较高;与碘化钠相比,碘化铯较不易碎裂,能经受较剧烈的冲击和振动,切割成薄片时能弯曲成各种形状而不致断裂。碘化铯晶体材料价格较昂贵,也往往限制了它的使用。

(3) LiI(Eu) 闪烁体

铕激活的碘化锂是对中子探测特别重要的一种无机闪烁晶体,其主要性能参见表 9.1,具体应用将在第 13 章中讨论。

2. 其他较慢的非卤化碱金属闪烁体

(1) ZnS(Ag) 闪烁体

银激活的硫化锌具有很高的闪烁效率,甚至比 NaI(Tl) 晶体的还高,但 ZnS(Ag) 晶体仅以多晶粉末形式存在,透光性很差,应用厚度一般不超过 25 mg/cm²。ZnS(Ag) 对快电子的闪烁效率较低,主要用于探测 α 粒子或其他重带电粒子,且能容忍较高的 γ 本底。在卢瑟福的 α 粒子大角度散射实验中,就采用了 ZnS(Ag) 屏作探测器。

(2) BGO 闪烁晶体

锗酸铋晶体的分子式为 $Bi_4Ge_3O_{12}$,一般简称为 BGO 晶体。BGO 晶体是一种没有激活剂的纯无机闪烁体,它的发光机制与 Bi^{3+} 离子的跃迁相关,发射谱和吸收谱有少量重叠,存在自吸收,限制了闪烁体的最大尺寸,并对原材料的纯度要求很高。由于 Bi 的原子序数($Z = 83$)很高,且 BGO 晶体具有较高的密度(7.13 g/cm³),因而 BGO 对 γ 射线的探测效率很高。但是,BGO 晶体的发光效率较低,仅约为 NaI(Tl) 晶体的 8% ~ 20%,且折射率较高不利于光子的收集。BGO 晶体适用于对 γ 射线的探测效率要求高而对能量分辨率要求比较宽容的场合,在大型高能粒子物理实验装置中,BGO 晶体的用量很大,常以吨计。BGO 晶体的机械性能及化学稳定性都比较好,加工和使用较方便。

(3) $CdWO_4$ 晶体

$CdWO_4$ 晶体是一种具有高密度(7.90 g/cm³)和高 Z 值的闪烁晶体,闪烁效率比较高,但有自吸收现象,通常尺寸不能太大。$CdWO_4$ 晶体的发光衰减时间比较长,闪烁光脉冲主要成分的发光衰减时间达到了 14 μs,更适用于电流工作方式的 X 射线探测。$CdWO_4$ 晶体的闪烁光波长较长,主要集中在 400 ~ 600 nm 之间,较适合与光二极管搭配使用,在 X 射线断层扫描仪(即 CT)上有重要应用。该晶体的辐照余晖很弱,3 ms 之后即小于 0.1%。

$CdWO_4$ 晶体耐辐照性能很好,10^4 戈瑞 γ 射线照射下,透光率下降不超过 15%,10^5 戈瑞 β 射线照射下,透光率下降不超过 6%。

另外,其发光效率随温度的变化比较明显(见图 9.7)。相对于 25 ℃ 的光输出,到 100 ℃ 时,约减少 20%,到 150 ℃ 时约减少 80%,这一点对于很多应用领域都是重要的。

3. 非掺杂快无机晶体

(1)BaF_2 闪烁体

氟化钡晶体是目前最快的无机闪烁体。它的闪烁光脉冲由几种成分构成,快成分为紫外光,发射谱极大值的波长为 195 nm 和 220 nm,发光衰减时间常数仅为 $0.6 \sim 0.8$ ns,慢成分发射谱极大值的波长为 310 nm,发光衰减时间常数为 0.63 μs,其中慢成分所占比例较大,在采用石英端窗的光电倍增管时,快成分可占总闪烁产额的 15%。BaF_2 晶体兼有对 γ 射线探测效率高和发光衰减时间短的优点,常用于快时间测量系统,如正电子湮没技术及粒子物理实验等。BaF_2 晶体几乎没有自吸收,可以有较大的尺寸,它的耐辐照性能很好,10^5 戈瑞照射下,闪烁性能没有明显变坏。

(2)纯 CsI 晶体

纯 CsI 晶体的闪烁效率较低,仅为有激活剂时的 5% ~ 8%,其发射光谱及温度性能见图 9.9。CsI 晶体的优点是其闪烁光脉冲中以快成分为主,发光衰减时间仅为 16 ns,这使得它可以应用于快时间测量系统。纯 CsI 晶体的抗辐照性能比掺有激活剂的 CsI 晶体要好得多,而且辐照损伤经过一段时间可以恢复。

4. Ce 激活的快无机晶体

20 世纪 80 年代起,Ce(铈)激活的无机闪烁体开始出现,由于闪烁效率一般较高,同时发光衰减时间可以很小(在 20 ns 到 80 ns 的范围),所以立即引起人们的重视。到目前为止,主要的产品如下。

(1)GSO:Ce 晶体

GSO 晶体是铈激活的硅酸钆晶体($Gd_2SiO_5:Ce$),其闪烁效率高于 BGO 晶体,发光衰减时间很短,典型值为 56 ns(与铈的掺杂量相关);有效原子序数很大;不潮解。适于使用在中能粒子实验用的 γ 谱仪上,在很多领域具有替代 NaI(Tl)、CsI(Tl)和 BGO 的潜在可能,但目前它的价格很高。

由于 Gd 有非常大的俘获截面,即使是天然丰度下,热中子俘获截面也有 47 900 b,所以,它也可以应用于中子探测领域。

(2)YAP:Ce 闪烁晶体

YAP 是铈激活的铝酸钇晶体($YAlO_3:Ce$),密度较大,γ 闪烁效率较高,发光衰减时间较短;但有效原子序数较小,只有 36(如 NaI(Tl)为 50,BGO 为 83),因此应用范围偏向于低能 γ 射线探测和 X 射线探测。该晶体的机械性能很好,可被加工成各种形状,如切割成小块用在成像领域。但目前这种闪烁晶体尺寸还不能做大,限制了它的应用。

YAP 晶体的一大优点在于光输出随温度变化非常小,只有 0.01%/℃(-20 ℃ ~ 70 ℃)。这使得它在石油测井领域和高温工业领域都有比较广阔的应用前景。

上面所述的 GSO:Ce 和 YAP:Ce 已经成为常见的闪烁晶体。此外,Ce^{3+} 离子掺杂的闪烁体还有 LSO:Ce($Lu_2SiO_2:Ce$),YAG:Ce($Y_3Al_5O_{12}:Ce$),LuAP(LuAlO_3:Ce),以及最新推出的 BrilLance^{TM}350($LaCl_3:Ce$),380($LaBr_3:Ce$)和 PreLude^{TM}420($Lu_{16}Y_2SiO_5:Ce$)等,更以高的闪烁效率和短的发光时间引起各个领域的广泛关注。

目前,LSO:Ce,YAP:Ce,LuAP:Ce 等闪烁晶体已被列为下一代 PET(正电子计算机断层扫描)系统中的理想探测器(目前主要以 BGO 为主)。其中,YAP:Ce 晶体在动物 PET 扫描探头等精细辐射成像领域有广泛的应用,而 LSO:Ce 和 LuAP:Ce 晶体在人类 PET 扫描系统、高能物理等领域也有巨大的潜在应用。

尽管掺 Ce^{3+} 闪烁晶体的研究取得了很大的成功,但是也还存在许多问题。例如,YAP:Ce 晶体在 511 keV 能量处探测效率很低,并且具有自吸收现象,使其无法使用于人类 PET 系统中;再如 LSO:Ce,LuAP:Ce 晶体,它们熔点高、生长困难,同时 Lu 元素有天然放射性以及高纯原料价格昂贵等,大大制约了它们的发展,真正的大规模应用尚需时日。可以预计,今后闪烁晶体的发展将还是围绕高闪烁效率、快响应以及高密度等性能为中心的综合研究。

5. 锂玻璃闪烁体

锂玻璃闪烁体是一种铈激活的含锂硅酸盐玻璃,表示为 $LiO_2 - 2SiO_2:Ce$。天然锂制成的玻璃闪烁体可作 β 或 γ 射线强度测量,丰度 90% 以上的 ^6Li 制成的锂玻璃可用于中子探测。玻璃闪烁体的相对光输出很低,但它可以工作在通常的闪烁体不能工作的恶劣环境条件下,例如,高温或化学腐蚀性环境下。

锂玻璃闪烁体发射蓝光,其光输出呈非线性且对入射粒子的比电离很敏感,如 1 MeV 的质子、氘核和 α 粒子的光输出比相同能量电子的光输出分别低 2.1,2.8 和 9.5 倍。

此外,玻璃可能含有天然放射性物质钍或钾,当要求较低本底水平时,须选用由低钍和低钾材料制作的玻璃。

6. 气体闪烁体

有些高纯气体在入射带电粒子作用下会产生闪烁光,可以作为有效的闪烁探测介质,称为气体闪烁体,例如,惰性气体大多具有这方面的性质。表 9.2 中列出了几种惰性气体在常压条件下的性能,其中氮仅供比较。

表 9.2　大气压下气体闪烁的性能[12]

气体	辐射的平均波长/nm	每个 α 粒子(4.7 MeV)的光子数($\lambda > 200$ nm)
氙 Xe	325	3 700
氪 Kr	318	2 100
氩 Ar	250	1 100
氦 He	390	1 100
氮 N(供比较)	390	800
NaI(Tl)	410	41 000

气体产生闪光的机制为:当入射带电粒子通过气体时,沿径迹产生激发的气体分子,这些分子退激时便会发射出光子。一般气体产生的闪烁光都处于紫外光谱区域,必须选用对紫外光灵敏的光电倍增管配合使用。也可以在气体中加入少量的第二气体(例如氮气),通过吸收紫外光子再产生波长长一些的光子,使闪烁光的波长移入可见光区域。一般来说,气体闪烁体的发光衰减时间很小,仅几个纳秒或更小,属于最快的辐射探测器之一。此外,气体闪烁体还有较容易改变大小、形状和对辐射的阻止本领(例如通过气压调整阻止本领)等优点,且在粒子能量和 dE/dx 值的很大范围内线性也很好。

气体闪烁体的主要缺点就是闪烁效率低,比 NaI(Tl) 要低一个数量级以上。由于气体的阻止本领小,所以在能谱测量中,气体闪烁体只限于测量重带电粒子。

新的研究表明,当一些惰性气体在低温下凝聚为液体或固体时可成为一种有效的探测器,如液态或固态的氩、氪、氙和液态的氦都取得了成功,如液态氩和液态氙的绝对光产额可达到40 000 光子/MeV,与室温下 NaI(Tl)晶体的相近,便于低温条件下辐射的探测。

9.2.4 有机闪烁体

有机闪烁体指入射带电粒子能引起闪光的有机材料。常见的有机闪烁体的主要性能见表9.3,下面分类简要介绍一下。

表 9.3 某些有机闪烁体商品的性能

	闪烁体	密度	折射率	闪点温度/℃	光输出（蒽为100）[a]	主要组分的衰减常数/ns	最大发射谱的波长/nm	加载元素及含量(重量百分比)	H/C（H 原子数/C 原子数）	主要应用[b]
晶体	蒽	1.25	1.62	217	100	30	447		0.715	γ,α,β,快中子
	芪	1.16	1.626	125	50	1.4	410		0.858	快中子,PSD,γ 等
塑料	BC – 400	1.032	1.581	70	65	2.4	423		1.103	γ,α,β,快中子
	BC – 404	1.032	1.581	70	68	1.8	408		1.107	快计数
	BC – 420	1.032	1.58	70	64	1.5	391		1.100	超快定时,薄片
	BC – 430	1.032	1.58	75	45	16.8	580	红发射	1.108	硅二极管,红光阴极管
	BC – 434	1.049	1.59	100	60	2.2	425		0.995	γ,α,β,快中子
	BC – 454	1.026	1.58	75	48	2.2	425	B 5%	1.169	中子谱仪,热中子
液体	BC – 501	0.874	1.508	26	78	3.2	425		1.212	快中子谱仪,γ >100 keV
	BC – 505	0.877	1.442	47	80	2.5	425		1.331	γ,快中子,大面积
	BC – 517	0.85	1.505	115	28	2.2	425		2.05	γ,快中子,带电粒子
	BC – 519	0.875	1.38	74	60	4.0	425		1.73	γ,快中子,PSD
加载液体	BC – 523	0.93	1.411	1	65	3.7	425	B 5%	1.67	总吸收中子谱仪
	BC – 525	0.88	1.506	64	56	3.8	425	Gd 0.5%	1.57	中子
	BC – 537	0.954	1.496	– 11	61	2.8	425	D	99D:C	快中子,PSD
	BC – 553	0.951	1.50	42	34	3.8	425	Sn 10%	1.47	γ/X 射线

a. 按此标度 NaI(Tl)为 230% ;b. PSD 表示中子 - γ 射线脉冲形状甄别。

此数据来自［12］和 Crystals & Detectors,SAINT – GOBAIN 产品目录。

1. 纯有机晶体

广泛使用的纯有机晶体闪烁体只有蒽与芪两种。蒽是应用最早的有机闪烁体,而且在有机闪烁体中发光效率最高。芪的发光效率较低,但在利用脉冲形状甄别技术辨别粒子种类方面常会用到。这两种材料都相当脆,体积不易做大,而且闪烁效率是各向异性的(不同方向可差到 20% ~30%),会使能量分辨率变差。

2. 液体闪烁体

液体闪烁体是将一种有机闪烁物质(例如 PPO、联三苯等)溶解在甲苯或二甲苯等有机溶剂中组成的二元体系闪烁体。实际应用中,还往往同时加入一定量的移波剂。习惯上把有机闪烁物质称为第一溶质,把移波剂称为第二溶质。入射粒子首先使大量溶剂分子处于激发态,而后这些激发能会有效地传递给第一溶质并按其特征发出闪光。第二溶质的作用是先有效地吸收第一溶质的闪光而后再发出波长变长了的光子,使得闪烁体的发射光谱与光电倍增管的光谱响应更好地匹配。

液体闪烁体可用于测量 ^{3}H、^{14}C 等的低能 β 放射性,也可用于中子探测,特别是被测物质能溶解在液体闪烁体中时,探测效率几乎可以达到 100%。由于其体积可以做得非常大(其体积就是容器的容积),在高能粒子物理实验中有广泛的应用。

3. 塑料闪烁体

塑料闪烁体实质上就是固态聚合的液体闪烁体。例如,可先把第一溶质及第二溶质按一定配比溶入苯乙烯单体组成的溶剂中,再加温聚合成聚苯乙烯状态的塑料闪烁体。塑料闪烁体的发光机制与液体闪烁体相同,它的突出优点是易于加工成各种形状,体积可以做得很大,价格也便宜,常常是大体积固态闪烁体的优先选择。但在尺寸很大时,闪烁体的自吸收需要认真考虑。

塑料闪烁体也可以制成光纤,称为闪烁光纤,闪烁光子在光纤壁上发生全反射,只能在光纤的端面出射。闪烁光纤可以单根使用,也可以多根扎成一捆使用,根据输出光子的光纤位置可以确定入射粒子的位置。闪烁光纤有良好的柔性,可以弯曲,所以构成的探测器容易在各种几何条件下与光电器件耦合。此外,闪烁光纤构成的探测器还具有时间响应特性好和对磁场不灵敏等特性,因此,在高能物理实验中应用较广泛。

4. 加载有机闪烁体

有机闪烁体可以直接用于测量 β 粒子和 α 粒子等带电粒子,通过质子反冲也可以测量快中子(详见第 13 章)。由于有机闪烁体的成分都是低 Z 值原子(氢和碳等),对一般能量 γ 射线的光电截面非常小,因此普通有机闪烁体测量的 γ 谱中将只出现康普顿连续谱,而没有光电峰。为了能获得一定的光电截面,人们尝试在有机闪烁体中加入高 Z 值元素,如铅或锡,这样构成的有机闪烁体对低能 γ 射线具有相当高的光电截面,而且响应快,价格低,但加载的物质会使有机闪烁体光输出降低,能量分辨率远不如无机闪烁体。

另一个有机闪烁体加载的例子是在液体闪烁体中加入镉。镉具有很高的中子俘获截面,俘获中子后会产生可直接在有机闪烁体中探测的 β 和 γ 放射性。把这种加载镉的液体闪烁体盛在大容器中,用多个光电倍增管观察,就得到了大体积的中子探测器。但需特别注意的是加载的物质往往会有发光的猝灭作用,纯度和加入量要严格控制并进行对猝灭的修正。

9.2.5　闪烁体的封装与光的收集

闪烁体将入射粒子损耗的能量转化为闪烁光子只是完成了闪烁探测器测量辐射的第一步,而后还必须进行光电转换和电子倍增,然后才能输出电信号。输出信号的大小和涨落首先决定于入射粒子损耗的能量和闪烁体的闪烁效率,同时也会受从闪烁光到光电子的转换效率的大小和均匀性的直接影响。光电转换效率的大小和均匀性一方面取决于光电转换器件的性能(如光电倍增管光阴极的量子效率),另一方面也受制于光传输和收集的效率及均匀性:当光传输和收集的效率较差时,未能收集到光电转换器件上的闪烁光子数会增多,则此次闪光的输出信号幅度减小,相对均方涨落增大;当光收集的均匀性不好时,则在闪烁体不同位置产生的同样大小闪光会输出不同幅度的信号,也会增大相对均方涨落,使能量分辨率变差。因此,在选择了适当的光电转换器件后,则需要仔细考虑闪烁光子传输和收集的各个环节,以保证闪烁体发出的闪烁光子能均匀、有效地收集到光电转换器件上。

闪烁光子的传输和收集通道由反射层、光学耦合剂以及光导等构成,闪烁体的封装将综合考虑上述因素,达到尽可能多地收集光子,并满足一些特殊的要求,如闪烁体的防潮等问题。

1. 反射层与闪烁体的封装

闪烁体产生的闪烁光子是向各个方向发射的,而光电转换器件与闪烁体是通过后者的某个输出面进行耦合的,我们可以把闪烁体的该表面称为闪烁体的窗,只有到达窗的光子才能有效输出,因此,需要在闪烁体四周除窗外的所有表面上都覆盖反射层,从而把光有效地传输到窗上。反射层有漫反射层和镜面反射层两种,常用的如氧化镁、二氧化钛粉、聚四氟乙烯等属于漫反射层,而铝箔属于镜面反射层。这两种反射层对闪烁体表面的处理要求是不同的,漫反射一般要把闪烁体表面打毛,而镜面反射则要把闪烁体表面抛光。一般情况下,漫反射层比镜面反射层要好,但具体情况需要由实验来确定,有时一个闪烁体在不同表面可能会用到不同的反射层。例如,BaF_2 晶体用聚四氟乙烯带子缠绕作为反射层效果就较好;NaI(Tl)晶体用氧化镁、二氧化钛粉漫反射层就比较理想。

除反射层外,闪烁体还需要适当的封装,以保护闪烁体并使其不受外界环境的影响。特别是像 NaI(Tl)这样易潮解的闪烁体,封装必须严格保证密封,否则,潮气渗入后,闪烁体将很快损坏。对不潮解的闪烁体的封装则可大大简化。一般闪烁体用铝壳包装,窗为光学或石英玻璃,闪烁体发出的闪烁光子要从该窗输出到光电转换器件上,为了提高光输出效率,需要减少闪烁光子在界面上的全反射,因此,闪烁体与窗之间以及窗与光电转换器件或光导之间均应填充以光学耦合剂,如图9.10所示。

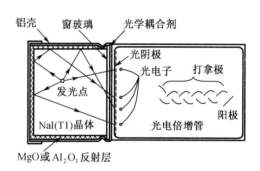

图9.10　闪烁体的封装及光收集

2. 光学耦合剂

当光由光密介质(光在此介质中的折射率大)射向光疏介质(光在此介质中的折射率小)时,折射角将大于入射角,设入射角为 θ_c 时,折射角恰等于90°,则入射角大于 θ_c 后,将发生全反射现象。发生全反射后,光无法从光密介质中传输出来。设 n_0 为光密介质的折射率,n_1 为光疏介质的折射率,则发生全反射的临界角 θ_c 为

$$\theta_c = \arcsin \frac{n_1}{n_0} \tag{9.9}$$

显然,在 n_0 一定的情况下,n_1 越小,θ_c 就越小,则将会有更多的光子在界面处发生全反射而传不去出。在闪烁探测器中,一般闪烁体的折射率为 1.4~2.3,而空气的折射率为1,若闪烁体与窗玻璃之间有一层空气,则相当多的闪烁光子会因为全反射而无法传输出去,最后在晶体中被吸收而损失掉。

光学耦合剂是一些折射系数较大的透明介质(如硅油、硅胶等),把它们填充于闪烁体与窗玻璃之间以及窗玻璃与光电转换器件或光导之间,能有效的排除空气,显著减少由全反射造

成的闪烁光子损失,见图 9.10。

3. 光导

光导放置在闪烁体和光电转换器件之间,光导的作用是有效地把光传输到光电转换器件上。光导一般适用于下列情况:闪烁体的大小、形状与所用光电转换器件不匹配;为避免强磁场干扰,必须将光电倍增管放在与闪烁体相隔一段距离的地方;受空间限制,只能放置体积极小的闪烁体,光由光导纤维引出。例如观测面积大而薄的闪烁体端面时,常需要采用光导,如图 9.11 所示。

光导常用聚苯乙烯塑料、有机玻璃、石英玻璃或纤维等材料。要求光导材料有较高的折射系数,并与闪烁体和光电转换器件有良好的光学接触。它的外表面要高度抛光并用反射外套包装好(两端面除外)。有机玻璃的折射系数达到 1.49 ~ 1.51,而且易于制成各种形状,是理想的光导材料。

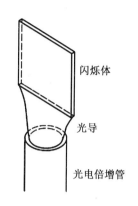

闪烁体

光导

光电倍增管

图 9.11　通过光导耦合平板状闪烁体的端面与光电倍增管

由于光导也会吸收光子,因此光导的长度不应任意加长,满足要求即可。此外,当光导的截面积沿着光传输的方向下降时,光子传输效率也必然会下降。这些都是在设计光导时要注意的问题。

9.3　光电转换及倍增器件

闪烁体发出的闪烁光通常十分微弱,如果没有能将闪烁光信号转化为电信号并放大的器件,闪烁探测器是不可能得到广泛应用的。目前可用于闪烁探测器的光电转换及倍增器件是光电倍增管和半导体光二极管,其中光电倍增管是最常用的,发展也很完善。从肉眼观察闪光到测量电信号,闪烁探测器百年发展历程中,光电倍增管起着极为重要的作用。现在已有对紫外、可见和近红外光区敏感的光电倍增管,能适应能谱分析、强度测量、时间测量等不同的使用需求。

9.3.1　光电倍增管

光电倍增管(Photomultiplier Tube,PMT)是一种基于光电子发射、二次电子发射和电子光学原理制成的电真空器件,其功能是将光信号转换为电信号,并将电信号倍增放大。

典型的光电倍增管由入射窗、光阴极、聚焦电极、电子倍增极(Dynode,称为打拿极)、阳极和密封玻璃外壳等组成,如图 9.12 所示,其中光阴极与电子倍增系统是最主要的组成部件。

光电倍增管的基本工作过程为:荧光光子透过入射窗打在光阴极上,利用光电效应打出光电子;光电子经电子光学系统加速、聚焦后输入到电子倍增系统的第一打拿极,每个光电子在此打拿极上打出几个电子。这些电子飞向第二打拿极,再经倍增射向以后各打拿极,经最后一个打拿极倍增后的电子数量将很大;当电子在最后一个打拿极与阳极间运动时,与阳极相连的输出回路中将有电流信号产生。

下面我们介绍一下光电倍增管的各主要构成单元及光电倍增管的性能。

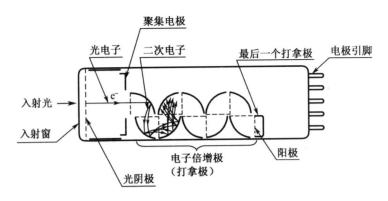

图 9.12　光电倍增管典型结构示意图

1. 光阴极

光电倍增管的光阴极完成了光子到电子的转换。有两种形式的光阴极,一种是透射型光阴极:在真空中把光阴极材料蒸发在光学窗内表面上形成半透明的窗阴极,光从窗外表面入射,透过窗玻璃打在阴极上,光电子从窗阴极内表面发射;另一种为反射型光阴极,把阴极材料蒸发在管壳内离入射窗一定距离的金属基体上,光透过窗玻璃打在阴极上,发射的光电子和入射的光子在阴极的同一面。

(1)光阴极材料的光电转换过程和热电子发射

大多数光阴极材料都是由碱金属组成的化合物半导体材料,它们的逸出功值可低到 $1.5 \sim 2$ eV(一般金属的通常大于 3 或 4 eV),适宜于作为光阴极材料。

光阴极内的光电转换是通过光电效应进行的:光打到光阴极上时,会有一定概率发生光电效应,即光子消失,产生光电子,但该光电子要发射出来,必须有足够的能量迁移到阴极表面且剩余能量仍大于阴极材料的表面势垒。所以,为了提高光阴极的光电转换效率,要求阴极材料很薄且表面势垒足够低。由于表面势垒的存在,能产生光电转换的入射光子能量也必定有一个起点值。因此,所有的光阴极都有一个截止波长值,一般在红外区域,入射光子波长大于截止波长将不可能产生光电转换。另外,电子在金属中迁移时的能量损失率很高,一般电子从产生到能量下降到材料的表面势垒走过的距离不过几个纳米,因此要想电子能从光阴极发射出来,光阴极必须很薄——薄到连可见光都不能完全阻挡,所以呈半透明状。

在没有光打到光阴极时,光阴极材料内自由电子的热运动能量(室温下平均值约为 0.025 eV,是具有一定概率分布的随机变量,总可能有一些电子的热运动能量较高)也有可能会超过阴极材料的表面势垒,从而逸出光阴极表面并飞向打拿极,倍增后在阳极回路形成信号。这个信号是热激发引起的信号,而不是由光入射产生的,称为热电子发射引起的噪声。可以看到,阴极材料的表面势垒越低,光电转换效率就越高,但同时热激发噪声也会越大。目前可用的光阴极材料有数十种,常用的有锑铯化合物(Cs-Sb)、双碱材料(K$_2$-Cs-Sb)和多碱材料(Na-K-Cs-Sb)等。其中双碱光阴极应用最为广泛,它的蓝光灵敏度较高,而热激发噪声率较低。其他材料,如 GaAs(Cs)、AgOCs 等,亦有不同的适用场合。

(2)光阴极的光谱响应与光电转换效率

光阴极受到光照射后发射光电子的概率是光波长的函数,称作光谱响应,一般用光阴极发射的光电子数与入射光子数的比值描述，称作量子转换效率或简称量子效率，用 $Q_K(\lambda)$ 表示，图 9.13 给出了一些光阴极的光谱响应曲线。实际应用中应注意，光电倍增管光阴极不同部位处的量子效率并不完全相同，是有涨落的，这也会影响到闪烁探测器的能量分辨率。

光谱响应在长波端的响应极限主要由光阴极材料的性质决定，如禁带宽度、表面势垒等；而短波端的响应主要受限于入射窗材料对光的吸收。例如，各种窗材料中，石英窗能通过的光的最短波长最小，可用于紫外光区域。

光电倍增管光阴极的光谱响应特性十分重要，一般厂家提供的光电倍增管说明书中都会给出，应用中可根据闪烁体的发射光谱选择恰当的光电倍增管使二者相匹配。若已知闪烁体闪光的发射光谱为 $P_S(\lambda)$，光阴极的量子效率是 $Q_K(\lambda)$，则光阴极对该闪烁体的光电转换效率为

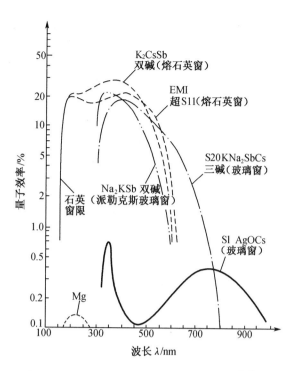

图 9.13　几种光阴极与窗材料的光谱响应[17]

$$\varepsilon_K = \int_0^\infty Q_K(\lambda) \cdot P_S(\lambda) \mathrm{d}\lambda \tag{9.10}$$

由(9.3)式，当入射粒子在闪烁体内损耗能量为 E 时，产生的总光子数为

$$n_{ph} = E \cdot Y_{ph}$$

设闪烁体与光导等光收集与传输系统的效率为 F_{ph}，光阴极的光电转换效率为 ε_K，则到达光电倍增管光阴极的光子数为 $E \cdot Y_{ph} \cdot F_{ph}$，光阴极上打出的光电子数为 $E \cdot Y_{ph} \cdot F_{ph} \cdot \varepsilon_K$。

2. 电子倍增系统

光电子从光阴极发出后，即进入光电倍增管的电子倍增系统，经历电子的倍增过程。按电子飞行顺序，可分为如下几步。

（1）光电子的收集

由光阴极发出的光电子必须首先到达电子倍增系统的第一级——即第一打拿极才能对输出信号有贡献，我们把到达第一打拿极的光电子所占的比例称为第一打拿极的收集效率，用 g_c 表示。如果 g_c 较小，闪烁探测器的能量分辨率及时间响应特性都会较差。为了提高 g_c，需要在光阴极和第一打拿极之间设计一个由一组聚焦极和加速极构成的电子光学系统，约束控制光电子的飞行方向和速度，使光电子尽可能多地、快速而均匀地打到第一打拿极上，这一要求对大面积光阴极的光电倍增管尤为重要。

若光阴极上发出的光电子数为 $E \cdot Y_{ph} \cdot F_{ph} \cdot \varepsilon_K$，考虑 g_c，则光电倍增管第一打拿极所收集到的平均光电子数应为

$$n_e = E \cdot Y_{ph} \cdot F_{ph} \cdot \varepsilon_K \cdot g_c \tag{9.11}$$

　　令 $T = F_{ph} \cdot \varepsilon_K \cdot g_c$，它表示了从闪烁光子到被第一打拿极收集的光电子的转换概率，称为有效光电转换效率或简称为转换因子。在良好聚焦条件下，g_c 可达 90% 左右，而 F_{ph} 及 ε_K 一般均可达到 30%，则 T 的数值为 10% 左右。

　　(2)次电子发射和打拿极倍增因子 δ

　　光电倍增管的电子倍增是通过次电子发射实现的。次电子的发射概率与电子能量、材料的阻止本领及表面势垒、电子距表面的距离等有关。为了能够产生可观的倍增效果，要求打拿极材料的次电子发射系数应足够大，且热电子发射率小，在大电流工作状态时稳定性好。一个入射电子平均所产生的次电子数称为打拿极的次级电子产额，也称为倍增因子，用 δ 表示，则

$$\delta = \frac{\text{发射的次电子数}}{\text{入射的电子数}} \tag{9.12}$$

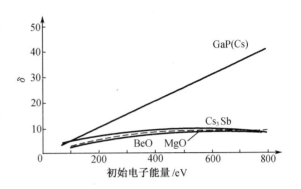

　　δ 的大小与入射电子的能量有关，入射电子能量低时，电离出的电子较少，因而 δ 较小；入射电子能量高时，电离出的电子较多，但处于打拿极内较深处的比例也较大，因此 δ 也不大。通过测量 δ 随电子能量的变化曲线可找到使 δ 最大的入射电子能量，如图 9.14 所示。对常用的打拿极材料，如 BeO、MgO 和 Cs_3Sb 等，δ 最大值在 10 左右，对应的入射电子能量约为 1 keV，即电极间需要约 1 kV 的电位差。一般光电倍增管打拿级间的电压常为百伏量级，此时 δ 约为 4~6。

图 9.14　几种打拿极材料的倍增因子随入射电子能量的变化[12]

　　有一种材料的 δ 可以很大，这种材料就是负电子亲和力(NEA)材料，如图 9.14 中的 GaP(Cs)，在极间电压为 800 V 时它的 δ 可以达到约 40。GaP(Cs)是在 P 型掺杂的半导体磷化镓表面覆以 Cs 单原子层形成的，这种材料表面处的能带发生弯曲，表面外的电子电位低于材料的导带底，即表面势垒不再存在，在材料表面处于导带底的电子也能从材料表面逸出。由于 δ 值大，NEA 材料常被用作第一打拿极，在后面的讨论中可以看到，第一打拿极具有较大的 δ 值对提高闪烁谱仪的能量分辨率是大有裨益的。

　　(3)光电倍增管的倍增系数 M 及其涨落

　　对应于一个打到第一打拿极上的光电子，阳极所收集到的总电子数定义为光电倍增管的倍增系数或总增益，常用 M 表示。即

$$M = \frac{\text{阳极接收到的电子数}}{\text{第一打拿极收集到的电子数}} \tag{9.13}$$

为实现较大的倍增系数，光电倍增管一般均采用多级倍增系统，设 n 为打拿极的级数；δ_1 为第一打拿极的倍增因子；g 为打拿极间的电子传输效率，对聚焦型打拿极，$g \approx 1$；δ 为第一打拿极外其余各打拿极的倍增因子，则光电倍增管的倍增系数应为

$$M = \delta_1 \cdot (g \cdot \delta)^{n-1} \tag{9.14}$$

　　我们知道，对每个打拿极而言，倍增因子都是有涨落的，是一个随机变量，由(9.14)式可知，倍增系数 M 应是由各倍增因子 δ_i 串级而成的多级串级随机变量。设 $g \approx 1$，则

$$\overline{M} = \overline{\delta}_1 \cdot (\overline{\delta})^{n-1} \tag{9.15}$$

通常可假设 δ_1 和 δ 均遵守泊松分布,则由串级随机变量的运算规则,可得到光电倍增管倍增系数的相对方差为

$$\nu_M^2 = \frac{1}{\overline{\delta}_1} + \frac{1}{\overline{\delta}_1 \cdot \overline{\delta}} + \frac{1}{\overline{\delta}_1 \cdot \overline{\delta}^2} + \cdots + \frac{1}{\overline{\delta}_1 \cdot \overline{\delta}^{n-1}} = \frac{\overline{\delta}}{\overline{\delta}_1} \left(\frac{1}{\overline{\delta}} + \frac{1}{\overline{\delta}^2} + \cdots + \frac{1}{\overline{\delta}^n} \right)$$

当 n 相当大时,上式可近似为

$$\nu_M^2 = \frac{\overline{\delta}}{\overline{\delta}_1} \left(\frac{1}{\overline{\delta} - 1} \right) \tag{9.16}$$

该公式对研究闪烁探测器输出脉冲幅度的涨落及对谱仪能量分辨率的影响是十分重要的。

在闪烁探测器实际应用中,常常要调整光电倍增管的倍增系数,例如温度变化时,闪烁体的闪烁效率发生变化,此时需要调整光电倍增管的倍增系数来补偿这部分变化,使相同的能量沉积仍产生相同幅度的输出信号。倍增系数是通过调节光电倍增管所加高压调整的,因为打拿极的倍增因子与极间电位差有关,如 Sb-Cs 材料打拿极的倍增因子 δ 与极间电位差 ΔV 的关系为

$$\delta = k(\Delta V)^a$$

式中,k 为常数,$a \approx 0.7$。当所加高压为 V_0,各打拿极间分压比分别为 x_i 时,光电倍增管的倍增系数 M 为

$$M = \delta_1 \cdot (g \cdot \delta)^{n-1} = k_1 \cdot (x_1 \cdot V_0)^a \cdot [g \cdot k \cdot (x_i \cdot V_0)^a]^{n-1} = C \cdot V_0^{a \cdot n} \tag{9.17}$$

式中,C 为与高压无关的常数。对一个打拿极数 $n = 10$ 的管子,$M \propto V_0^7$。可见,倍增系数对高压变化很灵敏,可以容易地实现调整,但另一方面,高压的纹波也会增大倍增系数的涨落,应用中对高压的稳定性提出较高的要求。

3. 阳极

光电倍增管中,阳极仅用于收集电子,即电子打到阳极时不希望再发射二次电子,因此,阳极一般采用电子电离能较大的材料,如镍、钼和铌等金属材料。在电子由最后打拿极向阳极运动过程中,阳极极板上的感应电荷发生变化并在输出回路产生输出信号。一次闪烁发射的光子经反射、收集、光电转换及倍增后,光电倍增管阳极所收集的总电子数为

$$n_A = E \cdot Y_{ph} \cdot T \cdot M \tag{9.18}$$

因此,由闪光引起的脉冲信号的总电荷量将为

$$Q = n_A \cdot e = E \cdot Y_{ph} \cdot T \cdot M \cdot e \tag{9.19}$$

可以看出,闪烁探测器输出脉冲信号的电荷量与入射粒子在闪烁体内损耗的能量 E 是成正比的。

4. 光电倍增管的供电

光电倍增管有多个电极,电子从光阴极出发,飞向第一打拿极,第一打拿极飞出的次级电子再飞向第二打拿极,一直到最后一个打拿极飞出的电子飞向阳极并被收集。电子在电极间的定向飞行是电场作用形成的,为此,各电极应有不同的电位,阴极电位最低,然后依次是第一打拿极、第二打拿极……最后一个打拿极,阳极电位最高,通常阳极和阴极间电位差在 500～3 000 V 左右。虽然光电倍增管需要提供多个电极电位,但通常只用一个高压就可以了,阳极接高压的正极,阴极接高压的负极,各打拿极电位由串联的电阻分压供给,调节电阻的相对大小可保证各打拿极间有合适的电压降,典型线路如图 9.15 所示。图 9.15(a) 为使用正高压的

电路,阴极接地,阳极处于正高电位,输出端必须接耐高压的隔直电容 C_c;图9.15(b)为使用负高压的电路,阴极处于负高电位,应特别注意其对接地外壳的绝缘。

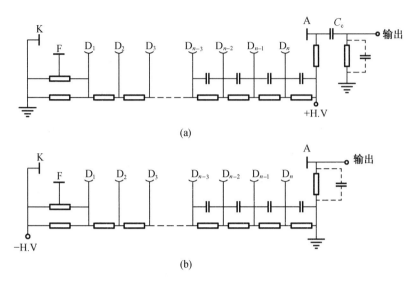

图9.15　光电倍增管分压器线路图
(a)正高压电源;(b)负高压电源

　　图9.15中阴极K与第一打拿级 D_1 之间是对光阴极发射的光电子进行聚焦与加速的电子光学系统,F代表一组聚焦电极,又称为输入室。适当提高K和 D_1 之间的电场强度很重要,这样有利于提高光电子被 D_1 收集的效率,有助于提高系统的信噪比和能量分辨率。另一方面,由于光阴极的面积可能比较大,它与 D_1 的距离又较远,电子在这一段路程上的飞行时间的离散对整个光电倍增管飞行时间的离散有较大影响。为减少飞行时间的离散,根据电子光学原理精心设计输入室是十分必要的。

　　对于中间打拿极,一般采用电阻均匀分压。对最后几个打拿极,在其间运动的次级电子数量已经倍增到相当大,因而在相应分压电阻上产生的脉冲电流也很大。为避免感应电流流过分压电阻时造成极间电压较大的波动,一般在分压电阻上并联旁路电容。另外,为避免空间电荷影响,最末二、三打拿极间的电位差要更高一些。

　　由于阳极仅用于收集电子,在其上不再有电子倍增,因而最后打拿极与阳极之间的电位差一般选得比较低。

　　总的说来,分压器应选用温度系数小、稳定性高的分压电阻,总的功率消耗不能太大,以避免温升造成光电倍增管性能漂移;另一方面,为保证光电倍增管各电极电压的稳定,流经分压电阻的直流电流必须显著大于最大的脉冲电流。具体应用中,分压电阻阻值、相对比例以及高压值等要权衡以上两方面的要求,参考产品说明书上的推荐值,再根据实际应用来确定。

5. 光电倍增管的结构类型

　　传统的光电倍增管可以分为聚焦型和非聚焦型两大类。聚焦型结构的管子具有电子渡越时间分散小、脉冲线性电流大,总增益对极间电压的变化比较敏感,对电压稳定性要求较高等特点。图9.16中的(a)、(b)就是环状聚焦型和直线聚焦型两种聚焦型光电倍增管。适用于要求时间响应较快的场合。

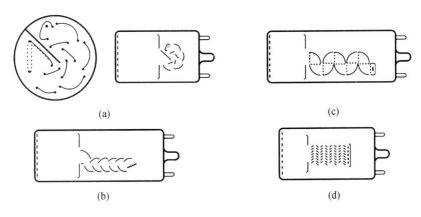

图 9.16　光电倍增管结构示意图
(a)环状聚焦型结构;(b)直线聚焦型结构;(c)盒栅型结构;(d)百叶窗型结构

非聚焦型结构的管子常有百叶窗式和盒栅式两种,如图 9.16 中的(c)、(d)。这类光电倍增管的电子渡越时间及其分散都比较大。但其优点是总增益大(可达 $10^7 \sim 10^9$ 左右)、平均输出电流大、暗电流特性较好,适用于闪烁能谱测量,可得到较好的能量分辨率。

近年,又发展了丝网型、光刻微网型、光刻金属微通道型和电子轰击型倍增系统等多种打拿极结构,各自具有不同的特点,如前三者可以用作多阳极输出,实现位置灵敏测量,并且通常结构紧凑、抗磁场能力强、时间特性好,而电子轰击型是用强电场加速光电子轰击半导体材料实现倍增的,可以获得很低的噪声,很好的线性和一致性。

6. 光电倍增管的主要性能指标

光电倍增管的主要性能指标包括其光电转换特性、电子倍增特性、噪声与暗电流以及时间响应特性等,这些指标通常在光电倍增管的产品手册上均会给出,我们要了解每个指标的含义,以便于在实际工作中根据指标选择合适的光电倍增管。

(1)阴极光谱响应及阴极灵敏度

该指标描述的是光电倍增管阴极的特性,其中光谱响应前面已提到过,这里再给出一个通常使用的关于光电倍增管光电转换特性的宏观量——光阴极的光照灵敏度(简称阴极灵敏度,用 S_K 表示)的定义

$$S_K = \frac{i_K}{F} \tag{9.20}$$

其中,i_K 为光阴极在一定光通量 F 的白光照射下所获得的光电子流,单位是微安(μA);F 是白光的光通量,其单位是流明(lm);S_K 的单位是微安/流明(μA/lm)。

白光光源为色温为 2 856 K 的钨丝灯。有些技术说明书上还分别给出对蓝光、红光的阴极灵敏度,在某些特定情况下甚至给出红外或者特定波段的紫外光的阴极灵敏度。

(2)阳极灵敏度

阳极灵敏度是阳极光照灵敏度的简称,它表示单位光通量的白光照射在阴极上时,光电倍增管阳极的输出电流 i_A,一般用 S_A 表示,即

$$S_A = \frac{i_A}{F} \tag{9.21}$$

其中,i_A 为阳极输出的电流,单位是安(A);F 是白光的光通量,其单位是流明(lm);S_A 的单位是安/流明(A/lm)。

由阳极灵敏度及阴极灵敏度,可以容易求得光电倍增管的另一重要参数——倍增系数:

$$M = \frac{S_A}{g_c \cdot S_K}$$

其中,g_c 表示第一打拿极的收集效率。

实验表明,当入射光通量 F 增大时,阳极电流 i_A 在相当宽的范围内(F 从 10^{-13} 增加到 10^{-4} lm)是线性增长的,如图 9.17 所示。当光通量很大时出现非线性,主要可能原因是:①打拿极发射二次电子发生疲劳,δ 值下降;②最后几个打拿极之间的空间电荷堆积的影响;③最后几级打拿极的脉冲电流过大,极间电压下降导致 δ 降低。

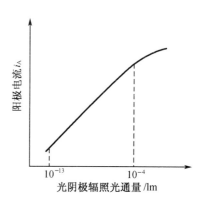

图 9.17　阳极电流和光阴极辐照
光通量的关系

(3)光电倍增管的噪声与暗电流

当光电倍增管完全工作于没有光输入的暗状态时,其阳极仍能输出脉冲信号及电流,分别称为噪声信号和阳极暗电流。造成暗电流或噪声的原因有光阴极的热电子发射、管内的欧姆漏电、残余气体电离、场致发射、切仑科夫效应、玻璃管壳的放电与玻璃荧光以及光阴极曝光的影响等。

光电倍增管的噪声是由幅度较小的本底脉冲组成的,本底脉冲的大小可以用噪声能当量来表示。其定义为:对没有任何光子照射到光阴极上时的噪声谱,当纵坐标取每秒计数 $n = 50$ 时相应的脉冲幅度所对应的入射粒子能量,称为噪声能当量,其单位是 keV。但并不是所有的产品说明书上都列出这一指标的。

由于光阴极材料的逸出功非常小,阳极暗电流对工作温度十分敏感,降低温度可以减小暗电流。当工作在 175 ℃高温条件下时,则需采用特殊处理的双碱阴极和铍铜打拿极,以降低暗电流。一般,光电倍增管的阳极暗电流在 $10^{-6} \sim 10^{-10}$ A 的范围。

(4)光电倍增管的时间特性

光电倍增管中,光阴极和打拿极的电子发射所需要的时间非常短,约为 0.1 ns,所以光电倍增管的时间特性仅由电子的飞行速度和轨迹决定。光电倍增管的电子渡越时间 t_e 定义为光电子从光阴极发射到被阳极收集所需的平均时间,一般约为 10 ~ 100 ns。

由于各电子的飞行轨迹不同,因而各电子的实际飞行时间是不同的。即使从光阴极上发射一个电子,到达阳极的电子在时间上也必然形成围绕平均值 t_e 的一个分布。可用 t_e 分布函数的半宽度来描写电子飞行时间的离散程度,称为渡越时间的涨落,用 Δt_e 表示。

表9.4 不同类型2英寸端窗型光电倍增管的典型时间特性

打拿极类型	上升时间 /ns	下降时间 /ns	脉冲半宽度 /ns	渡越时间 /ns	渡越时间的涨落 /ns
线性聚焦	0.7 ~ 3	1 ~ 10	1.3 ~ 5	16 ~ 50	0.37 ~ 1.1
环状聚焦	3.4	10	7	31	3.6
盒栅型	~7	25	13 ~ 20	57 ~ 70	<10
百叶窗型	~7	25	25	60	<10
细网状	2.5 ~ 2.7	4 ~ 6	5	15	<0.45
金属通道型	0.65 ~ 1.5	1 ~ 3	1.5 ~ 3	4.7 ~ 8.8	0.4

表中数据来自日本滨松公司《Photomultiplier tubes：Basic and Applications》(Third edition).

显然,渡越时间的涨落 Δt_e 是一个更重要的物理量,它决定了光电倍增管阳极输出电流脉冲的宽度,也就限制了光电倍增管对事件发生时刻的测量精度,所以又称它为光电倍增管的时间分辨本领。聚焦型光电倍增管的 Δt_e 可达 0.1 ~ 1 ns。

实际应用中,常用 δ 函数光源照射光阴极时,阳极输出电流脉冲的上升时间(从10%上升到90%峰值所需时间) t_r 及半宽度 t_{pm} 来描述光电倍增管的时间特性。

(5)光电倍增管的稳定性

光电倍增管的稳定性在实际使用中是个很重要的指标。稳定性是指在恒定辐射源照射下,光电倍增管的阳极电流随时间的变化。根据变化特点,可分为短期稳定性和长期稳定性,前者指快变化过程,即建立稳定工作状态所需的时间,一般在开机后预热半小时以上才能开始正式工作;后者指达到短期稳定后,阳极电流随时间略有下降的慢变化,与管子的材料、工艺及环境温度等有关,在长期工作的条件下,须采用稳峰措施。

光电倍增管的又一缺陷是其倍增系数往往与计数率有关,好的光电倍增管当计数率由 10^3 脉冲/秒变到 10^4 脉冲/秒时,倍增系数的变化小于百分之一。

应用中,应防止光电倍增管承受过大的机械冲击或振动,以避免损伤内部构件和消除由于振动产生的跳动式干扰信号。许多厂家专门供应用于野外测量或航天设备中的加固型光电倍增管,具有较强的承受振动与冲击的能力。

在表9.5中列出了一些光电倍增管的主要性能参数,这些产品选自目前国际上主要的光电倍增管生产厂商,供读者参考。

表9.5 部分光电倍增管主要性能参数

型号	光阴极有效直径 /mm	光阴极材料	倍增系统结构/级数	S_K /(μA/lm)	S_A /(A/lm)	推荐电压 /V	典型暗电流 /nA	脉冲上升时间 /ns	电子渡越时间 /ns	厂家	备注
R105	8 × 24	双碱	环形聚焦/9	40	400	1 000	1	2.2	22	A	侧窗,矩形
CR105 - 01	46	双碱	盒栅/10	60	1 500	1 250	30	7.0	70	A	端窗
CR115	15	双碱	线性聚焦/10	105	500	1 000	2	2.5	27	A	端窗
CR125	25	双碱	盒栅 + 线性/11	95	200	1 250	2	4.0	30	A	端窗
CR170 - 03	25	双碱	盒栅/11	40	20	1 700	0.5	9	40	A	高温175
R4868	8	双碱	线性聚焦/10	95	500	1 250	5	1.0	11	B	端窗

表 9.5(续)

型号	光阴极有效直径 /mm	光阴极材料	倍增系统结构/级数	S_K /($\mu A/lm$)	S_A /(A/lm)	推荐电压 /V	典型暗电流 /nA	脉冲上升时间 /ns	电子渡越时间 /ns	厂家	备注
R5611 – 01	15	双碱	环形聚焦/10	90	50	1 000	0.1	1.5	17	B	端窗
R5505	21	双碱	光网/15	80	40	2 000	5	1.5	5.6	B	端窗
R877	119	双碱	盒栅/10	80	40	1 250	10	10	90	B	端窗
R3600 – 02	~500	双碱	百叶窗/11	60	600	2 000	200	10	95	B	端窗
R5900U	30×30	双碱	金属通道/10	70	140	800	2	1.4	8.8	B	端窗,方形
9266	45	双碱	线性聚焦/10	80		900	0.2	4	37	C	端窗

厂家符号:A—北京滨松;B—日本滨松(Hamamatsu);C—Electron Tubes Limited。

商业上,生产商往往把闪烁体和光电倍增管制作为组合件(Assembly)出售,既便于使用,又可获得较好的性能。

9.3.2 通道型电子倍增器

通道型电子倍增器与传统分立打拿极不同,它属于连续型电子倍增器件,称为微通道板(Microchannel Plate,简称 MCP),图 9.18(a)是一个 MCP 的结构示意图。MCP 是由大量的毛细玻璃管组成的圆盘状的二维阵列。每个玻璃管内径为 $6 \sim 20~\mu m$,内壁覆以次级电子发射材料,是独立的一个电子放大通道。每个通道的剖面和倍增过程如图 9.18(b)所示,在玻璃管两端加一定的电位差,入射的电子碰撞管壁倍增产生次电子,这些次电子沿着管子进一步加速,也会依次碰撞管壁再度打出次电子,最后从管子的输出端得到大的电子流。当工作电压高时,总的电子倍增系数很大,足以使出口处的输出脉冲电荷量达到空间电荷效应所限制的"饱和值"——$10^6 \sim 10^7$ 电子,而且电子渡越时间很短。

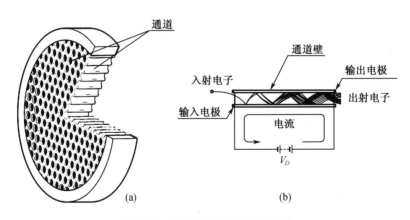

图 9.18 MCP 结构和倍增原理图

由 MCP 作为电子倍增系统构成的光电倍增管,即微通道板型光电倍增管(可简写为 MCP-PMTs)具有极好的时间响应特性,电子经过一个通道的总传输时间仅为几纳秒(一般的光电倍增管需 20 ~ 30 ns),传输时间离散约 100 ps,仅为最快的常规结构光电倍增管的 1/2 到 1/3。可在高磁场下运行,配合多阳极结构可形成多通道输出,实现位置灵敏测量。

图 9.19 给出了一个 MCP-PMTs 的示意图,该器件由输入窗、光阴极、MCP 和阳极组成。MCP 距光阴极约 2 mm,结构十分紧凑。用两层 MCP 叠加可获得足够的增益。

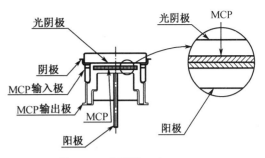

图 9.19　典型的 MCP-PMTs

9.3.3　光二极管

随着半导体技术的发展,半导体光二极管逐步投入使用,它有更高的量子效率、更低的功耗、更为紧凑和坚固耐用的特点。光二极管对磁场不敏感,在某些场合是光电倍增管所无法替代的;此外,二极管的尺寸小,电荷运动距离短,时间响应也好于光电倍增管。

光二极管有两种类型,一类没有内放大功能;另一类有内放大功能。

1. 光二极管(Photodiode)[①]

由于闪烁体发射的荧光光子能量大约为 3 ~ 4 eV,而室温下半导体硅的禁带宽度为 1.115 eV,荧光光子足以在半导体内产生电子 - 空穴对。光二极管的原理如图 9.20 所示,工作时加反向电压(即二极管负极接高电位),荧光光子入射到半导体内,在半导体内产生电子 - 空穴对,实现光电转换,电子 - 空穴对在外电场作用下向两极漂移过程中,在输出回路形成输出信号。

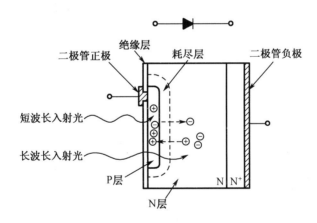

图 9.20　光二极管的基本工作原理

光二极管的光谱响应特性与光电倍增管的光阴极相比,呈现两个特点:总灵敏度高于光电倍增管光阴极;在长波长波段、红外光区的量子效率更为突出。这样,对一些发射波长偏于红光区域的闪烁体,例如 CsI(Tl)闪烁体,其量子转换效率就远大于用光电倍增管的情况。以 CsI(Tl)和光电倍增管组成的谱仪,其输出脉冲幅度比 NaI(Tl)谱仪小,但配以光二极管时,其输出脉冲幅度反而比 NaI(Tl)配光二极管的大 2 倍以上。图 9.21 给出了一些型号的硅光二极管的光谱响应曲线。

---

①　Photodiode Technical Information, Hamamatsu Photonics.

一般的光二极管没有内放大过程,对一典型的闪烁事件,也就是几千个荧光光子,形成的脉冲电荷量很小。由于信号幅度小,在脉冲工作状态时电子学噪声就成为应用的主要限制,尤其对大面积探测器和低能辐射的情况更为明显。但对累计工作状态,大量闪烁事件积累起来,电子学噪声的影响大大降低,光二极管就适合应用了。例如,在图像断层扫描仪(CT)中,探测器工作于累计状态,为得到好的位置分辨,闪烁体呈薄片状,与之耦合的光二极管也就可以选用小的面积,大大降低了光二极管的电容噪声,使光二极管得到了大量应用。

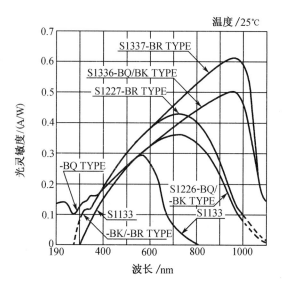

图 9.21　光二极管的光谱响应曲线

另外,在脉冲工作状态方面也进行了探索,例如二极管在低温下工作可降低噪声,选用新型材料,例如半导体材料 HgI 的使用,可降低几个量级的噪声水平。例如,直径为 1.27 cm 的 HgI 与 CsI(Tl)晶体配合,对 662 keV 的 γ 射线的能量分辨率达 4.85%[①],已经高于常规 NaI(Tl)加光电倍增管的平均约 7%的水平。

光二极管输出脉冲的最小上升时间由电子 – 空穴对在灵敏体积内的漂移时间决定,典型值为 ns 量级。

2. 雪崩光二极管(Avalanche Photodiode,简写为 APD)

如图 9.22 所示,将光二极管的反向工作电压提高,使半导体内电场加强,若电子和空穴在两次碰撞之间从电场获得的能量足够高,则它们在与硅原子碰撞时可产生新的电子 – 空穴对,即发生了雪崩,电子 – 空穴对数被放大,这可以改善普通光二极管输出电荷小的缺点,在提高输出信号幅度的同时改善能量分辨率,并能测量更低能量的入射粒子。

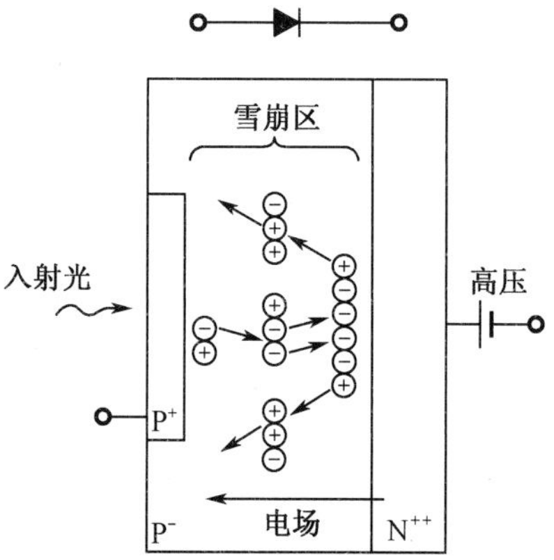

雪崩光二极管的工艺要求当然高于普通光二极管,通过改变最外层的入射窗、基体厚度及引出表层的厚度,严格控制掺杂的浓度,将改善器件的光谱响应和量子转换效率。例如,提高光二极管对蓝光的灵敏度的探索就十分重要。

雪崩光二极管对工作电压十分敏感,必须严格控制工作电压的大小(一般在百伏量级)和稳定性。在比较理想的情况下,雪崩光二极管的增益因子可以达到约 10^2。

图 9.22　APD 的工作原理

---

①   Y. J. Wang et al, IEEE Trans. Nucl. Sci. 1996, 43:1277.

3. 多像素光子计数器(Multi-Pixel Photon Counter,简写为 MPPC)

进一步提高 APD 的工作电压,使半导体内电场强度变得非常强,此时增益因子可以达到 $10^5 \sim 10^6$,APD 的输出电荷量和入射光子初始在半导体内产生的电子 - 空穴对数无关,此时 APD 工作于盖革状态了。由于输出信号大,盖革模式工作的 APD 可以实现单光子的探测。但要注意,此时 APD 输出信号的大小是一定的,不能反映入射光子的数量。可以把 APD 做得很小,每个称为一个像素,将多个像素 APD 组合起来,输出并联,构成一个半导体器件,如图 9.23,当光照射到器件表面时,整个

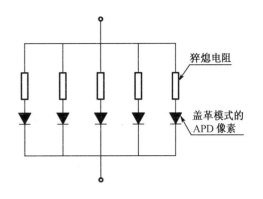

图 9.23　MPPC 示意图

器件输出信号的大小反映了接收到光子的像素个数,由于单个像素接收两个光子的概率很小,因此输出信号的大小也反映了入射光子的数量,该器件称为多像素光子计数器,简称 MPPC。由此,虽然 MPPC 中每个像素 APD 都工作于盖革模式,但 MPPC 的输出信号却能反映入射光子数,可以用来测量入射粒子在闪烁体中沉积的能量,即实现光电倍增管的功能,因此,MPPC 又被称为硅光电倍增管。

9.4　闪烁探测器的输出信号

9.4.1　闪烁探测器的输出回路及信号形成的物理过程

前面提到,典型的闪烁探测器由闪烁体与光电倍增管构成,其中闪烁体是入射粒子能量转换为光的过程,光电倍增管是光转换为电并放大的过程,对于整个闪烁探测器来说,电信号来自光电倍增管的输出。图 9.24 给出了光电倍增管中信号的形成过程及闪烁探测器输出回路的示意图,图中所示光电倍增管为正高压供电,必须经隔直流电容 C_c 再与测量电路相连。图中 K 为光电倍增管的光阴极,A 为阳极,$D_1,D_2,\cdots,D_n$ 表示 n 个打拿极,而 $R_K,R_1,\cdots,R_n$ 是分压电阻,R_a 是用来形成输出电压信号的负载电阻。

在光电倍增管最后的倍增过程中,最后打拿极 D_n 极收到自 D_{n-1} 打拿极射来的电子后再倍增 δ 倍,倍增后的电子在电场作用下向阳极 A 运动并被其收集时,将有电流信号 i_A 流过 R_n、R_a 及测量电路输入电阻 R_i 与输入电容 C_i 等组成的回路,形成输出信号。该过程类似于电离室中输出电流信号的形成过程,只是真空中运动的电子代替了气体中运动的离子和电子。此外,电子在其他打拿极间飞行过程中,相应的回路中都会流过电流,在分压电阻上形成脉冲信号。

通常情况下,我们是从阳极 A 引出输出信号,这时输出回路即为图 9.24 从最后打拿极开始往后的部分。由于电流信号 i_A 比分压电阻上流过的直流电流小得多,而且分压电阻上并联有电容,因此分压电阻两端的电位差基本不变,相当于一个直流电源,对交流信号分析可看成

为短路。经过一定简化,则得到图9.25所示的输出回路的等效电路,该图与图8.9完全一样,从这里可以充分理解不同探测器输出信号形成过程的共性。图中 $I(t)$ 是电流信号源,它由 D_n 与 A 间电子的运动状态决定,$R_0 = R_a // R_i$,$C_0 = C_1 + C_i + C'$,其中 C_1 为 D_n 与 A 之间的电容,C' 为阳极和输入端的杂散电容。由图9.25可知,输出电压信号将是一个负脉冲。

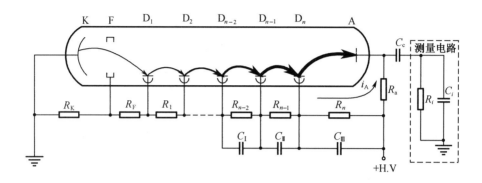

图9.24　光电倍增管各电极分压器与输出回路的示意图

光电倍增管打拿极及阳极上感应电荷的变化过程,读者可依据第8章中的相关内容自行分析。有些情况下,我们还从最后打拿极 D_n 或其他打拿极上引出信号,应注意此时将有先负后正两个不同极性的电流信号流过输出回路,第一个电流较小,而第二个电流较大。

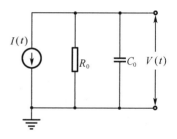

图9.25　输出回路的等效电路

9.4.2　闪烁探测器的输出信号

闪烁探测器同样可以工作在电流工作状态或脉冲工作状态,但多数情况是工作于脉冲工作状态,用来对辐射的计数或对能谱进行测量,这也是我们讨论的重点。

如前所述,闪烁体荧光光子数的发射率呈指数衰减规律,对单成分闪烁光来说,闪烁光脉冲可表示为

$$n(t) = \begin{cases} 0 & t < 0 \\ (n_{\mathrm{ph}}/\tau_0) \cdot e^{-t/\tau_0} & t \geq 0 \end{cases} \quad (9.22)$$

其中,$n(t)$ 表示 t 时刻单位时间发射的光子数;n_{ph} 为闪烁光脉冲中的总光子数;τ_0 为闪烁体的发光衰减时间。以应用最多的 NaI(Tl) 晶体为例,$\tau_0 = 230$ ns,与此相比,光子的传输、收集及光电转换过程可以看为瞬时完成的。另外,通常光电倍增管电子渡越时间的涨落 Δt_e 远小于电子渡越时间 t_e,可以忽略 Δt_e 对输出电流脉冲的影响,也就是认为从阴极发射的每个光电子到被阳极收集都经过了相同的时间 t_e,且数量上都增加到了 M 倍。这样,每个闪烁光脉冲在阳极引起的电流脉冲的形状与 $n(t)$ 相同,只是时间上滞后了 t_e。由于每个闪烁光子在阳极引起的输出电荷量为 $T \cdot M \cdot e$(T 为转换因子,M 为光电倍增管的倍增系数,e 为电子电荷),则闪烁光脉冲在阳极引起的电流脉冲如图9.26所示,为

$$I(t) = T \cdot M \cdot e \cdot n(t) = \begin{cases} 0 & t < t_e \\ (Q/\tau_0) \cdot e^{-(t-t_e)/\tau_0} & t \geqslant t_e \end{cases} \tag{9.23}$$

其中,$Q = n_A \cdot e = n_{ph} \cdot T \cdot M \cdot e$,即为光电倍增管阳极输出的电荷量。显然,$I(t)$ 只要在时间轴上作一平移,即可简单地表示为

$$I(t) = \begin{cases} 0 & t < 0 \\ (Q/\tau_0) \cdot e^{-t/\tau_0} & t \geqslant 0 \end{cases} \tag{9.24}$$

此时 $t = 0$ 代表粒子入射后的 t_e 时刻。

对 Δt_e 与 τ_0 相比不是很小的情况,例如有机闪烁探测器的情况,τ_0 和 Δt_e 均在 ns 的范围,(9.23) 式就不适用了。这时,需要先得到光电倍

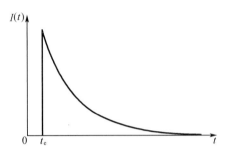

图 9.26 闪烁探测器输出电流脉冲形状

增管对单个光电子输出电流的响应函数,然后将闪烁光脉冲函数与响应函数卷积,才能得到电流脉冲的表达式。

按图 9.25,由克希霍夫定律可写出闪烁探测器输出电压脉冲信号 $V(t)$ 和电流脉冲信号的关系式为

$$I(t) = \frac{V(t)}{R_0} + C_0 \frac{dV(t)}{dt} \tag{9.25}$$

(9.25) 式的一般解为

$$V(t) = \frac{e^{-t/R_0C_0}}{C_0} \int_0^t I(t') e^{t'/R_0C_0} dt'$$

将 (9.24) 式代入上式,可得

$$V(t) = \frac{Q}{C_0 \cdot \tau_0} e^{-t/R_0C_0} \cdot \int_0^t e^{(t'/R_0C_0 - t'/\tau_0)} dt'$$

求解上式,则得到光电倍增管阳极输出电压脉冲信号的表达式

$$V(t) = \frac{Q}{C_0} \cdot \frac{R_0C_0}{R_0C_0 - \tau_0} (e^{-t/R_0C_0} - e^{-t/\tau_0}) \tag{9.26}$$

由 (9.26) 式,不管 R_0C_0 及 τ_0 为何值,$V(t)$ 及脉冲幅度都正比于闪光引起的脉冲信号的总电荷量 Q。

当 R_0C_0 与 τ_0 的相对取值关系不同时,闪烁探测器的脉冲工作状态可进一步细分为电压脉冲工作状态和电流脉冲工作状态。这里虽然讨论的是闪烁探测器,但其内容同样适用于其他探测器,请读者予以重视。

1. 电压脉冲工作状态

电压脉冲工作状态下 $R_0C_0 \gg \tau_0$,$(R_0C_0 - \tau_0) \rightarrow R_0C_0$。

①在 t 很小时,$(e^{-t/R_0C_0} - e^{-t/\tau_0}) \rightarrow (1 - e^{-t/\tau_0})$,则 (9.26) 式可简化为

$$V(t) = \frac{Q}{C_0} \cdot (1 - e^{-t/\tau_0})$$

即 $V(t)$ 按 $(1 - e^{-t/\tau_0})$ 的指数规律上升,上升时间取决于闪烁体的发光衰减时间 τ_0。

②当 $\tau_0 \ll t \ll R_0 C_0$ 时,输出电压脉冲到达峰顶,峰值幅度为

$$h_{\max} = \frac{Q}{C_0} \tag{9.27}$$

③在 $t > R_0 C_0$ 时,$(\mathrm{e}^{-t/R_0 C_0} - \mathrm{e}^{-t/\tau_0}) \to \mathrm{e}^{-t/R_0 C_0}$,则(9.26)式可简化为

$$V(t) = \frac{Q}{C_0} \cdot \mathrm{e}^{-t/R_0 C_0}$$

即按时间常数 $R_0 C_0$ 指数衰减。

该情况对应于图9.27(b),其特点是输出电压脉冲幅度最大,$h_{\max} = Q/C_0$;但输出电压脉冲的宽度也比较大。以 NaI(Tl) 闪烁探测器为例,$\tau_0 = 0.23\ \mu s$,当选 $R_0 C_0 \approx 1\ \mu s$ 时,即可认为工作于电压脉冲工作状态了,这是闪烁谱仪常选用的工作状态。

推论到探测器的一般情况,只要输出回路的时间常数远大于电流脉冲的持续时间,即远大于电荷收集时间,探测器均工作于电压脉冲工作状态。

2. 电流脉冲工作状态

电流脉冲工作状态下 $R_0 C_0 \ll \tau_0$,(9.26)式可简化为

$$V(t) = \frac{R_0 C_0}{\tau_0} \cdot \frac{Q}{C_0} (\mathrm{e}^{-t/\tau_0} - \mathrm{e}^{-t/R_0 C_0}) \tag{9.28}$$

①在 t 很小时,$(\mathrm{e}^{-t/\tau_0} - \mathrm{e}^{-t/R_0 C_0}) \to (1 - \mathrm{e}^{-t/R_0 C_0})$,则(9.28)式可简化为

$$V(t) = \frac{R_0 C_0}{\tau_0} \cdot \frac{Q}{C_0} \cdot (1 - \mathrm{e}^{-t/R_0 C_0})$$

即 $V(t)$ 按 $(1 - \mathrm{e}^{-t/R_0 C_0})$ 的指数规律上升,由于 $R_0 C_0$ 很小,电压脉冲上升很快。

②当 $R_0 C_0 \ll t \ll \tau_0$ 时,输出电压脉冲到达峰顶,峰值幅度为

$$h = \frac{R_0 C_0}{\tau_0} \cdot \frac{Q}{C_0} \tag{9.29}$$

③在 $t > \tau_0$ 时,$(\mathrm{e}^{-t/\tau_0} - \mathrm{e}^{-t/R_0 C_0}) \to \mathrm{e}^{-t/\tau_0}$,则(9.28)式可简化为

$$V(t) = \frac{R_0 C_0}{\tau_0} \cdot \frac{Q}{C_0} \cdot \mathrm{e}^{-t/\tau_0}$$

即按闪烁体的发光衰减时间常数 τ_0 指数衰减。

在电流脉冲工作状态下,由于 $R_0 C_0 \ll \tau_0$,则 $h \ll h_{\max}$,即输出电压脉冲幅度较小,但此时电压脉冲宽度也较小,其形状趋于电流脉冲形状,如图9.27(c)所示。电流脉冲工作状态适用于高计数率谱仪和时间测量的情况。

表9.6中列出了两种脉冲工作状态的

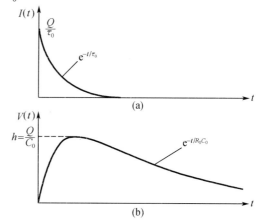

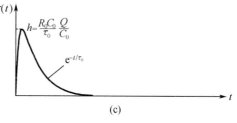

图9.27　闪烁探测器的电流和电压脉冲示意图

(a)电流脉冲;(b)$R_0 C_0 \gg \tau_0$ 时的电压脉冲;

(c)$R_0 C_0 \ll \tau_0$ 时的电压脉冲

特点和区别。将表中的条件由闪烁探测器特有的发光衰减时间 τ_0 改为电荷收集时间 τ（即探测器中电流持续时间），表中工作状态的特点也适用于其他类型的辐射探测器。

表 9.6　电压脉冲与电流脉冲工作状态的特点

工作状态	条件	脉冲前沿特点	脉冲后沿特点	脉冲幅度	脉冲特征
电压脉冲	$R_0 C_0 \gg \tau_0$	$(1 - e^{-t/\tau_0})$	$e^{-t/R_0 C_0}$	Q/C_0	幅度大,脉冲宽
电流脉冲	$R_0 C_0 \ll \tau_0$	$(1 - e^{-t/R_0 C_0})$	e^{-t/τ_0}	$\dfrac{R_0 C_0}{\tau_0} \cdot \dfrac{Q}{C_0}$	幅度小,脉冲窄

实际应用中,可根据具体情况选择 $R_0 C_0$ 的值,如选 $R_0 C_0$ 与 τ_0 相近或略大一点,则既可得到较大的幅度,又有较小的分辨时间。在 Δt_e 与 τ_0 相比不是很小的情况下,电流脉冲信号及电压脉冲信号不能再用(9.23)和(9.26)式表示,但输出电压脉冲信号的幅度仍然与入射粒子损耗在闪烁体中的能量 E 成正比,可以用来测量入射粒子的能谱。

9.4.3　闪烁探测器输出信号的涨落

由前面的讨论可知,闪烁探测器的输出脉冲电荷量、脉冲电流以及电压脉冲幅度均正比于光电倍增管阳极收集到的总电子数 n_A。n_A 这个随机变量实际上是由以下三个随机变量串级而成的串级随机变量:①闪烁体发出的光子数 n_{ph},它是一个近似服从泊松分布的随机变量;②转换因子 T,它是一个伯努利型随机变量,正事件发生的概率为 T;③倍增系数 M,前面已说明 M 是一个由各打拿极倍增因子串级而成的多级串级随机变量。

依据泊松分布随机变量与伯努利型随机变量串级而成的随机变量仍遵守泊松分布的规则,第一打拿极所收集到的光电子数 n_e 应遵守泊松分布。因而

$$\bar{n}_e = \bar{n}_{ph} \cdot T$$

$$\nu_{n_e}^2 = \frac{1}{\bar{n}_e} = \frac{1}{\bar{n}_{ph} \cdot T} \tag{9.30}$$

随机变量 n_A 也可看成是由 n_e 与 M 这两个随机变量串级而成,因而:

$$\bar{n}_A = \bar{n}_e \cdot \bar{M} = \bar{n}_{ph} \cdot T \cdot \bar{M} \tag{9.31}$$

$$\nu_{n_A}^2 = \frac{1}{\bar{n}_{ph} \cdot T} + \frac{1}{\bar{n}_{ph} \cdot T} \nu_M^2 = \frac{1}{\bar{n}_{ph} \cdot T}(1 + \nu_M^2) \tag{9.32}$$

将(9.16)式代入上式,可得

$$\nu_{n_A}^2 = \frac{1}{\bar{n}_{ph} \cdot T}\left[1 + \frac{\bar{\delta}}{\bar{\delta}_1}\left(\frac{1}{\bar{\delta} - 1} \right) \right]$$

通常就用 δ_1 及 δ 表示 $\bar{\delta}_1$ 及 $\bar{\delta}$,则上式可表示为

$$\nu_{n_A}^2 = \frac{1}{\bar{n}_{ph} \cdot T}\left[1 + \frac{\delta}{\delta_1}\left(\frac{1}{\delta - 1} \right) \right] \tag{9.33}$$

由于脉冲幅度 h 正比于 n_A,因此 h 的相对均方涨落为

$$\nu_h^2 = \nu_{n_A}^2 = \frac{1}{\bar{n}_{ph} \cdot T}\left[1 + \frac{\delta}{\delta_1}\left(\frac{1}{\delta - 1} \right) \right] \tag{9.34}$$

在更精细的工作中发现,n_{ph} 并不完全遵守泊松分布,而且转换因子 T 也是与粒子入射位

置有关的随机变量,考虑到这些因素后,布列顿伯格(E. Breitenberger)提出 n_A 的相对均方涨落为[①]

$$\nu_{n_A}^2 = \frac{1}{\bar{n}_{ph} \cdot T}\left[1 + \frac{\delta}{\delta_1}\left(\frac{1}{\delta - 1}\right)\right] + \nu_T^2 + (1 - \nu_T^2)\left[\left(\frac{\sigma_{n_{ph}}}{\bar{n}_{ph}}\right)^2 - \frac{1}{\bar{n}_{ph}}\right] \tag{9.35}$$

(9.35)式中第二项代表 T 的不均匀性的影响,而第三项反映了 n_{ph} 所遵守的概率分布与泊松分布差异的影响。当 T 不变时,$\nu_T^2 = 0$;当严格遵守泊松分布时,则 $\sigma_{n_{ph}}^2 = \bar{n}_{ph}$,于是(9.35)式又可化为(9.34)式。

　　本节所述内容只涉及闪烁探测器输出的脉冲信号,对于平均电流信号等未加讨论。这是因为光电倍增管中存在暗电流,故不适于测量其平均直流信号。因此,闪烁探测器一般都工作在脉冲状态而不是累计状态。当然,也可以在闪烁探测器的输出脉冲信号经过放大及处理后,再测量其累计的平均效果,例如,线性率表就是这样工作的,但这与在探测器及输出回路上就实现"累计测量"的工作状态不同,它实际上只是对输出脉冲信号的一种处理及测量方式。

9.5　闪烁 γ 谱学及闪烁探测器的主要性能

　　由于以 NaI(Tl) 为代表的闪烁体对 γ 射线具有很高的探测效率,同时又有相当好的能量分辨率,因而在 γ 射线能谱测量方面得到很多应用,并逐步形成了闪烁 γ 射线能谱学。本节将以 NaI(Tl) 单晶 γ 闪烁谱仪为实例,使读者对 γ 能谱测量中的各种技术问题有一基本了解。格伦 F. 诺尔在"*Radiation Detection and Measurement*"一书中对闪烁 γ 能谱学的论述较为经典,广泛为各教科书引用,读者除阅读本书外可参考原著。

9.5.1　单能带电粒子的脉冲幅度谱

　　虽然闪烁探测器输出脉冲幅度正比于入射粒子在闪烁体内损耗的能量,但由于统计涨落的存在,即使对能量全部损失在闪烁体内的单能带电粒子,每个粒子对应的输出脉冲幅度也是有涨落的,使单能带电粒子的脉冲幅度谱近似呈高斯型分布。同时,由于光电倍增管噪声和电子学噪声(一般,光电倍增管噪声是主要的)的存在,在幅度谱上还有一与入射粒子能量无关的连续低能分布,如图9.28所示。图中的 A 部分就是光电倍增管噪声的幅度分布,而 B 是与入射带电粒子能量相应的单峰状分布。

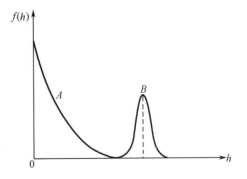

图9.28　单能带电粒子输出脉冲的幅度分布

　　当工作电压升高时,光电倍增管的倍增系数 M 迅速变大,则对应一定能量的脉冲幅度变大,脉冲幅度谱上的单峰将向右方移动。同时,噪声幅度增大,与噪声相应的低能连续谱也将向右方延伸。

　　由于噪声的影响,闪烁探测器不适于测量低能粒子。降低温度,可使幅度谱上的低能噪声部

　　①　E. Breitenberger, Progress in Nuclear Physics, 1955, 4:56.

分减小,另外,用符合法也可显著降低光电倍增管噪声的影响(详见第 12 章)。

9.5.2　单能 γ 射线的脉冲幅度谱

在闪烁体中,γ 射线必须先通过某种效应与闪烁体发生相互作用并产生次级电子,然后次级电子在闪烁体内沉积能量产生荧光光子而被探测,所以闪烁探测器输出的脉冲幅度对应的是次级电子的能量,得到的脉冲幅度谱实际上是 γ 射线在闪烁体内产生的次级电子的能谱。由于各种相互作用都可能发生(电子对效应的阈能是 1.022 MeV),且各种相互作用中产生的次级电子的能量不同,因此,即使入射的是单能 γ 射线,测量得到的脉冲幅度谱也是相当复杂的。此外,γ 射线在探测器周围材料中发生的相互作用对所测脉冲幅度谱也会产生影响,因此,对 γ 闪烁谱仪而言,脉冲幅度谱的解析是一项十分重要而烦琐的工作。通常,γ 谱解析的核心问题就是确定能谱的特征峰及其对应的能量,并由特征峰的面积得到某一能量 γ 射线的强度,从而达到物理测量的目的。

1. 单能 γ 射线在闪烁体中产生的次级电子能谱

γ 射线打到闪烁体上时,一部分会穿过闪烁体而不发生任何相互作用,另一部分则在闪烁体内发生相互作用而被吸收,其概率取决于闪烁体材料对 γ 射线的线性衰减系数 μ 及 γ 射线穿透闪烁体的长度。被吸收的部分又按三种效应的截面分别发生光电效应、康普顿效应和电子对效应,由于次级电子在闪烁体中的射程很短,所以可以认为不论是哪种效应产生的次级电子,其能量都能全部损耗在闪烁体内,但次级电磁辐射(康普顿效应中产生的次级 γ 射线或其余两种效应的后续过程中产生的特征 X 射线或湮没辐射)是否能再次与闪烁体发生相互作用又和闪烁体材料及大小有关。因此,γ 射线在闪烁体中产生的次级电子能谱与闪烁体的材料以及大小和形状密切有关。下面,我们按闪烁体的大小,分三种情况来讨论。

(1)闪烁体"足够小"的情况

在闪烁体足够小的极限情况下,可以认为由入射 γ 射线产生的所有次级电磁辐射都不会再次与闪烁体发生相互作用,而全部逃逸出了闪烁体,如图 9.29 所示。图 9.30 给出了在"小闪烁体"中单能 γ 射线产生的次级电子能谱,左图为 γ 射线能量小于 1.022 MeV 而仅发生光电效应和康普顿效应的情况。图中光电峰对应能量为入射光子能量 $h\nu$ 减去特征 X 射线能量 E_X,在 NaI(Tl) 中碘的特征 X 射线能量约为 29 keV,则光电峰对应能量为 $h\nu - 29$ keV,

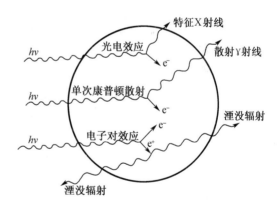

图 9.29　γ 射线与"小闪烁体"的相互作用

也称它为碘逃逸峰。康普顿沿对应康普顿反冲电子的最大能量。右图为能量高于 1.022 MeV 时的情况,这时可发生电子对效应,且正电子湮没产生的两个湮没光子都将逃逸,留在闪烁体中的能量即为正、负电子的总动能 $h\nu - 2m_0c^2$,对应能峰称为双逃逸峰。

(2)闪烁体"特别大"的情况

在闪烁体特别大时,可以认为入射 γ 射线产生的次级电磁辐射会继续与闪烁体发生作用而不逃逸出闪烁体,则 γ 射线的全部能量最终都将转化为次级电子的能量,并沉积在闪烁体中,如

图9.31所示。由于整个作用过程在很短时间内完成,所以,闪烁探测器输出脉冲信号的幅度与总沉积能量——即γ射线的能量成正比,对单能γ射线而言,能谱中将只出现对应γ射线能量的单一能峰,称为全能峰。这种多次作用累加沉积能量的过程称为累计效应,累计效应可以在三种相互作用中都存在。

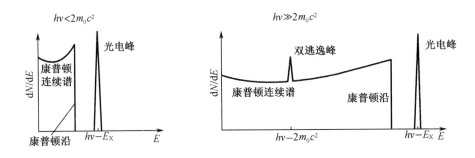

图9.30 "小闪烁体"中单能γ射线产生的次级电子能谱

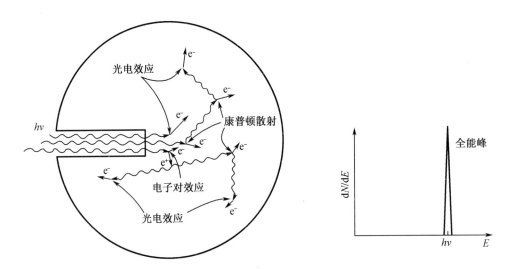

图9.31 "特别大"闪烁体中单能γ射线产生次级电子的过程及次级电子能谱

由于全能峰和入射γ射线能量 $h\nu$ 完全对应,因此,在γ谱解析中占有十分重要的地位,全能峰峰位和峰面积的确定,是γ能谱解析工作的核心内容之一。全能峰峰位比光电峰峰位略高,只有在γ射线能量较低时才能分辨开。

(3)闪烁体"中等大小"的情况

这是工作中遇到的实际情况,这时,单能γ射线与闪烁体的相互作用过程见图9.32。图9.33给出了此时得到的次级电子能谱。左图的入射γ射线能量低于1.022 MeV,与图9.30的差异是在康普顿边沿与全能峰之间仍有一连续分布部分,这是由多次康普顿散射效应造成的。多次康普顿散射指发生康普顿效应后产生的散射光子再次发生康普顿散射,散射光子从闪烁体逃逸,带走的能量可以小于初次康普顿效应的最小散射光子能量,这种情况下输出脉冲分布在全能峰和康普顿沿之间。

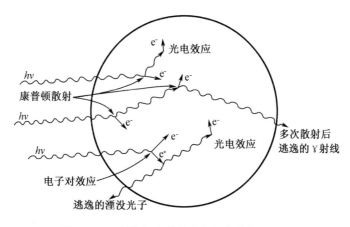

图 9.32　γ 射线与中等大小闪烁体的相互作用

图 9.33 中右图为入射光子能量大于 1.022 MeV 时的情况,图中单逃逸峰是正电子湮没时产生的两个 0.511 MeV 湮没光子一个逃逸而另一个被吸收的结果,而双逃逸峰是两个湮没光子全都逃逸形成的。

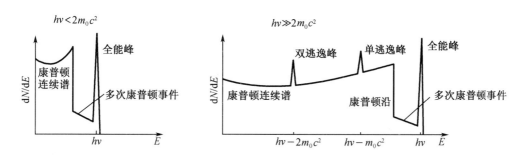

图 9.33　中等大小闪烁体中单能 γ 光子产生的次级电子能谱

图中各部分面积的相对比例与入射单能 γ 射线产生各种效应的截面有关,也与闪烁体的大小有关。闪烁体越大,累计效应影响越大,则全能峰面积所占比例越大。

2. 单能 γ 射线的脉冲幅度谱

可以说,入射 γ 射线在闪烁体中产生的次级电子能谱,决定了 γ 闪烁谱仪输出脉冲幅度谱的大部分基本特征,如全能峰、康普顿沿、单逃逸峰和双逃逸峰对应的位置等。除此之外,γ 谱还受到如下因素的影响,实际分析时必须注意。

(1)统计涨落的影响

在闪烁探测器中,能量沉积产生光子以及后续光电转换和电子倍增过程均存在统计涨落,则单能带电粒子对应的脉冲幅度围绕平均值呈现一定分布。反映在脉冲幅度谱上,全能峰(包括光电峰)、逃逸峰等均产生了展宽,康普顿沿也不再陡峭而变得平缓。

(2)光电倍增管噪声和暗电流的影响

由于光电倍增管的噪声与暗电流的存在,在脉冲幅度谱的低端将出现一随幅度递降的连续分布。

（3）周围介质的影响

闪烁体周围通常都会有其他介质存在,如准直器、屏蔽材料、结构材料等。γ 射线不但能打到闪烁体上,而且也能打到这些周围介质上并发生相互作用,这样在脉冲幅度谱上将出现反散射峰、湮没峰及特征 X 射线峰等。反散射峰是 γ 射线在周围介质上发生大角度(如 135°～180°)康普顿散射时,散射光子进入闪烁体并被探测形成的,这些散射光子的能量相差不大,均在 200 keV 左右。湮没峰是闪烁体外正电子湮没产生的湮没辐射进入闪烁体并损失全部能量形成的,对应能量为 511 keV,正电子有两个可能的来源,一是 β+ 源衰变产生的 β+ 粒子,另外就是高能 γ 射线在周围介质上发生电子对效应产生的。特征 X 射线峰则是 γ 射线与周围介质发生光电效应,后续过程产生的特征 X 射线进入闪烁体并沉积全部能量形成的,特征 X 射线反映的是周围介质的信息。这些过程参见图 9.34 所示。图中(1),(2),(3)分别代表光电效应、康普顿效应和电子对生成效应;下标 a,b 分别代表发生在闪烁体内和闪烁体外的事件。另外需注意,为防止放射源的 β 射线进入闪烁体,一般均在晶体前放置 β 射线吸收片,即 β 射线不会进入闪烁体,但由 β 射线与物质作用产生的韧致辐射可能进入闪烁体。

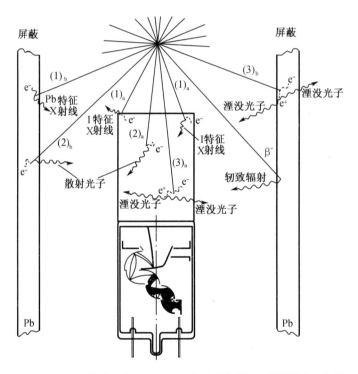

图 9.34　闪烁体的一次闪烁及周围介质对脉冲幅度谱的影响示意图

图 9.35 给出了 $\phi 3'' \times 3''$ 的 NaI(Tl)闪烁探测器实测[24]Na 放射源放出的能量为 2 754 keV 和 1 369 keV 的 γ 射线脉冲幅度谱,图中除对应的全能峰、单双逃逸峰和康普顿平台外,还可见对应能量为 511 keV 的湮没峰和能量约为 200 keV 的反散射峰,各峰的相对大小与晶体的大小密切相关。

综上可见,即使是对单能 γ 射线,闪烁谱仪给出的脉冲幅度谱已是比较复杂。可以想见,当入射 γ 射线具有多种能量时,闪烁谱仪的输出脉冲幅度谱将会更加复杂。

9.5.3　单晶 γ 谱仪的性能指标

对工作于脉冲工作状态的闪烁探测器,衡量其性能的各项指标与其他脉冲探测器是一样的,包括:脉冲幅度分布与能量分辨率、探测效率、计数率与工作电压的关系曲线、分辨时间以及时间分辨本领等。当然,不同的应用场合,对各性能指标的要求也各有侧重,例如,闪烁谱仪要求能量分辨率好,而用于强度测量的闪烁计数器则对分辨时间有更高的要求,至于时间分辨本领,则对时间测量装置尤为重要。

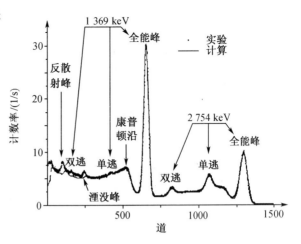

图 9.35　^{24}Na 的实验和计算谱

本节重点分析 NaI(Tl)单晶 γ 谱仪的性能与指标,这些内容同样适用于其他闪烁谱仪。

1. NaI(Tl)单晶闪烁谱仪对单能 γ 射线的响应函数

当分析由多种能量 γ 射线形成的能谱时,首先要得到各单能 γ 射线所产生的能谱。我们把 γ 闪烁谱仪对某单能 γ 射线的能谱称作此 γ 闪烁谱仪对该能量 γ 射线的响应函数。显然,闪烁谱仪 γ 射线的响应函数与闪烁体种类、大小、形状、光导与光电倍增管,以及实验装置的布置等都有关,在图 9.36 中给出了其中一些 γ 射线能量的响应函数。某些标准形状 NaI(Tl)晶体 γ 闪烁谱仪的 γ 能谱可在文献中找到,例如 Heath 公布了用 $\phi 3'' \times 3''$ 的 NaI(Tl)闪烁谱仪测得的近 300 个放射性核素的 γ 能谱,后来由 Adams 和 Damos 修订的汇编中包括了用 $\phi 3'' \times 3''$ 及 $\phi 4'' \times 4''$ 两种 NaI(Tl)晶体测得的 γ 能谱[19]。

实际工作中,由于 γ 能谱和仪器条件、测量条件等密切相关,上述实验测得的 γ 射线的响应函数通常并不能直接使用,而重新测量响应函数又十分困难,因此,目前很多工作中都利用 Monte-Carlo 方法①来获得谱仪的响应函数。图 9.35 中的计算谱线就是我们用 Monte-Carlo 方法得到的 ^{24}Na 的模拟结果,在考虑了 NaI(Tl)晶体的非线性和 Robin P. Gardner 教授在实验中发现的单逃逸峰的漂移现象后,开发了一种蒙卡程序 PETRAN 1.0,在相当宽的能量范围内与实验结果符合得非常好②。

2. 单晶 γ 谱仪的能量分辨率

闪烁谱仪的 γ 谱相当复杂,我们用其全能峰来确定 γ 闪烁谱仪的能量分辨率为

$$\eta = \frac{全能峰的半宽度}{全能峰顶所在处的幅度值}$$

由(9.34),仅考虑统计涨落时,闪烁谱仪所能达到的最佳能量分辨率为

$$\eta = \frac{\Delta E}{E} = 2.36 \cdot \nu_h = 2.36 \cdot \sqrt{\frac{1}{\overline{n}_{ph} \cdot T}\left[1 + \frac{\delta}{\delta_1}\left(\frac{1}{\delta - 1}\right)\right]} \quad (9.36)$$

---

①　Monte-Carlo 方法在射线与物质相互作用、探测器模拟、辐射屏蔽和辐射剂量计算等方面有重要应用,是核物理和辐射探测领域经常要用到一种计算方法。

②　Hu-Xia Shi,Bo-Xian Chen,et al,Applied Radiation Isotopes,2002,57:517 − 524.

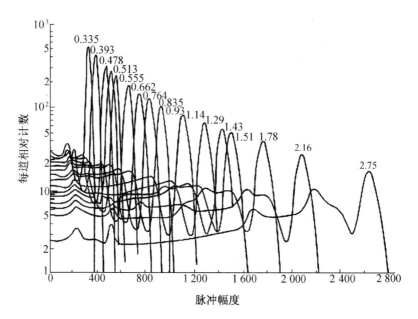

**图 9.36　3 × 3 英寸圆柱形 NaI(Tl) 闪烁体
对 0.335 ~ 2.75 MeV γ 射线的响应函数**

全能峰顶的位置与入射 γ 射线的能量 E 相对应,由(9.3)式,$\bar{n}_{\mathrm{ph}} = E \cdot Y_{\mathrm{ph}}$。则由(9.36)式,可估计出单晶闪烁 γ 谱仪的最佳能量分辨率为

$$\eta = 2.36 \cdot \sqrt{\frac{1}{E \cdot Y_{\mathrm{ph}} \cdot T}\Big[1 + \frac{\delta}{\delta_1}\Big(\frac{1}{\delta - 1}\Big)\Big]} \tag{9.37}$$

由此可见,$\eta \propto 1/\sqrt{E}$,即能量分辨率反比于 γ 射线能量的平方根。因此,作为 γ 谱仪指标之一的能量分辨率是对某一定 γ 射线能量而言的。

由(9.37)式,对一定能量的 γ 射线,提高 Y_{ph}、T 和 δ 值均有助于改善谱仪的能量分辨率。其中,Y_{ph} 由闪烁体决定;T 与光子的收集、光电转换和光电子收集效率有关。前面提到采用负电子亲和力材料作为第一打拿极,可有效提高 δ_1,而其他打拿极的 δ 可通过工作电压的升高而增大,但由(9.37)式可知,当 δ 值稍大后,它对 η 值的影响变小,因此一般不宜通过过高的工作电压来改善能量分辨率。

由(9.17)可知,对一个打拿极数 $n = 10$ 的光电倍增管,$M \propto V_0^7$。这样,当工作电压变化 ΔV_0 时,倍增系数 M 将变化 ΔM,且存在下列近似关系

$$\frac{\Delta M}{M} = 7\frac{\Delta V_0}{V_0} \tag{9.38}$$

即,当工作电压 V_0 的相对变化为 1% 时,它所引起的倍增系数的相对变化将为 7%。这种变化将使能量分辨率变差,因而闪烁谱仪对高压稳定性的要求很高,一般在 0.05% 左右。

应当知道(9.37)式表示的能量分辨率是理论极限值,实际的测量值要差一些,这是因为闪烁体和光阴极的不均匀性以及电子线路的噪声等都会使能量分辨率进一步变差。

3. 能量的线性响应

在 9.2.2 节中提到,对不同种类及不同能量的带电粒子,闪烁体的闪烁效率 C_{np} 有所不同,这就带来了测量能谱的非线性。在 γ 闪烁谱仪中,这种非线性是由闪烁体的闪烁效率随电子能量不同而变化引起的。图 9.37 给出了 NaI(Tl) 晶体在不同光子能量下单位能量对应的脉冲幅度,它与闪烁效率 C_{np} 线性相关,称为微分线性度,微分线性度在理想情况下应为一条水平线。由图可见,对 NaI(Tl) 闪烁体从 100 keV 到 1 MeV,曲线纵坐标的变化为 15% 左右。

4. 探测效率

对 γ 闪烁谱仪而言,γ 射线只有首先在闪烁体内产生次级电子,才可能被探测到,因此,γ 闪烁谱仪对 γ 射线探测效率主要取决于 γ 射线在闪烁体内产生次级电子的概率,这将由 γ 射线与闪烁体的相互作用截面、闪烁体的大小形状、源与闪烁体的几何位置等因素决定。

鉴于使用中的实际需要,常用的单晶 γ 谱仪的探测效率有下列两种定义。

(1) 绝对总效率 ε_s

绝对总效率 ε_s 定义为探测器记录的脉冲数除以同时间内放射源发出的 γ 射线数,ε_s 为 γ 射线能量的函数,即

$$\varepsilon_s(E) = \frac{\text{记录的脉冲数}}{\text{放射源发出的 γ 射线数}} \tag{9.39}$$

点源条件下计算绝对总效率的方法如图 9.38 所示,这时 γ 射线在闪烁体内的穿透长度 x 是源到晶体表面距离 b、晶体半径 r 和厚度 h 的函数。由 γ 吸收规律可推算闪烁体对 γ 射线的绝对总效率为

$$\varepsilon_s(E) = \frac{1}{4\pi}\int_{\Omega_0}(1 - e^{-\mu x})\,\mathrm{d}\Omega \tag{9.40}$$

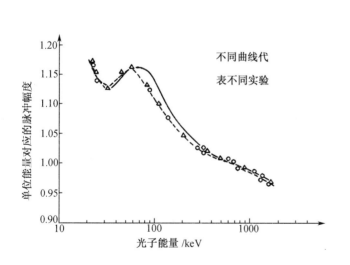

图 9.37　用 NaI(Tl) 闪烁体测得的微分线性度[12]

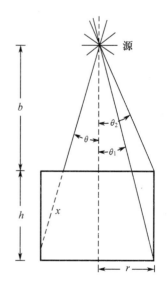

图 9.38　点源条件下绝对总效率
的计算模型

这里,μ 为闪烁体对一定能量 γ 射线的线性衰减系数;Ω_0 是探测器对点源所张的立体角,根据所张立体角的定义,有

$$\Omega_0 = 2\pi \int_0^{\theta_2} \sin\theta d\theta = 2\pi(1 - \cos\theta_2) = 2\pi\left(1 - \frac{b}{\sqrt{b^2 + r^2}}\right)$$

$$\varepsilon_s(E) = \frac{1}{2}\int_0^{\theta_2}(1 - e^{-\mu x})\sin\theta d\theta \tag{9.41}$$

其中 x 的计算可以分在 $\theta \leqslant \theta_1$ 和 $\theta_1 < \theta \leqslant \theta_2$ 两个区域，θ_1 和 θ_2 的定义如图9.38所示。则

$$\varepsilon_s(E) = \frac{1}{2}\left[\int_0^{\theta_1}(1 - e^{-\mu h\sec\theta})\sin\theta d\theta + \int_{\theta_1}^{\theta_2}(1 - e^{-\mu(r\csc\theta - b\sec\theta)})\sin\theta d\theta\right] \tag{9.42}$$

参考书目[19]中，给出了不同能量的 γ 点源对各种不同大小的圆柱形 NaI(Tl) 晶体的探测效率，可供参考。图9.39中给出了不同 b 参数下，$\phi2'' \times 2''$ 的 NaI(Tl) 晶体对不同能量 γ 射线的绝对总效率。由图可见，在 $b = 5$ cm 时，对 0.1 MeV 的 γ 射线的绝对总效率仅为约 5%。

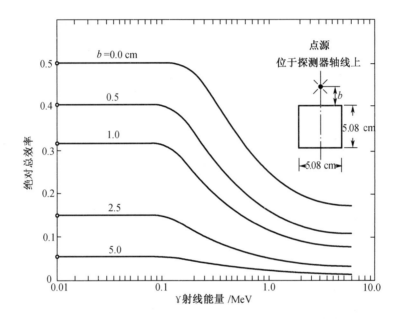

图9.39　$\phi2 \times 2$ 英寸 NaI(Tl) 晶体绝对总效率曲线[12]

(2) 源峰探测效率 ε_{sp} 和峰总比 $f_{p/t}$

源峰探测效率为 γ 谱全能峰下包含的计数与放射源在相同时间内发射的 γ 射线数的比值，即

$$\varepsilon_{sp} = \frac{\text{全能峰的计数}}{\text{放射源发出的 } \gamma \text{ 射线数}} \tag{9.43}$$

从源峰探测效率 ε_{sp} 的定义可见，ε_{sp} 与绝对总效率 ε_s 的关系为

$$\varepsilon_{sp} = \varepsilon_s \cdot f_{p/t} \tag{9.44}$$

式中，$f_{p/t}$ 称为峰总比，其定义为 γ 谱全能峰的计数与全谱总计数的比值，也称为光因子 (Photo-factor)。由于全能峰可以作为 γ 谱的特征峰，其峰位与入射的 γ 射线能量关系简单，峰面积下的计数也容易确定。所以，在 γ 谱仪源峰探测效率已知的条件下，通过测定全能峰面积下的计数(或计数率)就很容易得到放射源的活度。

峰总比与 γ 射线能量,探测器的种类、形状、大小和源与探测器的几何位置有关,它是一个比 γ 谱仪探测效率更常用到的指标。

由于 γ 射线的次电子脉冲幅度谱的复杂性和康普顿平台的连续性,闪烁探测器的坪特性(即入射辐射不变的情况下测得的计数率与工作电压的关系曲线)很不明显,没有什么重要价值。而对单能带电粒子,坪特性可能呈现一个平坦的坪区,可用于计数测量时工作电压的选择依据。

闪烁探测器当然也可以测量带电粒子,它对带电粒子的探测效率理论上可达到 100%,但实际工作中,为了避免噪声影响,测量系统往往必须有一定甄别阈,这样,如果入射粒子能量较低,或是像 β 射线那样具有连续的能量分布,就可能全部或部分地不能记录下来。这种情况下,对带电粒子的探测效率将不能达到 100%。

5. 闪烁探测器的时间特性

闪烁探测器的时间特性包括分辨时间(又称死时间)、时滞和时间分辨本领三个物理量。

在计数测量和能谱测量时,我们更关心分辨时间。闪烁探测器的分辨时间与正比计数器的比较相似,属于可扩展型。探测系统的分辨时间取决于闪烁体的发光衰减时间 τ_0、电子在光电倍增管中的渡越时间 $\bar{t}_e$ 及其涨落 Δt_e,以及输出回路时间常数 $R_0 C_0$。对于 τ_0 比较大的无机闪烁探测器,分辨时间主要由 τ_0 决定,即使选择很小的输出回路时间常数,探测器输出脉冲的宽度也不可能小于闪光脉冲的宽度。如果采用 τ_0 很小(ns 量级)的有机闪烁体,则光电倍增管中电子渡越时间的涨落 Δt_e 也可能对分辨时间起着决定性的影响。

闪烁探测器的时滞主要取决于光电倍增管的电子渡越时间 $\bar{t}_e$,而时滞的涨落决定着闪烁探测器的时间分辨本领。在时间测量中,为了获得快时间响应和快计数,通常选用极快的有机闪烁体和快的光电倍增管,脉冲成形时间常数也取得很小,这时输出电压脉冲的前沿会受 Δt_e 的影响,使时滞出现涨落,从而影响着时间分辨本领。选用快的闪烁体和光电倍增管,闪烁探测器的时间分辨本领可以达到 $10^{-10} \sim 10^{-9}$ s。更进一步的要求则须考虑发光衰减时间 τ_0 的涨落,即从开始发光到发射出一定的光子数,使输出信号上升到一定阈值而触发拾取电路所经过的时间也是涨落的。这方面的较详细论述可参看更为专业的资料。

6. 闪烁探测器的稳定性

闪烁探测器的稳定性是其应用中需要十分重视的一个问题。除了前面谈到的高压电源不稳定的影响外,光电倍增管的不稳定性是造成闪烁探测器性能不稳定的一个主要原因。此外,闪烁体的性能也与温度有一定的关系。某些闪烁体,如 NaI(Tl) 等易潮解,一旦包装不可靠就会使闪烁体性能随着时间而改变。

为了解决高压电源等因素引起的光电倍增管倍增系数漂移的问题,实际应用中常用到稳峰技术。这时先要确定输出脉冲幅度谱上的一个"标志能峰",标志能峰可以是被测样品本身的能峰,也可以是另外加入的标志放射性样品的能峰,然后通过电子技术,随时对工作电压进行微小的调整而确保标志能峰保持在原来的位置上。这种方法可明显消除各种漂移因素的影响,提高闪烁探测器的稳定性。

由于光电倍增管对磁场干扰很敏感,又不能见光,闪烁探测器中一般将闪烁体,光电倍增管、分压器及前端电路都安装在同一金属密封外壳中,构成一个单独的部件。金属外壳应当能避光,抗电磁干扰以及防潮等。在某些磁场影响较大的环境中,可能还需要对光电倍增管进行单独的磁屏蔽或采用抗磁场能力强的其他光电转换器件,如光二极管,雪崩光二极管等。

思　考　题

9-1　试详细分析 γ 射线在闪烁体中可产生哪些作用过程,每种过程中次电子能量与 γ 射线能量的关系。

9-2　在一定测量条件下,如何提高光电倍增管第一打拿极收集的光电子数? 它对提高闪烁谱仪能量分辨率有什么价值?

9-3　试定性分析,分别配以塑料闪烁体及 NaI(Tl)闪烁晶体的两套闪烁谱仪所测得的 0.662 MeV γ 谱的形状有何不同?

9-4　试解释 NaI(Tl)闪烁探测器的能量分辨率优于 BGO 闪烁探测器的原因,为何后者的探测效率要更高一些?

9-5　当 NaI(Tl)晶体尺寸趋向极大时,单能 γ 射线的脉冲幅度谱中全能峰与康普顿坪之间的比例将有什么变化?

9-6　从 γ 谱的形成机制上分析,NaI(Tl)闪烁探测器测得的光电峰与碘逃逸峰是什么关系?

习　　题

9-1　入射粒子在蒽晶体内损失 1 MeV 能量时,将产生 20 300 个平均波长为 447 nm 的闪烁光子,试计算蒽晶体的闪烁效率。

9-2　NaI(Tl)晶体的发光衰减时间常数为 230 ns,求一个闪烁事件发射其总光产额的 99% 需要多少时间?

9-3　一个 10 级的光电倍增管,打拿极的倍增因子 δ 与极间压差 $\Delta V^{0.7}$ 成正比,假设总工作电压为 1 000 V。若要求总增益的变化小于 0.1%,问允许工作电压的波动是多少?

9-4　NaI(Tl)晶体的发光衰减时间常数为 230 ns,若忽略光电倍增管引入的一切时间离散,求当输出回路时间常数分别为 10,100,1 000 ns 时的电压脉冲宽度(用 FWHM 表示)。

9-5　试计算 ^{24}Na 的 2.754 MeV 的 γ 射线在 NaI(Tl)单晶谱仪的输出脉冲幅度谱上,全能峰、康普顿边缘、单逃逸峰、双逃逸峰的位置(以能量表示)。

9-6　能量为 2 MeV 的 γ 光子射到探测器上,经过连续两次康普顿效应后,散射光子逃逸,如果散射角分别为 30° 和 60°,求沉积在探测器中的反冲电子能量是多少? 假如把散射角顺序倒过来,沉积的能量有变化吗?

9-7　计算能量为 1 MeV、2 MeV、3 MeV 的 γ 射线相对应的反散射峰能量。

9-8　已知 NaI(Tl)单晶对 0.5 MeV 的 γ 射线的质量衰减系数为 0.095 cm^2/g,探测器为圆柱形,厚 5 cm,γ 射线沿轴线垂直平行入射,试求这种情况下的本征总效率。若此时光因子(全能峰占全面积的比值)为 0.4,本征峰效率是多少? (本征总效率 = 全谱计数/射入探测器灵敏体积的 γ 光子数,本征峰效率 = 全能峰计数/射入探测器灵敏体积的 γ 光子数)

9-9　选用闪烁探测器作为一个计数系统的探测器,并认为系统分辨时间仅受闪烁体发光衰减时间的限制,试计算闪烁体分别为 NaI(Tl)和蒽晶体时,计数损失为 1% 时的计数率。

9 - 10　用 NaI(Tl)单晶 γ 谱仪测 ^{137}Cs 的 662 keV 的 γ 射线,已知光产额 $Y_{ph} = 4.3 \times 10^4$ 光子/MeV,光的收集效率 $F_{ph} = 0.35$,光电子收集效率 $g_c \cong 1$,光阴极的光电转换效率 $\varepsilon_K = 0.22$。又知光电倍增管第一打拿极倍增因子 $\delta_1 = 25$,后面各级的 $\delta = 6$,试计算闪烁谱仪的最佳能量分辨率。

第10章 半导体探测器

半导体探测器(Semiconductor Detector)是用半导体材料作为探测器介质的一种辐射探测器,它的发展、完善是与半导体材料科学的发展密切相关的,随着半导体新材料、新工艺的发展,新型半导体探测器不断开拓新的局面,在 α、β、γ 及中子的能谱测量方面得到了越来越多的应用。例如,在 α 能谱测量方面,金硅面垒型半导体探测器已作为首选,几乎取代了屏栅电离室等气体探测器。半导体探测器与闪烁探测器一样属于固体介质探测器,具有比气体高得多的密度,对高能电子,尤其是 γ 射线具有高的探测效率。例如,高纯锗探测器及锗锂漂移探测器(又常通称为锗探测器),在对 γ 射线具有高探测效率的同时,又能达到很高的能量分辨率,给 γ 能谱测量和分析带来了很大的变化,形成了现代的"γ 射线能谱学"。

半导体探测器在工作机制上与气体探测器相似,它利用电子 - 空穴对在外电场作用下作漂移运动而在输出回路上产生输出信号。学习过程中,我们可以将半导体探测器与气体探测器进行对比,体会它们的共同点和不同之处,以加深对这两种探测器的理解认识。

本章主要讨论最常用的硅和锗半导体探测器的基本原理和工作机制。为了能正确理解半导体探测器内发生的各种物理现象,先介绍一下半导体探测器的基本要求和半导体的主要特性。

10.1　半导体探测器概述

半导体和导体、绝缘体构成固体的三种状态,一般认为,电阻率为 10^{-5} Ω·cm 量级左右的固体是导体,电阻率为 $10^{14} \sim 10^{22}$ Ω·cm 左右的是绝缘体,而电阻率在 $10^{-2} \sim 10^9$ Ω·cm 范围的是半导体。

10.1.1　半导体用于辐射探测器的基本要求

回顾气体探测器探测电离辐射的过程,我们不难总结出作为一个理想的基于电离的辐射探测器必须满足两个基本条件:①在没有辐射(包括本底辐射)穿过探测器灵敏体积时不会产生信号;②带电粒子穿过灵敏体积时产生的电荷(电子 - 正离子对或电子 - 空穴对)在电场作用下能产生定向漂移运动,而且在被电极收集前没有明显的损失。第一个条件要求介质的电阻率应该足够大,输出信号仅由辐射引起;第二个条件要求介质内电荷可以运动并有足够长的寿命,这样才能产生输出信号并且其大小能反映辐射的能量。气体作为工作介质,一般可以满足这两个条件,但固体却不一定。如导体不满足第一个条件,而绝缘体通常不能满足第二个条件,半导体成为唯一可能同时满足这两个条件的固体材料。

先来看电阻率的问题。半导体的电阻率比导体的大得多,但作为辐射探测器还是显得太小,导致暗电流非常大。例如,本征硅在室温下的电阻率也不过为 10^5 Ω·cm,如果对表面积为 1 cm^2、厚度 1 mm 的这种硅片两面加上 100 V 电压时,就有 0.01 A 的电流流过,显然,如此大的暗电流将会把待测信号全部淹没。此外,由于暗电流的存在,电场在半导体内不断消耗功率而使半导体发热,这又会使半导体电阻率进一步降低,以致无法工作。实验表明,半导体材料的电阻率至少应大于 10^9 Ω·cm,才能制出可用的探测器。为提高半导体的电阻率,需要降低半导体内的载流子浓度,普遍采用的方法是由非注入电极或称闭锁电极构建一个内电场区域。闭锁电极是单向的,在电场作用下从一个电极移走的载流子不能再从另一个电极得到补充,从而导致半导体内的载流子浓度下降,电阻率提高。最合适的闭锁电极就是加上反向电压的 PN 结,即在结的 N 面接高电位,P 面接低电位,构成由 N 指向 P 的电场,电场中电子被 N 收集,空穴被 P 收集,而从结的 P 面很难注入电子,因为多数载流子是空穴,自由电子很少,同样,从 N 面很难注入空穴,这样,PN 结区内的载流子浓度很低,称为耗尽区。以实用的硅探测器为例,结区内的剩余载流子浓度仅约为 $100/cm^3$,因而电阻非常高。加上反向电压后,电压几乎完全降落在结区,在结区形成了足够强的电场,结区又称势垒区。当带电粒子在结区内消耗能量而产生电子 – 空穴对时,电子和空穴分别向两极漂移,则在输出回路中形成输出信号。

　　第二个问题为足够长的载流子寿命。为保证载流子的有效收集,必须尽可能减少材料中的俘获中心和复合中心,以保证载流子的平均寿命比载流子的收集时间长,为此要求半导体材料具有足够的纯度。一般收集时间为 $10^{-7} \sim 10^{-8}$ s,载流子的平均寿命大约在 10^{-5} s 就能满足了。在表 10.1 中给出了多种材料的空穴迁移率及寿命,其中硅和锗的载流子寿命达 10^{-3} s,远大于其他半导体材料,硅和锗也就成为半导体探测器介质的首选材料。

10.1.2　半导体探测器的主要特征和优点

　　由于半导体探测器在辐射能谱测量上的优势和潜力,我们将更为关注对能量分辨率的讨论。由前面两章我们已经知道,限制能量分辨率的主要因素是统计涨落,因此大幅改善能量分辨率的唯一途径,就是减小统计涨落,也就是必须增加单位能量产生的信息载流子数目。信息载流子(Information carriers)是一个统称,在气体探测器中它是入射带电粒子在灵敏体积内产生的电子 – 离子对;在闪烁探测器中为被光电倍增管第一打拿极收集的光电子;而在半导体探测器中则为在探测器灵敏体积中产生的电子 – 空穴对。因此,在半导体中形成一个信息载流子所需要的平均能量,即电离能成为我们首先关注的要点。

1. 电离能

　　半导体材料属于晶体材料,电子在晶体材料中的能态同样用能带结构描述。晶体材料中的价电子必须位于导带或价带上,导带和价带之间是禁带,其宽度用 E_G 表示,对绝缘体 $E_G > 5$ eV,而半导体 $E_G \approx 1$ eV 左右。

　　带电粒子通过半导体介质时通过电离损失或辐射损失而损失能量,同时使半导体中的电子由价带、甚至由满带激发到导带,在价带或满带中留下空穴,如图 10.1(a)所示。受激进入导带中的电子,在极短的时间内都将降至位于导带底部能量最低的第一空带,而所有处于更深的满带中的空穴都将上升至价带顶部的第一满带。在这些过程中释放的能量又可以在第一满带及第一空带中产生一些电子 – 空穴对。总之,带电粒子穿过半导体时,经过 10^{-12} s 左右,就会沿其径迹在第一满带及第一空带内产生一定数目的电子 – 空穴对,此过程可以用图 10.1(b)来

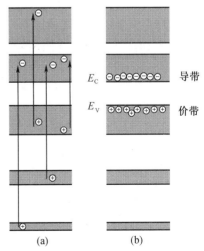

图 10.1　半导体中电子 – 空穴的产生

表示。

常温下,Si 和 Ge 的禁带宽度分别为 1.115 eV 和 0.665 eV,电离能 W 分别为 3.62 eV 和 2.84 eV,大约为禁带宽度的 3 倍。对辐射探测器而言,产生一个信息载流子所需要的平均能量具有重要意义,气体中产生一个电子 – 离子对约需 30 eV,在闪烁探测器中产生一个被光电倍增管第一打拿极收集的光电子约需要 300 eV(以 NaI(Tl)为例)。可见,同样能量的带电粒子在半导体中产生的信息载流子数目要比在气体探测器和闪烁探测器中大得多。

半导体的 W 随不同入射带电粒子及能量变化不大。实验发现,对重离子和裂变碎片的 W 高于对 α 粒子的;W 随温度也有变化,例如 Si 的 W 值在液氮温度下比在室温下约大 3%,Ge 从 77 K 降至 6 K 时,W 值仅降低 0.02%。

有了 W 值,我们就可以得到入射粒子在半导体内损失能量 E 时,产生的平均电子 – 空穴对数 $\overline{N}$ 为

$$\overline{N} = E/W \tag{10.1}$$

2. 法诺因子

一定能量 E 的入射带电粒子在晶体中产生的总电子 – 空穴对数 N 是涨落的。实验表明,半导体中信息载流子数目服从的分布规律与气体中类似,即 N 遵守法诺分布,则 N 的方差为

$$\sigma_N^2 = F \cdot \overline{N} \tag{10.2}$$

F 即是法诺因子,对于 Si,$F = 0.15$;对于 Ge,$F = 0.13$(不同文献给出的 F 值相差甚大,而且随实验越精确而趋于更小的值)。由(10.2)式,电子 – 空穴对的相对均方涨落为

$$\nu_N^2 = \frac{\sigma_N^2}{N^2} = \frac{F}{N} \tag{10.3}$$

由此,半导体的电离能 W 很小,使得相同能量沉积的情况下,半导体中产生的电子 – 空穴对数要比在气体中产生的离子对数大十倍左右,再考虑到半导体探测器的法诺因子 F 比气体探测器的更小,所以半导体中电子 – 空穴对数的相对均方涨落要比气体的小十倍以上。这表明在我们讲到的三种辐射探测器中,半导体探测器可以获得最好的能量分辨率。

3. 半导体探测器的其他重要特征

除了前面提到的电离能和法诺因子外,半导体探测器还有一些特征,如:

(1)良好的线性,在很宽的能量范围内脉冲幅度与粒子能量成正比;

(2)较高的探测效率,作为固体材料具有高的密度;

(3)快的时间响应特征,半导体探测器比气体探测器的时间响应快得多;

(4)可以在真空条件下工作并对外磁场不敏感。

当然,半导体探测器对工作条件要求比较苛刻、高端产品价格昂贵以及对辐照比较敏感等,这些缺点限制了它的应用。

目前,实际应用中常用的半导体探测器有 PN 结探测器、高纯锗(HPGe)探测器、锂漂移探测器及新型的化合物半导体探测器等。

10.1.3 与辐射探测有关的半导体材料的性质

1. 本征半导体和掺杂半导体

本征半导体指绝对纯净的半导体,显然本征半导体只在理想情况下存在,实际是得不到的。在非零温度,晶体中的电子总会获得一定热能,价电子可能穿越禁带而升入导带,本征半

导体中导带中的电子数和价带中的空穴数严格相等。由于热运动而产生的载流子称为本征载流子,显然,温度越高、禁带宽度越小,电子 – 空穴对数将越多。设 n 及 p 分别表示半导体中电子与空穴的浓度,即单位体积中电子与空穴的数目,则本征半导体中

$$n_i = p_i \tag{10.4}$$

下标 i 表示本征半导体。

实际的半导体材料中总存在一些杂质或晶格缺陷,有时还故意掺入一些所需要的杂质,这样的半导体材料称为掺杂半导体。总的说来,杂质原子或晶格缺陷在半导体的禁带中产生了一些局部能级(它们仅在杂质原子所在处才存在),就是它们使半导体性质发生了很多改变。掺杂后,半导体中的电子浓度和空穴浓度一般不再相等,将浓度较大的那种载流子称为多数载流子,另一种为少数载流子。如果多数载流子是电子,则称这种掺杂半导体为 N 型半导体;如果多数载流子是空穴,则称为 P 型半导体。根据杂质在半导体晶体中是否能够替代晶格原子,可以将杂质分为替位型杂质和间隙型杂质。

替位型杂质一般为 V 族元素(如 P,As,Sb)和Ⅲ族元素(如 B,Al,Ga 等),这些杂质原子可取代 Si 或 Ge 晶体中的某一晶格原子,形成新的晶格点,故称为替位型杂质。替位型杂质晶格点为 V 价或Ⅲ价原子,和原晶格点相比多了一个电子或空穴,从而使晶体内的电子或空穴数目发生了变化,形成了 N 型半导体和 P 型半导体。

(1)N 型半导体

V 族元素杂质原子替代原有原子形成新的晶格点时,它的四个价电子与邻近的原有原子形成共价键,多余出一个电子,这类杂质称为施主杂质。掺杂施主杂质后,在半导体禁带中会形成一些局部能级,即施主能级。设 E_D 为施主能级距导带底的能量差值,通常 E_D 很小,即施主能级很靠近导带底部,如室温下施主杂质 P(磷)在 Si 和 Ge 中的 E_D 值分别为 0.045 eV 和 0.012 0 eV。由于 E_D 很小,处于局部能级上的杂质原子几乎完全离化并将电子输运至导带,使导带中电子数增多,杂质原子成为带正电荷的晶格点。杂质原子越多,导带内的电子就越多,而价带中由于热激发形成的空穴数却因为导带中电子数增多导致的复合增加而减少,半导体中的电子浓度将大于空穴浓度,形成 N 型半导体,电子是其多数载流子。

(2)P 型半导体

当Ⅲ族元素杂质原子替代原有原子形成新的晶格点时,它只能提供三个价电子形成共价键,使原有四个共价键中缺少了一个电子,这类杂质称为受主杂质。掺杂受主杂质也会在半导体禁带中形成一些局部能级,称作受主能级,受主能级很接近价带顶部。设 E_A 为受主能级与价带顶的能量间隔,一般 E_A 很小,以受主杂质 B(硼)为例,室温下它在 Si 和 Ge 中的 E_A 值分别为 0.045 eV 和 0.010 4 eV,所以,价带中的电子很容易跃迁到受主能级上,使价带中出现空穴,半导体中空穴浓度将大于电子浓度。形成空穴为多数载流子的 P 型半导体。

一些 N 型半导体和 P 型半导体的杂质能级图如图 10.2,10.3 所示。有些杂质形成的能级位于禁带中部,这些杂质往往不是我们所需的。

间隙型杂质的原子通常与原晶体晶格原子的作用较弱,不能取代 Si 或 Ge 晶体中的晶格原子,而是嵌入在原晶格原子之间。掺杂 Li,Na,K 等碱金属元素时,在半导体禁带中会形成很接近导带底的局部能级(见图 10.2,10.3),使得杂质原子很容易离化,电子进入导带成为自由电子,带正电的离化原子在较高温度和较强电场条件下可以在晶体中漂移。显然,这类杂质属于施主杂质。在上述元素中,只有 Li 原子直径较小,能够有效漂移,可以作为理想的间隙型

杂质,并形成一种离子漂移型半导体探测器。

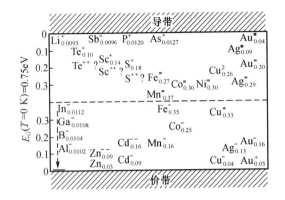 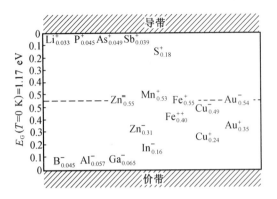

图10.2 位于 Ge 内价带和导带之间的
施主能级和受主能级[18]

图10.3 位于 Si 内价带和导带之间的
施主能级和受主能级[18]

实际上,一般杂质半导体中施主杂质和受主杂质同时存在,而且在室温下均处于离化状态。当施主多时,$n > p$,即为 N 型半导体;当受主多时,$p > n$,为 P 型半导体。

2. 载流子费米分布函数与载流子浓度

(1)载流子费米分布函数

半导体中载流子分布可以用费米分布函数描述。电子费米分布函数 $f(E)$ 定义为:在热平衡下,能级为 E 的量子态被电子占有的概率

$$f(E) = \frac{1}{1 + e^{(E - E_F)/kT}} \tag{10.5}$$

式中,k 为玻尔兹曼常数;T 为绝对温度;E_F 称为费米能级,表示电子占有概率为 1/2 的(可能的)能量状态,仅取决于杂质的类型和数量。本征半导体的 E_F 位于禁带中部,N 型半导体和 P 型半导体的 E_F 分别位于禁带上部靠近导带底和禁带下部靠近价带顶。

$f(E)$ 有如下有用性质:

$$f(E) \begin{cases} \approx e^{-(E - E_F)/kT} & (E - E_F) \gg kT \\ \approx 1 - e^{-(E_F - E)/kT} & (E - E_F) \ll -kT \\ = 1/2 & E = E_F \end{cases} \tag{10.6}$$

导带中,电子能量满足 $(E - E_F) \gg kT$,则其费米分布函数为 $f(E) \approx e^{-(E - E_F)/kT}$;价带中,电子能量满足 $(E - E_F) \ll -kT$,则其费米分布函数为 $f(E) \approx 1 - e^{-(E_F - E)/kT}$。$f(E)$ 表示量子态被电子占有的概率,则 $1 - f(E)$ 表示量子态不被电子占有的概率,也就是被空穴占有的概率。因此,容易给出价带中空穴的费米分布函数为 $1 - f(E) = e^{-(E_F - E)/kT}$。

(2)载流子浓度

固体能带中,能级随能量的分布情况用能态密度 $g(E)$(即单位体积单位能量间隔的量子态数目,单位为 $cm^{-3} \cdot eV^{-1}$)描述,则可知单位体积内能量 $E \sim E + dE$ 之间有 $g(E) \cdot dE$ 个量子态,其中被电子占据的量子态个数为 $f(E) \cdot g(E) \cdot dE$。由于每个量子态上只能有一个电子,所以,单位体积内 $E \sim E + dE$ 之间的电子个数为 $f(E) \cdot g(E) \cdot dE$。从导带底到导带顶对

$f(E) \cdot g(E) \cdot dE$ 积分,则可得到单位体积导带内的电子总数,即导带中的电子浓度。通常半导体导带中,电子聚集在导带底附近很小的能量间隔内,所以可近似认为导带中的量子态都集中在导带底 E_C 上,其密度为 N_C(即单位体积的导带内量子态数目,也称为导带的有效态密度,它与温度的 3/2 次方成正比,单位为 cm^{-3}),则导带中的电子浓度 n 等于导带的有效态密度 N_C 乘以能量为 E_C 的电子的费米分布函数值,即

$$n = N_C \cdot e^{-(E_C - E_F)/kT} \tag{10.7}$$

同理,设 N_V 为价带中的有效态密度,E_V 为价带顶的能量,则价带中的空穴浓度 p 为

$$p = N_V \cdot e^{-(E_F - E_V)/kT} \tag{10.8}$$

显然 $E_C - E_V = E_G$,由(10.7)和(10.8)式,可以得到电子和空穴浓度的乘积为

$$n \cdot p = N_C \cdot N_V \cdot e^{-E_G/kT} \tag{10.9}$$

可见,在一定温度下,$n \cdot p$ 仅与禁带宽度和温度有关,与所含杂质无关。因此,本征半导体的相等的两种载流子浓度之积与掺杂半导体的两种载流子浓度之积相等,即

$$n_i = p_i = \sqrt{n \cdot p} = \sqrt{N_C \cdot N_V} \cdot e^{-E_G/2kT} \tag{10.10}$$

室温时,本征 Si 载流子浓度为 $n_i = p_i = 1.45 \times 10^{10}$ cm^{-3},本征 Ge 的载流子浓度为 $n_i = p_i = 2.4 \times 10^{13}$ cm^{-3},均远小于金属的电子浓度(约 10^{22} cm^{-3}),载流子浓度小而且随温度变化,是半导体与金属的主要差别。

对掺杂半导体,不论 N 型还是 P 型,几乎在所有情况下,杂质浓度 N_D 或 N_A 均远大于本征半导体中载流子浓度,则掺杂半导体中的载流子浓度基本上由掺杂的杂质浓度决定。此时,N 型半导体中自由电子浓度 $n \cong N_D$,空穴浓度 p 很小;P 型半导体的空穴浓度 $p \cong N_A$,而自由电子浓度 n 很小。

(3)补偿效应

半导体的类型可以通过掺杂施主杂质或受主杂质而改变。N 型半导体中多数载流子为电子,即 $n > p$,若在其中再加入受主杂质而使空穴浓度 p 增大,由(10.9)式,温度不变时 $n \cdot p$ 为常数,所以 p 增大的同时 n 必然会减小。只要加入的受主杂质足够多,就可以使 $p > n$,甚至 $p \gg n$,这时,半导体已经转化为 P 型的了。同样,在 P 型半导体中再加入施主杂质,P 型可转化为 N 型,这就叫作补偿效应。

当半导体中施主杂质和受主杂质浓度相当时,这种材料称为完全补偿材料或准本征半导体,这时,其载流子浓度与本征半导体一样,即近似达到 $n = p = n_i$。在补偿效应中,实际上施主原子的电子未进入导带而是填到了受主能级上。在完全补偿时,恰好全部施主原子的电子填满了全部受主能级,这时导带的电子及价带中的空穴仍由热激发产生而与杂质无关了。实际上,严格的完全补偿用掺杂替位型杂质是难以达到的,后面提到的 Li 离子漂移方法是在 Si 和 Ge 中实现完全补偿的唯一方法。

3. 载流子的特性

(1)载流子的迁移率

在没有电场的情形,载流子做着随机的乱运动,平均位移为零。在电场作用下,半导体中的电子、空穴将在原来的乱运动上叠加一称作漂移运动的定向运动,其速度称为漂移速度,用 u 表示。实验证明,当电场强度 $\mathcal{E}$ 较低时,u 与 $\mathcal{E}$ 成正比,其比例系数就叫作迁移率。设 μ_n,μ_p 分别为电子及空穴的迁移率,则电子和空穴的漂移速度 u_n 和 u_p 为

$$u_{n} = \mu_{n} \cdot \mathscr{E} \qquad\qquad (10.11)$$

$$u_{p} = \mu_{p} \cdot \mathscr{E} \qquad\qquad (10.12)$$

由第8章我们知道,气体中自由电子的迁移率比离子的迁移率大三个量级,但在半导体中,电子和空穴的迁移率具有大致相同的量级。实验还表明,半导体中载流子迁移率随温度是变化的,温度越低,迁移率越高。在低温情况下,例如在液氮温度 77 K 时,电子、空穴在 Si 和 Ge 中的迁移率可达 10^{4} cm^2/V·s 量级,远大于常温下的迁移率,请参见附录Ⅵ。

在电场强度较高时,例如当 $\mathscr{E}$ 超过 10^{3} V/cm 后,(10.11)及(10.12)式不再严格成立,随电场的增加,漂移速度增加量减小。对电子而言,当 $\mathscr{E}$ 达到 10^{5} V/cm 时,漂移速度 u 几乎不再随电场增加而增加,最后达到漂移饱和值,约 10^{7} cm/s 的量级。空穴则在电场强度达到 3×10^{5} V/cm 时才达到这个饱和值。在附录Ⅵ中给出了本征 Si 和 Ge 的一些性质。

(2)半导体的电阻率

与金属导体不同,半导体中电子和空穴均能参与导电,其电阻率 ρ 由载流子浓度和漂移速度决定。对一块截面积为 S、厚度为 l 的材料,其电阻 $R = \rho \cdot l/S$,单位时间内流过单位截面积的电荷量即电流密度 i 为

$$i = e(n \cdot u_{n} + p \cdot u_{p}) = e(n \cdot \mu_{n} + p \cdot \mu_{p}) \cdot \mathscr{E} \qquad\qquad (10.13)$$

我们知道,电流即为 $i \cdot S = V_{0}/R$,再考虑电场 $\mathscr{E} = V_{0}/l$,推导可得到半导体的电阻率为

$$\rho = \frac{1}{e(n \cdot \mu_{n} + p \cdot \mu_{p})} \qquad\qquad (10.14)$$

300 K 时,本征 Si 的 $\rho = 2.3 \times 10^{5}$ Ω·cm;Ge 的为 47 Ω·cm。这仅为理论的极限值,实际材料中总会存在少量杂质,因此得到的半导体材料的电阻率远小于这个数值。

对 N 型半导体,$n \gg p$,其电阻率近似为

$$\rho \approx 1/(e \cdot n \cdot \mu_{n}) \approx 1/(e \cdot N_{D} \cdot \mu_{n}) \qquad\qquad (10.15)$$

对 P 型半导体,其电阻率为

$$\rho \approx 1/(e \cdot p \cdot \mu_{p}) \approx 1/(e \cdot N_{A} \cdot \mu_{p}) \qquad\qquad (10.16)$$

显然,载流子浓度越大、迁移率越大,电阻率将越小。由于 $n \cdot p$ 为常数,则 n 与 p 的差越小,它们的和就越小;实现完全补偿时,$n = p$,$(n+p)$ 取最小值。因此,通过补偿效应可以提高掺杂半导体的电阻率。此外,半导体处于低温时,载流子浓度下降,材料的电阻率将会有所提高。

(3)陷阱效应及载流子寿命

半导体内,载流子不断产生与消失,处于动态平衡状态中。我们称载流子由产生到复合消失或被俘获前可以在半导体中自由运动的平均时间为载流子寿命,用 τ 表示,它是衡量半导体材料质量的一项重要指标。在外加电场 $\mathscr{E}$ 时,只有漂移距离 $L = \mu \cdot \mathscr{E} \cdot \tau$ 大于灵敏体积的长度,才能保证载流子的有效收集。理论上,高纯 Si 和 Ge 中的载流子寿命可长达 1 s,但实际观测到的值至少要小三四个量级,这完全取决于残留在材料中的杂质的类型和含量。一般的施主和受主杂质的能级位于禁带边界附近,可称为浅杂质;另有一些杂质,例如金、锌、镉等金属原子,它们在禁带的中部形成能级,这些杂质称为深杂质。一些深杂质可能成为陷阱中心俘获载流子,虽然陷阱中心最终会释放载流子,但通常会延迟一定时间,使这样的载流子对输出信号没有贡献。另外一些深杂质可能成为复合中心,既能俘获多数载流子又能俘获少数载流子,导致它们相遇复合而消失。例如,复合中心先俘获一个电子,稍后可能俘获来自价带的空穴,此

时被俘获的电子就填补了这一空穴,使电子和空穴都消失。一般,这种复合过程比电子和空穴跨过禁带直接复合具有更大的概率。除杂质外,晶格中的结构缺陷也能俘获载流子和造成载流子的损失,这些缺陷包括位错、点阵空位、内应力产生的线缺陷等。显然,半导体内杂质或晶格缺陷越多,τ 越小。

通过补偿,半导体材料的电阻率可以提高到与本征半导体相同,但由于杂质数量的增加,载流子寿命却下降了。也就是说,载流子寿命无法通过补偿方法得到提高,只会变得更短。目前,在高纯度的 Si 或 Ge 单晶中,载流子寿命可达约 1 ms。

表 10.1　几种晶体材料的空穴迁移率及寿命

晶体材料	温度/K	空穴迁移率 μ_p /$[cm^2/(V \cdot s)]$	空穴寿命 τ_p /s	$\mu_p \cdot \tau_p$ /(cm^2/V)
金刚石	300	1 200	10^{-8}	10^{-5}
硅	300	500	2×10^{-3}	1
掺金硅	140	10^4	10^{-7}	10^{-3}
锗	300	1 800	10^{-3}	1.8
锗	77	1.5×10^4	10^{-3}	15
碲	300	560	10^{-8}	5×10^{-6}
砷化铟	300	3×10^4	6×10^{-8}	2×10^{-3}
砷化镓	300	10^3	7×10^{-7}	7×10^{-4}
硫化镉	300	50	10^{-8}	5×10^{-7}
碲化镉	300	100	2×10^{-6}	2×10^{-4}
碲锌镉	300	80	10^{-6}	8×10^{-5}
碘化汞	300	4	10^{-5}	4×10^{-5}

10.2　PN 结的形成及特点

无论是 Si 还是 Ge,其电阻率都不够大,无法满足探测器的要求,这样通常需要由半导体构成 PN 结才能满足探测器所要求的基本条件,即既有长的载流子寿命又有高的电阻率,加反向电压后,电阻率进一步变大,可高达 10^{10} $\Omega \cdot cm$,而载流子寿命并不明显缩短。这里,PN 结起着重要而关键的作用,因此了解 PN 结的形成和特点就成为大多数半导体探测器研究的基础。

10.2.1　平衡 PN 结

1. PN 结的形成

在 P 型(或 N 型)半导体的一面注入相反类型的杂质,通过补偿效应可生成另一种类型的半导体,两种半导体之间形成一个界面,界面的一边是 P 型半导体,另一边是 N 型半导体。由于两种半导体的多数载流子不同,因此界面上存在着载流子浓度的突变,载流子将从高浓度区到低浓度区扩散。即:N 型半导体的多数载流子——电子将穿过界面扩散到 P 型半导体一边,并与 P 型半导体中的空穴结合,在 N 型半导体中留下了离化了的施主杂质并形成固定不动的正空间电荷;同样,P 型半导体的多数载流子——空穴将穿过界面扩散到 N 型半导体一边,并与 N 型半导体中的电子结合,在 P 型半导体中留下了离化了的受主杂质并形成固定不动的负空间电荷。界面两边的空间电荷将产生一个由 N 指向 P 的电场,使电子在 N 型半导体中的能量降低,在 P 型半导体中的能量提高,当两边的费米能级达到同一高度后,就达到了平衡。平衡后,界面处形成一个有一定宽度的 PN 结,也称为势垒区。势垒区内存在电场,在电场的作用下,势垒区内出现的任何载流子将立刻开始定向漂移运动,移出该区域。因此,势垒区内的载流子浓度很小,远小于本征半导体的载流子浓度,因而也被称作耗尽层。耗尽层的电阻率比本征半导体的电阻率高得多。

耗尽层延伸到结的 P 区和 N 区的距离与各自的掺杂浓度有关,当 N 区的施主浓度与 P 区的受主浓度相等时,耗尽层向两边延伸的距离相等;当 N 区的施主浓度高于 P 区的受主浓度时,耗尽层向 P 区延伸较远;当 N 区的施主浓度低于 P 区的受主浓度时,耗尽层向 N 区延伸较远。耗尽层内的空间电荷分布 $\rho(x)$、电场强度分布 $\mathscr{E}(x)$ 和电位分布 $\varphi(x)$ 可见图 10.4,图中 V_c 为耗尽层内两端界面的电位差,且界面两边的正、负空间电荷量严格相等。

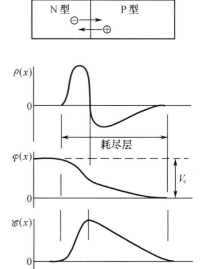

图 10.4　PN 结区的特性

2. 流过 PN 结的电流

在平衡情况下,PN 结对外不会流出宏观电流,但在结区内仍然存在着从 N 至 P 以及从 P 至 N 的电流,并处于一种动态平衡的状态。

(1)反向电流

少数载流子(N 区中的空穴、P 区中的电子)也会扩散,它们一旦进入结区,马上会在电场作用下漂向对方区域,形成一个由 N 至 P 的电流,即少子扩散电流 I_s。显然,I_s 只与半导体中少数载流子浓度以及势垒区的截面积有关。在结区内,热运动仍会产生电子 – 空穴对,电子空穴一旦产生就会立刻在电场作用下漂向两边,也形成一个由 N 至 P 的电流,一般用 I_G 表示,显然 I_G 决定于结区的温度和宽度。I_s,I_G 的方向与内电场方向一致,称为反向电流(相对于 PN 结而言的,通常将由 P 到 N 称为正向,由 N 到 P 称为反向)。

(2)正向电流

势垒区的电场阻碍了多数载流子的扩散,但能量较高的多数载流子依然可以穿过势垒扩散到对方区域去。这就形成一个由 P 至 N 的扩散电流,即多子扩散电流 I_f。其方向与内电场方向相反,称为正向电流。

显然,在平衡情况下,应当有

$$I_f = I_G + I_s \tag{10.17}$$

10.2.2　外加电压下的 PN 结

未加外电压的平衡 PN 结结区很薄,电场强度较弱,电子 – 空穴对复合严重,还不能构成适用的探测器。为此,需要在 PN 结上外加一反向电压(又常称反向偏压)。由于耗尽层的高阻特性,外加电压将全部落在耗尽层上,使耗尽层内电场加强,势垒增高。耗尽层内的电场是通过界面两边的空间电荷体现出来的,电场变强要求界面两边出现更多的空间电荷。然而,施主或受主杂质的分布不能改变,因此,必然需要通过耗尽层变宽来增加空间电荷。反向电压越高,耗尽层宽度将越大。

下面看看加上反向电压后流过 PN 结的电流情况。由于结区的截面积与是否加反向电压无关,故少子扩散电流 I_S 将保持不变。加反向电压后,结区宽度增大,则热运动产生的电子 - 空穴对数将增加,故 I_G 变大,改用 $I_{G'}$ 表示。加反向电压后,N 区电位高于 P 区,出现了以表面漏电流为主的漏电流 I_L,方向由 N 至 P。所以,总反向电流将由 I_S、$I_{G'}$ 及 I_L 组成,其中,I_S 与外加电压无关且很小,$I_{G'}$、I_L 均与外加电压有关,且较大。

反向电压使结区势垒增高,多数载流子的扩散减少,则正向电流 I_f 降低,以至可以忽略。这样,在反向电压作用下,出现了宏观的由 N 至 P 的反向电流。该电流不可避免地有随机涨落,往往会掩盖低能粒子形成的小信号。在该电流中,半导体表面漏电流尤为重要,常用表面沟槽或保护环来降低表面漏电流,在制造和使用中防止半导体表面的污染对降低漏电流亦很重要。

如果外加电压方向相反,即在 PN 结上加了正向电压,则结区势垒降低,I_G 变小,I_f 大大增加,形成一很大的宏观正向电流,有可能损坏半导体探测器,因此,必须注意半导体探测器所用偏压电源的极性不能接反。

10.2.3　势垒区的性质

半导体探测器中,PN 结都是在高纯半导体材料表面重掺杂或与金属接触产生的。因此,PN 结两边呈不对称分布,在高纯材料一边的耗尽层宽度很大,而另一边则很小,整个耗尽层的宽度近似等于高纯半导体材料这边的耗尽层宽度。

1. 耗尽层宽度

考虑到施主或受主原子通常都是离化的,载流子浓度近似等于杂质浓度,可得到反向电压 V_0 时,耗尽层的宽度为

$$W_D = \left(\frac{2 \cdot \varepsilon \cdot V_0}{e \cdot N_i} \right)^{1/2} \tag{10.18}$$

其中,ε 为材料的介电常数;N_i 是高纯半导体材料的杂质浓度;e 是电子电荷。将 N_i 用电阻率公式(10.15)或(10.16)表示,则得到用电阻率求耗尽层宽度的表达式为

$$W_D \approx (2 \cdot \varepsilon \cdot V_0 \cdot \rho \cdot \mu)^{1/2} \tag{10.19}$$

其中,ρ 是高纯半导体材料的电阻率;μ 是该材料中多数载流子的迁移率。对于 Si,将各常数($\varepsilon = 1.062 \times 10^{-10}$ F·m^{-1},300 K 时,$\mu_n = 1\,350$ cm^2·V^{-1}·s^{-1},$\mu_p = 480$ cm^2·V^{-1}·s^{-1})代入(10.19)式后可得

$$W_D \approx 0.54(\rho_n \cdot V_0)^{1/2} \quad \mu m \quad (对 N 型 Si) \tag{10.20}$$

$$W_D \approx 0.32(\rho_p \cdot V_0)^{1/2} \quad \mu m \quad (对 P 型 Si) \tag{10.21}$$

式中,电阻率和电压的单位分别为 Ω·cm 和 V。显然,电阻率越高,耗尽层越宽;反向电压越大,耗尽层越宽。

2. 耗尽层内的电场分布

耗尽层内的空间电荷形成了耗尽层内的电场,设 ρ 代表净电荷密度,材料的介电常数为 ε,电位分布为 $\varphi(x)$,则由泊松方程 $\nabla^2 \varphi = -\rho/\varepsilon$,可求得耗尽层内离界面距离 x 处某点的电场强度为

$$\mathscr{E}(x) = \left| -\frac{\mathrm{d}\varphi(x)}{\mathrm{d}x} \right| = \frac{e \cdot N_i}{\varepsilon}(W_D - x) \tag{10.22}$$

(10.22)式只在耗尽层内成立,即 x 的取值范围为 $0 \sim$ W_D,在 $x < 0$ 和 $x > W_D$ 的区域 $\mathscr{E} = 0$,如图 10.5 所示。图中 W_1 是强掺杂区的耗尽层宽度,一般可忽略。由(10.22)式可见,耗尽层内的电场是非均匀电场,电场的最大值出现在 PN 交界面上。

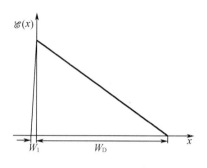

3. PN 结的结区电容

PN 结的两边存在一定量的电荷,因而,耗尽层显示出电容的性质。当反向电压增加时,耗尽层变宽,电容减小。单位面积结区的电容 C_d 为

图 10.5　PN 结耗尽层中的电场分布

$$C_d = \frac{\varepsilon}{W_D} = \left(\frac{\varepsilon \cdot e \cdot N_i}{2V_0} \right)^{1/2} \quad \mathrm{pF/cm}^2 \tag{10.23}$$

由(10.23)式可知,结区电容随所加反向电压而变化,这与普通电容有本质的不同。

把(10.23)式换成实用单位,并将 Si 的各个常数代入后可得

$$C_d \approx 2.0 \times 10^4 / (\rho_n \cdot V_0)^{1/2} \quad \mathrm{pF/cm}^2 \quad (\text{对 N 型 Si}) \tag{10.24}$$

$$C_d \approx 3.3 \times 10^4 / (\rho_p \cdot V_0)^{1/2} \quad \mathrm{pF/cm}^2 \quad (\text{对 P 型 Si}) \tag{10.25}$$

从(10.24)和(10.25)式可见,反向电压越高,半导体材料的电阻率越高,则结区电容将越小。而小的探测器电容有利于取得较好的能量分辨率,因此在允许的范围内选择最高的外加电压对改善能量分辨率是有益的,同时也可以得到较大的耗尽层宽度。

在图 10.6 中的列线表上,给出了这些参数的相互关系,根据基体材料的电阻率及所加偏压可查出耗尽层宽度和单位面积的结区电容。

4. PN 结的反向电流

当反向偏压加到结型半导体探测器上时,通常会观察到很小的直流电流,称为 PN 结的反向电流,它来源于探测器的体内和表面,直接决定了探测器的噪声水平。下面分析造成反向电流的主要因素。

(1)少子扩散电流 I_S

在 PN 结区外,半导体材料的少数载流子一旦扩散到结区,将立即在电场作用下定向漂移,产生正比于 PN 结截面积的反向电流。在结型半导体探测器中 I_S 很小,不是主要的漏电流来源。半导体物理给出了单位截面少子扩散电流的表达式为

$$I_S = e^{3/2} \cdot n_i^2 \cdot \sqrt{(\mu_p \cdot \mu_n \cdot kT)} \cdot \left(\frac{\mu_p^{1/2} \rho_p}{\tau_n^{1/2}} + \frac{\mu_n^{1/2} \rho_n}{\tau_p^{1/2}} \right) \tag{10.26}$$

式中,n_i 是本征半导体的载流子浓度,τ_n,τ_p 和 ρ_n,ρ_p 分别是 N 和 P 层半导体中的少数载流子寿命和电阻率。

由(10.26)式可见:为降低少子扩散电流 I_S,PN 结材料应具有长的载流子寿命;耗尽层具有高的本征电阻率,即选用超高纯的基材,在耗尽层外的半导体材料具有较低的电阻率,即用重掺杂材料,这样可大大降低少数载流子数目。

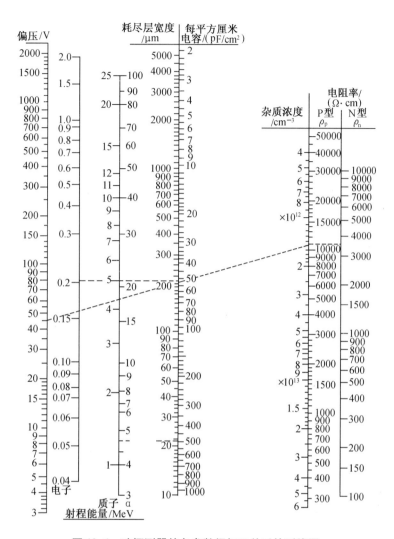

图 10.6　硅探测器的各参数间相互关系的列线图

（2）耗尽层内产生的电子 – 空穴对形成的反向电流 $I_{G'}$

耗尽层内热激发产生的电子 – 空穴对在电场作用下会定向漂移，形成 $I_{G'}$，它是耗尽层内部产生的体电流。在实际探测器中，$I_{G'}$ 要比 I_S 大一二个数量级，因此需要慎重对待。理论计算得到的耗尽层内单位截面的体电流是

$$I_{G'} = \frac{en_i}{2\tau} \cdot W_D \tag{10.27}$$

其中，n_i 为本征载流子浓度；τ 是少数载流子寿命；W_D 是结区宽度。

（10.27）式表明 τ 越大 $I_{G'}$ 越小，τ 大，表明半导体内杂质及晶格缺陷少。由（10.20）和（10.21）式，W_D 正比于 $(\rho \cdot V_0)^{1/2}$，因此 $I_{G'}$ 也正比于 $(\rho \cdot V_0)^{1/2}$。也就是说，选择高电阻率材料或增大反向偏压均会增大 $I_{G'}$，在不需要大的结区宽度时（如探测射程很短的带电粒子），应避免高电阻率和大的反向偏压，以免产生太大的 $I_{G'}$。

当以 P 型 Si 作基体材料时，（10.27）式可简化为

$$I_{G'} \approx 4 \times 10^{-14} \frac{(\rho \cdot V_0)^{1/2}}{\tau_n} \quad \text{A/cm}^2 \tag{10.28}$$

其中,ρ 是 P 型 Si 基体的电阻率,单位为 $\Omega \cdot \text{cm}$;τ_n 是少数载流子寿命,以 s 为单位;V_0 是所加反向偏压,以 V 为单位。设 P 型 Si 基体材料的 $\rho = 1\,000\ \Omega \cdot \text{cm}$,$\tau_n = 1\ \mu\text{s}$,当所加偏压为 250 V 时,可算出 $I_{G'} = 20\ \mu\text{A/cm}^2$,而同样条件下,$I_S \approx 0.016\ \mu\text{A/cm}^2$,可见,$I_{G'} \gg I_S$。

(3)表面漏电流 I_L

表面漏电流 I_L 主要决定于半导体表面的情况,与半导体表面的化学状态(化学键的不饱和)、表面的污染、探测器的结构设计和安装工艺等有关,情况较为复杂。一般商品探测器,会以合理的结构和制造工艺保证表面漏电流保持在容许水平之下,如可以采取类似于气体探测器中的保护电极的设计,使表面漏电流不流经负载电阻。

5. PN 结的击穿电压

如果反向偏压过高,可能造成 PN 结被击穿,反向电流急剧增大。有两种击穿机制,一种是齐纳击穿,即电场同共价键电子的相互作用使电子从价带向导带移动而变成游离态,电子 – 空穴对数目增多造成的。另一种是雪崩击穿,即载流子经过势垒区时,在强电场作用下获得足够高的能量,以致在碰撞过程中可使价带中的电子跃入导带,产生新的电子 – 空穴对,使电子 – 空穴对越来越多,反向电流剧增。可以看出,雪崩击穿同气体探测器中因碰撞电离而产生的雪崩式放电很相似,一般而言它是主要的。

由(10.19)和(10.22)式,同样外加偏压下,基体材料的电阻率越高,耗尽层就越宽,电场就越弱,就越不容易击穿。当掺杂不匀或内部缺陷造成半导体内电阻率各处不同时,局部电场会很高,导致击穿电压下降,该处首先被击穿。

通常,在探测器偏压上串联保护电阻,使得即使发生击穿,电流也不会太大,则击穿也不一定会造成探测器损坏,当然,应该尽量避免这种情况的发生。

10.3　PN 结半导体探测器

利用在 P 型与 N 型半导体的交界面处形成的结区的特性,发展起来的半导体探测器,即为 PN 结半导体探测器,它在 α,β 等带电粒子探测方面得到了广泛的应用。

PN 结半导体探测器的输出回路如图 10.7 所示。在探测器上加反向偏压 V_0,形成耗尽层,耗尽层就是探测器的灵敏体积,耗尽层外的半导体形成两个电极。在电场的作用下,入射粒子在耗尽层内产生的电子、空穴定向漂移,从而在输出回路上流过电流信号并在负载电阻上形成电压脉冲信号。若没有载流子损失,则全部电子、空穴被收集后,探测器的输出电荷量就等于入射粒子在耗尽层产生的总电子 – 空穴对数与电子电荷的乘积。

PN 结半导体探测器的工作机制与第 8 章电离室的工作机制类似,可类比作定性分析。但应注意,耗尽层内的电

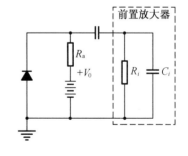

图 10.7　PN 结探测器的输出回路

场不是均匀电场,这与平板电离室不同,因此,输出电流信号的形状要比平板电离室的复杂。

PN 结半导体探测器的灵敏体积由耗尽层的宽度和探测器面积决定,一般入射粒子垂直表

面入射,在探测能量高的重带电粒子及比电离小的 β 粒子时,需要耗尽层宽度足够大。由(10.20)及(10.21)式可知,增大反向偏压或选用高电阻率材料可得到大的耗尽层宽度。通常,受击穿电压和噪声水平的限制,反向偏压不能太高,因此,应尽量选用高电阻率材料,一般要大于 10^3 Ω·cm。通常,Si 中耗尽层宽度可达 0.8 mm 以上,相当于 11 MeV 的质子或 45 MeV 的 α 粒子在 Si 中的射程。

前面提到,为保证载流子的有效收集,载流子寿命应足够大。Si 和 Ge 中载流子寿命 τ 可达 ms 量级,虽然在制备探测器的过程中 τ 要降低,不过,由于耗尽层宽度不大,电场很强,一般收集时间也仅为 $10^{-9} \sim 10^{-8}$ s 左右,所以 PN 结半导体探测器中,载流子可以得到有效收集。关于结区电容和探测器的暗电流等问题已在前面讨论过,这里不再重复。

10.3.1　PN 结半导体探测器的类型

下面我们介绍几种 PN 结半导体探测器。各种 PN 结半导体探测器的基本原理一致,但制造方法不同,因而也各自有一定的特点。

1. 掺杂结型探测器

掺杂结型探测器(Doping Junction Detectors)通常用高电阻率、长载流子寿命的 Si 来制造。基本方法是在原型 Si(例如 P 型 Si)表面扩散进去相反的杂质形成一薄层 N 型半导体,形成一个 PN 结。所掺杂的杂质浓度很大,即 N 型薄层的电阻率很低,因而耗尽层几乎全部都在 P 型区内。根据掺杂的方法,可以分为下列两种探测器:

(1)热扩散结型探测器

热扩散结型探测器的基材一般都选用 P 型 Si。将 P 型 Si 的表面暴露在施主杂质(如磷)的气氛中,控制好温度和时间,通过表面扩散形成一薄层 N 型半导体,形成 PN 结。

受结构和引出电极的限制,带电粒子通常从 N 型薄层面入射,而 N 型薄层大部分不属于耗尽层,入射带电粒子在其中损失能量但不对输出信号产生贡献,所以 N 型薄层相当于是入射窗。在构成探测器时,总希望入射窗尽量薄,以减少入射带电粒子在进入灵敏体积之前的能量损失和涨落,一般要求 N 型薄层厚度小于 1 μm,常可做到 0.5 μm。

(2)离子注入探测器

热扩散过程的高温会影响晶体的晶格结构,造成载流子寿命的降低;同时,热扩散均匀性差、结的界面不清晰,导致击穿电压降低。所以,热扩散已逐步为离子注入法所取代。离子注入法就是在真空中、常温下,把杂质离子加速,获得很大动能的杂质离子直接进入半导体中形成所需的半导体材料。离子注入的杂质浓度分布一般呈现为高斯分布,并且浓度最高处不是在表面,而是在表面以内的一定深度处。离子注入的优点是能精确控制杂质的总剂量、深度分布和面均匀性。但离子注入的同时也会在半导体中产生一些晶格缺陷,因此在离子注入后需用较低的温度进行退火或激光退火来消除这些缺陷。

离子注入探测器载流子寿命受工艺影响小、性能稳定,而且,离子束注入面所形成的窗很薄,可达 30～40 nm。

2. 面垒型探测器

面垒型探测器(Surface Barrier Detectors)常用 N 型 Si 来制作。面垒型探测器 PN 结形成的原理还不是十分清楚,一般认为,置于空气中的 N 型 Si 会由于氧化作用在表面生成一薄层 P 型 Si,从而构成一个表面势垒。常用的工艺流程是对 Si 表面进行腐蚀之后蒸上一薄层金作为电接点,在金层与 Si 之间会生成一氧化层,并形成表面势垒,所以称为金硅面垒探测器。金硅面垒型半导体探测器工艺简单、价格便宜,在 α 粒子、质子等重带电粒子的探测中被广泛应用。近来也有选钯作为覆盖层的,称为钯硅面垒探测器,其表面不像金表面那样容易损伤。选用这些贵金属是由于它们导电性、化学稳定性好,且原子序数高不易发射次电子。此外,在 P 型材料上蒸铝形成等效的 N 型接点也可以构成表面势垒。

面垒型探测器的制备工艺中没有高温扩散过程,因而原材料载流子寿命长的优点能很好地保存下来。同时,势垒区离表面极近,金层又很薄(大约 100 Å),很好地避免了"死区"问题。但薄窗对可见光透明,因此探测器有光敏效应,使用时应注意避光。

下面介绍一下 N 型 Si 和 P 型 Si 的特点。在拉制高纯度 Si 单晶时,剩余杂质是硼,呈 P 型特征,为得到高电阻率的 N 型 Si 还必须再掺入施主杂质。因此,P 型 Si 的载流子寿命更长,但 N 型 Si 的载流子寿命也能达到 ms 量级;另一方面,N 型 Si 受空气沾污的影响比 P 型 Si 小,因此,结区边缘的保护问题在面垒探测器中不太严重。

3. 钝化平面探测器

钝化平面探测器(Passivated Plannar Detectors)是使用半导体工业中生产集成电路所用的离子注入和照相刻蚀技术制作的,可以获得非常低的漏电流和非常好的性能。与金硅面垒型探测器相比,它有结区边缘更确定;表面漏电流更小;电极图形可以更复杂等优点。例如,用于位置灵敏测量的硅微条探测器就属于钝化平面探测器。

4. 全耗尽探测器

全耗尽探测器是指半导体探测器的一种工作状态,由于它是半导体探测器的一种常用的工作方式,我们给予特殊的关注。

从(10.20)式可见,耗尽层宽度随反向偏压的增加而增加,当偏压增加到足够高、但仍小于击穿电压时,整个硅片可能都处于耗尽状态了,这种工作状态的探测器就叫作全耗尽探测器。当探测器处于全耗尽状态后,进一步增加偏压,耗尽层显然不会再增加,但晶体内的电场会继续增高,这种状态称为过耗尽,全耗尽探测器常工作于过耗尽状态。

图 10.8 中给出了不同偏压下的电场分布。当硅片的厚度为 W_d、且工作于全耗尽状态时,耗尽电压

$$V_d = \frac{e \cdot N \cdot W_d^2}{2 \cdot \varepsilon} \qquad (10.29)$$

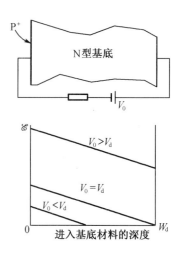

图 10.8　不同偏压下的电场分布

图 10.8 中 $V_0 < V_d$,$V_0 = V_d$ 和 $V_0 > V_d$ 分别对应部分耗尽、全耗尽和过耗尽探测器。全耗尽和过耗尽探测器除了有较强的场强可保证载流子的有效收集和获得更好的时间响应外,还减少了未耗尽材料的电阻引起的热噪声,可获得更好的能量分辨率。其应用将在后面进一步介绍。

10.3.2　PN 结探测器的输出信号

PN 结探测器中电场是非均匀的,入射粒子可能在结区内不同处产生电子 - 空穴对,因而 PN 结探测器输出电流脉冲形状的计算极其复杂。这里我们仅讨论它的输出电荷量及载流子收集时间。

1. PN 结探测器的载流子收集和时间特性

与气体电离室一样,PN 结探测器可以看成是一个电荷或电流信号源,电流信号的持续时间,即载流子在结区内的收集时间,用 t_c 表示,它决定了输出电压脉冲信号的上升时间。半导体中,电子和空穴的漂移速度相近,因此我们只估算 N 型基材 PN 结探测器中电子的最大收集时间就可以了,用它可以代表总的载流子收集时间。此外,过耗尽时,电场更强,电子漂移速度更大,收集时间更短,因此估算最大收集时间时,我们只考虑非过耗尽工作状态。如图 10.8,设 $V_0 \leq V_d$,耗尽层宽度为 $W_D(W_D \leq W_d)$,通常带电粒子从 P^+ 面入射,则距收集极最远的电子也在这里产生,用 x 表示电子从 P^+ 面往耗尽层内定向漂移的深度,t 为电子在耗尽层内运动的时间,由(10.11)、(10.22)式和 $u = \mathrm{d}x/\mathrm{d}t$ 可得

$$\frac{\mathrm{d}x}{\mathrm{d}t} = u = \mu_n \cdot \mathscr{E}(x) = \mu_n \cdot \frac{eN_D}{\varepsilon}(W_D - x) = \mu_n \cdot a(W_D - x) \tag{10.30}$$

其中,$a = eN_D/\varepsilon$ 是常数。对(10.30)式求解,并利用初始条件 $x = 0$ 时,$t = 0$,可得到

$$t(x) = \frac{1}{\mu_n \cdot a} \cdot \left[\ln W_D - \ln(W_D - x) \right] \tag{10.31}$$

当取 $x = W_D$ 时就可得到收集时间 t_c,但从上式可见,将 $x = W_D$ 代入时,t_c 趋于无穷大。这是由于越靠近结区边界,电场越弱,电子漂移速度越慢,到结区边界时电场趋于零,电子漂移速度也趋近于零造成的。实际上,当电子离结区边界足够近时就可认为它已被收集了,一般取 $x = 0.99W_D$,这样,由(10.31)式可得

$$t_c = \frac{4.6}{\mu_n \cdot a} = \frac{4.6\varepsilon}{\mu_n \cdot e \cdot N_D} \tag{10.32}$$

(10.32)式即为 N 型基材中电子收集时间的估计公式,用它也可估计总的载流子收集时间。公式中没有出现 W_D,说明在非过耗尽工作状态下,电子在耗尽层内的最大漂移时间与耗尽层厚度或反向偏压大小无关。若基材是 P 型半导体,则带电粒子从 N^+ 面入射,在 N^+ 面上产生的空穴要漂移过整个耗尽层宽度,重复上述过程,可推得其漂移时间也可用(10.32)式表示,只是 μ_n 要换成 μ_p,N_D 要换成 N_A。

利用(10.15)式,考虑单位后,(10.32)式可化为

$$t_c = 4.6 \times 10^{-2} \varepsilon \cdot \rho \tag{10.33}$$

其中,t_c 的单位是 s;ε 的单位是 $F \cdot m^{-1}$;ρ 的单位是 $\Omega \cdot cm$。对 Si,$\varepsilon = 1.062 \times 10^{-10}$ $F \cdot m^{-1}$,当 $\rho = 1\,000$ $\Omega \cdot cm$ 时,$t_c = 4.9$ ns。这比气体探测器的时间响应快得多。

2. PN 结探测器的输出回路及输出信号

PN 结探测器的输出回路已在图 10.7 中给出,下面我们来看它的等效电路。

对于气体探测器和闪烁探测器,都可以把探测器直接等效为电流源并上电容,但半导体探测器要复杂一些,必须考虑结区本身的电阻 R_d、电容 C_d 以及结区外半导体材料的电阻 R_s 和电容 C_s,这样得到的 PN 结探测器输出回路的等效电路,见图 10.9。图中 $I(t)$ 的方向是由 N 层指向 P 层,R_a 是负载电阻,C' 是杂散电容,R_i、C_i 是测量仪器的输入阻抗。一般加了反向偏压后,R_d 很大(10^9 Ω 量级),可以看成开路,而 R_s、C_s 均很小,通常可忽略,所以 PN 结探测器仍可近似看成电流源与结电容的并联。这样,图 10.9 中的等效电路可简化成如图 10.10 所示,其中 R_0 是 R_d、R_a 与 R_i 的并联,而 $C_a = C' + C_i$。

如果输出回路的时间常数 $R_0 \times (C_d + C_a)$ 比探测器内载流子收集时间 t_c 大得多,即探测器

工作在电压脉冲工作状态。此时,输出电压脉冲信号 $V(t)$ 的上升时间就是 t_c,设 N 为入射粒子在半导体探测器耗尽层内产生的电子 – 空穴对数,则 $V(t)$ 在 t_c 时刻达到最大值 $N \cdot e/(C_d + C_a)$,而后 $V(t)$ 将以时间常数 $R_0(C_d + C_a)$ 按指数规律下降,如图 10.11 所示。由于 t_c 很小,所以 $V(t)$ 可近似为

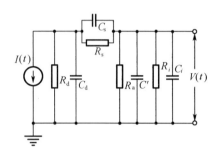

图 10.9　PN 结探测器
输出回路的等效电路

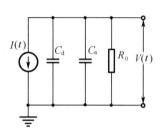

图 10.10　PN 结探测器输出
回路的简化等效电路

$$V(t) = \frac{N \cdot e}{C_d + C_a} \mathrm{e}^{-t/R_0(C_d + C_a)} \tag{10.34}$$

$V(t)$ 的幅度 h 为

$$h = \frac{N \cdot e}{C_d + C_a} \tag{10.35}$$

因此,当 $(C_d + C_a)$ 不变时,$h \propto N$,而已知 N 正比于入射粒子在耗尽层内损耗的能量 E,则 h 正比于 E,所以可通过测量输出电压脉冲信号幅度 h 得到入射粒子在耗尽层内损耗的能量 E。

但应注意,不同于气体或闪烁探测器,半导体探测器的结电容与工作电压有关。由 (10.23) 式,反向偏压不稳定时,C_d 会发生变化,则对于相同的 N,h 不再相同,这显然不利于能谱的测量。为了减小反向偏压不稳定时 C_d 变化带来的不利影响,PN 结半导体谱仪通常采用电荷灵敏放大器处理探测器输出信号。

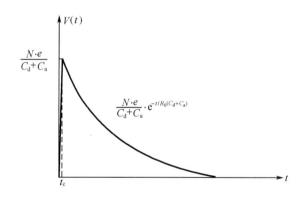

图 10.11　PN 结探测器输出电压脉冲信号

如图 10.12 所示,电荷灵敏放大器由开环增益 $K \gg 1$ 的放大器,电容 C_f 和高阻 R_f 构成。C_f 用作电压反馈,R_f 用作电荷的直流恢复,R_f 阻值很大,可忽略它对反馈的影响。

将探测器等效为电流源并结电容,将电荷灵敏放大器等效为输入电阻 R_i' 和电容 C_i',则可得图 10.13。设 R_i,C_i 为无反馈时放大器的输入电阻和电容,则有反馈时,考虑米勒效应,放大器的输入电阻和电容变为

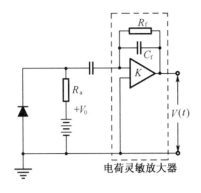

图 10.12　PN 结探测器接

电荷灵敏放大器示意图

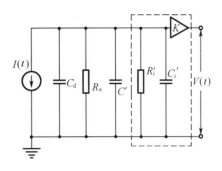

图 10.13　PN 结探测器接

电荷灵敏放大器输出电路

$$R_i' = R_i // \left(\frac{R_f}{1 + K} \right) \approx \frac{R_f}{K} \tag{10.36}$$

$$C_i' = C_i + (1 + K) \cdot C_f \approx K \cdot C_f \tag{10.37}$$

将图 10.13 继续简化为图 10.14,则

$$R_0 = R_a // R_i' \approx \frac{R_f}{K}, \quad C_0 = C_d + C' + C_i' \approx K \cdot C_f$$

这时,电荷灵敏放大器输出端的电压脉冲幅度为

$$V_{出} = K \cdot h = K \cdot \frac{N \cdot e}{C_0} = K \cdot \frac{N \cdot e}{K \cdot C_f} = \frac{N \cdot e}{C_f} \tag{10.38}$$

这样,只要我们选择稳定性非常好的电容器作 C_f,则可
保证电荷灵敏放大器的输出电压脉冲幅度与入射粒子产生
的电子－空穴对数成正比。虽然偏压波动仍会引起 C_d 变
化,但对 C_0 几乎没有任何影响,因此对电荷灵敏放大器的
输出电压脉冲幅度也几乎没有任何影响。

由图 10.14,输出回路的时间常数为 $R_0 \cdot C_0 = R_f \cdot C_f$,通
常取为毫秒量级,它决定了输出电压脉冲信号的下降时间
和 PN 结探测器的分辨时间。

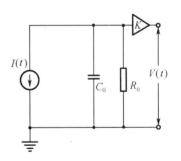

图 10.14　PN 结探测器输出

回路的等效电路

10.3.3　PN 结探测器的主要性能

如前所述,PN 结探测器适宜于带电粒子,尤其是重带电粒子的探测。如图 10.15 所示,半
导体谱仪由探测器、偏压电源、电荷灵敏放大器、线性放大器和多道脉冲幅度分析器等构成。
探测器型号应根据测量对象来选定,反向偏压值不能超过厂家提供的参考值,具体大小可通过
实验确定,以能使耗尽层宽度大于入射带电粒子在其中的射程和得到良好的能量分辨率为准
则。一般金硅面垒探测器的典型性能指标为:反向偏压 100 V 时,反向电流小于 0.5 μA;信号
脉冲的上升时间小于 10 ns;室温下,对 5.486 MeV 的 α 粒子的能量分辨半高宽为 13 keV;对
重带电粒子的探测效率接近于 100%。下面将对 PN 结探测器的能量分辨率、时间分辨率本领

等主要性能做进一步的分析讨论。

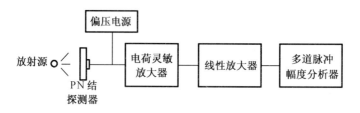

图 10.15　用 PN 结探测器组成的能谱测量系统

1. 能量分辨率

PN 结探测器主要应用于重带电粒子的能谱测量,因而能量分辨率是它的一项主要性能指标。下面讨论影响 PN 结探测器能量分辨率的几个主要因素。

(1)统计涨落的影响

设能量为 E 的入射带电粒子把全部能量都损耗在了耗尽层内,产生了 N 个电子－空穴对,则 N 应遵守法诺分布,$\overline{N} = E/W$,$\sigma_N^2 = F \cdot \overline{N}$,$v_N^2 = F/\overline{N}$。由于探测器输出脉冲幅度 $h \propto N$,所以,$v_h^2 = v_N^2 = F \cdot \overline{N}$。按能量分辨率的定义,$\eta = \Delta h/\overline{h} = 2.36 \cdot v_h$,其中 Δh 是单能粒子谱峰的半高宽(FWHM),$\overline{h}$ 是峰位,则有

$$\eta = \frac{\Delta h}{\overline{h}} = 2.36 \cdot v_h = 2.36 \sqrt{\frac{F}{\overline{N}}} = 2.36 \sqrt{\frac{F \cdot W}{E}} \tag{10.39}$$

该式与脉冲电离室能量分辨率的公式完全一样。

习惯上,半导体探测器的能量分辨率常用与半高宽相应的能量值 $\Delta E = E \cdot \eta$ 表示,ΔE 称为能量分辨半高宽,简称线宽或半宽度,由(10.39)式可以得到

$$\Delta E = 2.36 \sqrt{F \cdot E \cdot W} \tag{10.40}$$

例如,取 $F = 0.15$,可以算出对 ^{210}Po 的 α 粒子(5.305 MeV),$\Delta E \approx 4$ keV,$\eta \approx 0.7‰$;而相同情况下,脉冲电离室的能量分辨率约为 $\eta \approx 2.2‰$。可见半导体探测器可以达到的能量分辨率比气体探测器好得多。

(2)探测器和电子学噪声的影响

(10.39)或(10.40)式给出的能量分辨率仅考虑了统计涨落的影响,实际上,探测器和电子学系统的噪声也会影响能量分辨率。设 x 为噪声脉冲幅度,$\overline{x} = 0$,则叠加噪声后,信号脉冲幅度为 $H = h + x$,其均值为 $\overline{H} = \overline{h} + \overline{x} = \overline{h}$,均方涨落为 $\sigma_H^2 = \sigma_h^2 + \sigma_x^2$,相对均方涨落为 $v_H^2 = v_h^2 + \sigma_x^2/\overline{h}^2$。由此,噪声的均方涨落越大,信号 H 的相对均方涨落就越大,则能量分辨率就越差。因此,尽量减小噪声对提高能量分辨率是很有好处的。

探测器的噪声主要由 PN 结反向电流的涨落造成,反向电流平均值越小,其涨落也小。由(10.28)式,$I_{G'} \propto \sqrt{V_0}$,因此,偏压增加时,反向电流及其涨落都会增加。

电子学系统的噪声中影响最大是电荷灵敏放大器的噪声,因此,一般选用噪声较小的结型场效应管作为其输入级。电荷灵敏放大器的噪声与外接电容(探测器的结电容就相当于外接电容)有关,一般用零电容噪声和噪声斜率表示:零电容噪声是指电荷灵敏放大器输入端不接外接电容时的噪声;噪声斜率则是放大器接上外接电容时,噪声随电容的增长率。如某电荷灵

敏放大器零电容噪声为 1 keV,噪声斜率为 0.03 keV/pF,则用这个电荷灵敏放大器接在探测器电容为 100 pF 的探测器输出端时,对谱线的展宽为 $\Delta E = 1 + 100 \times 0.03 = 4$ keV。对半导体探测器来说,结电容随偏压的增加而减少,因此,增加偏压时,电荷灵敏放大器的噪声会降低。综合考虑,整个系统的噪声随偏压的增加,先减小后增大,如图 10.16 所示。使噪声最小的偏压值可通过实验测定。

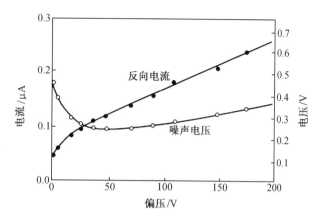

图 10.16　反向电流和噪声电压随偏压的变化

电荷灵敏放大器的噪声也可用等效噪声电荷来表示,记作 ENC,以电子电荷为单位。它表示放大器输出电压脉冲幅度等于噪声电压的均方根值时,对应的放大器输入电荷量。如 ENC = 150,表明噪声电压的均方根值和探测器中产生 150 个电子 - 空穴对时的脉冲幅度相同。噪声有时也用线宽 ΔE 值表示,$\Delta E = 2.36 \cdot W \cdot ENC$。例如,当 ENC = 150 时,对 Si,$\Delta E = 2.36 \times 3.61 \times 150 = 1.28$ keV。

降低探测器及电荷灵敏放大器的场效应管的温度,对探测器进行电磁屏蔽和避光使用,均可降低系统的噪声水平。

(3)其他影响因素

对于带电粒子能谱测量来说,如果入射粒子在进入探测器灵敏体积前有能量损失,则该能量损失的涨落也会对能量分辨率带来影响。如果测量是在空气中进行的,则带电粒子穿过空气时会损失能量,且每个粒子损失能量会有差异,造成能量展宽。对重带电粒子,空气的影响还是比较大的,如 5.305 MeV 的 α 粒子穿过 0.05 mm 的空气就会造成约 50 keV 的能量损失。所以,用半导体探测器测量重带电粒子能谱时,通常需要放在真空室中进行。另外,半导体探测器都有入射窗,需考虑带电粒子在入射窗上的能量损失,如金硅面垒探测器的金层就是其入射窗,一般厚约 10 nm,α 粒子垂直穿过时会损失约 10 keV 能量,其他角度则损失的能量会更多一些。为此,可以用一准直器限定 α 粒子的入射角度,以减小能量损失和展宽。

此外,半导体材料的不均匀性,例如俘获中心不均匀,以及 PN 结的局部击穿等因素也会导致能量分辨率的变坏。

综合各种因素,谱线总的展宽 ΔE 可由各部分的展宽得到

$$\Delta E^2 = \sum_i \Delta E_i^2 \qquad (10.41)$$

2. 能量线性

正如在 10.1.3 中所述,Si 或 Ge 的平均电离能 W 基本上与入射粒子能量无关,因此,PN 结探测器及后面讲到的其他半导体探测器均能保持良好的能量线性。对不同类型辐射,W 值的变化也很小,实验表明,Ge 的 W 值对 α 和电子是一样的,而 Si 的 W 值对这两种粒子的差别也在 1% 以内。实验发现 W 值随温度有微小变化,这是因为半导体的禁带宽度随温度是变化的。

3. 分辨时间与时间分辨本领

上节已讨论过 PN 结探测器的载流子收集和时间特性。在 PN 结探测器中,载流子收集时

间 t_c 约 $1 \sim 10$ ns, t_c 最终决定了输出电压脉冲信号的上升时间。PN 结探测器的时间响应特征在常用探测器中仅次于有机闪烁体,属于较快之列。

但测量重电离粒子时,发现电压脉冲信号的上升时间远大于(10.32)式预期的值。深入研究发现对重电离粒子,尤其对裂变碎片,沿入射径迹产生的电子 – 空穴对浓度很大,足以形成等离子状的电子云,使内部载流子被屏蔽,只有外部电荷才能在电场作用下开始漂移。随着外层电荷漂移离开,内部的载流子才逐步得到解放,这一过程持续时间较长,造成了较慢的上升时间。

通常,由于使用了电荷灵敏放大器,PN 结探测器的分辨时间较大,常在毫秒量级。但根据需要也可以损失一定的能量分辨率把分辨时间减小,但分辨时间最终受探测器输出电流脉冲宽度的限制。

时间分辨本领属时间测量指标,常用来确定粒子入射的时刻,从而确定某事件的发生时刻。时间测量包含两部分的内容:①确定探测器输出信号产生的时刻;②由输出信号的产生时刻来确定粒子入射的时刻。时间分辨本领就是由这两个过程中的时间不准量相加而成的。PN 结半导体探测器的时间分辨本领很好,可达 10^{-9} s 量级。

4. 辐照损伤

辐射通常会在半导体中产生杂质与缺陷。例如,在 Si 中,入射粒子尤其是重带电粒子和中子与 Si 原子碰撞,每次传递给 Si 原子的能量可能远大于 Si 原子的离位阈能(大约 $1 \sim 50$ eV),这会导致 Si 原子离开原来位置形成一个空位,而 Si 原子出现在晶格之间的某个位置,形成填隙空位对。一个中子可产生上千次 Si 原子的离位碰撞,而电子则少得多。填隙空位对在半导体材料中将成为施主、受主和缺陷而影响载流子的收集,使载流子寿命下降,从而使探测器的性能降低。辐射还能改变探测器的表面性能,导致漏电流增加。因此,为保护探测器必须避免非测量照射。在 Si 探测器中,造成辐射损伤效应的阈辐照量分别为:α 粒子 $10^{11}/\mathrm{cm}^2$,快中子 $3 \times 10^{11}/\mathrm{cm}^2$,电子 $10^{14}/\mathrm{cm}^2$。

10.3.4　PN 结探测器的应用

PN 结探测器是最早发展成熟并得到广泛应用的一类半导体探测器,下面介绍几种典型应用实例。

1. 重带电粒子能谱测量

由于 PN 结探测器能量分辨率高、线性好、时间分辨本领好,但耗尽层宽度小,所以 PN 结探测器特别适于测量重带电粒子能谱。图 10.17 给出了金硅面垒探测器测得的 ^{241}Am 的 α 能谱,由图可见,几个相近能量的 α 粒子(如 5.389,5.443 和 5.486 MeV 等)可以很好地分辨。表 10.2 中列出了几种 α 谱仪的能量分辨率,可见,PN 结探测器是最好的。

表 10.2　各种 α 粒子谱仪的能量分辨率

谱仪	α 能量 /MeV	半宽度 /keV	实验条件	参考文献
面垒探测器	5.480	11	面积 7 mm²,温度 – 30 ℃	P. Siffert, Thesis, Strasbourg(1966).
电离室	5.681	14	充气:氩 + 0.8% 乙炔	Zh. Eksp. Teor. Fiz. 43 (1962) 426.
闪烁计数器	5.305	95	CsI(Tl)	Rev. Sci. Instr. 31 (1960) 974.

另外,PN 结探测器体积小,结构紧凑,探测效率高,因而在测量空间有限而样品放射性活度较低的场合应用具有较大优势。例如,在强度非常低的分支比测量以及精细结构测量中,常采用 PN 结探测器,如 Briand 等就是用面垒探测器研究了 ^{224}Ac 和 ^{210}Fr 的 α 粒子分支比[1]。

对裂变碎片以及其他大质量离子的测量将会牵涉若干特殊的问题。首先,沿这些离子轨迹所产生的载流子浓度很高,加重了电子－空穴对的复合效应。其次,重离子与电子碰撞电离产生电子－空穴对的作用概率减少,而与核碰撞的机会增加,反冲核速度很低,不足以产生电子－空穴对。第三,这些重离子在空气和窗中的能量损失更大。总的结果是使输出脉冲幅度减小,而且减小量与重离子的能量有关,给测量带来一定困难。为此,需建立一套以 ^{252}Cf 的裂变碎片谱为重离子探测器性能评价标准的标准检验方法。在此基础上,PN 结探测器亦成功地用来测定核反应中放射出的带电粒子能谱,是核反应研究的一个重要工具。

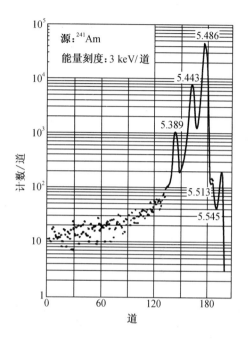

图 10.17　金硅面垒探测器测得的 α 能谱

2. dE/dx 探测器用于粒子识别

到目前为止,我们一直关心辐射能量的测量,要求耗尽层宽度大于带电粒子在灵敏区中的射程。但如果仅关注入射粒子的能量损失率 dE/dx,那就要选择厚度远小于粒子射程的全耗尽探测器。如果探测器的厚度 Δx 非常小,使得入射粒子在其中的能量损失 $\Delta E \ll E$,这时探测器输出脉冲幅度就代表能量为 E 的入射粒子在半导体中的 dE/dx 值,所以,将这类探测器称作 dE/dx 探测器或 ΔE 探测器。目前,dE/dx 探测器的厚度可仅为 10 μm,且具有很好的能量分辨率。

如图 10.18,将 dE/dx 探测器与测量能量的厚 PN 结探测器联合使用,使入射粒子先穿过 dE/dx 探测器然后再射入测量能量的探测器,可在测得粒子能量的同时确定入射粒子的性质。由第 6 章中 Bethe 公式可知:dE/d$x \propto mz^2/E$(这里 m, z, E 分别代表入射粒子的质量、电荷及能量),而入射粒子在 dE/dx 探测器中损失的能量可忽略,则厚探测器的输出信号正比于 E。将两种探测器的输出信号相乘,则乘积正比于 mz^2,与能量无关。当有多种入射粒子时,只要 mz^2 不同,那么它们在乘积信号的脉冲幅度谱上就处在不同的位置,这样就达到了确定粒子性质的目的。

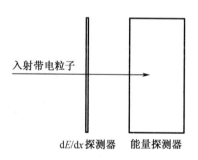

图 10.18　dE/d$x \sim E$ 探测装置

①　Briand and Lefort, Phys. Rev. Letter, 1964, 10:90.

3. 低水平辐射监测

在放射性环境监测中,常遇到极低水平放射性的测量问题,例如^{239}Pu及^{210}Po,它们在放射性同位素毒性分组中属于极毒组,在放射性工作场所空气中的最大允许浓度分别为74 μBq/L和7.4 mBq/L,而^{239}Pu在人体内的最大允许积存量仅1.48 kBq,金硅面垒探测器具有极低的本底,可用于测量这样的极低水平放射性。例如,利用金硅面垒探测器成功地检测了人尿样中^{239}Pu的含量。在被测样品中,^{239}Pu含量很小,样品放射性极微弱,要求测量装置有非常低的本底。半导体材料纯度极高,所含天然放射性同位素杂质极少,所以金硅面垒探测器自身放射性本底很小。因此,只需考虑由宇宙线、β、γ放射性及电子学噪声等引起的本底。金硅面垒探测器中,α粒子引起的脉冲信号比其他本底信号大得多,因而这类本底可以容易地通过一定的甄别阈剔除掉。目前,φ16 mm的金硅面垒探测器对^{239}Pu的α的探测效率可达30%以上,本底平均计数小于2 计数/天,可测量每天仅十多个计数的弱源,用于对尿中^{239}Pu的监测是比较理想的。

10.4   高纯锗探测器

前面提到的PN结探测器的耗尽层宽度受击穿电压的限制很难做大,例如对通常的高纯Si或Ge,耗尽层宽度最大也就是2 ~ 3 mm,因而只适于短射程的重带电粒子的探测,对快电子或γ射线等强穿透辐射的探测就无能为力了。由于γ射线谱学在核科学工程中有极其重要的地位,而且γ射线谱又相当的复杂,特别需要好的能量分辨率,因此想办法增大半导体探测器的灵敏体积是十分必要的。

由(10.18)式可知,在一定的偏压下,$W_D \propto (N_i)^{-1/2}$,显然,降低半导体材料的杂质浓度N_i就是一种提高耗尽层宽度W_D的办法。但降低杂质浓度并不容易,直到20世纪70年代中期,通过一种区域熔炼的技术才使Ge材料中的杂质浓度又降低了4 ~ 5量级,达到了10^{10}原子/cm^{3}的水平,相对纯度达10^{-13} ~ 10^{-12}。以这种高纯度Ge材料构成的探测器的耗尽层宽度可达几个厘米,能够对γ射线能谱进行较高效率的测量,这种探测器称为高纯锗探测器(High purity germanium detector,简写为HPGe)。

还有一种增加耗尽层宽度的办法——在PN结的P和N之间构建一本征层I,I层位于内电场中,没有载流子,处于耗尽状态。此时,耗尽层宽度主要由I层的宽度决定,能达到几个厘米,可用于γ射线能谱测量。I层是通过补偿效应,利用间隙型杂质Li$^+$在Si或Ge中的漂移实现的,这种方法制成的探测器称为锂漂移探测器,用Si(Li)或Ge(Li)表示。

Ge(Li)和HPGe探测器都是高能量分辨率γ射线探测器,使用方法和主要的性能指标也基本相同,可统称为锗γ射线探测器。Ge(Li)探测器是20世纪60年代发展起来,并在随后的20年间成为高能量分辨率、大体积γ射线探测器的主流。但它必须在低温下保存,需要定期补充液氮,给用户造成很大麻烦,而HPGe探测器可以在常温下保存,仅测量时维持低温即可。所以,随着HPGe探测器的发展和完善,到20世纪80年代Ge(Li)探测器已逐步被HPGe探测器取代了。本节我们重点讨论HPGe探测器,但一些重要的性能,例如探测效率、能量分辨率等对两者都是适用的。

Si的熔点较高(Si为1 410 ℃而Ge为959 ℃),精炼过程中难于除去杂质,因而大耗尽层的硅探测器仅能用Li$^+$漂移的途径来实现。

10.4.1　高纯锗探测器的原理与结构

高纯锗探测器是用超高纯度的 Ge 制成的 PN 结探测器。高纯 Ge 制备过程中,剩余杂质为受主杂质,而晶格缺陷可看为受主复合中心,因此,高纯度锗是 P 型半导体。以 P 型高纯锗为基底材料,将锂蒸发在一侧表面上再经短期升温扩散形成 N^+ 层,厚度约 600 μm。另一侧表面为金属镀层,构成 P^+ 层,一般可以做得很薄,如用离子注入技术制作 P^+ 层厚度可薄至约 0.3 μm,因此通常用 P^+ 面作入射窗。这种结构如图 10.19 所示,称作 N^+PP^+ 结构,上标符号"＋"指高度掺杂的材料。

图 10.19 中,同时给出了加反向偏压 V_0 后,平面型 HPGe 探测器内的空间电荷密度 ρ、电场强度 $\mathscr{E}$ 以及电位 φ 的分布情况。当工作电压足够高时,全部 P 区都处于耗尽状态,成为高纯锗探测器的灵敏体积。与 PN 结探测器一样,P 区存在空间电荷分布,因而电场强度是不均匀的,电位分布也呈非线性。使用中,为使探测器工作于全耗尽状态,并且有很好的时间响应特性,通常反向偏压较高,电场较强。在液氮温度下,10^5 V/cm 电场强度即可使电子漂移速度达到饱和,而再提高三至五倍才能使空穴也达到饱和速度,由于电场过强会导致表面漏电与击穿,一般工作电压仅能使电子达到饱和漂移速度。

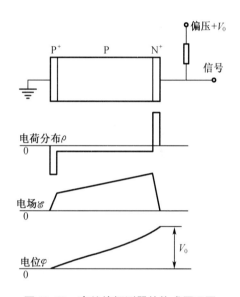

常用的 HPGe 探测器可分为平面型及同轴型两类,通常都是圆柱形。平面型探测器的电极在圆柱的两个端面,电场方向与圆柱的轴平行,通常

图 10.19　高纯锗探测器的构成原理图

体积较小(一般为 10~30 cm³),探测效率较低,但能量分辨率可以做得高一些,可用在对探测效率要求不高而对能量分辨率要求较高的场合。同轴型探测器的电极在两个同心圆柱面上,电场方向与圆柱的轴垂直,虽然能量分辨率稍差,最新产品的体积可达 750 cm³,探测效率可以高得多,在实际中应用较多。同轴型 HPGe 探测器按形状又可分为双开端和单开端两种。单开端型只需要对一侧表面进行减少漏电流的处理,测量低能射线时,未开端表面的薄接触层还可以作为入射窗,因此,大部分商品是单开端型的。但单开端型的电场不是完全径向的,在边缘处会形成弱电场区而影响载流子的收集,在端面处常加工成圆头的形状。图 10.20 中给出了同轴型高纯锗探测器结构示意图。

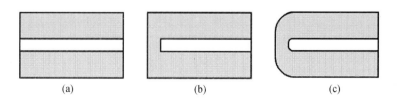

图 10.20　同轴型 HPGe 的几何结构示意图

同轴型 HPGe 探测器常用 P 型 Ge 制成,称为常规电极型同轴探测器。若用 N 型材料制成,则称为倒置电极型同轴探测器。对同轴型探测器,原则上,PN 结可在圆柱体的内表面或外表面形成,不过两种情况的电场条件完全不同。如果 PN 结在外表面形成,则耗尽层随外加偏压的增加从外向内扩展,当加到耗尽电压时,正好扩展到内表面。反之,当 PN 结在内表面形成时,则耗尽区从里向外扩展,直至外表面。由于离 PN 结越近电场越强,所以总是选外表面形成 PN 结,这样,强场区所占的体积比较大,有利于载流子的收集。对 P 型 HPGe外表面为 N^+ 层;对 N 型 HPGe 外表面为 P^+层。对常规电极型 HPGe 探测器外表面加正电压,内表面为低电位,倒置电极型 HPGe 探测器则相反。

由于 Ge 的禁带宽度小($E_G = 0.665$ eV),常温时,热激发产生的载流子很多,反向电流大。所以,HPGe 探测器要在液氮温度下使用,同时电荷灵敏放大器的场效应管也应放在冷阱内以降低电子学噪声。

另外,Ge 的表面态影响比较严重,其表面吸附周围气氛中的气体分子和离子,将使表面电流和噪声增大。所以,HPGe 探测器必须保持在气压低于 150 μPa 的真空条件下,同时必须防止真空系统油蒸气的污染。当然,将探测器置于真空中也利于保持低温条件。

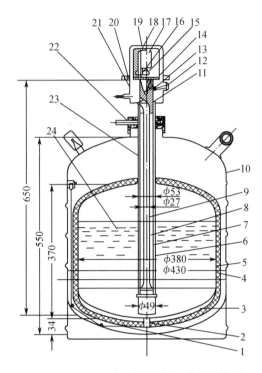

图 10.21 HPGe 探测器的低温装置结构图

1—$\phi 0.8$ mm 不锈钢丝;2—玻璃钢支柱;3—活性炭;4—内胆;5—镀铝涤纶薄膜;6—真空室外套;7—多孔套管;8—活性炭;9—导冷棒;10—外壳;11—定位器和套卡;12—前置电极;13—导线螺钉;14—晶体台;15—电极支架;16—下电极;17—晶体;18—屏蔽罩;19—真空罩;20—氟橡胶密封圈;21—真空室外壳;22—液氮注入管道;23—内胆颈管;24—液氮

在满足了低温及高真空这两个条件后,HPGe 探测器的反向电流可以降至 $10^{-12} \sim 10^{-9}$ A。HPGe 探测器的低温装置结构图如图 10.21 所示,工作温度是液氮温度 77 K。

10.4.2　HPGe 探测器的电场分布和输出信号

如前所述,HPGe 探测器就是一种杂质浓度非常低、耗尽层宽度很大的 PN 结探测器,因此,在 PN 结探测器中已讨论过的电场分布、耗尽层宽度和结区电容的计算公式对平面型HPGe 探测器依然成立。下面,我们以常规电极型 HPGe 探测器为例给出同轴型 HPGe 探测器的相关计算公式。对同轴型 HPGe 探测器,设 r 为距圆柱中心的径向距离,ρ 代表净电荷密度,材料的介电常数为 ε,电位分布为 $\varphi(r)$,可列出其泊松方程为

$$\frac{d^2\varphi}{dr^2} + \frac{1}{r}\frac{d\varphi}{dr} = -\frac{\rho}{\varepsilon} \tag{10.42}$$

对常规电极型 HPGe 探测器,若工作电压为 V_0,则有 $\varphi(r_2) - \varphi(r_1) = V_0$,$r_1$ 和 r_2 分别为探测器的内径和外径。由 $\mathscr{E}(r) = -d\varphi/dr$,可以得到同轴型 HPGe 探测器耗尽层内的电场分布为

$$- \mathscr{E}(r) = -\frac{\rho}{2\varepsilon}r + \frac{V_0 + (\rho/4\varepsilon)(r_2^2 - r_1^2)}{r\ln(r_2/r_1)} \tag{10.43}$$

P 型半导体耗尽层空间电荷为负电荷,设 N_A 为受主杂质浓度,则 $\rho = -e \cdot N_A$,因此

$$|\mathscr{E}(r)| = \frac{e \cdot N_A}{2\varepsilon}r + \frac{V_0 - (e \cdot N_A/4\varepsilon)(r_2^2 - r_1^2)}{r\ln(r_2/r_1)} \tag{10.44}$$

由(10.44)式,设 $\mathscr{E}(r_1) = 0$,可求出使探测器全耗尽的工作电压为

$$V_d = \frac{e \cdot N_A}{4\varepsilon}[(r_2^2 - r_1^2) - 2r_1^2\ln(r_2/r_1)] \tag{10.45}$$

由(10.45)式,耗尽电压随杂质浓度降低而减小。

同轴型 HPGe 探测器的电容为

$$C = \frac{2\pi \cdot \varepsilon \cdot l}{\ln(r_2/r_1)} \tag{10.46}$$

式中,l 为同轴探测器的长度。为减小电容,应尽量减小内径 r_1。

图 10.22 和 10.23 分别给出了不同工作电压下,平面型和同轴型 HPGe 探测器灵敏体积内的电场分布,图中 V_d 为耗尽电压。两图中也给出了 Li 漂移探测器的场强分布,Li 漂移探测器的耗尽层完全补偿,没有空间电荷,电场分布与电离室的类似。

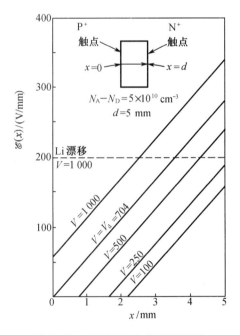

图 10.22　平面 HPGe 探测器灵敏
体积内的电场分布[12]

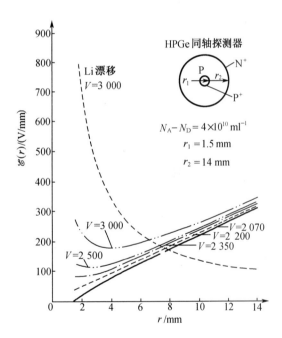

图 10.23　同轴型 HPGe 探测器中
电场强度随半径的变化[12]

HPGe 探测器的输出回路的等效电路与 PN 结探测器的完全一样,如图 10.14 所示。根据上面给出的 HPGe 探测器灵敏体积内的电场分布,结合电子和空穴的漂移特性,即可求出它的输出信号。输出信号与 PN 结探测器的十分类似,但由于 HPGe 探测器的耗尽层宽度较大,载流子形成位置可能有较大变化,而不同位置的载流子收集时间不同,所以 HPGe 探测器输出电

压信号是变前沿的。

图 10.24 为相对效率为 110% 的 P 型 HPGe 探测器测量得到的 ^{60}Co 的 γ 谱,两个全能峰相应的能量为 1 173 keV 和 1 332 keV,其他峰位大家可参照 γ 谱形成原理自行分析。

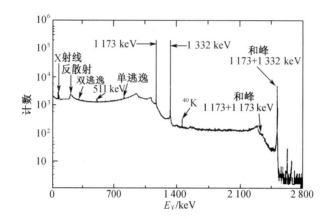

图 10.24　用 HPGe 探测器实测的 ^{60}Co 的 γ 谱

10.4.3　HPGe 探测器的主要性能

HPGe 探测器主要用作 γ 射线能谱的测量,下面介绍它的主要性能。

1. 能量分辨率

由于高的探测效率和好的能量分辨率,HPGe 探测器在 γ 射线能谱测量中表现出明显的优势,大大促进了 γ 能谱学的发展和应用。通常,HPGe 探测器的能量分辨率指标是指液氮温度下对 ^{60}Co 的 1 332 keV 的 γ 射线测量的结果,用能量分辨半高宽表示,目前可达 1.8 keV 以下,甚至达到 1.3 keV。而最好的 NaI(Tl) 闪烁探测器对 1 MeV 的 γ 射线的能量分辨半高宽也要到 60 keV。由图 10.24 也可以看出 HPGe 探测器的能量分辨率相当好。

HPGe 探测器大多工作于过耗尽状态,此时,耗尽层宽度和结电容不再随工作电压变化,工作电压波动对输出信号幅度的影响可以忽略。所以,影响 HPGe 探测器能量分辨率的因素主要为:

(1)电子 - 空穴对数的涨落

一定能量的入射粒子在 HPGe 探测器中产生的电子 - 空穴对数服从法诺分布,则能量为 E 的入射粒子在探测器中由统计涨落引起的能量展宽为 $\Delta E_d = 2.36\sqrt{F \cdot E \cdot W}$。其中 F 为法诺因子,W 为 Ge 的平均电离能。

(2)载流子收集效率的涨落

HPGe 探测器体积较大,由于陷阱和复合中心的存在,载流子不能被完全收集,而且收集效率也是有涨落的,设由此引起的能量展宽为 ΔE_c。为减小 ΔE_c,需提高载流子收集效率,即减小陷阱效应,这可以通过增大载流子漂移速度实现。所以,在反向电流不显著增加的前提下,探测器的反向偏压应尽量高一些。当场强为 1 000 V/cm 时,陷阱效应就很小了。

(3)探测器及电子学系统的噪声

探测器和电子学系统的噪声也会引起一定的能量展宽,设为 ΔE_n。探测器自身的噪声,在选用较好的原材料及采取严格的工艺措施后可降至很小,因此,电子学系统的噪声是引起 ΔE_n 的主要因素。在研制高能量分辨率的 HPGe 谱仪时,往往要花很大精力研制低噪声电荷灵敏放大器。平面型 HPGe 探测器的结电容较小,而同轴型 HPGe 探测器的结电容可达 40～50 pF 或更大。因此,在使用同轴型 HPGe 探测器时,选配的电荷灵敏放大器的噪声斜率一定要小。

综合考虑各影响因素,总的能量分辨半高宽 ΔE_t 为

$$\Delta E_t = \sqrt{\Delta E_d^2 + \Delta E_c^2 + \Delta E_n^2} \tag{10.47}$$

2. 能量刻度和能量线性

γ 能谱测量中,由多道测量的脉冲幅度谱需要先进行能量刻度,即由多个已知能量的 γ 射线的全能峰道址刻度出道址与能量的线性关系,然后才能进行 γ 能谱测量和 γ 能谱分析,例如可求出未知 γ 射线的能量等。为此,要求探测器有良好的能量线性。

由于 Ge 的平均电离能 W 与入射粒子能量及种类几乎无关,因而只要克服了电子－空穴复合及陷入的影响,HPGe 探测器就可获得非常好的线性。实验表明,对 HPGe 探测器,在 150～300 keV,线性偏离可小于 0.03%;在 300～1 300 keV,线性偏离可小于 0.02%,而对于同样的能量范围,NaI(Tl)闪烁谱仪的相对线性偏离高达 6%。比较可以看出,HPGe 探测器的能量线性是非常好的。

3. 探测效率

HPGe 探测器对 γ 射线的探测效率取决于 Ge 对 γ 射线的吸收系数及探测器的灵敏体积。探测效率的定义除(9.39)和(9.43)式的绝对总效率 ε_s 和源峰效率 ε_{sp} 外,在由 HPGe 探测器组成的单晶谱仪中,更常用相对峰效率 ε_p 来表达。

相对峰效率通常指对于 ^{60}Co 的 1.332 MeV 的 γ 射线,在放射源与探测器相距 25 cm 条件下,HPGe 探测器与 ϕ7.62×7.62 cm 的 NaI(Tl)闪烁晶体的源峰效率之比的百分数。商品 HPGe 探测器的 γ 射线探测效率常用相对峰效率表示。

一般说来,探测器灵敏体积越大,探测效率就越高。对一定能量的 γ 射线,探测效率既与探测器体积有关,又与探测器的几何形状有关。要准确知道一块 HPGe 探测器的探测效率,需要经过实验测量或用蒙特卡罗方法进行模拟计算。在进行 γ 能谱分析时,除了进行能量刻度,了解每个全能峰对应的 γ 射线能量外,还需要进行效率刻度,以确定每种能量的 γ 射线的相对份额。效率刻度指确定 γ 射线探测效率随 γ 射线能量的变化规律,即作出 $\varepsilon \sim E_\gamma$ 曲线。实验中,可用发射多种能量 γ 射线,且各 γ 射线强度已知的放射源(如 ^{133}Ba,^{152}Eu 等放射源)进行刻度,也可用多个能量和活度已知的 γ 源进行刻度。图 10.25 给出了一个相对峰效率为 25% 的同轴 N 型 HPGe 探测器(体积约 100 cm^3,能量分辨率 1.8 keV)的效率刻度曲线[①]。源位于探测器轴线上,距探测器端面约 25 cm。图中除实验数据点外,还给出了拟合曲线,拟合公式为

$$\ln\varepsilon_{sp} = \sum_{i=1}^{n} a_i \left(\ln \frac{E_\gamma}{E_0} \right)^{i-1}$$

式中,E_0 是某一固定的能量;a_i 是拟合参数。在实验点足够多的情况下,取 $n=9$。由效率刻度曲线可见,在 100 keV 以上,探测效率随 E_γ 增加而减小,在一定能量范围内,在双对数坐标中可用一条直线拟合。

① G. L. Molnar,Zs. Revay,T. Belgya,Nucl. Instrum. Meth. 2002,489:140－159.

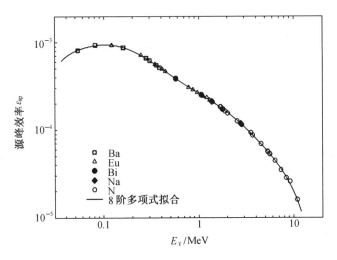

图 10.25　　HPGe 探测器的效率刻度曲线

4. 峰康比

Ge 的原子序数为 32,对 150 keV ~ 8 MeV 能量的 γ 射线,康普顿吸收在三种次级效应中占有优势,因此 HPGe 测量的 γ 谱中康普顿坪较为明显,如果测量对象中有多种 γ 射线,高能 γ 射线的康普顿计数会叠加在低能 γ 射线的全能峰上,给能谱分析造成困难。因此,希望全能峰尽量高,而康普顿坪尽量低,这样寻找全能峰和确定全能峰面积较为容易。为了描述能谱的这个性质,在单晶闪烁 γ 谱仪中,已定义了峰总比 $f_{p/t}$。对 HPGe γ 谱仪,由于峰高成为 γ 谱的特征,定义单能 γ 谱全能峰的最大计数率同康普顿坪(取平坦区域,并应避免康普顿沿和反散射峰的影响。在锗探测器测试标准中规定,对 ^{137}Cs 的 662 keV γ 射线,取 358 ~ 382 keV 能区;对 ^{60}Co 的 1 332 keV γ 射线,取 1 040 ~ 1 096 keV 能区。)的平均计数率之比为峰康比。显然,峰康比越大越有利于能谱分析。

为提高峰康比,除了增大探测器灵敏体积外,还应尽量使探测器的几何形状"密集",即要求同轴型探测器的长度与直径之比近于 1,中芯孔径尽量小。显然,在同样体积和几何形状下,探测器能量分辨率越好,峰康比也越高。较好的 HPGe 探测器的峰康比可达到 30 ~ 40。例如,一块直径 58.2 mm、长度 51.5 mm、灵敏体积为 85 cm³ 的同轴 HPGe 探测器对于 1.332 MeV γ 射线的能量分辨半高宽为 2.2 keV,本征探测效率为 19%,峰康比为 32。在第 12 章我们会看到,采用康普顿反符合装置后还可以将峰康比提高一个量级以上。

5. 载流子的收集和时间特性

无论用于能谱测量还是用于时间分辨,了解 HPGe 探测器输出脉冲信号形状的细微差别都是重要的。在脉冲幅度谱仪中,为保证能量分辨率不因弹道亏损(Ballistic deficit)而变坏,电子学的成形时间一般远大于载流子收集时间,因此,脉冲信号的上升时间完全由探测器内载流子的收集情况所决定,尽可能短的收集时间对提高载流子收集效率和减小载流子收集效率的涨落以及减小谱仪的分辨时间总是有利的。

HPGe 探测器的时间分辨本领取决于其脉冲信号的上升时间和不同事件脉冲形状的变化。HPGe 探测器的灵敏区的厚度较大,即使电场足够强(约 3×10^5 V/cm),电子和空穴达到了液氮温度下的饱和速度约 10^7 cm/s,它们漂移 1 cm 也需要 100 ns,所以,HPGe 探测器输出脉冲的上升时间在 100 ns 量级,在定时特性上远不及有机闪烁探测器。使 HPGe 探测器时间特性不理想的另一个原因是脉冲上升时间与载流子在探测器灵敏体积内形成的位置有关,即输出脉冲信号是变前沿的,如图 10.26 所示。图中给出了平面型探测器中,不同载流子生成位置对应的输出脉冲信号的前沿,图中数字表示三个载流子生成位置。通常,载流子生成位置随机分布,因此,输出脉冲前沿的形状会发生很大的变化,造成定时不准确。

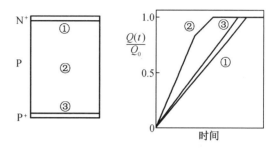

图 10.26　平面型探测器输出脉冲的前沿

在测量高活度放射源时会面临很高的计数率,为减少由于死时间引起的计数损失或修正带来的误差,要求探测器有很好的分辨时间特性。这个指标虽与探测器有关,但主要由电荷灵敏放大器和多道脉冲幅度分析器的响应时间决定。

6. 响应函数

第 9 章讨论 NaI(Tl) 单晶闪烁谱仪时,我们已提出响应函数的概念,对 γ 射线谱仪,响应函数指谱仪对各种能量的单能 γ 射线测量得到的脉冲幅度谱集,它是谱仪系统各方面性能的综合表现,前面提到的能量分辨率、能量线性、探测效率等都能在响应函数中得到体现。下面我们比较一下 HPGe 与 NaI(Tl) 的响应函数,并从中了解 HPGe 探测器响应函数的特点。

与 NaI(Tl) 相比,Ge 的原子序数较低,对同能量 γ 射线的光电截面比 NaI(Tl) 低 10 ~ 20 倍,使得体积相同的 HPGe 探测器的本征峰效率比 NaI(Tl) 探测器的低得多,在响应函数中,HPGe 探测器的全能峰面积较小。另外,对同能量 γ 射线,HPGe 的康普顿和光电效应截面之比远大于 NaI(Tl) 的康普顿和光电效应截面之比,造成 Ge 探测器的响应函数中康普顿坪的面积占很大比例。虽然全能峰面积小、康普顿坪面积大对 γ 谱解析很不利,但 HPGe 探测器具有非常优异的能量分辨率,使得 HPGe 的响应函数中 γ 射线的全能峰很突出,而且康普顿效应分布的形状也能显现出来,例如康普顿沿凸起的位置就很明显,这又十分利于 γ 谱解析。

另外,HPGe 探测器中,γ 射线在相互作用中产生的次级辐射更容易逃逸。在探测低能入射光子时,在比全能峰低约 10 keV(Ge 的 KX 射线能量)的位置会出现 Ge 逃逸峰。在测量高能 γ 射线时,电子对效应后正电子的湮没辐射的逃逸非常显著,响应函数上会形成明显的单逃逸峰和双逃逸峰。在 NaI(Tl) 闪烁探测器中,仅全能峰用作谱解析的特征峰,而 HPGe 探测器中,除全能峰外,双逃逸峰也常被作为特征峰。

10.5　PIN 结半导体探测器

本节主要介绍 PIN 结半导体探测器的基本原理和 Si(Li) 探测器的性能和应用,Ge(Li) 探测器的性能与 HPGe 的类似,可参见 10.4.3 节。

10.5.1 Li 漂移和 PIN 结的形成

前面提到,锂是一种间隙型施主杂质,电离能很小,仅 0.033 eV,掺入半导体后几乎全部离化形成锂离子,锂离子直径很小可以在原半导体晶格间移动。在电场作用下,锂离子可以沿电场方向定向漂移,如果温度较高,锂离子还会沿浓度梯度方向扩散。这种漂移或扩散运动的速率是温度的函数,温度越高则迁移速率越大。

当锂离子运动到原材料中的受主离子(例如 Ga⁻)附近时,由于静电作用,正负离子会结合在一起形成一中性的离子对。这相当于施主原子把多余的一个电子给了受主原子,同时使导带中的电子及价带中的空穴都减少了。锂离子在漂移过程中实现了"自动补偿",即锂离子漂移过的区域,锂离子浓度将自动地等于原有受主浓度。这样,锂离子漂移到的区域,半导体就变成了准本征半导体,形成 I 区,尚未漂移到的区域,仍是 P 型区;而靠扩散法大量掺入了锂原子的表面区域则是 N⁺ 层。这样构成了 PIN 结。

图 10.27 给出了锂漂移探测器的 PIN 结构和电场、电位图。锂漂移探测器的 PIN 结构与 HPGe 探测器的最大区别在于 I 区没有空间电荷。因此,平面型锂漂移探测器的 I 区为均匀电场,同轴型锂漂移探测器的电场分布如图 10.23 中所示,可用(8.53)式描述。由于补偿区为耗尽层,其电阻率远高于 P 和 N⁺,外加偏压几乎全加在 I 区,其边界电场很快降为零,所以 I 区就是探测器的灵敏区。

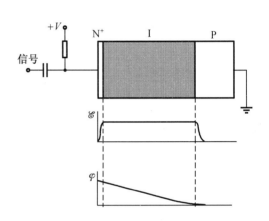

图 10.27 PIN 结构及电场、电位图

如前所述,Ge(Li)探测器已基本被 HPGe探测器所取代,但 Si(Li)探测器仍具有重要的实用价值,尤其适用于低能 γ 射线和 X 射线的探测。

10.5.2 Si(Li)探测器的性能

Si 的原子序数和密度均远小于 Ge,它与 γ 射线的总作用截面和光电截面比 Ge 低得多,对探测高能 γ 射线很不利,却更适用于低能 γ 射线和 X 射线的测量。

对能量低于 30~50 keV 的光子来说,光电效应在三种效应中占有明显的优势。由于低能光子与探测器的作用主要发生在探测器表面附近,光电效应后续过程产生的特征 X 射线容易逸出探测器,从而形成 X 射线逃逸峰。Si 的特征 X 射线能量仅为 1.8 keV,逃逸的概率大大低于 Ge 的 10 keV 的特征 X 射线,逃逸峰的降低将减少全能峰面积的修正误差从而提高测量的精度。图 10.28 给出了 Si(Li)和 Ge 平面探测器的 X 射线逃逸峰与全能峰面积之比[1],可见,Si探测器的 X 射线逃逸远小于 Ge 探测器。

Si(Li)探测器的能量分辨率受统计涨落、探测器及电子学的噪声、探测器的死层、真空装置的入射窗等影响。由于 Si(Li)探测器的灵敏区相当厚,因而其漏电流较大,为降低漏电流涨落引

---

[1] C. S. Rossington, R. D. Giauque, J. M. Jaklevic, IEEE Trans. on Nucl. Sci. 1992,39(4):570-276.

起的探测器噪声,一般要工作在低温和真
空的条件下。为提高对低能光子或电子
的探测效率,真空室的入射窗一般选择铍
窗。Si(Li)探测器能量分辨率的参考能
量为 5.9 keV(^{55}Fe 源的 Mn 的 KX 射
线),一般能量分辨半高宽可达到 150 ~
250 eV。

　　由于 Si 半导体的禁带宽度较大,
Si(Li)探测器在保存和工作状态时不如
Ge(Li)探测器要求严格,在室温下加一
定偏压也可以长期保存。但最好还是低
温下保存,以防止常温下锂漂移的重新
分布。如果实验测量的是能量较高的带
电粒子,如大于 10 MeV 的质子,则由于
探测信号较大,也可以工作在室温条件下。

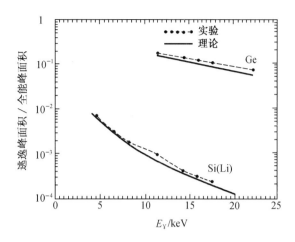

**图 10.28　Si 和 Ge 探测器的 X 射线
逃逸峰与全能峰面积之比**

10.6　半导体 γ 射线谱仪的应用

　　前面提到,HPGe 探测器主要用于 γ 射线能谱的测量,构成 HPGe γ 射线谱仪。下面先对我们已学过的几种 γ 射线谱仪做一比较,然后再介绍几个 HPGe 探测器的应用实例。

1. 几种 γ 射线谱仪的比较

　　可测量 γ 射线能谱的除了已讨论过的正比谱仪、闪烁谱仪及半导体谱仪,实际上,还有晶体衍射谱仪及外转换磁谱仪等。各种谱仪的能量测量范围可能不同,但核心指标均是探测效率和能量分辨率。图 10.29 和图 10.30 中分别给出了各种 γ 谱仪的能量分辨半高宽及本征全能峰效率 ε_{ip}(指全能峰计数与射入探测器灵敏体积的 γ 光子数之比)随 γ 射线能量的关系。结合这两幅图,我们比较一下各种 γ 谱仪的性能,以便于实际工作中能根据具体需要选用合适的 γ 谱仪。

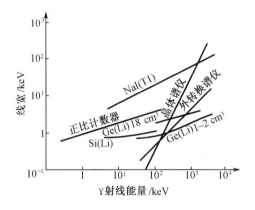

图 10.29　各种 γ 谱仪的能量分辨率曲线

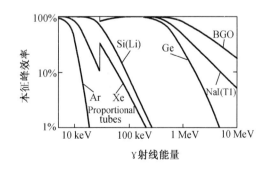

图 10.30　各种探测器的本征全能峰效率

（1）NaI（Tl）闪烁谱仪和 Ge 半导体谱仪

在各种 γ 谱仪中,以 NaI(Tl)为主的无机闪烁谱仪和 Ge 半导体谱仪的应用最为广泛,它们适于几百 keV 以上 γ 射线的测量。

NaI（Tl）晶体体积可以做得很大,晶体密度较高、碘的原子序数大,使得 NaI(Tl)闪烁谱仪有较高的探测效率和峰总比（全能峰在脉冲幅度谱中的份额,也称为光因子）。但是,NaI（Tl）探测器的能量分辨率较差。Ge 探测器的最大优势是能量分辨率很高,可区分能量非常近的谱线,但其探测效率比 NaI(Tl)要低。

图 10.31 给出了分别用 NaI(Tl)和 Ge 探测器测量的脉冲幅度谱,放射源是 ^{108m}Ag 和 ^{110m}Ag。由图可见,对于包含很多能量的复杂 γ 射线谱的测量,Ge 探测器由于良好的能量

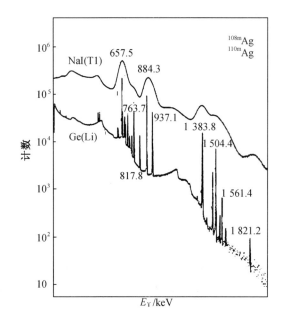

图 10.31 NaI(Tl)探测器和 Ge 探测器 γ 能谱的比较

分辨率而更加适合,所测 γ 谱也容易解析。当 γ 射线能量较少,或者测量目的是关心辐射的强度而不是精确测定它们的能量时,NaI(Tl)闪烁探测器则由于高的探测效率和低廉的价格就更为合适。

（2）正比谱仪和 Si(Li)谱仪

正比谱仪主要用于低能 γ 射线（从几百 eV 至 100 keV,特别是几 keV 以下）能谱测量。如图 10.29 所示,正比谱仪的能量分辨率比 NaI(Tl)闪烁谱仪的好几倍,但比 Si(Li)半导体谱仪的还要差一些。正比谱仪可测量的 γ 射线的能量下限比 Si(Li)半导体谱仪的要低,在小于几个 keV 的 γ 射线能谱测量中特别有用。

在正比谱仪所测 γ 能谱中,逃逸峰较为明显,经常会给谱解析造成困难。

正比计数器对 γ 射线的探测效率决定于所充气体的种类、压力以及计数器的尺寸等,一般较低。但正比计数器,尤其是多丝正比室可以做得很大,可以容易做到大面积和低价格,在高能物理实验和空间辐射探测方面应用较多。相对来说,Si(Li)探测器则价格昂贵,而且由于工作时需要制冷等原因,不宜制成大面积探测器。

（3）晶体衍射谱仪

前面介绍的都是全谱谱仪,即一次测量可以得到测量范围内全部能量 γ 射线的响应,所得到的能谱是各个能量 γ 射线的总响应。晶体衍射谱仪是一种单道测量谱仪,这种谱仪一次只能测量一种能量的 γ 射线,探测效率很低。其基本原理是通过 γ 射线在晶体中的布拉格衍射过程来测定 γ 射线的波长,由此确定其能量。从图 10.29 可见,晶体衍射谱仪在大约 300 keV 以下能区的能量分辨率很高,但随着光子能量的增加而迅速变坏。

（4）外转换磁谱仪

外转换磁谱仪也是一种单道谱仪,它通过测量 γ 射线的次级电子在磁场中的偏转确定次级电子的能量,从而得到 γ 射线的能量。由图 10.29,外转换磁谱仪的能量分辨率在低能段不如晶体衍射谱仪,在高能段又不如小体积的 Ge 探测器。这种谱仪结构复杂,庞大,价格很高,

应用较少。

2. 半导体 γ 谱仪的应用

核物理研究和核技术应用中,大量工作是建立在 γ 能谱测量基础上的,所得结果的精度主要取决于所测 γ 谱的精确度。由于半导体 γ 谱仪与 NaI(Tl)闪烁谱仪相比,在能量分辨率、能量线性等方面有很大提高,因此它的应用能带来一些新的成果。下面举一些应用实例。

(1)核能级的研究

γ 射线是核能级跃迁产生的,因此,γ 能谱测量可直接用于核能级的研究。相比闪烁谱仪,半导体探测器能量分辨率好,能更准确测定 γ 射线能量和相对强度,测到了许多新跃迁的存在,对于核衰变纲图的建立起到非常重要的作用。例如,在 ^{239}Np 的 γ 谱测量中,用 NaI(Tl)探测器只能观察到 440 keV 和 490 keV 两个峰,而用 Ge 探测器时,却观察到了 12 个峰,确定了新的核能级跃迁。

(2)内转换系数的测量

测量原子核的内转换系数是研究原子核性质的一种重要方法。分别测量内转换电子及 γ 射线谱即可得到内转换系数,内转换电子谱可用 Si(Li)探测器或磁谱仪测量,而 γ 射线谱通常用 Ge 探测器测量。例如,1966 年,有人就用 Ge(Li)探测器和磁谱仪以 8% ~ 10% 的精度测量了 ^{86}Y→^{86}Sr 衰变的 20 个 γ 跃迁的 K 转换系数。

(3)核反应中 γ 射线的测量

核反应中发出的 γ 射线的能量范围很宽,从几百 keV 至几 MeV 的都有,对其能谱的测量就要求有高的能量分辨率及足够的探测效率,Ge 探测器正好满足这一要求。

作者之一曾于 20 世纪 90 年代中叶开展了中子感生瞬发 γ 射线的分析研究工作,利用相对探测效率为 45%、能量分辨率为 2.1 keV 的 HPGe 探测器,测量了活度为 10 Ci 的 ^{241}Am – Be 中子源辐照煤样品时的瞬发 γ 谱。从中子源发出的快中子在煤中很快被慢化成为热中子,热中子与煤组分的核素发生核反应而发出瞬发 γ 射线,根据对各特征峰的峰位和峰面积的分析,就可得到各组分元素的含量。该方法可用于在线燃煤的成分分析,进而确定燃煤的热值,对燃煤电厂的自动化和环境保护具有重要的实用价值[①]。

(4)活化分析

活化分析是 γ 射线谱学的重要应用之一,通常涉及复杂 γ 射线谱的测量。活化分析指将样品置于热中子环境中,通过中子反应变为放射性物质,测量该样品活化后的放射性可确定样品中的核素成分和含量。通常,活化样品中含有多种放射性核素,能发射多种能量的 γ 射线,采用 Ge 探测器能避免或减少长时间的复杂化学分离工作,并大大简化了数据处理工作。

例如,为了研究某地区的大气扩散规律,可将非放射性的铟燃烧而产生铟雾,然后在不同的取样点收集铟的沉降。把取来的样品放在反应堆中辐照,铟及空气尘埃中的其他物质都被中子活化了,依靠 Ge 探测器的高分辨率,可以不经过化学分离而直接从样品的 γ 谱中分出铟的特征 γ 射线来,并依据其强度来确定样品中铟的含量。利用这种方法来测定大气中铟的浓度,其灵敏度可达到 10^{-10} ~ 10^{-9} g/L。

(5)核燃烧的研究

测量核反应堆里被辐照的燃料元件在裂变过程中的"燃耗",对于各种核燃料元件方案的

---

① 陈伯显,等. 中子感生瞬发 γ 射线多元素分析研究. 核电子学与探测技术,1996,16(1):6 – 12.

研究极为重要。过去,曾经想通过分析燃料发射的 γ 射线谱的变化得到燃耗,并进行了许多试验,但未取得好的结果。该测量工作主要是对已知裂变产额的裂变产物发射出来的一种或多种 γ 射线的强度进行测定,其中最合适的裂变产物是^{137}Cs。在燃料冷却时间不太长的情况下,又要把^{137}Cs 能量为 662 keV 的 γ 射线峰从三条比较强而且靠得近的^{95}Zr 和^{95}Ag 谱线中分离出来是以前研究中的主要困难。Ge 探测器出现以后,才成功地进行了这方面的测量。

除以上应用外,半导体探测器还可用于核寿命($10^{-14} \sim 10^{-12}$ s 范围内)、自旋和核矩的测量以及穆斯堡尔能谱学等方面。

10.7　其他半导体探测器

10.7.1　化合物半导体探测器

1. 化合物半导体探测器概述

Si 和 Ge 是较为理想的半导体探测器材料,它们具有较小的禁带宽度,电离能较小,使得能量分辨率较好。大的载流子迁移率和长的载流子寿命使载流子可有效收集,探测器可以做得较大。但 Si 和 Ge 探测器也有不足之处:首先,禁带宽度较小,使得 Ge 探测器必须工作于低温条件,而 Si 探测器用于 X 射线谱仪等需要低噪声的情况时,也需要工作于低温条件下;其次,γ 谱仪总希望有高的探测效率和峰总比,但 Si 和 Ge 的原子序数较低,难以满足这样的要求。

而一些化合物半导体材料正好弥补了 Si 和 Ge 的不足。20 世纪 60 年代后期,在化合物半导体探测器上开始有了突破,一种 AgCl 化合物半导体首先用于辐射探测,得到了信号。在随后的几十年中,化合物半导体探测器不断取得新的进展,不少已进入实用阶段。目前,常用的化合物半导体探测器材料有 CdTe,HgI$_2$ 和 Cd$_{1-x}$Zn$_x$Te 等,它们均有高的禁带宽度(禁带宽度均大于 1.5 eV,漏电流大大降低),可工作在室温下,并能获得较好的能量分辨率。另外,它们的原子序数分别是 48/52,80/53 和 48/30/52 等,比 Si 和 Ge 有更高的探测效率,在相同体积情况下还能得到大得多的峰总比。

化合物半导体探测器主要有两方面的问题需要解决。首先是难以生成高纯度且大尺寸的晶体,载流子的寿命不够长,不能有效收集。而且,载流子被杂质或晶格缺陷俘获,将形成空间电荷造成探测器极化(空间电荷会产生一与外加电场方向相反的附加电场,称作极化效应),导致探测器性能变差,造成计数率和电荷收集效率的下降,甚至无法正常工作。如何得到超高纯度的材料一直是化合物半导体研究的中心课题。其次是化合物半导体中空穴的迁移率远低于电子的,影响了空穴的收集,造成能量分辨率变差,如图 10.32 给出了 CdTe 和 HgI$_2$ 中载流子漂移速度随电场强度的变化关系,由图可见,即使在电场强度很高时,空穴的漂移速度仍比电子的低一个量级以上。因此,测量低能 γ 射线时,应让 γ 射线从阴极表面入射,这样,载流子将主要产生在靠近阴极的区域,空穴对信号的贡献较小,能得到较好的能量分辨率。但对于能量较高的 γ 射线而言,这种因素对能量分辨率的影响则难于避免了。

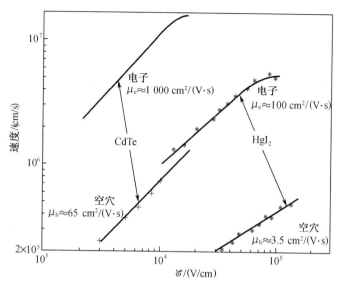

图 10.32　CdTe 和 HgI$_2$ 中载流子漂移速度与电场强度的关系

表 10.3 给出了一些半导体材料的性质,包含了目前实用的几种化合物半导体材料与 Si 和 Ge 的比较。由表可见,化合物半导体材料空穴迁移率远低于电子的迁移率。表中也给出了这些探测器目前能量分辨率大致达到的水平,下面将对这三种化合物半导体探测器做进一步介绍。

表 10.3　一些半导体材料的性质

材料 （工作温度）	原子序数 Z	密度 $/(g/cm^3)$	禁带宽度 $/eV$	电离能 $/eV$	电子迁移率 $/(cm^2 \cdot V^{-1} \cdot s^{-1})$	空穴迁移率 $/(cm^2 \cdot V^{-1} \cdot s^{-1})$	最佳能量分辨率 （FWHM）
Si(300K)	14	2.33	1.12	3.61	1 350	480	
(77K)			1.16	3.76	2.1×10^4	1.1×10^4	400 eV at 60 keV
(77K)							550 eV at 122 keV
Ge(77K)	32	5.33	0.72	2.98	3.6×10^4	4.2×10^4	400 eV at 122 keV
(77K)							900 eV at 662 keV
(77K)							1 300 eV at 1 332 keV
CdTe(300K)	48/52	6.06	1.52	4.43	1 100	100	1.7 keV at 60 keV
							3.5 keV at 122 keV
HgI$_2$(300K)	80/53	6.4	2.13	4.3	100	4	3.2 keV at 122 keV
							5.96 keV at 662 keV
Cd$_{0.8}$Zn$_{0.2}$Te (300K)	48/30/52	6	1.64	5.0	1 350	120	11.6 keV at 662 keV

2. 几种化合物半导体探测器

(1)碲化镉(CdTe)探测器

CdTe 可以在常温下工作,具有较高的 γ 探测效率,可做成小型探测器而获得好的空间分辨能力。对典型能量 γ 射线的光电吸收宏观截面是 Ge 的 5 倍,更是 Si 的 100 倍。

CdTe 中空穴收集效率较差,使得其能量分辨率不如 Si 和 Ge。在测量能量较高的 γ 射线时,要求探测器的灵敏体积比较厚,为改善能量分辨率,可增加处理电路去掉电荷收集不完全的脉冲。对低能 γ 射线和 X 射线则从阴极端入射可以获得较好的能量分辨率。CdTe 探测器存在的主要问题是极化现象,它是由作为载流子的电子被受主杂质俘获而造成的。极化现象不仅影响载流子的收集,还会使灵敏区的厚度逐渐变小。

CdTe 探测器可以用高阻 P 型材料($\rho \approx 10^9 \ \Omega \cdot cm$)蒸镀上贵金属制成面垒型结探测器,也可以用高阻 N 型 CdTe,通过液相外延技术在表面形成重掺杂的 P^+ 和 N^+ 的接点,成为类似于 HPGe 探测器的 P^+NN^+ 结构。

目前商业的 CdTe 探测器产品直径可达 1 mm 到 1 cm,但厚度仅几毫米甚至更小。可以在 30 ℃ 下工作,在电流工作状态还可以工作在 70 ℃ 的条件下。小直径的 CdTe 探测器可以制成可携带式 X 射线谱仪,为降低探测器和电子学噪声,可加入电制冷装置。CdTe 探测器还适用于辐射厚度计和医学成像系统的探测器阵列。

(2)碘化汞(HgI_2)探测器

HgI_2 探测器的原子序数很高,对低能 γ 射线的探测效率比 Ge 高 50 倍,例如,对 100 keV 的光子,1 mm 的 HgI_2 可以吸收 85%。相同的结果对 CdTe 为 2.6 mm,对 Ge 要达 10 mm。HgI_2 的禁带宽度达 2.13 eV,使探测器工作于常温条件时漏电流很小。

HgI_2 的空穴迁移率仅 4 $cm^2/(V \cdot s)$,空穴收集不完全的情况更严重。被俘获的电荷也会造成极化的发生,进一步影响电荷的收集而使能量分辨率变坏。

厚度小于 1 mm 的 HgI_2 适用于 X 射线和低能 γ 射线的探测。对 5.9 keV 的 X 射线,HgI_2 探测器的能量分辨半高宽可达到 380 eV。当然,HgI_2 探测器也可用于质子、α 粒子等高能带电粒子的探测。HgI_2 探测器的特点使它在仪器小型化、甚至微型化方面的应用带来很大的方便,例如空间研究、紧凑型设备的部件等。

增大 HgI_2 的厚度,可以对能量较高的 γ 射线有较高的探测效率,但电荷收集不完全的影响就更大,以至于很难得到好的能量分辨率了。据报道,1.7 mm 厚 2.2 cm^2 的 HgI_2 探测器对 662 keV γ 射线的能量分辨率最好的结果为 1.5%,而 12 mm 厚 4×4 cm^2 的 HgI_2 探测器对 662 keV γ 射线的能量分辨率最好的结果仅为约 7%,甚至已不如闪烁探测器了。

(3)碲锌镉($Cd_{1-x}Zn_xTe$)探测器

三元化合物半导体 $Cd_{1-x}Zn_xTe$ 探测器已发展成为一种可常温工作的 γ 谱仪探测器,其中下标 x 为 ZnTe 在 CdTe 中的混合比例,$x \approx 0.04 \sim 0.2$。碲锌镉常写为 CdZnTe 或 CZT。CZT 对 γ 射线的吸收效率与 CdTe 相似,在室温条件下的禁带宽度为 1.53 ~ 1.64 eV(不同比例有所不同),略大于 CdTe,本征载流子浓度和漏电流较 CdTe 小。与其他化合物半导体一样,空穴寿命明显短于电子寿命,文献中给出结果为电子寿命在 100 ns 到几微秒,而空穴为 50 ~ 300 ns。与其他化合物半导体相比,CdZnTe 的极化效应、温度特性和抗辐照性都要好一些。

由 CdZnTe 探测器组成的 γ 谱仪在晶体大小相近情况下的能量分辨率比其他常温半导体探测器都有较大的改善。但由于空穴的迁移率远低于电子的迁移率,空穴在漂移过程中的损失会造成峰严重的不对称使峰的低能方向有一个"尾巴",减少探测器的厚度会改善这种"尾巴"现象。另一种能明显改善能量分辨率的有效办法是采用单极性敏感(Single polarity charge sensing)结构。这种结构采用了特殊的形状和电极结构,使得载流子漂移过程中产生的感应电荷主要与电子运动有关,而且与载流子产生的位置无关。如共面栅(Coplanar grid)结构,它利用了 O. Frisch 提出的屏栅电离室的概念,不过栅极做在装置的表面。图 10.33 给出了工作于共面栅结构的 1 cm³ 的 CdZnTe 谱仪的 662 keV γ 射线脉冲幅度谱,当体积更小时,对 662 keV 的能量分辨率可小于 1%。此外还发展了其他多种单极性敏感技术,并处于不断完善中。

目前 CdZnTe 探测器的大小可以做到 10 mm × 10 mm × 2 mm 甚至更大一些。

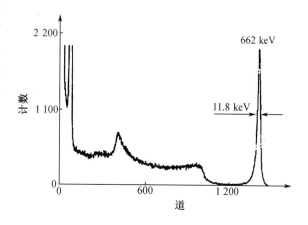

图 10.33　1 cm³ 的 CdZnTe 探测器的
脉冲幅度谱

其他适用于探测器的化合物半导体还有砷化镓(GaAs)、磷化铟(InP)和硒化镉(CdSe)等,这里就不一一展开讨论了。

10.7.2　均匀型半导体探测器

以 Si 和 Ge 为基体的半导体探测器具有载流子寿命长的特点,但由于其禁带宽度较小,本征电阻率比较低,需通过形成具有高电阻率的耗尽层来达到实用的探测器。在半导体探测器发展过程中,类比于气体电离室,提出了用一块晶体取代气体探测器中的气体作为探测介质,从而构成一个探测器。即在一块晶体的两面加以金属电极即可,对外加电压的极性没有要求,相当于一个固体电离室,称为均匀型半导体探测器。

起初,人们采用像金刚石那样的绝缘晶体来做探测介质,这类晶体的电阻率很高,但是晶体内包含许多杂质和晶格缺陷,陷阱很多,使得载流子寿命很短。陷阱和复合中心俘获载流子在固体内形成空间电荷造成极化,使探测器性能下降以至于无法正常工作。但上述化合物半导体探测器及新材料、新工艺逐步又使均匀型半导体探测器成为一种现实。

如 HgI₂ 半导体禁带宽度达到 2.13 eV,对 Si 和 Ge 探测器所必需的 PN 结或 PIN 结对 HgI₂ 不再是必要的了,成为可以在常温下工作的均匀型半导体探测器。对外加电压的极性没有要求,但考虑到空穴的迁移率远小于电子,电压极性的选择主要考虑辐射入射面的设置。尤其对仅在入射面薄层被吸收的“软”辐射,将接负电压的面作为辐射入射面,使空穴在很短的距离就被收集,输出信号的主要贡献来自电子在整个晶体厚度内的漂移。

近年来,国内外新发展起来一种具有较好应用前景的 CVD 金刚石探测器[①]。CVD 为 Chemical Vapor Deposition 的缩写,即化学蒸汽沉积。利用半导体外延工艺,将硅单晶放在用微波源激活的 CH₄ 和 H₂ 混合气氛中,在硅单晶表面生长出一层金刚石薄膜。目前金刚石薄膜的厚度达到约 1 mm,载流子寿命可达数百纳秒。其载流子饱和漂移速度可达到 2.7×10^7 cm/s,比在硅中的饱和速度高近 5 倍,可以产生很快的脉冲信号,例如,当薄膜厚度为 200 μm 时,电流信号的脉冲宽度为 1 ns。

---

① 周海洋,等. CVD 金刚石在辐射探测领域中的应用. 核技术,2005,28(2):135 − 140.

10.7.3　雪崩半导体探测器

一般,半导体探测器中对输出信号产生贡献的电子－空穴对数 N 是辐射在探测器介质中沉积的能量 E 与电离能的比值,满足 $N = E/W$。当 E 较小时,N 也小,探测器输出信号幅度太小而不易测量。为了测量低能射线,我们希望在半导体探测器中也有一个内放大过程使输出信号幅度变大,就像正比计数器一样。

在半导体材料中,当电场强度非常高时,也可能使导带中的电子得到足够的能量而在运动过程中使价带中的电子跃入导带,从而产生新的电子－空穴对。如此重复下去,也可形成雪崩。由此,可以制成雪崩半导体探测器,利用雪崩过程对入射粒子初始电离产生的电子－空穴对数目进行放大。例如,较早发展的雪崩二极管和近期发展的耗尽型 P 沟 MOS 晶体管（DEPMOSFET）都是这种探测器。雪崩半导体探测器同时具有探测器和放大器的功能,可以满足高速和低噪声的要求。

一种雪崩半导体探测器的空间电荷分布、电场分布和电位分布如图 10.34 所示。基材是低掺杂的 P 型 Si（图中的 P⁻）,在中等掺杂的 P 层上以极薄的重掺杂 N⁺ 形成 PN 结,并作为辐射的入射窗。电场的极大值发生在 PN 结界面处。在 PN 结界面下面产生的电子和上面产生的空穴,受电场驱使必将通过高电场强度区,假如场强足够大就会使电荷得到放大。为防止强场处表面漏电流的增加,可将探测器设计成剖面角度很小的锥面,以减少单位长度的电压差。

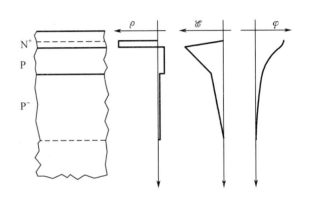

图 10.34　雪崩半导体探测器电场、电位示意图

由于具有内放大能力,雪崩半导体探测器信噪比很好,可以测量能量很低的射线。例如,对能量低至 0.6 keV 的 X 射线也可测得显著高于噪声的脉冲。另外,由于雪崩半导体探测器内部电场很高,因此时间响应很快,可达几纳秒。雪崩半导体探测器在生物医学领域中已得到不少应用,能对钚和其他低能 X 射线发射物质进行人体内的测量。此外,雪崩探测器也可用在便携式 γ 射线测量仪器中。

10.7.4　半导体位置灵敏探测器

在许多测量工作中,不仅要求测知入射粒子的能谱,还要求知道该射线的入射位置,这就要求探测器具备能反映粒子入射位置的性能,即位置灵敏性。

早期,人们是把很多小型探测器镶在一起,或是在一块半导体基片上通过一定的隔离技术做成紧靠在一起的许多小探测器,根据给出信号的小探测器的位置即可确定粒子的入射位置。但这种方法位置测量精度低,且探测器之间有死空间,后来虽发展了多丝室等气体位置灵敏探测器,但位置测量精度仍嫌不够。利用半导体材料构成的半导体位置灵敏探测器在位置测量方面具有很大优势,具有结构简单,位置分辨率高,不存在死空间等特点。用半导体位置灵敏探测器可以直接测量入射粒子的空间分布,也可用来代替磁谱仪上的照相底片,实时地给出射至各点的粒子数。

下面介绍几种常用的半导体位置灵敏探测器。

1. 电荷分配法半导体位置灵敏探测器

这种探测器的工作原理类似于高阻单丝位置灵敏正比计数器,也是用电荷分配法实现定位的。例如,可以将一块长条形半导体材料(例如 50 mm × 5 mm)按图 10.35 的方式制成一维位置灵敏的金硅面垒型探测器。从探测器正面金层处(C 端)引出的信号是 α 粒子引起的总电流信号,脉冲幅度反映入射粒子的能量,称作能量信号。在半导体的背面做一高阻层,两端加上电极(A 和 B),A 端接地,B 端接电荷灵敏放大器,输出信号的幅度反映了 α 粒子入射的位置,称为位置信号。

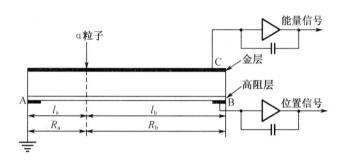

图 10.35　半导体位置灵敏探测器

由图 10.35,α 粒子产生的电流信号流出探测器背面时分两路走:一路经过电阻 R_a(α 粒子入射点至 A 电极间高阻层的电阻)至电极 A 接地;另一路经过电阻 R_b(入射点至 B 电极间高阻层的电阻)到电极 B,输入放大器被测量。两部分电流的大小与流过的电阻成反比。由此,可求出从电极 B 流出的电流 I_B 为

$$I_B = \frac{R_a}{R_a + R_b} I_0 \tag{10.48}$$

这里,I_0 是总电流。设入射粒子能量为 E,则电极 B 处输出信号的脉冲幅度为

$$V_B \propto \frac{R_a}{R_a + R_b} \cdot E \tag{10.49}$$

通常高阻层可以做得很均匀,阻值与距离成正比,则有

$$V_B \propto \frac{l_a}{l_a + l_b} \cdot E \tag{10.50}$$

由此,电极 B 输出信号幅度反映了 α 粒子入射的位置。

利用这种探测器,即可从 C 极信号测得入射粒子的能量,从 B 极信号测得粒子的入射位置。一般用面垒工艺制成的位置灵敏探测器所达到的指标是:位置分辨率为 0.5 mm;能量分辨半高宽为 50 keV(对 [241]Am 的 5.486 MeV α 粒子)。

此外,还有用离子注入及锂漂移的办法来制作位置灵敏探测器的。背面除用高阻层外,也有用精密方法划分出很多小格,从而更精确地确定入射位置的。这类位置灵敏探测器的位置分辨率可达 0.2 mm,能量分辨半高宽可到 50 keV。

2. 微条探测器

微条探测器也是一种位置灵敏探测器,其电极由许多相互独立的条组成。例如硅微条探测器就是用离子注入和光刻技术,制成一系列平行的窄条状电极,并由各分立的电极引出信号,从而确定入射粒子的空间分布和位置信息。显然,微条探测器的空间分辨率和电极条宽度有关,条宽越小,空间分辨率越高。目前,条宽可做到 $10~\mu m$,空间分辨率可达 $10~\mu m$,甚至到 $1.4~\mu m$。

受工艺条件的限制,早期的硅微条探测器是单边读出的,只能测量一维位置信息,随着半导体工艺的发展和越来越高精度的要求,人们又研制了双边读出的硅微条探测器,如图10.36所示。在低掺杂 N 型硅基片的两个面上制成互相垂直的电极条,载流子漂移时会同时在两个面的电极上产生感应电荷,根据输出信号的电极位置,即可得到粒子入射的二维坐标。

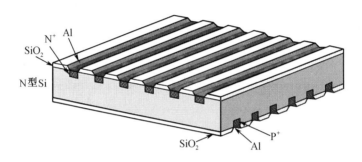

图 10.36　两维读出的硅微条探测器

硅微条探测器已广泛地应用于高能物理中的径迹探测,例如大型加速器的顶点探测器。也应用于 X 射线成像,例如,在厚度为 $0.3~mm$ 的硅片两面加工了条距 $50~\mu m$ 条状电极的二维硅微条探测器,每一面配置640路积分读出电路,可覆盖的成像面积为 $32~mm \times 32~mm$。

3. 半导体漂移探测器

另一种位置灵敏探测器是硅漂移探测器,与气体正比计数器中的漂移室一样,由载流子的漂移时间可以确定它们形成的位置。在一个 N 型硅基片的两个面上都做上 PN 结,并在表面做上 P^+ 接触,在 PN 结加上足够的反向偏置电压使之全耗尽,如图10.37所示。图中,平行的电极用于形成一个有适当电位梯度的电场,保证电子按电场方向沿基片水平方向漂移,而空穴被就近收集,电极收集空穴的时间作为时间的零点。收集电子的阳极设置在基片的边缘上。电子漂移到阳极所需要的时间与辐射入射点到阳极的距离呈线性关系。

硅漂移探测器的优点是电子在漂移相当长的距离后到达阳极的面积一般可做得很小,其结电容比一般半导体探测器小很多。探测器电容是决定谱仪系统噪声水平的重要因素,低的探测器电容对提高能量分辨率大有好处。同时,输出回路的成型时间也可以做得很小,有利于提高装置的计数率限值。所以硅漂移探测器的定时精度可以达到 $\leqslant 1~ns$,位置分辨可达微米量级。

从结构上后来又出现了圆柱形的硅漂移探测器,电极设计为同心圆,阳极放在中心并与结型场效应管做在一起以尽量降低杂散电容,可以得到很好的能量分辨率。对一个直径为 $3.5~mm$、耗尽层厚为 $0.3~mm$ 的圆柱形硅漂移探测器,在室温条件下,对 $5.9~keV$ 的能量分辨半高宽是 $225~eV$;在电制冷的条件下(200 K)可达 $140~eV$,已和液氮温度下工作的 Si(Li) 探测器相当,这是十分诱人的。

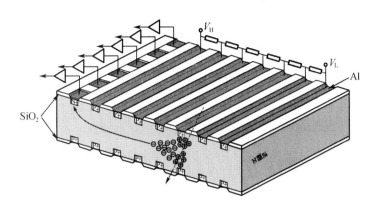

图 10.37　线性硅漂移探测器示意图

在本章的最后要再次指出:辐射损伤是各种半导体探测器都共有的问题。由于半导体单晶材料的各项特性与其中的杂质与缺陷的情况关系十分密切,因而辐射损伤也将对半导体探测器的性能有显著的影响。β 或 γ 射线的辐射损伤要比重带电粒子小得多,因而在测量重带电粒子时要特别注意辐射损伤问题。

现有数据表明,对从金面照射的硅面垒探测器,使探测器性能明显变坏的带电粒子注量为:10^{14}快电子/cm²、10^{13}质子/cm²、10^{11} α 粒子/cm² 以及约 3×10^8 裂变碎片/cm²。受到约 3×10^{11}中子/cm² 的快中子或约 10^3 Gy γ 剂量的照射,也足以使探测器性能明显变坏。辐射损伤问题限制了半导体探测器在强辐射场(如原子核反应堆内)中的应用。

总之,随材料科学的发展和工艺的完善,更主要是出于科学实践的需要,探测器仍在不断完善和发展,但作为探测器的基本工作原理还是一致的。只要掌握了前面提到过的探测器的几个基本要点:探测器中信号形成的物理过程;探测器的输出回路及工作状态;统计涨落对探测器性能的影响等基本概念和共性的问题,就能在繁杂的探测器种类、系列中掌握其本质的内涵,做到具有举一反三的能力。

思　考　题

10 - 1　试比较气体探测器与半导体探测器在探测辐射时形成输出信号过程的异同。

10 - 2　耗尽层的基本要点是什么,为什么不能用通常的高阻材料来代替?

10 - 3　PN 结探测器、高纯锗探测器和锂漂移探测器三者的基本区别是什么?

10 - 4　为什么 PN 结探测器不需要在低温下工作,而对高纯锗探测器和锂漂移探测器却强调必须要低温工作条件?

10 - 5　载流子的寿命为什么对半导体探测器而言是十分重要的?

10 - 6　为什么 Si(Li)探测器适宜于探测低能 X 射线和 γ 射线?

10 - 7　用硅、锗半导体探测器探测 γ 射线得到的能谱中的硅、锗逃逸峰与 NaI(Tl)晶体的碘逃逸峰本质一样吗?

10 - 8　试分析 Si 和 Ge 用于辐射探测器的区别和特点,并进而分析:

（1）为什么在实用中为 HPGe 探测器而不是 HPSi 探测器？

（2）Ge(Li)探测器与 Si(Li)探测器在辐射探测上各有什么特点和限制？

（3）HPGe 探测器和 Ge(Li)探测器有何异同？

习　　题

10-1　试计算粒子在硅中损失 100 keV 的能量所产生的电子－空穴对数的平均值与方差。

10-2　计算电场强度为 1 000 V/cm 时，在 Si 和 Ge 半导体中耗尽层的厚度。介电常数由表可查。

10-3　试用图 10.6 的列线图查出在由 1 000 Ω·cm 的 N 型硅制成的 PN 结探测器中建立 0.1 mm 耗尽层深度所需要的偏压。

10-4　当 α 粒子经准直垂直入射于硅 PN 结探测器的表面时，^{241}Am 源的主要 α 粒子峰的中心位于多道分析器的 461 道。然后，改变几何条件使 α 粒子偏离法线 45°角入射，此时看到峰漂移至 449 道，已知^{241}Am 源的 α 粒子能量为 $E_\alpha = 5.486$ MeV。试求死层厚度（以 α 粒子能量损失表示）。

10-5　厚度 0.1 mm 的全耗尽硅面垒探测器在很高的偏压下工作，足以使晶片内各处载流子速度都达到饱和（设温度为 300 K）。试估计最大的电子收集时间及空穴收集时间。

10-6　计算金硅面垒探测器结电容，设其直径 20 mm，$\rho = 1\ 000$ Ω·cm，$V = 100$ V。

10-7　本征区厚 10 mm 的平面 Ge(Li)探测器工作在足以使载流子速度饱和的外加电压下，问所加电压的近似值是多少？若任一脉冲的空穴或电子损失不超过 0.1%，问载流子所必须具有的最短寿命是多少？

10-8　设电荷收集是完全的，且电子学噪声可忽略不计，求 HPGe 探测器对^{137}Cs 的 0.662 MeV γ 射线的能量分辨率（Ge 中法诺因子 $F = 0.13$，$W = 2.96$ eV）。

10-9　一个同轴 Ge(Li)探测器，长度 $l = 5$ cm，外径 $b = 5$ cm，P 芯直径 $a = 0.8$ cm，请计算它的电容 C。

10-10　计算 NaI(Tl)晶体和 HPGe 探测器对^{137}Cs 放射源 662 keV γ 射线的理论能量分辨率，试解释能量分辨率有较大差异的原因。

10-11　用 HPGe 探测器测量 $E_\gamma = 1$ MeV 的 γ 射线，试计算由于载流子数的统计涨落引起的能量展宽是多少？已知 $F = 0.13$，$W = 2.96$ eV。假如除统计涨落以外，所有其他因素对谱线宽度的贡献为 2 keV，那么探测多大能量的粒子，才会形成 4 keV 的线宽？

第 11 章　电离辐射的其他探测器

在第 8 ~ 10 章中,我们比较详细地阐述了气体电离探测器、闪烁探测器和半导体探测器这三大类在电离辐射探测领域中应用最广的探测器,深入掌握这三种辐射探测器的内容十分重要,是学好电离辐射探测学的基础。

然而,在核科学与工程的发展过程中,除了上述三大类探测器以外,人们还研究、发展了多种测量电离辐射的器件与装置。尽管它们在实际应用中的使用频率不如前三类那么高,但都具有各自的特点及特有的应用领域,在某些辐射测量工作中也是不可取代的,例如热释光探测装置在辐射剂量测量中就是一种常规的测量手段。

本章将对应用较广的其他几种探测器的原理、性能与应用等作一简明的介绍,一方面可以使读者的思路更加开阔,另一方面也为读者今后进一步深入了解提供一定的基础知识。本章要介绍的探测器件中,有的仍是电信号探测器(如切仑科夫探测器),有的则是非电信号探测器(如云室、气泡室、核乳胶等)。

11.1　切仑科夫探测器

1934 年,苏联物理学家切仑科夫(P. A. Cherenkov)发现,带电粒子通过称为辐射体的透明介质时,如果速度 v 大于光在该介质中的速度 c/n(c 为光在真空中的速度;n 为透明介质的折射率),则会发射一种微弱的可见光,这种光被称作切仑科夫辐射(Cherenkov Radiation)。切仑科夫据此获得了 1958 年的诺贝尔物理学奖。1937 年,苏联物理学家弗兰克(I. M. Frank)和塔姆(IG. Tamm)基于经典电磁理论,对切仑科夫辐射给予了非常完满的解释,与其后的量子理论修正的结果,仅在高次项上有一些差别。早期的专著对切仑科夫效应的原理、实验工作及其应用做了详细全面的论述[①]。

自 20 世纪 50 年代起,随着高能加速器的发展,切仑科夫辐射被广泛地用于高能粒子的探测。例如,1955 年美国物理学家西格雷(E. G. Segrè)和张伯伦(O. Chamberlain)在发现反质子的实验中,就采用磁装置和在 10 m 远处安装的切仑科夫计数器,用以确定反质子的动量和能量,1959 年他们被授予了诺贝尔物理学奖。再如,1974 年,美国 NBL 实验室发现能量为 3.1 GeV 的 J 粒子所用的双臂谱仪中,就采用了 6 个大型气体切仑科夫计数器。目前,各种大型的、高精度的切仑科夫探测器已成为高能物理实验中不可缺少的测量装置。

切仑科夫辐射的探测,除在早期曾用照相感光片外,现代的切仑科夫计数器一般由辐射体、光的收集和光电倍增管三部分组成,其输出信号由光电倍增管阳极输出,所以,切仑科夫计数器仍属于电信号探测器。光电倍增管在第 9 章已做了详细论述,除要注意器件的高灵敏度要求和光谱响应的问题外,大部分内容是相近的。

---

① J. V. Jelly, Cerenkov Radiation and its Applications, Pergmon Press, London(1958).

11.1.1 切仑科夫辐射的原理

产生切仑科夫辐射的过程可以分为两个阶段:首先带电粒子引起透明介质的原子极化;极化原子的退极化过程中发射电磁辐射的相干干涉得到加强而形成切仑科夫辐射。

介质原子的极化过程可以用图11.1形象地表示。受运动带电粒子(下以电子为例)电磁场的影响,在带电粒子路程经过附近的原子不再呈球形,原子中电子的负电荷位于核的正电荷较远的一侧,呈椭球的形态分布,谓之"极化"的现象。当粒子由 P 点运动到 P' 点,原来在 P 点的极化原子将恢复原有的状态。这一过程类似于偶极子振动,使每个退极化的原子成为辐射中心而发射电磁辐射。当粒子速度较低时,极化的原子不论在方位角方向,还是沿轴向均呈对称分布,如图11.1(a)中的 P 点所示。由此,由极化原子退极化过程发射的电磁辐射在远处合成的辐射场为零,即对外没有辐射产生。

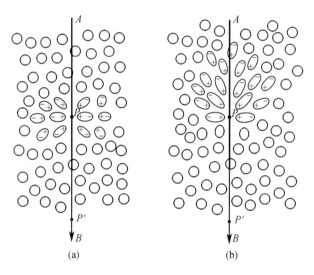

图11.1　低速(a)和高速(b)带电粒子在介质中
引起原子极化示意图

然而,当入射带电粒子速度变得更大,以至于与光在介质中的速度可相比拟时,将发生明显的变化。这时原子极化的分布,在沿粒子轨迹方向的轴向呈现严重的不对称分布,如图11.1(b)中的 P 点所示。由此,在粒子轨迹方向的远处将会形成一个合成的偶极子场,这样,在粒子运动的各个段元将依次发射一个个短暂的电磁脉冲。但沿粒子径迹各段元发射的辐射波元(Radiated wavelets)是不相干的,所以在远处合成的辐射场的强度仍为零。

只有当粒子速度大于光在透明介质中的速度时,粒子径迹上任何一点的段元发射的偶极辐射同相位,根据惠更斯原理,才有可能在远处观察到合成的辐射场。所以,切仑科夫辐射是许多相邻原子发出的辐射经过干涉加强后合成的结果。

可以用惠更斯原理来解释产生切仑科夫辐射的条件,如图11.2所示。粒子在介质中径迹的 A 点和 B 点相应的时间为 $t=0$ 和 $t=\Delta\tau$,粒子瞬间所在位置分别为 P_1,P_2,P_3。这些点发出

的波元因干涉相互加强而形成的平面波前为 BC。显然,相干的条件
是:波元 A 传至 C 的时间 $\Delta\tau'$ 等于粒子从 A 运动到 B 的时间 $\Delta\tau$,即

$$\Delta\tau' = \Delta\tau$$

则

$$\frac{AC}{c/n} = \frac{AB}{v}$$

就可以得到

$$\cos\theta = \frac{AC}{AB} = \frac{c}{nv} = \frac{1}{n\beta} \tag{11.1}$$

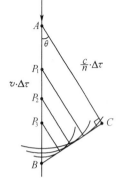

图 11.2　惠更斯相干
干涉合成图

式中,$\beta = v/c$。并由此可以得到带电粒子在透明介质中发生切仑科
夫效应的条件:

$$\beta \cdot n > 1 \tag{11.2}$$

这意味着带电粒子的速度必须大于光在介质的速度,即 $v > c/n$ 才能
发生切仑科夫辐射。对于入射粒子能量在几十 MeV 以下的情况,只有电子(包括 β 粒子或是
γ 射线产生的次级电子)才能在常用的材料中达到足以发射切仑科夫辐射的速度。

11.1.2　切仑科夫辐射的特性

除了由(11.2)式得到的发生切仑科夫辐射的条件外,从应用的角度,还有一些有关切仑
科夫辐射的性质值得我们予以关切。

1. 产生切仑科夫辐射对入射带电粒子有阈速度的要求

由(11.2)式,为了产生切仑科夫辐射,入射粒子在给定的介质中的速度必须大于某一确
定的值,因此,切仑科夫探测器具备一种固有的速度甄别能力。对应特定质量的粒子,相应的
能量为阈能量。例如,电子在介质中产生切仑科夫辐射的能量下限为

$$E_{\text{th}} = m_0 c^2 \left(\sqrt{1 + \frac{1}{n^2 - 1}} - 1 \right) \tag{11.3}$$

式中,m_0 为电子的静止质量。我们把这种能量下限称为阈能。图 11.3 中给出了电子阈能与
折射率 n 的关系,图中的 γ 射线能量指通过 180° 反散射产生该能量反冲电子的 γ 射线能量。

2. 切仑科夫辐射有确定的方向

与闪烁探测器中各向同性发射的闪烁荧光光子不同,切仑科夫辐射是有方向性的,发射光
仅限于与粒子运动方向成 θ 角的圆锥面内。圆锥角 θ 的大小应满足(11.1)式的关系。

由于高速带电粒子在薄的透明介质中运动时不断减速,因而实际上切仑科夫辐射是发生
在 θ 与 $\theta + \Delta\theta$ 间的圆锥区域内。$\Delta\theta$ 的大小决定于粒子的减速情况,如图 11.4 所示。对一个
超相对论粒子,这时 $\beta = 1$,存在一个最大的发射角 $\theta = \arccos(1/n)$。表 11.1 中列出了几种常
用介质的折射率和最大辐射角。

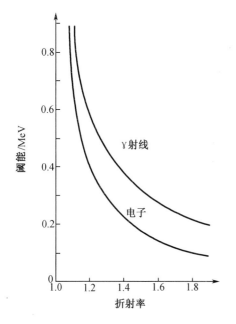

图 11.3　切仑科夫辐射阈能与探测
　　　　介质折射率的关系[12]

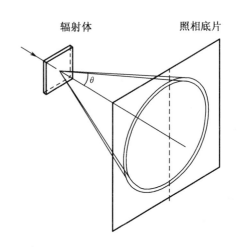

图 11.4　切仑科夫辐射照相示意图

表 11.1　几种材料的折射率和最大辐射角

辐射介质	折射率	最大辐射角
一个大气压的空气	1.000 29	1.3°
水	1.333	41°20′
液态石蜡	1.48	47°49′
有机玻璃	1.50	48°10′
铅玻璃	1.76	55°10′

3. 切仑科夫辐射的辐射谱为连续的可见光谱

弗兰克和塔姆的理论指出,入射带电粒子在介质中单位路程单位波长间隔中发射的光子数,即光谱分布为

$$\left(\frac{\mathrm{d}^2 N}{\mathrm{d}l \cdot \mathrm{d}\lambda}\right) \propto \frac{1}{\lambda^2} \tag{11.4}$$

式中,λ 为切仑科夫辐射的波长。由(11.4)式可见,切仑科夫辐射能量是波长 λ 的连续函数,而且随 λ 减少而迅速增大。这一理论与实验结果符合很好。实验测量的辐射大部分是在可见光区域,紫外区也存在辐射,且光能量最强。对波长更短的 X 射线区,由(11.4)式,似乎辐射应该更强。但在 X 线区域,一般介质的折射系数 $n < 1$,不满足辐射发生的条件而导致在切仑科夫辐射中不存在 X 射线。

4. 切仑科夫辐射的发光时间很短

切仑科夫辐射是在带电粒子从初速度减速到低于阈速度所花费的极短时间间隔内发射

的,小于等于粒子穿过介质的时间。这段时间在固体或液体介质中一般为 10^{-12} s 量级。因此,切仑科夫探测器具有特别快的时间响应。实际上,主要是光电倍增管限制了探测装置总的时间响应。

5. 切仑科夫辐射的光强度很弱

切仑科夫探测器的主要缺点是它产生的辐射光强度很弱。在常用的切仑科夫介质中,每个电子发射的光子数对于每 MeV 能量仅数百个。这意味着带电粒子损耗的能量中只有约千分之一转换成了光辐射,大约是 NaI(Tl) 等闪烁体发光效率的百分之一。

原则上讲,任何透明介质均能作为切仑科夫辐射体。一般应当要求它对可见光与紫外光都透明、折射率数值适当、光学均匀性好,而且应当没有闪烁效应。辐射体折射系数可处在 1 到 1.8 范围,如表 11.1 所示,介质可以是玻璃、有机玻璃、高压气体、液化气体和液体等。

11.1.3　切仑科夫探测器的应用

切仑科夫辐射效应常被用来探测高速带电粒子,这种探测装置称为切仑科夫探测器(Cherenkov Detectors)。切仑科夫探测器具有选择入射带电粒子的速度和方向的功能,这种探测器在高能物理和粒子物理实验中有着广泛的应用。

1. 用于带电粒子的快计数技术

如上所述,切仑科夫辐射发光时间极短,大约是 10^{-12} s,而且辐射体的体积可以很大,因此切仑科夫探测器具有短的响应时间、高的探测效率和高计数率的特点。例如用于快符合计数及测量不稳定粒子的寿命。但由于切仑科夫辐射的光量微弱,对单个入射粒子产生的光辐射探测必须要有很好的光学系统、消除本底的符合装置以及高灵敏度的快速光电倍增管。

2. 直接测定带电粒子的速度和选择不同速度的带电粒子

按切仑科夫辐射的产生原理,只要入射带电粒子的速度超过某一阈值以上,就可以直接测量粒子的速度,并由此确定其能量。例如,当粒子束的强度足够大且能量一定的情况下,可以用照相方法来测定其 θ 角,从而确定其速度与能量。

图 11.4 给出了切仑科夫辐射照相示意图。切仑科夫辐射是一个半顶角为 θ 的圆光锥,将此光锥投在照相底片上,当辐射体足够薄时就会显现出一个“光圈”。由此“光圈”的直径及照相底片与辐射体的距离,就可定出 θ 来。

利用切仑科夫辐射的阈特性,可在具有一定范围速度分布的粒子束中选择特定速度的粒子。所用方法是选用适当的光学系统,使之只记录 $\theta_1 \leqslant \theta \leqslant \theta_2$ 角度范围内的切仑科夫辐射。这样,只有速度在某一范围(由 θ_1 及 θ_2 决定)内的粒子才被记录下来。这有时称作“微分式切仑科夫计数器”。可以采用一个切仑科夫计数器,通过合理设计系统的几何条件来实现。也可以用前后设置两个具有合适折射系数的辐射体,来组成微分式切仑科夫计数器,用于粒子速度的选择。

3. 测定带电粒子的电荷

利用切仑科夫辐射强度与入射带电粒子的电荷数的平方(z^2)成正比的关系,可以用切仑科夫光强度来测量入射粒子的 z 值。宇宙线中多电荷粒子的电荷谱就可用此法测量。

4. 测量电子、γ 射线的全吸收能谱

选用阻止本领高和体积大的辐射体,使电子或 γ 射线产生的次级电子的全部能量都损耗在辐射体内。这时,测量切仑科夫辐射的总光量,就可推断出入射电子或 γ 射线的总能量。

这种仪器称"切仑科夫电子和 γ 射线全吸收谱仪"。当高能电子进入辐射体后,就能直接产生切仑科夫辐射;而高能光子则需通过次级效应产生次电子,再由次电子产生切仑科夫辐射。当然,对 γ 射线的全吸收应该事先对装置进行标定,作出已知能量的 γ 射线与输出脉冲幅度的曲线,然后根据此曲线才能测出未知能量的 γ 光子。

这种谱仪的结构如图 11.5 所示。辐射体主要由铅玻璃组成,其四周必须磨光涂银或包以铝箔来提高反光性能。为了能将全部切仑科夫光子收集下来,可采用几个光阴极面积较大的光电倍增管同时收集。

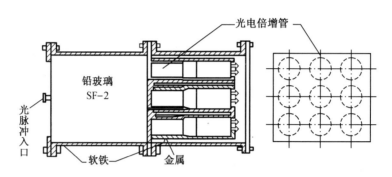

图 11.5　全吸收谱仪结构示意图

总的说来,由于切仑科夫辐射光子产额很小,对于单个入射粒子的测量往往因统计涨落大而精度较差,这种探测器比较适合测量脉冲束粒子。

11.2　热释光探测器

热释光探测器在 20 世纪 60 年代得到迅速的发展和应用。由于它具有体积小、灵敏度高、量程宽,可用于几乎所有带电粒子、X、γ 辐射及中子的测量等特点,在辐射剂量测量领域占有非常重要的位置。此外,在核医学、放射医学、地质探矿和考古学等方面也具有较好的应用价值。热释光探测器主要用于剂量测量又称作热释光剂量计(TLD,Thermoluminesce Dosimeters)。

在第 9 章讨论的无机闪烁体的发光机制中,荧光光子是辐射形成的电子－空穴对在激活剂晶格点重新结合时发出的,为使荧光产额最大,要求材料中含有尽量少的杂质和晶格缺陷,以减少磷光现象。热释光探测器恰好与上述情况相反,它所要利用的恰恰是物质的磷光,所用的无机晶体必须是禁带内陷阱俘获中心密度高的材料。当陷阱密度足够大时,相当一部分电子与空穴将被陷在陷阱局部能级之中。如果陷阱能级与导带底及满带顶的距离够大,那么在正常室温下电子或空穴因热激发而逃出陷阱的概率很小。当材料不断地受到射线辐照,会导致被俘获的电子、空穴数量不断增多。这说明,经照射后的材料内被陷住的电子与空穴的数量代表了射线与材料作用而沉积的能量。

在测量时,将被辐照过的 TLD 样品放在一定的装置上加热,使样品的温度逐步上升。当到达与陷阱能级位置相应的某一温度时,在陷阱上的电子与空穴会被释放出来,并在复合时发出磷光光子。如果电子先释放出来,它将迁移到仍被陷住的空穴附近而产生复合。反之,如空穴先释放出来,它将迁移到仍被陷住的电子附近,再引起复合。哪种先释放取决于电子与空穴的陷阱各自与导带底及满带顶的距离。如果能级间距约为 3 ~ 4 eV,这两种情况下所发射的光子都在可见光的范围,并构成 TLD 信号。

理论上每一对被陷获的电子、空穴在加热时将发出一个光子,因此,加热发出的总光子数代表 TLD 样品在辐照过程中所产生的被陷住的总电子、空穴对数,而这个数量是决定于辐照剂量的。因此,测量 TLD 样品加热后发出的总光子数,就可测出它所接受的辐照剂量。各种热释光材料内部陷阱能级的位置具有深浅不同的分布。因此,经辐照的 TLD 样品具有不同的释放温度和发光效率。

在实际测量中的一种方法是测量光子产额随温度的变化,称发光曲线(Glow-curve),如图 11.6 所示。发光曲线上的各个峰相应于陷阱能级的位置,发光曲线下的面积就是发射光子的总数,代表了辐照剂量。如果把 TLD 样品的温度升到足够高,所有陷阱上的电子或空穴将全部被释放,则样品所受过的辐照记录被抹去,恢复到未辐照前的状态,因此,TLD 具有可循环使用的优点。

许多天然矿石和人工合成的化合物都具有热释光特性,但作为探测元件,还应该具有下列特点:材料内陷阱密度高、磷光发光效率高、在常温的条件下储存的能量自行衰退小、发光曲线比较简单等。另外,还要求该材料的有效原子序数较低,这样就与空气、生物组织的平均原子序数差不多。TLD 材料中有的是已加入低含量杂质作为

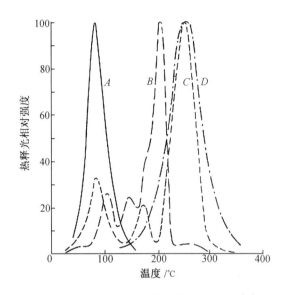

图 11.6　几种典型材料的热释光发光曲线[12]
(归一到最大强度)

A—$CaSO_4$:Mn;　　B—LiF:Mg,Ti;
C—CaF_2;　　　　 D—CaF_2:Mn

激活剂的晶体,如 $CaSO_4$:Mn 等,有的不需添加激活剂,而由晶体中固有的杂质与缺陷构成陷阱,如 LiF 等。

挑选 TLD 材料必须考虑材料的陷阱深度。浅陷阱(即陷阱很靠近禁带的边缘)TLD 材料灵敏度高,例如 $CaSO_4$:Mn 对低到 0.2 μGy 的照射量还能灵敏,但浅阱即使在常温下也有些不稳定,会表现出相当大的衰退。相反,深阱材料(如 CaF_2:Mn 和 LiF:Mg,Ti)的灵敏度会小几个数量级,但它们更适用于长期照射的应用。

在各种 TLD 材料中,LiF 最受欢迎,它在常温下几年也不衰退,平均原子序数又低,能量响应较好,所以,LiF 小薄片被普遍用作个人剂量计,如 TLD100(LiF:Mg,Ti)和 TLD200(LiF:Mg,Cu,P)等。常用的 TLD 材料还有 CaF_2,BeO,$CaSO_4$:Dy 等。

TLD 主要应用在剂量监测方面,用来测量较长时间的累积照射量,可从 0.1 μGy 测到 100 Gy 而具有比较好的线性。它的精度能满足剂量测量的要求,使用方便、测量迅速、价格低廉,广泛应用于个人剂量监测以及低能 X 射线和中子的剂量监测。

由于一般物质大都具有热释光的特性,在事故现场可就地选取一些材料进行热释光测量,来估算出事故剂量。在日本,有人利用广岛、长崎屋顶的砖瓦(其中含石英、长石)所具有的热

释光特性,测出了 1945 年原子弹爆炸时的 γ 射线剂量分布。

TLD 在考古、地质方面也有重要应用。一般陶瓷都具有热释光特性,由热释光测量可推算出陶瓷的年代。

11.3　核　乳　胶

核乳胶(Nuclear Emulsion)是辐射探测中的径迹探测器之一,它由普通照相胶片发展而来,其主要成分仍是溴化银晶粒和明胶的混合物。1895 年,伦琴发现 X 射线,1896 年,贝克勒尔发现放射性,均利用了照相底片作为探测器。此后,英国物理学家鲍威尔(C. F. Powell)提高了乳胶的灵敏度并增加了乳胶的厚度,使带电粒子通过乳胶时与溴化银相互作用,胶片显影后留下的黑色银颗粒就显示出了带电粒子通过乳胶时的径迹。根据径迹颗粒密度的大小和折曲程度,可以判别粒子种类并测定它们的速度。中性粒子不能直接形成径迹,但它们可以产生次级带电粒子,通过对次级带电粒子径迹的测量,可以推算中性粒子的能量和数量。

1. 核乳胶的作用原理

与可见光在胶片中发生的过程相似,带电粒子射入乳胶后,沿其径迹与附近的溴化银晶粒发生作用,使溴化银晶粒中的部分溴化银分子分解成溴原子和银原子,同时入射粒子不断损失能量最后停留在乳胶中。

由电离辐射造成的具有一定数量以上银原子的溴化银晶粒称作潜影。在显影过程中,潜影起催化作用,使溴化银晶粒还原为银颗粒,而那些没有潜影的溴化银晶粒仍保持原来的状态。再经过定影过程,洗去那些未变成银颗粒的溴化银晶粒,则在乳胶中就留下了由微小黑色银颗粒组成的粒子径迹。图 11.7 给出了核乳胶在宇宙射线照射下的一段径迹。

2. 核乳胶的性能指标

核乳胶探测器能够探测单个粒子,能鉴别粒子的电荷、质量、能量和动量等特性。这些信息均是通过分析粒子径迹得到的。例如,径迹的长度表示入射粒子的射程,并可用来确定粒子的能量,沿径迹的银粒密度则代

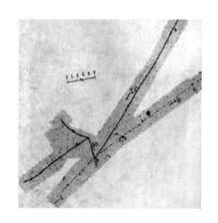

图 11.7　核乳胶径迹片段

表了入射粒子的 dE/dx 值。为得到满意的测量结果,核乳胶应满足下述条件:对各种带电粒子、包括次级效应产生的次带电粒子均能产生径迹;不同性质的粒子(例如不同 dE/dx 值的粒子)的径迹必须能有效地区分开;本底要求尽量小,以保证径迹的清晰。

因此,决定核乳胶的几个基本参数为:①乳胶中的溴化银浓度 c;②溴化银晶粒的平均直径 d;③溴化银晶粒对带电粒子的灵敏度 P,灵敏度 P 定义为带电粒子通过晶粒时,在该晶粒中产生潜影的概率,与晶粒大小、晶粒中过剩的银原子的数量、带电粒子的能量损失率及制造工艺有关。

以上三者之间存在一定的关系,例如,增加 c 和 d 肯定对提高灵敏度有好处,但 d 太大,则会增加由颗粒密度判断粒子类型时的困难。在实验上,核乳胶的总灵敏度常用一定能量的质

子在乳胶中的颗粒密度作为标准。灵敏度还与环境温度有关,不论是使用还是储藏,较低的温度是比较适宜的。

用来记录单个入射粒子径迹的核乳胶的厚度能达到 $500~\mu m$,以便使多数粒子的整个径迹都记录下来。为了提高沿径迹的银粒密度,乳胶中溴化银的含量高达 80%。不同的核乳胶有一个可鉴别径迹的 dE/dx 最小值,起着相当于"甄别阈"的作用。有的配方的核乳胶对 dE/dx 值最小的快电子也是灵敏的。表 11.2 给出了几种核乳胶的特性和用途,可见,不同的核乳胶具有不同的测量对象。

表 11.2 几种国产核乳胶的特性和用途[17]

型号	主要适用的测量对象
核 0	只对裂变碎片等重离子灵敏
核 2	对 α 粒子灵敏,可记录 10 MeV 以下的质子
核 3	记录 α 粒子及 50 MeV 以下的质子
核 4	对相对论粒子灵敏
核 5	对相对论粒子灵敏,比核 4 灵敏度高

核乳胶的主要缺点是不适于实时测量,此外,还有潜影衰退、在显影与定影等处理过程中出现的乳胶胀缩所导致的径迹畸变、在强磁场中径迹不能弯曲到可测量的程度以及因待测量对象的复杂性而难于分析等。

由于核乳胶特别厚,溴化银密度又很大,在显影、定影等过程中必须采取特别精细的处理方法,以保证核乳胶能均匀地显影并尽量减少畸变。具体地测量核乳胶中的径迹,并进行各项修正是一种要求很高而又非常烦琐的工作,工作量极大。现在已发展了一些径迹自动跟踪与测量的设备,显著地提高了效率。

3. 核乳胶的应用

核乳胶能记录单个带电粒子径迹,具有体积小、轻便,能将带电粒子的径迹永久保存等优点。作为粒子探测器,既适用于低能范围,又能应用于高能物理的范围。其独特的空间分辨率在研究极短寿命粒子方面以及在高空宇宙射线和基本粒子的研究中更显其优点。

1947 年 10 月,鲍威尔等人发表了"关于乳胶照相中慢介子轨迹的观测报告"的论文,全面总结了他们的宇宙射线实验结果,正式宣布他们发现了新粒子,并命名其为 π 介子。他们同时指出,π 介子可以衰变为另一种介子(μ 介子)和中微子。经过详细的计算,得知 π 介子和 μ 介子的质量分别为电子质量的 273 倍和 207 倍。鲍威尔因发展了用以研究核过程的照相乳胶记录法并发现了 π 介子,获得了 1950 年诺贝尔物理学奖。π 介子的发现,开创了物理学的一个新的分支学科——粒子物理学,鲍威尔被誉为粒子物理学之父。

此后一段时间内,核乳胶成为粒子物理学强有力的研究工具,用它陆续发现了 K 介子、超子、反超子等新粒子,并对许多基本粒子的性质进行了大量研究。我国物理学家也为该领域的研究做出了不少贡献。钱三强、何泽慧夫妇 1945 年曾在鲍威尔所在的威尔斯实验室短期学习核乳胶技术,1946 年,他们所领导的研究小组利用核乳胶研究铀裂变,经过反复实验和上万次的观测,发现了铀核的三分裂和四分裂现象。

我国在 20 世纪 70 至 80 年代,在西藏岁巴拉山 5 500 m 和珠穆朗玛峰脚下 6 500 m 高度处建立了世界上最高的高山乳胶室,并陆续取得大量的有价值的实验结果。

载有硼或铀等特殊靶核的乳胶能够对热中子灵敏。同时,乳胶中含有氢原子,因而可通过对反冲质子径迹的测量来探测快中子。

核乳胶除在核物理和粒子物理研究中的应用外,在生物学、医学、放射性探矿、农业等方面也有一定的应用。例如,研究样品中放射性同位素示踪剂的分布的测量,放射性矿床的勘察等。

11.4　气体径迹探测器

除核乳胶外,气体探测器中云室和气泡室也能显示入射带电粒子的径迹。云室利用过饱和蒸汽的凝结,而气泡室利用过热液体的沸腾,都能得到带电粒子穿过时留下的径迹。这些探测装置的设备比较庞大,应用面也相当窄,这里只作一些原理性的介绍。

11.4.1　威尔逊云室

1897年,英国物理学家威尔逊(C. T. R. Wilson)在研究饱和蒸汽凝结成液滴的过程中发现,离子能成为液滴的冷凝中心。当时人们认为,要使水蒸气凝结,每颗雾珠必须有一个尘埃为核心。威尔逊仔细除去仪器中的尘埃后发现,用X射线照射云室时,云雾立即出现,这证明凝聚现象是以离子为中心出现的。经过四年研究,他总结出,当无尘空气的体积膨胀比为1.28时,负离子将全部成为凝聚核心;对于正离子来说,膨胀比为1.35时全部成为凝聚核心。另外,他还指出,离子的电荷对水蒸气分子产生作用力,有助于雾珠的扩大。1912年,威尔逊为云室增设了拍摄带电粒子径迹的照相设备,并拍摄了α粒子的图像,使它成为研究射线的重要仪器,后人称之为威尔逊云室(Wilson Cloud Chamber)。

从原理上讲,威尔逊云室就是一个充有气体与某种饱和蒸气且体积可以变动的密闭容器。带电粒子射入云室,沿其路径产生一串离子对。此时,让云室中的气体突然发生绝热膨胀,导致室内气体温度骤然下降,原来的饱和蒸气变成"过饱和"状态,过饱和蒸气将以离子为凝结中心而形成液滴。当用强光照射这些液滴时,由液滴组成的带电粒子径迹就显示出来,可用照相机拍摄记录。

为了能观察到液滴,不仅要求过饱和蒸气以离子为中心凝结成液滴,而且要求此液滴能不断增大到可观察到的大小,则需要过饱和度要足够高。

威尔逊云室的典型结构如图11.8所示,主要包括云室本体、膨胀系统、照明与照相系统及控制系统等。云室本体是一个圆筒状密闭容器。它的上部接

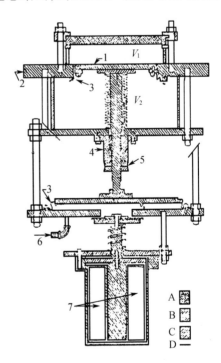

图11.8　威尔逊云室的结构[18]

A—玻璃;B—黄铜;C—钢;D—橡皮;
1—黑丝绒;2—充气孔;3—橡皮膜;4—出气孔;
5—控制膨胀比的螺套;6—空气;7—磁铁绕组

有一段玻璃筒,可使照明光线从侧面射入并把径迹照亮。玻璃筒上端盖一块均匀的厚玻璃,其下端则由膨胀活塞封住。膨胀活塞可以是一张橡皮膜,也可以是一块外圈连接在橡皮膜上的金属板。活塞的运动使云室的体积膨胀或压缩。在室本体的上下两端,通常还有两根金属丝电极,当云室工作时要加上一定的电压,用来清除膨胀前留在室内的离子。在粒子射入云室的瞬间,要将此电场去掉,待照相完毕后再重新加上。

威尔逊云室的工作是间隙式的。因为膨胀一次后,由于热传导作用,云室本体内的过饱和度只能维持一个相当短的时间。灵敏时间 τ_0 就定义为从膨胀后开始到过饱和度下降至刚好还能在离子上凝结可观测液滴的时刻为止这一段时间。一般 τ_0 仅 0.1 秒或更短。因此,威尔逊云室工作时,要不断地膨胀、压缩、再膨胀……每个膨胀周期中只有在灵敏时间内才能显示入射带电粒子的径迹,这是威尔逊云室的一大缺点。

11.4.2　扩散云室

扩散云室显示入射带电粒子径迹的原理同威尔逊云室一样,差别只是得到过饱和蒸气的方式不同。在扩散云室中,蒸气达到过饱和状态的方法是在气体中建立一个足够大的温度梯度,并使蒸气不断地由高温处向低温处扩散,在到达低温区时变成过饱和状态。这种云室的特点是没有膨胀系统、结构简单,还可以充高压气体。由上述原理也可看出,扩散云室是连续灵敏的,克服了膨胀云室灵敏时间短,循环周期长的缺点。

扩散云室必须垂直放置,它的顶部和底部有相当大的温差,形成足够大的温度梯度。蒸气从顶部向底部扩散,如图 11.9 所示。选择适当气体和蒸气混合体以及合适的温度梯度,并控制蒸气扩散的流量,就能使沿垂直方向的某一区域内的蒸气过饱和度超过液滴凝结与生长所必需的最小过饱和度值。一般说增大云室顶部与底部的温差可以增大灵敏区,但温差太大会使蒸气扩散不稳定。另外,用扩散云室探测的电离辐射强度不能太大,否则凝结液滴时消耗的蒸气过多,会造成蒸气过饱和状态的破坏。

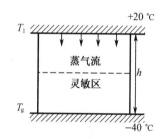

图 11.9　扩散云室示意图

扩散云室底部的温度一般不低于干冰的温度(-70 ℃),这就限制了扩散云室灵敏区的深度。一般扩散云室灵敏区的深度都不超过 6 ~ 8 cm,这也是扩散云室的一个缺点。

11.4.3　气泡室

云室是利用过冷蒸气的不稳定性来产生液滴,与此相反,气泡室(Bubble Detectors)却是利用过热液体的不稳定性来产生气泡,从而显示入射带电粒子径迹的。1952 年美国物理学家格莱塞尔(D. A. Glaser)在研究过热液体汽化的过程中发现,用带电粒子照射处于亚稳状态的过热液体时,能使之立刻沸腾。而后,通过进一步的试验得到了宇宙线中的带电粒子穿过过热液体时由一串气泡构成的径迹照片。气泡室为高能物理学创造了许多重大发现,如用气泡室发现了 Σ^0、Ξ^0、Σ^+、Ω^- 等粒子以及几百种共振粒子,另外,它还可用于探测各种类型粒子的衰变。

1. 气泡室的工作原理

研究表明,密闭容器中的工作液体在特定的温度和压力下进行绝热膨胀时,可以在一定的时间间隔内(一般约50 ms)处于过热的亚稳状态而不马上沸腾。此时如果有高能带电粒子通过并沿径迹产生一系列离子对,这些离子对在复合时引起局部发热,形成"热针"而形成胚胎气泡。经过不短于0.3 ms(一般为1 ms)之后,气泡长大,这时把这一连串气泡拍摄下来,就得到了高能带电粒子的径迹照片。照相结束后,立即(在沸腾之前)再压缩工作液体,使粒子径迹气泡消失,从而使整个系统回到原先的状态,并进入下一个工作循环。这就是气泡室的工作原理。在气泡室中形成带电粒子径迹的基本条件是液体必须处于过热状态。

与云室中的气体介质相比而言,气泡室具有介质阻止本领高等优点,从而受到实验物理学家的重视,并得到迅速的发展。最初的气泡室只有拇指大小,而现代气泡室的体积有的已大到35 m³,其规模与投资不亚于一个中型加速器。

整个气泡室装置包括室本体及真空系统、压缩－膨胀系统、安全系统、热交换恒温系统、照明及照相系统、控制系统等。由于物理测量的要求,还需要有一个庞大的磁铁系统。在图11.10中给出了一个大型氢气泡室的结构原理图,其大致的工作程序为:工作液体降温、通过外驱动装置绝热膨胀使液体达到过热状态、带电粒子入射形成可视气泡同时联动照明照相设备,将粒子径迹拍摄下来。整个工作流程完全是自动控制的。

2. 气泡室的分类

气泡室从构造上可分为两大类,即常温气泡室和低温气泡室。常温气泡室的工作温度与室温相差不大,介质采用丙烷(C_3H_8)、乙醚和氟利昂等。低温气泡室的工作温度极低,如氢气泡室及氦气泡室等都必须保持在液氢、液氦等温度下。从技术上讲,常温气泡室要比低温气泡室容易得多。但是,低温气泡室的介质是比较简单的物质,因而在实验结果分析方面有明显的优点。格莱塞尔早期的气泡室是用有机液体作为工作介质的小型气泡室。后来由于物理实验的需要,在工作液体和规模等方面都有了很大的发展,形成了不同类型的气泡室,并具有不同的特点和应用方向。

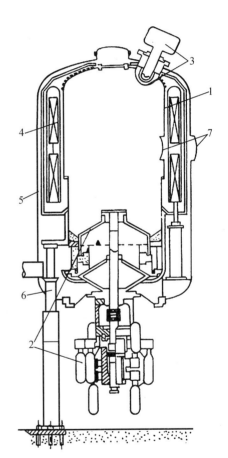

图11.10　大型气泡室结构原理图[17]
1—室容器;2—活塞;3—照相机与"鱼眼窗";
4—超导磁体;5—真空罐;6—支撑;7—束流窗

(1)低温气泡室　由于基本粒子与质子的相互作用最简单,容易得到明确的物理结果,所以研制出了液氢气泡室。这是气泡室在技术上取得的极为重要的进步。为了研究粒子与中子的相互作用,还研制出了液氘气泡室。由于氦原子核的自旋和同位旋都是零,这时研究与自旋及同位旋有关的过程相当重要,所以又研制成了液氦气泡室。氢、氘和氦气泡室的一个共同特点是都需要很低的工作温度(它们的工作温度分别为25 ~ 29 K,5 K和3 ~ 4 K)。这种气泡室要求有低温系统,技术难度较大。

(2)重液气泡室　有些物理实验要求有效地记录光子和尽可能增加靶物质的厚度,所以研制了一种重液气泡室。这种气泡室的工作液体通常是氟利昂及其混合物,工作温度与室温相近,不需要低温系统。

液氢气泡室和重液气泡室在物理实验上各有优缺点。氢气泡室有提供单纯质子靶的优点,但是记录 γ 光子及其他次级作用的效率较低,而重液气泡室则正好相反。因此,后来研制了把两者结合起来的具有称为径迹灵敏靶的气泡室。它是把充有液氢或液氘的透明的塑料容器作为靶子放到一个充有液氙和液氢混合物的气泡室里同时进行膨胀,使得靶子内外部都能对径迹灵敏。

(3) 全息照相气泡室　粲粒子(即粲量子数不为零的强子)发现以后,为了测量其极短的寿命(约 10^{-13} s),需要提高径迹室的空间分辨率,又研制了全息照相气泡室。全息照相可以直接给出三维的记录,比普通照相有大得多的景深范围,空间分辨率高一个数量级。同时,它还可以使探测器系统小型化。

气泡室虽具有直观、作用顶点(有时连衰变顶点)可见、有效空间大和测量精度高等优点。但也有一些缺点,例如收集和分析数据较慢,特别是扫描、测量照片(即使在利用自动化测量装置的情况下)太费时间,体积不容易做得很大等,因而不容易适应能量越来越高、研究对象作用截面越来越小、事例数要尽量多的实验的要求。目前正在发展全息气泡室与电子学谱仪结合的探测装置。

气泡室一般仅用于对高能粒子的研究,可以探测各种类型的高能粒子(如 p,n,π,K^+,$\bar{p}$,$\mu^\pm$,$e^\pm$,ν 等)与气泡室中原子核的相互作用以及它们本身的衰变性质,在寻找新的基本粒子的探索上也很有效,例如我国学者曾利用丙烷气泡室在高能质子加速器实验中发现了$\bar{\Sigma}$超子。

除核乳胶和气体径迹探测器外,还有固体径迹探测器。典型的固体径迹探测器就是一片透明的固体,可以是非结晶物质,如玻璃、陶瓷等;也可以是结晶物质,如云母、石英、氟化锂等;还可以是聚合物,如聚碳酸酯、硝化纤维等。它们被带电粒子照射后,经化学药剂侵蚀,就会在固体表面显示出粒子的径迹,用光学显微镜即可观察。这种探测器的优点是经济、简便,在某些领域,例如考古学中得到了很好的应用效果。

综上所述,辐射探测器的基本原理就是利用射线与物质的相互作用将射线的能量转化为可观测的信号。由于射线与物质的相互作用是非常多的,而且不断地有新的相互作用被发现,因而探测器的种类极其繁多,并且也不断有新探测器出现。本书的探测器部分只能充分阐述有关辐射探测器的最基本的内容(即主要种类探测器的基本原理等),为读者打好基础,以便将来能结合实际工作进一步深入到辐射探测器的各种研究和应用中去。

第 12 章　核辐射测量方法

在了解了各种辐射的特点和各类探测器的基础上,这一章主要介绍利用这些探测器进行各种辐射物理量测量的基本方法。

辐射测量任务的特点是多样性,包括测量的对象,测量的精度、准确度要求,测量条件、环境的变化等等。但在测量方法上却存在一些基本的和带有共性的内容,就一般核工程技术及核技术应用的范围讲,辐射测量任务大体可分以下几类:

(1)活度测量　活度是放射源或样品中所含放射性物质的放射性量的度量,以单位时间内所指定的某种核素的衰变数表示。例如测量放射源的活度;测量固相、液相或气相物质中放射性浓度或含量;测量"活化"后样品的活度来确定物质中微量、痕量元素的含量,均属于这类测量。有些情况下,我们只关心样品发射某种辐射的发射率,即单位时间内发射多少某种粒子,发射率的测量也属于活度测量范围。

(2)辐射场量的测量　放射源或产生辐射的装置所发出的辐射,在空间(空气中或物质中)形成辐射场。辐射注量(率)是描述辐射场强度的物理量之一,注量率是用空间一点处,进入以该点为中心、横截面为单位面积的小球内的粒子数表示。例如,通过反应堆内中子注量率的测量来监控反应堆功率变化,就是这类测量的典型例子。

(3)辐射能量或能谱测量　辐射能量的测量及能谱分析是鉴别某一核素的存在及其含量的最基本的测量手段,广泛应用于各种核素分析领域。

(4)辐射剂量的测量　辐射剂量不描述放射源或辐射场本身,它描述在辐射场中,辐射同物质相互作用时辐射能量被吸收的状况。在辐射防护、放射医学及辐照应用中,辐射剂量测量是主要测量任务,由于还有相应课程,故在本书中不做讨论。

(5)时间的测量　时间测量也是辐射测量中一个重要的方面,例如半衰期或寿命的测定、确定某事件发生的时刻等。快时间的测量,例如到纳秒甚至更快,是一件难度非常大的测量任务,我们这里仅涉及比较简单的问题。

(6)辐射的空间分布测量和辐射成像　在核技术应用领域,借助于位置灵敏探测器、图像重建技术和小型加速器的综合应用,辐射成像技术近几十年来得到迅猛的发展,辐射成像技术已成为一个独立的学科,并广泛应用于医学、无损检测和公共安全领域。

为了教材编写上的方便,有关中子的探测方法在第 13 章中介绍。

12.1　放射性样品活度测量

α,β,γ 放射性样品活度测量是辐射测量任务中最多见的,在第 2 章中已对放射性活度的定义、量纲等做过讨论,这里不再重复。下面,我们将首先讨论在放射性样品活度测量中必须考虑的问题,然后介绍不同粒子活度的测量方法。

12.1.1　影响活度测量的几个因素

一般探测装置对放射性样品进行活度测量时,直接得到的是单位时间内记录的脉冲数,即计数率。这一计数率不等于放射样品的活度,而仅为在一定条件下与放射样品的活度成正比的相对数值。由于在测量过程中存在着一些因素影响活度测量,必须对这些因素进行校正,才能求得样品的活度。下面我们分别讨论在 α,β 活度测量中的主要影响因素。

1. 几何因素

对于大多数探测器而言,放射性样品都与探测器呈一定的立体角,因此射入探测器灵敏体积的粒子数只是放射性样品发射粒子的一部分。由计数率求得活度一般用几何因子 f_g 进行校正。f_g 等于单位时间到达探测器灵敏体积的粒子数目与单位时间样品发射的粒子数目之比。

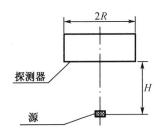

图 12.1　点放射源对探测器所张的立体角

当放射源的线度远小于放射源到探测器之间的距离时,放射源可作为点源来考虑。对圆柱形探测器而言,如图 12.1 的情况,几何因子 f_g 为

$$f_g = \frac{\Omega}{4\pi} = \frac{1}{4\pi}\int_0^{\arctan(R/H)} 2\pi\sin\theta\mathrm{d}\theta = \frac{1}{2}\left(1 - \frac{H}{\sqrt{R^2 + H^2}}\right) \tag{12.1}$$

在一般情况下,探测器的入射窗均选择为圆平面的形状,且把源放置在圆平面的中心线上,这样数学处理最为简单。

有时放射源不能做得太小,不能当作点源来处理,如图 12.2 所示,这时的几何因子为

$$f_g = \frac{1}{2}\left\{1 - \frac{1}{(1 + a^2)^{1/2}} - \frac{3ab}{8(1 + a^2)^{5/2}} - b^2\left[\frac{-5a}{16(1 + a^2)^{7/2}} + \frac{35a^2}{64(1 + a^2)^{9/2}}\right]\right\} \tag{12.2}$$

式中,$a = R/H$;$b = r/H$。对这种情况,几何校正因子已制成表格,可在有关手册查阅。

2. 探测器的本征探测效率

探测器的本征探测效率定义为进入探测器灵敏体积的一个入射粒子产生一个输出脉冲的概率,用符号 ε_{in} 表示。下标为英文"Intrinsic"的字头,意为固有的,内在的。

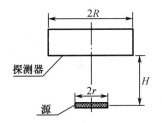

图 12.2　圆平面源、圆柱探测器的相对几何位置

探测器在脉冲工作状态时,其本征探测效率为探测到的粒子数与在同一时间内入射到探测器中的该种粒子数的比值;探测器在电流工作方式时,常用探测系统的灵敏度来表示。对前者,探测器本征效率为一比值,其最大值为 1;而后者为一有确定单位的量,以反映输出直流量的大小。显然,探测器本征效率与探测器种类、运行状况和几何尺寸有关,与入射粒子的种类和能量有关,还与电子记录仪的工作状况(例如甄别阈的大小)等有关。

当入射粒子射向到探测器时,需要穿过探测器窗才能进入探测器的灵敏体积。探测器的窗将影响粒子计数和入射粒子的能量分布。另外,粒子以平行束入射和以锥形束入射的探测效率也是有差别的。

3. 吸收和散射因素

放射性样品发射的射线,在到达探测器之前,一般要经过三种吸收层:样品材料本身的吸收、样品和探测器之间空气层的吸收以及探测器窗的吸收。

放射性样品有一定厚度,其本身发射的粒子在穿出样品之前有时会被样品物质自身所吸收,这种现象称自吸收。自吸收的存在给 α,β 射线(对 β 射线,主要是低能 β 射线)的测量带

来很大困难。为减少自吸收的影响,往往把放射源做成"薄源"。

放射样品所发射的射线,尤其对 β 粒子而言,可被其周围物质,包括空气、测量盘、支架、铅室内壁所散射。散射对测量的影响有两类:正向散射和反向散射。正向散射使射向探测器灵敏区的射线偏离而不能进入灵敏区,这种散射使计数率减少。反向散射使原来不该射向探测器的射线经散射后而进入灵敏区,这种散射使计数率增加。

在一般测量中,样品距探测器较近,正向散射的影响不大,主要影响为反向散射,特别是样品盘反散射的影响。散射影响在 β,γ 射线的测量中必须予以考虑。

4. 死时间(又称分辨时间)的影响

计数装置的死时间 τ_D 是指它能够区分连续两个入射粒子的最小时间间隔。显然,在死时间内进入探测器的第二个粒子就无法记录下来。因此,计数装置单位时间实际记录的脉冲数 n 会小于单位时间入射粒子产生的信号脉冲数 m。死时间所引起的计数损失已在第 8 章进行了讨论。在一般情况下,我们定义计数装置的死时间校正因子为

$$f_\tau = \frac{n}{m} = 1 - n\tau_D \tag{12.3}$$

死时间又称分辨时间,分辨时间的定义在不同场合有所不同,要注意其确切的含义。

5. 本底计数影响

在放射性测量中,狭义的本底计数是指没有被测样品时测量装置显示出的计数,它主要来源于宇宙线、环境放射性、探头材料中所含放射性杂质以及电子学电路噪声和外界电磁干扰等。而把样品中其他放射性产生的对被测放射性干扰的计数称为干扰计数,这在辐射的能谱测量中尤为重要。总的本底计数应是上述两者之和。因此,放射性样品的净计数率 n_0 为测得的计数率 n 减去本底计数率 n_b,即

$$n_0 = n - n_b \tag{12.4}$$

12.1.2　α 放射性样品活度的测量

由于 α 粒子是重带电粒子,具有高的电离损失率,因此样品的自吸收、出射过程中空气的吸收及探测器窗的吸收,是主要的修正因素。

1. 小立体角法测量薄 α 放射性样品

小立体角法的基本原理是:放射源朝 4π 立体角各向同性地发射 α 粒子,探测器记录一定立体角内的 α 粒子产生的计数率,在探测效率已知的条件下,就可计算出待测样品的 α 发射率,从而计算样品的活度。这种方法既可用于绝对测量,又可用于相对测量。

测量装置见图 12.3。探测器采用塑料闪烁探测器,放在一个圆柱体长管的顶部,闪烁光子通过光导入射到光电倍增管。待测样品放在长管的底部,放射源发射的 α 粒子经准直器入射到闪烁体上,准直器孔径的大小确定了立体角。为了使源接近于点源几何条件,源与探测器的距离要远些,一般管子的长度为几十厘米,已远大于 α 粒子在空气中的射程,因此,管子内部要抽成真空。靠近样品一侧的管子内壁上装有一个用低原子序数物质制作的阻挡环以减小散射的影响。为了准确计算立体角,准直孔的轴线一般与放射源的中心线重合。由于立体角很小,从源托反散射的 α 粒子可不予考虑。探测器也可采用 ZnS(Ag),CsI(Tl)闪烁探测器、Au - Si 面垒型半导体探测器及薄窗正比计数管等。

待测样品每秒发射的 α 粒子数目 A 可用下式计算:

$$A = \frac{n - n_b}{f_\tau \cdot f_g} \tag{12.5}$$

式中，n 为待测样品测量时的计数率；n_b 为本底计数率；f_g 为几何因子；f_τ 为分辨时间修正因子。

2. 厚样品 α 活度的相对测量法

在实际工作中，经常要遇到厚样品的测量问题，例如铀矿砂中铀的 α 放射性测量等。厚样品测量方法中必须考虑样品对 α 粒子的自吸收。

假设样品的比放射性活度为 A_m，且每次衰变放出一个 α 粒子。样品的质量厚度为 t_m，面积为 S，且样品的直径远大于厚度，几何位置如图 12.4 所示。

先考虑样品中距表面 x、厚度为 dx 的一薄层样品出射的 α 粒子的贡献。该层样品发射的 α 粒子只有当它在样品中的穿透厚度小于射程 R 时才可能进入探测器，这相当于以 O 点为顶点在 θ 圆锥内发射的 α 粒子，这一部分占 O 点发射的 α 粒子总数的份额为

$$\omega = \frac{\Omega(\theta)}{4\pi} = \frac{1}{2}\left(1 - \frac{x}{R}\right) \tag{12.6}$$

因此，深度为 x 处 dx 薄层内发射的且能射出样品上表面的 α 粒子数为

$$\begin{aligned} dN(x) &= A_m \cdot S \cdot \omega \cdot dx \\ &= \frac{1}{2}A_m S\left(1 - \frac{x}{R}\right)dx \end{aligned} \tag{12.7}$$

将(12.7)式对整个厚度进行积分，得到能射出样品表面的 α 粒子数为

$$\begin{aligned} N &= \int_0^{t_m} \frac{1}{2}A_m S\left(1 - \frac{x}{R}\right)dx \\ &= \frac{1}{2}A_m S t_m\left(1 - \frac{1}{2}\cdot\frac{t_m}{R}\right) \end{aligned} \tag{12.8}$$

(12.8)式右边第一项代表的是无自吸收影响时单位时间内向上发射的 α 粒子数，第二项表示被样品自吸收的份额。对于薄源而言，一般能满足 $t_m/R \ll 1$，例如当实验要求自吸收小于 2%，则要求 $t_m < 0.04R$。如能量为 5 MeV 的 α 粒子在铀中的射程约为 19 mg/cm²，则源厚度应小于 760 μg/cm²，相当于 0.4 μm。

对厚源，当源厚度超过 α 粒子射程，即 $t_m \geq R$ 时，样品中只有厚度小于 R 的上层才对计数有贡献，源厚 t_m 相当于 R，由(12.8)式，α 粒子的表面出射率为

$$N_S = \frac{1}{4}A_m S R \tag{12.9}$$

(12.9)式表明在厚源条件下，α 粒子的表面出射率与比放射性活度 A_m 及射程 R 成正比，而与样品的厚度无关，由测量得到的 N_S 即可求得样品的比放射性活度 A_m。

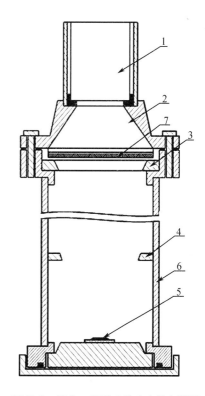

图 12.3 测定 α 源活度的小立体角装置

1—光电倍增管；2—光导；3—准直器；
4—阻挡环；5—放射源；6—长管；7—闪烁体

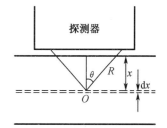

图 12.4 厚样品的自吸收

由于(12.9)式中 N_S 代表 α 粒子的表面出射率,即射出样品上表面的全部粒子,因此,在测量中要使探测器面积能覆盖样品的面积,且紧贴样品表面,以使射出表面的 α 粒子能全部记录下来。

由(12.9)式,对同样面积和射程的两个样品,容易得到如下关系:

$$\frac{N_{S1}}{N_{S2}} = \frac{A_{m1}}{A_{m2}} \tag{12.10}$$

若标定样品 A_{m1} 为已知量,由两个样品的测量值,即可求出未知样品的比放射性 A_{m2},再由样品的质量 M 可求得未知样品的放射性活度。这是一种相对测量的方法,具有普遍的实用价值,应用十分广泛。

12.1.3　β 放射性样品活度的测量

β 射线具有连续能谱、电离能力弱和易被散射等特点,因此 β 放射性活度的测量与 α 放射性活度测量不同。整个探测器装置要根据 β 射线探测的特点来选择,例如,为减少 β 射线的散射,探测器屏蔽铅室的内衬材料、放射源衬托等,以选择低原子序数 Z 的材料为宜。

1. 小立体角法测量 β 放射性样品

小立体角法亦可用于 β 放射源活度的测量。β 粒子的射程长,源与探测器的距离加大些,容易满足近似点源的几何条件,装置一般也不必保持真空的条件。

典型装置的结构如图 12.5 所示。整个装置的外层是壁厚 5~6 cm 的铅室,用来减小宇宙射线和环境辐射产生的本底。铅室内壁装有 2~5 mm 厚的低原子序数材料(如铝、塑料等)制成的衬板,以减少 β 射线在铅中产生的轫致辐射的影响和散射的影响。源的支架也用低原子序数材料制成,而且要尽量空旷些,准直器一般用黄铜制成,厚度要大于 β 粒子的最大射程,准直孔的大小决定了立体角大小。

探测器常用钟罩 G－M 计数器,也可用流气式正比计数管或塑料闪烁计数器。探测器的端窗要很薄,以保证 β 粒子能够进入探测器的灵敏区。塑料闪烁体为避光,需要用极薄的铝箔覆盖。表 12.1 给出了不同能量的 β 粒子对铝窗的穿透率。

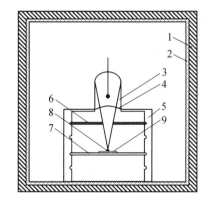

图 12.5　测 β 放射性的小立体角装置

1—铅室;2—铝或塑料板;3—计数管;4—云母窗;5—源支架;6—准直器;7—源托板;8—源;9—源承托膜

表 12.1　几种 β 粒子对不同厚度铝窗的穿透率

β 源	β 粒子最大能量/MeV	质量吸收系数 μ_m/(cm²/mg)	穿透率/%		
			30 mg/cm²	4 mg/cm²	0.9 mg/cm²
^{14}C	0.154	0.26	0.04	35	79
^{45}Ca	0.250	0.122	3.0	61	89
^{32}P	1.707	0.007 8	79	97	99

待测样品 β 放射性活度 A 由下式计算

$$A = (n - n_b)/\varepsilon \qquad (12.11)$$

式中,ε 为装置的总探测效率;n_b 为本底计数率;n 为测量样品时的计数率。ε 可以表述为各修正因子的乘积:

$$\varepsilon = f_g f_\tau f_m f_b f_a f_\gamma \varepsilon_{in} \qquad (12.12)$$

(12.12)式中各修正因子说明如下。

（1）坪斜修正因子 f_m

当探测器采用 G - M 计数管时,由于计数管坪曲线的存在,计数率也会随工作电压的增加而略有增加（如图 12.6 所示）。可以认为坪曲线的起始部分假计数很少,这时的计数率接近真计数率。将坪曲线起始段的直线部分（图中的 ab 段）延长和坪直线（图中 bc 段）相交,此交点所对应的计数率为 n_0,则坪斜修正因子为

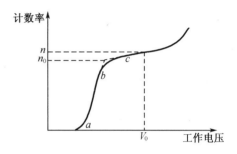

图 12.6 G - M 计数管的坪曲线和坪斜

$$f_m = n/n_0 \qquad (12.13)$$

（2）反散射修正因子 f_b

放射源需要有衬托膜,β 粒子在衬托膜上发生反散射可能进入探测器。反散射修正因子定义为有衬托物时与无衬托物时的计数率之比。反散射因子的大小与 β 粒子的能量、衬托物的厚度及材料的原子序数有关,与探测器与源之间的相对立体角也有关系。

反散射因子可由实验测定。将一滴放射性溶液滴在极薄的（$5 \sim 10 \ \mu g/cm^2$）有机膜上,测得计数率为 n_0,此时的反散射贡献可以忽略,把 n_0 看成是无衬托物时的计数率。然后在膜后再衬以铝片或其他膜片,测出计数率为 n,则反散射因子为

$$f_b = n/n_0 \qquad (12.14)$$

反散射因子与衬托物厚度有关。在衬托物较薄时,反散射因子随厚度增加而增加,当衬托物的厚度增大到某一值,反散射因子不再变化,此时的反散射因子所对应的衬托物厚度叫饱和厚度。高能 β 粒子的饱和厚度近似为 $0.2R_{\beta max}$,低能 β 粒子的饱和厚度约为 $0.4R_{\beta max}$,$R_{\beta max}$ 是 β 粒子在该材料中的最大射程。

为了消除反散射的影响,源应附着在尽量薄（$< 30 \ \mu g/cm^2$）的有机膜上,这样 $f_b \approx 1$。在衬托物不能做得很薄时,可选用大于饱和厚度的衬托物使反散射达到饱和,则修正值是固定的。饱和反散射因子与衬托物原子序数的关系如图 12.7 所示,实验条件是在点源条件下,源和探测器相距 2.5 cm 时测得的,不同曲线对应不同的

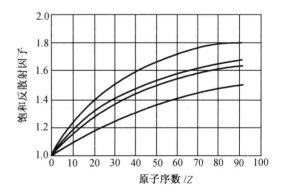

图 12.7 饱和反散射因子与 Z 的关系[14]

（曲线从上到下为 ^{32}P,RaE,^{131}I,^{60}Co）

放射源。由图可以看出,饱和反散射因子数值一般在 1 ~ 2 之间。

(3)吸收校正因子f_a

β 粒子从源发射出来到进入计数管灵敏体积之前,还要经受源物质的自吸收、源保护膜的吸收、源和计数管之间空气的吸收、计数管窗的吸收等。

①源的自吸收校正因子f_{as}

在吸收层比较薄时,介质对 β 射线的吸收近似服从指数规律,即 $n = n_0 e^{-\mu_m t_m}$。式中,μ_m 为质量衰减系数;t_m 为质量厚度;n_0 为未经自吸收时的计数率。

假定源厚为 t_m,放射性核素均匀分布在源物质中。无自吸收时,单位时间向计数管方向发射的 β 粒子数为 n_0。先考虑 x_m 处一薄层 dx_m 发出的 β 粒子被吸收的情况,实际 dx_m 层中射出源的上表面被探测器接收到的 β 粒子数目为

$$dn = \frac{n_0}{t_m} dx_m \cdot e^{-\mu_m x_m}$$

对 dx_m 由 0 到 t_m 积分,得到源的实际发射率为

$$n = \frac{n_0}{\mu_m \cdot t_m}(1 - e^{-\mu_m t_m}) \tag{12.15}$$

定义自吸收因子为有吸收和无吸收时的发射率之比,则有

$$f_{as} = \frac{n}{n_0} = \frac{1}{\mu_m t_m}(1 - e^{-\mu_m t_m}) \tag{12.16}$$

当 $\mu_m t_m \ll 1$ 时

$$f_{as} \approx e^{-\mu_m t_m/2} \tag{12.17}$$

可见,厚度为 t_m 的均匀分布的源,自吸收相当于无自吸收时的源透过厚度为 $t_m/2$ 的吸收片的效果。

②其他吸收的修正

除源的自吸收外的其他各项吸收,我们合并起来考虑。设出射表面的 β 粒子数为 n_0,经其他各项吸收后进入计数管灵敏体积的粒子数为 n,则有 $n = n_0 e^{-\mu_m t_{mequ}}$。这里 t_{mequ} 为

$$t_{mequ} = t_{mair} + t_{mw} + t_{mm} \tag{12.18}$$

(12.18)式中,t_{mair} 为吸收空气的质量厚度;t_{mw} 为计数管窗的质量厚度;t_{mm} 为源上覆盖的保护膜的质量厚度。

如果把自吸收也一并考虑,则总的吸收厚度为

$$t_t = t_{mequ} + t_m/2 \tag{12.19}$$

总吸收因子为

$$f_a = \frac{n}{n_0} = e^{-\mu_m t_t} \approx 1 - \mu_m t_t \tag{12.20}$$

总吸收因子 f_a 可以用实验测定,采用不同厚度吸收片得到计数率与吸收片厚度的关系曲线,在半对数坐标纸上外推到 $-t_t$ 处,即可得到 n_0,于是

$$f_a = n/n_0 \tag{12.21}$$

(4)γ 计数校正

大部分核素发生 β 衰变后的子体都发射 γ 射线,而大多数探测器(包括 G - M 计数器)对 γ 射线也是灵敏的,因而必须对 γ 射线造成的计数率增加进行修正。当 β 能量不高而 γ 能量较高时,可在计数管与源之间放一个由低原子序数材料制成的吸收片,其厚度略大于 β 射线

在该介质中的最大射程。这样的吸收片能把 β 射线全部吸收掉,而对 γ 射线基本上没有吸收,这时测出的计数率都是 γ 射线的贡献。设无吸收片时的计数率为 n_1,有吸收片时的计数率为 n_2,则 β 粒子的计数率为 $n_1 - n_2$。γ 计数的修正因子为

$$f_\gamma = \frac{n_1}{n_1 - n_2} \tag{12.22}$$

(12.12)式中的几何因子 f_g,由(12.1)式给出;分辨时间修正因子 f_τ,由(12.3)式给出;ε_{in} 为探测器的本征探测效率,这些前面已讨论过了,这里不再重复。

对小立体角方法,由于修正因子多,误差较大。对能量大于 1 MeV 的 β 射线,ε 的误差约在 5% ~ 10% 以内。对能量小于 0.3 MeV 的低能 β 射线,由于吸收严重,误差太大,小立体角方法就不适用了。

如果做相对测量,则可免去很多确定修正因子的步骤。设 A_1 是标准源的活度,A_2 是待测源的活度,n_1 是测标准源时得到的计数率,n_2 是待测样品的计数率,n_b 是本底计数率,在相同条件下进行测量,待测源的活度 A_2 为

$$A_2 = \frac{n_2 - n_b}{n_1 - n_b} \cdot A_1 \tag{12.23}$$

因此只要测出 n_1,n_2 及 n_b,就可求出待测源的活度。

2. 4π 计数法

为弥补小立体角法的不足,可采用 4π 计数法。4π 计数法是把源移到计数管内部,使计数管对源所张的立体角为 4π,且大大减少了散射、吸收和几何位置的影响。在采用 4π 计数法后,测量误差可到 1% 左右。用 4π 计数法测量 β 放射性样品时常用的探测器有三类:流气式正比计数器、内充气正比计数器和液体闪烁计数器。

(1)流气式正比计数器

图 12.8 是一个 4πβ 计数器的剖面图,放射源滴在极薄的有机膜上。源的衬托膜两面都涂有金层,与计数器的金属外壳导通并接地电位作为阴极,梨状电极丝接高电位作为阳极。计数管内的气体通常为甲烷或甲烷与氩的混合气体,气压略高于常压,采用流气工作方式,气体流量可以控制在大约几到几十个 cm^3/min。

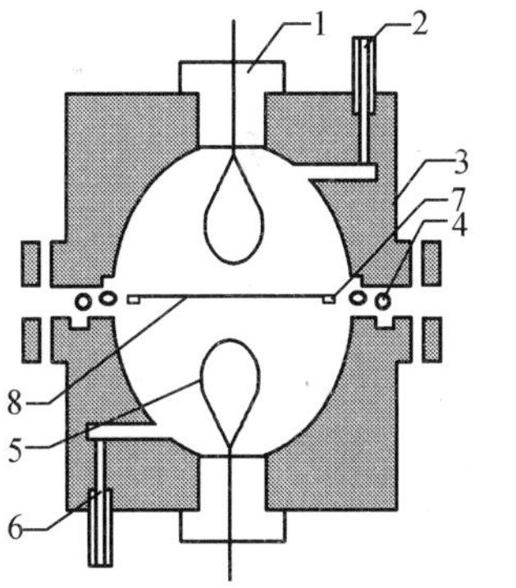

对流气式正比计数器除需扣除本底计数 n_b、考虑分辨时间修正因子 f_τ 和坪修正因子 f_m 等基本因素外,只要重点考虑膜吸收修正因子 f_a 和源自吸收修正因子 f_s 就可以了。样品活度 A 由下式计算:

图 12.8 流气式 4πβ 正比计数器
1—绝缘柱;2—出气口;3—金属外壳;
4—密封垫圈;5—梨状阳极丝;6—进气口;7—承托源的铝环;8—有机薄膜。

$$A = (n - n_b)/(f_\tau \cdot f_m \cdot f_a \cdot f_s) \tag{12.24}$$

其中膜吸收修正因子 f_a 为

$$f_a = n_1/n_0 \tag{12.25}$$

式中,n_0 和 n_1 分别为单位时间样品发射的总 β 粒子数和发射到膜外的 β 粒子数。

f_a 可由双膜法测定:首先测出衬在一个膜上的样品计数率 n_1,然后用另一个同样厚度的薄膜盖在源上面,在同样的条件下测出计数率为 n_2,假定一个膜吸收掉的 β 粒子数为 Δn,则有 $n_1 = n_0 - \Delta n$ 和 $n_2 = n_0 - 2\Delta n$,解出 $n_0 = 2n_1 - n_2$,将其代入(12.25)式中,可得

$$f_a = \frac{n_1}{2n_1 - n_2} \tag{12.26}$$

源的自吸收修正是 $4\pi\beta$ 测量中最重要的一项修正,对测量精度影响很大。自吸收修正也要实验测定,常用外推法。外推法的基本原理为:制作一套活度相同、不同厚度的放射源,每片的质量厚度为 $0.1 \sim 0.2~\mu g/cm^2$,在相同的测量条件情况下,测出计数率与源厚度的关系曲线,然后外推到厚度为零时的计数率,此即无自吸收时的计数率 n_0,由实测计数率 n 即可求自吸收因子 f_s。其他还有子体标记法和计算修正法等,均受到一定条件限制、难度也较大。

4π 流气式正比计数器法是一种高精度的绝对测量方法,适用于纯 β 放射性核素的活度测量。但是当 β 射线能量较低时,自吸收严重,测量精度降低。由于计数器分辨时间的限制,所测的源的活度也不能太大,一般只能测 3.7×10^{10} Bq 以下的活度。

(2)内充气正比计数器

有些低能 β 放射性核素,如 $^{14}C(E_{\beta max} = 0.155~MeV)$,$^{3}H(E_{\beta max} = 18.6~keV)$ 等,能以气态形式与工作气体混合,充入正比计数管中进行测量。

这种方法可以避免一般 4π 流气式正比计数器方法中源的自吸收和其他吸收修正,主要的修正因素减为:计数管的管端效应修正、管壁效应修正以及分辨时间修正,因此测量精度高,其误差可低到 $0.2\% \sim 1\%$。此外,内充气方法还具有探测效率高,稳定性好的优点。它的缺点是充气制源设备复杂,操作麻烦。

(3)液体闪烁计数器

液体闪烁计数器是把待测放射性核素引入液体闪烁体内,根据液体闪烁计数器的计数来计算待测放射性核素的活度。它的优点是避免了几何位置、源的自吸收、探测器窗的吸收等一系列影响,特别适用于测量低能 β 粒子的核素(例如 ^{3}H 和 ^{14}C)、低能 γ 的核素和低水平 α 放射性。

使用液体闪烁计数器的测量装置原理图如图 12.9(a)所示。使用液体闪烁计数器的主要问题是由于待测样品的引入,相当于引入"杂质",使得闪烁体光输出降低、甚至不发光,这种现象称为"猝熄",因此引入液体闪烁体的样品数量受到限制。猝熄效应可通过测量一系列已知活度的样品得到猝熄曲线的实验方法来修正。

使用液体闪烁探测器的第二个问题是由于待测粒子能量低,荧光光子在光电倍增管光阴极上产生的光电子数少,从而形成的信号脉冲幅度小,以至于难以甄别掉光电倍增管的噪声脉冲,这就影响到探测效率。为此可采用双光电倍增管符合方法,用符合方法可去掉单个光电倍增管的噪声脉冲,如图 12.9(b)所示。而样品发射的粒子在液闪中产生的荧光光子在两个光电倍增管的输出是同时事件,采用符合方法可使探测效率提高到 90% 左右。

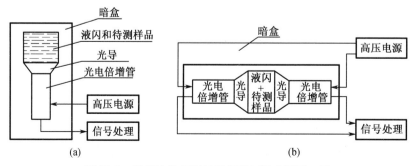

图12.9　使用液体闪烁计数器的测量装置原理图

12.1.4　γ 辐射强度测量

γ 射线(包括 X 射线)的测量在辐射探测中相当重要,涉及核物理研究、核分析技术及放射性同位素在工业、农业、医疗等多方面的应用。而且,往往同时要求进行 γ 射线的强度和能量的测量。本节只讨论强度测量,对 γ 射线的能谱测量在后面将有进一步的讨论。

由第 6 章,我们已知 γ 射线在探测器中沉积能量是通过与介质发生相互作用产生次电子而实现的,而次电子的能量呈连续分布(康普顿反冲电子的能量是连续的)。探测系统能否输出信号,取决于 γ 射线能否在探测器中发生相互作用、次电子能否在探测器中沉积能量和探测器输出信号能否超过电子仪器的甄别阈等。这些特点将对 γ 射线探测的方法和探测器的选择有重要的影响。

1. γ 通量密度(注量率)测量

由于辐射源的存在,使得空间各处存在着一定数量的、处于某种运动状态的辐射粒子,而形成一个辐射场。辐射场的状况决定于辐射源,也决定于场内存在的物质。γ 射线是较高能量的电磁辐射,具有强的穿透能力,在一个 γ 放射源周围形成一个范围相当大的辐射场。因此,γ 辐射强度的测量往往为辐射场量的测量,辐射场量常用注量率来表示。

常用探测器基本上均可用于 γ 注量率的测量,探测器可以工作于脉冲工作状态或电流工作状态。除 G – M 计数管外,一般探测器的输出脉冲幅度与 γ 射线产生的次电子在其灵敏体积内损失的能量有关,因而,输出脉冲幅度是连续分布的,电子仪器甄别阈值的选取将影响计数率的大小。

当工作于电流工作状态的探测器(以电流电离室为例)用于测量 γ 场的注量率时,其输出信号取决于入射 γ 光子在其灵敏体积内所产生的平均电离效应——单位时间内产生的离子对数。对确定的 γ 场分布和探测系统,电流电离室的输出电流只决定于 γ 的注量率,而且呈简单的线性关系。所以,在标定电流电离室的灵敏度后,即可测量其输出电流来确定 γ 场的注量率。

另一方面,γ 射线与探测器介质发生作用的截面与 γ 射线能量有关,不同能量具有不同的截面,这种关系称为能量响应,为得到 γ 注量率,需对能量响应做修正。由于 γ 注量率的测量常用于辐射剂量测量,在此不做详细讨论,但这些基本原则是相同的。

2. γ 放射性样品活度测量

对于 γ 放射性样品活度的测量,原则上只要已知衰变纲图,通过 γ 射线发射率的测量就可得到源的活度。但即使对点源,也会由于周围物质的散射而使测量变得相当复杂。为此,应将放射源和探测器远离地面、墙壁和其他结构材料,并且还要考虑源的其他辐射(例如 β 射线)对探测器的响应。

对于 γ 放射性样品活度的较为精确的测量往往与 γ 射线的能谱分析相联系,所以将在 γ 射线能谱测量中详细讨论。由于 γ 放射性样品一般伴有 β 放射性,因此可以采取 $4\pi\beta - \gamma$ 符合法测量其活度,这将在下节详细论述。

12.2 符 合 方 法

符合方法是辐射探测中一种常用的和基本的测量方法,在核辐射过程中相关事件的测量、实验装置本底的消除以及能谱测量中广泛使用该方法。

12.2.1 符合的概念

在辐射探测中,常常需要确定两个或多个事件之间的时间关系,用不同的探测器来判定两个或两个以上事件的同时性或时间上的相关性,这种技术就称作符合方法。

1. 符合测量

符合事件指两个或两个以上同时(或有固定时间关系)发生的事件,以两道为例,如图12.10 所示,当探测器1 和2 同时输出信号时(粒子1),符合电路产生输出信号。例如,在如图12.12 所示的原子核的级联衰变中,β 衰变发射一个 β 粒子后,处于激发态的子核立即又发射一个 γ 光子,因原子核激发态的寿命很短(通常在 $10^{-21} \sim 10^{-8}$ s),可以把两个粒子看成是同时发射的同时事件。用一个探测器测量 β 粒子,用另一个探测器探测 γ 光子,将它们的信号都输入符合电路,就可选择出时间相关的级联 β – γ 衰变事件。

2. 反符合测量

反符合测量是指利用反符合电路来消除符合事件的测量过程。如图12.11 所示,当两个探测器同时产生输出信号时,反符合电路无信号输出。只有当一个测量道(图中探测器2,称为反符合道或反符合探测器)没有输入信号时,另一道(图中探测器1,称为分析道或主探测器)产生的信号才能使符合装置有输出,如图中粒子2 相应的事件能产生输出信号。

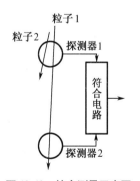

图 12.10　符合测量示意图

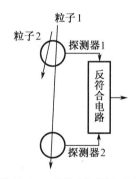

图 12.11　反符合测量示意图

符合方法是符合测量和反符合测量的统称,它就是利用符合或反符合电路的特性,来选择或排除两个或两个以上的同时事件的。符合方法在核辐射测量中应用很广泛,如用符合法进行样品活度、γ 能谱、短寿命核素的半衰期和激发态寿命的测量等。而反符合法可以用来剔除本底干扰等。

12.2.2 符合方法的基本原理

1. 真符合

用符合法测量图 12.12 中 β-γ 级联衰变的装置方块图如图 12.13 所示。假定探测器 I 只记录 β 粒子,对 γ 光子不灵敏,总探测效率为 ε_β;在探测器 II 前放置 β 粒子吸收片,只记录 γ 光子,总探测效率为 ε_γ。忽略本底的情况下,当源的活度为 A 时,两道的计数率分别为

$$\begin{cases} n_\beta = A\varepsilon_\beta \\ n_\gamma = A\varepsilon_\gamma \end{cases} \tag{12.27}$$

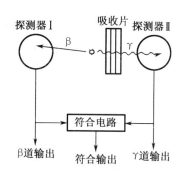

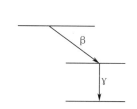

图 12.12　β-γ 级联衰变 　　　　图 12.13　β-γ 符合装置方块图

在确认 β,γ 发射是同时事件的前提下,引起 β 道和 γ 道同时计数的概率为 $\varepsilon_\beta \cdot \varepsilon_\gamma$,所以符合道的计数率为

$$n_c = A\varepsilon_\beta \cdot \varepsilon_\gamma \tag{12.28}$$

这是真正的由同时发射的 β 道和 γ 道引起的符合计数,称作真符合,由(12.27)、(12.28)式可得到

$$A = \frac{n_\beta n_\gamma}{n_c} \tag{12.29}$$

从(12.29)式可见,只要同时测量 β 道、γ 道和符合道计数率 n_β,n_γ 和 n_c,就可求出源的活度 A。不再需要知道 β 道和 γ 道的探测效率,从而排除了很多校正因子,使测量的精确度大大提高。

2. 符合装置的分辨时间及偶然符合

符合装置的分辨时间是符合测量系统最重要的一个参数,它定义为:两个时间相邻事件能被符合电路区分开的最小时间间隔。任何符合电路都有确定的分辨时间 τ_s,它的大小与输入到符合电路输入端的脉冲宽度有关。符合单元电路一般基于脉冲重叠原理工作。例如在脉宽相同的矩形脉冲输入时,只要两个脉冲有重叠部分,就能产生符合输出信号,这时矩形脉冲的脉宽 T 就等于符合装置的分辨时间 τ_s。

在实际的符合测量中,两个时间上没有关联、但在 $\pm\tau_s$ 内入射的独立事件,也有可能引起符合计数,这种现象叫作偶然符合。例如,用两个探测器测两个独立的源(S_1,S_2),把它们的信号均输入到符合电路(见图 12.14),这时符合电路仍能产生一定的符合计数,这种符合计数全

都是偶然符合造成的。偶然符合计数率 n_{rc} 与两道的计数率 n_1, n_2 及分辨时间 τ_S 成正比

$$n_{rc} = 2\tau_S n_1 n_2 \qquad (12.30)$$

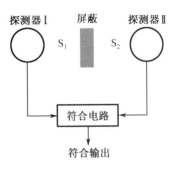

图 12.14　偶然符合测量示意图

此等式可做如下理解:假定两个探测器输出信号的宽度均为 τ_S,只要探测器 II 的信号比探测器 I 的信号超前或落后的时间不大于 τ_S,二者均可发生符合。或者说,只要两道信号的时间差在 $2\tau_S$ 的时间范围内,就可产生一次偶然符合计数。

由于符合分辨时间的存在,测量相关事件的真符合计数中,也必然包含了偶然符合计数。由(12.29)和(12.30)式可求出真符合计数与偶然符合计数之比,简称真偶符合比,即

$$\frac{n_c}{n_{rc}} = \frac{n_\beta \cdot n_\gamma}{2A\tau_S n_\beta n_\gamma} = \frac{1}{2A\tau_S} \qquad (12.31)$$

在测量中,应该尽量减少偶然符合的影响以提高真偶符合比。由(12.31)式,分辨时间 τ_S 做得尽量小对提高真偶符合比是重要的。同时,源的活度 A 也不能太大,在符合实验中,如果一味增大源强来减少计数的统计误差是不可取的。符合测量中其他因素的影响,我们将在 $4\pi\beta - \gamma$ 符合方法中讨论。

12.2.3　$4\pi\beta - \gamma$ 符合方法

$4\pi\beta - \gamma$ 符合方法就是把 4π 计数法与符合技术结合起来的测量方法。由(12.29)式,由于采用了符合技术,确定源的活度时不需要知道各道的探测效率,避免了 4π 计数法中对 β 射线自吸收的修正。所以,用 $4\pi\beta - \gamma$ 符合方法测量源的活度精确度很高,可达 0.1% 左右,是放射性活度测量的主要方法之一。

1. $4\pi\beta - \gamma$ 符合测量装置

$4\pi\beta - \gamma$ 符合测量装置如图 12.15 所示。β 道的探测器为流气式 $4\pi\beta$ 计数管,放射源放在管内的隔板上,用纯度高于 98% 的甲烷作为流动的工作气体。γ 道探测器为相对放置的并联的两个 NaI(Tl)闪烁计数器,这样可增大 γ 道的计数率。为减少本底干扰,整个探头部分置于铅室中。

2. 校正因素

(1)本底修正

本底修正只需对测量结果进行本底计数率的扣除,将放射源移走后就可测得 β 道、γ 道和符合道的本底计数率为 $n_{\beta b}$, $n_{\gamma b}$, n_{cb}。实测样品时得到的包括本底计数在内的两道计数率分别为 n'_β、n'_γ,符合道总计数率为 n'_c,则有

$$\begin{cases} n_\beta = n'_\beta - n_{\beta b} \\ n_\gamma = n'_\gamma - n_{\gamma b} \\ n_c = n'_c - n_{cb} \end{cases} \qquad (12.32)$$

其中 n'_c 为真符合计数率与偶然符合计数率之和,即

$$n'_c = n_{c0} + n_{rc} \qquad (12.33)$$

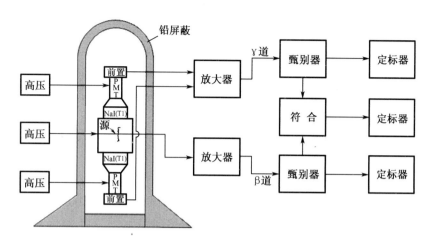

图 12.15　4πβ - γ 符合测量装置

（2）偶然符合的修正

偶然符合的修正就是从符合道计数率中扣除偶然符合计数率，得到真符合计数率。对 β 道，不参与真符合的计数率为 $n'_\beta - n_{c0}$，这个计数率与 n'_γ 产生的偶然符合计数率应为 $(n'_\beta - n_{c0}) \cdot n'_\gamma \cdot \tau_S$；同理，γ 道对于偶然符合计数率的贡献为 $(n'_\gamma - n_{c0}) \cdot n'_\beta \cdot \tau_S$。于是，总的偶然符合计数率为

$$n_{rc} = (n'_\beta - n_{c0}) \cdot n'_\gamma \cdot \tau_S + (n'_\gamma - n_{c0}) \cdot n'_\beta \cdot \tau_S \tag{12.34}$$

由（12.33）和（12.34）式可求出真符合计数率为

$$n_{c0} = \frac{n'_c - 2\tau_S n'_\beta n'_\gamma}{1 - \tau_S (n'_\beta + n'_\gamma)} \tag{12.35}$$

上面的推导中，n'_β 和 n'_γ 已包含了本底的贡献，同样，偶然符合计数率也已包含了本底引起的偶然符合。

（3）死时间的校正

探测器总存在一定的死时间 τ_D（又称探测器的分辨时间，与符合装置的分辨时间 τ_S 是不同的物理量），探测器记录一个事件后的 τ_D 时间内，将不会再记录发生的事件，所以，会造成事件漏记的现象，即计数损失。在放射性核素活度的绝对测量中，必须对这种计数损失予以修正，即进行死时间修正。

考虑死时间效应后，β 道的探测效率为

$$\varepsilon'_\beta = \varepsilon_\beta [(1 - A\tau_D) + A\tau_D(1 - \varepsilon_\beta)]$$

上式方括号中第一项为扣除总死时间 $A\tau_D$ 后的时间内的效率修正，第二项为虽然在 $A\tau_D$ 时间内发生了衰变但未被测到的概率。可以得到

$$\varepsilon'_\beta = \varepsilon_\beta(1 - A\tau_D\varepsilon_\beta)$$

这样 β 道的计数率 n_β 可表示为

$$n_\beta = A\varepsilon'_\beta = A\varepsilon_\beta(1 - A\tau_D\varepsilon_\beta) \tag{12.36}$$

同时，对 γ 道也有类似的表示

$$n_\gamma = A\varepsilon_\gamma(1 - A\tau_D\varepsilon_\gamma) \tag{12.37}$$

式中,ε_β 和 ε_γ 定义见(12.27)式,且假定 β 道和 γ 道的死时间均为 τ_D。

考虑死时间修正后,符合道的探测效率为

$$\varepsilon_\beta \varepsilon_\gamma \left[(1 - A\tau_D) + A\tau_D(1 - \varepsilon_\beta)(1 - \varepsilon_\gamma) \right]$$

上式方括号内第二项表示虽然 τ_D 时间内发生了一次衰变,但均未被 β 道或 γ 道记录的概率。在对上式并项后,得到符合道计数率应为

$$n_{c0} = A\varepsilon_\beta \varepsilon_\gamma \left[1 - A\tau_D(\varepsilon_\beta + \varepsilon_\gamma - \varepsilon_\beta \varepsilon_\gamma) \right] \tag{12.38}$$

由(12.36) ~ (12.38)式最后得到:

$$\frac{n_\beta n_\gamma}{n_{c0}} = A \left[1 - \frac{A\tau_D \varepsilon_\beta \varepsilon_\gamma (1 - A\tau_D)}{1 - A\tau_D(\varepsilon_\beta + \varepsilon_\gamma - \varepsilon_\beta \varepsilon_\gamma)} \right] \tag{12.39}$$

一般 $A\tau_D \ll 1$,上式可简化为

$$\frac{n_\beta n_\gamma}{n_{c0}} = A(1 - A\tau_D \varepsilon_\beta \varepsilon_\gamma) \tag{12.40}$$

若 $\varepsilon_\beta = 100\%$,则可进一步简化为

$$\frac{n_\beta n_\gamma}{n_{c0}} = A(1 - n_\gamma \tau_D) \tag{12.41}$$

考虑本底、偶然符合及死时间两项修正后,由(12.35)和(12.41)式可求出源的活度为

$$A = \frac{(n'_\beta - n_{\beta b})(n'_\gamma - n_{\gamma b})\left[1 - \tau_S(n'_\beta + n'_\gamma) \right]}{\left[1 - \tau_D(n'_\gamma - n_{\gamma b}) \right](n'_c - 2\tau_S n'_\beta n'_\gamma)} \tag{12.42}$$

所以,只要测出三道的计数率 n'_β、n'_γ 和 n'_c 以及它们的本底计数率,并事先测定各道的死时间和符合装置的分辨时间,就可由(12.42)式求出源活度。符合装置的分辨时间 τ_S 可采用延迟符合法或双源偶然符合法测定。

(4)其他校正因素

$4\pi\beta - \gamma$ 符合测量中,还有些需要进行校正的因素,如源的大小、计数系统的稳定性、γ 射线的内转换、β 探测器对 γ 射线的灵敏度,$\gamma - \gamma$ 造成的符合计数,γ 探测器对 β 射线的灵敏度,轫致辐射效应以及复杂衰变纲图造成的影响等等。一般情况下,这些校正因子都很小,可以忽略不计。只有当待测源的 γ 内转换系数较大时,才需要考虑校正。

综上可知,用 $4\pi\beta - \gamma$ 符合方法测量源的活度,主要进行偶然符合,死时间和本底较正。当测量装置性能很好,源的活度适中时,这三项校正值也是不大的,因此 $4\pi\beta - \gamma$ 符合方法测活度的精确度很高。

12.2.4 符合测量系统

前面考虑的是一种简化的系统,假定了信号脉冲波形是矩形,也没考虑探测器及信号传输过程中的时间涨落。实际上构成符合测量系统时必须考虑这些问题。

1. 符合测量系统的构成

典型的符合测量装置如图 12.16 和图 12.17 所示。在图 12.16 中,探测器的输出信号先经放大器放大,然后由单道脉冲分析器进行脉冲幅度的甄选,输出信号经成形电路整形后再输入符合电路,以保证符合电路工作可靠和具有确定的分辨时间。但对高增益放大器而言,存在快的上升时间和保持好的线性及稳定性的矛盾,一般该装置的分辨时间大于 10^{-7} s,所以称为慢符合装置。

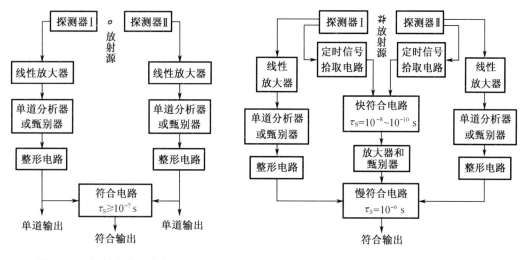

图 12.16　慢符合装置方框图　　　　图 12.17　快慢符合装置方框图

为进一步提高装置的符合分辨时间,可以将能量选择和时间选择分别在两组符合道中进行。如图 12.17 所示,在原有的慢符合道完成能量选择的同时,用快符合道进行时间选择,探测器输出的信号经过定时拾取电路整形为标准形状的窄脉冲,输入符合分辨时间为 10^{-8} ~ 10^{-10} s 的快符合电路,其输出的符合信号经放大和甄别后输入到慢符合电路。快慢符合装置的最小符合分辨时间可达 10^{-10} s。这样,既完成了快的时间选择,又实现了线性的能量选择,该电路的原理广泛地用在各种组合的符合装置中。

2. 瞬时符合曲线

在引入符合装置分辨时间 τ_S 时,曾假设输入到符合电路的整形脉冲是矩形的理想情况,脉宽为 T。实际上,在探测器脉冲的形成和脉冲传输过程中都存在时间的延迟,而且,延迟时间是涨落的。一般为获得好的真偶符合比,要求符合装置分辨时间 τ_S 尽量小,也就是要求输入脉宽足够的窄。在脉冲形状方面,实际脉冲总有一定的上升时间和下降时间,这样脉冲将不是矩形而为钟形。这种符合装置的时间分辨特征用瞬时符合曲线来表示。

符合装置中,采用一个同时能发射两个粒子的辐射源,在一个输入道插入一个适当的固定延时单元 t_{d1},另一道插入可变的延时单元 t_{d2},两道的相对延时 $t_d = t_{d2} - t_{d1}$。相当于图12.18 的情况,当改变 t_d 时,测出符合单元输出计数率 $n(t_d)$ 与 t_d 的关系就称作符合装置的瞬时符合曲线。

首先,假定输入符合单元的信号是理想的宽度为 T 的矩形脉冲。只要两输入脉冲在时间上有一点重叠就会产生符合输出,因而,当 t_d 处于 $(-T, +T)$ 范围内时就一定能产生符合输出,且符合发生率就等于单位时间内探测到的同时事件数。这样,符合曲线就为宽度等于 $2T$、高度为单位时间内同时事件数 n_{c0} 的矩形分布,如图 12.19 中的实线所示。

如果符合单元的输入脉冲不是矩形,而具有一定的上升和下降沿,且有噪声,则符合曲线为图 12.19 中虚线所示,但其高度仍为真符合率 n_{c0}。在这种情况下,符合分辨时间等于符合曲线的半高宽的一半,即

$$\tau_e = \frac{1}{2}\text{FWHM} \qquad (12.43)$$

式中,τ_e 仅考虑了脉冲宽度和形状对符合分辨时间的影响,称为电子学分辨时间。

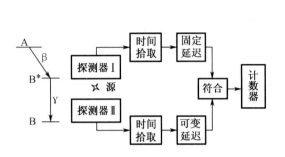
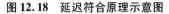

图 12.18　延迟符合原理示意图

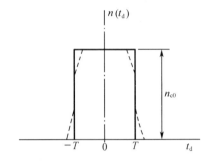

图 12.19　不考虑时间涨落时的符合曲线

考虑到探测器信号形成和信号传输过程时间涨落的影响,原来严格的同时事件的信号到达符合电路输入端的时刻就有了一定的离散。设 τ_L 代表因时间涨落而造成的最大时间离散,则对不同的 τ_e 和 τ_L 的关系,符合曲线将有不同的情况。

当 $\tau_e > \tau_L$ 时,即电子学分辨时间大于时间离散的最大值的情况,符合曲线中间有高度为 n_{c0}、宽度为 $2 \times (\tau_e - \tau_L)$ 的平坦区,如图 12.20(a)所示;当 $\tau_e = \tau_L$ 时,即电子学分辨时间等于时间离散的最大值的情况,则没有平坦区,其峰值 $n(t_d = 0) = n_{c0}$,符合分辨时间明显变小。当 $\tau_e < \tau_L$ 时,其峰值随 τ_e 变小而下降,当电子学分辨时间远小于时间离散的最大值时,$n(t_d)$ 曲线将趋近于离散时间的分布函数,如图 12.20(b)所示。

因此,瞬时符合曲线实质上就是符合装置对同时事件的时间响应曲线,代表了符合装置的时间特征,瞬时符合曲线半高宽的一半就是符合装置的分辨时间。

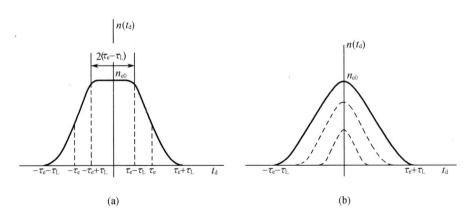

图 12.20　瞬时符合曲线

3. 延迟符合和时间分析谱仪

符合装置除用于同时事件的分析外,还广泛用于不同时、但存在时间相关的事件的测量,如激发态寿命、极短半衰期核素寿命的测量等。这些相关事件的时间差(称为时距)是一个随机变量。例如,对 β - γ 级联衰变的情况,β 粒子与 γ 光子发射的时距 t 遵循一定的分布规律,其概率密度函数为

$$P(t) = \frac{1}{\bar{\tau}} e^{-t/\bar{\tau}} \tag{12.44}$$

式中,$\bar{\tau}$ 代表级联衰变中间态的平均寿命。只要测出概率密度函数分布与时间的关系,即 $P(t) \sim t$ 曲线,就可得到级联衰变中间态的平均寿命。

与瞬时符合曲线相对应,符合装置对具有一定时距分布的相关事件的时间响应称为延迟符合曲线。这时,延迟符合曲线 $N(t_d)$ 是面积归一化了的瞬时符合曲线 $n_0(t_d)$ 和时距的概率密度函数 $P(t)$ 的卷积。当 $n_0(t_d)$ 相对于 $P(t)$ 而言,可以看成一个 δ 函数时

$$N(t_d) = A \cdot \int_{-\infty}^{+\infty} n_0(t_d - t) P(t) \mathrm{d}t = A \cdot \int_{-\infty}^{+\infty} \delta(t_d) P(t) \mathrm{d}t = A \cdot P(t_d) \tag{12.45}$$

式中,A 是总的时间相关事件数。(12.45)式表明延迟符合曲线 $N(t_d)$ 正比于时距概率密度函数 $P(t_d)$。由(12.44)和(12.45)式可以得到

$$N(t_d) = \frac{A}{\tau} e^{-t_d/\bar{\tau}} \tag{12.46}$$

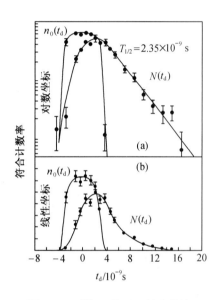

图 12.21　^{198}Au 的延迟符合曲线

这样由延迟符合曲线就可求出平均寿命了。当瞬时符合曲线 $n_0(t_d)$ 不可看成 δ 函数时,分别测出 $N(t_d)$ 和 $n_0(t_d)$,并用反卷积的数学方法求解即可。图 12.21 给出了符合装置的瞬时符合曲线 $n_0(t_d)$ 以及实验测量的 ^{198}Au 衰变过程中一对 β(294.6 keV) - γ(158.4 keV)级联衰变的延迟符合曲线 $N(t_d)$,(a)、(b)分别为对数纵坐标和线性纵坐标。实验测得,158.4 keV 的激发态的半衰期为 $T_{1/2} = 2.35 \times 10^{-9}$ s。这种测量相关事件的时距的延迟符合装置就是时间分析谱仪,如需进一步了解可参考有关资料。

12.3　带电粒子能量与能谱的测量

带电粒子能量的测量我们重点讨论 α 粒子和 β 粒子,它们分别是重带电粒子和轻带电粒子的代表,也是核技术中应用最广泛的带电粒子辐射。测量带电粒子能量的方法很多,包括射程测量法,能量灵敏探测器方法,包括气体、闪烁和半导体探测器,以及磁分析方法。第一种方法比较简单,但适用场合有限,精度也较差。第三种方法测量精度高,但设备复杂、价格昂贵,我们仅就其工作原理作一简单介绍。第二种方法则是我们关注的重点。

作为辐射能量测量,不论对带电粒子或非带电粒子,总存在一些共同点,为此,首先对一般的辐射能量测量的最基本的和共性的问题作一总体的回顾和讨论。

12.3.1 辐射能量与能谱测量的特点

我们前面所提及的辐射场量,除辐射强度外,辐射的能量也是一种重要的参数。有许多场合,必须知道进入探测器的射线或粒子的能量或能谱,用以识别核素。在测量辐射能量时,探测器的输出信号应能直接反映入射粒子的能量。在这种情况下,探测器只能工作在脉冲工作状态,也就是每个输出脉冲反映的是单个入射粒子的信息:脉冲计数与入射粒子数对应,而单个输出信号的幅度反映了入射粒子的能量。

由于脉冲形成过程中的统计涨落,即使对单一能量的入射粒子,也会产生出不同幅度的输出脉冲,形成脉冲幅度分布。例如对单一能量的 α 粒子,其输出脉冲幅度分布也不是一条线谱,而是具有一定宽度的近似于高斯函数的分布,其峰位与 α 粒子能量相对应。β 粒子能量本身就是连续分布,β 谱如图 3.5 所示而呈连续谱。

由于 γ 射线与物质相互作用的复杂性,它产生的次电子能量呈更复杂的分布。图 12.22 是用一台探测器体积为 30 cm³ 的 Ge 探测器测得的²⁴Na 放射源的 γ 射线谱。²⁴Na 发出的 γ 射线的能量分别为 2 754 keV 和 1 368 keV。图中横坐标为道址 x_i,纵坐标 $y_i(x_i)$ 为道址 x_i 的计数率。多道脉冲幅度分析器为 1 024 道,幅度分析范围为 0 ~ 10 V,每道道宽约为 10 mV。多道分析器测得的谱实为脉冲幅度分布,即 $\mathrm{d}N/\mathrm{d}h \sim h$。$\mathrm{d}N/\mathrm{d}h$ 为在一定时间内记录到脉冲幅度为 h 值附近单位幅度间隔内的脉冲数,h 为输出脉冲幅度。

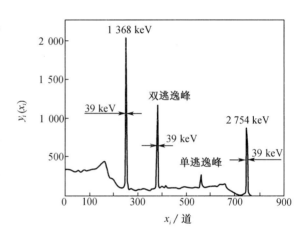

图 12.22 Ge 探测器测得的²⁴Na 的 γ 谱

在辐射能谱测量中,总希望在所需的能量范围内,探测器输出脉冲幅度 h 与入射粒子的能量 E 呈线性关系,即

$$h = K_1 E + K_2 \tag{12.47}$$

式中,K_1,K_2 为与 E 无关的常数。若存在(12.47)式的关系,就可把图 12.22 中的横坐标变换为能量 E,纵坐标则变为 $\mathrm{d}N/\mathrm{d}E$,即一定时间内记录到的粒子能量为 E 附近单位能量间隔内的脉冲数。这样就得到了 $\mathrm{d}N/\mathrm{d}E \sim E$ 的关系,并把 $\mathrm{d}N/\mathrm{d}E \sim E$ 的关系称为能谱。

根据所测谱峰位的道址来确定射线的能量,都要预先对谱仪进行能量刻度。能量刻度就是谱仪在确定的配置和工作条件下,利用一组已知能量的放射源,测出对应能量的特征峰的峰位,然后对这组实验数据进行最小二乘拟合,假如输出脉冲幅度与射线能量满足线性关系,则可得到线性方程为

$$E(x_i) = G x_i + E_0 \tag{12.48}$$

式中,E_0 为零道址对应的粒子能量,称为零截;G 为单位道增益所对应的能量增益,称为增益,它是与能量无关的常数,由整套仪器的工作状态决定。$E(x_i)$ 与 x_i 的函数关系如图 12.23 所示,该直线称为能谱仪的能量刻度曲线。假如输出脉冲幅度与射线能量不能满足线性关系,则

能量刻度曲线会出现高次项。

如何得到脉冲幅度分布,并进而得到能谱是能量测量或能谱分析的中心课题,对 α, β 等带电粒子能量测量与对 γ 射线的能量测量和分析是本章的重点。

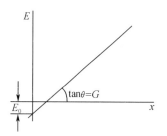

图 12.23　能谱仪的能量刻度曲线

12.3.2　α 能谱的测定

对于发射 α 粒子核素的鉴别以及环境监测都会遇到 α 能谱的测量问题。目前,在 α 能谱测量中常用金硅面垒型半导体 α 能谱仪,它具有窗薄(一般金层厚度为 20 ~ 30 nm)、固有噪声低、能量分辨率高(不难获得 0.5% ~ 0.2% 的分辨率)、线性好、β 和 γ 干扰较小、简单价廉等优点。如图 10.15,金硅面垒探测器输出端接电荷灵敏放大器,信号经主放大器放大后,用多道脉冲幅度分析器分析记录。能量分辨率是 α 能谱仪的主要技术指标。

1. 能量分辨率

关于金硅面垒型半导体探测器的能量分辨率已在 10.3.3 中讨论过了,在这里做一些定量的分析。设结区厚度大于 α 粒子在相应半导体材料中的射程,下面分别讨论各种因素对脉冲幅度谱展宽的影响。

(1)统计涨落引起的谱展宽

由 α 粒子产生的电子 – 空穴对数目的统计涨落引起的谱展宽为

$$(FWHM)_s = 2.36 \sqrt{FE_\alpha W_0} \tag{12.49}$$

式中,E_α 为 α 粒子的能量;F 为法诺因子,对 α 粒子 F 约在 0.11 ~ 0.15 之间;W_0 为 α 粒子在硅材料中的平均电离能。例如:对 ^{210}Po 放射源发射的 α 粒子,其能量 $E_\alpha = 5.3$ MeV,硅的 $W_0 = 3.6$ eV,F 值取 0.15,则

$$(FWHM)_s = 2.36 \sqrt{0.15 \times 5.3 \times 10^6 \times 3.6} \approx 4 \text{ keV}$$

(2)噪声引起的谱展宽

结型半导体探测器反向电流的涨落是构成探测器噪声信号的主要原因,对脉冲谱展宽起着重要作用。较好的面垒型探测器因噪声造成的脉冲谱的展宽约 10 keV,而对面积较大的探测器,由于反向体电流增加,可达几十 keV。因此,不宜为增加计数率而片面追求大面积的半导体探测器。

为进一步提高能量分辨率,有时还采用半导体制冷器,使探测器在 -35 ℃ 左右条件下工作。如 GM -08 金硅面垒探测器灵敏面积为 0.5 cm^2,电阻率约为 1 000 $\Omega \cdot$cm,反向电流在室温下为几百 nA,在 -30 ℃ 下只有几 nA。

(3)空气和窗引起的谱展宽

α 粒子的入射方向不同,通过空气和金窗损失的能量不同,使得进入探测器的 α 粒子的能量亦有不同,从而造成峰展宽。例如,α 粒子垂直入射($\theta = 0°$)通过金层厚度为 Δd,当 α 粒子与金窗面的法线成 θ 角入射时,穿过金层厚度应为 $\Delta d_\theta = \Delta d/\cos\theta$,如果 α 粒子的入射角在 0 ~ θ 之间,那么由于穿过金层厚度不同引起的谱展宽为

$$\Delta E(\theta) = \varepsilon(\Delta d_\theta - \Delta d) = \varepsilon \Delta d \frac{1 - \cos\theta}{\cos\theta} \tag{12.50}$$

上式中,ε 是单位厚度的金层造成的 α 粒子的能量损失。如果金层 $\Delta d = 35$ nm、$\theta = 30°$,则 $\Delta E_{\theta} \approx 5.5$ keV。为减少因入射方向不同造成的谱展宽,常在放射源和探测器之间加多孔准直板,使 α 粒子均以接近垂直方向入射。另外为减少空气的影响,常维持放射源与探测器之间的空间处于真空条件下进行 α 能谱的测量,但对真空度要求并不高,几十帕即可。

综合上述因素,并由(10.41)式可得到总的线宽 $\Delta E_t \approx 12$ keV,相对能量分辨率 $\eta \approx 2.26 \times 10^{-3}$,一般还可以做得好一点,到千分之二以下。

2. α 能谱仪的刻度

当测出 α 脉冲幅度谱以后,还需进行能量刻度,才能确定所测 α 粒子的能量。由于 α 能谱是分立谱,本底计数也很低,所以 α 谱仪的能量刻度比较简单。具体做法是:用几个已知能量的 α 放射源,在相同条件下测量它们的 α 能量所对应的脉冲幅度(或道址),作出能量和脉冲幅度的关系曲线,即能量刻度曲线,如图 12.24 所示。图中,横坐标为输出脉冲幅度,左纵坐标为计数率,右纵坐标为能量。

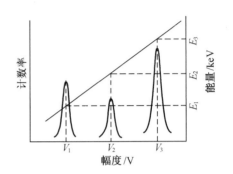

图 12.24 α 能谱仪的能量刻度

金硅面垒型半导体 α 谱仪和其他半导体探测器一样,具有许多明显的优点,但辐射损伤效应在使用中要予以关注,另外,也不能在较高环境温度下使用。目前金硅面垒型探测器灵敏面积一般小于 10 cm^2,灵敏层厚度可达 1 mm 左右,对 α 粒子可测能量上限为 40 MeV。

除了金硅面垒型探测器外,屏栅电离室也可作为 α 能谱探测器。其能量分辨率一般在 0.6% 左右,最好可达 0.25%。这种 α 谱仪的优点是源面积可以很大,最大可达 1 万平方厘米以上。因此,可测量比活度低到 $10^{-4} \sim 10^{-5}$ Bq/g、半衰期长达 10^{15} a 的 α 放射性样品。缺点是更换放射源不方便。由于其比起半导体谱仪来装置复杂、操作不便,所以对于中等活度和小面积的样品,还是采用金硅面垒型半导体谱仪为好。

12.3.3 β 最大能量的测定

由于 β 能谱是连续谱,能量分布从零到相应的最大能量之间,这给测量带来困难。测量 β 能谱的装置除下面讨论的 β 磁谱仪外,也可采用多种能量灵敏探测器构成的 β 能谱仪,例如带薄窗的闪烁探测器或半导体探测器组成的 β 谱仪。

在核工程及核技术应用中,测定 β 最大能量最常用的方法是吸收法,但仅适用于不超过两种不同能量的 β 放射性。第 6 章已讨论过,当 β 射线穿透物质时,在介质厚度远小于 β 粒子在其中的射程的情况下,β 粒子注量率的减弱与吸收物质厚度近似成指数函数关系,为

$$I = I_0 e^{-\mu x}$$

式中,I_0,I 分别为经过厚度吸收物质前后 β 粒子的注量率;μ 为 β 射线在物质中的线性衰减系数。

由实验测得 I 随吸收厚度 x 变化的曲线,该曲线在半对数坐标纸上近似为直线。通常把 I 下降至 0.01% 所需的吸收物质厚度定为 β 粒子的最大射程,再根据 β 粒子的最大射程与 β 粒子最大能量的经验公式(6.30)或(6.31)式,即可求得 β 粒子的最大能量。由于 β 射线在物质中既有吸收又有散射,减弱过程复杂,因而测量误差较大。

12.3.4　磁分析方法

除了基于带电粒子在介质中的能量损失来求得入射带电粒子能量的方法外,还有通过带电粒子在磁场中偏转而求其动量或能量的方法,称为磁谱仪。磁谱仪属于高精度测量仪器,其能量分辨率将比电离法提高 $1 \sim 2$ 个量级,达到 $10^{-4} \sim 10^{-5}$。但它的结构复杂,调整、使用难度较大,且因探测效率低,对样品活度要求较大,因而只适用于高精度测量的场合。例如,在衰变纲图的建立中,用磁谱仪测得核素的 β 谱,经过居里描绘而得到所测 β 粒子的最大能量 $E_{\beta max}$,并根据各条 β 谱的面积确定各个 β 衰变的分支比等。下面对磁谱仪的原理作一简单介绍。

1. 磁谱仪的工作原理

根据测量对象,磁谱仪可以分为 β 磁谱和重离子磁谱仪。前者主要用于测量放射源放出的电子谱,包括连续分布的 β 谱和叠加在上面的分立的内转换电子或俄歇电子;后者则用于测量 α 粒子及其他重带电粒子。我们仅对 β 磁谱仪作一简要的分析。

当一速度为 v 的电子在磁感应强度为 $\boldsymbol{B}$ 的磁场中运动时,满足运动方程:

$$\frac{\mathrm{d}}{\mathrm{d}t}(mv) = -e v \times \boldsymbol{B} \tag{12.51}$$

其中,m 为相对论质量,$m = m_0 / \sqrt{1 - (v/c)^2}$;$m_0$ 为电子的静止质量;e 为电子的电荷。当电子在垂直于均匀磁场的平面中运动时,上式可简化为

$$\frac{mv^2}{\rho} = evB$$

即:

$$p = mv = eB\rho \tag{12.52}$$

式中,p 为电子动量;ρ 为运动轨道的曲率半径;$B\rho$ 称为磁刚度。从 p 与 $B\rho$ 之间的简单关系可见,在磁谱仪中可以用磁刚度 $B\rho$ 来表示电子的动量。当曲率半径 ρ 保持不变时,不同的磁感应强度 B 将对应不同的动量 p。由此可见,磁谱仪是进行动量分析的仪器。

在得知电子的动量后,进而可得到其能量。由于电子的速度已接近光速,需要用相对论关系来求电子的动能为

$$E = mc^2 - m_0 c^2 = \sqrt{(pc)^2 + (m_0 c^2)^2} - m_0 c^2 = m_0 c^2 \left[\sqrt{\left(\frac{eB\rho}{m_0 c} \right)^2 + 1} - 1 \right] \tag{12.53}$$

2. 磁谱仪的分辨率和传射率

β 磁谱仪可分为两大类:一类为"横向",即电子运动轨道与磁场方向垂直;另一类为"纵向",即电子运动轨道与磁场方向平行。

图 12.25(a) 是半圆聚焦磁谱仪的示意图,它属于横向 β 磁谱仪。早在 1912 年科学家丹尼兹(Danysz)就指出,在横向均匀磁场中利用半圆轨道可得到聚焦。设图中均匀磁场方向垂直于 xy 平面,β 放射源放置于 xy 坐标原点,并暂时只考虑位于 xy 平面内的轨道。由于狭缝 F 总存在一定宽度,出射电子的轨道将在 B 和 C 的范围之内,其中中心轨道为 A。A 轨道将经偏转 180° 后落在 x 轴的 x_A 处,$x_A = 2\rho$。

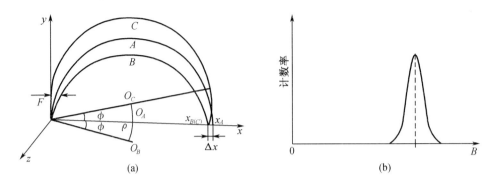

图 12.25　半圆聚焦磁谱仪的电子轨迹及能量分辨本领

另两条与 y 轴成 ϕ 角发出的轨道 B 和 C,由于其动量相同,也将以相同的曲率半径在磁场中偏转,与 x 轴交汇于 $x_B = x_C = 2\rho\cos\phi$ 处。由图可见,轨道 B 和 C 与轨道 A 的偏差在电子偏转 $90°$ 附近达到最大,而在偏转 $180°$ 处偏差最小,这一现象称为半圆聚焦。若以 Δx 表示不同轨道在 x 轴的像差,并作为成像窄缝的宽度,则有

$$\Delta x = 2\rho(1 - \cos\phi) \tag{12.54}$$

一般情况下 ϕ 很小,例如 $\phi \approx 0.1$ rad,则函数 $(1 - \cos\phi)$ 可级数展开:

$$1 - \cos\phi = (\phi^2/2!) - (\phi^4/4!) + (\phi^6/6!) - \cdots$$

其中后一项要比前一项小两个数量级,故保留第一项就可以了,这样得到

$$\Delta x = \rho\phi^2 \tag{12.55}$$

该式表明像缝的宽度 Δx 正比于张角 ϕ 的二次方,这就称为一级聚焦。正比于张角的三次方称为二级聚焦,以此类推。越是高级的聚焦越能采用较大的张角 ϕ,仍保持较窄的像宽。

由于磁谱仪电子光学系统成像上狭缝 F 的客观存在,在改变 B 的过程中,谱仪对单能电子(例如内转换电子)透过 Δx 后测得的计数率曲线如图 12.25(b)所示,表示谱仪对单能电子的能量展宽。谱线的半宽度 Δp(即计数率最大值一半处的宽度)与计数率最大值处的动量 p 的比值称为动量分辨率,即

$$R = \frac{\Delta p}{p} = \frac{\Delta(B\rho)}{B\rho} \tag{12.56}$$

实际测得的谱线半宽度除取决于装置的固有几何条件外,还与产生内转换电子的能级的自然宽度和源厚度引起的展宽有关,动量分辨率 R 一般可达 0.25%。

对(12.53)式微分,可得到能量分辨率与动量分辨率的关系为

$$\eta = \frac{\Delta E}{E} = \frac{E + 2m_0c^2}{E + m_0c^2} \cdot \frac{\Delta(B\rho)}{B\rho} = \frac{E + 2m_0c^2}{E + m_0c^2} \cdot R \tag{12.57}$$

可见,当电子的动能远小于电子的静止质量时,能量分辨率是动量分辨率的 2 倍。

显然,减小狭缝 F 可以提高动量分辨率,但狭缝 F 过小必将导致放射源中的电子只有非常少的一部分被探测器记录,使计数率非常低,进而导致测量时间很长,或要求放射源的活度足够大。为此,引入传射率的概念,传射率定义为:经磁场偏转后通过狭缝而被记录的粒子与放射源在 4π 立体角内发射粒子的总数的比值。可见,能量分辨率与传射率是一对互相制约的指标。为此,各种具体的设计就是在这个矛盾的因素中求得最佳的设计方案。

12.4　γ射线能量的测定和γ谱的解析

由于γ射线含有关于核素特征的重要信息,因此γ射线能谱的测量是核辐射探测的一项重要工作。随着闪烁探测器和半导体探测器的发展,又由于γ谱解析的复杂性,相应开发了各种解谱的方法和软件,并形成了辐射测量中一个重要的分支——γ谱学,在核素衰变纲图的研究,放射性核素的鉴定以及放射性同位素的应用等领域,得到广泛地应用。

12.4.1　单能γ射线的能谱及其影响因素

除了第9章已讨论的那些影响单能γ射线在探测器中形成脉冲幅度分布的因素(如全能峰、康普顿平台、单逃逸峰、双逃逸峰和反散射峰等)外,还有其他一些影响因素,现分析如下。

1. 表面效应

γ射线与探测器介质作用后产生的次电子中,有些不能把所有能量都损耗在探测器内部,这包括:次电子携带部分动能逸出探测器;次电子在慢化过程中产生的轫致辐射未能将全部能量沉积在探测器内而带走部分能量。这两种效应对高能γ射线能谱影响较为明显,尤其是γ射线与探测器的相互作用发生在探测器表面的薄层内时更为显著,故又可称之为表面效应。其效果是使全能峰的事件减少,而康普顿连续谱中的事件数增加,或造成全能峰的不对称性,使全能峰的高斯分布的低能部分略高于高能部分。

2. 碘(锗或硅)逃逸峰

γ射线在探测器中发生光电效应,其后续过程中原子退激产生的特征 X 射线有可能逸出探测器。这样,在比全能峰低特征 X 射线能量的位置处会出现一个峰。如果是 NaI(Tl) 探测器,则与碘的 KX 射线能量有关的峰,称为碘逃逸峰。对半导体探测器则相应为硅逃逸峰或锗逃逸峰。

图 12.26 给出了 ^{57}Co 的 122 keV 和 136 keV 的 γ 射线用 NaI(Tl) 探测器测得的脉冲幅度谱,图中标注的碘逃逸峰的峰位比全能峰低 29 keV。碘(锗或硅)逃逸峰在测量低能 γ 能谱时较为显著,这是由于低能 γ 射线还不能进入探测器很深的部位,相互作用一般均发生在探测器表面,而且光电效应占优,所以 KX 射线逃逸的概率会大一些;另外,此时 KX 的能量与入射 γ 射线的能量相比也不再可忽略了。对于较薄的探测器,这种情况更易出现。

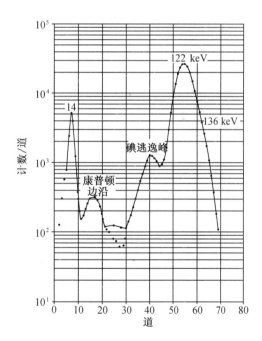

图 12.26　^{57}Co 的 γ 能谱

3. 和峰效应

放射源如果级联发射两个 γ 光子,由于它们之间的间隔时间远小于探测器的分辨时间,它们可以看成同时事件,而在探测器内发生符合输出,称之为和峰。如图 10.24 中 ^{60}Co 的 γ 谱

中 1 173 + 1 332 keV 的和峰, 其峰位
为2 505 keV。

还有一种就是两个脉冲的偶然符合。
在这种情况下, 脉冲叠加后出现了与两者
能量之和相对应的脉冲, 也是一种和峰形
成的来源。

4. 轫致辐射

γ 射线一般伴随有 β 射线, β 射线在源
包壳或其他结构材料上被阻止时总会产生
轫致辐射, 特别是放射源的 β 射线强度大、
能量高, 而 γ 射线的强度又较弱时, 轫致辐
射的影响更为严重。轫致辐射的能量是连
续分布, 会影响 γ 射线能谱的低能端。图

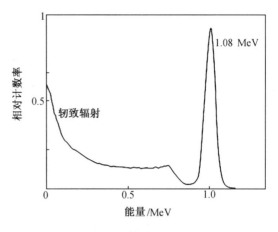

图 12.27　^{86}Rb 的 γ 能谱

12. 27 给出的用 NaI(Tl) 闪烁谱仪测得的^{86}Rb 的 γ 谱就是一个典型的受轫致辐射影响的例子。

除上述因素外, 对单能 γ 谱的影响因素还有: 探测器的包壳材料和光电倍增管的本底, 如
^{40}K 的本底贡献; 放射源中除待测 γ 射线外的其他 γ 射线的本底贡献, 例如发生轨道电子俘获
时后续发出的 X 射线等; 环境和宇宙线本底的影响, 包括周围介质的影响等。

12.4.2　核素标准 γ 谱及复杂 γ 谱的解析

当分析多种放射性核素的混合样品时, 由于许多能量的 γ 射线谱重叠在一起, 使实际测
量到的 γ 谱非常复杂。例如, 用闪烁 γ 谱仪或半导体谱仪测量的 γ 能谱都属于这种情况。对
这种复杂 γ 谱进行解析, 测定各种核素放出的 γ 射线的能量和强度, 是辐射探测的一项极为
普遍和重要的任务。

解析复杂 γ 谱的方法有很多, 其中之一就是利用核素的标准 γ 谱对复杂 γ 谱进行解析,
这种方法称为标准谱法。所谓标准 γ 谱指的是某一已知核素或某一已知样品的 γ 谱。标准
谱法的基本假定为: 复杂混合 γ 能谱可以看成是各个组成核素 γ 能谱按其注量率线性叠加而
成的。为此, 必须满足以下条件:

(1)标准谱和样品谱是在相同的测量条件下取得的, 包括几何条件、源的制备工艺等;

(2)谱仪的响应性能, 例如能量分辨率、探测效率等性能不随计数率显著变化。

1. 核素标准 γ 谱

核素的标准 γ 谱可以通过实验或数学模拟得到。例如, 图 12.28 给出的^{24}Na 的标准 γ 谱,
其中包含了能量分别为 2. 754 MeV 和 1. 369 MeV 的 γ 射线, 该能谱用 NaI(Tl) 单晶谱仪测量
得到, 可以明显的分辨出全能峰、单逃逸峰、双逃逸峰和反散射峰等。在某些专著[19]和文献中
给出了大量的核素标准 γ 谱, 这些标准 γ 谱一般是用 $\phi 3'' \times 3''(\phi 7.62 \text{ cm} \times 7.62 \text{ cm})$ 或 $\phi 5'' \times$
$5''(\phi 10.16 \text{ cm} \times 10.16 \text{ cm})$ 的 NaI(Tl) 闪烁探测器测得的。

标准 γ 谱除了用实验方法获得外, 还可以通过蒙特卡罗(Monte-Carlo)方法计算得到。利
用蒙特卡罗方法可以计算各种能量的 γ 光子在各种探测器条件(包括不同尺寸、不同探测器
材料、不同探测器包围材料等)下的能谱响应函数。由于截面数据的准确程度越来越高, 只要
取样粒子数目足够多, 模型建的足够详细, 则能够得到很满意的结果。随着计算机技术的迅猛

发展,蒙特卡罗方法也得到极大的发展,一些大型的、通用的蒙特卡罗程序,如 EGS,MCNP,Fluka,Geant 等得到大范围地应用,计算的精度和效率得到很大的提高。

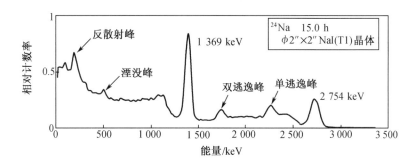

图 12.28　用 NaI(Tl) 单晶谱仪测得的²⁴Na 的标准 γ 谱

2. 利用核素标准 γ 谱解析复杂 γ 谱的方法

利用核素标准 γ 谱解析复杂 γ 谱的方法可分为剥谱法、逆矩阵法和最小二乘法等。用标准 γ 谱解谱时,首先必须知道被测样品中存在着哪几种核素,并且需要得到每种核素的标准 γ 谱。下面简述其原理。

（1）剥谱法

剥谱法的基本思想是首先从混合谱中找出道址最高的全能峰,由于它不受其他核素 γ 谱的康普顿坪的影响,可由峰位定出相应的 γ 射线能量,从而确定核素的种类。用混合谱中道址最高的全能峰的面积除以该核素标准谱中相应的全能峰面积,确定一个系数。从混合谱中扣除标准谱与系数的乘积。这样就完成了一次剥谱。然后,从剩余谱中再找出另一次高能量的射线谱,进行进一步分析。其余类推,可得到每种标准谱的系数,这个系数就是要寻找的和核素含量相关的值。剥谱法一般仅用于包含 2～3 个核素的复杂谱,原理简单,应用有限,在一些多道脉冲幅度分析器中常带有此功能。

（2）逆矩阵法

对于样品已知由 n 种核素组成,要求每种核素的活度 $x_j , j = 1 , 2 , \cdots , n$ 的问题,可以采用逆矩阵法,其基本过程如下。

①确定特征道域。对每种核素确定一个能标志该核素的道域,称为特征道域。特征道域一般选择在能表征该核素的特征 γ 射线的全能峰上,道序以 $i (i = 1 , 2 , \cdots , n)$ 表示。

②确定响应函数 a_{ij},响应函数定义如下:

$$a_{ij} = \frac{第 j 种成分在第 i 道域造成的计数率}{第 j 种成分的衰变率} \tag{12.58}$$

a_{ij} 由标准谱得到。$a_{ij} \cdot x_j$ 表示第 j 种核素活度为 x_j 时对第 i 道域的贡献。

③混合样品谱第 i 道域的计数率 m_i 为

$$m_i = \sum_{j=1}^{n} a_{ij} \cdot x_j \tag{12.59}$$

m_i 由实验测得。若用矩阵来表示,可得到

$$\boldsymbol{M} = \boldsymbol{A} \boldsymbol{X} \tag{12.60}$$

式中,$\boldsymbol{A}$ 是 a_{ij} 集合而成的矩阵,称谱仪的响应矩阵;$\boldsymbol{X}$ 为未知量 x_j 组成的列矩阵;$\boldsymbol{M}$ 为各特征

道域计数率组成的列矩阵;

④由(12.60)式可得到该矩阵的逆矩阵表达式为

$$X = A^{-1}M$$

即

$$x_j = \sum_{i=1}^{n} a_{ji}^{-1} \cdot m_i, j = 1, 2, \cdots, n \qquad (12.61)$$

式中,A^{-1}为矩阵A的逆矩阵,a_{ij}^{-1}为逆矩阵A^{-1}中第j行第i列元素。

这样,从(12.61)式可见,由实验测得M,由核素的标准谱(即响应函数)得到A^{-1},就可求得待测样品的各组成核素的含量X。

为了减少计数统计涨落的影响,提高计算结果的精确度,可使特征道域数多于样品中的组成分数,用最小二乘法求得结果。

逆矩阵法分析的样品中一般不超过5~6种核素。上述分析适用于闪烁γ谱仪和Si(Li)半导体γ谱仪。对于锗γ谱仪,由于其γ谱的峰呈"线峰",峰的重叠大大改善,因此,峰位和峰面积的确定十分容易,大大简化了谱的解析。

12.4.3　γ谱解析的函数拟合法

标准谱方法解谱仅能用于不太复杂的γ谱的解析,对较为复杂的γ谱则常用函数拟合法,函数拟合法不依赖于标准谱。在这种方法中,首先把γ谱划分成若干谱区间,每个谱区间包含若干个有意义的峰。在每个谱区间写出表征谱形的谱函数解析表达式。由测得的谱数据计算出谱函数解析表达式中的各个参数。由这些参数可以计算出这个谱区间内每个组分峰的面积,从而求出样品中各核素的浓度。

函数拟合中峰一般选择与γ射线能量有确定关系的峰位。全能峰、单逃逸峰和双逃逸峰的峰位所标定的能量与γ射线的能量都有确定的能量对应关系,所以这些峰又称为特征峰。它们与γ射线能量的关系分别为

$$E_f = E_\gamma$$
$$E_s = E_\gamma - m_0 c^2 \qquad (12.62)$$
$$E_d = E_\gamma - 2m_0 c^2$$

(12.62)式中,E_γ为γ射线的能量;E_f为全能峰的峰位对应的能量;E_s为单逃逸峰的峰位对应的能量;E_d为双逃逸峰的峰位对应的能量。

1. 表征特征峰的峰参数

一般情况下,特征峰呈对称分布,可以用高斯函数来描述。图12.29表示了特征峰的几个参数。I_p为峰的中心位置的道址;σ为峰形用高斯函数表示时的标准偏差;FWHM为峰最大值一半处的宽度(即半高宽);FWTM为峰最大值十分之一处的宽度。

峰形用高斯函数表达为

$$y(i) = y(I_p) e^{-(i-I_p)^2/2\sigma^2} \qquad (12.63)$$

式中,$y(i)$和$y(I_p)$分别为峰的第i道和峰位I_p的计数率。

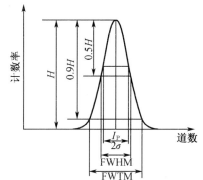

图12.29　表征峰的几个物理量

且定义能量分辨率为

$$\eta = \frac{\text{FWHM}}{I_{\text{p}}} \times 100\% \tag{12.64}$$

或

$$\text{FWHM} = 2\sqrt{2\ln 2}\,\sigma = 2.36\sigma \tag{12.65}$$

2. 源峰探测效率和峰面积

对一定能量的 γ 射线,在一定的测量仪器和测量条件下,全能峰所包含的计数与整个能谱包含的总计数的比值是一定的,这个比值称为峰总比 $f_{\text{p/t}}$。如果放射源(或样品)单位时间发射的能量为 E_γ 的光子数目用 N 表示,特征峰包含的计数率用 N_{p} 表示,峰内包含的本底计数率用 B 表示,则 N_{p} 与 N 的关系可用下式表示

$$N_{\text{p}} = N \cdot \varepsilon_{\text{sp}} + B \tag{12.66}$$

式中,ε_{sp} 为谱仪的源峰探测效率。它与(9.39)式中定义的绝对总效率 ε_{s} 的关系为

$$\varepsilon_{\text{sp}} = \varepsilon_{\text{s}} \cdot f_{\text{p/t}} \tag{12.67}$$

通过标定,得到谱仪的源峰探测效率 ε_{sp} 的情况下,由实验测得的谱求出峰面积计数 N_{p} 和本底 B,就可由(12.66)式得到放射源单位时间发出的该能量 γ 光子的数目 N。

图 12.30 给出了不同情况下求峰面积的方法。其中图 12.30(a)为本底可以忽略的情况,峰面积通过对上下限内各道计数率求和即可得到

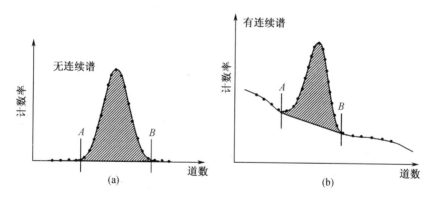

图 12.30　求峰面积时本底的扣除

$$N_{\text{p}} = \sum_{i=m}^{m+k} y_i \tag{12.68}$$

对存在连续谱本底的情况(如图 12.30(b)所示),可以简单的用线性内插的方法扣除本底

$$N_{\text{p}} = N'_{\text{p}} - (B - A)(y_A + y_B)/2 \tag{12.69}$$

式中,y_i 是第 i 道计数,N_{p} 和 N'_{p} 为从 m 道加到 $m+k$ 道的净计数和扣除本底前的计数。更精确的方法是用多项式拟合的方法扣除本底。

对锗探测器 γ 谱仪,锗探测器的高分辨率使得特征峰呈真正的"线峰",峰的高度成为其主要特征,为此常用峰康比来表征特征峰的特点。峰康比即峰位计数率与康普顿坪的平均计数率的比值。采用锗探测器后,峰下的本底和高能 γ 谱的康普顿平台对低能全能峰的影响很容易扣除,峰面积的获得变得较为简单了。

3. 函数拟合法解谱的基本过程

函数拟合法解谱的基本思路是根据所测量的谱区数据,用一个已知的峰函数(包括本底函数)拟合谱区数据后得到包括峰位、半高宽等峰参数。常用的峰形函数由两部分组成,一部分是本底函数,另一部分是由样品的 γ 射线产生的峰函数,函数拟合可以分成下列几步:

(1)把谱分成若干谱区间,每个谱区间包含了若干叠加在本底上的峰。谱区间又称拟合区间,谱区间的划分是要满足一定条件的,例如重叠的峰应处于同一个拟合区间内;拟合区间的边界应位于本底点上;孤立的单峰独立占有一个拟合区间等。

(2)在某一个谱区间,谱曲线用谱函数表示为

$$\overline{Y}_i = F(x_i, P), i = 0, 1, \cdots, n - 1 \tag{12.70}$$

式中,$\overline{Y}_i$ 为由谱函数确定的 x_i 道的谱数据;x_i 为道址,n 为该谱区间的谱数据点数;$P = (P_1, P_2, \cdots, P_k)$ 为待定参数向量,k 为参数的个数,k 个参数决定了谱的形状和特征。

本底函数有三种选择:直线拟合,二次函数拟合和三次函数拟合,一般采用二次函数拟合。本底的二次拟合函数为

$$b(x_i) = P_1 + P_2 x_i + P_3 x_i^2 \tag{12.71}$$

式中,$b(x_i)$ 为第 x_i 道的本底计数率;P_1, P_2, P_3 为待定参数。若该区间除本底外包含三个峰,则典型谱函数为

$$\overline{Y}_i = F(x_i, P) = P_1 + P_2 x_i + P_3 x_i^2 + \sum_{j=1}^{3} P_{3j+1} \exp\left[-(x_i - P_{3j+2})^2 / 2P_{3j+3}^2\right] \tag{12.72}$$

式中,$P_1 \sim P_3$ 为本底函数的参数;P_{3j+1} 为第 j 个峰的峰高 h;P_{3j+2} 为第 j 个峰的峰位 I_p;P_{3j+3} 为第 j 个峰的标准偏差 σ,即峰宽。

(3)把谱函数与谱数据拟合,得到残差平方和

$$Q = \sum_{i=0}^{n-1} g_i \left[Y_i - F(x_i, P)\right]^2 \tag{12.73}$$

式中,Y_i 为 γ 谱实测数据;n 为实验数据点数;g_i 是权重因子,取 $g_i = 1/Y_i$。方程组(12.73)称为目标方程。

将目标方程对谱函数的参数求偏微分,并得到残差平方和的极小值:

$$\frac{\partial Q}{\partial P_1} = 0, \cdots, \frac{\partial Q}{\partial P_k} = 0 \tag{12.74}$$

方程组(12.74)称正规方程。求解正规方程即可得到(12.72)式的谱函数,进而可得到三个峰的半高宽 FWHM_j 和峰的净面积 S_j:

$$\mathrm{FWHM}_j = 2\sqrt{2\ln2}\,\sigma_j = 2.36 P_{3j+3} \tag{12.75}$$

$$S_j = \sqrt{2\pi} \cdot \sigma_j h_j = \sqrt{2\pi} P_{3j+1} \cdot P_{3j+3} \tag{12.76}$$

求解正规方程的数值计算方法依正规方程的性质不同而异,一般情况下,正规方程为非线性方程组,通常采用迭代法求解。

函数拟合法的最大优点是不必预先知道样品中含有核素的种类,此外,在测量系统计数率等测量条件使谱形有较大改变的情况下,仍能达到比较满意的精度。

在精度要求更高的场合,用高斯函数来描述峰函数还不能满足精度的要求。为此在高斯函数的基础上进行多种改进,主要的改进型分为两类。第一类改进的峰形函数用高斯函数与几个尾部函数求和,用以反映实验中的种种复杂因素;第二类改进型高斯函数,是在峰的中心区和

尾部区使用不同的参数,然后把它们光滑地联结起来。这些更深入的内容可参考有关资料。

随着计算机技术的发展,复杂 γ 能谱的解析都可用计算机来完成,一般包括下列方面的工作:①谱数据的平滑;②寻峰;③确定峰位和 γ 射线能量;④确定峰的面积,进而得到 γ 射线发射率;⑤计算 γ 射线能量和发射率的误差;⑥输出计算结果。这些工作相应的程序很容易从商业软件得到,不过,有时为满足特殊的需要,还要开发一些专用的程序。

12.4.4　γ 能谱测量装置

1. 单晶 γ 能谱仪

大量使用的 γ 能谱测量装置往往只用一只探测器(如 NaI(Tl)、HPGe 或 Si(Li)探测器等),常称为单晶 γ 谱仪。在第 9、10 章已有详细论述。

由探头输出的脉冲进入多道脉冲幅度分析器,多道脉冲幅度分析器用于获取和显示数据,它的核心是模数变换器(ADC),ADC 把脉冲幅度变换成道址,这样得到的各道计数率就是不同脉冲幅度的计数率。通常,多道采集的数据通过接口送入计算机进行处理。

用于比较 γ 谱仪性能优劣的技术指标主要为:

(1)能量分辨率　能量分辨率是一套谱仪的主要指标,它是衡量能否将两个能量相近的 γ 射线分开的主要因素。能量分辨率的大小与 γ 射线的能量有关,因此,提到能量分辨率时必须注明所对应的 γ 射线能量。当然,有些时候 γ 射线能量是缺省的,对闪烁 γ 谱仪,能量分辨率一般以 ^{137}Cs 的 662 keV 的 γ 射线为参考,且以 η 表示,如 NaI(Tl)单晶闪烁谱仪的能量分辨率一般为 $\eta = 7\% \sim 10\%$;半导体探测器 γ 谱仪的能量分辨率一般用 FWHM 表示,对平面型 Si(Li)半导体探测器,多以 ^{55}Fe 源的能量为 5.95 keV 的 MnKX 射线为参考,一般 FWHM 为 160～200 eV;对 Ge(Li)或 HPGe 探测器则以 ^{60}Co 的 1.332 MeV 的 γ 射线为参考,通常的范围为 FWHM = 1.6～2.2 keV;正比谱仪一般也以 ^{55}Fe 源的能量为 5.95 keV 的 MnKX 射线为参考。

(2)线性度　线性度指测量装置的能量刻度曲线在一定能量范围内偏离线性的程度。它与测出的能量数值的准确性有关,给出这个指标时应注意适用的能量范围。

(3)峰康比或峰总比　峰康比或峰总比关系到能量高的 γ 射线的康普顿坪淹没能量低而发射率小的 γ 射线全能峰的程度,峰康比或峰总比好的谱仪一般具有较低的探测限。

(4)源峰探测效率　源峰探测效率高的谱仪具有较明显的全能峰,这个指标与辐射强度测量相联系,它与被测量样品的最小可测限有关。

(5)允许最高计数率　允许最高计数率关系到数据积累速度和测量时间,以保证峰的计数的统计误差满足一定的要求,同时,保证高计数率情况下,对计数的死时间修正处于合理的范围。

(6)本底的大小　本底关系到 γ 能谱测量装置的可探测限和判断限的问题,这与活度测量的要求相同。

(7)谱仪的稳定性　谱仪的稳定性是保证测量结果可靠性的重要指标,要注意谱仪的短期和长期稳定性。

2. 使用符合或反符合的 γ 能谱测量装置

使用符合的 γ 能谱测量装置是符合技术的一种典型应用,一般具有两个或多个探测器并采用符合技术,达到增强特征峰而抑制谱的其他部分的干扰的效果,甚至对一个能量的 γ 射线只产生一个峰,大大简化了所测的 γ 谱。下面介绍几种这样的 γ 能谱测量装置。

（1）全吸收反康普顿谱仪

γ 射线能量为几百 keV 至 MeV 的能量范围内时，单晶 γ 谱仪测得的能谱中康普顿坪的面积比较大，给复杂谱的解析增加了困难。这是因为较低能量的 γ 射线的全能峰会叠加在高能 γ 能谱的康普顿坪上，坪的计数又不可避免地带有统计涨落。从而，大大影响了较低能量的 γ 射线全能峰面积的测量精度或有可能根本寻不到较低能量 γ 射线的全能峰。

全吸收反康普顿谱仪能有效地抑制康普顿坪和逃逸峰，它的主探测器被反符合环辅探测器所包围。在反符合环无脉冲输出的条件下，主探测器输出的脉冲进入多道被处理并记录在能谱上；而当反符合环和主探测器同时有脉冲输出时，即主探测器中的康普顿反冲电子和进入

环探测器中的散射光子同时都有输出时，主探测器的输出信号将不被处理。这样，既不影响全能峰的记录，又可充分的抑制康普顿坪的面积。假如反符合探测器的尺寸足够大而且能够尽可能多的吸收康普顿散射光子，则可将康普顿坪压到最低。这种谱仪通常称为全吸收反康普顿谱仪，方框图如图 12.31 所示。

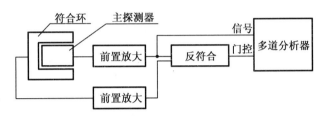

图 12.31　全吸收反康普顿谱仪结构示意图

一个带有反符合环的高纯锗反康普顿谱仪的结构示意图如图 12.32 所示。用这种谱仪测得的 ^{137}Cs 能谱如图 12.33 所示，可见，采用反符合后明显地抑制了康普顿平台。

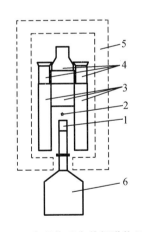

图 12.32　全吸收反康普顿谱仪示意图

1—高纯锗探测器；2—放射性样品；
3—NaI(Tl)晶体；4—光电倍增管；
5—铅屏蔽体；6—低温液氮罐

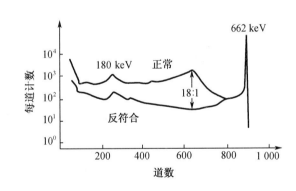

图 12.33　反康普顿谱仪测得的 ^{137}Cs 能谱

（2）康普顿谱仪（双晶谱仪）

康普顿谱仪同样采用两只探测器，由主探测器和设置在与入射轴成一定角度的符合探测器（或环状探测器）组成，只有两只探测器同时有脉冲时才产生计数。其实质是对康普顿反冲电子和散射到一定方向的康普顿散射光子进行符合测量，只有康普顿反冲电子和散射光子同

时在主探测器和符合探测器产生脉冲时,主探测器中由反冲电子产生的信号才被记录。这种谱议称为康普顿谱仪。

对一定能量的 γ 射线,由于测量装置的几何关系决定了散射角,因此,反冲电子的能量是确定的,应满足(6.44)式的关系,因此,对单能 γ 射线,康普顿谱仪所测能谱仅有一个"峰",但要注意,峰位与 E_γ 的关系也由(6.44)式确定。

为提高探测效率,一般选择散射角 θ 为 150° 左右。即使如此,康普顿谱仪的探测效率仍然很低,仅为 $10^{-3} \sim 10^{-4}$。这种谱仪的方框图和用这种谱仪测得的 ^{60}Co 的 γ 能谱如图 12.34 所示。

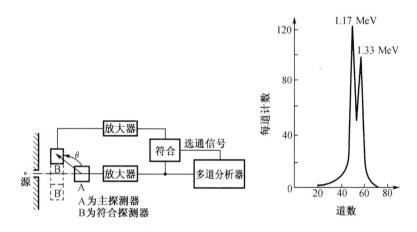

图 12.34　双晶谱仪的原理和测得的 ^{60}Co 能谱

(3)电子对谱仪(三晶谱仪)

电子对谱仪用以测量 2 MeV 以上能量的 γ 射线。如图 12.35 示,电子对谱仪由三只探测器组成,仅当三只探测器同时都有脉冲输出时才产生计数,也就是入射 γ 光子在中心探测器内产生了电子对效应,而且后续正电子湮没产生的两个能量为 0.511 MeV 的湮没光子均被两侧探测器记录时,中心探测器的输出信号才被记录和分析。由于两个湮没光子的方向相反,所以辅探测器应相对放置。电子对谱仪中心探测器输出的脉冲幅度所对应的能量是 $E_\gamma - 1.022$ MeV,相应于单晶谱仪中的双逃逸峰的位置。其他相应于全能峰、单逃逸峰和康普顿坪的脉冲均被甄别掉了。用这种谱仪测得的 γ 谱如图 12.36 所示。

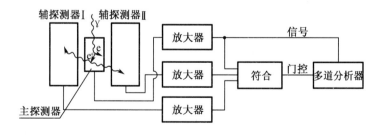

图 12.35　电子对谱仪结构示意图

对上述三种采用符合技术组成的 γ 谱仪我们仅讲述了它们的基本原理,实际应用中会复杂一些,功能上还可以有所增加,例如可以加入能量的甄别等。通过这些实例,可以深化对符合方法的应用特点及其优点的理解,以便能够根据要求设计合理的测量系统。

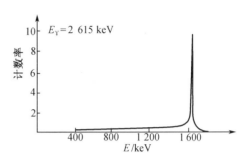

图 12.36 电子对谱仪测得的 γ 谱

12.5 低水平活度样品测量的一般问题

在环境监测、辐射防护、考古、地质学及有关生命科学的研究中,经常遇到测量极其微弱放射性样品的问题。例如,核设施周围放射性的平衡、核沉降物的测量,放射性废物向大气、水域排放的监控;断代法考古学的测量;食品中放射性的检测等等,称之为低水平活度测量。

低水平放射性测量中,样品的放射性活度很低,容易受到主要为本底的非样品计数的干扰,必须采用专门的低水平测量装置和技术。这里对低水平活度测量中的一般问题做一简略介绍。

12.5.1 测量装置的优质因子

对一个具体的测量对象,可选择不同的测量装置,但总需要考虑放射性样品的活度、本底的大小和测量的时间三要素。为了得到一定的测量结果的精度,就要花一定的时间去测量样品和本底的计数,它们之间有一定的联系。下面将通过测量装置的优质因子和探测极限的讨论予以说明。

由(7.64)和(7.65)式,可以得到样品净计数率的相对标准偏差 ν_{n_0} 为

$$\nu_{n_0} = \frac{1}{n_s - n_b} \sqrt{\frac{n_s}{t_s} + \frac{n_b}{t_b}} = \frac{1}{n_0} \sqrt{\frac{n_0 + n_b}{t_s} + \frac{n_b}{t_b}} \tag{12.77}$$

式中,n_s,n_0,n_b 分别为实测计数率、净计数率和本底计数率,$n_0 = n_s - n_b$;t_s 和 t_b 分别为样品和本底测量时间,且有总测量时间 $T = t_s + t_b$。

由(7.73)式,为使样品净计数率的相对标准偏差最小,测量样品和测量本底的时间分配应满足

$$\frac{t_s}{t_b} = \frac{\sqrt{n_0 + n_b}}{\sqrt{n_b}} \tag{12.78}$$

将(12.78)式代入(12.77)式即得

$$\frac{1}{T} = \frac{\nu_{n_0}^2 n_0^2}{\left(\sqrt{n_0 + n_b} + \sqrt{n_b} \right)^2} \tag{12.79}$$

测量过程中,在保证一定的相对标准偏差的前提下,测量时间越短越好,定义探测装置的优质因子 Q 为总测量时间 T 的倒数,即

$$Q = \frac{1}{T} = \frac{\nu_{n_0}^2 n_0^2}{\left(\sqrt{n_0 + n_b} + \sqrt{n_b}\right)^2} \tag{12.80}$$

优质因子 Q 可作为评价不同测量装置优劣的一个指标，Q 越大则该装置性能越好。

从(12.80)式可看到，当放射性很弱时，即 n_0 远小于 n_b 的情况，$Q \approx \nu_{n_0}^2 n_0^2/4n_b$。为获得较好的优质因子 Q，提高净计数率和降低本底都十分重要。为增大 n_0 一般选用探测效率高和有较大灵敏面积的探测器，至于本底的来源和如何降低本底将在后面讨论。

12.5.2　测量装置的探测极限

样品计数测量一般首先要回答样品中有无待测放射性，然后才能确定样品中该放射性的大小。对于一般的样品测量，这是不难回答的问题。但对于低水平测量，由于净计数与本底计数不相上下，甚至可能出现净计数比本底计数还要低的情况，这时首先要判断所测的计数究竟是样品中放射性的贡献还是本底涨落所致。

1968 年柯里(L. A. Currie)从放射性计数测量的统计性出发，引入了判断限、探测下限和定量极限三个概念，来表述一个测量装置所能探测样品放射性的极限。

1. α 错误与判断限 L_C

在低水平测量中，常常把样品测量时间与本底测量时间取相等数值，即所谓等时间测量。在下面讨论中，用 N_s，N_0，N_b 分别表示样品总计数、待测样品净计数及本底计数，相应的标准偏差为 σ_s，σ_0 及 σ_b。并有

$$N_0 = N_s - N_b \tag{12.81}$$

$$\sigma_0 = (\sigma_s^2 + \sigma_b^2)^{1/2} = (N_0 + 2N_b)^{1/2} \tag{12.82}$$

在实际测量中，为保证测量条件的相同，测量本底时放置一空白样品。空白样品与待测样品的差别仅为有无放射性，它们的形状大小和物理、化学性质都应该一样。当样品不含放射性时，测得的本底计数的分布曲线如图 12.37(a)所示。横坐标为计数，纵坐标为相应计数的概率，分布函数呈高斯分布，测得本底计数的期望值为 N_b。由图可见，所测得的计数完全可能出现大于 N_b 的情况。这种情况要求我们规定一个计数值 L_C，当 $N_0 < L_C$ 时，就认为样品中不含待测放射性。L_C 称为判断限。

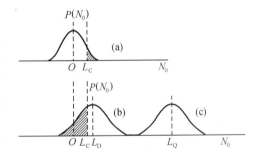

图 12.37　两种错误的示意图

当然，这种判断限是统计学中的量。事实上，当 $N_0 > L_C$ 时，未必样品一定就含放射性，因为本底 N_b 的涨落也能造成这种情况。所以，这种判断也可能包含一定的错误，误把不含放射性的样品当成含有放射性的，即把"无"说成"有"，这种错误称为 α 型错误，又常称第一类错误，发生这种错误的概率记作 α，如图 12.37(a)中的斜线部分。若正态分布是归一的，那么图中阴影部分的面积代表 α 值大小。由图可见，L_C 越大，α 就越小，也就是把"无"认为"有"的错误可能性越小。

根据出现第一类差错概率的大小，我们可以确定判断限的大小。通常把它表示为无放射

性样品净计数标准偏差 σ_0 的倍数,即

$$L_{\mathrm{C}} = K_\alpha \cdot \sigma_0 \tag{12.83}$$

由于 $N_0 = 0$,所以 $\sigma_0 = \sqrt{\sigma_s^2 + \sigma_b^2} = \sqrt{(N_0 + N_b) + N_b} = \sqrt{2N_b}$; K_α 的取值与出现 α 错误的概率有关,α 错误的概率可通过对 $N_0 = 0$ 为对称轴的正态分布从 L_{C} 到 ∞ 积分得到:

$$\alpha = \int_{K_\alpha \sigma_0(0)}^{\infty} \frac{1}{\sqrt{2\pi}\,\sigma_0(0)} e^{-N_0^2/\sigma_0^2(0)} \mathrm{d}N_0 \tag{12.84}$$

这是一个误差函数。几个典型的 α 值与 K_α 的关系见表 12.2。

表 12.2 $\alpha(\beta)$ 与 $K_\alpha(K_\beta)$ 的对应数值表

$\alpha(\beta)$	1%	5%	10%	25%	50%
$K_\alpha(K_\beta)$	2.33	1.645	1.282	0.075	0

(12.84)式和表 12.2 表明,如果把"无"误为"有"的错误概率越小,即 α 值越小,则相应的 K_α 就越大,就必然导致 L_{C} 的加大。

2. β 错误与探测下限 L_{D}

另一方面,当样品实际上有放射性时,测得的计数(含本底)的分布曲线如图 12.37(b)所示。由于计数的统计涨落,测到的计数完全可能是 $N_0 < L_{\mathrm{C}}$,以致误认为样品不含有放射性而漏记了。这种把"有"误判为"无"称为第二类错误,又称 β 错误,发生这种错误的概率记作 β,如图 12.37(b)中的斜线部分。若正态分布是归一的,那么图中阴影部分的面积代表 β 值大小。所以,还要规定一个计数限值 L_{D},当 $N_0 > L_{\mathrm{D}} + N_b$ 时,就认为样品有放射性,L_{D} 称为探测下限。对于确定的 L_{C},L_{D} 取得越高,则发生 β 错误的概率越小。根据对漏测概率的需求,可以确定 L_{D} 的大小。

同样,可以用样品净计数标准偏差 σ_{D} 来表示 L_{D},即

$$L_{\mathrm{D}} = L_{\mathrm{C}} + K_\beta \sigma_{\mathrm{D}} \tag{12.85}$$

并采用相似于求 α 错误一样的思路,求出发生 β 错误的误差函数:

$$\beta = \int_{-\infty}^{L_{\mathrm{C}}} \frac{1}{\sqrt{2\pi}\,\sigma_{\mathrm{D}}} e^{-(N_0 - L_{\mathrm{D}})^2/2\sigma_{\mathrm{D}}^2} \mathrm{d}N_0 = \int_{K_\beta \sigma_{\mathrm{D}}}^{\infty} \frac{1}{\sqrt{2\pi}\,\sigma_{\mathrm{D}}} e^{-N_0^2/2\sigma_{\mathrm{D}}^2} \mathrm{d}N_0 \tag{12.86}$$

表 12.2 中 α 值与 K_α 的关系同样适用于 β 值与 K_β 的关系。用 σ_{D} 代替(12.82)式中的 σ_0 和用 L_{D} 代替 N_0,可以得到

$$\sigma_{\mathrm{D}} = (L_{\mathrm{D}} + 2N_b)^{1/2} \tag{12.87}$$

将(12.83)和(12.87)式代入(12.85)式,就可得到

$$L_{\mathrm{D}} = L_{\mathrm{C}} + K_\beta \sigma_{\mathrm{D}} = L_{\mathrm{C}} + \frac{1}{2}K_\beta^2 \left[1 + \left(1 + \frac{4L_{\mathrm{C}}}{K_\beta^2} + \frac{4L_{\mathrm{C}}^2}{K_\alpha^2 K_\beta^2}\right)^{1/2}\right] \tag{12.88}$$

由(12.88)式可见,L_{D} 选取越高,即相应的 K_β 越大,图 12.37(b)中斜线部分的面积就越小,这样,把"有"说成"无"的 β 错误概率就越小了。

一般选 $K_\alpha = K_\beta = K$,则有

$$L_{\mathrm{D}} = K^2 + 2L_{\mathrm{C}} \tag{12.89}$$

在实际测量中,为做出更符合实际的合理判断,需对 α 与 β 同时提出要求,例如两者均应

小于 5% ,即所作的"有"或"无"的判断,所包含的无论哪一类错误的可能性均不能超过 5%。对应于 $\alpha = \beta = 5\%$,则有 $K_\alpha = K_\beta = 1.65$。这时

$$L_C = 2.33 \sqrt{N_b} \tag{12.90}$$

$$L_D = 2.71 + 4.65 \sqrt{N_b} \tag{12.91}$$

我们可以进一步估计当净计数刚好等于判断限和探测下限时,它们的净计数率的相对标准偏差。对判断限,取 $N_0 = L_C$, $L_C = K_\alpha \sigma_0(0) = K_\alpha \sqrt{2N_b}$, $t_s = t_b$ 代入(12.77)式,得到

$$\nu_{L_C} = (L_C + 2N_b)^{1/2}/L_C \approx 60\%$$

同样的方法,可求出当净计数刚好等于探测下限时,净计数率的相对标准偏差 $\nu_{L_D} \approx 30\%$。可见,当样品放射性刚好等于或大于探测下限时,被漏测即发生 β 错误的概率比较小了(小于 5%),但相对标准偏差还是都比较大的。

可以根据净计数率的相对标准偏差的大小,确定净计数率 L_Q,以满足测量精度的要求,一般把 L_Q 称为定量下限,如图 12.37(c)所示。

设一个计数测量装置,本底测量时间 10 分钟,测得计数为 100。样品测量为等时测量,要求置信概率为 95%。这时,由(12.90)和(12.91)式,得到判断限 $L_C = 23.3$;$L_D = 49.2$。假如要求相对标准偏差小于 10% ,则要求在 10 分钟内的总计数(含本底)L_Q 应大于 200。

12.5.3 低水平放射性测量装置

广义而言,本底包括除待测放射性核素之外的任何原因引起的计数。一般可分为两大类:①源外引起的计数,例如宇宙射线、环境中的放射性、探测器自身材料的放射性、电磁干扰、电子学噪声等;②源内因素引起的本底。不同原因引起的本底应认真分析,采取有效的办法予以消除。

对大尺寸的固体闪烁探测器而言,本底计数率可能高达每分钟数千计数,表 12.3 给出了一些关于本底计数的量级概念;而在低水平放射性样品的测量中,样品的比放射性活度常为 10 Bq/kg 的量级,如果探测装置的探测效率为 50% ,这时每克样品每分钟只给出一个计数。因此,降低装置的本底计数十分重要。采取一定措施后,测量装置的本底计数可有效降低,如采用特殊降低本底措施的低本底 α 计数装置,数小时只有一个本底计数。

表 12.3 NaI(Tl)闪烁计数器的本底[20]

($\phi 7.62$ cm $\times 7.62$ cm NaI(Tl),10 t 铅和 160 kg 石蜡的屏蔽)	
①不带屏蔽体	29 200(计数/min)
②在屏蔽体内	203.4
其中,由宇宙射线介子引起	116.4
由宇宙射线中子引起	19.4
由 ^{222}Rn 子体引起	25.9
由 ^{40}K 引起	8.6
其余本底	33.1

1. 降低本底的方法

根据本底的来源,降低实验本底主要有如下措施和方法。

(1)物质屏蔽及屏蔽材料的选择

宇宙射线是本底的重要来源,采用屏蔽层可以有效降低宇宙射线产生的本底计数。材料常选用铅、铁和混凝土等材料,这些材料要经过精心的选择,例如老铅的选用就十分重要。屏蔽的主要作用是屏蔽宇宙射线中的软成分及实验室环境的 γ 辐射。必须注意,宇宙射线中的快中子可能在屏蔽层中产生次级 γ 射线。所以主屏蔽体也不是越厚越好,一般 15 cm 的铅或 25 cm 的铁已足够了。

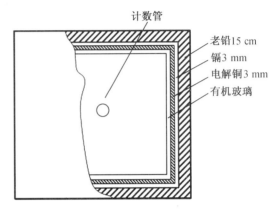

图 12.38　计数装置的屏蔽结构

为吸收主屏蔽体中产生的低能散射射线(~ 200 keV)或铅的 X 射线(70 ~ 80 keV),在屏蔽体内加一层镉衬里,厚度为 3 mm 左右。镉的 X 射线(~23 keV)被更内层的电解铜(~3 mm)所吸收,屏蔽结构的最里层为 3 mm 的聚乙烯或有机玻璃板。图 12.38 中给出了一个典型计数装置的屏蔽结构。

(2)探测器和装置的低本底材料的选取

这主要指应选用低本底材料制造探测器及相应的结构等。例如,可选用低钾原材料来制造 NaI(Tl)单晶,因为钾中含有放射性核素^{40}K,会带来本底的增加。晶体封装玻璃及光电倍增管玻壳也均应采用低钾玻璃,甚至采用石英玻璃,以降低本底。表 12.4 是国产光电倍增管中某些零件的 β 放射性含量。

表 12.4　国产光电倍增管中某些零件的 β 放射性含量[20]

样品名称	比放射性/(10^{-12} Ci/g)	样品名称	比放射性/(10^{-12} Ci/g)
镍片	<0.96	5# 玻璃	0.8 ±0.1
天然云母片	65.0 ±2.0	进口管窗玻璃	25 ±0.7
人造云母片	67.0 ±2.0	透紫管窗玻璃	<0.1
人造陶瓷片	12.0 ±0.5	石英玻璃	<0.2

(3)采用反符合屏蔽

宇宙射线中硬成分所造成的本底无法用物质屏蔽来消除。可以用反符合的办法来解决。为此,在主探测器周围或顶部放置一组探测器,主探测器仅用于记录样品的放射性。而宇宙射线由于穿透能力强,在进入主探测器前必然先穿过屏蔽探测器,如同图 12.11 所示。两组探测器同时有信号输出,经过反符合电路使宇宙射线引起的本底不被记录,达到消除本底的作用。屏蔽探测器常选用塑料闪烁探测器、NaI(Tl)或 BGO 闪烁探测器等。

2. 低水平放射性测量装置

为达到低水平放射性的测量,根据所采用的探测器和测量的要求,综合利用上述降低本底的措施,发展了各种低水平放射性测量装置,下面对两种应用较多的装置进行分析。

（1）EJ2600 型 α,β 低本底测量仪

该装置原理图如图 12.39 所示,采用符合和反符合方法来降低本底。其中探测器 1 为反符合探测器,用以降低宇宙射线本底。探测器 2、3 为双管结构,双管之间用很薄的聚酯膜分开。两管采用符合计数的方式,可将计数管原材料中的放射性本底计数减少到最低的限度;并将计数管内产生的放电等引起的干扰大大降低。

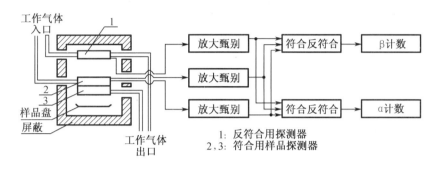

图 12.39　EJ2600 型 α,β 低本底测量仪器原理图[20]

在探测器周围,用 10 cm 的铅作为屏蔽,内衬 1 cm 钢。该装置在各种条件下的 β 本底见表 12.5;对 α 本底,连续测量 24 小时,平均为 0.1 min^{-1}。

表 12.5　国产 EJ2600 型 α,β 低本底测量仪的 β 本底[20]

降低本底措施	本底计数(计数/min)
无屏蔽	130
10 cm 铅 + 1 cm 不锈钢	42.4
10 cm 铅 + 1 cm 不锈钢 + 反符合,单管	2.4
10 cm 铅 + 1 cm 不锈钢 + 反符合,双管符合	1.4

（2）FH1906 型低本底 γ 谱仪

FH1906 型低本底 γ 谱仪采用了全吸收反康普顿谱仪的方案,其原理如图 12.32 所示。主探测器和堵头探测器采用低本底 φ75 cm×75 cm 的 NaI(Tl) 晶体,环探测器由三块 φ200 mm、高为 100 mm 的 NaI(Tl) 晶体组成,晶体之间用硅油耦合,侧面用 6 个光电倍增管收集闪烁光子。环晶体与堵头晶体构成 Ⅱ 型屏蔽。环探测器在降低宇宙射线及其他实验室本底的同时,起到压低主探测器 γ 谱中的康普顿平台的作用。整个探测器放置于厚度为 11.5 cm 钢和 3 cm 铅的屏蔽室中。

采用这些技术后,在 0.05～2.0 MeV 的能量范围内,装置本底降到 36.7 min^{-1}。主探测器也可采用 HPGe 探测器,可获得更好的结果。

12.6　辐射成像原理

在核科学与工程实践中,还有一种基本的辐射探测类型——位置测量。在这些测量中需要探测的不仅是辐射场中单独某一位置的注量率、能量分布,而是要测定在某一空间范围内的辐射粒子入射位置或是其空间分布。概括地说,就是要测定大量辐射粒子在空间的分布,包括一维、二维或三维的分布情况。

利用对辐射场空间分布的测量来确定客体或人体内部的结构与组成,即为辐射照相或辐射成像。例如,辐射成像在临床医学得到广泛的应用,成为现代医学的一个标志。近年来,辐射成像在工业、公共安全等领域的应用亦有较大的发展。

辐射成像可以分成两大类:

(1)透射型辐射成像　利用 X/γ 射线在穿透客体不同部位时衰减的差异,得到客体的密度或厚度的分布。例如,使用最早的 X 射线透视及数字成像;X/γ 射线探伤及 X 射线计算机断层扫描(XCT)等。

(2)发射型辐射成像　主要用于核医学,把放射性同位素注入体内,并形成部位的聚集,利用探测器在体外测量放射性同位素发出的 γ 辐射。例如,早期的扫描仪、γ 照相机及单光子发射 CT(SPECT)和正电子发射断层扫描(PET)等。

这方面有许多专著,这里仅介绍探测的物理原理,并重点讨论透射型辐射成像原理。

12.6.1　辐射成像的机制

辐射成像或辐射照相就是利用射线穿透客体时客体内部物质对射线衰减的差异来得到有关客体内部状况的图像的。与可见光的摄影不同,对于 X 或 γ 射线以及中子等辐射是不存在"聚焦透镜"的。因此,利用这些辐射的辐射成像只能应用最简单的投影成像原理——即射线经吸收物质后的衰减规律。

当点源与客体距离很远时,X/γ 射线束可看成平行束,射线束通过客体(即吸收体)而到达位置灵敏度探测器。客体在探测器上投影区各点的辐射强度由对应的射线穿过客体有关部分时被衰减的程度决定。因此,投影区内探测器上的辐射强度分布代表了客体的质量吸收厚度的分布。只要把探测器测到的辐射强度的分布用图像表达出来,就得到了一幅客体的质量吸收厚度的分布图,质量厚度越大的地方所对应的投影点的辐射强度越小。

假设没有客体时,探测器上各点所接受到的辐射强度为 I_0,如果不考虑散射等因素的影响,则当有客体时,探测器上各点辐射强度将为

$$I = I_0 e^{-\mu_m x_m} \tag{12.92}$$

其中,μ_m 为客体的质量衰减系数;x_m 为客体中与该投影点对应部分的质量厚度。

早期 X/γ 射线照相中都用特制的 X 射线胶片作为探测器,X 底片各点的曝光量正比于该点的辐射强度。在现代辐射照相中,一般采用二维的位置灵敏探测器,每个探测器单元(或像素)的信号直接数字化,整个图像信息以数码的形式出现,称作数字辐射照相 DR(Digitized Radiography)。衡量数字辐射照相质量的指标很多,但核心指标为反差灵敏度与空间分辨率。

1. 反差灵敏度

反差灵敏度是指探测系统所能感知的客体的最小相对厚度变化。即

$$CI = \left| \frac{\Delta x_{\min}}{x} \right| \tag{12.93}$$

式中，$\Delta x_{\min}$ 是指在厚度 x 的情况下，成像系统所能分辨出来的最小厚度变化量。其推演基于 (12.92) 式，即在 X/γ 射线被良好准直的条件下，满足指数吸收规律。同时考虑放射性计数的统计涨落和测量系统的动态范围时，可得到

$$CI = b \frac{e^{\mu_m x_m}}{\mu_m x_m} \sqrt{\frac{e^{-\mu_m x_m}}{N_e} + \frac{1}{S^2}} \tag{12.94}$$

式中，N_e 是采样时间内入射的 X/γ 射线在探测器单元内产生的次电子数；S 是信号测量系统的动态范围，即其所能测到的最大信号与所能测出的最小信号之比；b 是观测因子，将由图像处理技术和观测者的熟练程度而定，经大量试验，b 一般取在 1 ~ 1.5 的范围。

(12.94) 式中，因子 $e^{\mu_m x_m}/\mu_m x_m$ 是 $\mu_m x_m$ 的函数，在 $\mu_m x_m = 1$ 时，$e^{\mu_m x_m}/\mu_m x_m$ 取最小值。应尽可能选取测量条件使 $\mu_m x_m$ 的值在 1 附近。当被检物的质量厚度很小时，应选取能量较低的 X/γ 射线，使 μ_m 值大一些。当被检物的质量厚度很大时，应选取能量较高的 X/γ 射线，使 μ_m 值小一些，这样才能保证良好的反差灵敏度。

2. 空间分辨率

空间分辨率（也叫作位置分辨率）指系统所能分辨的被测客体内的最小异常区域的尺寸。数字成像系统的空间分辨率主要取决于探测器单元（或像素）的截面尺寸的大小，也与系统的反差灵敏度有关。

12.6.2　X/γ 射线照相

X/γ 射线照相是现代工业与医学中应用最广的辐射成像技术。辐射源可以是 γ 射线源，但更多的是 X 射线源，包括 X 射线管和直线加速器等，其本质是轫致辐射，能量范围可从几十 keV 到 15 MeV 左右，适合不同的被测物质和透射深度要求。

X/γ 射线照相的探测系统主要可分为两大类。一类采用闪烁屏幕或 X 光胶片；另一类则是阵列探测器。阵列探测器对于高能电磁辐射仍有相当高的探测效率，具备比 X 光胶片或闪烁屏大得多的动态范围，可以构成巨大尺寸的探测器阵列。因此，在大质量厚度与大几何尺寸客体的辐射照相中，主要采用阵列探测器。

图 12.40 为大型物体辐射检测系统基本组成和原理示意图。图中 X 射线源为直线加速器，脉冲持续时间为 2 ~ 3 μs，脉冲周期为 5 ms，能量为 2.5 ~ 9 MeV。前后准直器把射线约束成一定张角的扇形射线束，同时减少束外射线在其他构件上的散射。

探测系统由阵列位置灵敏探测器和前端电路组成，探测器可采用高气压电离室或闪烁探测器。被检物件由拖动系统牵引，扇形射线束扫描整个物件。最后，将探测系统输出的扫描信号由图像处理系统处理后得到被检物投影图像。

图 12.41 是由大型物体辐射检测系统采到的实物图像，其中三辆汽车清晰可见。该系统已大量用于海关、港口等处，进行大型集装箱检测。

12.6.3　中子照相

利用中子束流的辐射照相称为中子照相，它与 X/γ 射线照相在许多方面是类似的。它们都是利用射线穿过被检物体时的吸收（或散射）来获取客体内部物质分布信息的。

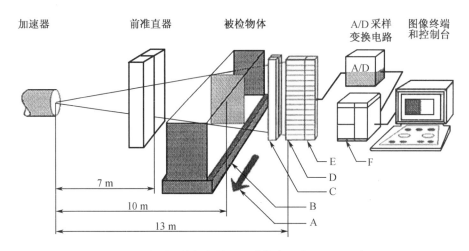

加速器　前准直器　被检物体　A/D采样变换电路　图像终端和控制台

A/D

E
D
C
B
A

7 m

10 m

13 m

图 12.40　大型物体辐射检测系统基本组成和原理示意图

A—被检测物体运动方向;B—拖动系统;C—后准直器;D—探测器阵列;E—前端电路;F—数据处理设备。

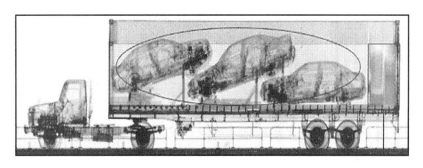

图 12.41　大型物体辐射检测系统采取的实物图像

中子与物质的作用取决于物质原子核对中子的作用截面。对于中子来说,与钢铁等重材料的作用截面并不大,相反,与轻物质(如氢、碳、硼等)的作用截面却要大得多。因此,中子照相适于获得轻物质的内部分布信息。由此,中子照相很适于检查炮弹、枪弹等炸药充填情况,在军事工业中有重要的应用。在图 12.42 中分别列出了用 X 射线及中子检查炮弹获得的辐射成像照片,(a)为 X 射线的,(b)为中子的。可以看出,中子照相的图片清楚地反映出了炮弹内炸药的填充和密实程度。

一般说来,X/γ 射线照相与中子照相要结合起来使用,以达到互补短长、最充分地获取被检物体内部构造信息的目的。

中子照相所用的中子源一般是反应堆中子源,

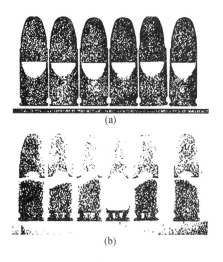

(a)

(b)

图 12.42　炮弹的 X 射线与中子照相图片比较

在反应堆的孔道内提供了不同注量率的中子场,供各种试验应用。在一些工业现场,设置体积巨大的反应堆有很多困难,则采用^{252}Cf 裂变中子源、中子管或小型的次临界装置等小体积、可移动式中子源。这些中子源所能提供的中子束流注量率小,影响了图像的质量。

中子照相所用的探测器涉及中子探测,将在第 13 章讨论。

12.6.4 CT 装置介绍

前面叙述的各类辐射照相中,都应用了投影成像的原理,所获得的辐射照片反映了客体内部物质在垂直于射线方向平面内的投影分布,得到的是沿辐射入射方向的二维图像。由于物体的重叠而使图像复杂,难以准确分析被测物件的细节。

G. N. Hounsfield 等发明的 X 射线计算机断层摄影术(X-Ray Computed Tomography)为辐射成像带来了一次巨大的进步,并获得了诺贝尔奖[①]。X 射线计算机断层摄影术简称 X – CT,X – CT 是透射型计算机断层摄影术,最初是在医学领域发展起来的。现在又发展了用于核医学的发射 CT,例如前面提到的 SPECT 及 PET,以及利用核磁共振效应的 NMRCT 等。

CT 装置是利用准直成薄片状的射线束,获得客体某一剖面上的质量衰减系数 μ_m 值的分布图,然后将各剖面组合起来得到客体内质量衰减系数 $\mu_m(x,y,z)$ 的三维分布图像的。一种医用的 X 射线断层扫描装置的原理如图 12.43 所示。

图 12.43 中 C 是辐射源——球状 X 射线管,D 是扇形的阵列探测器,设有 N_0 个探测单元,A 是扫描区域,B 是被检病人。

辐射源与探测器同步地围绕 A 旋转,每转一定角度(例如,1°),由辐射源发出的扇形射线束穿过客体后

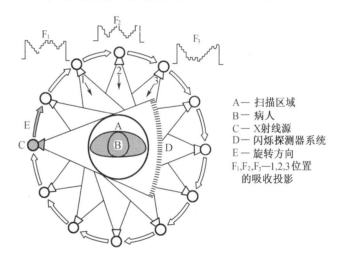

A— 扫描区域
B— 病人
C— X射线源
D— 闪烁探测器系统
E— 旋转方向
F_1,F_2,F_3—1,2,3 位置的吸收投影

图 12.43 断层扫描 X – CT 原理示意图

被位置灵敏的阵列探测器记录一次。当辐射源及探测器同步旋转了一圈(360°)后,获得了客体不同方向上的大量投影信息,由此可以利用各种算法来算出客体在该断层上的 μ_m 值分布,获得客体这一断层上的密度分布图像。这种利用不同方向的投影数据来计算断层剖面上的 μ_m 值分布的方法称作图像重建法。当扫描覆盖整个物体后,就得到 $\mu_m(x,y,z)$ 的三维分布。图像重建算法近年得到迅速发展,且各种算法互相渗透、补充,使图像质量得到日新月异的变化。

新型的医用 X – CT 的探测装置是由上千个探测元组成的探测器环,探测器采用位置灵敏半导体探测器。在数据采集过程中只需辐射源环绕被检客体旋转。由于探测元数的增加,在图像清晰度提高的同时,扫描时间大大缩短,辐照剂量也有明显的降低。

CT 技术近年来又由医学领域发展到工业领域,用来进行无损探伤,发展了各种工业 CT

① G. N. Hounsfield,et. al,Computed Medical Imaging,Nobel Lecture,8,Dec. 1979.

装置。工业 CT 可获得断层图像,比原来的投影辐射照相更加清晰地反映出客体内部的构造或缺陷,因而在无损检测领域引起极大的兴趣,发展速度很快。工业 CT 的检测对象不是病人,可承受各种强辐射,因而已发展出高能 γ - CT,带电粒子 CT 及中子 CT 等,适用于不同的检测对象。

思 考 题

12 - 1　α 放射性和 β 放射性活度测量有什么异同?

12 - 2　试分析采用图 12.9 的装置测量待测样品的活度有什么优点?

12 - 3　在符合实验中对源强有什么限制,是什么因素限制了源强不能太大,是否源强越弱越好呢?

12 - 4　有哪些因素影响了 γ 射线在 NaI(Tl)探测器中的全能峰的展宽和畸变?

12 - 5　通常分别用峰总比和峰康比来描述 NaI(Tl)单晶谱仪和 HPGe 谱仪测得的 γ 谱全能峰的贡献,试问各受什么因素影响和各有什么优点?

习 题

12 - 1　点 α 源放在 ϕ20 mm 的圆盘形探测器的中心轴线上,源到探测器外表面的垂直距离为 10 cm,忽略空气和探测器窗对 α 粒子的吸收,10^4 Bq 的源每分钟能在探测器中产生多少计数? 设探测器本征效率近于 100%,探测器分辨时间为 10^{-7} s。

12 - 2　设圆盘形探测器的直径为 50 cm,α 圆盘源的直径为 20 cm,二者同轴平行,距离为 5 cm。试求该装置的几何效率。

12 - 3　有一台低本底测量装置,测得本底计数率 n_b = 1 cpm(cpm 指每分钟计数)。设样品和本底的测量时间均为 100 min,试计算 L_C,L_D 和 L_Q。(置信度取 95%,要求误差≤10%)

12 - 4　分析用 β - γ 符合装置测量^{60}Co 的 β - γ 符合计数时,真符合和偶然符合的各个来源。

12 - 5　用 NaI(Tl)测量^{60}Co 的 γ 能谱,试给出能谱上光电峰、康普顿边沿、反散射峰和碘逃逸峰的能量。

12 - 6　计算可记录全部次电子能量,但不记录任何次级 γ 射线的小尺寸 NaI(Tl)闪烁探测器在测量^{137}Cs 的 γ 射线能谱时的峰总比。忽略晶体包装材料和韧致辐射的影响。

第 13 章　中子及中子探测

1932 年查德威克发现中子以后,对中子及其与物质相互作用的研究,大大促进了核科学和核技术的发展,今天,中子在核工程、科学研究、工农业生产和医疗卫生事业中有着重要的地位。

关于中子的研究,早已形成了核物理的一个重要分支——中子物理。本章仅就中子的性质、中子源、中子的减速和中子探测等予以讨论。

13.1　中子的分类和性质

13.1.1　中子的分类

因为不同能量的中子与原子核作用时有着不同的特点,所以通常把中子按能量大小进行分类。但是这种分类不是很严格的,也不完全统一。

1. 慢中子

慢中子的能量在 0 ~ 1 keV 之间。慢中子与原子核作用时,主要发生弹性散射(n,n)和中子辐射俘获(n,γ)等反应。慢中子包括冷中子、热中子、超热中子和共振中子。其中,热中子是我们最关注的对象。

中子源发射出的能量较高的中子入射到物质中时,由于与原子核的多次碰撞而损失能量,必然经历一个慢化的过程,直至中子与吸收物质原子处于热平衡状态。这种与吸收物质原子处于热平衡状态的中子称为热中子,其速度分布接近于麦克斯韦分布。处于热平衡状态的中子,其最可几速度对应的能量为 kT,此处 k 为玻耳兹曼常数,T 为绝对温度。在室温下($t = 20$ ℃):

$$kT = \frac{(273 + 20) \times 1.38 \times 10^{-23}}{1.6 \times 10^{-19}} \approx 0.025\ 3\ \text{eV} \tag{13.1}$$

与之相应的中子速度为 $2.2 \times 10^3\ \text{m·s}^{-1}$。

比热中子能量更低的中子称为冷中子。中子未和吸收物质原子达成热平衡时,能量比热中子的要高一些,这种能量略高于热中子的中子称为超热中子($T_n \geqslant 0.5$ eV)。能量在 1 eV 到 1 keV 之间的中子称为共振中子,共振中子与原子核作用时能够发生强烈的共振吸收,吸收截面很大。

2. 中能中子

中能中子的能量在 1 keV ~ 0.5 MeV 之间。中能中子与原子核作用的主要形式是弹性散射。

3. 快中子

快中子的能量在 0.5 ~ 10 MeV 之间。快中子与原子核作用的主要形式是弹性散射、非弹性散射(n,n′)和核反应(例如(n,α),(n,p)等反应)。

4. 特快中子

特快中子的能量在 10 ~ 50 MeV 之间。特快中子与原子核作用时,除发生弹性散射、非弹性散射以及发射一个出射粒子的核反应之外,还可以发生发射两个或两个以上粒子的核反应,例如(n,2p),(n,pn)等。

还有一种更简单的分类,将中子分成两大类——快中子和慢中子,并以"镉截止"能量即镉吸收截面的突降点能量为分界限,该能量大约为0.5 eV左右。

13.1.2 中子的性质

中子的质量略大于质子。由于中子不带电,它的质量不能直接用质谱仪来测定,精确测定中子质量的基本方法是通过某些由中子引起的核反应,根据运动学关系求出中子和质子的质量差,从而得到中子的质量。最新的数据为 $m_n - m_p = 1\ 293.331 \pm 0.017$ keV,由此得到的中子的质量为

$$m_n = 1.674\ 927\ 16 \times 10^{-24}\ g = 1.008\ 665\ u = 939.565\ 330\ MeV \cdot c^{-2}$$

中子的自旋为1/2,磁矩 $\mu_n = -1.913\ 042\ 8\mu_N$。

自由中子不稳定,具有 β^- 衰变的性质,其衰变方式为

$$n \rightarrow p + \beta^- + \bar{\nu}_e \tag{13.2}$$

中子的衰变性质1948年首次由实验得到证明,实验测得中子的半衰期为10.24 min,与中子和物质相互作用过程的时间相比,这个时间是很长的。也就是说,一般情况下,中子在衰变之前就已经被原子核俘获了。所以,通常可将它视为稳定粒子。

13.2　中　子　源

为了研究和利用中子,需要有产生中子的装置,这种装置统称为中子源。获得中子的途径可以分为核裂变和核反应两大类。其中核反应一般可以用反应式A(a,n)B来表示,入射粒子a通常用带电粒子(如 α,p,d等)或 γ 射线;靶核A则常选择中子结合能较低的轻核,一方面因为轻核库仑势垒低,有利于发生带电粒子核反应,另外轻核的能级间距大,容易获得单能中子(亦称单色中子)。常用的轻核为 ^{2}H,^{3}H,^{7}Li,^{9}Be,^{11}B等。

常用的中子源大致分为三类:同位素中子源;加速器中子源和反应堆中子源。描述中子源的主要指标有中子产额,中子能量或能谱,出射中子的角分布和伴生 γ 射线。

13.2.1 同位素中子源

同位素中子源是利用放射性核素衰变时放出的射线与某些轻靶核发生 (α,n) 或 (γ,n) 反应而放出中子,此外,第5章已提及的重核自发裂变放出中子也属于该类中子源。

1. (α,n)型中子源

(α,n)型中子源是将重核 ^{210}Po,^{226}Ra,^{239}Pu,^{241}Am等 α 粒子发射体与Be粉紧密混合后发生 (α,n) 反应而得到的。该反应过程为

$$\alpha + {}^9Be \rightarrow {}^{12}C + n + Q \tag{13.3}$$

式中,Q 为反应能,该反应的 $Q = 5.702$ MeV。应注意,上述反应中,剩余核 ^{12}C可以处于基态,也可以处于激发态。^{12}C的第一激发态能量为4.438 MeV,第二激发态能量为7.654 MeV。第一激发态跃迁回基态时会发射出能量为4.438 MeV的 γ 射线。而第二激发态(0^+)不能直接跃迁到基态(0^+),只能先跃迁到第一激发态(2^+),发射能量为3.216 MeV的 γ 射线,再由第一激发态跃迁回基态,不过,(α,n)反应后,^{12}C处于第二激发态的概率很低,3.216 MeV的 γ 射线很少,可以忽略。因此,所有 (α,n)型中子源均会伴随发射能量为4.438 MeV的 γ 射线,与中子的强度比约为0.6左右,在应用和防护中子的同时必须对该 γ 射线予以考虑①。

---

① 刘镇洲,等. 国产Am-Be中子源4.438 MeV γ 射线与中子强度比值测量[J]. 原子能科学技术,2008.

对于中子的能量,由(13.3)式可知,出射中子的能量与反应能 Q、入射 α 粒子能量 T_α 和出射中子的角度 θ 有关,而且 α 粒子在材料中还有能损,因此产生的中子不是单能的,且能谱形状较为复杂。

根据 α 源的不同,常用的中子源有以下几种。

(1) ^{226}Ra-Be 中子源

这是利用 ^{226}Ra 及其子体发射的 α 粒子与 ^{9}Be 发生核反应而获得中子的装置。

^{226}Ra 经过 5 次 α 衰变和 4 次 β^- 衰变生成稳定的 ^{206}Pb。^{226}Ra 与 ^{206}Pb 达到平衡需要很长的时间。Ra-Be 中子源刚制成后,中子产额(每一居里 α 放射性核素每秒产生的中子数)增加较快,一个月后达到平衡时的 87%,以后每年以越来越小的速率增加,逐渐趋过平衡值。

^{226}Ra 及其子体的 α 粒子能量最高可达 7.68 MeV,^{9}Be$(\alpha,n)^{12}$C 反应的 Q 值为 5.702 MeV。所以,^{226}Ra-Be 中子源的中子能量最大可达 13 MeV 左右,中子的平均能量为 4 MeV,中子能谱的峰值在 4 MeV 附近。

由于 ^{226}Ra 有长的子核产物链,虽然可以获得较强的中子产额,但也形成了很高的 γ 射线本底(γ 光子与中子数之比为 $10^4:1$)。在实际应用中,强 γ 本底对测量会产生许多不利的影响。

(2) ^{210}Po-Be 中子源

由于 ^{210}Po 主要发射 5.3 MeV 的 α 粒子,几乎不发射 γ 光子,故除了上面提到的 4.438 MeV 的 γ 射线外,^{210}Po-Be 中子源的 γ 本底很小。^{210}Po 的半衰期为 138.38 d,因此,中子流强不及 ^{226}Ra-Be 中子源稳定。Po-Be 中子源的中子产额约为 2.5×10^6 s^{-1}Ci^{-1}。中子能谱也是连续分布的,平均能量为 4 MeV 左右。

(3) ^{241}Am-Be 中子源

^{241}Am-Be 中子源的中子产额为 2.2×10^6 s^{-1}Ci^{-1}。由于 ^{241}Am 的 $T_{1/2}=432.2$ a,所以中子产额较稳定。^{241}Am-Be 中子源的中子能量为 $0.1\sim11.2$ MeV,平均能量约为 5 MeV,其能谱如图 13.1 所示,纵坐标 S 为相对强度。^{241}Am 源本身的 γ 射线能量很低,大部分在 60 keV 以下,由此造成的 γ 本底较小,主要的 γ 射线就是上面提到的 4.438 MeV 的 γ 射线。总的来说,^{241}Am-Be 中子源是比较理想的中子源,也是目前使用频率最高的同位素中子源。

为便于比较,现将几种 (α,n) 型中子的数据列于表 13.1。

表 13.1 常用 (α,n) 中子源及其特性

中子源名称	$T_{1/2}$	中子平均能量 /MeV	中子产额 /($10^6\cdot$s$^{-1}\cdot$Ci^{-1})	γ 本底 10^{-6}mR[1] (h$^{-1}\cdot$m^{-1})
^{210}Po-Be	138.38 d	4.2	2.3～3.0	<0.1
^{226}Ra-Be	1 600 a	3.9～4.7	10.0～17.1	60
^{239}Pu-Be	2.41×10^4 a	4.5～5.0	1.5～2.7	<1
^{241}Am-Be	432.2 a	5.0	2.2～2.7	<1

(1)R(伦琴)是照射量的单位,定义为:在标准状态(0 ℃,1.013×10^5 Pa)下,使每 1.293×10^{-4} kg 干燥空气电离,产生的正负电荷量各为 $(1/3)\times10^{-9}$ C 时的 X 或 γ 辐照的量,称为 1 R,即

$$1\ R = \frac{1/3\times10^{-9}\ C}{1.293\times10^{-6}\ kg} = 2.58\times10^{-4}\ C\cdot kg^{-1}$$

2. (γ,n)型中子源

(γ,n)中子源又叫作光中子源,它是利用(γ,n)反应来获得中子的。由于γ射线的静止质量为0,故(γ,n)反应总是吸能反应。天然放射性核素的γ射线的能量多数比较低,很少有超过3 MeV的,所以通常只能利用核反应阈能较小的 $^9Be(\gamma,n)^8Be$ 和 $^2H(\gamma,n)^1H$ 两种反应,其反应式如下:

$$\gamma + {}^9Be \rightarrow {}^8Be + n - 1.665 \text{ MeV} \tag{13.4}$$

$$\gamma + {}^2H \rightarrow p + n - 2.224 \text{ MeV} \tag{13.5}$$

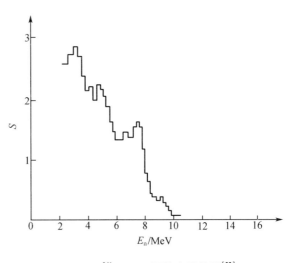

图 13.1　^{241}Am-Be 源的中子能谱[22]

前者的反应阈能为 1.665 MeV,后者的反应阈能为 2.224 MeV,其他(γ,n)反应的阈能多在5 MeV以上。(γ,n)中子源多数采用人工放射性核素作为γ源,如 ^{24}Na, ^{124}Sb, ^{72}Ga 等。表 13.2 列出了部分(γ,n)中子源的有关数据。(γ,n)中子源的优点是中子能量单一,可以作为标准中子源,缺点是中子产额低,装置的体积大,中子产额不稳定等。

表 13.2　部分(γ,n)中子源的数据

中子源名称	半衰期	中子能量/MeV	中子产额/$(10^6 \cdot s^{-1} \cdot Ci^{-1})$
^{124}Sb-Be	60.11 d	0.024	3.6
^{72}Ga-^{2}H$_2$O	14.095 h	0.16	0.64
^{24}Na-^{2}H$_2$O	14.951 h	0.22	2.7
^{140}La-Be	40.27 h	0.62	0.04
^{24}Na-Be	14.951 h	0.83	2.4

近年来,发展了用直线加速器产生的高能 X 射线打在氘靶或铍靶上产生光中子的方法,其中子产额较高,在 9 MeV 直线加速器情况下,中子产额达 2×10^{11} s^{-1}。光中子源产生的中子平均能量较低,易于慢化为热中子,适宜用于物料的成分分析,可用于爆炸物的探测,对公共安全具有重要意义①。

3. 自发裂变中子源

超钚元素中的某些核素,如 ^{244}Cm, ^{249}Bk, ^{252}Cf, ^{254}Es, ^{255}Fm 等,具有自发裂变的性质,其中以 ^{252}Cf 最具有实用价值。在第 5 章中介绍过,$^{252}_{98}$Cf 发生自发裂变的半衰期为 85.5 a(考虑了 α 衰变之后,^{252}Cf 的实际半衰期是 2.645 a),相应的衰变常数 $\lambda_{SF} = 8.10 \times 10^{-3}$ a^{-1}。^{252}Cf 中子

---

① Yang yigang et al. Nuclear Instruments and Methods in Physics Research A. 2007,579:400 – 403.

源发射中子的强度为

$$I = N\lambda_{SF}\nu \tag{13.6}$$

式中，N 为自发裂变核的数目；λ_{SF} 为自发裂变的衰变常数；ν 为每次裂变产生的平均瞬发裂变中子数。对 ^{252}Cf 源 $\nu = 3.75$，因此 1 克 ^{252}Cf 每秒可以发射 2.31×10^{12} 个中子。自发裂变中子的能谱为图 5.8 所示的裂变谱，用麦克斯韦分布描述，中子平均能量约为 2.2 MeV。

^{252}Cf 是很好的中子源，但价格昂贵，半衰期也较短。^{252}Cf 是 ^{239}Pu 在反应堆中长期受中子照射而制得，在功率为 100 MW 的高中子通量反应堆中，两年仅能生产几十毫克 ^{252}Cf。^{252}Cf 中子源应用很广泛。毫克级的 ^{252}Cf 常用于活化分析和中子瞬发 γ 射线分析。微克级的 ^{252}Cf 可用于治疗癌症——通常是将微克级的 ^{252}Cf 密封于 0.6 mm 的铂壳内，制成针状或球状，使用时，将它埋入机体组织内部，利用它产生的中子杀死癌细胞，与 ^{137}Cs，^{60}Co，^{226}Ra 等医用 γ 源相比，这种中子源具有对健康机体组织损伤小的特点。

13.2.2　加速器中子源

为了获得单能中子，通常用粒子加速器将 p，d，α 等荷电粒子加速，用它们去轰击质量数比较低的靶核，发生 (p,n)，(d,n) 和 (α,n) 反应而获得中子，这种类型的中子源叫作加速器中子源。

加速器中子源的优点为：中子强度高；采用不同的核反应可以在广阔的能区获得单色中子束；可以得到脉冲中子束；加速器停止运行时可以不再有强的放射性。所以，在实验室和工程应用中具有重大实用价值。

(α,n) 和 (p,n) 反应均为吸能反应，对入射粒子都有阈能要求。当 α 粒子能量较高，例如为 30 MeV 时，在所有材料的厚靶上都能获得中子。而 (p,n) 反应通常采用的是 ^{7}Li(p,n)^{7}Be 和 ^{3}H(p,n)^{3}He 反应。

加速器中子源应用最多的是 (d,n) 反应，这种中子源又称中子发生器。它是将具有一定能量的氘离子束流打在氘靶或氚靶上，反应式如下：

$$d + {}^2H \rightarrow {}^3He + n + 3.269 \text{ MeV} \tag{13.7}$$

$$d + {}^3H \rightarrow {}^4He + n + 17.59 \text{ MeV} \tag{13.8}$$

下面讨论 ^{2}H(d,n)^{3}He 和 ^{3}H(d,n)^{4}He 反应产生中子的一些特性。

1. 中子产额

对薄靶而言，可以认为入射的氘离子在穿透靶时能量没有发生变化，则 ^{2}H(d,n)^{3}He 和 ^{3}H(d,n)^{4}He 反应在单位时间内产生的中子数 N'，与入射粒子流的强度 I、单位面积内的靶核数 N_s，以及反应截面 σ 的关系，应满足

$$N' = IN_s\sigma \tag{13.9}$$

式中，σ 随入射粒子的能量而变化，如图 13.2 所示，由图可见，对 ^{2}H(d,n)^{3}He 和 ^{3}H(d,n)^{4}He 反应，当入射 ^{2}H 核的能量分别为 2 MeV 和 105 keV 附近时，反应截面达到最大值。1 mA 氘束对厚氘靶中子产额可达 10^9 s^{-1}；对氚靶则可达 10^{11} s^{-1}。

2. 中子能量

对于 ^{2}H(d,n)^{3}He 和 ^{3}H(d,n)^{4}He 反应来说，由于库仑势垒较低，反应截面又比较大，因而入射 ^{2}H 核的能量不需很高时（$T_d \approx 200$ keV），反应就可以有效地进行。

在 ^{2}H(d,n)^{3}He 反应中，$Q = 3.269$ MeV，代入 (4.26) 式即可以计算出 $\theta = 90°$ 方向的中子

能量,$T_n \approx 2.5$ MeV。对 $^3H(d,n)^4He$ 反应,$Q = 17.59$ MeV,各个方向出射中子的能量差别不大,$T_n \approx 14$ MeV。

　　^2H 和 ^3H 靶的制备方法大致如下:先在银、铜、铂或钨片表面蒸发上一层很薄的锆或钛,然后移入 ^2H 或 ^3H 的气体中,加热至 400 ℃,再缓慢冷却。这样,每一个钛或锆原子能吸附 1~2 个 ^2H 或 ^3H 原子,这样制得的靶在 200 ℃ 以下不会有释气现象。也有用铒或钇作吸附层的,它们有更高的热稳定性。

　　小型密封中子管能将 10 mA 的氘束加速到 120 keV,利用 T-Ti 靶,可获得中子产额 $10^8 \sim 10^{10}$ n/s,其尺寸小于 10 cm × 30 cm。这种中子管还可工作在脉冲方式,频率可调,脉宽为 $10 \sim 10^4$

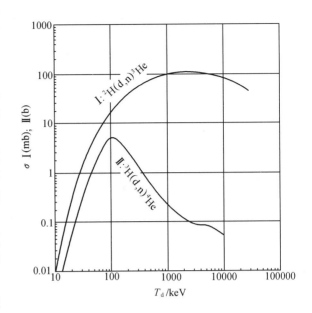

图 13.2　$^2H(d,n)^3He$ 和 $^3H(d,n)^4He$ 激发曲线

μs。但小型中子管的工作寿命仅为几百小时,限制了它的使用范围。

　　随着粒子物理的发展,近 20 年来发展了加速器白光中子源[23],其中以散裂中子(Spallation Neutron)源最为重要。散裂中子源提供的能量分布范围最广,从超冷中子(10^{-7} eV 以下)直到 GeV 能区。散裂反应是用能量为几百 MeV 或 GeV 的轻带电粒子去轰击重核而放出中子。读者可参阅有关参考书籍和文献。

13.2.3　反应堆中子源

　　裂变材料(如 ^{235}U、^{239}Pu 等)在核反应堆中进行链式反应时会放出大量中子,反应堆中子源的特点是中子注量率大,其中子注量率可以高达 $10^{10} \sim 10^{14}$ s^{-1} cm^{-2},也有高达 $10^{15} \sim 10^{16}$ s^{-1} cm^{-2} 的高注量率反应堆。反应堆中子源的中子能量是连续的,从 0.001 eV 至十几 MeV 都有,图 5.8 给出了一个热中子反应堆的中子能谱。中子能谱在低能部分可以用麦克斯韦分布描述,而高能部分大体服从 $1/E$ 规律。

13.3　中子与物质相互作用

　　中子是中性粒子,和 γ 射线一样,入射的中子在物质中也不能够直接引起介质原子的电离或激发,它主要与介质中的原子核发生相互作用。相互作用的机制有两类:一类是中子进入介质的原子核内发生核反应,处于激发态的核通过放出 γ 射线或产生次级重带电粒子而退激;也可能中子与原子核发生碰撞,在中子能量和方向发生变化的同时,介质中的核受到反冲。次级重带电粒子和反冲核均为荷电粒子,它们主要通过电离损失在介质中损失能量。大多数中子探测器就是利用入射中子到次级带电粒子的转换来实现中子探测的。

13.3.1　作用分类及其表征量

如上所述,中子与物质的相互作用主要是中子与原子核的作用,发生多种作用过程的截面与靶核的种类及中子的能量密切相关。因此,对作用截面的讨论是十分重要的。

1. 中子与原子核作用的分类及相应的截面

中子与物质的原子核的作用包括弹性散射、非弹性散射、辐射俘获、带电粒子发射和重核的裂变等过程。一般分别用 $\sigma_s, \sigma_s', \sigma_\gamma, \sigma_b$ 和 σ_f 代表其作用截面,总截面 σ_t 应为

$$\sigma_t = \sigma_s + \sigma_s' + \sigma_\gamma + \sigma_b + \sigma_f + \cdots \tag{13.10}$$

其中,辐射俘获是指靶核吸收中子形成处于激发态的复合核,复合核通过发射 γ 光子的形式而跃迁到低能态的反应过程;带电粒子发射则可能发射 $\alpha, p, d, \cdots$ 等重带电粒子;裂变则是中子入射后复合核发生裂变。这些过程总的效应是造成中子被吸收,这些反应截面之和称为吸收截面 σ_a,有

$$\sigma_a = \sigma_\gamma + \sigma_b + \sigma_f + \cdots \tag{13.11}$$

而把弹性散射和非弹性散射截面之和称为总散射截面 σ_S,即

$$\sigma_S = \sigma_s + \sigma_s' \tag{13.12}$$

实验发现,弹性散射 (n,n) 和中子辐射俘获 (n,γ) 是中子与原子核最普遍发生的反应过程。不论对快中子还是慢中子,介质是中等核还是重核,这两种过程都存在。

对于轻核和中等核,弹性散射是主要的核反应过程,而且对轻核(例如 H,^{2}H,C 等),当中子能量不高时,弹性散射截面 σ_s 近似为常数,所以,这些材料可作为中子的慢化剂。

对于非弹性散射 (n,n'),轻核的反应阈能 E_{th} 比重核要高得多,所以,(n,n') 通常在快中子与中、重核作用时才发生。另外,幻数核的反应阈能较大,偶偶核的阈能也高于邻近的奇 A核。在快中子反应堆中不希望中子被慢化,其结构材料常选用偶偶核同位素材料。

慢中子与重核的相互作用中,中子辐射俘获 (n,γ) 反应是一个主要过程,尤其对热中子,它成为吸收截面的最主要贡献。在共振能量附近,一些重核的 σ_γ 非常大,例如 ^{113}Cd,在 $T_n = 0.176$ eV 时,共振截面 $\sigma_\gamma \approx 6 \times 10^4$ b。由于镉的辐射俘获截面非常大,常把它作为慢中子的吸收材料。

在中子与原子核作用的过程中,参照第 4 章图 4.10 核反应的三阶段描述,弹性散射 (n,n) 可以细分为势弹性散射和复合核弹性散射两个过程,相应的截面就是 (13.10) 式中 σ_s。有的分类中将除弹性散射外的其他过程统称为去弹性作用,用 (n,x) 表示,相应的截面称为去弹性截面 σ_{non}。所以有

$$\sigma_t = \sigma_s + \sigma_{non} \tag{13.13}$$

2. 宏观截面和平均自由程

宏观截面 Σ 定义为靶物质单位体积内的原子核数与作用截面 σ 的乘积,即

$$\Sigma = N\sigma \tag{13.14}$$

Σ 在工程上称为宏观截面,在物理中一般称为线性衰减系数,其物理意义就是中子在靶内单位长度发生作用的概率。它的量纲是长度的倒数 $[L]^{-1}$,常用单位为 cm^{-1}。Σ 也可以细分为宏观散射截面 Σ_s、宏观吸收截面 Σ_a 和宏观总截面 Σ_t 等,它们分别为 $\Sigma_s = N\sigma_s$、$\Sigma_a = N\sigma_a$ 和 $\Sigma_t = N\sigma_t$。

对单一核素的靶,单位体积内靶核数为

$$N = \frac{\rho}{A} N_A \tag{13.15}$$

式中,ρ 是靶物质的密度,A 为靶材料的原子量,N_A 为阿伏伽德罗常量。对于多原子分子的靶,若其分子量为 A,每个分子中第 i 种原子的数目为 l_i,设 σ_i^j 是中子与第 i 种原子核发生某种反应($j = t, s, a, \cdots$)的分截面,则该靶物质对这种反应的宏观截面为

$$\Sigma_j = \frac{\rho N_A}{A}(l_1 \sigma_1^j + l_2 \sigma_2^j + \cdots + l_i \sigma_i^j) \tag{13.16}$$

例如,动能为 1 eV 的中子,对氢核和对氧核的散射截面分别是 $\sigma_1^s = 20$ b 和 $\sigma_2^s = 3.8$ b,水的密度 $\rho = 1$ g·cm^{-3},分子量为 $A = 18.015$。则 1 eV 的中子在水中的宏观散射截面为

$$\Sigma_s = \frac{6.023 \times 10^{23}}{18.015}(2 \times 20 + 1 \times 3.8) \times 10^{-24} \text{ cm}^{-1} = 1.46 \text{ cm}^{-1}$$

表明动能为 1 eV 的中子,在水中经过 1 cm 距离时平均受到大约 1.5 次散射。

由此还可得到中子在介质中连续两次作用之间穿行的平均距离,即平均自由程 λ_t:

$$\lambda_t = 1/\Sigma_t \tag{13.17}$$

同样,可以得到散射平均自由程 λ_s 和吸收平均自由程 λ_a:

$$\lambda_s = 1/\Sigma_s \quad \text{和} \quad \lambda_a = 1/\Sigma_a \tag{13.18}$$

应该注意,它们都是中子能量的函数。

13.3.2　中子的吸收

中子不需要克服库仑势垒而易于进入原子核,中子进入靶核后形成复合核,由于中子的结合能通常在 7 MeV 左右,因此复合核一般均处于激发态,根据复合核的激发状态的不同,会发生多种过程而退激,主要的过程将在下面论述。

1. 中子的辐射俘获(n,γ)

当复合核通过发射一个或多个 γ 光子回到基态,而不再有其他粒子发射,这就是中子的辐射俘获,例如,裂变反应 $n + {}^{235}U \rightarrow {}^{236}U + \gamma$ 就是一种辐射俘获反应。除了 ^{4}He 核外,中子在任何能量下几乎都可与任何原子核发生中子辐射俘获,尤其在慢中子与重核的相互作用中,辐射俘获常常是主要过程。这是因为慢中子带入复合核的能量很少,重核 A 很大,每个核子平均分配到的能量很少,放出核子的概率就很小,因而辐射俘获就成为复合核退激的主要方式。从(4.94)式可见,辐射俘获(n,γ)截面满足 $\sigma(n,\gamma) \propto 1/v$ 规律,一般热中子的辐射俘获截面达到最大值。

靶核吸收中子发生(n,γ)反应后,剩余核中多了一个中子,往往具有 β^- 放射性。我们把这种原先是稳定核由于发生(n,γ)反应而使剩余核具有放射性的过程称为活化。例如,热中子与铟的活化反应 $n + {}^{115}In \rightarrow {}^{116}In + \gamma$,靶核 ^{115}In 是稳定核,而剩余核 ^{116}In 是 β^- 放射性的:

$${}^{116}In \xrightarrow{T_{1/2} = 14.10 \text{ s}} {}^{116}Sn + \beta^- + \tilde{\nu}_e$$

由于该过程中放出的 γ 射线携带有复合核的特征,所以这种过程常用于物料的成分分析,称为中子活化分析。另外,中子活化也是探测中子注量率的一种方法。

2. 发射带电粒子的中子核反应(n,b)

在一定条件下,处于激发态的复合核可通过发射带电粒子(质子或 α 粒子等)而退激,这就是发射带电粒子的中子核反应,用(n,p)或(n,α)等表示。

由(4.20)式,反应能 $Q = B_{nA} - B_{bB}$,且当 $B_{nA} > B_{bB}$ 时为放能反应;反之为吸能反应。对于放能反应,任何能量的中子都可能发生反应;吸能反应时中子能量必须大于(4.38)式给出的能量阈值:

$$T_n \geqslant \frac{m_n + m_A}{m_A} |Q| \tag{13.19}$$

式中,m_n, m_A 分别为中子和靶核的质量;Q 为反应能。

由于带电粒子从复合核内出射时,还必须克服库仑势垒,因此发生(n,b)反应不仅要满足(13.19)式,还须使出射带电粒子具有足够的能量。库仑势垒与靶核电荷数 Z 成正比,因此,对重核要求中子能量较高,而随中子能量的提高,总截面会变得很小,同时,面临不需要克服库仑势垒的中子散射的竞争,(n,b)反应发生的概率就更小了。因此,慢子中引起的(n,p)、(n,α)反应只能在有限几个库仑势垒不高的轻核上发生。

目前在中子探测技术中应用最多的是以下几种发射带电粒子的核反应:

$$n + {}^{10}B \rightarrow \begin{cases} \alpha + {}^7Li + Q(2.792\ \text{MeV}, 6.1\%) \\ \alpha + {}^7Li + Q(2.310\ \text{MeV}, 93.9\%) \end{cases} \quad \sigma_0 = 3\ 837 \pm 9 b \tag{13.20}$$

$$n + {}^6Li \rightarrow \alpha + {}^3H + 4.786\ \text{MeV} \quad \sigma_0 = 940 \pm 4 b \tag{13.21}$$

$$n + {}^3He \rightarrow p + {}^3H + 0.765\ \text{MeV} \quad \sigma_0 = 5\ 333 \pm 7 b \tag{13.22}$$

上面三个反应均为放能反应,即 $Q > 0$。σ_0 为热中子反应截面,对能量低于 30 keV 的中子,反应截面满足 $1/v$ 规律。各反应的截面随中子能量的关系如图 13.3 所示。

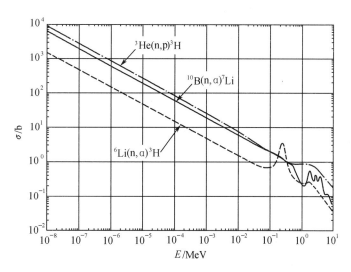

图 13.3　${}^{10}B$、${}^6Li$ 和 ${}^3He$ 的中子核反应截面

3. 裂变反应(n,f)

对 ${}^{233}U$,${}^{235}U$ 及 ${}^{239}Pu$ 等易裂变材料,热中子就能引起裂变,其截面分别是:

${}^{233}U \quad \sigma_0 = 531.1 \pm 1.3\ b$

${}^{235}U \quad \sigma_0 = 582.2 \pm 1.3\ b$

${}^{239}Pu \quad \sigma_0 = 742.5 \pm 3.0\ b$

对于 ^{238}U、^{232}Th 等阈裂变材料,只有当中子能量大于阈能后才能引起裂变。可以利用一系列具有不同阈能的裂变核素来判断中子的能量区间,这种方法称为阈探测器。

上述易裂变材料和阈裂变材料的裂变截面与中子能量的关系参见图5.3和图5.4。表13.3给出了常用阈裂变探测器材料的主要参数。

表13.3 常用阈裂变探测器材料的性质

裂变物质	热中子截面 (10^{-27} cm^2)	阈能 /MeV	3 MeV 中子的截面 /(10^{-24} cm^2)	半衰期 /a
^{232}Th	<0.2	1.3	0.19	1.405×10^{10}
^{231}Pa	10	0.5	1.1	3.276×10^{4}
^{234}U	<0.6	0.4	1.5	2.455×10^{5}
^{236}U		0.8	0.85	2.342×10^{7}
^{238}U	<0.5	1.5	0.55	4.468×10^{9}
^{237}Np	19	0.4	1.5	2.144×10^{6}

中子的吸收除上述几种过程外,当入射中子能量特别高时,复合核衰变可能发射出不止一个粒子,称作多粒子发射,如(n,2n)、(n,np)等反应。这类多粒子发射的反应阈能都在8~10 MeV以上,只有特快中子才能发生。

13.3.3 中子的慢化[2]

以上讨论了中子与单个原子核的相互作用。然而,在核反应堆中还经常遇到大量中子与大量原子核的相互作用问题,又称为与"大块物质(Bulk)"的相互作用。这涉及中子的慢化、扩散和衍射等。在核技术应用中主要涉及的是中子的慢化,下面对此展开讨论。

在裂变或其他核反应中产生的中子一般都是能量较高的快中子,快中子在介质内不断发生碰撞而损失能量,它的速度逐渐降低,称为中子的慢化。为对快中子进行有效的慢化,一般选用散射截面大而吸收截面小的轻材料作为慢化剂。而那些弹性散射截面 σ_s 大,而且非弹性散射截面 σ_s' 小的材料更为理想。氢核和氘核没有激发态,中子与其作用时能量损失的过程主要是弹性散射。对石墨(^{12}C)而言,最低激发态的激发能就是4.438 MeV,因此当中子的能量低于反应阈能 $E_{th}=4.8$ MeV 时,在石墨上也仅发生弹性散射。

1. 弹性散射中的中子能量变化

弹性散射中,中子与靶核总的能量和动量在碰撞前后不变。设中子质量为 m_n,靶核 A 的质量为 M,在实验室系中靶核处于静止状态,入射中子速度为 v_1。发生弹性碰撞后中子的出射角度为 θ_L,速度变为 v_1',如图13.4所示。由能量守恒和动量守恒法则,在质心系中弹性散射前后中子与靶核的速度数值没有发生变化,只是改变了方向。弹性散射前后,中子在质心系的速度为

$$u_1 = u_1' = v_1 - v_C = v_1 - \frac{m_n v_1}{M+m_n} = \frac{M}{M+m_n}v_1 \tag{13.23}$$

根据 v_1',u_1' 和 v_C 的平行四边形法则,可得到实验室系中,弹性散射后中子速度 v_1' 的平方为

$$v_1'^2 = v_C^2 + u_1'^2 + 2v_C u_1' \cos\theta_C = \frac{v_1^2}{(M+m_n)^2}(m_n^2 + M^2 + 2m_n M\cos\theta_C) \tag{13.24}$$

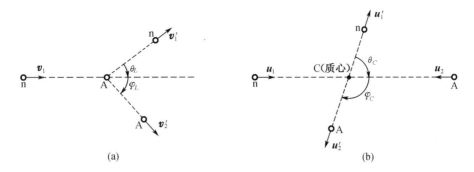

图 13.4　中子与靶核发生弹性散射在实验室坐标系(a)和质心坐标系(b)的描述

式中, θ_C 为质心系中的散射角。由此得到弹性散射后中子动能 E_1' 与散射前中子动能 E_1 之比为

$$\frac{E_1'}{E_1} = \frac{\frac{1}{2}m_n v_1'^2}{\frac{1}{2}m_n v_1^2} = \frac{1}{(M+m_n)^2}(m_n^2 + M^2 + 2m_n M\cos\theta_C) \tag{13.25}$$

令

$$\alpha = \left(\frac{M-m_n}{M+m_n}\right)^2 \approx \left(\frac{A-1}{A+1}\right)^2 \tag{13.26}$$

其中 A 为靶核的质量数,于是

$$\frac{E_1'}{E_1} = \frac{1}{2}\big[(1+\alpha) + (1-\alpha)\cos\theta_C\big] \tag{13.27}$$

并可得到,一次碰撞中子能量的损失为

$$\Delta E = E_1 - E_1' = \frac{E_1}{2}(1-\alpha)(1-\cos\theta_C) \tag{13.28}$$

由(13.27)式可见, E_1' 随质心系散射角 θ_C 而变化。当 $\theta_C = 0°$ 时, $E_1' = E_1$,即中子没有损失能量;当 $\theta_C = 180°$ 时,中子的能量损失最大, $E_{1\,\mathrm{min}}' = \alpha E_1$,所以,在一次散射后,中子的动能应介于 αE_1 和 E_1 之间。可见, α 表征了靶核使中子的慢化能力,例如对氢核, $\alpha = 0$,即中子可损失全部能量;对碳核, $\alpha = 0.716$,即一次与碳核的弹性碰撞的能量损失不会超过28.4%。

2. 平均对数能量损失和平均碰撞次数

由于往往要经过多次碰撞才能实现对中子的慢化,因此,知道一次碰撞后,中子平均损失多少能量是很有用的。现在,我们进一步计算平均能量损失 $\overline{\Delta E}$ 。

对几 MeV 能量范围的中子,在质心系的弹性散射是各向同性的,表示散射到球面上各处的概率相等。散射到 $\theta_C \sim \theta_C + \mathrm{d}\theta_C$ 的概率为

$$f(\theta_C)\mathrm{d}\theta_C = \frac{2\pi\sin\theta_C\mathrm{d}\theta_C}{4\pi} = \frac{1}{2}\sin\theta_C\mathrm{d}\theta_C \tag{13.29}$$

中子一次碰撞的平均能量损失为

$$\overline{\Delta E} = \int_0^\pi \Delta E f(\theta_C)\mathrm{d}\theta_C = \frac{1}{2}E_1(1-\alpha) \tag{13.30}$$

可见,平均能量损失与中子的初始能量有关,求中子由能量 E_i 慢化到 E_f 所需要的平均次数 $\overline{N}$ 不是简单的用 $\overline{\Delta E}$ 去除其能量差。但平均对数能量损失 ξ 却与每次碰撞的初始能量无关。ξ 定义为

$$\xi \equiv \langle \Delta(\ln E) \rangle \equiv \langle \ln E_1 - \ln E_1' \rangle \tag{13.31}$$

式中,E_1、E_1' 代表一次碰撞前后的中子能量。将(13.27)式代入上式,并分部积分得

$$\xi = -\int_0^\pi \ln\left\{ \frac{1}{2}\left[(1+\alpha) + (1-\alpha)\cos\theta_C \right] \right\} \cdot \frac{1}{2}\sin\theta_C \mathrm{d}\theta_C = 1 + \frac{\alpha}{1-\alpha}\ln\alpha$$

把(13.26)式带入上式,就得到

$$\xi = 1 + \frac{(A-1)^2}{2A}\ln\frac{A-1}{A+1} \tag{13.32}$$

从(13.32)式可见,平均对数能量损失 ξ 仅与 A 有关,进而可计算中子能量从 E_i 慢化到 E_f 所需的平均碰撞次数 $\overline{N}$,即

$$\overline{N} = \frac{\ln E_i - \ln E_f}{\xi} = \frac{\ln E_i / E_f}{\xi} \tag{13.33}$$

表13.4 给出了一些核对中子的慢化性质,可见,轻核对中子的慢化能力远比重核好。

表 13.4 一些核对中子的慢化性质

介质	A	ξ	$\overline{N}(2\ \mathrm{MeV}\rightarrow 0.025\ 3\ \mathrm{eV})$
H	1	1.00	18
He	4	0.425	43
C	12	0.158	115
U	238	0.008 4	2 170

3. 慢化能力和慢化比

介质对中子的慢化能力不仅与平均对数能量损失 ξ 有关,还与中子在慢化介质中的宏观截面(即中子通过单位长度路程发生的碰撞次数)相关。为此,引入慢化能力的概念。定义慢化能力为

$$\xi \cdot \Sigma_s = \xi \cdot N \cdot \sigma_s \tag{13.34}$$

$\xi \cdot \Sigma_s$ 越大,中子在相同能量损失的情况下所经过的路程越短,表示该物质对中子的慢化能力越强。

中子在慢化过程中,还有可能被介质原子核所吸收。介质对中子的吸收截面小,才能达到有效地慢化。为此,引入了慢化比的概念。定义慢化比 η 为

$$\eta = \xi \cdot \Sigma_s / \Sigma_a \tag{13.35}$$

式中,Σ_a 为介质对中子的宏观吸收截面;η 表示在一个平均自由程内的慢化能力,更准确地表达了慢化介质的品质。例如,对热中子,水的 $\eta = 70$,而重水的 $\eta = 2\ 100$。表明重水是更好的慢化剂。

4. 费米年龄与慢化长度

在反应堆设计等实际问题中往往还需要了解中子从能量 E_i 慢化到 E_f 时,中子在介质中穿行的平均距离。考虑一个处于无限大介质中的单能中子源,理论上可计算出从 E_i 慢化到 E_f

所穿行的平均距离的均方值 $\overline{R^2}$ 为

$$\overline{R^2} = 6\tau = 6\int_{E_f}^{E_i} \frac{\lambda_S^2}{3\xi(1 - \overline{\cos\theta_L})} \frac{\mathrm{d}E}{E} \tag{13.36}$$

式中,τ 称为费米年龄,量纲为面积;λ_S 为中子的散射平均自由程;$\overline{\cos\theta_L}$ 为实验室系中中子散射角的余弦对方向的平均值,可由质心系和实验室系中散射角的余弦的关系以及(13.29)式得到:

$$\overline{\cos\theta_L} = \int_0^\pi \cos\theta_L f(\theta_C)\,\mathrm{d}\theta_C = \frac{2}{3A}$$

如果在 $(E_f \sim E_i)$ 能区内,λ_S 与中子能量近似无关,则有

$$\tau = \frac{\lambda_S^2}{3\xi(1 - 2/(3A))}\int_{E_f}^{E_i} \frac{\mathrm{d}E}{E} = \frac{\lambda_S^2}{3\xi(1 - 2/(3A))}\ln\left(\frac{E_i}{E_f}\right) \tag{13.37}$$

τ 的平方根称为慢化长度 L_m,则

$$L_m = \sqrt{\tau} = \sqrt{\frac{\lambda_S^2}{3\xi(1 - 2/(3A))}\ln\frac{E_i}{E_f}} \tag{13.38}$$

表 13.5 中列出了几种材料的各种慢化参数。

表 13.5　几种材料的各种慢化参数

减速剂	$\xi \cdot \Sigma_s \cdot /\mathrm{cm}^{-1}$	η(热中子)	τ/cm^2	L_m/cm
水	1.53	70	33	5.7
重水	0.177	2 100	120	11.0
铍	0.16	150	98	9.9
石墨	0.063	170	350	18.7

　　关于中子在介质中扩散的研究也是原子核反应堆理论中的一个重要课题,中子慢化和扩散构成中子理论的一个重要分支——中子场论。关于中子衍射的研究则属于中子物理的另一分支——中子光学,它在物质结构分析中有重要的作用。这些内容本书不再详述。读者如对"中子慢化与扩散"及"中子衍射"等问题感兴趣,可参看中子物理或反应堆物理等方面的书籍。

13.4　中子探测方法和常用探测器

　　如前所述,探测中子的本质是探测中子与原子核的相互作用中产生的次级带电粒子。为此,中子探测器必须具备能与中子发生相互作用并产生次级带电粒子的物质,这种物质称为辐射体。除应具有辐射体外,中子探测器与其他辐射探测器原则上没有什么不同。

13.4.1　探测中子的方法

　　中子探测所涉及的中子与原子核的相互作用有:核反冲、核反应、核裂变和活化等过程,这4 种过程也就是探测中子的 4 种基本方法。

1. 核反冲法

中子与原子核弹性碰撞时,中子的一部分能量传递给原子核使它发生反冲,这些原子核称

为反冲核。反冲核为带电粒子,例如质子、氚核等,可以用探测器直接测量,这种利用中子弹性散射进行中子探测的方法称为核反冲法。

(1)中子弹性散射截面

中子弹性散射截面由实验测定,图 13.5 给出了靶核为 ^{1}H 的中子弹性散射截面。根据玛里奥(J. B. Marion)等拟合的结果,氢的散射截面[22]为

$$\sigma_s(E) = \frac{4.83}{\sqrt{E}} - 0.578 \tag{13.39}$$

式中,σ_s 的单位为 b;E 的单位为 MeV。

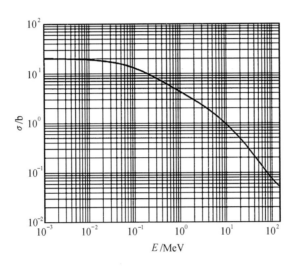

图 13.5 ^{1}H 的中子散射截面

设中子注量率为 Φ,薄靶的厚度为 d,其原子密度为 N。对于一定能量的中子,靶核的弹性散射截面为 σ_s,则单位面积单位时间内的反冲核数目为

$$N_p = \Phi\sigma_s N d = \Phi\sigma_s N_S \tag{13.40}$$

式中,N_S 为单位面积的靶核数。因为 σ_s、N 和 d 均是常数,所以由测到的反冲核形成的脉冲数 N_p 就可算得中子注量率。核反冲法主要用于快中子的探测。

(2)反冲质子能谱

由动量、能量守恒可得知反冲核的质量愈小,获得的反冲能量愈大,所以,含氢物质常被首选为辐射体。反冲核是质子,又可称反冲质子法。

根据 v_2',u_2' 和 v_C 的平行四边形法则,利用余弦定律可求得在实验室系中反冲质子的动能,即

$$E_p = \frac{1}{2}Mv_2'^2 = \frac{2Mm_n^2v_1^2}{(M+m_n)^2}\cos^2\varphi_L = \frac{4Mm_n}{(M+m_n)^2}E_n\cos^2\varphi_L = E_n\cos^2\varphi_L \tag{13.41}$$

并可由图 13.4 得到质心系和实验室系中质子反冲角的关系,即

$$\varphi_C = 2\varphi_L \tag{13.42}$$

当中子能量小于 10 MeV 时,n–p 散射在质心系中是各向同性的。设反冲质子能量的概率密度函数为 $f(E_p)$,则 $f(E_p)dE_p$ 表示反冲质子能量落在 $E_p \sim E_p+dE_p$ 内的概率。它与质心

系中反冲质子落在 $\varphi_C \sim \varphi_C + \mathrm{d}\varphi_C$ 内为相对应的事件,因而它们的概率相同,由(13.29)式可得到

$$f(E_{\mathrm{p}})\mathrm{d}E_{\mathrm{p}} = f(\varphi_C)\mathrm{d}\varphi_C = \frac{1}{2}\sin\varphi_C\mathrm{d}\varphi_C \qquad (13.43)$$

其中 $\mathrm{d}E_{\mathrm{p}}$ 可由(13.41)式得到

$$\mathrm{d}E_{\mathrm{p}} = \frac{1}{2}E_{\mathrm{n}}\sin\varphi_C\mathrm{d}\varphi_C$$

代入(13.43)式,可得到

$$f(E_{\mathrm{p}}) \cdot \frac{1}{2}E_{\mathrm{n}}\sin\varphi_C\mathrm{d}\varphi_C = \frac{1}{2}\sin\varphi_C\mathrm{d}\varphi_C$$

所以,进而得到

$$f(E_{\mathrm{p}}) = 1/E_{\mathrm{n}} \qquad (13.44)$$

该式表明,对单能中子而言,反冲质子的能谱在实验室系中呈矩形分布,其最大能量为 E_{n},最小能量为 0,如图 13.6 所示。

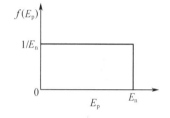

图 13.6　单能中子的反冲质子能谱

2. 核反应法

由于中子核反应所产生的带电粒子与中子和靶核的作用截面以及中子注量率成正比,所以通过测得带电粒子在探测器中产生的脉冲数就可以求出中子注量率,这种方法称为核反应法。核反应法主要采用(13.20)~(13.22)式给出的反应,它们具有反应截面大、材料稳定和容易得到等优点。

$^{10}\mathrm{B}(\mathrm{n},\alpha)^7\mathrm{Li}$ 反应是目前应用最广泛的。主要原因是硼材料比较容易获得,气态的可选用 BF_3 气体,固态的可以选用氧化硼或碳化硼。在天然硼中,$^{10}\mathrm{B}$ 的丰度为 19.8%,进一步浓缩可达到 96% 以上。

$^6\mathrm{Li}(\mathrm{n},\alpha)^3\mathrm{H}$ 反应的优点是放出的能量最大,容易区分是中子产生的信号还是 γ 本底。缺点是 Li 没有合适的气体化合物,使用时只能采用固体材料。天然锂中,$^6\mathrm{Li}$ 只有 7.5%,为提高探测效率,通常也采用高浓缩的氟化锂,高浓缩的 $^6\mathrm{Li}$ 可达 90% ~ 95%,但价格十分昂贵。

$^3\mathrm{He}(\mathrm{n},\mathrm{p})^3\mathrm{H}$ 反应的优点是反应截面最大,缺点是反应能小,不容易去除 γ 本底。另外,天然氦中,$^3\mathrm{He}$ 的含量非常低(1.38×10^{-4}%),而制备高浓缩的 $^3\mathrm{He}$ 花费很高。由于该反应产物无激发态,反应能又不太高,因此常用于能量在几百 keV 以上的快中子能谱测量。

上述核反应对慢中子的作用截面都比较大,因此,核反应法主要用来探测慢中子。另外,反应能都比较大,出射粒子的能量主要取决于反应能而难于得到入射中子的能量,所以核反应法一般适用于中子注量率的测量。

3. 核裂变法

我们知道,快中子和热中子与重核作用都可以引起裂变反应,通过测量所产生的裂变碎片数,可求得中子注量率。核裂变法的优点是裂变碎片的动能大,一般两个裂变碎片的总动能约为 150 ~ 170 MeV,每一裂变碎片的动能都在 40 ~ 110 MeV 之间,它形成的脉冲比 γ 本底脉冲大得多,可用于强 γ 辐射场内中子的测量。这对于探测反应堆的中子注量率特别有意义。通常可用易裂变材料探测慢中子,而用阈裂变材料探测快中子。

核裂变法的缺点是探测中子的效率低。因为裂变碎片的射程极短,在铀中平均射程约为

$8\ \mathrm{mg/cm^2}$,裂变材料厚度只能很薄,一般是涂敷成薄膜,即使采用了高浓缩轴,探测中子的效率也仅为 10^{-3},因此常采用多层结构以增加辐射体的面积来提高探测效率。

4. 核活化法

中子被稳定的原子核吸收后常会形成放射性原子核,此过程称为活化。通过测量被活化的原子核的放射性便可确定中子注量率,该方法就称为核活化法。

第2章(2.48)式给出了靶物质经中子辐照形成放射性物质的活化过程的表达式,当辐照时间为 t_0,靶物质中生成的放射性核数为

$$N(t_0) = \frac{N_t \sigma_0 \Phi}{\lambda}(1 - e^{-\lambda t_0}) \tag{13.45}$$

式中,N_t 为样品中被用于制备放射源的靶核的总数,而且认为在辐照过程中保持不变(因为变化的部分只占极小的比例);σ_0 为靶核的热中子截面;Φ 为热中子的注量率;λ 为生成的放射性核的衰变常数。

在活化时间 t_0 后的 t_1 时刻开始测量,一直测到 t_2 时刻,则 $t_1 \sim t_2$ 时间内放射性核衰变总数 N_0 为

$$N_0 = N(t_1) - N(t_2) = N(t_0)e^{-\lambda(t_1-t_0)} - N(t_0)e^{-\lambda(t_2-t_0)}$$
$$= \frac{N_t \sigma_0 \Phi}{\lambda}(1 - e^{-\lambda t_0})\left[e^{-\lambda(t_1-t_0)} - e^{-\lambda(t_2-t_0)}\right] \tag{13.46}$$

式中,N_t 是可以计算得到的,其他量为已知量。因此,根据测量的 N_0 就可以确定中子的注量率 Φ,不过要求选择适宜的激活片。

中子探测的四种基本方法,就是中子和原子核的四种基本作用过程。我们把探测中子的这四种基本方法列于表13.6中作定性比较。

当然,根据实验工作的需要还会出现一些其他的方法,例如采用伴随粒子法测量快中子注量率的方法。以 $^3\mathrm{H}(\mathrm{d,n})^4\mathrm{He}$ 为例,每产生一个中子,就伴随产生一个 α 粒子。若在与能量为 E_d 的入射氘束成 ϕ 角的 $\Delta\Omega_\alpha$ 的立体角内测得 N_α 个 α 粒子,那么根据动力学关系,就可推算得到在与入射氘束成 θ 角处单位立体角内的中子注量率。

从上述探测中子的四种基本方法可知,由于次级带电粒子的产生和探测机制不同,决定了中子探测器的多样性。下面将介绍一些常用的中子探测器,并作具体的分析。

表13.6 探测中子的基本方法

方法	中子和核的作用	所用材料(辐射体)	截面 /($\times 10^{-28}$ m^2)	用途
核反应法	$(\mathrm{n,d})(\mathrm{n,p})$	$^{10}\mathrm{B}$,$^6\mathrm{Li}$,$^3\mathrm{He}$	$\sim 10^3$	热、慢中子注量率
核反冲法	$(\mathrm{n,n})$	$^1\mathrm{H}$	~ 1	快中子能量
核裂变法	$(\mathrm{n,f})$	$^{235}\mathrm{U}$、$^{239}\mathrm{Pu}$ 等,阈能 $^{238}\mathrm{U}$ 等	$\sim 5\times 10^2 \sim 1$	中子注量率
活化法	(n,γ)	In,Au,Dy	热中子 $\sim 1\times 10^2$ 共振中子 $\sim 1\times 10^3$ 快中子 ~ 1	中子注量率

13.4.2　气体探测器

1. 三氟化硼(BF₃)正比计数管

BF₃正比计数管的结构基本上和测量 γ 的正比计数管一样,只是管内充的是 BF₃ 气体。这种计数管利用 $^{10}B(n,\alpha)^{7}Li$ 反应,其反应能 $Q = 2.31$ MeV(93.9%)和 2.792 MeV(6.1%)。反应能在反冲核和 α 粒子之间分配,对大多数反应而言,^{7}Li 的反冲能 $E_{Li} = 0.84$ MeV,α 粒子的动能 $E_{\alpha} = 1.47$ MeV,反冲核 ^{7}Li 为带电粒子,两者均可作为带电粒子而被探测。当两者能量均损失在探测器灵敏体积内时,其输出脉冲的幅度与反应能相当。但当反应发生在紧靠管壁处时,可能只能记录其中一个粒子的能量,使输出脉冲幅度变小,这称为管壁效应。下面介绍该探测器的主要性能指标。

(1)中子灵敏度

当仪器甄别阈对应的能量低于 E_{Li} 时,正比计数管记录 α 或 ^{7}Li 的效率可以认为是 100%。通过 α 或 ^{7}Li 产生的脉冲数可测得中子注量率。BF₃ 正比计数管探测中子的效率可以用探测效率和中子灵敏度来描述。探测效率定义:与 ^{10}B 发生反应的中子数与入射中子数的比值的百分数。中子灵敏度 η 定义为单位中子注量率照射下,计数管给出的计数率,即

$$\eta = \frac{R}{\Phi} \tag{13.47}$$

其中,R 为反应的发生率;Φ 为中子注量率。实际应用中更多采用的是中子灵敏度。

(2)坪特性

选取一定的甄别阈后,改变高压,可得到 BF₃ 计数管坪特性曲线,也就是当高压变化时计数变化比较平缓的区域。它的形成机制和特点与 8.3.3 节中讨论的情况相似,在屏蔽条件好、甄别阈选取适当的情况下,坪长可达 500 V 以上,坪斜小于 1%/100 V。

(3)对 γ 本底的甄别能力

在被测中子束中往往混杂着 γ 射线,γ 射线在正比计数管管壁上打出电子所产生的脉冲信号比 α 和 ^{7}Li 所对应的脉冲信号小得多,选取一定的甄别阈就可以把这些 γ 本底去掉。只有当 γ 本底十分强时,小幅度的 γ 脉冲叠加成大幅度信号,才会使区分中子和 γ 脉冲发生困难,此时电子学电路采用小的时间常数使脉冲宽度变窄,可以减小 γ 脉冲叠加的概率。

2. 硼电离室和裂变室

反应堆内中子注量率和堆功率成正比,可以通过中子注量率的测量来监测和控制反应堆的启动和运行。在反应堆中子注量率监测方面,硼电离室和裂变室是不可缺少的。

硼电离室是在电离室的一个电极上涂上一层浓缩硼(^{10}B)的膜。利用 $^{10}B(n,\alpha)^{7}Li$ 反应产生 α 粒子和 ^{7}Li,这些次级带电粒子在电离室中引起输出信号。通常记录它们引起的电离电流来测定入射的中子注量率,测量范围为 $10^{5} \sim 10^{10}/cm^{2} \cdot s$。

在反应堆中,γ 射线很强,除在工艺上采取一些办法降低探测器的 γ 灵敏度外,更有效的办法是采用补偿电离室。补偿电离室的结构如图 13.7 所示,图中 Ⅰ,Ⅱ 是两个电离室,它们公用一个收集电极(O 极)。在电离室 Ⅱ 的两个电极上均涂硼,它对中子和 γ 射线均灵敏。以 I_{n} 表示中子对电流的贡献,以 $I_{\gamma 1}$ 表示 γ 射线对电流的贡献。而电离室 Ⅰ 的电极表面不涂硼,使电离室 Ⅰ 只对 γ 射线灵敏,其电流全部由 γ 射线引起,以 $I_{\gamma 2}$ 表示。若两个电离室的灵敏体积

相等,则 $I_{\gamma 1} = I_{\gamma 2}$。在两个电离室上加上极性相反的工
作电压,使它们各自产生的电流在通过电流计时方向相
反,则最终在电流计中流过的电流为

$$I = I_2 - I_1 = I_n + I_{\gamma 1} - I_{\gamma 2} = I_n \qquad (13.48)$$

这样就达到了补偿的目的。为了提高中子灵敏度,补偿
电离室一般采用多层结构。

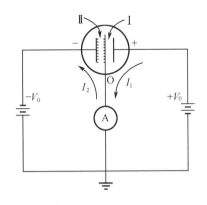

　　裂变电离室是在电离室一个电极上涂有可裂变物
质(如 ^{235}U)的电离室,记录裂变碎片的电离作用就可探
测中子。裂变室可以是记录脉冲的,也可以记录电离电
流。由于裂变反应放出的能量大,裂变室的灵敏度比硼
电离室更高,γ 射线的影响更小,这个优点是其他中子

图 13.7　补偿硼电离室示意图

探测器所不能比拟的。因此,它更适用于更高的 γ 辐射场内的中子探测。因为裂变碎片的射
程很短,所以裂变材料涂层最厚不超过 2 mg/cm^2。为了提高探测效率常做成多层裂变室。我
国生产的裂变室热中子灵敏度可达单位注量率下 0.5 s^{-1},最高计数率可达 10^5 s^{-1}。

13.4.3　闪烁探测器

　　除气体探测器外,闪烁探测器也是一种常用的中子探测器。由于中子穿透能力强,所以提
高中子探测器的探测效率是重要的,而中子闪烁探测器的特点是效率高,时间响应快,这对提
高探测效率、增加计数率十分有利。

1. 硫化锌快中子屏

　　ZnS 中子屏有快中子和慢中子屏两种。快中子屏由 ZnS(Ag) 粉
与有机玻璃粉均匀混合热压形成。它利用快中子在有机玻璃中产生
的反冲质子使 ZnS(Ag) 发光,再通过光电倍增管将光信号转换成电
信号,以此探测快中子。这种闪烁体呈乳白色,对光的透明度不高,
厚度不能超过 7 mm。为提高效率,把含有机玻璃的 ZnS(Ag) 闪烁体
嵌在有机玻璃筒内制成,形状像花卷,如图 13.8 所示。它可用于测
量能量大于 0.5 MeV 的快中子注量率。

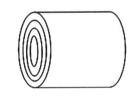

图 13.8　花卷型快中子屏

2. 硫化锌慢中子屏

　　硫化锌慢中子屏是将 ZnS(Ag) 与含硼化合物(如 B_2O_3)均匀混合形成的。慢中子在 ^{10}B
上产生的 α 和 ^{7}Li 射入 ZnS(Ag) 引起闪光,从而使光电倍增管输出信号。由于 ^{10}B 的热中子反
应截面很大,所以慢中子屏对热中子和慢中子的探测效率较高,对热中子的探测效率为 5% ~
10%。由于 α 和 ^{7}Li 引起的信号幅度很大,所以易于甄别去除 γ 本底。

　　为了提高探测效率,可以将中子屏做成中空结构,套在具有四面窗的光电倍增管上,这种
闪烁体称为中子杯。

3. 含锂闪烁体

　　用铕(Eu)激活的碘化锂(LiI(Eu))闪烁体可用来探测中子。当慢中子与 ^{6}Li 发生 ^{6}Li(n,α)^{3}H
反应后,产生的 α 及 ^{3}H 在晶体内损失能量形成闪光。由于反应能高达 4.78 MeV,因而热中子
产生的信号脉冲幅度谱是一个相当窄的峰。碘化锂闪烁计数器分辨时间可达 0.3 μs,探测效
率非常高。晶体厚度为 1 cm 时,探测热中子的效率几乎达 100%,探测慢中子的效率平均约

为 70%。它的缺点是极易潮解,且原料提纯和晶体制备等比较困难。

另一种含锂闪烁体是由铈(Ce)激活的锂玻璃,成分是 $LiO_2 \cdot 2SiO_2(Ce)$,其中 ^6Li 的丰度可达 90% 以上。锂玻璃的优点是有好的化学稳定性和光透明性、耐酸、耐化学腐蚀、耐潮解、耐高低温等,宜于在恶劣的环境中使用。而且生产工艺简单,可加工成合适形状。它探测热中子的效率极高,厚度为 0.4 cm 时效率已达 100%,探测中能中子的效率也较高。表 13.7 给出了锂含量为 6.5%,^6Li 浓缩到 96% 的锂玻璃闪烁体,厚度为 2.54 cm 时对各种能量中子的探测效率。

表 13.7　锂玻璃闪烁体探测效率(%)

中子能量/keV	0.01	0.1	1	10	100	250	510	1 060	2 170	3 350
探测效率(计算值)	89.42	58.54	27.12	9.95	5.30	16.53				
探测效率(实验值)				9.95	5.20	14.90	3.50	1.56	1.09	1.36

4. 有机闪烁体

有机闪烁体是富氢物质,可以通过核反冲法探测快中子。有机闪烁体的发光衰减时间特别短,因此可用来测量高中子注量率。在快中子飞行时间谱仪中,有机闪烁体是唯一可采用的探测器。有机闪烁体效率很高,但对 γ 本底甄别需要采取特殊的措施,如采取脉冲形状甄别技术等。常用的几种有机闪烁体是:蒽、芪晶体,塑料闪烁体,液体闪烁体等。

各种测量中子的闪烁体的性能见表 13.8。

表 13.8　各种测量中子的闪烁体的性能

名称	型号	规格/cm	发光效率(相对蒽%)	探测效率/%	发光衰减时间	光谱峰位(10^{-10} m)	主要用途
硫化锌快中子屏	ST-207(花卷型)	$\phi50 \times 20$	300	2	0.2 μs	4 500	快中子注量率,剂量
硫化锌慢中子屏	ST-211(浓缩硼)	$\phi50 \times 1.5$	300	10	0.2 μs	4 500	慢中子注量率,剂量
锂玻璃	ST-602(浓缩锂)	$\phi40 \times 10$	10		0.1 μs	3 950	热中子、中能中子
蒽晶体	ST-501	$\phi10-50$ h2-20	100		30 ns	4 470	发光标准
塑料闪烁体	ST-401	$\phi<400$ h<250	40		5 ns	4 200	快中子计数
液体闪烁体	ST-451	$\phi46$ h20-50	45		3.7 ns	4 200	飞行谱仪探头

注:表中数据来自北京核仪器厂。

13.4.4　堆用探测器

专门用在反应堆上监测中子注量率的探测器,统称为堆用探测器。它们大多是充气型的中子探测器。这是因为气体探测器具有测量中子注量率的范围较大、稳定性较好、耐辐照等优点。

充气型中子探测器有脉冲型和电流型两种工作方式。脉冲型适用于低中子注量率的测量,计数率限制在 $10^3\ \mathrm{s}^{-1}$ 以下;电流型可用于高注量率测量。

根据中子探测器在反应堆上放置的位置不同又分为两类。

1. 堆芯外的探测器

堆外探测器是放在反应堆压力容器之外,主要用来监测反应堆的功率水平的探测器。探测器的典型工作条件为:中子注量率范围 $0 \sim 10^{11}$ 中子/$\mathrm{cm}^2\cdot\mathrm{s}$(零功率~满功率),$\gamma$ 照射率最高达 10^6 R/h,温度约为 100 ℃。由于中子注量率范围太大,一种探测器的量程根本无法满足测量要求。通常将量程分为三档,分别采用不同的探测器,具体分法见图 13.9。最低量程称中子源启动量程,其特点是中子注量率小,γ 本底较大,一般采用脉冲裂变室或 BF_3 正比计数管。中间量程,中子注量率已大增,γ 本底仍大,所以宜用补偿电流型硼电离室或电流型裂变室。第三量程是接近或达到反应堆的满功率,这时中子注量率足够大,γ 本底相对小了,可用堆用硼电离室或裂变室。

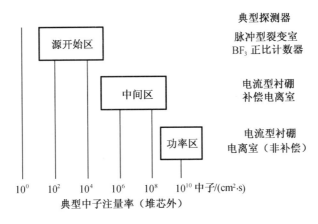

图 13.9　堆芯外探测器的量程分类

2. 堆芯(活性区)内的探测器

堆芯内的中子探测器主要是提供有关堆芯内中子注量率的空间分布的信息,要求体积小,寿命长,不影响堆芯的中子场的分布。除小型裂变室外,目前更多采用自给能探测器。

所谓自给能探测器是指它不需要外接电源。其结构原理如图 13.10 所示[①]。中心的发射体是活化材料,经中子辐照后变成放射性物质,放出 β 粒子。这些 β 粒子穿过绝缘材料到达收集极,经同轴电缆将信号引出,直接用电流计就可测得其电流信号。电流信号与材料的 β 放射性活度成正比,而材料的活度又与中子注量率成正比,所以用测到的电流值可表示堆芯中注量率的大小。由于信号电流全来自

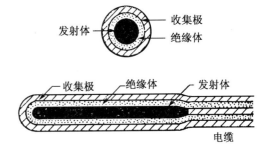

图 13.10　自给能探测器

---

① 　N. P. Goldstein, W. H. Todt. IEEE Trans. Nucl. Sci. 1979, 26(1):916.

辐射体不断发射的电子,因此不需要外接电源。常用的辐射体有铑(Rh)和钒(V)。活化后,钒产生一个半衰期为 225 s 的 β^- 衰变,而铑则给出半衰期为 44 s 和 265 s 的复杂的 β^- 衰变。

13.5　中子注量率和中子能谱的测量

由前面的讨论可以看出,测量中子注量率及中子能谱的方法很多,在课程中难以概全,但具备了中子与物质相互作用的知识并了解了常用中子探测器后,工作中参考必要的文献和具体分析,是可以解决具体课题中的问题的,本节介绍几种常用的基本方法。

13.5.1　中子注量率的测量

中子注量率测量是中子测量中最基本的。在核能与核技术的众多领域中都需要中子注量率的测量,例如在反应堆的设计、启动、运行监控等过程中,中子注量率的测量必不可少。在辐射防护和安全中,中子剂量的监测也是基于中子注量率测量的。

1. 标准中子源法

用一个已知发射率 Q(每秒发射的中子数)的中子源作为标准中子源(如 $^{210}Po - Be$ 或 $^{241}Am - Be$ 同位素中子源),当探测器离中子源较远时,可把中子源看作点源。由于中子源发射中子是各向同性的,因此在距源为 r 处的中子注量率为

$$\Phi = \frac{Q}{4\pi r^2} \tag{13.49}$$

如果把中子探测器放在该处进行测量,由测得的计数率 n 和计算得出的中子注量率即可求出该中子探测器的灵敏度为

$$\eta = \frac{n}{\Phi} \tag{13.50}$$

当探测器的中子灵敏度已知时,即可由探测器计数率测定未知的中子场的注量率了。

2. 标准中子探测器法(长计数管法)

标准中子探测器是指其灵敏度已准确知道,以 η_0 表示。若用标准中子探测器测得中子束的计数率为 n_0,待标定的中子探测器在相同条件下进行测量,测得的计数率为 n_x(已进行分辨时间和本底校正),则中子探测器的灵敏度为

$$\eta_x = \eta_0 \frac{n_x}{n_0} \tag{13.51}$$

这种方法简单,不需要标准中子源。长计数管最适合作标准探测器,因为它对热中子到 5 MeV 的中子灵敏度近乎相等,从而可用在较大的能区范围内。

BF_3 正比计数管主要用于热中子的探测,对于快中子其效率太低。但若用石蜡(或聚乙烯)使快中子慢化后再进入计数管,则也可用来探测快中子。例如一种具有聚乙烯外套的 BF_3 计数管,如图 13.11 所示。这种计数器从 0 ~ 5 MeV 快中子的探测效率如图 13.12 所示[①]。从图中我们知道中子能量跨过几个数量级,而其效率相差不超过 5% ~ 10%,所以把这种探测效率平坦区(随能量变化小的区域)很长的计数管叫作长计数管。注意,请不要误认为长计数管

---

① 蒋崧生,等. 一个聚乙烯长计数管效率的刻度[J]. 原子能科学技术,1975,(01):98 - 104.

是计数管尺寸长或计数管工作电压坪长。目前性能最好的长计数管,探测能量范围可从热中子延伸到快中子。

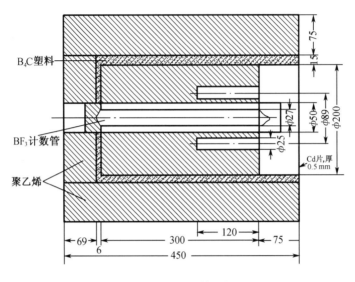

图 13.11　长计数管结构图

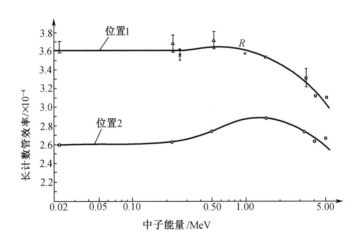

图 13.12　长计数管的探测效率与中子能量的关系

3. 活化法测量中子注量率

活化法的基本原理如前所述,这是一种最常用而简单的方法。这种方法既适用于热中子注量率测量,也可用于快中子注量率测量,仅是选择的活化材料不同而已。

一般激活片(如 ^{115}In, ^{197}Au 等)的热中子活化截面和共振中子吸收截面都很大,为了把热中子和共振中子的贡献区分开来,通常采用"镉差法"。镉吸收热中子的截面很大,在 0.17 eV 附近有一高共振峰,峰值吸收截面约为 60 000 b,但随着中子能量的增加,其吸收截面急剧下降。如果我们在激活片外面包一层约 0.5~1 mm 厚的镉片,那么热中子就几乎全部被镉吸收了。这时激活片的感生放射性基本上由超热中子所贡献,以 A_{oe} 表示。热中子与超镉中子的分

界线一般选为 0.5 eV。未包镉片的激活片所测得的放射性活度 A_0,是热中子和超热中子贡献的放射性活度之和,即

$$A_0 = A_{ot} + A_{oe} \tag{13.52}$$

式中,A_{ot} 为热中子贡献的放射性活度。因此

$$A_{ot} = A_0 - A_{oe} \tag{13.53}$$

再利用活化分析解析表达式计算出热中子注量率。用镉差法测量热中子注量率时所用的激活片必须很薄,否则要进行自吸收校正。例如,使用超过 0.5 mg/cm² 厚度的金箔时,就必须作吸收校正。

4. 中子源活度的测量

小型同位素中子源常常可用来刻度中子探测器的效率,所以标定中子源的活度是一项重要工作。最常用的标定方法是锰浴法,基本原理与活化法相同。

具体做法是将待测中子源放置在体积很大的硫酸锰溶液中,中子在水中慢化成热中子,被 ^{55}Mn 俘获后,^{55}Mn 转变成 ^{56}Mn,通过测量 ^{56}Mn 的放射性活度就可求得中子源的活度。为了保证中子得到充分慢化,容器要足够大,一般用直径和高度都是 1 m 的圆柱形容器,中子源挂在容器的中心。

如果中子源放在锰溶液中时间足够长,即超过 ^{56}Mn 的半衰期($T_{1/2} = 2.578\ 9$ h)五倍以上,则 ^{56}Mn 放射性达到长久平衡,也就是说在单位时间内生成的 ^{56}Mn 核数等于 ^{56}Mn 衰变掉的核数。设容器中 MnSO₄ 溶液的总放射性活度为 A,则当中子源发射的中子全部被 ^{55}Mn 俘获时,中子源的活度 $Q = A$。因此中子源活度的测定转化为溶液的放射性测量。

^{56}Mn 经 β 衰变为 ^{56}Fe 的激发态,^{56}Fe 的激发态退激到基态时发射 γ 射线。将一支 G – M 计数管放在容器中央位置(这里中子源已被取走),测量溶液发出的 γ 射线。假如探测器测到的 γ 计数率为 n(已作本底和死时间校正),则中子源活度为

$$Q = \frac{n}{\varepsilon} \tag{13.54}$$

式中,ε 为计数管在这样的几何条件下的总探测效率。可通过已知活度的放射性 MnSO₄ 标准溶液,在完全相同的几何条件与探测条件下标定出 ε。

13.5.2 中子能谱的测量

中子能谱测量对核物理及核技术研究工作有很大意义。测量裂变核素的裂变中子能谱,以及各种动力装置中的中子能谱,对于设计、试验反应堆和核武器都是必不可少的。

对于热中子和快中子,能谱测量方法差别很大。快中子能谱常用核反应法、反冲质子法、飞行时间法等测量。热中子由于反应能和裂变能都很大,而中子能量又小,所以热中子的能谱测量主要是飞行时间法和晶体衍射法。而阈探测器法只能作粗略测量,其原理已在 13.3 节中介绍,这里不再重复。下面分别介绍上述几种方法。

1. 核反应法

由于核反应法的反应能很大,这种方法不适用于慢中子的能量测量。当用 ^{6}LiI(Eu)闪烁体时,由于 ^{6}Li(n,α)^{3}H 反应的反应能 Q 较大($Q = 4.78$ MeV),而闪烁谱仪的能量分辨率较差,所以用 ^{6}LiI(Eu)闪烁体只能测量 MeV 能区的中子。

当中子注量率很高时,可使用^{6}LiF夹心式中子谱仪。将^{6}LiF制成膜片,把它放在两个面垒型硅半导体探测器中间,探测器测量反应中放出的带电粒子,其结构示意见图13.13。该探测器测量中子的能量下限可达10 keV,且有相当好的能量分辨率,对100 keV中子的能量分辨率为14.3%。由于面垒型半导体探测器对γ射线不灵敏,所以这种谱仪能在照射率高达10^6 R/h的γ辐射场中工作。

使用^{3}He为辐射体的一般均是气体探测器(如^{3}He正比计数管),它能量分辨率较好,例如对400 keV的中子,在比反应能相应的峰位(对应的是热中子峰)更高的地方可观察到相当于400 keV的峰位,能量可通过能量标定确定。当充高压^{3}He气体时,^{3}He正比计数管的探测效率相当高,它的缺点是存在末端效应和壁效应所引起的畸变,且对γ射线较灵敏。

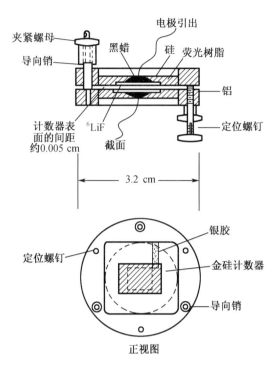

图13.13　^{6}Li夹层谱仪结构图

2. 核反冲法

根据中子弹性散射中反冲核的能谱,可求出中子能谱。由于反冲核的质量越小,它所得到的能量越大,一般采用氢作为反冲核。用氢作辐射体时,反冲质子的能量E_p与入射中子能量E_n的关系是

$$E_p = E_n \cos^2\varphi \qquad (13.55)$$

式中,φ为反冲核的出射角。由于反冲质子的能量与反冲角有关,所以即便入射的是单能中子,反冲质子的能量仍是连续分布的。然而在与入射中子方向成一定角度的方向上,反冲质子的能量与入射中子能量却有着单值关系。

微分法是当入射中子的方向确定的情况下,通过测定在某一反冲角方向上一个小的角度范围内反冲质子的能量,计算出中子能谱的方法。实现微分法在实验条件上必须保证:可把入射中子束看作平行束,辐射体、探头的尺寸和它们之间的距离相比要小得多,以致探测器接收到从辐射体来的反冲质子的反冲角都是φ。

图13.14为微分测量法示意图。设入射到辐射体上能量为E_n的中子注量率为Φ,辐射体中质子数为n,n-p散射的截面为σ,则产生反冲质子总数为$\Phi\sigma n$。那么,在ω立体角内射到探测器被记录的反冲质子数为$J(E_p) \approx \Phi\sigma n\omega/4\pi$。则可用测到的反冲质子数推算出中子注量率$\Phi$。反冲角一般选在$0° \sim 10°$的范围内。

当用富氢材料作为探测器(例如闪烁探测器)时,辐射

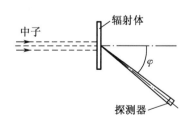

图13.14　微分法示意图

体就是探测器中的氢原子,反冲质子在探测器中沉积能量而形成输出信号。由于反冲质子能量是连续分布的,而且可以证明对单能中子其能谱是一个矩形谱,则可根据反冲质子谱的最大能量求得入射中子能量。对入射中子不是单能的情况,就要对测到的反冲质子谱进行数学解析才能得到中子注量率分布函数 $\Phi(E_n)$,处理相当复杂。这种方法称为积分测量法,常用正比计数器、有机闪烁探测器和一种平面膜半导体探测器进行测量。

3. 飞行时间法

飞行时间法(Time-of-Flight——TOF)是中子能谱测量中最直接、最有效和最有发展前途的一种方法。它的原理十分简单,能量不同的中子具有不同速度,通过测量中子飞越已知距离所需的时间得出中子能量。

为了测定中子飞行时间,通常采用多道时间分析器。中子的起飞时刻和到终点的时刻都要有标志。另外,中子束流必须是断续的或脉冲式的,就像人们的赛跑必须分批一样。同一批被测中子要求在同一时刻起飞,这样才能根据到达同一终点所需的不同时间即飞行时间来比较之。飞行时间谱仪都要有产生"中子闪现"的设备。例如采用机械断续器将连续束流截成断续的,或直接使用加速器脉冲中子源。

确定中子的起飞时间有三种方法:一是利用脉冲中子源在发射中子时给出的同步电信号;二是由中子机械断续器给出信号;三是记录起点处同时伴随中子产生的粒子,由起点伴随粒子探测器给出信号。中子飞到终点的时刻,由终点记录中子的探测器输出脉冲决定。

飞行时间法的优点为:

(1)飞行时间法是测定中子能谱最直接的方法,探测结果的分析极为简便;

(2)测量的能量范围很大,从慢中子到快中子,目前,这种方法广泛应用于 1 keV 以下的慢中子能谱的测量。对于快中子能谱,随着电子技术(特别是纳秒快脉冲技术)的进步,飞行时间法得到很快发展,目前能量测量上限已到 30 MeV 以上;

(3)可以在不改变其他条件的情况下,直接用增加飞行距离的方法提高能量分辨本领。

飞行时间法的缺点为:

(1)效率低,只有在中子源很强时才能采用;

(2)所需设备较多,较复杂,技术要求也较高。

在慢中子能谱测量中,飞行时间法应该是最直接和准确的方法。随着有机闪烁探测器的应用和亚纳秒快脉冲技术的发展,从二十世纪五六十年代,飞行时间法也应用到快中子能谱的测量,得到了精度远超过其他方法的结果。除了中子能谱的测量外,飞行时间法还可用于其他粒子的能谱测量。

思　考　题

13-1　什么是热中子,为什么人们对热中子特别关注,为什么用镉片能获得"较纯"的慢中子?

13-2　自发裂变中子源 ^{252}Cf 有什么特点,其缺点是什么?

13-3　用核反应法和核裂变法测量慢中子的能量有什么局限?测量中子能量有什么方法?

13-4　自给能探测器输出信号的形成机制与常规的探测器(例如电离室)有什么异同?

习　　题

13 - 1　试计算 SZJ - 1 型 BF_3 正比计数管的热中子灵敏度。已知 ^{10}B 的浓度为 96%,气压为 40 000 Pa,工作温度 20 ℃,计数管有效尺寸为 $\phi 3$ cm $\times 20$ cm。

13 - 2　在与上题相同条件下,分别计算该正比计数管对能量为 1 eV 和 1 keV 中子的灵敏度。

13 - 3　已知 ^{252}Cf 的自发裂变半衰期为 85.5 a,α 衰变半衰期为 2.73 a,试求 ^{252}Cf 的半衰期。

13 - 4　有一直径为 2 cm、质量厚度为 80 mg/cm^2 的金箔,在热中子场中照射 24 小时,搁置 10 分钟后开始测量,计数 10 分钟得到净计数为 400(已扣除本底)。设相对每次核衰变次级带电粒子的探测效率为 0.43,试求热中子注量率。(已知:金箔中为纯 ^{197}Au,反应为 ^{197}Au $(n,\gamma)^{198}Au$,热中子反应截面为 98.5 b,^{198}Au 的半衰期为 2.69 d)

13 - 5　计算由 1 MeV 的中子产生的反冲质子的动能,设反冲角分别为 0°,10°,45°,90°。

13 - 6　试计算 1 eV,1 keV 和 1 MeV 的中子飞行 1 m 所需要的时间。

附　　录

附录 I　核素的性质表

	Z	A	Δ/MeV	$I\pi$	$T_{1/2}$, Γ 或丰度		Z	A	Δ/MeV	$I\pi$	$T_{1/2}$, Γ 或丰度
n	0	1	8.071	1/2 +	10.24 min(β^-)			17	7.870	1/2 −	4.173 s(β^-)
H	1	1	7.289	1/2 +	99.985%			18	13.110	1 −	624 ms(β^-)
		2	13.136	1 +	0.015%	O	8	14	8.007	0 +	70.641 s(ε)
		3	14.950	1/2 +	12.32a(β^-)			15	2.856	1/2 −	122.24 s(ε)
He	2	3	14.931	1/2 +	1.37×10^{-4}%			16	−4.737	0 +	99.762%
		4	2.425	0 +	99.999863%			17	−0.809	5/2 +	0.038%
		6	17.595	0 +	806.7 ms(β^-)			18	−0.781	0 +	0.200%
Li	3	6	14.087	1 +	7.59%			19	3.335	5/2 +	26.88 s(β^-)
		7	14.908	3/2 −	92.41%			20	3.797	0 +	13.51 s(β^-)
		8	20.947	2 +	838 ms(β^-)	F	9	17	1.952	5/2 +	64.49 s(ε)
Be	4	7	15.770	3/2 −	53.22d(ε)			18	0.874	1 +	1.8291 h(ε)
		8	4.942	0 +	6.8 eV(α)			19	−1.487	1/2 +	100%
		9	11.348	3/2 −	100%			20	−0.017	2 +	11.07 s(β^-)
		10	12.607	0 +	1.51×10^6a(β^-)			21	−0.048	5/2 +	4.158 s(β^-)
		11	20.174	1/2 +	13.81 s(β^-)			22	2.790	(4 +)	4.23 s(β^-)
B	5	8	22.921	2 +	770 ms(ε)			23	3.330	(3/2,5/2) +	2.23 s(β^-)
		9	12.416	3/2 −	0.54 keV(p)	Ne	10	17	16.460	1/2 −	109.2 ms(ε)
		10	12.051	3 +	19.8%			18	5.317	0 +	1672 ms(ε)
		11	8.668	3/2 −	80.2%			19	1.751	1/2 +	17.22 s(ε)
		12	13.369	1 +	20.20 ms(β^-)			20	−7.042	0 +	90.48%
		13	16.562	3/2 −	17.33 ms(β^-)			21	−5.732	3/2 +	0.27%
C	6	9	28.910	(3/2 −)	126.5 ms(ε)			22	−8.025	0 +	9.25%
		10	15.699	0 +	19.26 s(ε)			23	−5.154	5/2 +	37.24 s(β^-)
		11	10.650	3/2 −	20.334 min(ε)			24	−5.951	0 +	3.38 min(β^-)
		12	0.000	0 +	98.89%			25	−2.11	(3/2) +	602 ms(β^-)
		13	3.125	1/2 −	1.11%	Na	11	20	6.848	2 +	447.9 ms(ε)
		14	3.020	0 +	5700 a(β^-)			21	−2.184	3/2 +	22.49 s(ε)
		15	9.873	1/2 +	2.449 s(β^-)			22	−5.182	3 +	2.6027 a(ε)
N	7	12	17.338	1 +	11.000 ms(ε)			23	−9.530	3/2 +	100%
		13	5.345	1/2 −	9.965 min(ε)			24	−8.418	4 +	14.951 h(β^-)
		14	2.863	1 +	99.634%			25	−9.358	5/2 +	59.1 s(β^-)
		15	0.101	1/2 +	0.366%			26	−6.862	3 +	1.077 s(β^-)
		16	5.684	2 −	7.13 s(β^-)			27	−5.517	5/2 +	301 ms(β^-)

续表1

	Z	A	Δ/MeV	$I\pi$	$T_{1/2}$,Γ 或丰度		Z	A	Δ/MeV	$I\pi$	$T_{1/2}$,Γ 或丰度
Mg	12	21	10.91	5/2+	122 ms(ε)			36	-30.664	0+	0.02%
		22	-0.397	0+	3.875 5 s(ε)			37	-26.896	7/2-	5.05 min(β^-)
		23	-5.474	3/2+	11.317 s(ε)			38	-26.861	0+	170.3 min(β^-)
		24	-13.934	0+	78.99%	Cl	17	33	-21.003	3/2+	2.511 s(ε)
		25	-13.193	5/2+	10.00%			34	-24.440	0+	1.526 4 s(ε)
		26	-16.215	0+	11.01%			35	-29.014	3/2+	75.77%
		27	-14.587	1/2+	9.458 min(β^-)			36	-29.522	2+	3.01×10^5 a(β^-)
		28	-15.019	0+	20.915 h(β^-)			37	-31.761	3/2+	24.23%
		29	-10.62	3/2+	1.30 s(β^-)			38	-29.798	2-	37.24 min(β^-)
Al	13	24	-0.057	4+	2.053 s(ε)			39	-29.800	3/2+	55.6 min(β^-)
		25	-8.916	5/2+	7.183 s(ε)			40	-27.56	2-	1.35 min(β^-)
		26	-12.210	5+	7.17×10^5 a(ε)			41	-27.31	(1/2+,3/2+)	38.4 s(β^-)
		27	-17.197	5/2+	100%	Ar	18	34	-18.377	0+	844.5 ms(ε)
		28	-16.850	3+	2.241 4 min(β^-)			35	-23.047	3/2+	1.775 s(ε)
		29	-18.215	5/2+	6.56 min(β^-)			36	-30.232	0+	0.336 5%
		30	-15.87	3+	3.60 s(β^-)			37	-30.948	3/2+	34.95 d(ε)
Si	14	26	-7.145	0+	2.234 s(ε)			38	-34.715	0+	0.063 2%
		27	-12.384	5/2+	4.16 s(ε)			39	-33.242	7/2-	269 a(β^-)
		28	-21.493	0+	92.230%			40	-35.040	0+	99.600 3%
		29	-21.895	1/2+	4.683%			41	-33.068	7/2-	109.61 min(β^-)
		30	-24.433	0+	3.087%			42	-34.423	0+	32.9 a(β^-)
		31	-22.949	3/2+	157.3 min(β^-)			43	-32.010	(5/2-)	5.37 min(β^-)
		32	-24.081	0+	132 a(β^-)			44	-32.673	0+	11.87 min(β^-)
		33	-20.49	(3/2+)	6.18 s(β^-)	K	19	37	-24.800	3/2+	1.226 s(ε)
P	15	29	-16.953	1/2+	4.142 s(ε)			38	-28.801	3+	7.636 min(ε)
		30	-20.201	1+	2.498 min(ε)			39	-33.807	3/2+	93.258 1%
		31	-24.441	1/2+	100%			40	-33.535	4-	1.248×10^9 a(β^-89%,ε)
		32	-24.305	1+	14.262 d(β^-)						0.011 7%
		33	-26.337	1/2+	25.34 d(β^-)			41	-35.559	3/2+	6.730 2%
		34	-24.558	1+	12.43 s(β^-)			42	-35.022	2-	12.321 h(β^-)
S	16	30	-14.063	0+	1.178 s(ε)			43	-36.593	3/2+	22.3 h(β^-)
		31	-19.045	1/2+	2.572 s(ε)			44	-35.81	2-	22.13 min(β^-)
		32	-26.016	0+	95.02%			45	-36.61	3/2+	17.3 min(β^-)
		33	-26.586	3/2+	0.75%			46	-35.42	(2-)	105 s(β^-)
		34	-29.932	0+	4.21%			47	-35.696	1/2+	17.50 s(β^-)
		35	-28.846	3/2+	87.51 d(β^-)	Ca	20	38	-22.059	0+	440 ms(ε)

续表 2

	Z	A	Δ/MeV	$I\pi$	$T_{1/2}$,Γ 或丰度		Z	A	Δ/MeV	$I\pi$	$T_{1/2}$,Γ 或丰度
		39	-27.274	3/2 +	859.6 ms(ε)			50	-49.222	6 +	0.250%
		40	-34.846	0 +	96.94%			51	-52.201	7/2 -	99.750%
		41	-35.138	7/2 -	1.02×10^{5} a(ε)			52	-51.441	3 +	3.743 min(β^{-})
		42	-38.547	0 +	0.647%			53	-51.849	7/2 -	1.60 min(β^{-})
		43	-38.409	7/2 -	0.135%			54	-49.89	3 +	49.8 s(β^{-})
		44	-41.468	0 +	2.09%	Cr	24	46	-29.47	0 +	0.26 s(ε)
		45	-40.812	7/2 -	162.61 d(β^{-})			47	-34.56	3/2 -	500 ms(ε)
		46	-43.135	0 +	0.004%			48	-42.819	0 +	21.56 h(ε)
		47	-42.340	7/2 -	4.536 d(β^{-})			49	-45.331	5/2 -	42.3 min(ε)
		48	-44.214	0 +	0.187%			50	-50.259	0 +	4.345%
		49	-41.289	3/2 -	8.718 min(β^{-})			51	-51.449	7/2 -	27.702 5 d(ε)
		50	-39.571	0 +	13.9 s(β^{-})			52	-55.417	0 +	83.789%
Sc	21	42	-32.121	0 +	681.3 ms(ε)			53	-55.285	3/2 -	9.501%
		43	-36.188	7/2 -	3.891 h(ε)			54	-56.932	0 +	2.365%
		44	-37.816	2 +	3.97 h(ε)			55	-55.107	3/2 -	3.497 min(β^{-})
		45	-41.068	7/2 -	100%			56	-55.281	0 +	5.94 min(β^{-})
		46	-41.757	4 +	83.79 d(β^{-})	Mn	25	50	-42.627	0 +	283.29 ms(ε)
		47	-44.332	7/2 -	3.349 2 d(β^{-})			51	-48.241	5/2 -	46.2 min(ε)
		48	-44.496	6 +	43.67 h(β^{-})			52	-50.705	6 +	5.591 d(ε)
		49	-46.552	7/2 -	57.2 min(β^{-})			53	-54.688	7/2 -	3.74×10^{6} a(ε)
		50	-44.54	5 +	102.5 s(β^{-})			54	-55.555	3 +	312.12 d(ε)
Ti	22	43	-29.321	7/2 -	509 ms(ε)			55	-57.711	5/2 -	100%
		44	-37.549	0 +	60.0 a(ε)			56	-56.910	3 +	2.578 9 h(β^{-})
		45	-39.006	7/2 -	184.8 min(ε)			57	-57.487	5/2 -	85.4 s(β^{-})
		46	-44.123	0 +	8.25%			58	-55.91	1 +	3.0 s(β^{-})
		47	-44.932	5/2 -	7.44%	Fe	26	51	-40.22	5/2 -	305 ms(ε)
		48	-48.488	0 +	73.72%			52	-48.332	0 +	8.275 h(ε)
		49	-48.559	7/2 -	5.41%			53	-50.945	7/2 -	8.51 min(ε)
		50	-51.427	0 +	5.18%			54	-56.252	0 +	5.845%
		51	-49.728	3/2 -	5.76 min(β^{-})			55	-57.479	3/2 -	2.737 a(ε)
		52	-49.465	0 +	1.7 min(β^{-})			56	-60.605	0 +	91.754%
		53	-46.8	(3/2) -	32.7 s(β^{-})			57	-60.180	1/2 -	2.119%
V	23	46	-37.073	0 +	422.50 ms(ε)			58	-62.153	0 +	0.282%
		47	-42.002	3/2 -	32.6 min(ε)			59	-60.663	3/2 -	44.495 d(β^{-})
		48	-44.475	4 +	15.973 5 d(ε)			60	-61.412	0 +	1.5×10^{6} a(β^{-})
		49	-47.957	7/2 -	329 d(ε)			61	-58.92	3/2 - ,5/2 -	5.98 min(β^{-})

续表3

	Z	A	Δ/MeV	$I\pi$	$T_{1/2}$，Γ 或丰度		Z	A	Δ/MeV	$I\pi$	$T_{1/2}$，Γ 或丰度
		62	−58.90	0 +	68 s(β^-)		63	−62.213	3/2 −	38.47 min(ε)
Co 27		54	−48.009	0 +	193.28 ms(ε)		64	−66.004	0 +	48.63%
		55	−54.028	7/2 −	17.53 h(ε)		65	−65.912	5/2 −	243.66 d(ε)
		56	−56.039	4 +	77.233 d(ε)		66	−68.899	0 +	27.90%
		57	−59.344	7/2 −	271.74 d(ε)		67	−67.880	5/2 −	4.10%
		58	−59.846	2 +	70.86 d(ε)		68	−70.007	0 +	18.75%
		59	−62.228	7/2 −	100%		69	−68.418	1/2 −	56.4 min(β^-)
		60	−61.649	5 +	5.275 a(β^-)		70	−69.565	0 +	0.62%
		61	−62.898	7/2 −	1.650 h(β^-)		71	−67.33	1/2 −	2.45 min(β^-)
		62	−61.43	2 +	1.50 min(β^-)		72	−68.131	0 +	46.5 h(β^-)
		63	−61.84	7/2 −	27.4 s(β^-)		73	−65.41	(1/2) −	23.5 s(β^-)
Ni 28		55	−45.34	7/2 −	202 ms(ε)	Ga 31	64	−58.834	0 +	2.627 min(ε)
		56	−53.90	0 +	6.075 d(ε)		65	−62.657	3/2 −	15.2 min(ε)
		57	−56.082	3/2 −	35.60 h(ε)		66	−63.724	0 +	9.49 h(ε)
		58	−60.228	0 +	68.077%		67	−66.880	3/2 −	3.262 3 d(ε)
		59	−61.156	3/2 −	7.6×10^4 a(ε)		68	−67.086	1 +	67.71 min(ε)
		60	−64.472	0 +	26.223%		69	−69.328	3/2 −	60.108%
		61	−64.221	3/2 −	1.140%		70	−68.910	1 +	21.14 min(β^-)
		62	−66.746	0 +	3.634%		71	−70.140	3/2 −	39.892%
		63	−65.513	1/2 −	100.1 a(β^-)		72	−68.589	3 −	14.095 h(β^-)
		64	−67.099	0 +	0.926%		73	−69.699	3/2 −	4.86 h(β^-)
		65	−65.126	5/2 −	2.517 2 h(β^-)		74	−68.050	(3 −)	8.12 min(β^-)
		66	−66.006	0 +	54.6 h(β^-)		75	−68.465	(3/2) −	126 s(β^-)
		67	−63.743	(1/2) −	21 s(β^-)	Ge 32	66	−61.62	0 +	2.26 h(ε)
Cu 29		59	−56.357	3/2 −	81.5 s(ε)		67	−62.658	1/2 −	18.9 min(ε)
		60	−58.344	2 +	23.7 min(ε)		68	−66.980	0 +	270.95 d(ε)
		61	−61.984	3/2 −	3.333 h(ε)		69	−67.101	5/2 −	39.05 h(ε)
		62	−62.798	1 +	9.67 min(ε)		70	−70.563	0 +	20.37%
		63	−65.579	3/2 −	69.17%		71	−69.908	1/2 −	11.43 d(ε)
		64	−65.424	1 +	12.70 h(ε61%,β^-)		72	−72.586	0 +	27.31%
		65	−67.264	3/2 −	30.83%		73	−71.298	9/2 +	7.76%
		66	−66.258	1 +	5.120 min(β^-)		74	−73.422	0 +	36.73%
		67	−67.319	3/2 −	61.83 h(β^-)		75	−71.856	1/2 −	82.78 min(β^-)
		68	−65.567	1 +	31.1 s(β^-)		76	−73.213	0 +	7.83%
Zn 30		61	−56.35	3/2 −	89.1 s(ε)		77	−71.214	7/2 +	11.30 h(β^-)
		62	−61.17	0 +	9.186 h(ε)		78	−71.862	0 +	88.0 min(β^-)

续表4

	Z	A	Δ/MeV	Iπ	$T_{1/2}$, Γ 或丰度		Z	A	Δ/MeV	Iπ	$T_{1/2}$, Γ 或丰度
		79	−69.49	(1/2)−	18.98 s(β⁻)			76	−69.014	0+	14.8 h(ε)
As	33	70	−64.34	4+	52.6 min(ε)			77	−70.169	5/2+	74.4 min(ε)
		71	−67.894	5/2−	65.28 h(ε)			78	−74.180	0+	0.35%
		72	−68.230	2−	26.0 h(ε)			79	−74.443	1/2−	35.04 h(ε)
		73	−70.957	3/2−	80.30 d(ε)			80	−77.893	0+	2.28%
		74	−70.860	2−	17.77 d(ε66%,β⁻)			81	−77.694	7/2+	2.29×10⁵ a(ε)
		75	−73.032	3/2−	100%			82	−80.590	0+	11.58%
		76	−72.289	2−	1.094 2 d(β⁻)			83	−79.982	9/2+	11.49%
		77	−73.917	3/2−	38.83 h(β⁻)			84	−82.431	0+	57.00%
		78	−72.817	2−	90.7 min(β⁻)			85	−81.480	9/2+	10.73 a(β⁻)
		79	−73.636	3/2−	9.01 min(β⁻)			86	−83.266	0+	17.30%
Se	34	71	−63.12	5/2−	4.74 min(ε)			87	−80.709	5/2+	76.3 min(β⁻)
		72	−67.89	0+	8.40 d(ε)			88	−79.69	0+	2.84 h(β⁻)
		73	−68.22	9/2+	7.15 h(ε)			89	−76.73	3/2(+)	3.15 min(β⁻)
		74	−72.213	0+	0.89%	Rb	37	82	−76.188	1+	1.273 min(ε)
		75	−72.169	5/2+	119.779 d(ε)			83	−79.075	5/2−	86.2 d(ε)
		76	−75.252	0+	9.37%			84	−79.750	2−	33.1 d(ε)
		77	−74.600	1/2−	7.63%			85	−82.167	5/2−	72.17%
		78	−77.026	0+	23.77%			86	−82.747	2−	18.642 d(β⁻)
		79	−75.918	7/2+	2.95×10⁵ a(β⁻)			87	−84.598	3/2−	27.83%
		80	−77.760	0+	49.61%			88	−82.609	2−	17.773 min(β⁻)
		81	−76.390	1/2−	18.45 min(β⁻)			89	−81.713	3/2−	15.15 min(β⁻)
		82	−77.594	0+	8.73%			90	−79.362	0−	158 s(β⁻)
		83	−75.341	9/2+	22.3 min(β⁻)	Sr	38	81	−71.528	1/2−	22.3 min(ε)
		84	−75.95	0+	3.10 min(β⁻)			82	−76.008	0+	25.55 d(ε)
Br	35	76	−70.289	1−	16.2 h(ε)			83	−76.80	7/2+	32.41 h(ε)
		77	−73.235	3/2−	57.036 h(ε)			84	−80.644	0+	0.56%
		78	−73.452	1+	6.46 min(ε)			85	−81.103	9/2+	64.84 d(ε)
		79	−76.068	3/2−	50.69%			86	−84.524	0+	9.86%
		80	−75.890	1+	17.68 min(β⁻)			87	−84.880	9/2+	7.00%
		81	−77.975	3/2−	49.31%			88	−87.922	0+	82.58%
		82	−77.496	5−	35.282 h(β⁻)			89	−86.209	5/2+	50.57 d(β⁻)
		83	−79.009	3/2−	2.40 h(β⁻)			90	−85.942	0+	28.90 a(β⁻)
		84	−77.80	2−	31.80 min(β⁻)			91	−83.645	5/2+	9.63 h(β⁻)
		85	−78.61	3/2−	2.90 min(β⁻)			92	−82.868	0+	2.66 h(β⁻)
Kr	36	75	−64.324	5/2+	4.29 min(ε)			93	−80.085	5/2+	7.423 min(β⁻)

续表5

	Z	A	Δ/MeV	$I\pi$	$T_{1/2},\Gamma$ 或丰度		Z	A	Δ/MeV	$I\pi$	$T_{1/2},\Gamma$ 或丰度
Y	39	84	−74.16	1 +	4.6 s(ε)			94	−88.410	0 +	9.25%
		85	−77.84	(1/2) −	2.68 h(ε)			95	−87.707	5/2 +	15.92%
		86	−79.28	4 −	14.74 h(ε)			96	−88.790	0 +	16.68%
		87	−83.019	1/2 −	79.8 h(ε)			97	−87.540	5/2 +	9.55%
		88	−84.299	4 −	106.616 d(ε)			98	−88.112	0 +	24.13%
		89	−87.702	1/2 −	100%			99	−85.966	1/2 +	2.748 9 d(β^-)
		90	−86.488	2 −	64.053 h(β^-)			100	−86.184	0 +	9.63%
		91	−86.345	1/2 −	58.51 d(β^-)			101	−83.511	1/2 +	14.61 min(β^-)
		92	−84.813	2 −	3.54 h(β^-)	Tc	43	94	−84.154	7 +	293 min(ε)
		93	−84.22	1/2 −	10.18 h(β^-)			95	−86.017	9/2 +	20.0 h(ε)
		94	−82.349	2 −	18.7 min(β^-)			96	−85.817	7 +	4.28 d(ε)
Zr	40	87	−79.348	(9/2) +	1.68 h(ε)			97	−87.220	9/2 +	4.21 × 10⁶ a(ε)
		88	−83.62	0 +	83.4 d(ε)			98	−86.428	(6) +	4.2 × 10⁶ a(β^-)
		89	−84.869	9/2 +	78.41 h(ε)			99	−87.323	9/2 +	2.111 × 10⁵ a(β^-)
		90	−88.767	0 +	51.45%			100	−86.016	1 +	15.8 s(β^-)
		91	−87.890	5/2 +	11.22%	Ru	44	94	−82.57	0 +	51.8 min(ε)
		92	−88.454	0 +	17.15%			95	−83.45	5/2 +	1.643 h(ε)
		93	−87.117	5/2 +	1.53 × 10⁶ a(β^-)			96	−86.072	0 +	5.54%
		94	−87.267	0 +	17.38%			97	−86.112	5/2 +	2.791 d(ε)
		95	−85.658	5/2 +	64.032 d(β^-)			98	−88.225	0 +	1.87%
		96	−85.443	0 +	2.80%			99	−87.617	5/2 +	12.76%
		97	−82.947	1/2 +	16.744 h(β^-)			100	−89.219	0 +	12.60%
		98	−81.29	0 +	30.7 s(β^-)			101	−87.950	5/2 +	17.06%
Nb	41	89	−80.65	(9/2 +)	2.03 h(ε)			102	−89.098	0 +	31.55%
		90	−82.656	8 +	14.60 h(ε)			103	−87.259	3/2 +	39.26 d(β^-)
		91	−86.632	9/2 +	6.8 × 10² a(ε)			104	−88.089	0 +	18.62%
		92	−86.448	(7) +	3.47 × 10⁷ a(ε)			105	−85.928	3/2 +	4.44 h(β^-)
		93	−87.208	9/2 +	100%			106	−86.322	0 +	373.59 d(β^-)
		94	−86.365	(6) +	2.03 × 10⁴ a(β^-)			107	−83.9	(5/2) +	3.75 min(β^-)
		95	−86.782	9/2 +	34.991 d(β^-)	Rh	45	98	−83.17	(2) +	8.72 min(ε)
		96	−85.604	6 +	23.35 h(β^-)			99	−85.574	1/2 −	16.1 d(ε)
		97	−85.606	9/2 +	72.1 min(β^-)			100	−85.58	1 −	20.8 h(ε)
Mo	42	90	−80.167	0 +	5.56 h(ε)			101	−87.41	1/2 −	3.3 a(ε)
		91	−82.20	9/2 +	15.49 min(ε)			102	−86.775	(1 −,2 −)	207 d(ε78%,β^-)
		92	−86.805	0 +	14.84%			103	−88.022	1/2 −	100%
		93	−86.803	5/2 +	4.0 × 10³ a(ε)			104	−86.950	1 +	42.3 s(β^-)

续表6

Z	A	Δ/MeV	$I\pi$	$T_{1/2}$, Γ 或丰度	Z	A	Δ/MeV	$I\pi$	$T_{1/2}$, Γ 或丰度
	105	-87.846	$7/2+$	35.36 h(β^-)		114	-90.021	$0+$	28.73%
	106	-86.362	$1+$	29.80 s(β^-)		115	-88.090	$1/2+$	53.46 h(β^-)
Pd 46	99	-82.19	$(5/2)+$	21.4 min(ε)		116	-88.719	$0+$	7.49%
	100	-85.23	$0+$	3.63 d(ε)		117	-86.425	$1/2+$	2.49 h(β^-)
	101	-85.43	$5/2+$	8.47 h(ε)		118	-86.71	$0+$	50.3 min(β^-)
	102	-87.925	$0+$	1.02%	In 49	110	-86.47	$7+$	4.9 h(ε)
	103	-87.479	$5/2+$	16.991 d(ε)		111	-88.396	$9/2+$	2.8047 d(ε)
	104	-89.390	$0+$	11.14%		112	-87.996	$1+$	14.97 min(ε56%,β^-)
	105	-88.413	$5/2+$	22.33%		113	-89.370	$9/2+$	4.29%
	106	-89.902	$0+$	27.33%		114	-88.572	$1+$	71.9 s(β^-)
	107	-88.368	$5/2+$	6.5×10^6 a(β^-)		115	-89.537	$9/2+$	95.71%
	108	-89.524	$0+$	26.46%		116	-88.250	$1+$	14.10 s(β^-)
	109	-87.607	$5/2+$	13.7012 h(β^-)		117	-88.945	$9/2+$	43.2 min(β^-)
	110	-88.35	$0+$	11.72%	Sn 50	109	-82.64	$5/2(+)$	18.0 min(ε)
	111	-86.00	$5/2+$	23.4 min(β^-)		110	-85.84	$0+$	4.11 h(ε)
	112	-86.34	$0+$	21.03 h(β^-)		111	-85.945	$7/2+$	35.3 min(ε)
Ag 47	103	-84.79	$7/2+$	65.7 min(ε)		112	-88.661	$0+$	0.97%
	104	-85.111	$5+$	69.2 min(ε)		113	-88.333	$1/2+$	115.09 d(ε)
	105	-87.07	$1/2-$	41.29 d(ε)		114	-90.561	$0+$	0.66%
	106	-86.937	$1+$	23.96 min(ε)		115	-90.036	$1/2+$	0.34%
	107	-88.402	$1/2-$	51.839%		116	-91.528	$0+$	14.54%
	108	-87.602	$1+$	2.37 min(β^-)		117	-90.400	$1/2+$	7.68%
	109	-88.723	$1/2-$	48.161%		118	-91.656	$0+$	24.22%
	110	-87.461	$1+$	24.6 s(β^-)		119	-90.068	$1/2+$	8.59%
	111	-88.221	$1/2-$	7.45 d(β^-)		120	-91.105	$0+$	32.58%
	112	-86.62	$2(-)$	3.130 h(β^-)		121	-89.204	$3/2+$	27.03 h(β^-)
Cd 48	104	-83.975	$0+$	57.7 min(ε)		122	-89.946	$0+$	4.63%
	105	-84.33	$5/2+$	55.5 min(ε)		123	-87.821	$11/2-$	129.2 d(β^-)
	106	-87.132	$0+$	1.25%		124	-88.237	$0+$	5.79%
	107	-86.985	$5/2+$	6.50 h(ε)		125	-85.898	$11/2-$	9.64 d(β^-)
	108	-89.252	$0+$	0.89%		126	-86.02	$0+$	2.30×10^5 a(β^-)
	109	-88.508	$5/2+$	461.4 d(ε)		127	-83.50	$(11/2-)$	2.10 h(β^-)
	110	-90.353	$0+$	12.49%	Sb 51	118	-87.999	$1+$	3.6 min(ε)
	111	-89.257	$1/2+$	12.80%		119	-89.477	$5/2+$	38.19 h(ε)
	112	-90.580	$0+$	24.13%		120	-88.424	$1+$	15.89 min(ε)
	113	-89.049	$1/2+$	12.22%		121	-89.595	$5/2+$	57.21%

续表7

Z	A	Δ/MeV	Iπ	$T_{1/2}$, Γ 或丰度		Z	A	Δ/MeV	Iπ	$T_{1/2}$, Γ 或丰度
	122	−88.330	2 −	2.723 8 d(β⁻)			124	−87.660	0 +	0.095%
	123	−89.224	7/2 +	42.79%			125	−87.192	1/2(+)	16.9 h(ε)
	124	−87.620	3 −	60.11 d(β⁻)			126	−89.169	0 +	0.089%
	125	−88.256	7/2 +	2.758 6 a(β⁻)			127	−88.321	1/2 +	36.4 d(ε)
	126	−86.40	(8 −)	12.35 d(β⁻)			128	−89.860	0 +	1.910%
	127	−86.700	7/2 +	3.85 d(β⁻)			129	−88.697	1/2 +	26.40%
Te 52	117	−85.10	1/2 +	62 min(ε)			130	−89.882	0 +	4.071%
	118	−87.72	0 +	6.00 d(ε)			131	−88.415	3/2 +	21.232%
	119	−87.184	1/2 +	16.05 h(ε)			132	−89.281	0 +	26.909%
	120	−89.405	0 +	0.09%			133	−87.644	3/2 +	5.243 d(β⁻)
	121	−88.55	1/2 +	19.16 d(ε)			134	−88.124	0 +	10.436%
	122	−90.314	0 +	2.55%			135	−86.417	3/2 +	9.14 h(β⁻)
	123	−89.172	1/2 +	0.89%			136	−86.425	0 +	8.857%
	124	−90.524	0 +	4.74%			137	−82.379	7/2 −	3.818 min(β⁻)
	125	−89.022	1/2 +	7.07%		Cs 55	130	−86.900	1 +	29.21 min(ε98%,β⁻)
	126	−90.065	0 +	18.84%			131	−88.060	5/2 +	9.689 d(ε)
	127	−88.281	3/2 +	9.35 h(β⁻)			132	−87.156	2 +	6.480 d(ε98%,β⁻)
	128	−88.992	0 +	31.74%			133	−88.071	7/2 +	100%
	129	−87.003	3/2 +	69.6 min(β⁻)			134	−86.891	4 +	2.065 2 a(β⁻)
	130	−87.351	0 +	34.08%			135	−87.582	7/2 +	2.3 × 10⁶ a(β⁻)
	131	−85.210	3/2 +	25.0 min(β⁻)			136	−86.339	5 +	13.04 d(β⁻)
	132	−85.182	0 +	3.204 d(β⁻)			137	−86.546	7/2 +	30.03 a(β⁻)
	133	−82.94	(3/2 +)	12.5 min(β⁻)			138	−82.887	3 −	33.41 min(β⁻)
I 53	123	−87.943	5/2 +	13.232 h(ε)		Ba 56	127	−82.82	1/2 +	12.7 min(ε)
	124	−87.365	2 −	4.176 0 d(ε)			128	−85.40	0 +	2.43 d(ε)
	125	−88.836	5/2 +	59.400 d(ε)			129	−85.06	1/2 +	2.23 h(ε)
	126	−87.910	2 −	12.93 d(ε53%,β⁻)			130	−87.262	0 +	0.106%
	127	−88.983	5/2 +	100%			131	−86.684	1/2 +	11.50 d(ε)
	128	−87.738	1 +	24.99 min(β⁻93%,ε)			132	−88.435	0 +	0.101%
	129	−88.503	7/2 +	1.57 × 10⁷ a(β⁻)			133	−87.553	1/2 +	3 841 d(ε)
	130	−86.932	5 +	12.36 h(β⁻)			134	−88.950	0 +	2.417%
	131	−87.444	7/2 +	8.020 70 d(β⁻)			135	−87.851	3/2 +	6.592%
	132	−85.700	4 +	2.295 h(β⁻)			136	−88.887	0 +	7.854%
Xe 54	121	−82.47	(5/2 +)	40.1 min(ε)			137	−87.721	3/2 +	11.232%
	122	−85.36	0 +	20.1 h(ε)			138	−88.262	0 +	71.698%
	123	−85.249	(1/2) +	2.08 h(ε)			139	−84.914	7/2 −	83.06 min(β⁻)

续表8

	Z	A	Δ/MeV	Iπ	$T_{1/2}$,Γ 或丰度		Z	A	Δ/MeV	Iπ	$T_{1/2}$,Γ 或丰度
		140	−83.271	0+	12.752 d(β⁻)			144	−83.753	0+	23.8%
		141	−79.726	3/2−	18.27 min(β⁻)			145	−81.437	7/2−	8.3%
La	57	135	−86.65	5/2+	19.5h(ε)			146	−80.931	0+	17.2%
		136	−86.04	1+	9.87 min(ε)			147	−78.152	5/2−	10.98 d(β⁻)
		137	−87.10	7/2+	6×10⁴ a(ε)			148	−77.413	0+	5.7%
		138	−86.525	5+	1.02×10¹¹ a(ε65.6%,β⁻)			149	−74.381	5/2−	1.728 h(β⁻)
					0.090%			150	−73.690	0+	5.6%
		139	−87.231	7/2+	99.910%			151	−70.953	3/2+	12.44 min(β⁻)
		140	−84.321	3−	1.6781 d(β⁻)			152	−70.16	0+	11.4 min(β⁻)
		141	−82.938	(7/2+)	3.92 h(β⁻)	Pm	61	142	−81.16	1+	40.5 s(ε)
		142	−80.035	2−	91.1 min(β⁻)			143	−82.966	5/2+	265 d(ε)
Ce	58	133	−82.42	1/2+	97 min(ε)			144	−81.421	5−	363 d(ε)
		134	−84.84	0+	3.16 d(ε)			145	−81.274	5/2+	17.7 a(ε)
		135	−84.62	1/2(+)	17.7 h(ε)			146	−79.460	3−	5.53 a(ε66%,β⁻)
		136	−86.47	0+	0.185%			147	−79.048	7/2+	2.6234 a(β⁻)
		137	−85.88	3/2+	9.0 h(ε)			148	−76.872	1−	5.368 d(β⁻)
		138	−87.57	0+	0.251%			149	−76.071	7/2+	53.08 h(β⁻)
		139	−86.952	3/2+	137.641 d(ε)			150	−73.60	(1−)	2.68 h(β⁻)
		140	−88.083	0+	88.450%	Sm	62	142	−78.993	0+	72.49 min(ε)
		141	−85.440	7/2−	32.508 d(β⁻)			143	−79.523	3/2+	8.75 min(ε)
		142	−84.538	0+	11.114%			144	−81.972	0+	3.07%
		143	−81.612	3/2−	33.039 h(β⁻)			145	−80.658	7/2−	340 d(ε)
		144	−80.437	0+	284.91 d(β⁻)			146	−81.002	0+	10.3×10⁷ a(α)
		145	−77.10	(3/2−)	3.01 min(β⁻)			147	−79.272	7/2−	14.99%
Pr	59	138	−83.13	1+	1.45 min(ε)			148	−79.342	0+	11.24%
		139	−84.823	5/2+	4.41 h(ε)			149	−77.142	7/2−	13.82%
		140	−84.695	1+	3.39 min(ε)			150	−77.057	0+	7.38%
		141	−86.021	5/2+	100%			151	−74.582	5/2−	90 a(β⁻)
		142	−83.793	2−	19.12 h(β⁻)			152	−74.769	0+	26.75%
		143	−83.074	7/2+	13.57 d(β⁻)			153	−72.566	3/2+	46.284 h(β⁻)
		144	−80.756	0−	17.28 min(β⁻)			154	−72.462	0+	22.75%
Nd	60	139	−81.99	3/2+	29.7 mim(ε)			155	−70.197	3/2−	22.3 min(β⁻)
		140	−84.25	0+	3.37 d(ε)	Eu	63	148	−76.30	5−	54.5 d(ε)
		141	−84.198	3/2+	2.49 h(ε)			149	−76.447	5/2+	93.1 d(ε)
		142	−85.955	0+	27.2%			150	−74.797	5(−)	36.9 a(ε)
		143	−84.007	7/2−	12.2%			151	−74.659	5/2+	47.81%

续表9

	Z	A	Δ/MeV	$I\pi$	$T_{1/2}$,Γ 或丰度		Z	A	Δ/MeV	$I\pi$	$T_{1/2}$,Γ 或丰度
		152	-72.895	$3-$	13.506 a($\varepsilon72\%$,β^-)			163	-66.386	$5/2-$	24.90%
		153	-73.373	$5/2+$	52.19%			164	-65.973	$0+$	28.18%
		154	-71.744	$3-$	8.590 a(β^-)			165	-63.618	$7/2+$	2.334 h(β^-)
		155	-71.825	$5/2+$	4.753 a(β^-)			166	-62.590	$0+$	81.6 h(β^-)
		156	-70.093	$0+$	15.19 d(β^-)	Ho	67	162	-66.047	$1+$	15.0 min(ε)
		157	-69.467	$5/2+$	15.18 h(β^-)			163	-66.384	$7/2-$	$4\,570$ a(ε)
Gd	64	149	-75.133	$7/2-$	9.28 d(ε)			164	-64.987	$1+$	29 min($\varepsilon60\%$,β^-)
		150	-75.769	$0+$	1.79×10^6 a(α)			165	-64.905	$7/2-$	100%
		151	-74.195	$7/2-$	124 d(ε)			166	-63.077	$0-$	26.83 h(β^-)
		152	-74.714	$0+$	0.20%			167	-62.287	$7/2-$	3.003 h(β^-)
		153	-72.890	$3/2-$	240.4 d(ε)	Er	68	160	-66.06	$0+$	28.58 h(ε)
		154	-73.713	$0+$	2.18%			161	-65.209	$3/2-$	3.21 h(ε)
		155	-72.077	$3/2-$	14.80%			162	-66.343	$0+$	0.139%
		156	-72.542	$0+$	20.47%			163	-65.174	$5/2-$	75.0 min(ε)
		157	-70.831	$3/2-$	15.65%			164	-65.950	$0+$	1.601%
		158	-70.697	$0+$	24.84%			165	-64.528	$5/2-$	10.36 h(ε)
		159	-68.568	$3/2-$	18.479 h(β^-)			166	-64.932	$0+$	33.503%
		160	-67.949	$0+$	21.86%			167	-63.297	$7/2+$	22.869%
		161	-65.513	$5/2-$	3.66 min(β^-)			168	-62.997	$0+$	26.978%
Tb	65	156	-70.098	$3-$	5.35 d(ε)			169	-60.929	$1/2-$	9.392 d(β^-)
		157	-70.771	$3/2+$	71 a(ε)			170	-60.115	$0+$	14.910%
		158	-69.477	$3-$	180 a($\varepsilon83.4\%$,β^-)			171	-57.725	$5/2-$	7.516 h(β^-)
		159	-69.539	$3/2+$	100%			172	-56.489	$0+$	49.3 h(β^-)
		160	-67.843	$3-$	72.3 d(β^-)	Tm	69	166	-61.89	$2+$	7.70 h(ε)
		161	-67.468	$3/2+$	6.906 d(β^-)			167	-62.548	$1/2+$	9.25 d(ε)
		162	-65.68	$1-$	7.60 min(β^-)			168	-61.318	$3+$	93.1 d(ε)
Dy	66	153	-69.150	$7/2(-)$	6.4 h(ε)			169	-61.280	$1/2+$	100%
		154	-70.398	$0+$	3.0×10^6 a(α)			170	-59.801	$1-$	128.6 d(β^-)
		155	-69.16	$3/2-$	9.9 h(ε)			171	-59.216	$1/2+$	1.92 a(β^-)
		156	-70.530	$0+$	0.06%			172	-57.380	$2-$	63.6 h(β^-)
		157	-69.428	$3/2-$	8.14 h(ε)	Yb	70	166	-61.589	$0+$	56.7 h(ε)
		158	-70.412	$0+$	0.10%			167	-60.594	$5/2-$	17.5 min(ε)
		159	-69.174	$3/2-$	144.4 d(ε)			168	-61.575	$0+$	0.13%
		160	-69.678	$0+$	2.34%			169	-60.370	$7/2+$	32.018 d(ε)
		161	-68.061	$5/2+$	18.91%			170	-60.769	$0+$	3.04%
		162	-68.187	$0+$	25.51%			171	-59.312	$1/2-$	14.28%

续表 10

	Z	A	Δ/MeV	$I\pi$	$T_{1/2},\Gamma$ 或丰度		Z	A	Δ/MeV	$I\pi$	$T_{1/2},\Gamma$ 或丰度
		172	-59.260	$0+$	21.83%			181	-48.254	$9/2+$	121.2 d(ε)
		173	-57.556	$5/2-$	16.13%			182	-48.248	$0+$	26.50%
		174	-56.950	$0+$	31.83%			183	-46.367	$1/2-$	14.31%
		175	-54.701	$(7/2-)$	4.185 d(β^-)			184	-45.707	$0+$	30.64%
		176	-53.494	$0+$	12.76%			185	-43.390	$3/2-$	75.1 d(β^-)
		177	-50.989	$(9/2+)$	1.911 h(β^-)			186	-42.509	$0+$	28.43%
		178	-49.70	$0+$	74 min(β^-)			187	-39.905	$3/2-$	23.72 h(β^-)
Lu	71	172	-56.741	$4-$	6.70 d(ε)			188	-38.667	$0+$	69.78 d(β^-)
		173	-56.886	$7/2+$	1.37 a(ε)	Re	75	182	-45.4	$7+$	64.0 h(ε)
		174	-55.575	$(1)-$	3.31 a(ε)			183	-45.811	$5/2+$	70.0 d(ε)
		175	-55.171	$7/2+$	97.41%			184	-44.227	$3(-)$	38.0 d(ε)
		176	-53.387	$7-$	2.59%			185	-43.822	$5/2+$	37.40%
		177	-52.389	$7/2+$	6.647 5 d(β^-)			186	-41.930	$1-$	3.718 6 d(β^-93%,ε)
		178	-50.343	$1(+)$	28.4 min(β^-)			187	-41.216	$5/2+$	62.60%
Hf	72	171	-55.43	$7/2(+)$	12.1 h(ε)			188	-39.016	$1-$	17.003 h(β^-)
		172	-56.40	$0+$	1.87 a(ε)			189	-37.978	$5/2+$	24.3 h(β^-)
		173	-55.41	$1/2-$	23.6 h(ε)	Os	76	182	-44.61	$0+$	22.10 h(ε)
		174	-55.847	$0+$	0.16%			183	-43.66	$9/2+$	13.0 h(ε)
		175	-54.484	$5/2(-)$	70 d(ε)			184	-44.256	$0+$	0.02%
		176	-54.577	$0+$	5.26%			185	-42.809	$1/2-$	93.6 d(ε)
		177	-52.890	$7/2-$	18.60%			186	-43.000	$0+$	1.59%
		178	-52.444	$0+$	27.28%			187	-41.218	$1/2-$	1.6%
		179	-50.472	$9/2+$	13.62%			188	-41.136	$0+$	13.29%
		180	-49.788	$0+$	35.08%			189	-38.985	$3/2-$	16.21%
		181	-47.412	$1/2-$	42.39 d(β^-)			190	-38.706	$0+$	26.36%
		182	-46.059	$0+$	8.90×10^6 a(β^-)			191	-36.394	$9/2-$	15.4 d(β^-)
		183	-43.29	$(3/2-)$	1.067 h(β^-)			192	-35.881	$0+$	40.93%
Ta	73	178	-50.51	$1+$	9.31 min(ε)			193	-33.393	$3/2-$	30.11 h(β^-)
		179	-50.366	$7/2+$	1.82 a(ε)			194	-32.433	$0+$	6.0 a(β^-)
		180	-48.936	$1+$	8.154 h(ε86%,β^-)	Ir	77	188	-38.328	$1-$	41.5 h(ε)
		181	-48.442	$7/2+$	99.988%			189	-38.45	$3/2+$	13.2 d(ε)
		182	-46.433	$3-$	114.43 d(β^-)			190	-36.751	$4-$	11.78 d(ε)
		183	-45.296	$7/2+$	5.1 d(β^-)			191	-36.706	$3/2+$	37.3%
W	74	178	-50.42	$0+$	21.6 d(ε)			192	-34.833	$4+$	73.827 d(β^-95%,ε)
		179	-49.30	$(7/2)-$	37.05 min(ε)			193	-34.534	$3/2+$	62.7%
		180	-49.645	$0+$	0.12%			194	-32.529	$1-$	19.28 h(β^-)

续表 11

	Z	A	Δ/MeV	$I\pi$	$T_{1/2}$,Γ 或丰度		Z	A	Δ/MeV	$I\pi$	$T_{1/2}$,Γ 或丰度
		195	−31.690	3/2 +	2.5 h(β⁻)			201	−27.18	1/2 +	72.912 h(ε)
Pt	78	187	−36.71	3/2 −	2.35 h(ε)			202	−25.98	2 −	12.23 d(ε)
		188	−37.823	0 +	10.2 d(ε)			203	−25.761	1/2 +	29.524%
		189	−36.48	3/2 −	10.87 h(ε)			204	−24.346	2 −	3.78 a(β⁻ 97%,ε)
		190	−37.323	0 +	0.014%			205	−23.821	1/2 +	70.476%
		191	−35.698	3/2 −	2.862 d(ε)			206	−22.253	0 −	4.200 min(β⁻)
		192	−36.293	0 +	0.782%	Pb	82	201	−25.26	5/2 −	9.33 h(ε)
		193	−34.477	1/2 −	50 a(ε)			202	−25.934	0 +	52.5 × 10³ a(ε)
		194	−34.763	0 +	32.967%			203	−24.787	5/2 −	51.92 h(ε)
		195	−32.797	1/2 −	33.832%			204	−25.110	0 +	1.4%
		196	−32.647	0 +	25.242%			205	−23.770	5/2 −	1.73 × 10⁷ a(ε)
		197	−30.422	1/2 −	19.8915 h(β⁻)			206	−23.785	0 +	24.1%
		198	−29.908	0 +	7.163%			207	−22.452	1/2 −	22.1%
		199	−27.392	5/2 −	30.80 min(β⁻)			208	−21.749	0 +	52.4%
		200	−26.60	0 +	12.5 h(β⁻)			209	−17.614	9/2 +	3.253 h(β⁻)
Au	79	194	−32.26	1 −	38.02 h(ε)			210	−14.728	0 +	22.20 a(β⁻)
		195	−32.570	3/2 +	186.098 d(ε)			211	−10.491	9/2 +	36.1 min(β⁻)
		196	−31.140	2 −	6.1669 d(ε93%,β⁻)			212	−7.547	0 +	10.64 h(β⁻)
		197	−31.141	3/2 +	100%	Bi	83	206	−20.028	6(+)	6.243 d(ε)
		198	−29.582	2 −	2.6956 d(β⁻)			207	−20.054	9/2 −	32.9 a(ε)
		199	−29.095	3/2 +	3.139 d(β⁻)			208	−18.870	(5) +	3.68 × 10⁵ a(ε)
		200	−27.27	1(−)	48.4 min(β⁻)			209	−18.258	9/2 −	100%
Hg	80	193	−31.05	3/2 −	3.80 h(ε)			210	−14.792	1 −	5.012 d(β⁻)
		194	−32.19	0 +	444 a(ε)			211	−11.858	9/2 −	2.14 min(α99.7%,β⁻)
		195	−31.00	1/2 −	10.53 h(ε)			212	−8.117	1(−)	60.55 min(β⁻ 64%,α)
		196	−31.827	0 +	0.15%	Po	84	206	−18.182	0 +	8.8 d(ε 95%,α)
		197	−30.541	1/2 −	64.14 h(ε)			207	−17.146	5/2 −	5.80 h(ε)
		198	−30.954	0 +	9.97%			208	−17.469	0 +	2.898 a(α,ε)
		199	−29.547	1/2 −	16.87%			209	−16.366	1/2 −	102 a(α,ε)
		200	−29.504	0 +	23.10%			210	−15.953	0 +	138.376 d(α)
		201	−27.663	3/2 −	13.18%			211	−12.432	9/2 +	0.516 s(α)
		202	−27.346	0 +	29.86%			218	8.358	0 +	3.10 min(α)
		203	−25.269	5/2 −	46.595 d(β⁻)	At	85	208	−12.49	6 +	1.63 h(ε 99.5%,α)
		204	−24.690	0 +	6.87%			209	−12.880	9/2 −	5.41 h(ε 96%,α)
		205	−22.288	1/2 −	5.14 min(β⁻)			210	−11.972	(5) +	8.1 h(ε 99.8%,α)
Tl	81	200	−27.048	2 −	26.1 h(ε)			211	−11.647	9/2 −	7.214 h(ε 58%,α)

续表12

	Z	A	Δ/MeV	$I\pi$	$T_{1/2}$, Γ 或丰度		Z	A	Δ/MeV	$I\pi$	$T_{1/2}$, Γ 或丰度
		212	−8.621	(1−)	0.314 s(α)			231	33.426	3/2−	3.276×10^4 a(α)
		213	−6.580	9/2−	125 ns(α)			232	35.948	(2−)	1.31 d(β⁻)
Rn	86	207	−8.63	5/2−	9.25 min(ε 79%,α)			233	37.490	3/2−	26.975 d(β⁻)
		208	−9.65	0+	24.35 min(α62%,ε)	U	92	233	36.920	5/2+	1.592×10^5 a(α)
		209	−8.93	5/2−	28.5 min(ε 83%,α)			234	38.147	0+	2.455×10^5 a(α)
		210	−9.598	0+	2.4 h(α 96%,ε)						0.005 4%
		211	−8.756	1/2−	14.6 h(ε 72.6%,α)			235	40.921	7/2−	7.04×10^8 a(α)
		212	−8.660	0+	23.9 min(α)						0.720 4%
		218	5.218	0+	35 ms(α)			236	42.446	0+	2.342×10^7 a(α)
		222	16.374	0+	3.823 5 d(α)			237	45.392	1/2+	6.75 d(β⁻)
		224	22.4	0+	107 min(β⁻)			238	47.309	0+	4.468×10^9 a(α)
Fr	87	209	−3.77	9/2−	50.0 s(α 89%,ε)						99.274 2%
		212	−3.54	5+	20.0 min(ε 57%,α)			239	50.574	5/2+	23.45 min(β⁻)
		215	0.318	9/2−	86 ns(α)	Np	93	236	43.38	(6−)	154×10^3 a(ε,β⁻)
		220	11.483	1+	27.4 s(α)			237	44.873	5/2+	2.144×10^6 a(α)
		223	18.384	3/2(−)	22.00 min(β⁻)			238	47.456	2+	2.117 d(β⁻)
Ra	88	222	14.321	0+	38.0 s(α)			239	49.312	5/2+	2.356 d(β⁻)
		223	17.235	3/2+	11.43 d(α)	Pu	94	237	45.093	7/2−	45.2 d(ε)
		224	18.827	0+	3.631 9 d(α)			238	46.165	0+	87.7 a(α)
		225	21.994	1/2+	14.9 d(β⁻)			239	48.590	1/2+	24 110 a(α)
		226	23.669	0+	1 600 a(α)			240	50.127	0+	6 561 a(α)
		227	27.179	3/2+	42.2 min(β⁻)			241	52.957	5/2+	14.290 a(β⁻)
Ac	89	224	20.235	0−	2.78 h(ε 90.9%,α)			242	54.718	0+	3.75×10^5 a(α)
		225	21.638	(3/2−)	10.0 d(α)			243	57.756	7/2+	4.956 h(β⁻)
		226	24.310	(1)	29.37 h(β⁻ 83%,ε)	Am	95	240	51.51	(3−)	50.8 h(ε)
		227	25.851	3/2−	21.772 a(β⁻99%,α)			241	52.936	5/2−	432.2 a(α)
		228	28.896	3+	6.15 h(β⁻)			242	55.470	1−	16.02 h(β⁻ 82.7%,ε)
Th	90	228	26.772	0+	1.911 6 a(α)			243	57.176	5/2−	7 370 a(α)
		229	29.587	5/2+	7 340 a(α)			244	59.881	(6−)	10.1 h(β⁻)
		230	30.864	0+	7.538×10^4 a(α)	Cm	96	246	62.618	0+	4 760a(α)
		231	33.817	5/2+	25.52 h(β⁻)			247	65.534	9/2−	1.56×10^7 a(α)
		232	35.448	0+	1.405×10^{10} a(α)			248	67.392	0+	3.48×10^5 a(α 92%,SF)
					100%			249	70.750	1/2(+)	64.15 min(β⁻)
		233	38.733	1/2+	21.83 min(β⁻)	Bk	97	246	63.97	2(−)	1.80 d(ε)
Pa	91	229	29.898	(5/2+)	1.50 d(ε 99.5%,α)			247	65.491	(3/2−)	1 380 a(α)
		230	32.174	(2−)	17.4 d(ε 91.6%,β⁻)	Cf	98	251	74.135	1/2+	898 a(α,SF)

续表 13

	Z	A	Δ/MeV	Iπ	$T_{1/2}$, Γ 或丰度		Z	A	Δ/MeV	Iπ	$T_{1/2}$, Γ 或丰度
		252	76.034	0 +	2.645 a(α 96.9% ,SF)	Hs	108	264	119.60	0 +	0.8 ms(α 50% ,SF)
Es	99	252	77.29	(5 −)	471.7 d(α 78% ,ε)			266	121.2	0 +	2.3 ms(α)
		253	79.014	7/2 +	20.47 d(α)	Mt	109	267	127.9		10 ms(α?)
Fm	100	256	85.486	0 +	157.6 min(SF91.9% ,α)			271	131.5		5 s(α?)
		257	88.590	(9/2 +)	100.5 d(α)	Ds	110	268	133.9	0 +	0.1 ms
Md	101	257	88.996	(7/2 −)	5.52 h(ε 85% ,α)			270	134.8	0 +	0.10 ms(α)
		258	91.688		51.5 d(α,SF)	Rg	111	275	145.4		10 ms(α?)
No	102	258	91.5	0 +	1.2 ms(SF)			276	147.6		100 ms(α?,SF?)
		259	94.1		58 min(α 75% ,ε)		112	278	153.1	0 +	10 ms(α?,SF?)
Lr	103	260	98.3		180 s(α 80% ,ε)			280	155.6	0 +	1 s(α?,SF?)
Rf	104	260	99.1	0 +	21 ms(SF,α?)		113	285	166.5		2 min(α?,SF?)
Db	105	261	104.4		1.8 s(α 82% ,SF)			286	168.1		5 min(α?,SF?)
		262	106.3		35 s(α 67% ,SF)		114	286?	171.3		0.16 ms(SF60% ,α)
Sg	106	258	105.4	0 +	2.9 ms(SF,α?)		115	289	180		10 s(α?,SF?)
		259	106.7	(1/2 +)	0.48 s(α 90% ,SF)		116	290	185.0	0 +	15 ms(α)
		260	106.58	0 +	3.6 ms(α 50% ,SF)		117	291	192.4		10 ms(α?,SF?)
Bh	107	261	113.3		12 ms(α 95% ,SF)		118	294?		0 +	1.8 ms(α?,SF?)
		264	116.1		0.44 s(α)						

注:β⁻ 表示 β⁻ 衰变;ε 表示轨道电子俘获和 β⁺ 衰变;α 表示 α 衰变;SF 表示自发裂变;"?"表示预期但未观察到的衰变方式;表中第 4 列 Iπ 表示自旋和宇称,带括号表示数据的论据尚不充分。

表中数据取自:Jagdish K. Tuli, Nuclear Wallet Cards, Seventh edition, April 2005（www. nndc. bnl. gov）。

附录Ⅱ　化学元素周期表[10]

图例：
原子序数 → 19　K ← 元素符号
钾 ← 元素名称
39.098 ← 原子量
注＊的是人造元素

族期	IA	IIA	IIIB	IVB	VB	VIB	VIIB	VIII	VIII	VIII	IB	IIB	IIIA	IVA	VA	VIA	VIIA	0
1	1 H 氢 1.00794(7)																	2 He 氦 4.002602(2)
2	3 Li 锂 6.941(2)	4 Be 铍 9.012182(3)											5 B 硼 10.811(5)	6 C 碳 12.011	7 N 氮 14.00674(7)	8 O 氧 15.9994(3)	9 F 氟 18.9984032(9)	10 Ne 氖 20.17797(6)
3	11 Na 钠 22.989768(6)	12 Mg 镁 24.3050(6)											13 Al 铝 26.981539(5)	14 Si 硅 28.0855(3)	15 P 磷 30.973762(4)	16 S 硫 32.066(6)	17 Cl 氯 35.4527(9)	18 Ar 氩 39.948
4	19 K 钾 39.0983	20 Ca 钙 40.078(4)	21 Sc 钪 44.955910(9)	22 Ti 钛 47.88(3)	23 V 钒 50.9415	24 Cr 铬 51.9961(6)	25 Mn 锰 54.93805(1)	26 Fe 铁 55.847(3)	27 Co 钴 58.9332(1)	28 Ni 镍 58.69	29 Cu 铜 63.546(3)	30 Zn 锌 65.39(2)	31 Ga 镓 69.723(4)	32 Ge 锗 72.61(2)	33 As 砷 74.92159(2)	34 Se 硒 78.96(3)	35 Br 溴 79.904	36 Kr 氪 83.80
5	37 Rb 铷 85.4678(3)	38 Sr 锶 87.62	39 Y 钇 88.90585(2)	40 Zr 锆 91.224(2)	41 Nb 铌 92.90638(2)	42 Mo 钼 95.94	43 Tc 锝 (97.99)	44 Ru 钌 101.07(2)	45 Rh 铑 102.90550(3)	46 Pd 钯 106.42	47 Ag 银 107.8682(2)	48 Cd 镉 112.411(8)	49 In 铟 114.82	50 Sn 锡 118.710(7)	51 Sb 锑 121.75(3)	52 Te 碲 127.60(3)	53 I 碘 126.90447(3)	54 Xe 氙 131.29(2)
6	55 Cs 铯 132.90543(5)	56 Ba 钡 137.327(7)	57-71 La-Lu 镧系	72 Hf 铪 178.49(2)	73 Ta 钽 180.9479	74 W 钨 183.85(3)	75 Re 铼 186.207	76 Os 锇 190.2	77 Ir 铱 192.22(3)	78 Pt 铂 195.08(3)	79 Au 金 196.96654(3)	80 Hg 汞 200.59(3)	81 Tl 铊 204.3833(2)	82 Pb 铅 207.2	83 Bi 铋 208.98037(3)	84 Po 钋 (209.210)	85 At 砹 (210)	86 Rn 氡 (222)
7	87 Fr 钫 (223)	88 Ra 镭 226.0254	89-103 Ac-Lr 锕系	104 Rf 𬬻＊ (261)	105 Db 𬭊＊ (262)	106 Sg 𬭳＊ (263)	107 Bh 𬭛＊ (262)	108 Hs 𬭶＊ (265)	109 Mt 鿏＊ (266)									

电子层（0族）

0	K	L	M	N	O	P
2 He 氦 4.002602(2)	2					
10 Ne 氖 20.17797(6)	2	8				
18 Ar 氩 39.948	2	8	8			
36 Kr 氪 83.80	2	8	18	8		
54 Xe 氙 131.29(2)	2	8	18	18	8	
86 Rn 氡 (222)	2	8	18	32	18	8

镧系

57 La 镧 138.9055(2)	58 Ce 铈 140.12(4)	59 Pr 镨 140.90765(3)	60 Nd 钕 144.24(3)	61 Pm 钷＊ (145)	62 Sm 钐 150.36(3)	63 Eu 铕 151.965(9)	64 Gd 钆 157.25(3)	65 Tb 铽 158.92534(3)	66 Dy 镝 162.50(3)	67 Ho 钬 164.93032(3)	68 Er 铒 167.26(3)	69 Tm 铥 168.9342(3)	70 Yb 镱 173.04(3)	71 Lu 镥 174.967

锕系

89 Ac 锕 227.0278	90 Th 钍 232.0381	91 Pa 镤 231.0359	92 U 铀 238.0289	93 Np 镎 237.0482	94 Pu 钚 (239.244)	95 Am 镅＊ (243)	96 Cm 锔＊ (247)	97 Bk 锫＊ (247)	98 Cf 锎＊ (251)	99 Es 锿＊ (252)	100 Fm 镄＊ (257)	101 Md 钔＊ (258)	102 No 锘＊ (259)	103 Lr 铹＊ (260)

注：表中每格的数为该元素的原子量；括号内的数是最稳定的放射性同位素的质量数。

附录Ⅲ　常用物理常量[①]

1. 真空中光速
$$c = 2.997\ 924\ 58 \times 10^{10}\ \text{cm} \cdot \text{s}^{-1} = 2.997\ 924\ 58 \times 10^{8}\ \text{m} \cdot \text{s}^{-1}$$

2. 真空介电常数
$$\varepsilon_0 = 8.854\ 187\ 817 \times 10^{-12}\ \text{F} \cdot \text{m}^{-1}$$

3. 普朗克常量
$$h = 6.626\ 068\ 76 \times 10^{-34}\ \text{J} \cdot \text{s}$$
$$\hbar = 1.054\ 571\ 596 \times 10^{-34}\ \text{J} \cdot \text{s} = 6.582\ 118\ 89 \times 10^{-16}\ \text{eV} \cdot \text{s}$$
$$= 6.582\ 118\ 89 \times 10^{-22}\ \text{MeV} \cdot \text{s}$$

4. 波耳兹曼常量
$$k = 1.380\ 650\ 3 \times 10^{-23}\ \text{J} \cdot \text{K}^{-1} = 0.861\ 734\ 23 \times 10^{-4}\ \text{eV} \cdot \text{K}^{-1}$$
$$= 0.861\ 734\ 23 \times 10^{-10}\ \text{MeV} \cdot \text{K}^{-1}$$

5. 阿伏伽德罗常量
$$N_{\text{A}} = 6.022\ 141\ 99 \times 10^{23}\ \text{mol}^{-1}$$

6. 元电荷
$$e = 4.803\ 204\ 197 \times 10^{-10}\ \text{esu}(\text{静电单位}) = 1.602\ 176\ 462 \times 10^{-19}\ \text{C}$$

7. 电子静止质量
$$m_0 = 9.109\ 381\ 88 \times 10^{-28}\ \text{g} = 9.109\ 381\ 88 \times 10^{-31}\ \text{kg} = 0.510\ 998\ 902\ \text{MeV} \cdot c^{-2}$$

8. 质子静止质量
$$m_{\text{p}} = 1.672\ 621\ 58 \times 10^{-24}\ \text{g} = 1.672\ 621\ 58 \times 10^{-27}\ \text{kg} = 938.271\ 998\ \text{MeV} \cdot c^{-2}$$

9. 中子静止质量
$$m_{\text{n}} = 1.674\ 927\ 16 \times 10^{-24}\ \text{g} = 1.674\ 927\ 16 \times 10^{-27}\ \text{kg} = 939.565\ 330\ \text{MeV} \cdot c^{-2}$$

10. 里德伯常量
$$R_{\infty} = 1.097\ 373\ 156\ 854\ 9 \times 10^{5}\ \text{cm}^{-1} = 1.097\ 373\ 156\ 854\ 9 \times 10^{7}\ \text{m}^{-1}$$

11. 玻尔半径
$$\alpha_0 = 4\pi\varepsilon_0 \hbar^2/m_0 e^2 = 5.291\ 772\ 083 \times 10^{-9}\ \text{cm} = 5.291\ 772\ 083 \times 10^{-11}\ \text{m}$$

12. 精细结构常数
$$\alpha = e^2/4\pi\varepsilon_0 \hbar c = 7.297\ 352\ 533 \times 10^{-3}$$
$$\alpha^{-1} = 137.035\ 999\ 76$$

13. 电子的康普顿波长
$$\lambda_{\text{c,e}} = h/m_0 c = 2.426\ 310\ 215 \times 10^{-10}\ \text{cm} = 2.426\ 310\ 215 \times 10^{-12}\ \text{m}$$

14. 玻尔磁子
$$\mu_{\text{B}} = e\hbar/2m_0 = 9.274\ 008\ 99 \times 10^{-24}\ \text{J} \cdot \text{T}^{-1} = 5.788\ 381\ 749 \times 10^{-11}\ \text{MeV} \cdot \text{T}^{-1}$$

15. 电子磁矩
$$\mu_{\text{e}} = 1.001\ 159\ 652\ 186\ 9\ \mu_{\text{B}} = 9.284\ 763\ 62 \times 10^{-24}\ \text{J} \cdot \text{T}^{-1}$$

---

① P. J. Mohr, B. N. Taylor, J. Phys. Chem. Ref. 1999(28):1713.

16. 核磁子

$$\mu_N = e\hbar/2m_p = 5.050\ 783\ 17 \times 10^{-27}\ \text{J} \cdot \text{T}^{-1} = 3.152\ 451\ 238 \times 10^{-14}\ \text{MeV} \cdot \text{T}^{-1}$$

17. 质子磁矩

$$\mu_p = 2.792\ 847\ 337\mu_N = 1.410\ 606\ 633 \times 10^{-26}\ \text{J} \cdot \text{T}^{-1}$$

18. 经典电子半径

$$r_0 = e^2/(4\pi\varepsilon_0 m_0 c^2) = 2.817\ 940\ 285 \times 10^{-13}\ \text{cm} = 2.817\ 940\ 285 \times 10^{-15}\ \text{m}$$

19. 理想气体在标准温度气压下的摩尔体积

$$V_m = 22.413\ 996 \times 10^3\ \text{cm}^3 \cdot \text{mol}^{-1} = 22.413\ 996 \times 10^{-3}\ \text{m}^3 \cdot \text{mol}^{-1}$$

20. 原子质量单位

$$1\ \text{u} = 1.660\ 538\ 73 \times 10^{-24}\ \text{g} = 1.660\ 538\ 73 \times 10^{-27}\ \text{kg} = 931.494\ 013\ \text{MeV} \cdot c^{-2}$$

21. 能量单位转换因数

$$1\ \text{eV} = 1.602\ 176\ 462 \times 10^{-12}\ \text{erg} = 1.602\ 176\ 462 \times 10^{-19}\ \text{J}$$

$$1\ \text{MeV} = 3.829\ 296 \times 10^{-14}\ \text{cal}$$

$$1\ \text{cal} = 4.184\ 000\ \text{J} = 2.611\ 446 \times 10^{13}\ \text{MeV}$$

附录Ⅳ 常用材料密度

单位(g/cm^3)

材料	密度	材料	密度
铝	2.70	木头	0.35 ~ 0.90
铜	8.93	水泥	2.70
锡	7.29	冰	0.917
黄铜	8.44	石灰石	2.70
锌	7.14	金刚钻	3.51
镁	1.75	石英	2.65
铁	7.86	钢	7.80
铅	11.35	Mylar 膜($C_5H_4O_2$)	1.39
金	18.88	NaI 晶体	3.67
钨	19.30	砷化镓(GaAs)	5.32
铀	18.95		

附录 V　粒子性质表[①]

类别		粒子名称	符号	质量/MeV·c^{-2}	电荷	自旋宇称 I^π	平均寿命/s	主要衰变方式	反粒子
媒介子		光子	γ	$<3\times10^{-33}$	0	1^-	稳定		γ
		W 粒子	$W^\pm$	80.22×10^3	±1	1	$W^+\ 2.93\times10^{-25}$	$W^+\to e^++\nu$	$W^\mp$
		Z^0 粒子	Z^0	91.73×10^3	0	1	2.60×10^{-25}	$Z^0\to e^++e^-$	Z^0
		胶子	G	0	0	1^-			
		引力子	g	0	0	2			
轻子		电子	e^-	0.510 990 6	-1	1/2	稳定 $>1.9\times10^{23}$ a		e^+
		μ 子	μ^-	105.658 389	-1	1/2	$2.197\ 03\times10^{-6}$	$\mu^-\to e^-+\bar\nu_e+\nu_\mu$	μ^+
		τ 子	τ^-	1 776.9	-1	1/2	0.305×10^{-12}	$\tau^-\to\mu^-+\bar\nu_\mu+\nu_\tau$	τ^+
		电子中微子	ν_e	$<0.17\times10^{-6}$	0	1/2	稳定		$\bar\nu_e$
		μ 中微子	ν_μ	<0.27	0	1/2	稳定		$\bar\nu_\mu$
		τ 中微子	ν_τ	<30	0	1/2	稳定		$\bar\nu_\tau$
强子	介子	π 介子	$\pi^\pm$	139.567 9	±1	0^-	$2.603\ 0\times10^{-8}$	$\pi^+\to\mu^++\nu_\mu$	$\pi^\mp$
			π^0	134.974 3	0	0^-	8.4×10^{-17}	$\pi^0\to\gamma+\gamma$	π^0
		K 介子	K^+	493.646	$+1$	0^-	1.2371×10^{-8}	$K^+\to\mu^++\nu_\mu$	K^-
			K^0	497.671	0	0^-	$\begin{cases}0.892\ 2\times10^{-10}\\ 5.17\times10^{-8}\end{cases}$	$K_s^0\to\pi^++\pi^-$ $K_L^0\to\pi^++e^-+\nu$	$\bar K_0$
		D 介子	D^+	1 869.3	$+1$	0^-	10.66×10^{-13}	$D^+\to K^-+\pi^++\pi^+$	D^-
			D^0	1 864.5	0	0^-	4.20×10^{-13}	$D^0\to K^-+\pi^++\pi^0$	$\bar D^0$
		B 介子	B^+	5 278.6	$+1$	0^-	12.9×10^{-13}	$B^+\to\bar D^0+\pi^++\pi^++\pi^-$	B^-
			B^0	5 278.7	0	0^-	12.9×10^{-13}	$B^0\to\bar D^0+1^-+\nu^{**}$	$\bar B^0$
	重子	质子	p	938.272 31	$+1$	$1/2^+$	稳定 $>10^{31}$ a		$\bar p$
		中子	n	939.565 63	0	$1/2^+$	889.1	$n\to p+e^-+\bar\nu_e$	$\bar n$
		Λ 超子	Λ°	1 115.683	0	$1/2^+$	2.632×10^{-10}	$\Lambda^\circ\to p+\pi^-$	$\overline{\Lambda^\circ}$
		Σ 超子	Σ^+	1 189.37	$+1$	$1/2^+$	0.799×10^{-10}	$\Sigma^+\to p+\pi^0$	$\overline{\Sigma}^+$
			Σ^0	1 192.55	0	$1/2^+$	7.4×10^{-20}	$\Sigma^0\to\Lambda^\circ+\gamma$	$\overline{\Sigma}^0$
			Σ^-	1 197.43	-1	$1/2^+$	1.479×10^{-10}	$\Sigma^-\to n+\pi^-$	$\overline{\Sigma}^-$
		Ξ 超子	Ξ^0	1 314.9	0	$1/2^+$	2.90×10^{-10}	$\Xi^0\to\Lambda^0+\pi^0$	$\overline{\Xi}^0$
			Ξ^-	1 211.32	-1	$1/2^+$	1.639×10^{-10}	$\Xi^-\to\Lambda^\circ+\pi^-$	$\overline{\Xi}^-$
		Ω 超子	Ω^-	1 672.43	-1	$3/2^+$	0.822×10^{-10}	$\Omega^-\to\Lambda^\circ+K^-$	Ω^+
		Λ_c 超子	Λ_c^+	2 284.9	$+1$	$1/2^+$	1.91×10^{-13}	$\Lambda_c^+\to\Sigma^++\pi^++\pi^-$	Λ_c^-
		Ξ_c 超子	Ξ_c^+	2 466.4	$+1$	$1/2^+$	3.0×10^{-13}	$\Xi_c^+\to\Lambda^\circ+K^-+\pi^++\pi^+$	Ξ_c^-
			Ξ_c^0	2 472.7	0	$1/2^+$	0.82×10^{-13}	$\Xi_c^0\to\Xi^-+\pi^+$	$\overline{\Xi}_c^0$

①　其中数据绝大部分取自 Phys. Rev. D45 Part 2(1992).

附录Ⅵ　本征硅和锗的基本性质

	Si	Ge
原子序数	14	32
原子量	28.09	72.60
稳定同位素质量数	$28-29-30$	$70-72-73-74-76$
密度(300 K)/(g/cm^3)	2.33	5.33
原子数/cm^{-3}	4.96×10^{22}	4.41×10^{22}
晶体结构	金刚石型	金刚石型
晶体常数(300 K)/cm	5.429×10^{-8}	5.657×10^{-8}
熔点/℃	1 420	936
沸点/℃	2 600	2 825
热膨胀系数/℃$^{-1}$	4.2×10^{-8}	6.1×10^{-8}
热电导率/(cm$^{-1} \cdot$s$^{-1} \cdot$℃$^{-1}$)	0.20	0.14
比热(273~373 K)/(kcal$\cdot$g$^{-1} \cdot$℃$^{-1}$)	0.181	0.074
相对介电常数	12	16
禁带宽度(300 K)/eV	1.115	0.665
禁带宽度(0 K)/eV	1.165	0.746
本征载流子密度(300 K)/cm^{-3}	1.5×10^{10}	2.4×10^{13}
本征电阻率(300 K)/(Ω·cm)	2.3×10^5	47
电子迁移率(300 K)/(cm$^2 \cdot$V$^{-1} \cdot$s^{-1})	1 350	3 900
空穴迁移率(300 K)/(cm$^2 \cdot$V$^{-1} \cdot$s^{-1})	480	1 900
电子迁移率(77 K)/(cm$^2 \cdot$V$^{-1} \cdot$s^{-1})	2.1×10^4	3.6×10^4
空穴迁移率(77 K)/(cm$^2 \cdot$V$^{-1} \cdot$s^{-1})	1.1×10^4	4.2×10^4
载流子饱和速度(300 K)/(cm·s^{-1})	10^7(电子),8.2×10^6(空穴)	5.9×10^6
载流子饱和速度(77 K)/(cm·s^{-1})	10^7	9.6×10^6
电子扩散常数(300 K)/(cm$^2 \cdot$s^{-1})	38	90
空穴扩散常数(300 K)/(cm$^2 \cdot$s^{-1})	13	45
功函数/eV	5.0	4.8
每一电子空穴对的能量(300 K)/eV	3.62	2.84
每一电子空穴对的能量(77 K)/eV	3.76	2.96
法诺因子(77 K)	0.084~0.143	0.057~0.129

参 考 文 献

［1］LAPP R E. ANDREW H L. Nuclear Radiation Physics［M］. New Jersey：Prentice-Hell，Inc. Englewood Cliffs，1997.

［2］卢希庭. 原子核物理［M］. 修订版. 北京：原子能出版社，2000.

［3］MARMIER P，SHELDON E. Physics of Nuclei and Particles［M］. New York and London：Academic Press Inc. ，1969.

［4］KRANE K S. Introductory Nuclear Physics［M］. New York：John Wiley & Sons，1987.

［5］EVAN R D. Atomic Nucleus［M］. New York：McGraw，1955.

［6］MEYERHOF W E. Elements of Nuclear Physics［M］. New York：McGraw-hill，1967.

［7］HEITLER W. The Quantum Theory of Radiation［M］. 3rd ed. Oxford：Clarendon Press，1954.

［8］梅镇岳. 原子核物理学［M］. 3 版. 北京：科学出版社，1983.

［9］徐四大. 核物理学［M］. 北京：清华大学出版社，1992.

［10］杨福家. 原子物理学［M］. 3 版. 北京：高等教育出版社，2000.

［11］蒋明. 原子核物理导论［M］. 北京：原子能出版社，1983.

［12］KNOLL G F. Radiation Detection and Measurement［M］. 3rd ed. New York：John Wiley & Sons，Inc. ，2000.

［13］JAMES E. Turner，Atoms，Radiation，and Radiation Protection［M］. 2nd ed. New York：John Wiley & Sons，Inc. ，1995.

［14］PRICE W J. Nuclear Radiation Detection［M］. 2nd ed. New York：McGraw-Hell，1964.

［15］TSOULFANIDIS N. Measurement and Detection of Radiation［M］. New York：Hemisphere Publishing Corporation，1983.

［16］EICHHOLZ G G，POSTON J W. Principles of Nuclear Radiation Detection［M］. New York：Lewis Publishers，Inc，1985.

［17］吴治华. 原子核物理实验方法［M］. 3 版. 北京：原子能出版社，1997.

［18］安继刚. 电离辐射探测器［M］. 北京：原子能出版社，1995.

［19］CROUTHAMEL C E. Applied Gamma-Ray Spectrometry［M］. 2nd ed. F. Adams and R. Dams，Pergamon Press，1970.

［20］王汝赡，卓韵裳. 核辐射测量与防护［M］. 北京：原子能出版社，1990.

［21］于孝忠. 核辐射物理学［M］. 北京：原子能出版社，1986.

［22］刘圣康. 中子物理［M］. 北京：原子能出版社，1986.

［23］丁大钊. 中子物理学——原理、方法与应用（上、下册）［M］. 北京：原子能出版社，2001.

［24］刘运祚. 常用放射性核素衰变纲图［M］. 北京：原子能出版社，1982.